全国水利行业规划教材　高职高专水利水电类
中国水利教育协会策划组织

水利数学

主　　编　赵红革　黄建国
执行主编　周长勇
副 主 编　王为洪　何　雄　王亚凌
　　　　　黄敬发　凌亚丽　韩亚欧
　　　　　葛喜芳　张　兵　杨瑞云
　　　　　仇　军　赖永明　李学飞
主　　审　于纪玉

黄河水利出版社
·郑州·

内 容 提 要

本书是全国水利行业规划教材,是根据中国水利教育协会全国水利水电高职教研会制定的水利数学课程标准编写完成的.针对高职高专水利类各专业的人才培养目标,在多次调研、论证后与水利专业教师一起选取与确立了13个学习项目,主要内容有微积分、常微分方程、级数、向量代数与空间解析几何、线性代数、概率论与数理统计等.其中的每一个学习项目中,基本都有水利工程案例,同时融入了数学文化和数学计算软件的内容.该书将高等数学基础教育与水利专业教育相融合,有利于培养和提高水利专业学生学习高等数学的兴趣.

本书适合高职高专院校水利类专业教学使用,也可供水利工程技术人员、高职高专数学教师学习参考.

图书在版编目(CIP)数据

水利数学/赵红革,黄建国主编.—郑州:黄河水利出版社,2017.8 (2018.8 修订版重印)

全国水利行业规划教材

ISBN 978-7-5509-1747-7

Ⅰ.①水… Ⅱ.①赵…②黄… Ⅲ.①水利工程-应用数学-教材 Ⅳ.①TV-05

中国版本图书馆CIP数据核字(2017)第215943号

组稿编辑:王路平 电话:0371-66022212 E-mail:hhslwlp@163.com

出 版 社:黄河水利出版社 网址:www.yrcp.com

地址:河南省郑州市顺河路黄委会综合楼14层 邮政编码:450003

发行单位:黄河水利出版社

发行部电话:0371-66026940、66020550、66028024、66022620(传真)

E-mail:hhslcbs@126.com

承印单位:河南承创印务有限公司

开本:787 mm×1 092 mm 1/16

印张:25

字数:580千字 印数:1 001—4 000

版次:2017年8月第1版 印次:2018年8月第2次印刷

2018年8月修订版

定价:50.00元

《水利数学》编写委员会

主　　审:于纪玉(山东水利职业学院)

主　　编:赵红革(山东水利职业学院)

黄建国(安徽水利水电职业技术学院)

执行主编:周长勇(山东水利职业学院)

副 主 编:王为洪(山东水利职业学院)

何　雄(四川水利职业技术学院)

王亚凌(湖南水利水电职业技术学院)

黄敬发(湖北水利水电职业技术学院)

凌亚丽(山西水利职业技术学院)

韩亚欧(辽宁水利职业学院)

葛喜芳(浙江同济科技职业学院)

张　兵(黄河水利职业技术学院)

杨瑞云(河南水利与环境职业学院)

仇　军(福建水利电力职业技术学院)

赖永明(广西水利电力职业技术学院)

李学飞(江西水利职业学院)

编委成员:(以姓氏笔画为序)

田明武(四川水利职业技术学院)

毕守一(安徽水利水电职业技术学院)

刘儒博(杨凌职业技术学院)

刘进宝(浙江同济科技职业学院)

刘华斌(福建水利电力职业技术学院)

闫玉民(辽宁水利职业学院)

杜守建(山东水利职业学院)

李雪转(山西水利职业技术学院)

汪文萍(湖南水利水电职业技术学院)

赵　辰(河南水利与环境职业学院)

陶永霞(黄河水利职业技术学院)

桂剑萍(湖北水利水电职业技术学院)

潘　乐(江西水利职业学院)

前　言

本书是贯彻落实《国家中长期教育改革和发展规划纲要(2010～2020年)》《国务院关于加快发展现代职业教育的决定》(国发〔2014〕19号)、《现代职业教育体系建设规划(2014～2020年)》和《水利部 教育部关于进一步推进水利职业教育改革发展的意见》(水人事〔2013〕121号)等文件精神,在中国水利教育协会指导下,由中国水利教育协会职业技术教育分会高等职业教育教学研究会组织编写的第三轮水利水电类专业规划教材.第三轮教材以学生能力培养为主线,体现出实用性、实践性、创新性的教材特色,是一套理论联系实际、教学面向生产的高职教育精品规划教材.

高等职业教育中的数学教育不同于普通本科教育中的数学教育,在满足学生可持续发展要求与保持高等教育的教学层次的前提下,更加关注学生职业能力的提高,更加注重学生的知识应用能力、学习能力与创新精神的培养.

高等数学作为高职院校工科类专业必修的一门重要公共基础课程,一种多学科共同使用的科学语言,对学生素质的培养和后续专业课程的学习都起着重要的作用.高等数学课程的公共基础性地位,决定了它在自然科学、社会科学、工程技术领域中发挥着愈来愈重要的作用,日益成为各学科和工程实践中解决实际问题的有力工具.工科类专业主干课程的实现都必须借助于一定的数学知识做基础,许多工程技术问题归根结底是数学问题.数学必须走进工科类专业,这样能使数学更好地与专业基础课及专业课相结合,体现数学的价值所在,提高数学在专业课程设置及改革中的重要地位.

教育心理学研究表明:学生对感到有用的学习材料,才会产生学习的主动性与积极性.针对专业进行数学教学,会使学生更加清楚数学的职业应用价值,并由此形成正确的数学学习态度,并最终提高解决职业岗位工作中可能出现的数学问题的能力.

数学课程内容应针对不同的专业,面向职业岗位或职业岗位群,按照突出应用性、实践性的原则,结合专业基础课与专业课重组课程结构,让学生学习有用的数学,获得必需的知识.

水利数学是高职院校水利类各专业的重要公共基础课程,为学生后续专业课程的学习服务.比如:工程力学与结构、水力与水文学、水工建筑物、水利(或建筑)工程施工技术、水利(或建筑)工程施工组织与管理、水利(或建筑)工程造价与招标投标等专业课程的学习都必须借助于一定的数学知识做基础.

水利数学意在提高学生的职业能力,为学生的终生发展奠基.为此,水利数学的教学内容针对水利类各专业的人才培养目标,在多次调研、论证后选取与确立.以应用为目的,坚持“必需、够用为度”,遵循“突出思想分析,立足能力培养,强化实际应用”的原则,体现“掌握知识,培养能力,提高素质”的高职水利教育特色.其中一些学习项目中有“未来应用”的内容,此内容对学习者当前仅作为阅读材料,意在展现本项目内容在水利专业中的应用.

本书共分13个学习项目,总课时为162学时,各院校可根据实际情况,决定内容的取舍.本书主要适用于水文与水资源工程、水文测报技术、水政水资源管理、水利工程、水利水电工程技术、水利水电工程管理、水利水电建筑工程、机电排灌工程技术、港口航道与治河工程、水务管理、水电站动力设备、水电站电气设备、水电站运行与管理、水利机电设备运行与管理、水土保持技术、水环境监测与治理、工程测量技术、道路桥梁工程技术、给水排水工程技术等专业.

本书内容淡化理论,学习者如果需要专升本或者参加数学竞赛等,在学习本书内容的基础上,还要进行专门的提高训练.

参加编写本书的人员均来自全国水利高职院校,其中,60%是数学教师,40%是水利专业教师.在本书立项、调研、教材大纲编写阶段,参加编写的老师及编委会成员提供了重要的编写资料和建设性的编写建议.

本书的出版是一次有意义的探索和尝试,编者将以中国水利教育协会职教分会公共课程教学专业组和黄河水利出版社为平台,以数学课程组为纽带,以本书编委会成员及编写人员为核心,不断优化高等数学理论知识内容,补充完善水利工程案例,创新理论与实践的融合,努力打造出适合高职高专水利类专业使用的《水利数学》精品教材.

本书编写人员及分工如下:由于纪玉教授担任主审;由赵红革、黄建国担任主编,赵红革负责全书规划与统稿;由周长勇担任执行主编;由王为洪、何雄、王亚凌、黄敬发、凌亚丽、韩亚欧、葛喜芳、张兵、杨瑞云、仇军、赖永明、李学飞担任副主编.各学习项目的"未来应用"由周长勇编写;各学习项目的Matlab应用由王为洪编写.

本书的编写内容融入了山东水利职业学院赵红革老师主持的"2015年度山东省职业教育数学改革立项项目"研究成果,在此向该项目组全体成员表示衷心的感谢!本书的编写也参考了大量的论文、教材、专著等,参考文献未能一一列出,在此向所有文献的作者表示衷心的感谢!本书的编写还得到了全国水利类各兄弟高职院校的大力支持,在此表示衷心感谢!

由于本次编写时间仓促,对于本书中存在的缺点和疏漏,恳请广大读者批评指正.

编　者

2017年5月

水利数学课程标准

一、课程定位

水利数学作为高职学院水利类专业必修的一门重要公共基础课程,对学生素质的培养和后续专业课程的学习都起着重要的作用.

水利数学是高等数学与水利类专业课程的结合,在教学内容的选取与确立上,坚持以水利类专业应用为目的,遵循“突出思想分析,立足能力培养,强化实际应用”的原则,体现“掌握知识,培养能力,提高素质”的高职教育特色.

在高等职业教育培养目标的指导下,根据水利类专业的培养目标、人才培养模式和模块化培养方案的要求,以职业岗位所需的知识、能力、素质要求和职业实践过程为依据,在广泛深入论证的基础上,水利数学课程的教学应以先进的数学文化引领数学课教学全过程,把数学文化和数学建模融合到教学内容中,使学生在学习知识、培养能力和提高素质方面都得到教益;通过教学,培养学生的数学意识、数学运算、数学思维、数学应用和数学创新等各种能力,使其具有良好的数学素养;运用“模块、案例一体化”的教学思想,即案例教学法,努力实现数学知识模块与水利工程技术案例的融合,缩短数学与水利类专业课程间的距离,突出数学知识在水利类专业中的应用性与实践性,为学生下一步学习水利类专业各课程奠定坚实的基础.

二、职业能力要求

(一)学习数学新知识的能力

学习数学新知识的能力包括:①理解数学概念、定理、方法、公式的能力;②记忆特定的数学符号、原理方法、抽象结构的能力;③运用数学符号进行推理证明的能力;④概括数学材料总结规律的能力等.

(二)数学运算能力

数学运算能力包括:①记忆数学公式、计算方法的能力;②进行相关数学运算的能力等.

(三)数学思维能力

数学思维能力包括:①直觉思维能力;②逻辑思维能力;③辩证思维能力;④抽象思维能力;⑤逆向思维能力等.

(四)数学知识应用能力

数学知识应用能力包括:①数学联结能力;②数学交流能力;③数学表示能力;④数学建模与熟练使用计算机的能力等.

（五）数学创新能力

数学创新能力包括：①提出数学问题和质疑的能力；②建立新的数学模型并用于实践的能力；③发现数学规律的能力；④推广现有数学结论的能力；⑤构建新数学对象（概念、理论、关系）的能力；⑥将不同领域的知识进行数学联结的能力；⑦总结已有数学成果达到新认识水平的能力；⑧巧妙地进行逻辑联结做出严密论证的能力等.

三、学习目标

（一）专业能力目标

（1）能够建立实际问题的函数关系、计算函数的极限、讨论函数的连续性.

（2）能够深刻理解导数与微分，应用导数知识解决实际问题.

（3）能够熟练计算不定积分与定积分，应用积分知识解决实际问题.

（4）能够灵活求解常微分方程，应用常微分方程知识解决实际问题.

（5）能够全面理解无穷级数，应用级数知识解决实际问题.

（6）能够自觉运用向量代数研究空间解析几何，应用空间解析几何知识解决实际问题.

（7）能够熟练计算矩阵与行列式，应用矩阵知识解决实际问题.

（8）能够深刻理解概率，应用概率知识解决实际问题.

（二）方法能力目标

（1）使学生树立明确的“数量”观念，“胸中有数”，会认真分析事物的数量方面及其变化规律.

（2）数学上的推导、计算要求每一个正负号、每一个小数点都不能含糊敷衍，从而使学生逐步养成认真细致、一丝不苟的良好作风和习惯.

（3）数学上追求的是最有用的结论、最低的条件以及最简明的证明，从而使学生逐步养成精益求精、追求卓越的良好品格.

（4）使学生知道数学概念、理论、方法的产生和发展的渊源及过程，提高其运用数学知识处理现实世界中各种复杂问题的意识、信念和能力.

（5）使学生具有某种数学上的自觉和想象力，包括几何直观能力和空间想象能力，能够根据所面对的问题的本质或特点，估计到可能的结论，为实际的需要提供借鉴.

（6）提高学生的逻辑思维能力，使他们思路清晰，条理分明，能有条不紊地处理头绪纷繁的各项工作.

（7）提高学生的抽象思维能力，面对错综复杂的现象，能抓住主要矛盾，突出事物的本质，有效地解决问题.

（8）调动学生的探索精神和创造力，使他们自觉应用所学知识，创造性地解决实际问题，从而激发创造热情与创造兴趣.

四、学习主要内容与教学模式

本课程总计 162 学时，分 2 学期教学. 教学主要内容与教学模式具体如下.

学习项目1:函数、极限与连续(14学时)

(1)函数:函数的概念、函数的几种特性、反函数、基本初等函数、复合函数、初等函数、建立函数关系.

(2)极限的概念:数列的极限、函数的极限.

(3)极限的运算法则:极限的运算法则及其应用计算.

(4)两个重要极限:极限存在的准则、两个重要极限及其应用计算.

(5)无穷小量与无穷大量:无穷小量、无穷大量.

(6)无穷小量的比较:无穷小量的比较、等价无穷小量替换定理及其应用计算.

(7)函数的连续性:连续函数的概念、初等函数的连续性、函数的间断点及分类、连续函数在闭区间上的性质.

重点:求函数的极限和连续性;复合函数的复合过程.

难点:函数的极限和连续性概念的理解.

教学模式:综合运用讲授法、案例驱动法、问答法、讨论法、讲练结合法、教学一体等教学方法.

学习项目2:导数与微分(12学时)

(1)导数的概念:导数的定义、导数的求法、导数的几何意义与物理意义、可导与连续的关系.

(2)函数的求导法则:反函数的求导法则、导数的四则运算法则、复合函数的求导法则、基本初等函数的求导公式及其应用计算.

(3)隐函数及由参数方程确定的函数的导数:隐函数的导数、由参数方程确定的函数的导数、对数求导法.

(4)高阶导数:函数的n阶导数.

(5)函数的微分:微分的定义、微分的几何意义、微分的基本公式及四则运算法则、微分在近似计算中的应用.

重点:求初等函数的导数、微分.

难点:函数导数、微分的定义、几何意义及应用.

教学模式:综合运用讲授法、案例驱动法、问答法、讨论法、讲练结合法、教学一体等教学方法.

学习项目3:导数的应用(12学时)

(1)中值定理:罗尔定理、拉格朗日中值定理.

(2)洛必达法则:$\frac{0}{0}$型未定式、$\frac{\infty}{\infty}$型未定式、其他型未定式及其应用计算.

(3)函数的单调性与极值:函数单调性的判别方法、函数的极值与求法及其应用计算.

(4)函数的最大值与最小值:函数最值的求法与步骤、函数最值应用举例.

(5)曲线的凹凸性与函数图形的描绘:曲线的凹凸性与拐点、曲线的渐近线、函数图形的描绘.

(6)平面曲线的曲率:曲线的曲率的概念、曲率的计算公式、曲率圆和曲率半径及其应用计算.

重点:函数的极值、函数的最大值与最小值、曲线的曲率.

难点:求实际问题中函数的最大值与最小值;函数图形的描绘.

教学模式:综合运用讲授法、案例驱动法、问答法、讨论法、讲练结合法、教学一体等教学方法.

学习项目4:不定积分(10学时)

(1)不定积分的概念:原函数的概念、不定积分的概念、不定积分与微分的关系、不定积分的几何意义.

(2)积分的基本公式和性质:积分的基本公式、不定积分的运算性质、直接积分法及其应用计算.

(3)换元积分法:第一类换元积分法、第二类换元积分法及其应用计算.

(4)分部积分法:分部积分法及其应用计算.

重点:求函数的不定积分.

难点:换元积分法的灵活运用.

教学模式:综合运用讲授法、案例驱动法、问答法、讨论法、讲练结合法、教学一体等教学方法.

学习项目5:定积分(10学时)

(1)定积分的概念与性质:定积分的概念、定积分的几何意义、定积分的性质及其应用.

(2)微积分的基本公式:变上限的定积分、牛顿-莱布尼兹公式及其应用计算.

(3)定积分的换元积分法:定积分的换元积分法及其应用计算.

(4)定积分的分部积分法:定积分的分部积分法及其应用计算.

(5)广义积分:无穷区间上的广义积分及其应用计算.

重点:求定积分.

难点:定积分的概念;换元积分法的灵活运用.

教学模式:综合运用讲授法、案例驱动法、问答法、讨论法、讲练结合法、教学一体等教学方法.

学习项目6:定积分的应用(6学时)

(1)平面图形的面积:直角坐标系中平面图形的面积的求法.

(2)立体的体积:旋转体的体积的求法.

(3)平面曲线的弧长:直角坐标系中平面曲线的弧长的计算与应用.

(4)函数的平均值:函数的平均值的求法及其应用计算.

重点:定积分在几何上的应用.

难点:定积分在几何上的应用.

教学模式:综合运用讲授法、案例驱动法、问答法、讨论法、讲练结合法、教学一体等教学方法.

学习项目7:多元函数微积分(12学时)

(1)多元函数:多元函数的概念.

(2)偏导数:偏导数的概念、高阶偏导数.

(3)复合函数的偏导数:复合函数的偏导数求法法则及其应用计算.

(4)隐函数的偏导:隐函数偏导的求法.

(5)多元函数的极值: 极值的求法、最值、条件极值.

(6)全微分:全微分的求法.

(7)二重积分:直角坐标系下的二重积分的计算.

重点:偏导数的概念;复合函数的偏导数求法、二重积分的计算.

难点:复合函数的偏导数.

教学模式:综合运用讲授法、案例驱动法、问答法、讨论法、讲练结合法、教学一体等教学方法.

学习项目8:常微分方程(10学时)

(1)微分方程的基本概念:微分方程、常微分方程、微分方程的阶、微分方程的解、微分方程的通解、微分方程的特解和初始条件.

(2)一阶微分方程:可分离变量的一阶微分方程、一阶线性微分方程及其应用计算.

(3)特殊的可降阶的微分方程: $y^{(n)}=f(x)$ 型的微分方程、$y''=f(x,y')$ 型的微分方程、$y''=f(y,y')$ 型的微分方程的解法.

(4)二阶线性微分方程:二阶线性齐次微分方程解的结构、二阶常系数线性齐次微分方程的解法、二阶常系数线性非齐次微分方程的解法及其应用计算.

重点:一阶微分方程的解法和几种简单的二阶微分方程的解法.

难点:二阶线性微分方程解的结构及求法.

教学模式:综合运用讲授法、案例驱动法、问答法、讨论法、讲练结合法、教学一体等教学方法.

学习项目9:无穷级数(10学时)

(1)常数项级数的概念与性质:常数项级数的概念、基本性质.

(2)数项级数的敛散性判别法:级数收敛的基本定理、正项级数的收敛判别法、交错级数的收敛判别法、一般项级数的绝对收敛与条件收敛.

(3)幂级数:函数项级数的一般概念、幂级数的收敛半径与收敛区间、幂级数的运算.

(4)函数展开成幂级数:泰勒定理、把函数展开成幂级数.

重点:正项级数收敛判别法、幂级数的收敛半径及收敛区间、把函数展开成幂级数.

难点:收敛的基本定理、绝对收敛与条件收敛、用直接展开法将函数展开成幂级数、收敛定理(狄里克雷定理).

教学模式:综合运用讲授法、案例驱动法、问答法、讨论法、讲练结合法、教学一体等教学方法.

学习项目10:向量代数与空间解析几何(14学时)

(1)空间直角坐标系:空间直角坐标系、空间中两点间的距离公式及其应用计算.

(2)向量及其坐标表示法:空间向量的概念及其线性运算、向量的坐标表示及其应用计算.

(3)向量的数量积与向量积:两向量的数量积、两向量的向量积及其应用计算.

(4)平面及其方程:空间平面的点法式方程、平面的一般方程、两平面的夹角及其应用计算.

(5)空间直线及其方程:空间直线的点向式方程和参数方程、直线的两点式方程、直线的一般方程、两直线的夹角及其应用计算.

(6)二次曲面与空间曲线:曲面方程的概念、常见的二次曲面及其方程、空间曲线的方程及其应用计算.

重点:向量的数量积、向量积的计算;求平面和空间直线的方程.

难点:空间曲线与几种简单曲面.

教学模式:综合运用讲授法、案例驱动法、问答法、讨论法、讲练结合法、教学一体等教学方法.

学习项目11:线性代数(20学时)

(1)行列式:行列式的定义、性质与计算.

(2)矩阵:矩阵的定义、矩阵的线性运算、矩阵的初等变换、矩阵的秩、逆矩阵的概念及其求法.

(3)线性方程组:克莱姆法则、线性方程组解的判定与求解.

(4)向量的线性表示与向量组的线性相关性.

重点:行列式的求法和矩阵的运算;矩阵的逆矩阵;解线性方程组.

难点:逆矩阵;线性方程组的解.

教学模式:综合运用讲授法、案例驱动法、问答法、讨论法、讲练结合法、教学一体等教学方法.

学习项目12:概率论(12学时)

(1)随机事件及概率:随机事件及概率的定义、事件间的关系与运算、概率的性质及其应用计算.

(2)古典概率与条件概率:古典概率、条件概率与乘法公式、全概率公式与贝叶斯公式、事件的独立性与伯努利概型及其应用计算.

(3)随机变量及其分布:随机变量的概念、离散型随机变量的分布、连续型随机变量的分布、随机变量的分布函数及其应用计算.

(4)随机变量函数及其分布:随机变量函数及其概率分布.

(5)随机变量的数字特征:随机变量的期望、随机变量的方差、标准差及其应用计算.

重点:随机事件的古典概率和条件概率;离散型随机变量及其分布律、连续型随机变量及其概率密度;随机变量的数学期望、方差的计算.

难点:随机事件的概率;离散型随机变量及其分布律、连续型随机变量及其概率密度.

教学模式:综合运用讲授法、案例驱动法、问答法、讨论法、讲练结合法、教学一体等教学方法.

学习项目13:数理统计(12学时)

(1)抽样与抽样分布:数理统计中的基本概念、统计量、抽样分布.

(2)参数的点估计:矩法估计、极大似然估计、估计量优良性标准.

(3)参数的区间估计:正态总体参数的置信区间、方差的置信区间.

(4)假设检验:U 检验法、t 检验法、F 检验法.

(5)回归分析:回归分析简介.

重点:数理统计中的基本概念;参数的区间估计.

难点:参数的点估计;假设检验.

教学模式:综合运用讲授法、案例驱动法、问答法、讨论法、讲练结合法、教学一体等教学方法.

期中考试(4 学时)

机动(4 学时)

五、教学方法与手段

本课程综合运用讲授法、案例驱动法、问答法、讨论法、讲练结合法、教学一体等教学方法,着重探索运用“案例驱动”教学法.

根据水利类专业培养目标和高等数学课程的特点,运用“模块、案例一体化”的教学思想,即“案例驱动”教学方法,坚持“数学与专业结合、必需够用为度”“掌握概念,强化应用,培养技能”的原则,加大力度改革教学内容、教学方法和教学手段.

(1)不拘泥于数学理论体系的系统性,通过“案例驱动”,努力实现“模块、案例一体化”的思想,即实现数学知识模块与工程技术案例的融合,缩短数学课与专业知识间的距离.每章节内容都通过案例驱动,并根据每个数学知识模块在专业课程中应用的广泛程度列举相应的案例,在凸显“以能力培养为中心”的同时,体现数学“与专业结合”的原则.

(2)弱化、删除一些复杂的数学定理、性质的证明过程,凸显数学“基本概念、基本思想、基本方法”,以及在专业课中应用的内容与案例;简化、删除一些理论性强、内容复杂的计算内容,代之以水利工程技术案例分析,提高学生“将数学知识专业化和将专业知识数学化”的相互贯通能力,培养其解决专业问题的数学思维习惯.

(3)介绍功能强大的数学软件 Matlab 知识的学习与实际应用,提升学生处理复杂计算问题的能力,以更好地适应专业知识的学习.

当前,计算机、互联网、多媒体等先进的现代教学技术已被广泛应用,因而教师的教学方法与手段也必须变得灵活多样.在教学中,将传统的黑板、粉笔加教案的教学方法与多媒体教学结合使用,将传统的数学教学中不能直观表示的抽象的概念、定理等通过图表、图像、动画等多媒体生动地表现出来,从而加深学生对其的印象,使学生易于理解和掌握,激发学生的学习积极性,又解决了课堂信息量不大的问题,使教学过程灵活多样,提高学生的学习兴趣,形成数学教学的良性循环.为了充分利用网络这个有力工具,加强课外的教学,在精品课程网站上设立学习指导、名师课堂、网络课件、网上答疑、历年试题、视频教程等栏目,为教学提供良好的网络环境条件.

六、教师的基本要求

(一)师德

教师应具有高尚的思想品德和良好的职业道德.

(二)师智

努力学习先进的教育思想和教育理论,切实转变教育理念,探索科学的教学方法,高质量地完成教育教学任务;努力学习业务知识,完善知识结构,提升知识层次,不断提高业务水平.

(三)师才

教师既要传道、授业又要解惑,广学博取,具有数学文化、数学建模、数学实验方面的知识,创立宽广精深的知识面.

(四)师能

教师要具有独立的思维能力、组织管理能力、解决实际问题的能力、掌握现代教育技术的能力、教学改革和学术研究的能力.

(五)师情

教师要具有祥和的面部表情、娓娓的语言叙述、热情饱满的情绪、昂扬振奋的精神.

七、教学条件的基本要求

具备校内单堂教室、合堂教室、多媒体教室、图书馆、阅览室、微机室、实验室、互联网、精品课程网等.

八、考核标准与方式

依据基于职业能力的专业培养目标要求,本课程积极建构以培养学生职业能力为核心,促进学生全面发展的考核目标,即由传统的知识本位考试向知识、能力、素质"三位一体"的考核过渡.为此,高等数学课程的考核标准应以考核数学知识的应用、技能与能力水平为核心,采用课程教学过程中的形成性考核与期末课程结束的鉴定性考试并重的考核方式.

本课程的总评考试成绩由形成性考核成绩(占40%)和期末考试成绩(占60%)两部分组成.

(一)形成性考核成绩

(1)期中考试成绩(40%):期中由任课教师本人出题测试学生所掌握知识情况,据此评定成绩.

(2)作业成绩(40%):每次作业由任课教师认真统计并及时填写"作业批改记录",据此评定成绩.

(3)日常表现(20%):抛弃死记硬背的学习模式,任课教师加强对学生日常学习的督促,着重考察学生综合职业能力及素养,使成绩评定公正、合理,主要根据日常考勤、课堂提问、课堂发言等情况评定成绩.

(二)期末考试成绩

期末考试坚持实行教考分离,从试题库随机抽题,闭卷考试,限时完成,统考统改,流水作业评卷,公平公正地核算成绩.

九、其他说明

(一)本课程要求适用于水利类专业

本课程教学基本要求适用于三年制普通和对口高职工科类专业.

(二)本课程与其他课程的衔接关系

本课程是在学生全面掌握高中数学知识的基础上实施的.本课程与水利类专业的主干课程,诸如工程力学与结构基础、水力与水文学、水工建筑物与运行管理、水利(或建筑)工程施工技术、水利(或建筑)工程施工组织与现场管理、水利(或建筑)工程造价与招投标、机械设计基础、数控技术等密切联系,这些专业课程的学习都必须借助于一定的数学知识做基础.

(三)本课程的课业训练要求

(1)课业内容要紧扣教学内容,体现重点、突破难点,巩固课堂教学的知识,培养学生应掌握的基本技能.

(2)课业包括课堂练习和课后练习.教师应引导学生研究解题的思想方法,概括解题思路,并注意明确目的,精选题目,保证足够的基本题.题量要适中,课后作业量与理论教学的比原则上掌握在2∶1.

(3)对重点内容可采用分散训练与集中训练相结合、及时练习和间隔练习相结合的方法进行强化.

(4)注意理论与专业实际相结合,要有一定数量的专业实际应用题,加强应用实训.

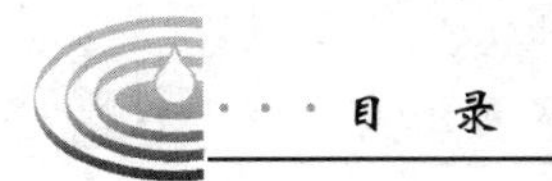

目 录

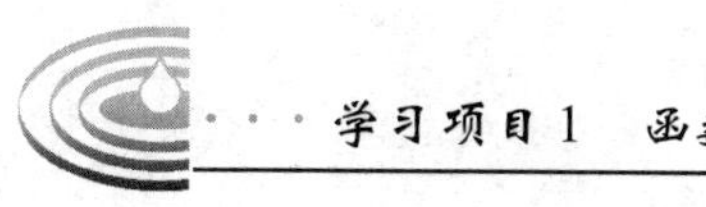

学习项目1 函数、极限与连续

1.1 函 数

函数是微积分学研究的对象,在中学里已经学习过函数的概念,在这里我们不是简单地重复,而是要从全新的视角来对它进行描述并重新分类.

1.1.1 函数的概念

1.1.1.1 常量与变量

在日常生活与生产活动中,经常遇到各种不同的量.例如:身高、气温、产量等.这些量可以分为两类:一类量在考察的过程中不发生变化,只取一个固定的值,我们把它称作常量.例如:圆周率 π 是个永远不变的量,称作常量.另一类量在所考察的过程中是变化的,可以取不同的数值,我们把它称作变量.例如:一天中的气温、生产过程中的产量都是在不断变化的,它们都是变量.

常量习惯用字母 a、b、c、d 等表示;变量习惯用 x、y、z、u、v、w 等表示.

1.1.1.2 函数

在某个变化过程中,往往出现多个变量,这些变量不是彼此孤立的,而是相互影响和相互制约的,一个量或一些量的变化会引起另一个量的变化.如果这些影响是确定的,是依照某一法则的,那么我们说这些变量之间存在着函数关系.

定义 1-1 设 x 和 y 是两个变量, D 是一个给定的数集,如果对于每个数 $x \in D$,变量 y 按照一定法则 f 总有唯一确定的数值与其对应,则称 y 是 x 的函数,记作 $y = f(x)$.数集 D 称为该函数的定义域, x 称为自变量, y 称为因变量.

当自变量 x 取数值 x_0 时,因变量 y 按照法则 f 所取定的数值称为函数 $y = f(x)$ 在点 x_0 处的函数值,记作 $f(x_0)$.当自变量 x 遍取定义域 D 的每个数值时,对应的函数值的全体组成的数集 $W = \{y \mid y = f(x), x \in D\}$ 称为函数的值域.

1.1.1.3 函数的两要素

函数 $y = f(x)$ 的定义域 D 是自变量 x 的取值范围,而函数值 y 又是由对应法则 f 来确定的,所以函数实质上是由其定义域 D 和对应法则 f 所确定的,因此通常称函数的定义域和对应法则为函数的两个要素.也就是说,只要两个函数的定义域相同,对应法则也相同,就称这两个函数为相同的函数,与变量用什么符号表示无关,如 $y = |x|$ 与 $z = \sqrt{v^2}$,就是相同的函数.

1. 对应法则

【例题 1-1】 设 $f(x) = \frac{1}{x}\sin\frac{1}{x}$,求 $f(\frac{2}{\pi})$.

解:$f(\frac{2}{\pi}) = \frac{\pi}{2}\sin\frac{\pi}{2} = \frac{\pi}{2}$.

【例题1-2】 设$f(x+1) = x^2 - 3x$,求$f(x)$.

解:令$x+1=t$,则$x=t-1$,所以:

$f(t) = (t-1)^2 - 3(t-1) = t^2 - 5t + 4$,

所以,$f(x) = x^2 - 5x + 4$.

2.定义域

【例题1-3】 求下列函数的定义域.

(1)$f(x) = \frac{3}{5x^2 + 2x}$. (2)$f(x) = \sqrt{9 - x^2}$. (3)$f(x) = \lg(4x - 3)$.

解:(1)在分式$\frac{3}{5x^2 + 2x}$中,分母不能为零,所以$5x^2 + 2x \neq 0$.

解得$x \neq -\frac{2}{5}$且$x \neq 0$,即定义域为$(-\infty, -\frac{2}{5}) \cup (-\frac{2}{5}, 0) \cup (0, +\infty)$.

(2)在偶次根式中,被开方式必须大于或等于零,所以$9 - x^2 \geq 0$.

解得$-3 \leq x \leq 3$,即定义域为$[-3,3]$.

(3)在对数中,真数必须大于零,所以有$4x - 3 > 0$.

解得$x > \frac{3}{4}$,即定义域为$(\frac{3}{4}, +\infty)$.

应当指出:求函数定义域时,除要根据解析式本身确定自变量的取值范围外,在实际应用问题中,还要考虑到变量的实际意义.例如:表示时间的变量t不能取负值.

1.1.1.4 函数的记号

y是x的函数,可以记作$y = f(x)$,也可以记作$y = \varphi(x)$或$F(x)$等,但同一函数在讨论中应取定记法,同一问题中涉及多个函数时,则应取不同的记号分别表示它们各自的对应规律,有时也用记号$y = y(x)$、$u = u(x)$、$v = v(x)$等表示函数.这种函数的记号称为函数的解析表达式.

1.1.1.5 函数的三种表示方法

1.图像法

用函数的图形来表示函数的方法称为函数的图像表示方法,简称图像法.这种方法直观性强并可观察函数的变化趋势,但根据函数图形所求出的函数值准确度不高且不便于做理论研究.

2.表格法

将自变量的某些取值及与其对应的函数值列成表格表示函数的方法称为函数的表格表示方法,简称表格法.这种方法的优点是查找函数值方便,缺点是数据有限、不直观、不便于做理论研究.

3.公式法

用一个(或几个)公式表示函数的方法称为函数的公式表示方法,简称公式法,也称为解析法.这种方法的优点是形式简明,便于做理论研究与数值计算,缺点是不如图像法来得直观.

在用公式法表示函数时经常遇到下面几种情况:

1)分段函数

在自变量的不同取值范围内,用不同的公式表示的函数称为分段函数,例如:

$$f(x)=\begin{cases}x+1, & x<0,\\ x^2, & 0\leqslant x<2,\\ \ln x, & 2\leqslant x\leqslant 5,\end{cases}$$

就是一个定义在区间 $(-\infty,5]$ 上的分段函数.

2)用参数方程确定的函数

用参数方程 $\begin{cases}x=\varphi(t)\\ y=\psi(t)\end{cases}$ $(t\in I)$表示的变量 x 与 y 之间的函数关系,称为用参数方程确定的函数.例如,函数 $y=\sqrt{1-x^2}\,(x\in[-1,1])$ 可以用参数方程 $\begin{cases}x=\cos t\\ y=\sin t\end{cases}$ $(0\leqslant t\leqslant\pi)$ 表示.

3)隐函数

如果在方程 $F(x,y)=0$ 中,当 x 在某区间 I 内任意取定一个值时,相应地总有满足该方程的唯一的 y 值存在,则称方程 $F(x,y)=0$ 在区间 I 内确定了一个隐函数.例如,方程 $e^x+xy-1=0$ 就确定了变量 y 与变量 x 之间的函数关系.

注意:能表示成 $y=f(x)$ (其中 $f(x)$ 仅为 x 的解析式)形式的函数,称为显函数.把一个隐函数化成显函数的过程称为隐函数的显化.例如,$e^x+xy-1=0$ 可以化成显函数 $y=\dfrac{1-e^x}{x}$.但有些隐函数却不可能化成显函数,如 $e^x+xy-e^y=0$.

1.1.2　函数的四种特性

设函数 $y=f(x)$ 的定义域为区间 D,函数的四种特性如下.

1.1.2.1　函数的有界性

定义1-2　设函数 $y=f(x)$ 在集合 D 上有定义,如果存在一个正数 M,对于所有的 $x\in D$,恒有 $|f(x)|\leqslant M$,则称函数 $y=f(x)$ 在 D 上是有界的.如果不存在这样的正数 M,则称 $y=f(x)$ 在 D 上是无界的.

对于函数的有界性,要注意以下两点:

(1)当一个函数 $y=f(x)$ 在区间 (a,b) 内有界时,正数 M 的取法不是唯一的.

(2)有界性是依赖于区间的.

1.1.2.2　函数的奇偶性

定义1-3　设函数 $y=f(x)$ 在集合 D 上有定义,若对任意 $x\in D$ 满足 $f(-x)=f(x)$,则称 $f(x)$ 是 D 上的偶函数;若对任意 $x\in D$ 满足 $f(-x)=-f(x)$,则称 $f(x)$ 是 D 上的奇函数.既不是奇函数也不是偶函数的函数,称为非奇非偶函数.

1.1.2.3 **函数的单调性**

定义1-4 若对任意 $x_1, x_2 \in (a,b)$,当 $x_1 < x_2$ 时,有 $f(x_1) < f(x_2)$,则称函数 $y = f(x)$ 是区间 (a,b) 内的单调增加函数;当 $x_1 < x_2$ 时,有 $f(x_1) > f(x_2)$,则称函数 $y = f(x)$ 是区间 (a,b) 内的单调减少函数,单调增加函数和单调减少函数统称为单调函数.若函数 $y = f(x)$ 是区间 (a,b) 内的单调函数,则称区间 (a,b) 为单调区间.

1.1.2.4 **函数的周期性**

定义1-5 如果存在常数 T,对于任意 $x \in D$、$x + T \in D$,有 $f(x + T) = f(x)$,则称函数 $y = f(x)$ 是周期函数,T 是 $y = f(x)$ 的周期.通常所说的周期是指函数的最小正周期.

1.1.3 反函数

定义1-6 设函数 $y = f(x)$ 为定义在数集 D 上的函数,其值域为 W.如果对于数集 W 中的每个数 y,在数集 D 中都有唯一确定的数 x 使 $y = f(x)$ 成立,则得到一个定义在数集 W 上的以 y 为自变量,x 为因变量的函数,称其为函数 $y = f(x)$ 的反函数,记为 $x = f^{-1}(y)$,其定义域为 W,值域为 D.

由于人们习惯于用 x 表示自变量,用 y 表示因变量,为了照顾习惯,我们将函数 $y = f(x)$ 的反函数 $x = f^{-1}(y)$,用 $y = f^{-1}(x)$ 表示.

注意:$y = f(x)$ 与 $y = f^{-1}(x)$ 的图形关于直线 $y = x$ 对称.

1.1.4 反三角函数

定义1-7 $y = \sin x, x \in [-\frac{\pi}{2}, \frac{\pi}{2}]$ 的反函数,叫作反正弦函数,记作 $x = \arcsin y$.

定义1-8 $y = \cos x, x \in [0, \pi]$ 的反函数,叫作反余弦函数,记作 $x = \arccos y$.

定义1-9 $y = \tan x, x \in (-\frac{\pi}{2}, \frac{\pi}{2})$ 的反函数,叫作反正切函数,记作 $x = \arctan y$.

定义1-10 $y = \cot x, x \in (0, \pi)$ 的反函数,叫作反余切函数,记作 $x = \text{arccot}\, y$.

反三角函数的定义域与主值范围如表1-1所示,反三角函数图像如表1-2所示.

表1-1 反三角函数的定义域与主值范围

函数	主值记号	定义域	主值范围
反正弦	若 $x = \sin y$,则 $y = \arcsin x$	$-1 \leqslant x \leqslant 1$	$-\frac{\pi}{2} \leqslant y \leqslant \frac{\pi}{2}$
反余弦	若 $x = \cos y$,则 $y = \arccos x$	$-1 \leqslant x \leqslant 1$	$0 \leqslant y \leqslant \pi$
反正切	若 $x = \tan y$,则 $y = \arctan x$	$-\infty < x < +\infty$	$-\frac{\pi}{2} < y < \frac{\pi}{2}$
反余切	若 $x = \cot y$,则 $y = \text{arccot}\, x$	$-\infty < x < +\infty$	$0 < y < \pi$

表1-2　反三角函数图像

反正弦曲线	反余弦曲线
$y=\arcsin x$	$y=\arccos x$
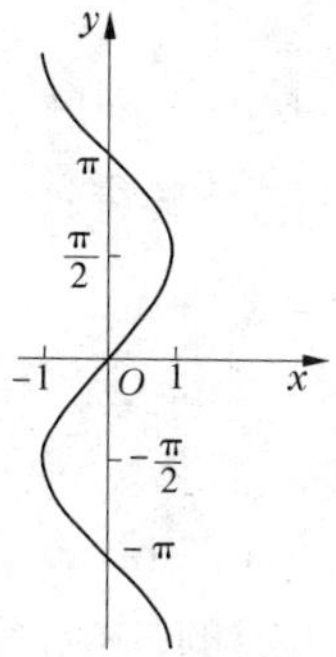 y　π　$\frac{\pi}{2}$　-1　O　1　x　$-\frac{\pi}{2}$　$-\pi$	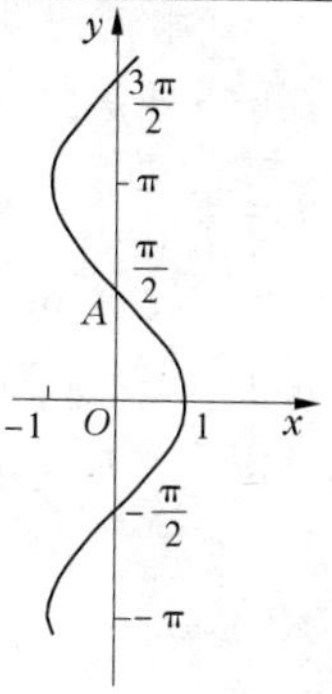 y　$\frac{3\pi}{2}$　π　$\frac{\pi}{2}$　A　-1　O　1　x　$-\frac{\pi}{2}$　$-\pi$
反正切曲线	反余切曲线
$y=\arctan x$	$y=\text{arccot}x$
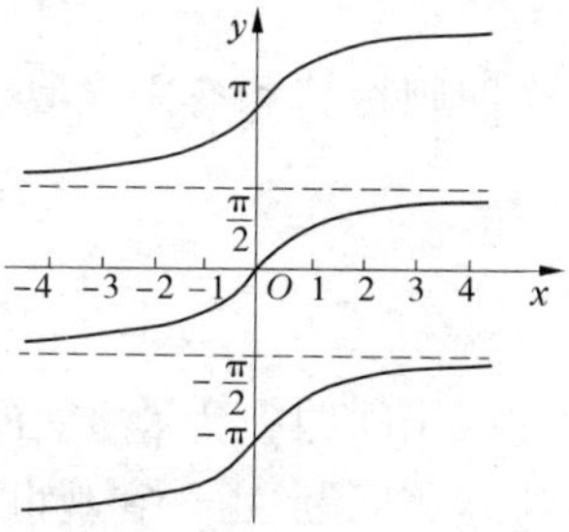 y　π　$\frac{\pi}{2}$　-4　-3　-2　-1　O　1　2　3　4　x　$-\frac{\pi}{2}$　$-\pi$	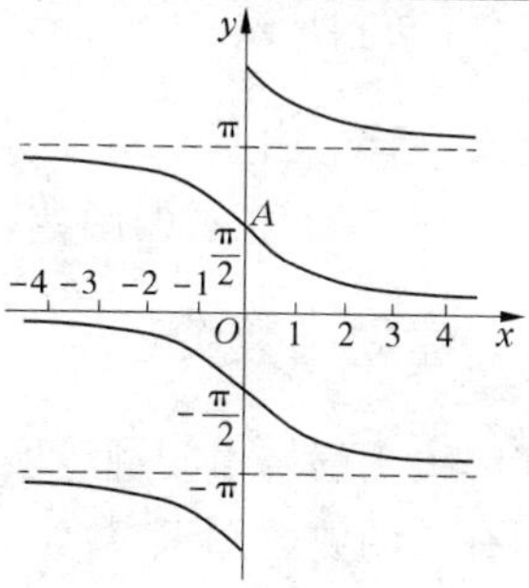 y　π　A　$\frac{\pi}{2}$　-4　-3　-2　-1　O　1　2　3　4　x　$-\frac{\pi}{2}$　$-\pi$

1.1.5　基本初等函数

定义1-11　幂函数 $y=x^a$（a 为常数），指数函数 $y=a^x$（$a>0$ 且 $a\neq1$，a 为常数），对数函数 $y=\log_a x$（$a>0$ 且 $a\neq1$，a 为常数），三角函数 $y=\sin x$、$y=\cos x$、$y=\tan x$、$y=\cot x$、$y=\sec x$、$y=\csc x$ 和反三角函数 $y=\arcsin x$、$y=\arccos x$、$y=\arctan x$、$y=\text{arccot}x$ 等5类函数统称为基本初等函数.

1.1.6　复合函数

定义1-12　若函数 $y=f(u)$ 的定义域为 D_1，函数 $u=\varphi(x)$ 在 D_2 上有定义，其值域为 $W_2=\{u\mid u=\varphi(x),x\in D_2\}$ 且 $W_2\subset D_1$，则对于任一 $x\in D_2$，通过函数 $u=\varphi(x)$ 有确定的 $u\in W_2$ 与之对应，通过函数 $y=f(u)$ 有确定的 y 值与之对应. 这样对于任一 $x\in D_2$，通过函数 u 有确定的 y 值与之对应，从而得到一个以 x 为自变量，y 为因变量的函数，称其为由函数 $y=f(u)$ 和 $u=\varphi(x)$ 复合而成的复合函数，记为 $y=f[\varphi(x)]$，其定义域为 D_2，u 称为中间变量.

例如:函数 $y = \sqrt{1-x^2}$ 是由 $y = \sqrt{u}, u = 1 - x^2$ 复合成的,其定义域为 $[-1,1]$.

【例题 1-4】 写出下列复合函数的复合过程.

(1) $y = \sin^2 \frac{1}{\sqrt{x^2+1}}$.　　(2) $y = \ln(\tan e^{x^2+2\sin x})$.

解:(1)最外层是二次方,即 $y = u^2$,次外层是正弦,即 $u = \sin v$,从外向里第三层是幂函数,即 $v = w^{-\frac{1}{2}}$,最里层是多项式,即 $w = x^2 + 1$,所以分解得:

$$y = u^2, u = \sin v, v = w^{-\frac{1}{2}}, w = x^2 + 1.$$

(2)最外层是对数,即 $y = \ln u$,次外层是正切,即 $u = \tan v$,从外向里第三层是指数函数,即 $v = e^w$,最里层是 $w = x^2 + 2\sin x$,所以分解得:

$$y = \ln u, u = \tan v, v = e^w, w = x^2 + 2\sin x.$$

(1)复合函数的复合过程是由里到外,函数套函数而成的.分解复合函数,是采取由外到里层层分解的办法,拆成若干基本初等函数或基本初等函数的四则运算.

(2)基本初等函数经有限次四则运算所得到的函数称为简单函数.

1.1.7 初等函数

定义 1-13 由基本初等函数及常数经过有限次四则运算和有限次复合运算而得到的,且用一个式子表示的函数,称为初等函数.

1.1.8 建立函数关系

在解决工程技术问题等实际应用中,经常需要先找出问题中变量之间的函数关系,然后利用有关的数学知识、数学方法去分析、研究、解决这些问题.由于客观世界中变量之间的函数关系是多种多样的,往往要涉及几何、物理、经济等各学科的知识,因此建立函数关系式一般没有规律可循,只能具体问题具体分析.不过,一般可以这样着手解决:

第一步,把题意分析清楚,有时也可以画出草图,借助草图帮助分析和理解题意.

第二步,应根据题意确定哪个是自变量,哪个是因变量,最终建立自变量和因变量(函数)的关系式.

【例题 1-5】 一下水道的截面是矩形加半圆形(见图 1-1),截面面积为 A,A 是一常量,该常量取决于预定的排水量.设截面的周长为 s,底宽为 x,试建立 s 与 x 的函数模型.

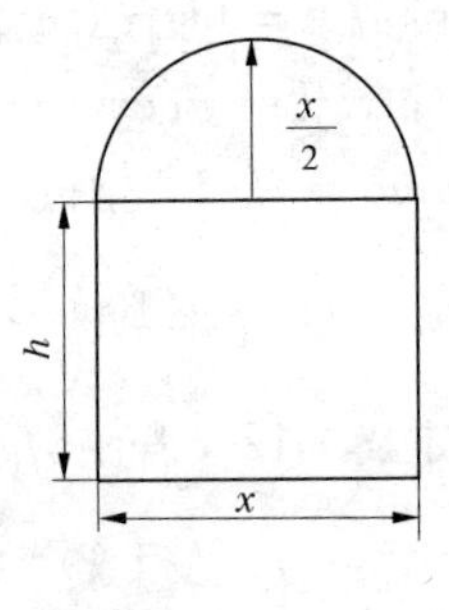

图 1-1

解:设矩形高为 h,根据等量关系写关系式

$$s = x + 2h + \frac{1}{2}\pi x. \tag{1-1}$$

根据题中所给限制条件——截面面积为 A,建立 x 与 h 的关系:

$$A = xh + \frac{1}{2}\pi\left(\frac{x}{2}\right)^2,$$

即
$$h = \frac{A}{x} - \frac{1}{8}\pi x. \tag{1-2}$$

将式(1-2)代入式(1-1)得

$$s = (1 + \frac{\pi}{4})x + \frac{2A}{x} \quad (x > 0).$$

此式即为所要建立的周长 s 与底宽 x 的函数模型.

习题 1.1

1. 某厂有一水池,其容积为 100 m^3,原有水 10 m^3,现以 0.5 m^3/min 的速度向水池中注入水,试将水池中水的体积表示为时间 t 的函数,并求将水池灌满所需要的时间.

2. 将直径为 d 的圆木锯成底为 x,高为 y 的矩形木梁,其横截面为圆木横截面的内接矩形.

(1)将矩形木梁的截面面积 A 表示为 x 的函数.

(2)已知矩形木梁的强度 E 与 xy^2 成正比,当 $d=10, x=6$ 时,矩形木梁的强度 $E=64$,试将该木梁的强度 E 表示为 x 的函数.

3. 有一抛物线拱形桥,跨度为 20 m,高为 4 m,选择适当的坐标系,把拱形上点的纵坐标 y 表示成横坐标 x 的函数.

1.2 极限的概念

1.2.1 数列的极限

1.2.1.1 数列

定义 1-14 按一定法则排列的一串数 $x_1, x_2, x_3, \cdots, x_n, \cdots$ 称为数列,记作 $\{x_n\}$,其中 x_1 叫数列的第一项, x_2 叫数列的第二项, $\cdots$, x_n 叫数列的第 n 项,又称一般项.

例如:(1) $1, \frac{1}{2}, \frac{1}{3}, \cdots, \frac{1}{n}, \cdots$

(2) $\frac{1}{2}, \frac{2}{3}, \frac{3}{4}, \cdots, \frac{n}{n+1}, \cdots$

(3) $\frac{1}{2}, -\frac{1}{2^2}, \frac{1}{2^3}, -\frac{1}{2^4}, \cdots, \frac{(-1)^{n+1}}{2^n}$

(4) $1, -1, 1, -1, 1, \cdots, (-1)^{n+1}, \cdots$

(5) $-1, 2, -3, 4, -5, 6, \cdots, (-1)^n n$

(6) $0, 1, 0, \frac{1}{2}, 0, \frac{1}{3}, 0, \frac{1}{4}, \cdots, \frac{(-1)^n + 1}{n}, \cdots$

(7) $3, 3\frac{1}{2}, 3\frac{2}{3}, 3\frac{3}{4}, \cdots, 4 - \frac{1}{n}, \cdots$

1.2.1.2 **数列的极限的概念**

定义 1-15 对于数列$\{x_n\}$，当n无限变大时，x_n趋于一个常数A，则称当n趋于无穷大时，数列$\{x_n\}$以A为极限，记作：

$$\lim_{n\to\infty}x_n = A \quad 或 \quad x_n \to A(n\to\infty).$$

亦称数列$\{x_n\}$收敛于A，如果数列$\{x_n\}$没有极限，就称数列$\{x_n\}$是发散的.

例如：(1) $\lim\limits_{n\to\infty}\dfrac{1}{n}=0$.

(2) $\lim\limits_{n\to\infty}\dfrac{n}{n+1}=1$.

(3) $\lim\limits_{n\to\infty}\dfrac{(-1)^{n+1}}{2^n}=0$.

(4) $\lim\limits_{n\to\infty}(-1)^{n+1}$不存在.

(5) $\lim\limits_{n\to\infty}(-1)^n n$不存在.

(6) $\lim\limits_{n\to\infty}\dfrac{(-1)^n+1}{n}=1$.

(7) $\lim\limits_{n\to\infty}\left(4-\dfrac{1}{n}\right)=4$.

1.2.2 函数的极限

1.2.2.1 $x\to\infty$ **时函数的极限**

定义 1-16 当x的绝对值无限增大时，函数$f(x)$趋于一个常数A，则称当$x\to\infty$时，函数$f(x)$以A为极限，记作：

$$\lim_{x\to\infty}f(x)=A 或 f(x)\to A(x\to\infty).$$

定义 1-17 当x大于零且无限增大时，函数$f(x)$趋于一个常数A，则称当$x\to+\infty$时，函数$f(x)$以A为极限，记作：

$$\lim_{x\to+\infty}f(x)=A 或 f(x)\to A(x\to+\infty).$$

定义 1-18 当x小于零且绝对值无限增大时，函数$f(x)$趋于一个常数A，则称当$x\to-\infty$时，函数$f(x)$以A为极限，记作：

$$\lim_{x\to-\infty}f(x)=A 或 f(x)\to A(x\to-\infty).$$

充要条件：$\lim\limits_{x\to\infty}f(x)=A \Leftrightarrow \lim\limits_{x\to+\infty}f(x)=\lim\limits_{x\to-\infty}f(x)=A$.

【例题 1-6】 求(1) $\lim\limits_{x\to\infty}(1+\dfrac{1}{x^2})$；(2) $\lim\limits_{x\to\infty}3^x$.

解：(1) 因为 $\lim\limits_{x\to+\infty}(1+\dfrac{1}{x^2})=1$，$\lim\limits_{x\to-\infty}(1+\dfrac{1}{x^2})=1$，

所以 $\lim\limits_{x\to\infty}(1+\dfrac{1}{x^2})=1$.

(2) 因为 $\lim\limits_{x\to+\infty}3^x=+\infty$，$\lim\limits_{x\to-\infty}3^x=0$，

所以 $\lim\limits_{x\to\infty} 3^x$ 不存在.

1.2.2.2　$x \to x_0$ 时函数的极限

定义 1-19　设函数 $f(x)$ 在点 x_0 的某个邻域内有定义,当 x 趋于 x_0 时,函数 $f(x)$ 趋于一个常数 A,则称当 $x \to x_0$ 时,函数 $f(x)$ 以 A 为极限,记作:

$$\lim_{x\to x_0} f(x) = A \text{ 或 } f(x) \to A(x \to x_0).$$

定义 1-20　设函数 $f(x)$ 在点 x_0 的某个右半邻域内有定义,当 x 在此半邻域内从 x_0 右侧无限趋于 x_0 时,函数 $f(x)$ 趋于一个常数 A,则称 A 为当 $x \to x_0^+$ 时,函数 $f(x)$ 的右极限. 记作:

$$\lim_{x\to x_0^+} f(x) = A \text{ 或 } f(x) \to A(x \to x_0^+).$$

定义 1-21　设函数 $f(x)$ 在点 x_0 的某个左半邻域内有定义,当 x 在此半邻域内从 x_0 左侧无限趋于 x_0 时,函数 $f(x)$ 趋于一个常数 A,则称 A 为当 $x \to x_0^-$ 时,函数 $f(x)$ 的左极限. 记作:

$$\lim_{x\to x_0^-} f(x) = A \text{ 或 } f(x) \to A(x \to x_0^-).$$

充要条件:　$\lim\limits_{x\to x_0} f(x) = A \Leftrightarrow \lim\limits_{x\to x_0^+} f(x) = \lim\limits_{x\to x_0^-} f(x) = A.$

【例题 1-7】　求 $\lim\limits_{x\to 1} f(x)$,其中 $f(x) = \begin{cases} x+2, & x \geqslant 1, \\ 3x, & x < 1. \end{cases}$

解:因为

$$\lim_{x\to 1^+} f(x) = \lim_{x\to 1^+}(x+2) = 3,$$

$$\lim_{x\to 1^-} f(x) = \lim_{x\to 1^-} 3x = 3,$$

所以

$$\lim_{x\to 1} f(x) = 3.$$

习题 1.2

1. 观察下列函数的变化趋势,如果有极限,写出它们的极限值.

(1) $x_n = 1 - (-\frac{2}{3})^n$.　(2) $x_n = \frac{3n+1}{4n-2}$.　(3) $x_n = \frac{n+1}{n^2}$.

2. 观察下列数列的变化趋势,如果有极限,写出它们的极限值.

(1) $\lim\limits_{x\to\infty} \frac{1}{x^2}$.　(2) $\lim\limits_{x\to\infty} \rho^x$.　(3) $\lim\limits_{x\to\infty}(x^2+5)$.

3. 设函数 $f(x) = \begin{cases} x^2, x > 0, \\ x, x \leqslant 0, \end{cases}$ 问:当 $x \to 0$ 时,$f(x)$ 的极限存在吗?

4. 设 $f(x) = \begin{cases} 3x, -1 < x < 1, \\ 2, x = 1, \\ 3x^2, 1 < x < 2, \end{cases}$ 求:$\lim\limits_{x\to 0} f(x)$,$\lim\limits_{x\to 1} f(x)$,$\lim\limits_{x\to \frac{3}{2}} f(x)$.

1.3　极限的运算法则

利用极限的定义只能计算一些很简单函数的极限,而实际问题中的函数却要复杂得多.本节将介绍极限的四则运算法则,并运用这些法则去求一些较复杂函数的极限问题.

定理 1-1 若 $\lim u(x) = A, \lim v(x) = B$,则:

(1) $\lim[u(x) \pm v(x)] = \lim u(x) \pm \lim v(x) = A \pm B$.

(2) $\lim[u(x) \cdot v(x)] = \lim u(x) \cdot \lim v(x) = AB$.

(3) $\lim \dfrac{u(x)}{v(x)} = \dfrac{\lim u(x)}{\lim v(x)} = \dfrac{A}{B}(B \neq 0)$.

推论 设 $\lim u(x)$ 存在,c 为常数,n 为正整数,则有:

(1) $\lim[cu(x)] = c\lim u(x)$.

(2) $\lim[u(x)]^n = [\lim u(x)]^n$.

注意 在使用这些法则时,必须注意以下几点:

(1)法则要求每个参与运算的极限存在.

(2)商的极限的运算法则中,分母的极限不能为零.

(3)上述法则可推广到有限多个函数的代数和及乘法的情况.

【例题 1-8】 求 $\lim\limits_{x \to 0} \dfrac{2x^2 - 3x + 1}{x + 2}$.

解:
$$\lim_{x \to 0} \frac{2x^2 - 3x + 1}{x + 2} = \frac{\lim\limits_{x \to 0}(2x^2 - 3x + 1)}{\lim\limits_{x \to 0}(x + 2)} = \frac{1}{2}.$$

【例题 1-9】 求 $\lim\limits_{x \to 3} \dfrac{x^2 - 4x + 3}{x^2 - 9}$.

解:
$$\lim_{x \to 3} \frac{x^2 - 4x + 3}{x^2 - 9} = \lim_{x \to 3} \frac{(x - 3)(x - 1)}{(x + 3)(x - 3)} = \lim_{x \to 3} \frac{x - 1}{x + 3} = \frac{1}{3}.$$

注:此极限不能直接利用商的运算法则.

一般地,当 $x \to \infty$ 时,有理分式 $(a_0 \neq 0, b_0 \neq 0)$ 的极限有以下结果:

$$\lim_{x \to \infty} \frac{a_0 x^n + a_1 x^{n-1} + \cdots + a_n}{b_0 x^m + b_1 x^{m-1} + \cdots + b_m} = \begin{cases} 0, & n < m, \\ \dfrac{a_0}{b_0}, & n = m, \\ \infty, & n > m. \end{cases}$$

只适用于 $x \to \infty$ 或 $x \to +\infty, x \to -\infty$.

【例题 1-10】 求 $\lim\limits_{x \to \infty} \dfrac{2x^2 - x + 3}{x^2 + 2x + 2}$.

解:
$$\lim_{x \to \infty} \frac{2x^2 - x + 3}{x^2 + 2x + 2} = 2.$$

注:分子、分母同除以 x 的最高次方.

【例题 1-11】 求下列极限:

(1) $\lim\limits_{x \to \infty} \dfrac{4x^2 + 5x - 3}{2x^3 + 8}$;(2) $\lim\limits_{x \to \infty} \dfrac{3x^4 - 2x^2 - 7}{5x^3 + 3}$;(3) $\lim\limits_{x \to \infty} \dfrac{(x - 3)(2x^2 + 1)}{2 - 7x^3}$.

解:(1)
$$\lim_{x \to \infty} \frac{4x^2 + 5x - 3}{2x^3 + 8} = 0.$$

(2) $$\lim_{x\to\infty}\frac{3x^4-2x^2-7}{5x^3+3}=\infty.$$

(3) $$\lim_{x\to\infty}\frac{(x-3)(2x^2+1)}{2-7x^3}=-\frac{2}{7}.$$

习题 1.3

1. 求 $\lim\limits_{x\to1}(x^2-2x+5)$.
2. 求 $\lim\limits_{x\to-1}\dfrac{2x^2+x-4}{3x^2+2}$.
3. 求 $\lim\limits_{x\to4}\dfrac{x^2-7x+12}{x^2-5x+4}$.
4. 求 $\lim\limits_{x\to\infty}\dfrac{2x^2+x-3}{3x^2-x+2}$.
5. 求 $\lim\limits_{x\to\infty}\dfrac{3x^3+2x^2+x+1}{2x^2+3x+5}$.
6. 求 $\lim\limits_{x\to\infty}\dfrac{3x^3+2x^2+x+1}{4x^4-5}$.

1.4　两个重要极限

1.4.1　第一个重要极限

$$\lim_{x\to0}\frac{\sin x}{x}=1.$$

【例题 1-12】　求 $\lim\limits_{x\to0}\dfrac{\tan x}{x}$.

解：$$\lim_{x\to0}\frac{\tan x}{x}=\lim_{x\to0}\frac{\sin x}{x}\cdot\frac{1}{\cos x}=\lim_{x\to0}\frac{\sin x}{x}\cdot\lim_{x\to0}\frac{1}{\cos x}=1\times1=1.$$

注意：本题可作为公式使用.

【例题 1-13】　求 $\lim\limits_{x\to0}\dfrac{\sin kx}{x}(k\neq0)$.

解：$$\lim_{x\to0}\frac{\sin kx}{x}=\lim_{x\to0}\frac{\sin kx}{kx}\cdot k\overset{t=kx}{=\!=\!=}k\lim_{t\to0}\frac{\sin t}{t}=k\times1=k.$$

注：此题的解法称变量代换法，本题可作为公式使用.

【例题 1-14】　求 $\lim\limits_{x\to0}\dfrac{1-\cos x}{x^2}$.

解：$$\lim_{x\to0}\frac{1-\cos x}{x^2}=\lim_{x\to0}\frac{2\sin^2\frac{x}{2}}{x^2}=\frac{1}{2}\lim_{x\to0}\left[\frac{\sin\frac{x}{2}}{\frac{x}{2}}\right]^2=\frac{1}{2}\left[\lim_{x\to0}\frac{\sin\frac{x}{2}}{\frac{x}{2}}\right]^2=\frac{1}{2}.$$

1.4.2　第二个重要极限

$$\lim_{x\to\infty}\left(1+\frac{1}{x}\right)^{x}=\mathrm{e}\text{ 和}\lim_{x\to 0}(1+x)^{\frac{1}{x}}=\mathrm{e}.$$

【例题 1-15】　求 $\lim\limits_{x\to\infty}\left(1+\frac{3}{x}\right)^{x}$.

解：$\lim\limits_{x\to\infty}\left(1+\frac{3}{x}\right)^{x}=\lim\limits_{x\to\infty}\left(1+\frac{3}{x}\right)^{\frac{x}{3}\cdot 3}=\lim\limits_{x\to\infty}\left[\left(1+\frac{3}{x}\right)^{\frac{x}{3}}\right]^{3}=\left[\lim\limits_{x\to\infty}\left(1+\frac{3}{x}\right)^{\frac{x}{3}}\right]^{3}=\mathrm{e}^{3}.$

【例题 1-16】　求 $\lim\limits_{x\to\infty}\left(1-\frac{1}{x}\right)^{2x+5}$.

解：$\lim\limits_{x\to\infty}\left(1-\frac{1}{x}\right)^{2x+5}=\lim\limits_{x\to\infty}\left(1-\frac{1}{x}\right)^{2x}\cdot\lim\limits_{x\to\infty}\left(1-\frac{1}{x}\right)^{5}=\lim\limits_{x\to\infty}\left[1+\left(-\frac{1}{x}\right)\right]^{-x\cdot(-2)}$

$$=\left\{\lim_{x\to\infty}\left[1+\left(-\frac{1}{x}\right)\right]^{-x}\right\}^{-2}=\mathrm{e}^{-2}.$$

习题 1.4

1. 求 $\lim\limits_{x\to 0}\frac{\sin ax}{\sin bx}(a\neq 0,b\neq 0)$.

2. 求 $\lim\limits_{x\to 0}\frac{\tan 3x-\sin 7x}{\tan 2x}$.

3. 求 $\lim\limits_{x\to\infty}\left(1-\frac{8}{x}\right)^{x}$.

4. 求 $\lim\limits_{x\to\infty}\left(1+\frac{2}{x}\right)^{3x-25}$.

5. 求 $\lim\limits_{x\to\infty}\left(\frac{2-x}{3-x}\right)^{x+2}$.

1.5　无穷小量与无穷大量

1.5.1　无穷小量的概念

定义 1-22　若函数 $f(x)$ 在自变量 x 的某一变化过程中以 0 为极限，即 $\lim f(x)=0$，则称 $f(x)$ 为这一变化过程中的无穷小量，简称无穷小.

例如：(1) $x\to 0$ 时，$\sin x,\sqrt[3]{x},x^{2}$ 是无穷小.

(2) $x\to 1$ 时，$(x-1)^{2}$ 是无穷小.

(3) $x\to\infty$ 时，$\frac{1}{x+2},\frac{1}{x^{2}}$ 是无穷小.

注意　(1)定义中所说的变化过程，包括前面所定义的函数极限的所有形式.

(2)无穷小的定义对数列也适用.例如:$\left\{\frac{1}{n}\right\}$,当$n\to\infty$时为无穷小.

(3)无穷小量是以零为极限的变量,不要把一个很小的数误认为是无穷小,如1×10^{-32}这个数虽然非常小,但是它的极限仍然是1×10^{-32},不是0,所以不是无穷小,但0是唯一可作为无穷小的常数.

(4)说某个函数是无穷小,必须指明自变量的变化过程.

例如:当$x\to\infty$时,$\frac{1}{x}$是无穷小;而当$x\to1$时,$\frac{1}{x}$就不是无穷小.

(5)判断一个函数是不是无穷小,只须求其极限即可.

1.5.2　函数极限和无穷小的关系

定理1-2　函数$f(x)$以A为极限的充要条件是:$f(x)$可以表示为A与一个无穷小α之和,即$\lim f(x)=A\Leftrightarrow f(x)=A+\alpha$,其中$\lim\alpha=0$.

1.5.3　无穷小量的性质

性质1-1　有限个无穷小的代数和仍然是无穷小.

性质1-2　有界变量与无穷小的乘积仍然是无穷小.

性质1-3　常数乘以无穷小仍然是无穷小.

性质1-4　有限个无穷小的乘积仍然是无穷小.

【例题1-17】　求下列极限:

(1)$\lim\limits_{x\to\infty}\frac{1}{x}\sin x$;(2)$\lim\limits_{x\to0}x\sin\frac{1}{x}$.

解:(1)
$$\lim_{x\to\infty}\frac{1}{x}\sin x=0.$$

(2)
$$\lim_{x\to0}x\sin\frac{1}{x}=0.$$

1.5.4　无穷大量的概念

定义1-23　在自变量x的某一变化过程中,若$\lim\frac{1}{f(x)}=0$,则$f(x)$为无穷大量,简称无穷大,记作:$\lim f(x)=\infty$.

例如:当$x\to0$时,$\frac{1}{x^3}$是无穷大;当$x\to\infty$时,$x+2$,x^2都是无穷大.

1.5.5　无穷大和无穷小的关系

从无穷大的定义可以看出,在自变量的同一变化过程中,无穷大和无穷小存在倒数关系.

例如:当$x\to0$时,x^3是无穷小,而$\frac{1}{x^3}$是无穷大;当$x\to\infty$时,$x+2$是无穷大,而

$\frac{1}{x+2}$是无穷小.

习题1.5

1. 自变量在怎样的变化过程中,下列函数为无穷小?

(1) $y=\frac{1}{x-1}$,(2) $y=2x-1$,(3) $y=2^x$,(4) $y=(\frac{1}{4})^x$.

2. 自变量在怎样的变化过程中,下列函数为无穷大?

(1) $y=\frac{1}{x-1}$,(2) $y=2x-1$,(3) $y=\ln x$,(4) $y=2^x$.

1.6 无穷小量的比较

我们已经知道,有限个无穷小量的和、差、积依然是无穷小量,而两个无穷小量的商却会呈现差异极大的现象.本节将专门讨论这个问题——无穷小量的比较.

1.6.1 无穷小量的比较的定义

定义1-24 设在自变量 $x\to x_0$ ($x\to\infty$)的变化过程中, $\alpha(x)$ 与 $\beta(x)$ 均是无穷小量.设 $\lim\frac{\alpha(x)}{\beta(x)}=\begin{cases}c\neq 0,\\ 0,\\ \infty,\end{cases}$ 比值为 $c\neq 0$ 时, $\alpha(x)$ 和 $\beta(x)$ 称为同阶无穷小,特别地,当 $c=1$ 时,称为等价无穷小,记为 $\alpha(x)\sim\beta(x)$;比值为0时,称 $\alpha(x)$ 为 $\beta(x)$ 的高阶无穷小,记作: $\alpha(x)=o(\beta(x))$;比值为 ∞ 时,称 $\alpha(x)$ 为 $\beta(x)$ 的低阶无穷小.

1.6.2 常见的几个等价无穷小

当 $x\to 0$ 时, $x\sim\sin x$; $x\sim\tan x$; $\frac{1}{2}x^2\sim 1-\cos x$; $x\sim\ln(1+x)$; $x\sim e^x-1$.

1.6.3 无穷小的替换定理

定理1-3 若 $\alpha(x)\sim\alpha_1(x)$, $\beta(x)\sim\beta_1(x)$,且 $\lim\frac{\alpha_1(x)}{\beta_1(x)}$ 存在(或 ∞),则 $\lim\frac{\alpha(x)}{\beta(x)}$ 存在(或 ∞),且 $\lim\frac{\alpha(x)}{\beta(x)}=\lim\frac{\alpha_1(x)}{\beta_1(x)}$.

【例题1-18】 求下列极限:

(1) $\lim\limits_{x\to 0}\frac{\ln(1+x)}{2\sin x}$.

(2) $\lim\limits_{x\to 0}\frac{1-\cos x}{x\sin x}$.

(3) $\lim\limits_{x\to 0}\dfrac{\tan x-\sin x}{\sin^3 x}$.

解:(1) $\lim\limits_{x\to 0}\dfrac{\ln(1+x)}{2\sin x}=\lim\limits_{x\to 0}\dfrac{x}{2\sin x}=\dfrac{1}{2}$.

(2) $\lim\limits_{x\to 0}\dfrac{1-\cos x}{x\sin x}=\lim\limits_{x\to 0}\dfrac{\frac{1}{2}x^2}{x\cdot x}=\dfrac{1}{2}$.

(3) $\lim\limits_{x\to 0}\dfrac{\tan x-\sin x}{\sin^3 x}=\lim\limits_{x\to 0}\dfrac{\sin x\cdot\dfrac{1-\cos x}{\cos x}}{\sin^3 x}=\dfrac{1}{2}$.

习题 1.6

1. 当 $x\to 0$ 时, $1-\cos^2 x$ 与 $a\sin^2\dfrac{x}{2}$ 为等价无穷小,则 $a=$________.

2. 求 $\lim\limits_{x\to 0}\dfrac{\tan^2 2x}{1-\cos x}$.

3. 求 $\lim\limits_{x\to 0}\dfrac{\tan x-\sin x}{x^3}$.

1.7　函数的连续性

1.7.1　函数在一点处连续的概念

在现实生活中,有许多量都是连续变化的. 例如:气温的变化、植物的生长、物体运动的路程等. 这些现象反映在数学上就是函数的连续性,这是与函数极限密切相关的另一个基本概念.

定义 1-25　设 $y=f(x)$ 在 x_0 点的某个邻域内有定义,当 x 在点 x_0 处的改变量 $(\Delta x=x-x_0)\Delta x\to 0$ 时,相应地 $\Delta y\to 0$,即 $\lim\limits_{\Delta x\to 0}\Delta y=0$,则称 $y=f(x)$ 在 x_0 点连续, x_0 称为 $y=f(x)$ 的连续点.

即
$$\lim_{\Delta x\to 0}\Delta y=\lim_{\Delta x\to 0}[f(x_0+\Delta x)-f(x_0)]=0.$$

定义 1-26　设 $y=f(x)$ 在 x_0 点的某个邻域内有定义,若 $\lim\limits_{x\to x_0}f(x)=f(x_0)$,则称 $f(x)$ 在 x_0 点连续.

注意:(1)若 $y=f(x)$ 在 x_0 点连续,则 $f(x)$ 在 x_0 点极限一定存在;反之,不一定成立.

(2)若 $y=f(x)$ 在 x_0 点连续,则 $\lim\limits_{x\to x_0}f(x)=f(x_0)$,亦有
$$\lim_{x\to x_0}f(x)=f(x_0)=f(\lim_{x\to x_0}x).$$

例如: $\lim\limits_{x\to 0}\cos x=\cos(\lim\limits_{x\to 0}x)=1$.

定义 1-27　设 $y=f(x)$ 在 x_0 点的某个左邻域内有定义,且 $\lim\limits_{x\to x_0^-}f(x)=f(x_0)$,则称

$f(x)$ 在 x_0 点左连续.

定义 1-28 设 $y=f(x)$ 在 x_0 点的某个右邻域内有定义,且 $\lim\limits_{x\to x_0^+}f(x)=f(x_0)$,则称 $f(x)$ 在 x_0 点右连续.

充要条件:$y=f(x)$ 在 x_0 点连续 $\Leftrightarrow$ $y=f(x)$ 在 x_0 点左连续且右连续.

【例题 1-19】 已知 $f(x)=\begin{cases}x^2+1, & x<0\\ 2x+b, & x\geqslant 0\end{cases}$ 在点 $x=0$ 处连续,求 b.

解:

$$\lim_{x\to 0^+}f(x)=\lim_{x\to 0^+}(2x+b)=f(0)=b,$$

$$\lim_{x\to 0^-}f(x)=\lim_{x\to 0^-}(x^2+1)=1.$$

因为 $f(x)$ 在点 $x=0$ 处连续,所以 $b=1$.

1.7.2 初等函数的连续性

定理 1-4 若 $f(x)$ 与 $g(x)$ 在 x_0 点连续,则 $f(x)\pm g(x)$, $f(x)\cdot g(x)$, $\dfrac{f(x)}{g(x)}$ (当 $g(x_0)\neq 0$ 时)在 x_0 点连续.

定理 1-5 设有复合函数 $y=f[\varphi(x)]$,若 $\lim\limits_{x\to x_0}\varphi(x)=a$,而函数在 $u=a$ 点连续,则 $\lim\limits_{x\to x_0}f[\varphi(x)]=f[\lim\limits_{x\to x_0}\varphi(x)]=f(a)$.

定理 1-6 初等函数在其定义区间内都连续.

1.7.3 函数的间断点

定义 1-29 若 $y=f(x)$ 在 x_0 点不连续,则 x_0 点称为 $f(x)$ 的一个间断点.

间断点可为以下三种情况:

(1)在 x_0 点, $f(x)$ 无定义.

(2) $\lim\limits_{x\to x_0}f(x)$ 不存在.

(3) $\lim\limits_{x\to x_0}f(x)$ 存在,但 $\lim\limits_{x\to x_0}f(x)\neq f(x_0)$.

凡左、右极限都存在的间断点叫作第一类间断点,其余的叫作第二类间断点.

【例题 1-20】 考察 $y=f(x)=\dfrac{1}{1+x}$ 在 $x=-1$ 处的连续性.

解: 因为 $y=f(x)=\dfrac{1}{1+x}$ 在 $x=-1$ 处没定义,所以 $y=f(x)=\dfrac{1}{1+x}$ 在 $x=-1$ 处间断.

【例题 1-21】 考察 $y=f(x)=\begin{cases}x-1, & x<0\\ 0, & x=0\\ x+1, & x>0\end{cases}$ 在 $x=0$ 处的连续性.

解:

$$\lim_{x\to 0^+}f(x)=\lim_{x\to 0^+}(x+1)=1,$$

$$\lim_{x\to 0^-}f(x)=\lim_{x\to 0^-}(x-1)=-1\neq\lim_{x\to 0^+}f(x),$$

所以 $y=f(x)=\begin{cases}x-1, & x<0\\ 0, & x=0\\ x+1, & x>0\end{cases}$ 在 $x=0$ 处间断.

1.7.4　闭区间上连续函数的性质

1.7.4.1　最值定理

若函数 $y=f(x)$ 在闭区间 $[a,b]$ 上连续,则:

(1)至少 $\exists\xi_1\in[a,b]$,使得对 $\forall x\in[a,b]$,有 $f(\xi_1)\leqslant f(x)$.

(2)至少 $\exists\xi_2\in[a,b]$,使得对 $\forall x\in[a,b]$,有 $f(\xi_2)\geqslant f(x)$.

推论　若函数 $y=f(x)$ 在闭区间 $[a,b]$ 上连续,则它在区间上有界.

1.7.4.2　介值定理

若 $f(x)$ 在闭区间 $[a,b]$ 上连续,则它在 (a,b) 上能取得介于其最小值和最大值之间的任何数.

推论　若 $f(x)$ 在闭区间 $[a,b]$ 上连续,且 $f(a)\cdot f(b)<0$,则至少 $\exists c\in(a,b)$,使得 $f(c)=0$.

【例题1-22】　证明方程 $x^3-4x^2+1=0$ 在 $(0,1)$ 内至少有一个实根.

证明:设 $f(x)=x^3-4x^2+1$,则 $f(x)=x^3-4x^2+1$ 在 $[0,1]$ 上连续.

且
$$f(0)\cdot f(1)<0,$$
则至少 $\exists c\in(0,1)$,使得 $f(c)=0$,即方程 $x^3-4x^2+1=0$ 在 $(0,1)$ 内至少有一个实根.

习题1.7

1. 设 $f(x)=\begin{cases}\dfrac{\ln(1+3x)}{x}, & x\neq 0\\ A, & x=0\end{cases}$ 在 $x=0$ 处连续,求 A.

2. 考察 $y=f(x)=\begin{cases}\dfrac{x^2-4}{x+2}, & x\neq -2\\ 4, & x=-2\end{cases}$ 在 $x=-2$ 处的连续性.

3. 证明方程 $x=\cos x$ 在 $(0,\dfrac{\pi}{2})$ 内至少有一个实根.

1.8　Matlab的窗口及基本操作

1.8.1　Matlab概述

Matlab是集数值计算、符号计算和图形可视化三大基本功能于一体的交互式视窗环境,是功能强大、操作简便的计算机程序设计语言,是国际公认的优秀数学应用软件之一,为科学研究、工程设计以及必须进行有效数值计算的众多科学领域提供了一种全面的解决方案. Matlab 已发展成适合多学科的大型软件,成为线性代数、数值分析、数理统计、优化方法、自动控制、数字信号处理、动态系统仿真等高级课程的基本教学及学习工具.

1.8.2 Matlab 的启动

安装完成 Matlab 7.0 软件后,在 Windows 的桌面上会自动创建快捷方式图标. 由此启动软件,出现 Matlab 软件可视化窗口,在提示符">>"后可输入指令(程序).

1.8.3 Matlab 的窗口及基本操作

Matlab 的主界面是一个高度集成的工作环境,有 5 个不同功能的窗口(见图 1-2). 它们分别是命令窗口(Command Window)、历史命令窗口(Command History)、当前目录窗口(Current Directory)、工作空间窗口(Workspace)和帮助窗口(Help). 此外,Matlab 6.5 之后的版本还添加了开始按钮(Start).

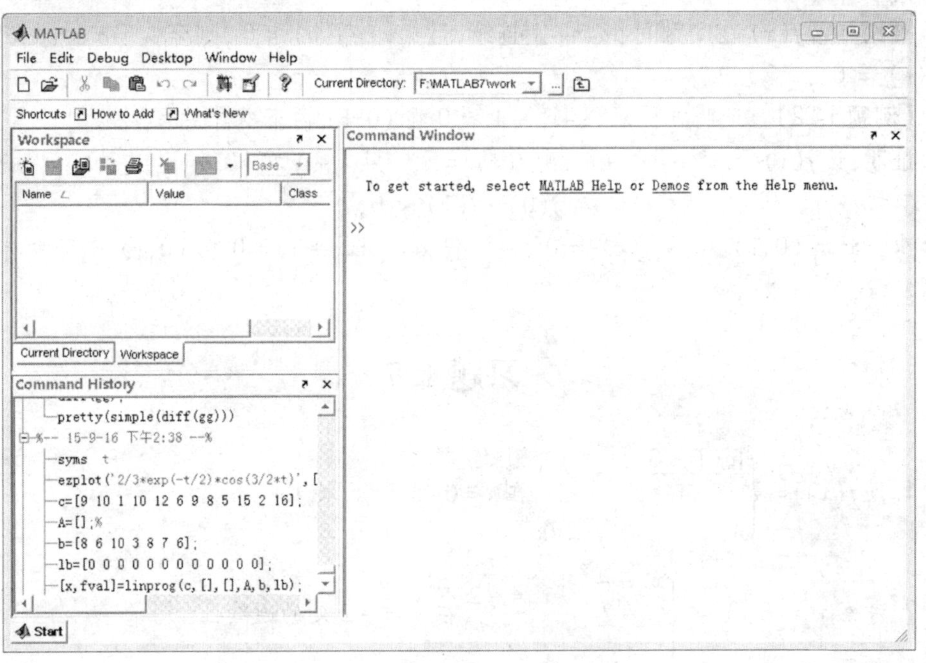

图 1-2 Matlab 默认的主界面

1.8.3.1 命令窗口(Command Window)

在 Matlab 默认主界面的右边是命令窗口. 因为 Matlab 至今未被汉化,所有窗口名都用英文表示,所以"Command Window"即指命令窗口.

命令窗口顾名思义是接收命令输入的窗口,但实际上,可输入的对象除 Matlab 命令外,还包括函数、表达式、语句以及 M 文件名或 MEX 文件名等,为叙述方便,以下称这些可输入的对象为语句.

Matlab 的工作方式之一是:在命令窗口中输入语句,然后由 Matlab 逐句解释执行并在命令窗口中给出结果. 命令窗口可显示除图形外的所有运算结果.

命令窗口可从 Matlab 主界面中分离出来,以便单独显示和操作,当然也可重新返回主界面中,其他窗口也有相同的行为. 分离命令窗口可执行 Desktop 菜单中的 Undock Command Window 命令,也可单击窗口右上角的按钮 ↘,另外还可以直接用鼠标将命令窗口拖离主界面,其结果如图 1-3 所示. 若将命令窗口返回到主界面中,可单击窗口右上角的按钮 ↘,或执行 Desktop 菜单中的 Dock Command Window 命令.

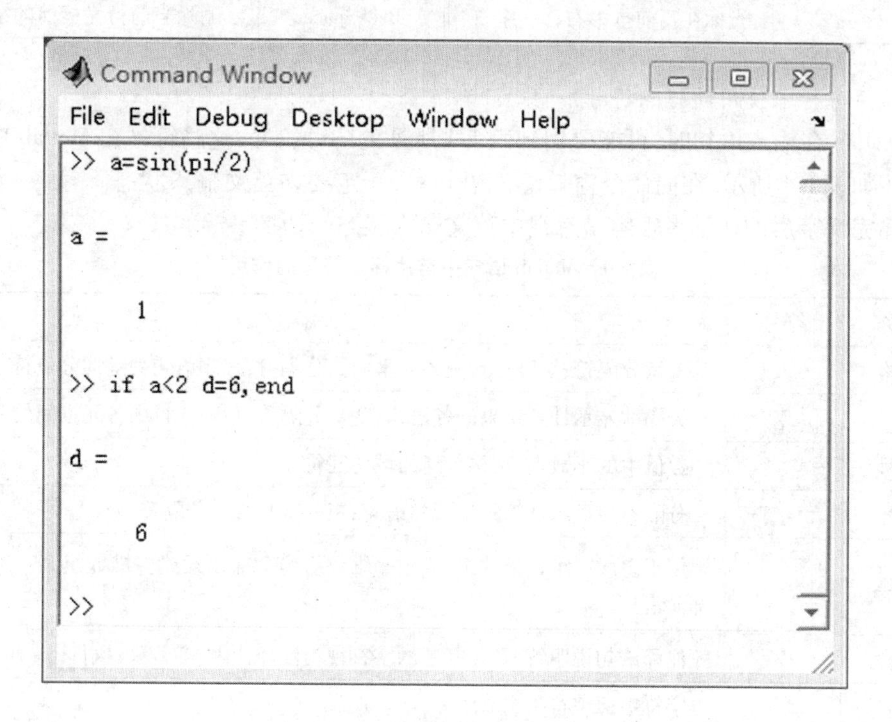

图 1-3　分离的命令窗口

下面分几点对使用命令窗口的一些相关问题加以说明.

1. 命令提示符和语句颜色

在图 1-3 中,每行语句前都有一个符号“ >> ”,此即命令提示符. 在此符号后(也只能在此符号后)输入各种语句并按 Enter 键,方可被 Matlab 接收和执行. 执行的结果通常就直接显示在语句下方,如图 1-3 所示.

不同类型语句用不同颜色区分. 在默认情况下,输入的命令、函数、表达式以及计算结果等采用黑色字体,字符串采用赭红色,if、for 等关键词采用蓝色,注释语句采用绿色.

2. 语句的重复调用、编辑和运行

命令窗口不仅能编辑和运行当前输入的语句,而且对曾经输入的语句也有快捷的方法进行重复调用、编辑和运行. 成功实施重复调用的前提是已输入的语句仍然保存在命令历史窗口中(未对该窗口执行清除操作). 而重复调用和编辑的快捷方法就是利用表 1-3 所列的键盘按键.

表1-3 语句行用到的编辑键

键盘按键	键的用途	键盘按键	键的用途
↑	向上回调以前输入的语句行	Home	让光标跳到当前行的开头
↓	向下回调以前输入的语句行	End	让光标跳到当前行的末尾
←	光标在当前行中左移一字符	Delete	删除当前行光标后的字符
→	光标在当前行中右移一字符	BackSpace	删除当前行光标前的字符

3. 语句行中使用的标点符号

Matlab 在输入语句时,可能要用到表 1-4 所列的各种符号,这些符号在 Matlab 中所起的作用如表 1-4 所示. 在向命令窗口输入语句时,一定要在英文输入状态下输入,尤其在刚刚输完汉字后的初学者很容易忽视中英文输入状态的切换.

表1-4 Matlab 语句中常用标点符号的作用

名称	符号	作用
空格		变量分隔符;矩阵一行中各元素间的分隔符;程序语句关键词分隔符
逗号	,	分隔欲显示计算结果的各语句;变量分隔符;矩阵一行中各元素间的分隔符
点号	.	数值中的小数点;结构数组的域访问符
分号	;	分隔不想显示计算结果的各语句;矩阵行与行的分隔符
冒号	:	用于生成一维数值数组;表示一维数组的全部元素或多维数组某一维的全部元素
百分号	%	注释语句说明符,凡在其后的字符视为注释性内容而不被执行
单引号	' '	字符串标识符
圆括号	( )	用于矩阵元素引用;用于函数输入变量列表;确定运算的先后次序
方括号	[ ]	向量和矩阵标识符;用于函数输出列表
花括号	{ }	标识细胞数组
续行号	…	长命令行需分行时连接下行用
赋值号	=	将表达式赋值给一个变量

4. 命令窗口清屏

当命令窗口中执行过许多命令后,窗口会被占满,为方便阅读,清除屏幕显示是经常采用的操作. 清除命令窗口显示通常有两种方法:一是执行 Matlab 窗口的 Edit|Clear Command Window 命令;二是在提示符后直接输入 clc 语句. 这两种方法都能清除命令窗口中的显示内容,也仅仅是命令窗口的显示内容而已,并不能清除工作空间和历史命令窗口的显示内容.

1.8.3.2 **历史命令窗口**(Command History)

历史命令窗口是 Matlab 用来存放曾在命令窗口中使用过的语句. 它借用计算机的存

储器来保存信息. 其主要目的是便于用户追溯、查找曾经用过的语句,利用这些既有的资源节省编程时间.

单击历史命令窗口右上角的按钮 ↘,便可将其从 Matlab 主界面分离出来,如图 1-4 所示. 从窗口中记录的时间来看,其中存放的正是曾经使用过的语句.

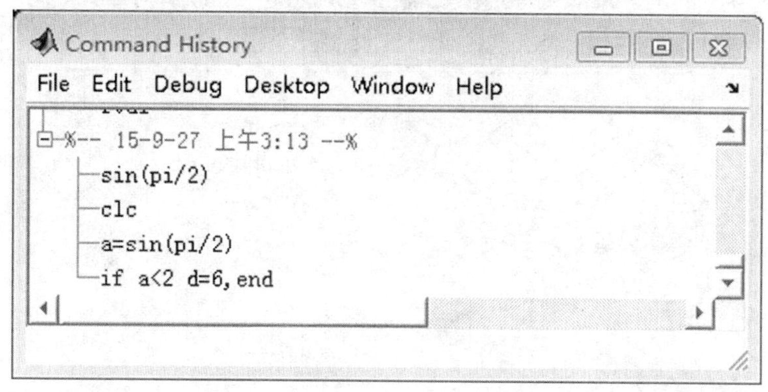

图 1-4　分离的历史命令窗口

对历史命令窗口中的内容,可在选中的前提下,将它们复制到当前正在工作的命令窗口中,以供进一步修改或直接运行. 其优势在如下两种情况下体现得尤为明显:一是需要重复处理长语句;二是在选择多行曾经用过的语句形成 M 文件.

1.8.3.3　当前目录窗口(Current Directory)

Matlab 借鉴 Windows 资源管理器管理磁盘、文件夹和文件的思想,设计了当前目录窗口,如图 1-5 所示. 利用该窗口可组织、管理和使用所有 Matlab 文件和非 Matlab 文件,例如新建、复制、删除和重命名文件夹和文件,甚至还可用此窗口打开、编辑和运行 M 程序文件以及载入 Mat 数据文件等. 当然,其核心功能还是设置当前目录.

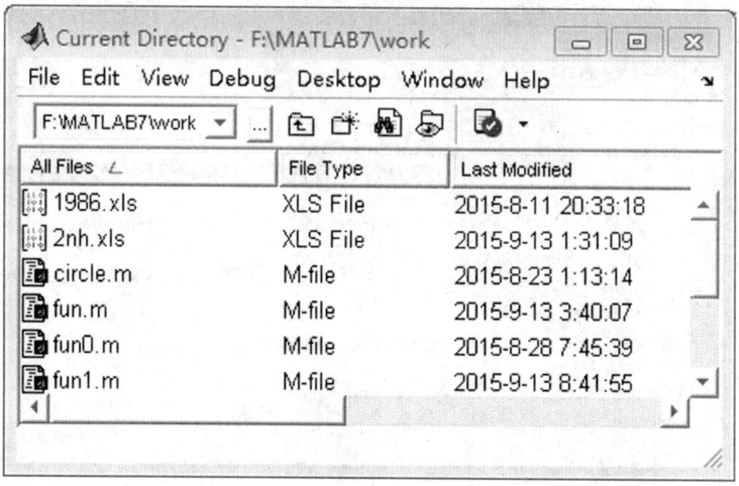

图 1-5　分离的当前目录窗口

1.8.3.4　工作空间窗口(Workspace)

工作空间窗口的主要目的是对 Matlab 中用到的变量进行观察、编辑、提取和保存. 从该窗口中可以得到变量的名称、数据结构、字节数、变量的类型甚至变量的值等多项信息.

工作空间的物理本质就是计算机内存中的某一特定存储区域,因而工作空间的存储表现亦如内存的表现. 分离的工作空间窗口如图 1-6 所示.

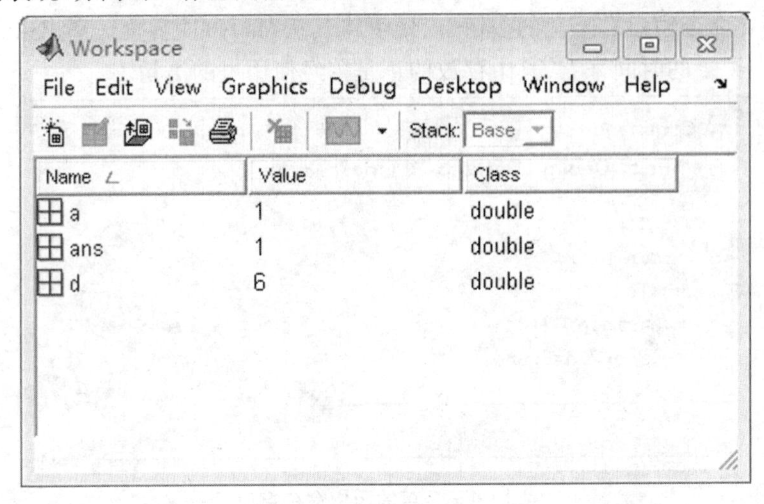

图 1-6　分离的工作空间窗口

因为工作空间的内存性质,存放其中的 Matlab 变量(或称数据)在退出 Matlab 程序后会自动丢失. 若想在以后利用这些数据,可在退出前用数据文件(. Mat 文件)将其保存在外存上.

1.8.3.5　帮助窗口(Help)

图 1-7 所示是 Matlab 的帮助窗口. 该窗口分左、右两部分,左侧为帮助导航器(Help Navigator),右侧为帮助浏览器.

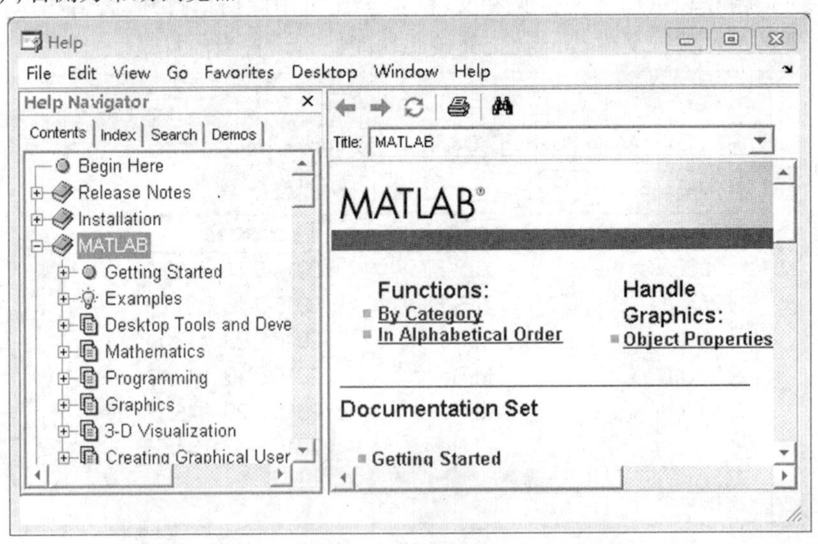

图 1-7　帮助窗口

帮助导航器的功能是向用户提供各种不同的帮助手段,以选项卡的方式组织,分为 Contents、Index、Search 和 Demos 等,其功能如下:

(1) Contents 选项卡向用户提供全方位帮助的向导图,单击左边的目录条时,会在窗口右边的帮助浏览器中显示相应的 HTML 帮助文本.

(2) Index 选项卡是 Matlab 提供的术语索引表,用以查找命令、函数和专用术语等.

(3) Search 选项卡是通过关键词来查找全文中与之匹配的章节条目.

(4) Demos 选项卡用来运行 Matlab 提供的 Demo.

1.8.4　Matlab 的退出

有三种方式可以退出 Matlab:键入 exit;键入 quit;直接单击 Matlab 的关闭按钮.

习题 1.8

1. Matlab 操作桌面有几个窗口? 如何使某个窗口脱离桌面成为独立窗口? 又如何将脱离出去的窗口重新放置到桌面上?

2. 命令历史窗口除可以观察前面键入的命令外,还有什么用途?

3. 在 Matlab 中有几种获得帮助的途径?

1.9　Matlab 的变量、函数及表达式

1.9.1　常量与变量

常量是程序语句中取不变值的那些量,如表达式 $y=0.618x$,其中就包含一个 0.618 这样的数值常数,它便是一数值常量. 而另一表达式 s = ‘Tomorrow and Tomorrow’中,单引号内的英文字符串“Tomorrow and Tomorrow”则是一字符串常量.

在 Matlab 中,有一类常量是由系统默认给定一个符号来表示的,例如 pi,它代表圆周率 π 这个常数,即 3.141 592 6…,这些常量如表 1-5 所示,有时又称为系统预定义的变量.

表 1-5　Matlab 特殊常量

常量符号	常量含义
i 或 j	虚数单位,定义为 $i^2=j^2=-1$
Inf 或 inf	正无穷大,由零做除数引入此常量
NaN	不定式,表示非数值量,产生于 0/0, ∞/∞ ,0 * ∞ 等运算
pi	圆周率 π 的双精度表示
eps	容差变量,当某量的绝对值小于 eps 时,可认为此量为零,即为浮点数的最小分辨率,PC 上此值为 2^{-52}
Realmin 或 realmin	最小浮点数 $2^{-1\,022}$
Realmax 或 realmax	最大浮点数 $2^{1\,023}$

变量是在程序运行中其值可以改变的量,变量由变量名来表示. 在 Matlab 中变量名

的命名有自己的法则,可以归纳成如下几条:

(1)变量名必须以字母开头,且只能由字母、数字或者下画线3类符号组成,不能含有空格和标点符号,如( ),.%'等.

(2)变量名区分字母的大小写.例如,"a"和"A"是不同的变量.

(3)变量名不能超过63个字符,第63个字符后的字符被忽略,对于Matlab 6.5版以前的变量名不能超过31个字符.

(4)关键字(如if、while等)不能作为变量名.

(5)最好不要用表1-5中的特殊常量符号做变量名.

常见的错误命名如$f(x)$,y',y'',A_2等.

1.9.2 数学运算符

Matlab数学运算符见表1-6.

表1-6 Matlab数学运算符

符号	含义
+	加法运算,适用于两个数或两个同阶矩阵相加
-	减法运算
*	乘法运算
.*	点乘运算
/	除法运算
./	点除运算
^	乘幂运算
.^	点乘幂运算
\	左除

1.9.3 数学函数

Matlab数学函数见表1-7.

表1-7 Matlab数学函数

函数	名称	函数	名称
sin(x)	正弦函数	asin(x)	反正弦函数
cos(x)	余弦函数	acos(x)	反余弦函数
tan(x)	正切函数	atan(x)	反正切函数
abs(x)	绝对值	max(x)	最大值
min(x)	最小值	sum(x)	元素的总和
sqrt(x)	开平方	exp(x)	以e为底的指数
log(x)	自然对数	log10(x)	以10为底的对数
sign(x)	符号函数	fix(x)	取整

1.9.4 自定义函数的方法

Matlab 的内部函数是有限的,有时为了研究某一个函数的各种性态,需要用户自定义新函数,为此必须编写函数文件.函数文件是文件名后缀为 M 的文件,该类文件的第一行必须是以关键字 function 开始,格式为

function 因变量名 = 函数名(自变量名)

函数值的获得必须通过具体的运算实现,并赋给因变量.

函数文件建立方法如下:

(1)在 Matlab 中,点击:File→New→M - file.

(2)在编辑窗口中输入程序内容.

(3)点击:File→Save,存盘,函数文件名必须与函数名一致.

Matlab 的应用程序也以后缀为 M 的文件保存.

【例题 1-23】 定义二元函数 $f(x_1,x_2)=100(x_2-{x_1}^2)^2+(1-x_1)^2$

解:步骤如下:

(1)建立函数文件:Li1_23. m

```
function f = Li1_23 (x)
f=100 * (x(2) - x(1)^2)^2 + (1 - x(1))^2;
```

(2)可以直接使用函数 Li1_23. m

例如:计算 f(1,2),只需在 Matlab 命令窗口键入命令:

```
>> x = [1 2];
>> Li1_23 (x)
ans =
     100
```

1.9.5 表达式

Matlab 采用的是表达式语言,用户输入的语句由 Matlab 系统解释运行. Matlab 语句由变量与表达式组成,最常见的形式有如下两种:

形式 1:表达式;

形式 2:变量 = 表达式.

表达式由运算符、函数、变量名和数字组成.在第一种形式中,表达式运算后产生的结果为数值类型,系统自动赋值给变量 ans,并显示在屏幕上,但是对于重要结果一定要用第二种形式.在第二种形式中,对等式右边表达式产生的结果,系统自动将其存储在左边的变量中并同时在屏幕上显示.如果不想显示形式 1 或形式 2 的运算结果可以在命令中表达式后再加上“;”即可.

【例题 1-24】 用两种形式计算 $5^6+\sin\pi+e^3$ 的算术运算结果.

解:Matlab 命令为

```
>> 5^6 + sin(pi) + exp(3)
```

```
ans =
   1.5645e+004
>> a=5^6+sin(pi)+exp(3)
a =
   1.5645e+004
```

如果在表达式后面加“;”,即

```
>> a=5^6+sin(pi)+exp(3);
```

则执行后不显示运算结果.

【例题1-25】 已知矩阵 $A=\begin{pmatrix}1&2\\1&2\end{pmatrix}$, $B=\begin{pmatrix}1&1\\2&2\end{pmatrix}$,对它们做简单的关系与逻辑运算.

解:Matlab 命令为

```
>> A=[1,2;1,2];
>> B=[1,1;2,2];
>> C=(A<B)&(A==B)
C =
     0     0
     0     0
```

习题 1.9

1. 创建符号变量有几种方法?

2. 下面三种表示方法有什么不同的含义?

(1)f=3*x^2+5*x+2.

(2)f='3*x^2+5*x+2'.

(3)x=sym('x')

   f=3*x^2+5*x+2.

3. 用符号计算验证三角等式:$\sin(\varphi1)\cos(\varphi2)-\cos(\varphi1)\sin(\varphi2)=\sin(\varphi1-\varphi2)$.

1.10 Matlab 的基本对象及其运算

Matlab 最基本的处理对象是数组、矩阵及字符串.

1.10.1 数组(也称向量)

1.10.1.1 创建简单的数组

x=[a b c d e f] 创建包含指定元素的行向量.

x=first:last 创建从 first 开始,加 1 计数,到 last 结束的行向量.

x = first:increment:last 创建从 first 开始,加 increment 计数,last 结束的行向量.

x = linspace(first,last,n) 创建从 first 开始,到 last 结束,有 n 个元素的行向量.

1.10.1.2 数组元素的访问

访问一个元素:x(i)表示访问数组 x 的第 i 个元素.

访问一块元素:x(a :b :c)表示访问数组 x 的从第 a 个元素开始,以步长为 b 到第 c 个元素(但不超过 c),b 可以为负数,b 缺省时为1.

直接使用元素编址序号: x([a b c d]) 表示提取数组 x 的第 a、b、c、d 个元素构成一个新的数组[$x(a)$ $x(b)$ $x(c)$ $x(d)$].

1.10.1.3 数组的方向

前面例子中的数组都是一行数列,是行方向分布的,称为行向量.数组也可以是列向量,它的数组操作和运算与行向量是一样的,唯一的区别是结果以列形式显示.

产生列向量有两种方法:

(1)直接产生.例如 c = [1;2;3;4].

(2)转置产生.例如 b = [1 2 3 4]; c = b′.

说明:以空格或逗号分隔的元素指定的是不同列的元素,而以分号分隔的元素指定的是不同行的元素.

1.10.1.4 数组的运算

标量 - 数组运算:数组对标量的加、减、乘、除、乘方是数组的每个元素对该标量施加相应的加、减、乘、除、乘方运算.

设:$a = [a_1, a_2, \cdots, a_n]$,$c$ 为标量

则:a + c = [a1 + c,a2 + c,…,an + c]

a. * c = [a1 * c,a2 * c,…,an * c]

a. /c = [a1/c,a2/c,…,an/c](右除)

a. \c = [c/a1,c/a2,…,c/an](左除)

a. ^c = [a1^c,a2^c,…,an^c]

c. ^a = [c^a1,c^a2,…,c^an]

数组 - 数组运算:当两个数组有相同维数时,加、减、乘、除、幂运算可按元素对元素方式进行,不同大小或维数的数组是不能进行运算的.

设:$a = [a_1, a_2, \cdots, a_n]$, $b = [b_1, b_2, \cdots, b_n]$

则:a + b = [a1 + b1,a2 + b2,…,an + bn]

a. * b = [a1 * b1,a2 * b2,…,an * bn]

a. /b = [a1/b1,a2/b2,…,an/bn]

a. \b = [b1/a1,b2/a2,…,bn/an]

a. ^b = [a1^b1,a2^b2,…,an^bn]

1.10.2 矩阵

1.10.2.1 矩阵的建立

逗号或空格用于分隔某一行的元素,分号用于区分不同的行.除了分号,在输入矩阵

时，按 Enter 键也表示开始一新行. 输入矩阵时，严格要求所有行有相同的列.

【例题 1-26】 输入矩阵.

```
>> m = [1 2 3 4 ; 5 6 7 8 ; 9 10 11 12]
m =
     1     2     3     4
     5     6     7     8
     9    10    11    12
>> p = [1 1 1 1
        2 2 2 2
        3 3 3 3]
p =
     1     1     1     1
     2     2     2     2
     3     3     3     3
```

特殊矩阵的建立：

a = [ ] 产生一个空矩阵，当对一项操作无结果时，返回空矩阵.

b = zeros(m,n) 产生一个 m 行、n 列的零矩阵.

c = ones(m,n) 产生一个 m 行、n 列的元素全为 1 的矩阵.

d = eye(m,n) 产生一个 m 行、n 列的单位矩阵.

1.10.2.2 矩阵中元素的操作

矩阵 A 的第 r 行：A(r,:)；

矩阵 A 的第 r 列：A(:,r)；

依次提取矩阵 A 的每一列，将 A 拉伸为一个列向量：A(:)；

取矩阵 A 的第 $i1$ 至 $i2$ 行、第 $j1$ 至 $j2$ 列构成新矩阵：A(i1:i2,j1:j2)；

以逆序提取矩阵 A 的第 $i1$ 至 $i2$ 行，构成新矩阵：A(i2: -1:i1,:)；

以逆序提取矩阵 A 的第 $j1$ 至 $j2$ 列，构成新矩阵：A(:,j2: -1:j1)；

删除矩阵 A 的第 $i1$ 至 $i2$ 行，构成新矩阵：A(i1:i2,:) = [ ]；

删除矩阵 A 的第 $j1$ 至 $j2$ 列，构成新矩阵：A(:,j1:j2) = [ ]；

将矩阵 A 和矩阵 B 拼接成新矩阵：[A B]；[A;B].

1.10.2.3 矩阵的运算

1. 标量 - 矩阵运算

标量 - 矩阵运算同标量 - 数组运算.

2. 矩阵 - 矩阵运算

1) 元素对元素的运算

元素对元素的运算同数组 - 数组运算.

2) 矩阵运算

矩阵运算同数学中的算法. 例如：

矩阵加法：A + B；

矩阵乘法:A * B;

方阵的行列式:det(A);

方阵的逆:inv(A).

1.10.3　字符串

字符串是 Matlab 中另外一种形式的运算量.在 Matlab 中,字符串是用单引号来标示的,例如,s = 'I Have a Dream'.赋值号之后在单引号内的字符即是一个字符串,而 s 是一个字符串变量,整个语句完成了将一个字符串常量赋值给一字符串变量的操作.

1.10.3.1　字符串的输入

字符串通常赋值给变量,这样可以使字符串处理变得简单.

定义字符串变量 s 的命令为:

s = '字符串'

定义字符串矩阵 SA 的命令为:

SA = ['字符串 1',' 字符串 2',…]

注意:字符串矩阵的每一行字符串元素的个数可以不同,但是每行字符的总数必须相同,否则系统出错.

【例题 1-27】　字符串的输入.

```
>> s = 'hello my dear friends'        % 定义 s 为字符串变量
s =
     hello my dear friends
>> SA = ['hello';'world']             % 定义 SA 为字符串矩阵
SA =
   hello
   world
```

1.10.3.2　将字符串表达式作为命令执行

命令形式:a = eval('字符串表达式')

功能:此函数返回由字符串表达式执行的结果,也就是求字符串表达式的值.这个函数在 M 文件中进行交互执行命令时很有用.

【例题 1-28】　eval()的用法.

```
>> a = '[1,2;3,4]'        % 定义 a 为字符串变量
a =
   [1,2;3,4]              % 输出 a 为 1 行 9 列的字符串
>> b = eval(a)            % 求字符串表达式 a = '[1,2;3,4]'的值
b =
   1    2
   3    4
```

若 a1.m 为 M 文件,则"s = 'a1';eval(s)"表示执行 M 文件 a1.m.

1.10.3.3 求字符串长度

length( )和 size( )虽然都能测字符串、数组或矩阵的大小,但在用法上有区别. length( )只从它们各维中挑出最大维的数值大小,而 size( )则以一个向量的形式给出所有各维的数值大小. 两者的关系是:length( ) = max(size( )). 请仔细体会下面的举例.

【例题 1-29】 length( )和 size( )函数的用法.

```
>> Sa = ['I love my teacher,' 'I'' love truths''more profoundly.'];
>> length(Sa)
ans =
    49
>> size(Sa)
ans =
    1    49
>> A = [1 2 3;4 5 6];
>> length(A)
ans =
    3
>> A = [1 2 ;4 5; 6 7];
>> length(A)
ans =
    3
>> size(A)
ans =
    3    2
```

1.10.3.4 查找字符串

findstr(S,s)是从某个长字符串 S 中查找子字符串 s 的函数. 返回的结果值是子串在长串中的起始位置.

【例题 1-30】 findstr( )的用法.

```
>> S = 'I believe that love is the greatest thing in the world.'; ↙
>> findstr(S,'love') ↙
ans =
    16
```

1.10.3.5 显示字符串

disp( )是一个原样输出字符串内容的函数,它经常在程序中做提示说明用.

【例题 1-31】 disp( )的用法.

```
>> disp('I love my teacher.') ↙
I love my teacher.
```

1.10.3.6 比较字符串

strcmp(S1,S2)是 Matlab 的字符串比较函数,当 S1 与 S2 完全相同时,返回值为 1;否则,返回值为0.

【例题1-32】 strcmp( )的用法.

```
>> S1 ='I am nobody'; ↙
>> S2 ='I am nobody.'; ↙
>> strcmp(S1,S2) ↙
ans =
     0
>> strcmp(S1,S1) ↙
ans =
     1
```

习题 1.10

1. 计算矩阵 $\begin{bmatrix}5&3&5\\3&7&4\\7&9&8\end{bmatrix}$ 与 $\begin{bmatrix}2&4&2\\6&7&9\\8&3&6\end{bmatrix}$ 之和.

2. 计算 $a=\begin{bmatrix}6&9&3\\2&7&5\end{bmatrix}$ 与 $b=\begin{bmatrix}2&4&1\\4&6&8\end{bmatrix}$ 的数组乘积.

3. “左除”与“右除”有什么区别?

4. 对于 $AX=B$,如果 $A=\begin{bmatrix}4&9&2\\7&6&4\\3&5&7\end{bmatrix}$,$B=\begin{bmatrix}37\\26\\28\end{bmatrix}$,求解 X.

5. $a=\begin{bmatrix}1&2&5\\3&6&-4\end{bmatrix}$,$b=\begin{bmatrix}8&-7&4\\3&6&2\end{bmatrix}$,观察 a 与 b 之间的六种关系运算的结果.

1.11 Matlab的三种程序结构

从理论上讲,只要有顺序、循环和分支三种结构,就可以构造功能强大的程序. 在Matlab中,循环结构由for语句和while语句来实现,分支结构由if语句来实现.

1.11.1 顺序结构

在具有顺序结构的可执行文件中,其中的语句在程序文件中的物理位置就反映了程序的执行顺序.

【例题1-33】 建立一个文件名为Li1_33.m的顺序文件.

在编辑窗口中逐行写下列语句:

```
%一个典型的顺序文件
disp('请看执行结果:')
disp('the begin of the program')
```

```
disp('the first line')
disp('the second line')
disp('the third line')
disp('the end of the program')
```

以文件名 Li1_33. m 保存在当前目录中.

```
>> Li1_33
```

请看执行结果:

```
the begin of the program
the first line
the second line
the third line
the end of the program
```

1.11.2 循环结构

1.11.2.1 关系运算与逻辑运算

关系运算符、逻辑运算符分别见表 1-8、表 1-9.

表 1-8 关系运算符

关系操作符	说明	关系操作符	说明
<	小于	> =	大于或等于
< =	小于或等于	= =	等于
>	大于	~ =	不等于

表 1-9 逻辑运算符

逻辑操作符	说明
&	与
		或
~	非

1.11.2.2 for 循环

for 循环允许一组命令以固定的次数重复. 格式如下:

```
for   x = array
      {commands}
end
```

在 for 和 end 语句之间的命令串{commands}按数组 array 中的每一列执行一次. 在每一次迭代中, x 被指定为数组的下一列, 即在第 n 次循环中, x = array(: ,n)

【例题 1-34】 对 $n = 1, 2, \cdots, 10$, 求 $x_n = \sin\frac{n\pi}{10}$ 的值.

解:程序如下:

```
for n = 1:10
    x(n) = sin(n * pi/10);
end
x
```

程序执行结果:

```
x =
     0.3090    0.5878    0.8090    0.9511    1.0000    0.9511    0.8090
  0.5878    0.3090    0.0000
```

1.11.2.3 while 循环

与 for 循环以固定次数执行一组命令相反,while 循环以不定的次数执行一组命令. 格式如下:

```
while   expression
        {commands}
end
```

只要表达式 expression 里的所有元素为真,就执行 while 和 end 语句之间的命令串{commands}.

【例题 1-35】 设银行年利率为 4.25%,将 10 000 元钱存入银行,问多长时间会连本带利翻一番?

解:程序如下:

```
money = 10000;
years = 0;
while money  <  20000
    years = years + 1;
    money = money * (1 + 4.25/100);
end
years
money
```

程序执行结果如下:

```
years  =
        17
money  =
        2.0291e + 004
```

1.11.3 分支结构

1.11.3.1 有一个分支的结构

有一个分支的结构的一般形式是:

```
if   expression
```

```
    {commands}
end
```

如果表达式 expression 里的所有元素为真,就执行 if 和 end 语句之间的命令串{commands}.

【例题 1-36】 设 $f(x)=\begin{cases}x^2+1, & x>1,\\ 2x, & x\leqslant 1,\end{cases}$ 求 $f(2)$,$f(-1)$.

先建立函数文件 Li1_36. m 定义函数 $f(x)$,再在 Matlab 命令窗口中分别输入 Li1_36(2), Li1_36(-1)即可.

函数文件 Li1_36. m 如下:

```
function f = Li1_36(x)
if x >1
   f = x^2 +1;
end
if x < =1
   f =2 * x;
end
```

1.11.3.2 **有三个或更多分支的结构**

有三个或更多分支的结构的一般形式是:

```
if    expression1
      {commands1}
else if   expression2
      {commands2}
else if   expression3
      {commands3}
else if   ……
      …………
else
      {commands}
end
end
end
      …………
end
```

【例题 1-37】 设 $f(x)=\begin{cases}x^2+1, & x>1,\\ 2x, & 0<x\leqslant 1,\\ x^3, & x\leqslant 0,\end{cases}$ 求 $f(2)$,$f(0.5)$,$f(-1)$.

解:先建立函数文件 Li1_37. m 定义函数 $f(x)$,再在 Matlab 命令窗口中分别输入 Li1_37(2), Li1_37(0.5), Li1_37(-1)即可.

函数文件 Li1_37. m 如下：

```
function f =  Li1_37(x)
if x >1
        f = x^2 +1;
else if x < =0
        f = x^3;
else
        f = 2 * x;
end
end
```

1.11.3.3　switch-case-end 分支结构

switch 语句是多分支语句，虽然在某些场合 switch 的功能可以用 if 语句的多层嵌套来完成，但是会使程序变得复杂和难于维护，而利用 switch 语句构造多分支选择时显得更加简单明了、易于理解.

switch 语句的形式为：

```
switch 表达式
case    常量表达式 1
         语句块 1
case    常量表达式 2
         语句块 2
         ……
case    常量表达式 n
         语句块 n
otherwise
         语句块 n +1
end
```

功能：switch 语句后面的表达式可以为任何类型；每个 case 后面的常量表达式可以是多个，也可以是不同类型；与 if 语句不同的是，各个 case 和 otherwise 语句出现的先后顺序不会影响程序的运行结果 .

【例题 1-38】　编写一个转换成绩等级的函数文件，其中成绩等级转换标准为考试成绩分数在[90,100]分显示优秀；在[80,90)分显示良好；在[60,80)分显示及格；在[0,60)分显示不及格.

解：先建立函数文件 Li1_38. m

```
function f = Li1_38(x)
n = fix(x/10);
switch n
    case {9,10}
        disp('优秀')
```

```
    case 8
        disp('良好')
    case {6,7}
        disp('及格')
    otherwise
        disp('不及格')
end
```

再调用函数文件判断 99 分、56 分、72 分分别属于哪个范围.

```
>> Li1_38(99)
优秀
>> Li1_38(56)
不及格
>> Li1_38(72)
及格
```

习题 1.11

1. 编程计算 $f(x)=\begin{cases}x^2, & x>1,\\ 1, & -1<x\leqslant 1,\\ 3+2x, & x\leqslant -1.\end{cases}$

2. 某商场对顾客所购买的商品实行打折销售,标准如下(商品价格用 price 来表示):

price<200	没有折扣
200≤price<500	3%折扣
500≤price<1 000	5%折扣
1 000≤price<2 500	8%折扣
2 500≤price<5 000	10%折扣
5 000≤price	14%折扣

输入所售商品的价格,求其实际销售价格.

3. 已知 $y=1+\frac{1}{3}+\frac{1}{5}+\cdots+\frac{1}{2n-1}$,当 $n=100$ 时,求 y 的值.

4. 一个三位整数各位数字的立方和等于该数本身则称该数为水仙花数,输出全部水仙花数.

5. 生成斐波那契数列,直到末项大于 10 000.

6. 从键盘输入若干个数,当输入 0 时结束输入,求这些数的平均值和它们之和.

7. 求[100,200]上第一个能被 21 整除的整数.

8. 利用函数的递归调用计算 $n!$

$$n!=\begin{cases}1, & n=1,\\ n\cdot(n-1)!, & n>1.\end{cases}$$

1.12　用 Matlab 绘制一元函数的图形

1.12.1　基本绘图命令 plot

Matlab 作图是通过描点、连线来实现的,故在画一个曲线图形之前,必须先取得该图形上的一系列的点的坐标(横坐标和纵坐标),然后将该点集的坐标传给 Matlab 的绘图函数,其基本的绘图命令为 plot,格式为:

plot(X,Y,S)

其中 X,Y 是向量(数组),分别表示点集的横坐标和纵坐标,S 是线型.

plot(X,Y)表示画实线.

plot(X1,Y1,S1,X2,Y2,S2,…,Xn,Yn,Sn)表示将多条线画在一起.

【例题 1-39】　在[0,2 * pi]上用实线画 sin(x)的图形,用圈点画 cos(x)图形.

解:在 Matlab 的命令窗口中依次键入并执行如下的命令:

```
>> x = linspace(0,2 * pi,30);
>> y1 = sin(x);
>> y2 = cos(x);
>> plot(x,y1,'r',x,y2,'bo')
```

结果如图 1-8 所示.

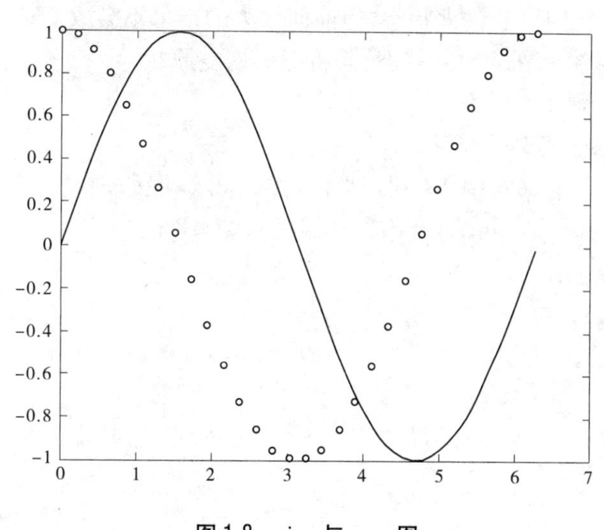

图 1-8　sin$x$ 与 cos$x$ 图

1.12.2　基本的绘图控制参数

1.12.2.1　图形窗口 figure

figure 是所有 Matlab 图形输出的专用窗口．当 Matlab 没有打开图形窗口时,如果执行了一条绘图指令,该指令将自动创建一个图形窗口．而 figure 命令可自己创建窗口,使

用方法如下:

figure(n)　打开第 n 个图形窗口

1.12.2.2　**控制分隔线 grid**

grid　在 grid on 与 grid off 之间进行切换;

grid on　在图中使用分隔线;

grid off　在图中消隐分隔线.

1.12.2.3　**图形的重叠绘制 hold**

hold　在 hold on 与 hold off 之间进行切换;

hold on　保留当前图形和它的轴,使此后的图形叠放在当前图形上;

hold off　返回 Matlab 的缺省状态,此后图形指令动作将抹掉当前图形窗中的旧图形,然后画上新图形.

1.12.2.4　**取点指令 ginput**

该命令是 plot 命令的逆命令,它的作用是在二维图形中记录下鼠标所选点的坐标值.其命令格式为:

ginput　可以无限制地选点,当选择完毕时,按 Enter 键结束命令;

ginput(n)　必须选择 n 个点才可以结束命令.

1.12.2.5　**图形放大指令 zoom**

zoom　在 zoom on 与 zoom off 之间进行切换;

zoom on　使系统处于可放大状态;

zoom off　使系统回到非放大状态,但前面放大的结果不会改变;

zoom out　使系统回到非放大状态,并将图形恢复原状;

zoom xon　对 x 轴有放大作用;

zoom yon　对 y 轴有放大作用.

【例题 1-40】　利用 hold 指令在同一坐标系中画出如下两条参数曲线,参数曲线方程为:$x_1=\cos t, y_1=\sin t; x_2=\sin t, y_2=\sin 2t$; t 满足 $0\leqslant t\leqslant 2\pi$.

解:Matlab 命令为:

```
>> t=0:pi/50:2*pi;
>> plot(cos(t),sin(t))                    %画出第一条参数曲线
>> hold on
>> plot(sin(t),sin(2*t),'r.')↙            %在同一图形窗口中画出第二条参数曲线
```

结果如图 1-9 所示.

1.12.3　线型、定点标记、颜色

二维绘图指令还提供一组控制曲线线型、标记类型、颜色的开关.具体形式如下:

命令形式 1:plot(x, 'string')

功能:画出折线图,并且控制折线图为字符串 string 代表的颜色与线型,该字符串由表 1-10 ~ 表 1-12 中的字符组成.

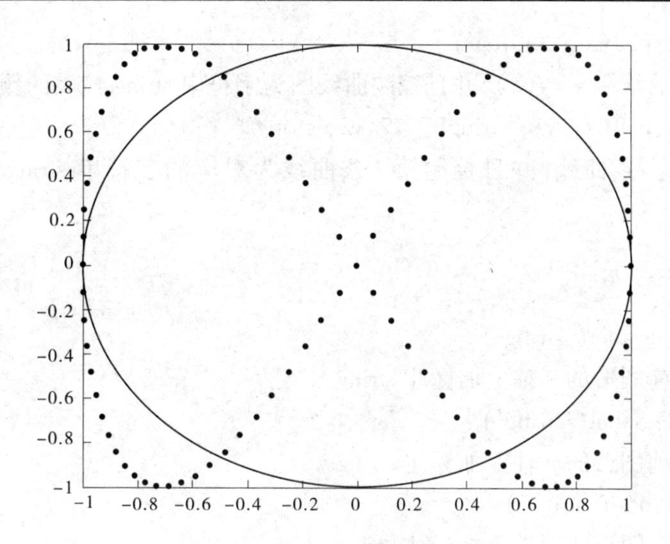

图1-9　同一坐标系中两条参数曲线

表1-10　颜色控制字符

色彩字符	色彩	RGB值	色彩字符	色彩	RGB值
y	黄色	110	g	绿色	010
m	洋红	101	b	蓝色	001
c	青色	011	w	白色	111
r	红色	100	k	黑色	000

表1-11　线型控制字符

绘图字符	数据点	绘图字符	数据点
.	黑点	d	钻石形
o	小圆圈	^	三角形(向上)
x	叉号	<	三角形(向左)
+	十字标号	>	三角形(向右)
*	星号	p	五角星
s	小方块	h	六角星

表1-12　数据点控制字符

线型符号	线型
-	实线
:	点线
- ·	点画线
- -	虚线

命令形式 2:plot(x,y,'string')

功能:画出曲线图 $y=f(x)$,并且控制曲线图为字符串 string 代表的颜色与线型.

命令形式 3:plot(x1,y1,'string1', x2,y2,'string2',…)

功能:画出多条曲线,并且控制第 i 条曲线为对应的字符串 string$i$ 代表的颜色与线型.

1.12.4 图形的标注

命令形式 1:xlabel('string')

功能:在当前图形的 x 轴上加标注 string.

命令形式 2:ylabel('string')

功能:在当前图形的 y 轴上加标注 string.

命令形式 3:title('string')

功能:在当前图形的顶端上加标注 string.

【例题 1-41】 在区间[0,2 * pi]上画 sin(x)的图形,并加上标注"自变量 X""函数 Y"以及标题"示意图",并加格栅.

解:命令为:

```
>> x = linspace(0,2 * pi,30);
>> y = sin(x);
>> plot(x,y)
>> xlabel('自变量 X')
>> ylabel('函数 Y')
>> title('示意图')
>> grid on
```

结果如图 1-10 所示.

命令形式 4:gtext('string')

功能:命令 gtext('string')用鼠标放置标注在现有的图上,运行命令 gtext('string')时,屏幕上出现当前图形,在图形上出现一个交叉的十字,该十字随鼠标的移动而移动,按下鼠标左键时,该标注 string 放在当前十字交叉的位置.

【例题 1-42】 在区间[0,2 * pi]上画 sin(x),cos(x)并分别标注"sin(x)""cos(x)".

解:命令为:

```
>> x = linspace(0,2 * pi,30);
>> y1 = sin(x);
>> y2 = cos(x);
>> plot(x,y1,x,y2)
>> gtext('sin(x)');gtext('cos(x)')
```

命令形式 6:text(x,y, 'string')

功能:在点(x,y)处加上标注 string.

命令形式 7:legend('string1', 'string2',…)

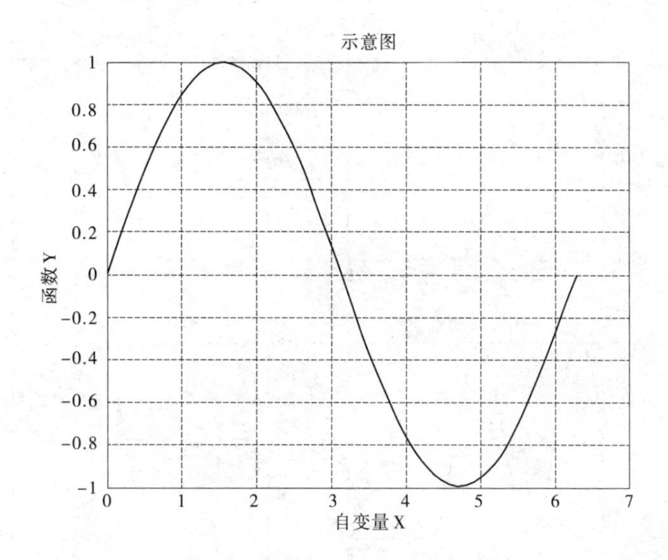

图 1-10　图形的标注

功能:当在一幅图中出现多种曲线时,结合在绘制时的不同线型与颜色等特点,用户可以用 legend 命令对当前图按顺序进行图例标注.

1.12.5　一个图形窗口多个子图的绘制

命令形式 1:subplot(mrows,ncols,thisplot)

功能:激活已划分为 mrows * ncols 块的屏幕中的第 thisplot 块,其后的作图语句将图形画在该块上.

命令形式 2:subplot(1,1,1)

功能:返回非分割状态.

【例 1-43】　将屏幕分割为四块,并分别画出 $y=\sin(x)$,$z=\cos(x)$,$a=\sin(x)\cos(x)$,$b=\sin(x)/\cos(x)$.

解:命令为:

```
>> x = linspace(0,2 * pi,100);
>> y = sin(x); z = cos(x);
>> a = sin(x). * cos(x);b = sin(x)./(cos(x) + eps);
>> subplot(2,2,1);plot(x,y),title('sin(x)')
>> subplot(2,2,2);plot(x,z),title('cos(x)')
>> subplot(2,2,3);plot(x,a),title('sin(x)cos(x)')
>> subplot(2,2,4);plot(x,b),title('sin(x)/cos(x)')
```

结果如图 1-11 所示.

1.12.6　绘制函数二维曲线的命令 fplot

命令形式:fplot('fun', [xmin,xmax])

功能:表示绘制字符串 fun 指定的函数在 $[x_{min},x_{max}]$ 上的图形.

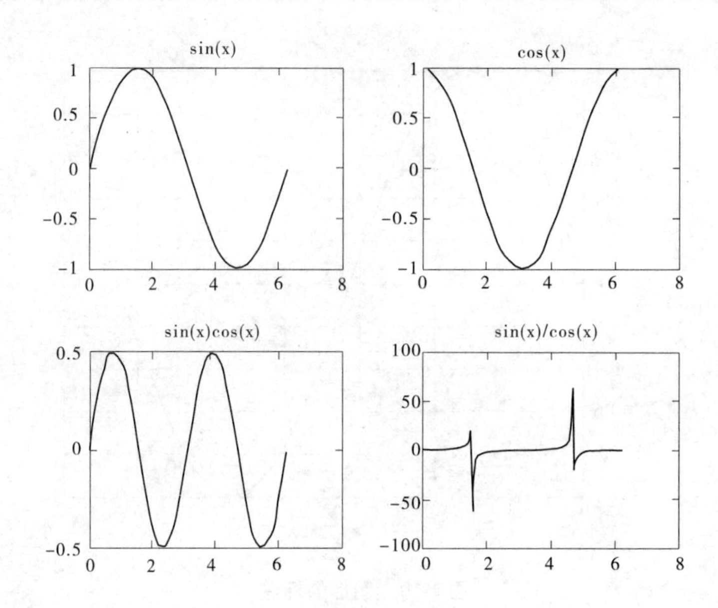

图 1-11　一个图形窗口多个子图的绘制

注意:(1)fun 必须是 M 文件的函数名或是独立变量为 x 的表达式.

(2)fplot 函数在一个图上可以画多个图形.

【例题 1-44】　在[−1,2]上画 $y = e^{2x} + \sin(3x^2)$ 的图形.

解:先建 M 文件 myfun. m:

```
function y = myfun(x)
y = exp(2 * x) + sin(3 * x^2)
```

再输入命令:

```
>> fplot('myfun',[ -1,2])
```

【例题 1-45】　在[0,2 * pi]范围内绘制函数 sin(x)的图形.

解:输入命令:

```
>> fplot('sin',[0,2 * pi])
```

【例题 1-46】　x、y 的取值范围都为[$-2\pi, 2\pi$],画函数 sin($2x$),sin(x),cos(x)的图形.

解:输入命令:

```
>> fplot('[sin(2 * x),sin(x),cos(x)]',2 * pi * [ -1,1, -1,1])
```

1.12.7　绘制符号函数二维曲线的命令 ezplot

命令形式 1:ezplot('f(x)',[a,b])

功能:表示在区间[a,b]上绘制显函数 $y = f(x)$ 的图形.

命令形式 2:ezplot('f(x,y)',[xmin,xmax,ymin,ymax])

功能:表示在区间$[x_{\min}, x_{\max}] \times [y_{\min}, y_{\max}]$上绘制隐函数 $f(x,y) = 0$ 的图形.

命令形式 3:ezplot('x(t)', 'y(t)',[$t_{\min}$,$t_{\max}$])

功能:表示在区间$[t_{\min}, t_{\max}]$上绘制参数方程 $x = x(t)$,$y = y(t)$所表示的函数的图形.

【例题1-47】　在[0,pi]上绘 $y=\cos(x)$ 的图形.

解:输入命令:

```
>> ezplot('cos(x)',[0,pi])
```

【例题1-48】　画圆 $x^2+y^2=1$.

解:输入命令:

```
>> ezplot('x^2+y^2=1',[-1,1,-1,1])
>> axis equal
```

【例题1-49】　在[0,2*pi]上画参数方程 $x=\cos^3 t$, $y=\sin^3 t$ 所表示的函数的图形.

解:输入命令:

```
>> ezplot('cos(t)^3','sin(t)^3',[0,2*pi])
```

习题1.12

1. 作出函数 $y=\sin x$, $y=\cos x$ 在 $[-4\pi,4\pi]$ 上的图形,并观测它们的周期性.
2. 将上题中两个函数的图形用不同的线型及颜色绘制在同一直角坐标系中.
3. 作出以极坐标方程 $r=a(1+\cos\varphi)$, $a=1$, $\varphi\in[0,2\pi]$ 表示的心脏线.

1.13　用Matlab求一元函数的极限

极限的概念是高等数学的基础,Matlab提供了计算极限的命令,具体命令形式有:

命令形式1:limit(f)

功能:计算 $\lim\limits_{x\to 0}f(x)$,其中f是函数符号.

命令形式2:limit(f,x,a)

功能:计算 $\lim\limits_{x\to a}f(x)$,其中f是函数符号.

命令形式3:limit(f,x,inf)

功能:计算 $\lim\limits_{x\to\infty}f(x)$,其中f是函数符号.

命令形式4:limit(f,x,a,'right')

功能:计算 $\lim\limits_{x\to a^+}f(x)$,其中f是函数符号.

命令形式5:limit(f,x,a,'left')

功能:计算 $\lim\limits_{x\to a^-}f(x)$,其中f是函数符号.

注意:在左、右极限不相等或左、右极限有一个不存在时,Matlab的默认状态为求右极限.

【例题1-50】　求极限 $\lim\limits_{x\to 0}(1+4x)^{\frac{1}{x}}$ 与 $\lim\limits_{x\to 0}\frac{e^x-1}{x}$.

解:输入命令:

```
>> syms x
>> y1=(1+4*x)^(1/x);y2=(exp(x)-1)/x;
```

```
>> limit(y1)
ans =
exp(4)            %得第一个极限为 e^4
>> limit(y2)
ans =
1                 %得第二个极限为 1
```

【例题 1-51】 求极限 $\lim\limits_{x \to 1^+}\left[\frac{1}{x\ln^2 x} - \frac{1}{(x-1)^2}\right]$.

解:输入命令:

```
>> syms x
>> y=(1/(x*(log(x))^2)-1/(x-1)^2);
>> limit(y,x,1,'right')
ans =
    1/12
```

说明:此极限计算较难,但用 Matlab 很容易得结果.

习题 1.13

1. 分别作出函数 $y = \cos\frac{1}{x}$ 在区间$[-1,-0.01]$,$[0.01,1]$,$[-1,-0.001]$,$[0.001,1]$等上的图形,观测图形在 $x=0$ 附近的形状,推断极限 $\lim\limits_{x \to 0}\cos\frac{1}{x}$ 是否存在并用 Matlab 中的 limit 命令验证.

2. 分别作出函数 $y = \frac{\sin x}{x}$ 在区间$[-1,-0.01]$,$[0.01,1]$,$[-1,-0.001]$,$[0.001,1]$等上的图形,观测图形在 $x=0$ 附近的形状,推断极限 $\lim\limits_{x \to 0}\frac{\sin x}{x}$ 是否存在并用 Matlab 中的 limit 命令验证.

3. 在同一坐标系中,画出下面三个函数的图形:

$$y = (1+\frac{1}{x})^x, y = (1+\frac{1}{x})^{x+1}, y = e.$$

观测当 x 增大时图形的走向,推断极限 $\lim\limits_{x \to \infty}(1+\frac{1}{x})^x$ 是否存在,并用 Matlab 中的limit 命令验证.

4. 求下列各极限:

(1) $\lim\limits_{n \to \infty}(1-\frac{1}{n})^n$.　(2) $\lim\limits_{n \to \infty}\sqrt[n]{n^3+3^n}$.　(3) $\lim\limits_{n \to \infty}(\sqrt{n+2}-2\sqrt{n+1}+\sqrt{n})$.

(4) $\lim\limits_{x \to 1}(\frac{2}{x^2-1}-\frac{1}{x-1})$.　(5) $\lim\limits_{x \to 0}x\cot 2x$.　(6) $\lim\limits_{x \to \infty}(\sqrt{x^2+3x}-x)$.

(7) $\lim\limits_{x\to\infty}(\cos\dfrac{m}{x})^x$.　　(8) $\lim\limits_{x\to 1^-}(\dfrac{1}{x}-\dfrac{1}{e^x-1})$.　　(9) $\lim\limits_{x\to 0^+}\dfrac{\sqrt[3]{1+x}-1}{x}$.

未来应用

水库洪水预报与调度

我国地域广阔,夏季防汛任务普遍较重,如1991年长江流域、淮河流域,1998年长江流域、松花江流域都发生了特大洪涝灾害.为了给防汛抗旱、抢险救灾、水资源和水利工程管理提供直接、准确的水文情报,对水库的水量进行实时洪水预报是非常必要的.洪水预报与人们的生命财产和国民经济的关系十分密切,是水库防汛工作中一项不可缺少的非工程措施,对水库防汛具有很重要的意义.合理利用水库的调节功能,对可能发生的险情做好预测,可有效降低灾害造成的损失程度,根据实际情况不断修改及调整方案使其更加可行,能更加发挥效益.

第一步:提出问题

问题1:某地防汛部门为做好当年的防汛工作,根据本地往年汛期特点和当年气象信息分析,利用当地一水库的水量调节功能,制订当年的防汛计划:从6月10日0时起,开启水库1号入水闸蓄水,每天经过1号入水闸流入水库的水量为6万 m^3;从6月15日0时起,打开水库的泄水闸泄水,每天从水库流出的水量为4万 m^3;从6月20日0时起,再开启2号入水闸,每天经过2号入水闸流入水库的水量为3万 m^3;到6月30日0时,入水闸和泄水闸全部关闭.根据测量,6月10日0时,该水库的蓄水量为96万 m^3.

(1)求开启2号入水闸后水库蓄水量(万 m^3)与时间(d)之间的函数关系式.

(2)如果该水库的最大蓄水量为200万 m^3,问该地防汛部门的当年汛期(到6月30日0时)的防汛计划能否保证水库的安全(水库的蓄水量不超过水库的最大蓄水量)?请说明理由.

问题2:问题1是防汛计划,实施过程中严格执行了该计划,但6月30日0时工作人员关闭水闸时,发现水库的水位已超过安全线,说明除2号入水闸进水外,还有诸如直接落入水库的雨水、水库周围高地流入水库的雨水等.为排除险情,需打开备用水闸.水库建有10个备用泄水闸,经测算,若打开1个泄水闸,30 h水位将至安全线,每个闸门泄洪的速度相同.现在抗洪指挥部要求在3 h内使水位降至安全线以下,问至少要同时打开几个泄水闸?

第二步:选择建模方法

我们选择初等数学中的方程和函数等相关知识来建模.具体步骤如下:

(1)根据需要设未知数.

(2)利用进出水库水量的关系列出方程或函数关系.

(3)按计划要求得出不等量关系.

第三步:推导模型

根据题意,可按以下步骤建立数学模型:

(1)根据需要设置未知数,如表1-13所示.

表1-13　设置未知数及其含义

变量	含义
x	开启2号入水闸后的时间(单位:d)
y	开启2号入水闸后的第x天的0时水库的蓄水量(单位:万m^3)
w	水库中已有的超安全线水量(单位:m^3)
m	扣除原泄水闸泄水后每小时流入水库的水量(单位:m^3)
z	每个泄水闸每小时的泄水量(m^3)
n	水位在3 h以内降至安全线以下时需要打开的泄水闸个数

(2)利用进出水库水量的关系列出方程或函数关系,根据计划要求得出不等量关系.

问题1的模型推导:

(1)6月10~20日10 d间1号入水闸共进水6×10万m^3,之后每天进水$6+3=9$(万m^3)(每天经过1号入水闸和2号入水闸流进的总水量),从15日0时每日流出水量为4万m^3,开启2号入水闸后的第x天时流出$4(x+4)$万m^3.因此,只要用该水库共进水6×10万m^3,加上每天经过1号入水闸和2号入水闸进出流量的总水量$(6+3)(x-1)$万m^3,之后减去开启2号入水闸后的第x天时流出的水量,可得到开启2号入水闸后水库蓄水量y(万m^3)与时间x(d)之间的函数关系式:

$$y=96+6\times10+(6+3)(x-1)-4(x+4).$$

(2)只要令$y=96+6\times10+(6+3)(x-1)-4(x+4)$中的$y\leqslant200$即可得到$x$的范围,从而最终得出该地防汛部门的当年防汛计划能保证水库是否安全的结论.

问题2的模型推导:

设水库已有超安全线水位的水量w(m^3),扣除原泄水闸泄水后流入水库的水量每小时m(m^3),每个泄水闸每小时泄水z(m^3).

由题意应有关系式:

$$\begin{cases}w+30m=30z,\\w+10m=2\times10z.\end{cases}$$

假设打开n个泄水闸,要使水位在3 h以内降至安全线以下,须满足以下条件:

$$w+3m\leqslant3nz.$$

只要求出满足以上条件的整数解即可.

第四步:求解模型

问题1的求解:

(1)6月10~20日10 d间1号入水闸共进水6×10万m^3,之后每天进水$6+3=9$(万m^3),从15日0时每日流出水量4万m^3,开启2号入水闸后的第x天时流出$4(x+4)$万m^3,因此:

$$y=96+6\times10+(6+3)(x-1)-4(x+4).$$

即$y=131+5x$,$1\leqslant x\leqslant10$(第1天0时即6月20日0时).

(2)由 $131+5x\leqslant 200$,解得 $x\leqslant 13.8$,即到6月30日0时止,水库中的蓄水量不会超过200万 m^3,故该地防汛部门的当年防汛计划能保证水库的安全.

问题2的求解:

设水库已有超安全线水位的水量 $w(m^3)$,扣除原泄水闸泄水后流入水库的水量为每小时 $m(m^3)$,每个泄水闸每小时泄水 $z(m^3)$.

由题意应有关系式:

$$\begin{cases} w+30m=30z, \\ w+10m=2\times 10z. \end{cases}$$

即

$$\begin{cases} w=15z, \\ m=0.5z. \end{cases}$$

假设打开 n 个泄水闸,可在3 h以内使水位降至安全线以下,则有 $w+3m\leqslant 3nz$,将 $\begin{cases} w=15z \\ m=0.5z \end{cases}$ 代入,求解可得 $n\geqslant 5.5$.

因为 n 为自然数,所以 $n\geqslant 6$,即至少要同时打开6个泄水闸.

第五步:回答问题

问题1:

(1)开启2号入水闸后水库蓄水量 y(万 m^3)与时间(d)之间的函数关系式为:$y=131+5x, 1\leqslant x\leqslant 10$(第1天0时即6月20日0时).

(2)到6月30日0时止,水库中的蓄水量不会超过200万 m^3,故该地防汛部门的当年防汛计划能保证水库的安全.

问题2:至少要同时打开6个泄水闸,才能符合指挥部在3 h内使水位降至安全线以下的要求.

第六步:拓展问题

变题1:某地要建一个水库,设计中水库的最大容量 1.28×10^5 m^3. 在山洪暴发时,预计注入水库的水量 $S_n(m^3)$ 与天数 $n(n\in N, n\leqslant 10)$ 的关系式为 $S_n=5\ 000\sqrt{n(n+24)}-4\times 10^3 n$. 设水库原有水量 8×10^4 m^3,泄水闸每天泄水量为 4×10^3 m^3,若山洪暴发时的第一天就打开泄水闸,问10 d中,堤坝是否会发生危险(水库水量超过最大容量时,堤坝会发生危险).

变题2:某河流 G 段地区,汛前水位高120 cm,水位警戒线为300 cm. 若水位超过警戒线,河堤就会发生危险. 预期汛期来临时,水位线提高量 l_n 与汛期天数的函数关系式为 $l_n=20\sqrt{5n^2+12n}$. 为防止河堤发生危险,堤坝上有泄水涵道,每天的排水量可使水位线下降40 cm. 如果从洪汛期来临的第一天起即排水泄洪,问从第几天起开始出现险情?

变题1的主要建模思路:

设第 n 天发生危险,这时水库水量为

$$8\times 10^4+5\times 10^3\times\sqrt{n(n+24)}-4\times 10^3 n.$$

根据题意,有

$$8\times 10^4+5\times 10^3\times\sqrt{n(n+24)}-4\times 10^3 n>1.28\times 10^5.$$

整理得

$$n^2 + 24n - 16^2 > 0.$$

解得

$$n > 8, n < -32(\text{舍去}).$$

又由题意可知 $n \leqslant 10$，故 $n = 9$，即第 9 天会发生危险.

变题 2 的主要建模思路：

第 n 天升高的水位 $h = 20\sqrt{5n^2 + 12n} - 40n$，当 $h \leqslant 180$ 时，出现险情，解得 $n \geqslant 27$，也就是说，汛期来临后第 27 天起出现险情.

课外阅读

1　函数概念的发展历史

1.1　早期函数概念——几何观念下的函数

17 世纪，伽俐略（G. Galileo，意大利，1564—1642）在《关于两门新科学的对话》一书中，用文字和比例的语言表达了函数的关系. 笛卡儿（Descartes，法国，1596—1650）在他的解析几何中，已注意到一个变量对另一个变量的依赖关系，但因当时尚未意识到要提炼函数概念，因此直到 17 世纪后期，牛顿、莱布尼兹建立微积分时还没有人明确函数的一般意义，大部分函数是被当作曲线来研究的.

1673 年，莱布尼兹首次使用“function”（函数）表示“幂”，后来他用该词表示曲线上点的横坐标、纵坐标、切线长等有关几何量. 与此同时，牛顿在微积分的讨论中，使用“流量”来表示变量间的关系.

1.2　18 世纪函数概念——代数观念下的函数

1718 年，约翰 · 伯努利（Bernoulli Johann，瑞士，1667—1748）在莱布尼兹函数概念的基础上对函数概念进行了定义：由任一变量和常数的任一形式所构成的量. 他的意思是凡变量 x 和常量构成的式子都叫作 x 的函数，并强调函数要用公式来表示.

1755 年，欧拉（Leonhard Euler，瑞士，1707—1783）把函数定义为：如果某些变量，以某一种方式依赖于另一些变量，即当后面这些变量变化时，前面这些变量也随着变化，我们把前面的变量称为后面变量的函数.

18 世纪中叶，欧拉给出了函数定义：一个变量的函数是由这个变量和一些数（常数）以任何方式组成的解析表达式. 他把约翰 · 伯努利给出的函数定义称为解析函数，并进一步把它区分为代数函数和超越函数，还考虑了“随意函数”. 不难看出，欧拉给出的函数定义比约翰 · 伯努利的定义更普遍，更具有广泛意义.

1.3　19 世纪函数概念——对应关系下的函数

1821 年，柯西（Cauchy，法国，1789—1857）给出了函数定义：在某些变数间存在着一定的关系，当一经给定其中某一变数的值，其他变数的值可随着而确定时，则将最初的变数叫自变量，其他各变数叫作函数. 同时，指出对函数来说不一定要有解析表达式. 不过他仍然认为函数关系可以用多个解析式来表示，这是一个很大的局限.

1837 年，狄利克雷（Dirichlet，德国，1805—1859）突破了这一局限，认为怎样去建立 x

与 y 之间的关系无关紧要，他拓广了函数的概念，指出：对于在某区间上的每一个确定的 x 值，y 都有一个或多个确定的值，那么 y 叫作 x 的函数. 这个定义避免了函数定义中对依赖关系的描述，以清晰的方式被所有数学家接受. 这就是人们常说的经典函数定义. 等到康托(Cantor，德国，1845—1918)创立的集合论在数学中占有重要地位之后，维布伦(Veblen，美国，1880—1960)用“集合”和“对应”的概念给出了近代函数的定义，通过集合概念把函数的对应关系、定义域及值域进一步具体化了，且打破了“变量是数”的极限，变量可以是数，也可以是其他对象.

1.4　现代函数概念——集合论下的函数

1914 年，豪斯道夫(Hausdorff)在《集合论纲要》中用不明确的概念“序偶”来定义函数，它避开了意义不明确的“变量”“对应”概念. 库拉托夫斯基(Kuratowski)于 1921 年用集合概念来定义“序偶”，使豪斯道夫的定义更严谨了.

1930 年，新的现代函数定义为“若对集合 M 的任意元素 x，总有集合 N 确定的元素 y 与之对应，则称在集合 M 上定义一个函数，记为 $y=f(x)$. 元素 x 称为自变元，元素 y 称为因变元.”

在中国清代，数学家李善兰翻译的《代数学》一书中首次用中文把“function”翻译为“函数”，此译名沿用至今. 对为什么这样翻译这个概念，书中解释说“凡此变数中函彼变数者，则此为彼之函数”；这里的“函”是包含的意思.

2　最早的极限思想萌芽

最早的极限思想萌芽时期是指公元前 770 至公元前 221 年. 在《庄子》“天下篇”中记录：“一尺之棰，日取其半，万世不竭.”这句话的意思是：有一根一尺长的木棍，如果一个人每天取它剩下的一半，那么他永远也取不完. 庄子这句话充分体现出了古人对极限的一种思考，也形象地描述出了“无穷小量”的实际范例.

3　极限的早期使用

公元前 5 世纪，古希腊数学家安提丰提出了“穷截法”，即在求解圆面积时提出用成倍扩大圆内接正多边形边数，通过求正多边形的面积来近似代替圆的面积. 但安提丰的做法却让许多的希腊数学家产生了“有关无限的困惑”，因为在当时谁也不能保证无限扩大的正多边形能与圆周重合. 通过多边形边数的加倍来产生无限接近的过程，从而出现“差”被“穷竭”的说法虽然不合适，但在现在看来，这个所谓的“差”却构造出了一个“无穷小量”，因此也被认为是人类最早使用极限思想解决数学问题的方法.

在中国，公元 3 世纪，刘徽在《九章算术注》中创立了“割圆术”. 用现代的语言来描述他的方法即是：假设一个圆的半径为一尺，在圆中内接一个正六边形，在此后每次将正多边形的边数增加一倍，从而用勾股定理算出内接的正十二边、二十四边、四十八边等多边形的面积. 这样就会出现一个现象，当边数越多时，这个多边形的面积就越与圆面积接近. 刘徽运用这个相当于极限的思想求出了圆周率，并且由于与现在的极限理论的思想很接近，从而他也被誉为在中国史上第一个将极限思想用于数学计算的人.

4　极限定义的产生

安提丰制造的“极限恐慌论”阻挡了极限的发展，直到 17 世纪，牛顿、莱布尼兹利用极限的方法创立了微积分，但在当时，他们的极限理论还不十分地严密清楚. 经过 18 世纪,到19世纪初,微积分的理论和主要内容基本上已经建立起来了,但几乎它所有的概念都是建立在物理原型和几何原型上的,带有很大程度上的经验性和直观性.直到法国数学家柯西才明确地描述了极限的概念及理论,无穷小的本质也因此被揭露出来了.1821年,柯西在拉普拉斯与泊松的支持下出版了《代数分析教程》,书中脱离了一定要将极限概念与几何图形和几何量联系起来的束缚,通过变量和函数概念从开始就给出了精确的极限定义:假如一个变量依次取得的值无限趋近于一个定值,到后来这个变量与定值之间的差值要多小就多小,那么这个定值就是这所有取得的无限接近定值的变量的极限值.可是,柯西的极限定义还是存在着一些问题,比如:他所谓的“无限接近”“要多小有多小”这些概念都只能在头脑中想象,不能摆脱在头脑中的几何直观想象来建立数学概念的方法.

5 极限定义的完善

为了摆脱极限定义的几何直观思维方法,19世纪后半期,德国的维尔斯特拉斯(Weierstrass,1815—1897)研究出了一个纯算术的极限定义.维尔斯特拉斯用实数描述出了极限定义.他先把变量设为一个字母,而这个字母可以取集合中的任意一个数,是一个连续变量.

学习项目2 导数与微分

2.1 导数的概念

2.1.1 引例——求变速直线运动的瞬时速度

由物理学知道，当物体做匀速直线运动时，它在任何时刻的速度可以用公式(速度=路程/时间)来计算.但在实际问题中遇到的运动往往是变速的，用公式(速度=路程/时间)只能反映物体走完某一路程的平均速度，而无法反映出运动的快慢变化.要想精确地刻画出这一变化，就需进一步讨论物体在运动过程中任一时刻的速度，即瞬时速度.

设一物体做变速直线运动，以它运动的直线为数轴，则在物体运动过程中，对于每一时刻 t，物体的相应位置可以用数轴上的一个坐标 s 表示，即 s 与 t 之间存在函数关系：$s=s(t)$，称此函数为物体运动的位置函数(或路程函数)，现在我们来考察该物体在 t_0 时刻的瞬时速度 $v(t_0)$.

设在 t_0 时刻物体的位置为 $s(t_0)$，则：

(1)当时间从 t_0 时刻到 $t_0+\Delta t$ 时刻时，时间 t 的增量为 Δt，路程 s 的相应增量为

$$\Delta s = s(t_0+\Delta t) - s(t_0).$$

(2) $\bar{v} = \dfrac{\Delta s}{\Delta t} = \dfrac{s(t_0+\Delta t)-s(t_0)}{\Delta t}$ 为物体在时间间隔 Δt 内平均速度.

由于变速运动的速度通常是连续变化的，所以从整体看，运动是变速的，但从局部看，可近似地看作是匀速的，因此当 $|\Delta t|$ 很小时，$\bar{v}$ 可作为物体在 t_0 时刻瞬时速度的近似值.

很明显，$|\Delta t|$ 越小，$\bar{v}$ 就越接近物体在 t_0 时刻的瞬时速度，因此当 $\Delta t\to 0$ 时，$\bar{v}$ 的极限(若存在)就是物体在 t_0 时刻的瞬时速度，简称速度.

$$v(t_0) = \lim_{\Delta t\to 0}\frac{\Delta s}{\Delta t} = \lim_{\Delta t\to 0}\bar{v}.$$

(3) $v(t_0) = \lim\limits_{\Delta t\to 0}\dfrac{\Delta s}{\Delta t} = \lim\limits_{\Delta t\to 0}\dfrac{s(t_0+\Delta t)-s(t_0)}{\Delta t}$.

这就是说，物体运动的瞬时速度是路程函数的增量与时间的增量之比，当时间增量趋于零时的极限.

以上思维方式和处理方法有着很高的理论价值和很广泛的应用，在自然科学和工程技术领域中，还有许多概念，例如：电流强度、角速度、线密度等，都可归结为这种特殊形式的极限.为了系统地研究这类问题，我们撇开这些量的具体意义，抓住其在数量关系上的共性，将这种特殊的极限叫作函数的导数或函数的变化率.

2.1.2 变化率模型

对于函数 $y = f(x)$，比值 $\dfrac{\Delta y}{\Delta x} = \dfrac{f(x_0 + \Delta x) - f(x_0)}{\Delta x}$ 表示自变量 x 在以 x_0 与 $x_0 + \Delta x$ 为端点的区间中每改变一个单位时，函数 y 的平均变化量. 所以把 $\dfrac{\Delta y}{\Delta x}$ 称为函数 $y = f(x)$ 在该区间中的平均变化率；把平均变化率当 $\Delta x \to 0$ 时的极限 $\lim\limits_{\Delta x \to 0} \dfrac{\Delta y}{\Delta x}$ 称为函数在 x_0 处的变化率. 变化率反映了函数 y 随着自变量 x 在 x_0 处变化而变化的快慢程度.

显然，当函数有不同的实际含义时，变化率的含义也不同. 为了加深对变化率的理解，同时能看到其在科学技术中的广泛应用，我们举一些变化率的例子.

【例题 2-1】 （电流模型）设在 $[0,t]$ 这段时间内通过导线横截面的电荷为 $Q = Q(t)$，求 t_0 时刻的电流.

解：如果是恒定电流，在 Δt 这段时间内通过导线横截面的电荷为 ΔQ，那么它的电流为

$$i = \frac{\text{电荷}}{\text{时间}} = \frac{\Delta Q}{\Delta t}.$$

如果电流是非恒定电流，就不能直接用上面的公式求 t_0 时刻的电流，此时

$$\bar{i} = \frac{\Delta Q}{\Delta t} = \frac{Q(t_0 + \Delta t) - Q(t_0)}{\Delta t}$$

称为在 t_0 到 $t_0 + \Delta t$ 这段时间内的平均电流.

当 $|\Delta t|$ 很小时，平均电流 $\bar{i}$ 可以作为 t_0 时刻电流的近似值，$|\Delta t|$ 越小，近似程度越好. 我们令 $\Delta t \to 0$，平均电流 $\bar{i}$ 的极限（如果极限存在）就称为时刻 t_0 的电流 $i(t_0)$，即

$$i(t_0) = \lim_{\Delta t \to 0} \frac{\Delta Q}{\Delta t} = \lim_{\Delta t \to 0} \frac{Q(t_0 + \Delta t) - Q(t_0)}{\Delta t} = \left. \frac{\mathrm{d}Q}{\mathrm{d}t} \right|_{t = t_0}.$$

【例题 2-2】 （细杆的线密度模型）设一根质量非均匀的细杆放在 x 轴上，在 $[0,x]$ 上的质量 m 是 x 的函数 $m = m(x)$，求杆上 x_0 处的线密度.

解：如果细杆质量分布是均匀的，长度为 Δx 的一段杆的质量为 Δm，那么它的线密度为

$$\rho = \frac{\text{质量}}{\text{长度}} = \frac{\Delta m}{\Delta x}.$$

如果细杆是非均匀的，就不能直接用上面的公式求 x_0 处的线密度.

设细杆 $[0,x_0]$ 的质量 $m = m(x_0)$，在 $[0,x_0 + \Delta x]$ 的质量 $m = m(x_0 + \Delta x)$，于是在 Δx 这段长度内，细杆的质量为

$$\Delta m = m(x_0 + \Delta x) - m(x_0).$$

平均线密度为

$$\bar{\rho} = \frac{\Delta m}{\Delta x} = \frac{m(x_0 + \Delta x) - m(x_0)}{\Delta x}.$$

当 $|\Delta x|$ 很小时,平均线密度 $\bar{\rho}$ 可作为细杆在 x_0 处的线密度的近似值, $|\Delta x|$ 越小,近似的程度越好. 我们令 $\Delta x \to 0$,细杆的平均线密度 $\bar{\rho}$ 的极限(如果极限存在)就称为细杆在 x_0 处的线密度,即

$$\rho(x_0) = \lim_{\Delta x \to 0} \frac{m(x_0 + \Delta x) - m(x_0)}{\Delta x} = \left.\frac{\mathrm{d}m}{\mathrm{d}x}\right|_{x = x_0} = m'(x_0).$$

2.1.3 导数的定义

定义 2-1 设 $f(x)$ 在 x_0 点的某邻域内有定义,且当自变量在 x_0 点取得增量 Δx (点 $x_0 + \Delta x$ 仍在该邻域中)时,函数有相应的增量 Δy ,若 $\lim\limits_{\Delta x \to 0} \dfrac{\Delta y}{\Delta x}$ 存在,则此极限称为 $f(x)$ 在 x_0 点的导数,记作: $f'(x_0)$ 或 $y'|_{x = x_0}$ 或 $\dfrac{\mathrm{d}y}{\mathrm{d}x}\Big|_{x = x_0}$.

即
$$f'(x_0) = \lim_{\Delta x \to 0} \frac{f(x_0 + \Delta x) - f(x_0)}{\Delta x}.$$

注意 (1)导数的常见形式还有:

$$f'(x_0) = \lim_{h \to 0} \frac{f(x_0 + h) - f(x_0)}{h}; \quad f'(x_0) = \lim_{h \to 0} \frac{f(x_0) - f(x_0 - h)}{h},$$

式中, h 为自变量的增量.

还可以记为

$$f'(x_0) = \lim_{x \to x_0} \frac{f(x) - f(x_0)}{x - x_0} \quad \text{或} \quad f'(x_0) = \lim_{h \to x_0} \frac{f(h) - f(x_0)}{h - x_0}.$$

(2)定义中 $\dfrac{\Delta y}{\Delta x}$ 反映了函数的平均变化率, $f'(x_0) = \lim\limits_{\Delta x \to 0} \dfrac{\Delta y}{\Delta x}$ 是一个确定的数,反映了函数在 x_0 处的变化的快慢程度.

定义 2-2 $f'_+(x_0) = \lim\limits_{\Delta x \to 0^+} \dfrac{f(x_0 + \Delta x) - f(x_0)}{\Delta x} = \lim\limits_{h \to 0^+} \dfrac{f(x_0 + h) - f(x_0)}{h}$ 称为 $f(x)$ 在 x_0 点的右导数.

定义 2-3 $f'_-(x_0) = \lim\limits_{\Delta x \to 0^-} \dfrac{f(x_0 + \Delta x) - f(x_0)}{\Delta x} = \lim\limits_{h \to 0^-} \dfrac{f(x_0 + h) - f(x_0)}{h}$ 称为 $f(x)$ 在 x_0 点的左导数.

注意 (1) $f'(x_0) = f'(x)|_{x = x_0}$,且 $f'(x_0) \neq [f(x_0)]'$.

(2)在 x_0 点左、右导数与此点导数存在的关系是

$$f'(x_0) = \lim_{\Delta x \to 0} \frac{f(x_0 + \Delta x) - f(x_0)}{\Delta x} \Leftrightarrow f'_-(x_0) = f'_+(x_0).$$

如果函数 $y = f(x)$ 在开区间 (a,b) 内每一点 x 处都可导,则称函数 $y = f(x)$ 在区间 (a,b) 内可导. 此时,对于任一 $x \in (a,b)$,都有一个导数值 $f'(x)$ 与它对应,因此 $f'(x)$ 是 x 的函数,此时把函数 $f'(x)$ 称为原来函数 $y = f(x)$ 在 (a,b) 内对 x 的导函数,简称导数.

函数 $y = f(x)$ 的导函数记为: $f'(x)$, y' , $\dfrac{\mathrm{d}y}{\mathrm{d}x}$ 或 $\dfrac{\mathrm{d}f}{\mathrm{d}x}$.

即 $$f'(x)=\lim_{\Delta x\to 0}\frac{f(x+\Delta x)-f(x)}{\Delta x} \quad 或 \quad f'(x)=\lim_{h\to 0}\frac{f(x+h)-f(x)}{h}.$$

注意:求函数 $y=f(x)$ 的导数 y' 的步骤如下:

(1)求增量: $\Delta y=f(x+\Delta x)-f(x)$.

(2)算比值: $\dfrac{\Delta y}{\Delta x}=\dfrac{f(x+\Delta x)-f(x)}{\Delta x}$.

(3)取极限: $y'=\lim\limits_{\Delta x\to 0}\dfrac{\Delta y}{\Delta x}$.

【例题 2-3】 求函数 $y=C$(C 是常数)的导数.

解:(1)求增量:因为 $y=C$,即不论 x 取什么值,y 的值总等于 C,所以 $\Delta y=0$.

(2)算比值: $\dfrac{\Delta y}{\Delta x}=0$.

(3)取极限: $y'=\lim\limits_{\Delta x\to 0}\dfrac{\Delta y}{\Delta x}=\lim\limits_{\Delta x\to 0}0=0$.

即常数函数的导数等于零,记作:$(C)'=0$.

【例题 2-4】 求函数 $y=\sqrt{x}$ 的导数.

解: $$y'=\lim_{\Delta x\to 0}\frac{f(x+\Delta x)-f(x)}{\Delta x}=\lim_{\Delta x\to 0}\frac{\sqrt{x+\Delta x}-\sqrt{x}}{\Delta x}$$
$$=\lim_{\Delta x\to 0}\frac{(\sqrt{x+\Delta x}-\sqrt{x})(\sqrt{x+\Delta x}+\sqrt{x})}{\Delta x(\sqrt{x+\Delta x}+\sqrt{x})}$$
$$=\lim_{\Delta x\to 0}\frac{1}{\sqrt{x+\Delta x}+\sqrt{x}}=\frac{1}{2\sqrt{x}}.$$

【例题 2-5】 求函数 $f(x)=\sin x$ 在任意点 $x_0\in(-\infty,+\infty)$ 处的导数.

解:(1) $\Delta y=f(x+\Delta x)-f(x)=\sin(x+\Delta x)-\sin x$;

(2) $$\frac{\Delta y}{\Delta x}=\frac{\sin(x+\Delta x)-\sin x}{\Delta x}=\frac{2\cos\left(x+\frac{\Delta x}{2}\right)\sin\frac{\Delta x}{2}}{\Delta x};$$

(3) $$f'(x)=\lim_{\Delta x\to 0}\frac{\Delta y}{\Delta x}=\lim_{\Delta x\to 0}\frac{\cos\left(x+\frac{\Delta x}{2}\right)\sin\frac{\Delta x}{2}}{\frac{\Delta x}{2}}=\cos x.$$

所以,$(\sin x)'\big|_{x=x_0}=\cos x_0$.

上式表明,给定义 x_0 就应有导数值 $\cos x_0$,这样就形成了一个新的函数 $\cos x$,称为原来函数 $y=\sin x$ 的导函数.

【例题 2-6】 求 $f(x)=\ln x$ 在 $(0,+\infty)$ 内的导函数.

解: $$f'(x)=\lim_{\Delta x\to 0}\frac{\Delta y}{\Delta x}=\lim_{\Delta x\to 0}\frac{\ln(x+\Delta x)-\ln x}{\Delta x}$$
$$=\lim_{\Delta x\to 0}\frac{\ln\left(1+\frac{\Delta x}{x}\right)}{\Delta x}$$ (当 $x\to 0$ 时,$\ln(1+x)\sim x$)

$$= \lim_{\Delta x \to 0} \frac{\frac{\Delta x}{x}}{\Delta x} = \frac{1}{x},$$

即 $(\ln x)' = \frac{1}{x}$.

2.1.4 导数的几何意义

由导数的定义及曲线的切线斜率的求法可知,函数 $y = f(x)$ 在 $x = x_0$ 的导数 $f'(x_0)$ 在几何上表示曲线 $y = f(x)$ 在点 $P_0(x_0, f(x_0))$ 处的切线斜率 k,即 $k = f'(x_0)$ 或 $f'(x_0) = \tan\alpha$, α 为切线的倾角.

从而得切线方程为: $y - y_0 = f'(x_0)(x - x_0)$.

若 $f'(x_0) = \infty$,则 $\alpha = \frac{\pi}{2}$(或 $-\frac{\pi}{2}$),此时切线方程为 $x = x_0$.

过切点 $P(x_0, y_0)$,且与 P 点切线垂直的直线称为 $y = f(x)$ 在 P 点的法线.

若 $f'(x_0) \neq 0$,法线的斜率为 $-\frac{1}{f'(x_0)}$,法线的方程为: $y - y_0 = -\frac{1}{f'(x_0)}(x - x_0)$.

若 $f'(x_0) = 0$,法线方程为 $x = x_0$.

【例题 2-7】 求曲线 $f(x) = x^2$ 在点 $(1,1)$ 处的切线和法线方程.

解: $f'(1) = 2$,即曲线 $f(x) = x^2$ 在点 $(1,1)$ 处的切线斜率为 2. 所以切线方程为 $y - 1 = 2(x - 1)$,即

$$y = 2x - 1.$$

法线的方程为: $y - 1 = -\frac{1}{2}(x - 1)$,即

$$y = -\frac{1}{2}x + \frac{3}{2}.$$

【例题 2-8】 求曲线 $f(x) = \ln x$ 上何处的切线平行于直线 $y = x + 1$.

解:设曲线 $f(x) = \ln x$ 在点 (x_0, y_0) 处的切线平行于直线 $y = x + 1$,所以切线斜率为 1,即

$$f'(x_0) = \frac{1}{x_0} = 1.$$

得: $x_0 = 1$.

将 $x_0 = 1$ 代入 $f(x) = \ln x$ 中得

$$f(1) = 0.$$

所以曲线 $f(x) = \ln x$ 在点 $(1,0)$ 处的切线平行于直线 $y = x + 1$.

2.1.5 导数的物理意义

导数的物理意义是什么?目前没有统一的说法,对于不同的物理量有着不同的物理意义.

(1)变速直线运动的瞬时速度是路程函数 $s = s(t)$ 对时间 t 的导数,即

$$v = s'(t) = \lim_{\Delta t \to 0} \frac{\Delta s}{\Delta t}.$$

而速度函数 $v(t)$ 对时间 t 的导数称为物体运动的加速度,即 $a = v'/(t)$.

(2)设 $\theta(t)$ 为物体绕一轴旋转时的角度,它是时间 t 的函数,则物体转动的角速度就是 $\theta(t)$ 对时间 t 的导数,即

$$\omega(t) = \theta'(t) = \lim_{\Delta t \to 0} \frac{\Delta \theta}{\Delta t}.$$

(3)设 $Q(t)$ 是通过导体某截面的电量,它是时间 t 的函数,则电流就是 $Q(t)$ 对时间 t 的导数,即

$$I(\mathrm{t}) = Q'(t) = \lim_{\Delta t \to 0} \frac{\Delta Q}{\Delta t}.$$

2.1.6 函数可导与连续的关系

定理 2-1 若函数 $y = f(x)$ 在 x_0 点可导,则它在 x_0 点一定连续;反之不然.

例如:函数 $y = |x| = \begin{cases} x, x \geqslant 0 \\ -x, x < 0 \end{cases}$ 显然在 $x = 0$ 处连续,但是在该点不可导. 因为 $\Delta y = f(0 + \Delta x) - f(0) = |\Delta x|$,所以在 $x = 0$ 点的右导数为

$$f'_+(0) = \lim_{\Delta x \to 0^+} \frac{\Delta y}{\Delta x} = \lim_{\Delta x \to 0^+} \frac{|\Delta x|}{\Delta x} = \lim_{\Delta x \to 0^+} \frac{\Delta x}{\Delta x} = 1.$$

而左导数为

$$f'_-(0) = \lim_{\Delta x \to 0^-} \frac{\Delta y}{\Delta x} = \lim_{\Delta x \to 0^-} \frac{|\Delta x|}{\Delta x} = \lim_{\Delta x \to 0^-} \frac{-\Delta x}{\Delta x} = -1.$$

左、右导数不相等,故函数在该点不可导. 所以,函数连续是可导的必要条件而不是充分条件.

习题 2.1

1. 求曲线 $f(x) = \sqrt{x}$ 在点 $(4,2)$ 处的切线和法线方程.
2. 求曲线 $f(x) = \frac{1}{3}x^3$ 上何处的切线平行于直线 $x - 4y = 5$.

2.2 函数的求导法则

前面根据导数的定义,求出了部分基本初等函数的导数,但对于一般的函数,根据导数的定义求它们的导数往往很困难,甚至不可能. 因此,本节主要介绍一些函数的求导法则,并建立基本初等函数的导数公式,以此来解决初等函数的求导问题.

2.2.1 反函数求导法则

定理 2-2 如果函数 $x = f(y)$ 在区间 I_y 内单调、可导且 $f'(y) \neq 0$,则它的反函数

$y=f^{-1}(x)$ 在区间 $I_x=\{x \mid x=f(y), y\in I_y\}$ 内可导,且

$$[f^{-1}(x)]'=\frac{1}{f'(y)},$$

$$\frac{dy}{dx}=\frac{1}{\frac{dx}{dy}}.$$

2.2.2 导数的四则运算法则

定理2-3 如果函数 $u=u(x)$ 及 $v=v(x)$ 都在点 x 处有导数,那么函数 $u(x)\pm v(x)$, $u(x)v(x)$, $\frac{u(x)}{v(x)}(v(x)\neq 0)$ 都在点 x 有导数,且有以下法则:

(1) $[u(x)\pm v(x)]'=u'(x)\pm v'(x)$.

(2) $[u(x)v(x)]'=u'(x)v(x)+u(x)v'(x)$.

特别地 $[Cu(x)]'=Cu'(x)$ (C 为常数).

(3) $\left[\frac{u(x)}{v(x)}\right]'=\frac{u'(x)v(x)-u(x)v'(x)}{v^2(x)}$ $(v(x)\neq 0)$.

特别地,当 $u(x)=C$ (C 为常数)时,有

$$\left[\frac{C}{v(x)}\right]'=-\frac{Cv'(x)}{v^2(x)} \quad (v(x)\neq 0)$$

注意:(1)、(2)能推广到任意有限个导函数的情形.

三个函数的情况为

$$(u+v-w)'=u'+v'-w',$$

$$(uvw)'=[(uv)w]'=(uv)'w+(uv)w'$$
$$=u'vw+uv'w+uvw'.$$

【例题2-9】 设 $y=\sqrt{x}\cos x+4\ln x+\sin\frac{\pi}{7}$,求 y'.

解:

$$y'=(\sqrt{x}\cos x)'+(4\ln x)'+(\sin\frac{\pi}{7})'$$
$$=(\sqrt{x})'\cos x+\sqrt{x}(\cos x)'+4(\ln x)'$$
$$=\frac{\cos x}{2\sqrt{x}}-\sqrt{x}\sin x+\frac{4}{x}.$$

【例题2-10】 求 $y=\tan x$ 的导数.

解:

$$y'=(\tan x)'=(\frac{\sin x}{\cos x})'=\frac{(\sin x)'\cos x-\sin x(\cos x)'}{\cos^2 x}$$
$$=\frac{\cos^2 x+\sin^2 x}{\cos^2 x}=\frac{1}{\cos^2 x}=\sec^2 x,$$

即

$$(\tan x)'=\sec^2 x.$$

用类似的方法可得 $(\cot x)'=-\csc^2 x$.

【例题2-11】 设 $y=\sec x$,求 y'.

解: $y' = (\sec x)' = \left(\dfrac{1}{\cos x}\right)' = -\dfrac{(\cos x)'}{\cos^2 x}$

$= \dfrac{\sin x}{\cos^2 x} = \sec x \tan x.$

用类似的方法可求得 $(\csc x)' = -\csc x \cot x$.

【例题 2-12】 设 $f(x) = \dfrac{x\sin x}{1+\cos x}$，求 $f'(x)$.

解:
$$f'(x) = \frac{(x\sin x)'(1+\cos x) - x\sin x(1+\cos x)'}{(1+\cos x)^2}$$
$$= \frac{(\sin x + x\cos x)(1+\cos x) - x\sin x(-\sin x)}{(1+\cos x)^2}$$
$$= \frac{\sin x(1+\cos x) + x\cos x + x\cos^2 x + x\sin^2 x}{(1+\cos x)^2}$$
$$= \frac{\sin x(1+\cos x) + x(1+\cos x)}{(1+\cos x)^2} = \frac{\sin x + x}{1+\cos x}.$$

2.2.3 复合函数的求导法则

定理 2-4 若函数 $u = \varphi(x)$ 在 x 处的导数 $\dfrac{du}{dx} = \varphi'(x)$，函数 $y = f(u)$ 在对应点 u 处也有导数 $\dfrac{dy}{du} = f'(u)$，则复合函数 $y = f[\varphi(x)]$ 在 x 处的导数存在，且

$$\frac{dy}{dx} = f'(u)\varphi'(x) \text{ 或 } \frac{dy}{dx} = \frac{dy}{du}\cdot\frac{du}{dx}.$$

上式说明复合函数 $y = f[\varphi(x)]$ 对 x 求导数时，可先求出 $y = f(u)$ 对 u 的导数和 $u = \varphi(x)$ 对 x 的导数，然后相乘.

显然，以上法则也可用于多次复合的情形.

推论 设 $y = f(u), u = g(v), v = \varphi(x)$ 均可导，则复合函数 $y = f[g(\varphi(x))]$ 也可导，且 $\dfrac{dy}{dx} = f'(u)g'(v)\varphi'(x)$.

【例题 2-13】 求 $y = \sin\sqrt{x}$ 的导数.

解: 函数 $y = \sin\sqrt{x}$ 可以看作由函数 $y = \sin u$ 与 $u = \sqrt{x}$ 复合而成，则

$$y' = (\sin u)'(\sqrt{x})' = \cos u \frac{1}{2\sqrt{x}} = \frac{\cos\sqrt{x}}{2\sqrt{x}}.$$

【例题 2-14】 求函数 $y = \sqrt{a^2 - x^2}$ 的导数.

解: 函数 $y = \sqrt{a^2 - x^2}$ 可看作由函数 $y = \sqrt{u}$ 与 $u = a^2 - x^2$ 复合而成，则

$$\frac{dy}{dx} = \frac{dy}{du}\frac{du}{dx} = (\sqrt{u})'(a^2 - x^2)' = \frac{1}{2\sqrt{u}}(-2x) = -\frac{x}{\sqrt{a^2 - x^2}}.$$

对于复合函数的分解比较熟悉后，就不必再写出中间变量，而可以采用下列例题的方式来计算.

【例题 2-15】 求函数 $y=\ln\tan\frac{x}{2}$ 的导数.

解:$y'=\left(\ln\tan\frac{x}{2}\right)'=\frac{1}{\tan\frac{x}{2}}\left(\tan\frac{x}{2}\right)'$

$$=\frac{1}{\tan\frac{x}{2}}\sec^2\left(\frac{x}{2}\right)\left(\frac{x}{2}\right)'=\frac{\cos\frac{x}{2}}{\sin\frac{x}{2}}\cdot\frac{1}{\cos^2\frac{x}{2}}\cdot\frac{1}{2}$$

$$=\frac{1}{\sin x}=\csc x.$$

【例题 2-16】 设气体以 100 $\mathrm{cm^3/s}$ 的常速注入球状的气球,假定气体的压力不变,那么当半径为 10 cm 时,气球半径增加的速率是多少?

解:设在时刻 t 时,气球的体积与半径分别为 V 和 r,显然

$$V=\frac{4}{3}\pi r^3,r=r(t).$$

所以,V 通过中间变量 r 与时间 t 发生联系,是一个复合函数:

$$V=\frac{4}{3}\pi[r(t)]^3.$$

按题意,已知 $\frac{\mathrm{d}V}{\mathrm{d}t}$ 为 100 $\mathrm{cm^3/s}$,求当 $r=10$ cm 时 $\frac{\mathrm{d}r}{\mathrm{d}t}$ 的值.根据复合函数求导法则,得 $\frac{\mathrm{d}V}{\mathrm{d}t}=\frac{4}{3}\pi\times3[r(t)]^2\frac{\mathrm{d}r}{\mathrm{d}t}$,将已知数据代入,得 $100=4\pi\times10^2\times\frac{\mathrm{d}r}{\mathrm{d}t}$.所以,$\frac{\mathrm{d}r}{\mathrm{d}t}=\frac{1}{4\pi}$ cm/s,即当 $r=10$ cm 时,半径以 $\frac{1}{4\pi}$ cm/s 的速率增加.

2.2.4 常数和基本初等函数的导数公式

$(C)'=0$; $(x^u)'=ux^{u-1}$;

$(\sin x)'=\cos x$; $(\cos x)'=-\sin x$;

$(\tan x)'=\sec^2x$; $(\cot x)'=-\csc^2x$;

$(\sec x)'=\sec x\tan x$; $(\csc x)'=-\csc x\cot x$;

$(a^x)'=a^x\ln a$; $(\mathrm{e}^x)'=\mathrm{e}^x$;

$(\log_a x)'=\frac{1}{x\ln a}$; $(\ln x)'=\frac{1}{x}$;

$(\arcsin x)'=\frac{1}{\sqrt{1-x^2}}$; $(\arccos x)'=-\frac{1}{\sqrt{1-x^2}}$;

$(\arctan x)'=\frac{1}{1+x^2}$; $(\mathrm{arccot}\,x)'=-\frac{1}{1+x^2}$.

习题 2.2

1. 求下列函数的导数.

(1) $f(x) = x^3 + 4\cos x - \sin\frac{\pi}{2}$, 求 $f'(x)$ 及 $f'(\frac{\pi}{2})$.

(2) $f(x) = \ln x - 2\lg x + 3\log_2 x$.

(3) $f(x) = x \cdot \ln x$.

(4) $f(x) = e^x(\sin x + \cos x)$.

(5) $f(x) = \frac{\sqrt{x}+1}{\sqrt{x}-1}$.

(6) $f(x) = \sin x \cdot \ln x + 2\sqrt{x} \cdot \tan x$.

2. 求下列复合函数的导数.

(1) $y = \sin^2 x$.

(2) $y = \ln\tan\frac{1}{x}$.

(3) $y = e^{x^2}$.

(4) $y = \ln\cos(e^x)$.

(5) $y = \tan x^2$.

(6) $y = e^{\sin\frac{1}{x}}$.

(7) $y = \sin\frac{2x}{1+x^2}$.

(8) $y = \ln\ln\ln x$.

2.3 隐函数及由参数方程确定的函数的导数

2.3.1 隐函数的导数

设方程 $F(x,y) = 0$ 所确定的隐函数为 $y = f(x)$,求导数 $\frac{dy}{dx}$.

解法:把方程 $F(x,y) = 0$ 所确定的隐函数 $y = f(x)$ 代入原方程得恒等式 $F[x,f(x)] \equiv 0$,把这个恒等式的两端对 x 求导,所得的结果也必然相等,但应注意,左端 $F[x,f(x)]$ 是将 $y = f(x)$ 代入 $F(x,y)$ 后所得的结果,所以当方程 $F(x,y) = 0$ 的两端对 x 求导时,要记住 y 是 x 的函数,然后用复合函数求导法则去求导,这样便可得到隐函数的导数. 下面举例说明这种方法.

【例题 2-17】 求由方程 $xy - e^x + e^y = 0$ 所确定的隐函数的导数 $\frac{dy}{dx}$.

解:把方程 $xy - e^x + e^y = 0$ 的两端对 x 求导,记住 y 是 x 的函数,得

$$y + xy' - e^x + e^y y' = 0,$$

得隐函数的导数为

$$y' = \frac{e^x - y}{x + e^y} \ (x + e^y \neq 0).$$

【例题 2-18】 求曲线 $3y^2 = x^2(x+1)$ 在点(2,2)处的切线方程.

解:方程两边对 x 求导,可得

$$6yy' = 3x^2 + 2x,$$

于是得

$$y' = \frac{3x^2 + 2x}{6y} \ (y \neq 0),$$

所以

$$y'|_{(2,2)} = \frac{4}{3}.$$

因而所求切线方程为 $$y-2=\frac{4}{3}(x-2),$$

即 $$4x-3y-2=0.$$

2.3.2 对数求导法

对数求导法简单地说:就是先取对数,再求导的方法.现举两例:

【例题 2-19】 设 $y=(x-1)\sqrt[3]{(3x+1)^2(x-2)}$,求 y'.

解:先在等式两边取绝对值,再取对数,得

$$\ln|y|=\ln|x-1|+\frac{2}{3}\ln|3x+1|+\frac{1}{3}\ln|x-2|.$$

两边对 x 求导,得

$$\frac{1}{y}y'=\frac{1}{x-1}+\frac{2}{3}\times\frac{3}{3x+1}+\frac{1}{3}\times\frac{1}{x-2},$$

所以 $y'=(x-1)\sqrt[3]{(3x+1)^2(x-2)}\left[\frac{1}{x-1}+\frac{2}{3}\times\frac{3}{3x+1}+\frac{1}{3}\times\frac{1}{x-2}\right].$

以后解题时,为了方便起见,取绝对值可以略去.

【例题 2-20】 求 $y=x^{\sin x}(x>0)$ 的导数.

解:对于 $y=x^{\sin x}(x>0)$ 两边取对数,得

$$\ln y=\sin x\ln x.$$

两边求导,得

$$\frac{1}{y}y'=\cos x\ln x+\frac{\sin x}{x}.$$

所以 $$y'=y(\cos x\ln x+\frac{\sin x}{x})=x^{\sin x}(\cos x\ln x+\frac{\sin x}{x}).$$

2.3.3 由参数方程所确定的函数求导法

设参数方程 $\begin{cases}x=\varphi(t),\\y=\psi(t),\end{cases}$ 确定 y 与 x 之间的函数关系,则称此函数关系所表示的函数为由参数方程所确定的函数.

对于参数方程所确定的函数的求导,通常也并不需要首先由参数方程消去参数 t 化为 y 与 x 之间的直接函数关系后再求导.

如果函数 $x=\varphi(t)$,$y=\psi(t)$ 都可导,且 $\varphi'(t)\neq0$,又 $x=\varphi(t)$ 具有单调连续的反函数 $t=\varphi^{-1}(x)$,则参数方程确定的函数可以看成 $y=\psi(t)$ 与 $t=\varphi^{-1}(x)$ 复合而成的函数.根据复合函数与反函数的求导法则,有

$$\frac{dy}{dx}=\frac{dy}{dt}\frac{dt}{dx}=\frac{dy}{dt}\frac{1}{\frac{dx}{dt}}=\psi'(t)\frac{1}{\varphi'(t)}=\frac{\psi'(t)}{\varphi'(t)}.$$

【例题 2-21】 设摆线 $\begin{cases}x=a(t-\sin t)\\y=a(1-\cos t)\end{cases}(0\leqslant t\leqslant2\pi)$,求

(1) 在任何点的切线斜率；

(2) 在 $t=\dfrac{\pi}{2}$ 处的切线方程.

解:(1)摆线在任意点的切线斜率为

$$\frac{dy}{dx}=\frac{a\sin t}{a(1-\cos t)}=\cot\frac{t}{2}.$$

(2)当 $t=\dfrac{\pi}{2}$ 时,摆线上对应点为 $\left(a\left(\dfrac{\pi}{2}-1\right),a\right)$,在此点的切线斜率为

$$\left.\frac{dy}{dx}\right|_{t=\frac{\pi}{2}}=\cot\left.\frac{t}{2}\right|_{t=\frac{\pi}{2}}=1.$$

于是,切线方程为

$$y-a=x-a\left(\frac{\pi}{2}-1\right),$$

即

$$y=x+a\left(2-\frac{\pi}{2}\right).$$

习题 2.3

1. 求由方程 $x^2+y^2=a^2$ 所确定的隐函数 y 对 x 的导数.
2. 设方程 $x+y-e^{xy}=0$,求隐函数 $y=f(x)$ 的导数.
3. 设 $y=f(x)$ 由方程 $\ln(x^2+y)=x^3y+\sin x$ 确定,求 $\left.\dfrac{dy}{dx}\right|_{x=0}$.
4. 求椭圆 $\dfrac{x^2}{16}+\dfrac{y^2}{9}=1$ 在点$\left(2,\dfrac{3\sqrt{3}}{2}\right)$处的切线方程.
5. 求下列函数的导数:

   (1) $y=(\sin x)^{\ln x}$.　　(2) $y=x^{e^x}$.
6. 求由椭圆的参数方程 $\begin{cases}x=a\cos t\\y=b\sin t\end{cases}$ 确定的函数 $y=f(x)$ 的导数 $\dfrac{dy}{dx}$.
7. 求摆线 $\begin{cases}x=a(t-\sin t)\\y=a(1-\cos t)\end{cases}$ (a 为常数)在对应于 $t=\dfrac{\pi}{3}$ 时曲线上点的切线方程.

2.4 高阶导数

定义 2-4　若函数 $y=f(x)$ 的导数 $f'(x)$ 在点 x 处可导,则称 $f'(x)$ 在点 x 处的导数为 $f(x)$ 在点 x 处的二阶导数,记作 $f''(x)$ 或 $\dfrac{d^2y}{dx^2}$.

类似地,二阶导数 $f''(x)$ 的导数称作函数 $y=f(x)$ 的三阶导数,记作:

$$y'''(x),f'''(x),\frac{d^3y}{dx^3}.$$

一般地,我们称 $(n-1)$ 阶导数 $f^{(n-1)}(x)$ 的导数为 $y=f(x)$ 的 n 阶导数,记作:

$$f^{(n)}(x), y^{(n)}(x), \frac{d^n y}{dx^n}.$$

定义 2-5　二阶及二阶以上的导数统称为高阶导数.

注意:(1)函数 $y = f(x)$ 的各阶导数在点 $x = x_0$ 处的函数值记为

$$f'(x_0), f''(x_0), f'''(x_0), \cdots, f^{(n)}(x_0).$$

(2)求高阶导数并不需要更新的方法,只要逐阶求导,直到所要求的阶数即可,所以仍可用前面学过的求导方法来计算高阶导数.

【例题 2-22】　求函数 $y = e^{-x}\cos x$ 的二阶导数及三阶导数.

解:$y' = -e^{-x}(\cos x) + e^{-x}(-\sin x) = -e^{-x}(\cos x + \sin x)$.

$y'' = e^{-x}(\cos x + \sin x) - e^{-x}(-\sin x + \cos x) = 2e^{-x}\sin x$.

$y''' = -2e^{-x}\sin x + 2e^{-x}\cos x = 2e^{-x}(\cos x - \sin x)$.

【例题 2-23】　求 n 次多项式 $y = a_0x^n + a_1x^{n-1} + \cdots + a_n$ 的各阶导数.

解:$y' = na_0x^{n-1} + (n-1)a_1x^{n-2} + \cdots + a_{n-1}$.

$y'' = n(n-1)a_0x^{n-2} + (n-1)(n-2)a_1x^{n-3} + \cdots + 2a_{n-2}$.

可见每经过一次求导运算,多项式的次数就降低一次,继续求导得 $y^{(n)} = n!a_0$,这是一个常数,因而

$$y^{(n+1)} = y^{(n+2)} = \cdots = 0.$$

这就是说,n 次多项式的一切高于 n 阶的导数都是零.

【例题 2-24】　求指数函数 $y = e^{ax}$ 与 $y = a^x$ 的 n 阶导数.

解:$y = e^{ax}$,$y' = ae^{ax}$,$y'' = a^2e^{ax}$,$y''' = a^3e^{ax}$.

依此类推,可得

$$y^{(n)} = a^ne^{ax},$$

即

$$(e^{ax})^{(n)} = a^ne^{ax}.$$

特别地

$$(e^x)^{(n)} = e^x.$$

对于 $y = a^x$,$y' = a^x\ln a$,$y'' = a^x\ln^2 a$,$y''' = a^x\ln^3 a$.

依此类推得

$$y^{(n)} = a^x\ln^n a.$$

习题 2.4

1. 求 $y = x^6$ 的各阶导数.
2. 设 $y = \ln(1+x)$,求 $y'(0), y''(0), y'''(0), \cdots, y^{(n)}(0)$.

2.5　函数的微分

我们已经知道,函数的导数反映出函数相对于自变量变化的快慢程度,它是函数在点 x 处的变化率.但在实际问题中,我们还需知道,当自变量在某一点取得一个微小的改变量 Δx 时,函数所取得的相应的改变量 Δy 的大小,用公式 $\Delta y = f(x+\Delta x) - f(x)$ 计算其精确值往往比较麻烦.因此,我们引进微分的概念.

2.5.1 一个实例

【例题 2-25】 一块正方形金属薄片受温度变化影响时,其边长由 x_0 变到 $x_0+\Delta x$(见图 2-1),问此薄片的面积改变了多少?

解:设此薄片的边长为 x,面积为 A,则 A 是 x 的函数:$A=x^2$,薄片受温度变化影响时,面积的改变量可以看成是当自变量 x 自 x_0 取得增量 Δx 时,函数 A 相应的增量 ΔA,即

$$\Delta A=(x_0+\Delta x)^2-x_0^2=2x_0\Delta x+(\Delta x)^2.$$

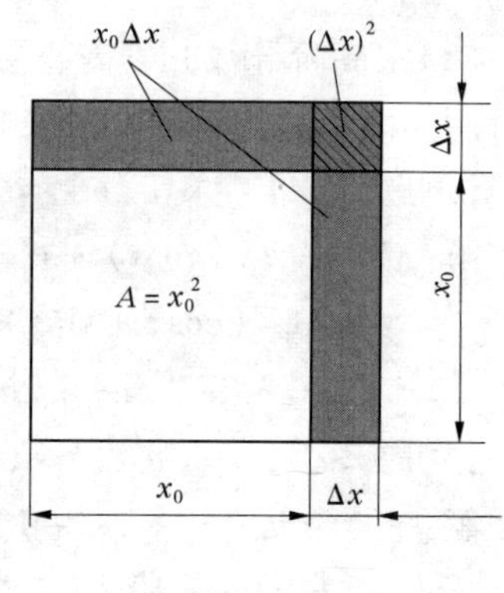

图 2-1

从上式可以看出,ΔA 可分成两部分:一部分是 $2x_0\Delta x$,它是 Δx 的线性函数;另一部分是 $(\Delta x)^2$.

显然,如图 2-1 所示,$2x_0\Delta x$ 是面积增量 ΔA 的主要部分,而 $(\Delta x)^2$ 是次要部分,当 $|\Delta x|$ 很小时,$(\Delta x)^2$ 部分比 $2x_0\Delta x$ 要小得多. 也就是说,当 $|\Delta x|$ 很小时,面积增量 ΔA 可以近似地用 $2x_0\Delta x$ 表示,即 $\Delta A\approx 2x_0\Delta x$. 此式作为 ΔA 的近似值,略去的部分 $(\Delta x)^2$ 是比 Δx 高阶的无穷小,即 $\lim\limits_{\Delta x\to 0}\dfrac{(\Delta x)^2}{\Delta x}=\lim\limits_{\Delta x\to 0}\Delta x=0$. 又因为 $A'(x_0)=(x^2)'|_{x=x_0}=2x_0$,所以有 $\Delta A\approx A'(x_0)\Delta x$.

一般地,设函数 $y=f(x)$ 在点 x 处可导,对于 x 处的改变量 Δx,有相应的改变量 Δy. 由 $\lim\limits_{\Delta x\to 0}\dfrac{\Delta y}{\Delta x}=f'(x)$,根据极限与无穷小的关系,我们有 $\dfrac{\Delta y}{\Delta x}=f'(x)+\alpha$(其中 α 为无穷小),$\lim\limits_{\Delta x\to 0}\alpha=0$,于是有

$$\Delta y=f'(x)\Delta x+\alpha\Delta x.$$

而上式右端的第一部分 $f'(x)\Delta x$ 是 Δx 的线性函数;第二部分,因为 $\lim\limits_{\Delta x\to 0}\dfrac{\alpha\Delta x}{\Delta x}=0$,所以第二部分是比 Δx 高阶的无穷小,因此当 $|\Delta x|$ 很小时,第二部分可以忽略,于是第一部分就成了 Δy 的主要部分,从而有近似公式 $\Delta y\approx f'(x)\Delta x$,通常称 $f'(x)\Delta x$ 为 Δy 的线性主部. 反之,如果函数的改变量 Δy 可以表示成 $\Delta y=A\Delta x+o(\Delta x)$(其中 $\lim\limits_{\Delta x\to 0}\dfrac{o(\Delta x)}{\Delta x}=0$),则有

$$\frac{\Delta y}{\Delta x}=A+\frac{o(\Delta x)}{\Delta x},$$

这样

$$\lim_{\Delta x\to 0}\frac{\Delta y}{\Delta x}=\lim_{\Delta x\to 0}\left(A+\frac{o(\Delta x)}{\Delta x}\right)=A,$$

即

$$\Delta y=f'(x)\Delta x+o(\Delta x).$$

2.5.2 微分的定义

定义 2-6 若函数 $y=f(x)$ 在点 x 处的改变量 $\Delta y=f(x+\Delta x)-f(x)$ 可以表示成

$\Delta y = A\Delta x + o(\Delta x)$. 其中, $o(\Delta x)$ 为比 $\Delta x(\Delta x \to 0)$ 高阶的无穷小,则称函数 $f(x)$ 在点 x 处可微,并称其线性主部 $A\Delta x$ 为函数 $y = f(x)$ 在点 x 处的微分,记为 $\mathrm{d}y$ 或 $\mathrm{d}f(x)$,即 $\mathrm{d}y = A\Delta x$ 且有 $A = f'(x)$,这样 $\mathrm{d}y = f'(x)\Delta x$.

由上面的讨论和微分定义可知:一元函数的可导与可微是等价的,且其关系为 $\mathrm{d}y = f'(x)\Delta x$. 当函数 $f(x) = x$ 时,函数的微分 $\mathrm{d}f(x) = \mathrm{d}x = x' \cdot (\Delta x) = \Delta x$,即 $\mathrm{d}x = \Delta x$.

因此,我们规定自变量的微分等于自变量的增量,这样函数 $y = f(x)$ 的微分可以写成

$$\mathrm{d}y = f'(x)\Delta x = f'(x)\mathrm{d}x.$$

上式两边同除以 $\mathrm{d}x$,有

$$\frac{\mathrm{d}y}{\mathrm{d}x} = f'(x).$$

由此可见,导数等于函数的微分与自变量的微分之商,即 $f'(x) = \dfrac{\mathrm{d}y}{\mathrm{d}x}$,正因为这样,导数也称为“微商”,而微分的分式 $\dfrac{\mathrm{d}y}{\mathrm{d}x}$ 也常常被用作导数的符号.

注意:微分与导数虽然有着密切的联系,但它们是有区别的:

(1)导数是函数在一点处的变化率,而微分是函数在一点处由变量增量所引起的函数变化量的主要部分.

(2)导数的值只与 x 有关,而微分的值与 x 和 Δx 都有关.

【例题 2-26】 求函数 $y = x^2$ 在 $x = 1, \Delta x = 0.1$ 时的改变量及微分.

解: $\Delta y = (x + \Delta x)^2 - x^2 = 1.1^2 - 1^2 = 0.21$.

在点 $x = 1$ 处:

$$y'|_{x=1} = 2x|_{x=1} = 2,$$

所以

$$\mathrm{d}y = y'\Delta x = 2 \times 0.1 = 0.2.$$

【例题 2-27】 半径为 r 的球,其体积为 $V = \dfrac{4}{3}\pi r^3$,当半径增大 Δr 时,求体积的改变量及微分.

解:体积的改变量: $\Delta V = \dfrac{4}{3}\pi(r + \Delta r)^3 - \dfrac{4}{3}\pi r^3 = 4\pi r^2\Delta r + 4\pi r(\Delta r)^2 + \dfrac{4}{3}\pi(\Delta r)^3$.

显然有

$$\Delta V = 4\pi r^2\Delta r + o(\Delta r).$$

体积微分为

$$\mathrm{d}V = 4\pi r^2\Delta r.$$

2.5.3 微分的几何意义

Δy 是函数曲线 $y = f(x)$ 的纵坐标相应于 Δx 的增量, $\mathrm{d}y$ 是曲线在 x_0 处的切线的纵坐标相应于 Δx 的增量,这就是微分的几何意义.

2.5.4 微分的基本公式

$\mathrm{d}C = 0$; $\quad$ $\mathrm{d}(x^{\alpha}) = \alpha x^{\alpha-1}\mathrm{d}x$;

$\mathrm{d}(a^x) = a^x \ln a \mathrm{d}x$; $\quad$ $\mathrm{d}(\mathrm{e}^x) = \mathrm{e}^x \mathrm{d}x$;

$\mathrm{d}(\log_a x) = \dfrac{1}{x\ln a}\mathrm{d}x$; $\quad$ $\mathrm{d}(\ln x) = \dfrac{1}{x}\mathrm{d}x$;

$d(\sin x) = \cos x dx$； $d(\cos x) = -\sin x dx$；

$d(\tan x) = \sec^2 x dx$； $d(\cot x) = -\csc^2 x dx$；

$d(\sec x) = \sec x \tan x dx$； $d(\csc x) = -\csc x \cot x dx$；

$d(\arcsin x) = \frac{1}{\sqrt{1-x^2}}dx$； $d(\arccos x) = -\frac{1}{\sqrt{1-x^2}}dx$；

$d(\arctan x) = \frac{1}{1+x^2}dx$； $d(\text{arccot} x) = -\frac{1}{1+x^2}dx$.

2.5.5 微分的四则运算

设函数 $u = u(x)$，$v = v(x)$ 都可导，则

$$d(u \pm v) = du \pm dv,$$

$$d(uv) = vdu + udv.$$

特殊地 $$d(Cu) = Cdu\ (C \text{ 为常数}),$$

$$d\left(\frac{u}{v}\right) = \frac{vdu - udv}{v^2}\ (v \neq 0).$$

特殊地 $$d\left(\frac{1}{u}\right) = -\frac{1}{u^2}du.$$

2.5.6 复合函数的微分法则

设 $y = f(u)$，$u = \varphi(x)$ 均可导，则复合函数 $y = f[\varphi(x)]$ 的求导公式为

$$y'_x = f'(u)\varphi'(x).$$

(1)当 u 是自变量时，此时函数微分为 $dy = f'(u)du$.

(2)当 u 不是自变量，而是 $u = \varphi(x)$ 时，此时复合函数 $y = f[\varphi(x)]$ 的微分为 $dy = y'_x dx = f'(u)\varphi'(x)dx$，而 $\varphi'(x)dx = du$，所以 $dy = f'(u)du$.

对于函数 $y = f(u)$ 来说，无论 u 是自变量还是中间变量，函数的微分形式 $dy = f'(u)du$ 都保持不变，将函数的这一性质称作一阶微分形式不变性. 有时，利用一阶微分形式不变性求复合函数的微分比较方便.

【例题 2-28】 设 $y = \cos\sqrt{x}$，求 dy.

解：(1)由公式 $dy = f'(x)dx$ 得

$$dy = (\cos\sqrt{x})'dx = -\frac{1}{2\sqrt{x}}\sin\sqrt{x}dx.$$

(2)由一阶微分形式不变性得

$$dy = d(\cos\sqrt{x}) = -\sin\sqrt{x}\,d\sqrt{x}$$

$$= -\sin\sqrt{x}\frac{1}{2\sqrt{x}}dx = -\frac{1}{2\sqrt{x}}\sin\sqrt{x}dx.$$

【例题 2-29】 设 $y = e^{\sin x}$，求 dy.

解：(1)用公式 $dy = f'(x)dx$ 得

$$dy = (e^{\sin x})'dx = e^{\sin x}\cos x dx.$$

(2)由一阶微分形式不变性得

$$dy = de^{\sin x} = e^{\sin x}d\sin x = e^{\sin x}\cos x dx.$$

【例题 2-30】 求方程 $x^2 + 2xy - y^2 = a^2$ 确定的隐函数 $y = f(x)$ 的微分 dy 及导数 $\frac{dy}{dx}$.

解:对方程两边求微分,得

$$2xdx + 2(ydx + xdy) - 2ydy = 0,$$

即

$$(x + y)dx = (y - x)dy.$$

所以

$$dy = \frac{y + x}{y - x}dx,$$

$$\frac{dy}{dx} = \frac{y + x}{y - x}.$$

习题 2.5

1. 求函数 $y = x^2$ 在 $x = 1, \Delta x = 0.01$ 时的改变量及微分.

2. 求下列函数的微分:

(1) $y = \sin(2x + 3)$.　　(2) $y = \arcsin\sqrt{x}$.

(3) $y = \sqrt{1 - x^2}$.　　(4) $y = x \cdot \sin 2x$.

(5) $y = \tan^2(1 + 2x^2)$.　　(6) $y = \frac{1 - \sin x}{1 + \sin x}$.

(7) $y = \sin(e^{\frac{1}{x}})$.　　(8) $y = \ln \sin(x + 1)^2$.

2.6 用 Matlab 求一元函数的导数

2.6.1 求一元显函数的一阶导数及高阶导数的方法

在 Matlab 中求函数的导数及其他一些类似运算均由 diff 命令来完成.

命令形式 1:diff(f)

功能:求函数 f 的一阶导数,其中 f 是符号函数.

命令形式 2:diff(f,n)

功能:求函数 f 的 n 阶导数,其中 f 是符号函数.

【例题 2-31】 求函数 $y = \ln x$ 的导数.

解:Matlab 命令为:

```
>> syms x
>> f=log(x);diff(f)
ans =
1/x
```

【例题 2-32】 求 $y = (ax + \tan 3x)^{\frac{1}{2}} + \sin x\cos(bx)$ 的一阶、二阶导数.

解:Matlab 命令为:

```
>> syms a b x
>> y = (a * x + tan(3 * x))^(1/2) + sin(x) * cos(b * x);
>> y1 = diff(y);
>> y2 = diff(y,2);
>> disp('一阶导数为:'),pretty(y1)     %pretty 指令的作用是改为手写方式输出
一阶导数为:
                                  2
          a  +  3  +  3  tan(3  x)
    1/2  - - - - - - - - -  +  cos(x)  cos(b  x)  -  sin(x)  sin(b  x)  b
                              1/2
          (a  x  +  tan(3  x))
>> disp('二阶导数为:'),y2
y2 =
  -1/4/(a * x + tan(3 * x))^(3/2) * (a + 3 + 3 * tan(3 * x)^2)^2 + 3/(a * x + tan(3 *
x))^(1/2) * tan(3 * x) * (3 + 3 * tan(3 * x)^2) - sin(x) * cos(b * x) - 2 * cos(x) *
sin(b * x) * b - sin(x) * cos(b * x) * b^2
```

2.6.2 由参数方程所确定的函数的求导方法

对参数方程 $\begin{cases} x = x(t) \\ y = y(t) \end{cases}$ 所确定的函数 $y = f(x)$,根据公式 $\frac{dy}{dx} = \frac{dy/dt}{dx/dt}$ 连续两次利用指令 diff(f)就可求出结果.

【例题 2-33】 求由参数方程 $\begin{cases} x = t(1 - \sin t) \\ y = t\cos t \end{cases}$ 所确定的函数的导数.

解:Matlab 命令为:

```
>> syms t
>> x = t * (1 - sin(t));y = t * cos(t);
>> dx = diff(x,t);dy = diff(y,t);
>> pretty(dy/dx)          %pretty 指令的作用是改为手写方式输出
                 cos(t)  -  t sin(t)
                - - - - - - - - - - -
                1  -  sin(t)  -  t cos(t)
```

2.6.3 隐函数的求导方法

方程 $F(x,y) = 0$ 确定的隐函数 $y = f(x)$,则 $\frac{dy}{dx} = -\frac{F_x}{F_y}$,这个公式可以用来求隐函数的导数.

【例2-34】 求由方程 $e^y+xy-e^x=0$ 所确定的隐函数 $y=f(x)$ 的导数 $\frac{dy}{dx}$.

解:Matlab 命令为:

```
>> syms  x  y
>> f=x*y-exp(x)+exp(y);
>> dfx=diff(f,x);
>> dfy=diff(f,y);
>> dyx=-dfx/dfy;
>> pretty(dyx)
                  -y + exp(x)
                  -----------
                  x + exp(y)
```

得出结果:

$$\frac{dy}{dx}=\frac{e^x-y}{e^y+x}.$$

习题 2.6

1. 已知 $f(x)=ax^2+bx+c$,求 $f'(x)$,$f''(x)$,$f'''(x)$.

2. 先求函数 $y=x^3-6x+3$ 的导函数,然后在同一坐标系里作出函数 $y=x^3-6x+3$ 及其导函数的图形.

3. 求下列函数的导数:

(1) $y=(\sqrt{x}+1)(\frac{1}{\sqrt{x}}-1)$.　　(2) $y=x\sin x\ln x$.

(3) $y=e^{-x}\sin x$.　　(4) $y=\frac{1}{\sqrt{1+x^5}}$.

4. 求由方程 $\ln\sqrt{x^2+y^2}=\arctan\frac{y}{x}$ 所确定的隐函数 $y=f(x)$ 的导数 $\frac{dy}{dx}$.

课外阅读

1　微分的思想萌芽

微分学发展的主要科学问题是求曲线的切线、瞬时变化率以及函数的极大值和极小值等问题.阿基米德、阿波罗尼奥斯等均曾做过尝试,但他们都是基于静态的观点.古代与中世纪的中国学者在天文历法研究中也曾涉及天体运动的不均匀性及有关的极大值、极小值问题,但多以惯用的数值手段(有限差分计算)来处理,从而回避了连续变化率.

2　微积分的创立

牛顿对微积分问题的研究始于1664年,当时他反复阅读笛卡儿的《几何学》,对笛卡儿求切线的“圆法”产生兴趣并试图寻找更好的方法.据他自述,1665年11月发明“正流数术”(微分法),次年5月又建立了“反流数术”(积分法).1666年10月,牛顿将前两年的研究成果整理成一篇总结性论文,此文现以“流数简论”著称,当时虽未正式发表,但在同事中传阅.“流数简论”是历史上第一篇系统的微积分文献.“流数简论”反映了牛顿微积分的运动学背景.该文事实上以速度形式引进了“流数”(微商)概念,虽然没有使用“流数”这一术语.在牛顿以前,面积总是被看成是无限小不可分量之和,牛顿则从确定面积的变化率入手通过反微分计算面积.前面讲过面积计算与求切线问题的互逆关系,以往虽然也曾被少数人在特殊场合模糊地指出,但牛顿却能以足够敏锐的能力将这种互逆关系明确地作为一般规律揭示出来,并将其作为建立微积分普遍算法的基础.在“流数简论”的其余部分,牛顿将他建立的统一的算法应用于求曲线切线、曲率、拐点、曲线求长、求积、求引力与引力中心等16类问题,展示了其算法的极大普遍性与系统性.

学习项目3 导数的应用

3.1 中值定理

中值定理是导数应用的理论基础,本部分将介绍罗尔定理及拉格朗日中值定理.

3.1.1 罗尔定理

罗尔定理:如果函数$f(x)$满足下列条件:

(1)在闭区间$[a,b]$上连续;

(2)在开区间(a,b)内可导;

(3)在闭区间$[a,b]$的端点处函数值相等,即$f(a)=f(b)$,

则至少存在一点$\xi \in (a,b)$,使得$f'(\xi)=0$.

【例题3-1】 若函数$f(x)$可导:

(1)证明:方程$f(x)=0$的相邻二实根之间必有方程$f'(x)=0$的一个实根.

(2)若$f(x)=(x^2-a^2)(x^2-b^2)$ $(a>b>0)$,不用求导,利用以上事实指出的$f'(x)=0$根所在的区间.

解:(1)证明:设x_1,x_2为方程$f(x)=0$的相邻二实根且$x_1<x_2$,从而有$f(x)$在$[x_1,x_2]$上可导且$f(x_1)=f(x_2)=0$,由罗尔定理知,存在$\xi \in (x_1,x_2)$,使$f'(\xi)=0$,即ξ为$f'(x)=0$的一个实根.

(2)四次方程$f(x)=0$的四个根依次为$x_1=-a,x_2=-b,x_3=b,x_4=a$,故三次方程$f'(x)=0$的三个根分别位于区间$(-a,-b)$,$(-b,b)$,$(b,a)$内.

3.1.2 拉格朗日中值定理

拉格朗日中值定理:如果函数$f(x)$满足下列条件:

(1)在闭区间$[a,b]$上连续;

(2)在开区间(a,b)内可导,

则至少存在一点$\xi \in (a,b)$,使得$f(b)-f(a)=f'(\xi)(b-a)$.

推论1:如果函数$f(x)$在区间(a,b)内满足$f'(x)\equiv 0$,则在(a,b)内$f(x)=C$(C为常数).

证明:设x_1,x_2是区间(a,b)内的任意两点,且$x_1<x_2$,于是在区间$[x_1,x_2]$上函数$f(x)$满足拉格朗日中值定理的条件,故得

$$f(x_2)-f(x_1)=f'(\xi)(x_2-x_1) \qquad (x_1<\xi<x_2).$$

由于$f'(\xi)=0$,所以$f(x_2)-f(x_1)=0$,即$f(x_1)=f(x_2)$.

因为 x_1,x_2 是 (a,b) 内的任意两点，于是上式表明 $f(x)$ 在 (a,b) 内任意两点的值总是相等的，即 $f(x)$ 在 (a,b) 内是一个常数.

推论 2：如果对 (a,b) 内任意 x，均有 $f'(x) = g'(x)$，则在 (a,b) 内 $f(x)$ 与 $g(x)$ 之间只差一个常数，即 $f(x) = g(x) + C$（C 为常数）.

证明：令 $F(x) = f(x) - g(x)$，则 $f'(x) \equiv 0$.

由推论 1 知，$F(x)$ 在 (a,b) 内为一常数 C，即 $f(x) - g(x) = C, x \in (a,b)$.

习题 3.1

1. 不求 $f(x) = (x-1)(x-2)(x-3)(x-4)$ 的导数，说明 $f'(x) = 0$ 有几个实根，并指出它们所在的区间.

2. 证明恒等式 $\arcsin x + \arccos x = \frac{\pi}{2}(-1 \leqslant x \leqslant 1)$.

3.2　洛必达法则

在求函数的极限时，常会遇到两个函数 $f(x)$ 与 $g(x)$ 都是无穷小或都是无穷大时，求它们比值的极限. 这种比值的极限可能存在，也可能不存在，通常称这种比值的极限为未定式.

例如：$\lim\limits_{x\to 0}\frac{\sin x}{x}$ 为 $\frac{0}{0}$ 型未定式，$\lim\limits_{x\to +\infty}\frac{e^x}{\ln x}$ 为 $\frac{\infty}{\infty}$ 型未定式.

3.2.1　$\frac{0}{0}$ 型未定式

定理 3-1　设函数 $f(x)$，$g(x)$ 满足下列条件：

(1) $\lim\limits_{x\to a} f(x) = 0$，$\lim\limits_{x\to a} g(x) = 0$；

(2) 在点 a 的某空心邻域内 $f'(x)$ 与 $g'(x)$ 存在，且 $g'(x) \neq 0$；

(3) $\lim\limits_{x\to a}\frac{f'(x)}{g'(x)}$ 存在或为 ∞，

则极限 $\lim\limits_{x\to a}\frac{f(x)}{g(x)}$ 存在或为 ∞，且

$$\lim_{x\to a}\frac{f(x)}{g(x)} = \lim_{x\to a}\frac{f'(x)}{g'(x)}.$$

注意：当 $x\to\infty$ 时，有类似的定理.

【例题 3-2】　求 $\lim\limits_{x\to 0}\frac{x - \sin x}{\tan x^3}$.

解：$\lim\limits_{x\to 0}\frac{x - \sin x}{\tan x^3}$　$\left(\frac{0}{0}\text{ 型}\right)$

$= \lim\limits_{x\to 0}\frac{1 - \cos x}{(\sec^2 x^3)\cdot 3x^2}$

$$= \lim_{x \to 0} \frac{1 - \cos x}{3x^2}$$

$$= \lim_{x \to 0} \frac{\sin x}{6x} = \frac{1}{6}.$$

3.2.2　$\frac{\infty}{\infty}$ 型未定式

定理 3-2　设函数 $f(x)$，$g(x)$ 满足下列条件：

(1) $\lim\limits_{x \to a} f(x) = \infty$，$\lim\limits_{x \to a} g(x) = \infty$；

(2)在点 a 的某空心邻域内 $f'(x)$ 与 $g'(x)$ 存在，且 $g'(x) \neq 0$；

(3) $\lim\limits_{x \to a} \frac{f'(x)}{g'(x)}$ 存在或为 ∞，

则极限 $\lim\limits_{x \to a} \frac{f(x)}{g(x)}$ 存在或为 ∞，且

$$\lim_{x \to a} \frac{f(x)}{g(x)} = \lim_{x \to a} \frac{f'(x)}{g'(x)}.$$

注意：当 $x \to \infty$ 时，有类似的定理.

【例题 3-3】　求 $\lim\limits_{x \to \frac{\pi}{2}} \frac{\tan x}{\tan 3x}$.

解：$\lim\limits_{x \to \frac{\pi}{2}} \frac{\tan x}{\tan 3x}$　$\left(\frac{\infty}{\infty}\text{型}\right)$

$$= \lim_{x \to \frac{\pi}{2}} \frac{\sec^2 x}{3\sec^2 3x}$$

$$= \lim_{x \to \frac{\pi}{2}} \frac{\cos^2 3x}{3\cos^2 x}$$

$$= \lim_{x \to \frac{\pi}{2}} \frac{2\cos 3x(-\sin 3x) \times 3}{6\cos x(-\sin x)}$$

$$= \lim_{x \to \frac{\pi}{2}} \frac{\sin 6x}{\sin 2x}$$

$$= \lim_{x \to \frac{\pi}{2}} \frac{6\cos 6x}{2\cos 2x} = 3.$$

注意：洛必达法则并不是万能的，下面的例题如果利用洛必达法则就会在两个式子之间反复地转换，无法求出极限值，用前面所学的知识求解即可.

【例题 3-4】　求 $\lim\limits_{x \to +\infty} \frac{\sqrt{1 + x^2}}{x}$.

解：$\lim\limits_{x \to +\infty} \frac{\sqrt{1 + x^2}}{x}$　$\left(\frac{\infty}{\infty}\text{型}\right)$

$$= \lim_{x \to +\infty} \frac{2x}{2\sqrt{1 + x^2}} = \lim_{x \to +\infty} \frac{1}{\sqrt{\frac{1}{x^2} + 1}} = 1.$$

3.2.3 其他型未定式

未定式除 $\frac{0}{0}$ 型和 $\frac{\infty}{\infty}$ 型外,还有 $0\cdot\infty$, $\infty-\infty$, ∞^0, 1^∞, 0^0 等类型. 一般情况下, $0\cdot\infty$ 型与 $\infty-\infty$ 型未定式可经过适当变化使其为 $\frac{0}{0}$ 型或 $\frac{\infty}{\infty}$ 型. 而 ∞^0, 1^∞, 0^0 这三种未定式,可先取自然对数后再变形整理使之化为 $\frac{0}{0}$ 型或 $\frac{\infty}{\infty}$ 型.

【例题 3-5】 求 $\lim\limits_{x\to0^+}x^\lambda\ln x(\lambda>0)$.

解: $\lim\limits_{x\to0^+}x^\lambda\ln x \quad (0\cdot\infty \text{ 型})$

$$=\lim_{x\to0^+}\frac{\ln x}{x^{-\lambda}}$$

$$=\lim_{x\to0^+}\frac{\frac{1}{x}}{-\lambda\cdot x^{-\lambda-1}}$$

$$=\lim_{x\to0^+}-\frac{1}{\lambda}x^\lambda=0.$$

【例题 3-6】 求 $\lim\limits_{x\to0}\left[\frac{1}{\ln(1+x)}-\frac{1}{x}\right]$.

解: $\lim\limits_{x\to0}\left[\frac{1}{\ln(1+x)}-\frac{1}{x}\right] \quad (\infty-\infty \text{ 型})$

$$=\lim_{x\to0}\frac{x-\ln(1+x)}{x\ln(1+x)}$$

$$=\lim_{x\to0}\frac{1-\frac{1}{1+x}}{\ln(1+x)+\frac{x}{1+x}}$$

$$=\lim_{x\to0}\frac{x}{(1+x)\ln(1+x)+x}$$

$$=\lim_{x\to0}\frac{1}{\ln(1+x)+2}$$

$$=\frac{1}{2}.$$

【例题 3-7】 求 $\lim\limits_{x\to+\infty}(1+x)^{\frac{1}{x}}$.

解: $\lim\limits_{x\to+\infty}(1+x)^{\frac{1}{x}} \quad (\infty^0 \text{ 型})$

$$=\lim_{x\to+\infty}e^{\frac{1}{x}\ln(1+x)}$$

$$=e^{\lim\limits_{x\to+\infty}\frac{\ln(1+x)}{x}}$$

$$=e^{\lim\limits_{x\to+\infty}\frac{1}{1+x}}=1.$$

习题 3.2

1. 求 $\lim\limits_{x\to 0}\dfrac{\tan\alpha x}{\tan\beta x}$（$\alpha,\beta$ 为常量，$\beta\neq 0$）.

2. 求 $\lim\limits_{x\to 0}\dfrac{\sqrt[3]{1+x^2}-1}{x^2}$.

3. 求 $\lim\limits_{x\to 0}\dfrac{e^x-e^{-x}}{\sin x}$.

4. 求 $\lim\limits_{x\to 0^+}\dfrac{\ln\sin 3x}{\ln\sin x}$.

5. 求 $\lim\limits_{x\to +\infty}\dfrac{e^x}{\ln x}$.

6. 求 $\lim\limits_{x\to 0^+}\dfrac{\ln\cot x}{\ln x}$.

7. 求 $\lim\limits_{x\to 0}\left(\dfrac{1}{x}-\dfrac{1}{e^x-1}\right)$.

8. 求 $\lim\limits_{x\to 1}\left(\dfrac{2}{x^2-1}-\dfrac{1}{x-1}\right)$.

9. 求 $\lim\limits_{x\to 0^+}(\sin x)^x$.

10. 求 $\lim\limits_{x\to 1}x^{\frac{1}{1-x}}$.

3.3 函数的单调性与极值

单调性是函数的重要性态之一，本节我们通过中值定理，利用导数研究函数 $f(x)$ 或曲线 $y=f(x)$ 的增减性与极值.

3.3.1 函数单调的判别法

定理 3-3 若函数 $f(x)$ 在 $[a,b]$ 上连续，在开区间 (a,b) 内可导，则：

(1) 如果在 (a,b) 内 $f'(x)\geqslant 0$，则 $f(x)$ 在 $[a,b]$ 上单调增加.

(2) 如果在 (a,b) 内 $f'(x)\leqslant 0$，则 $f(x)$ 在 $[a,b]$ 上单调减少.

注意 若将上面定理中的闭区间换成开区间或半开半闭或无穷区间，定理仍然成立.

【例题 3-8】 讨论函数 $f(x)=x^3-6x^2-15x+2$ 的增减性.

解：函数的定义域为 $D=(-\infty,+\infty)$.

$$f'(x)=3x^2-12x-15=3(x+1)(x-5).$$

令 $f'(x)=0$，得 $x_1=-1$，$x_2=5$. 分析过程如表 3-1 所示.

表 3-1

x	$(-\infty,-1)$	-1	$(-1,5)$	5	$(5,+\infty)$
$f'(x)$	+	0	−	0	+
$f(x)$	↗		↘		↗

所以,函数 $f(x)$ 在 $(-\infty,-1]$,$[5,+\infty)$ 上为递增函数,在 $[-1,5]$ 上为递减函数.

3.3.2 函数的极值与求法

定义 3-1 函数 $f(x)$ 在点 x_0 的某邻域内有定义,如果对该邻域内的任何点 $x(x \neq x_0)$,恒有 $f(x) < f(x_0)$ (或 $f(x) > f(x_0)$),则称 $f(x_0)$ 为函数 $f(x)$ 的极大值(或极小值).

注意:(1)函数的极大值与极小值统称为函数的极值,它们都是函数值.

(2)使函数取得极值的点称为函数的极值点.

(3)极值是局部性概念,仅就 x_0 的邻域而言的.

(4)极大值与极小值未必就是函数的最大值与最小值.

定理 3-4 若函数 $f(x)$ 在点 x_0 处可导,且 $f(x)$ 在 x_0 处取得极值,则必有 $f'(x_0)=0$.

注意:(1)使导数 $f'(x)=0$ 的点称为函数 $f(x)$ 的驻点.

(2)驻点不一定是极值点.

(3)当驻点为函数单调增与单调减区间的分界点,也就是在驻点两侧导数分别保持定号,且符号相反时,驻点才是函数的极值点.

定理 3-5(第一充分条件) 若函数 $f(x)$ 在 x_0 的邻域内可导,$f'(x_0)=0$ 或 $f(x)$ 在点 x_0 的空心邻域内可导,且 $f(x)$ 在点 x_0 处连续,则:

(1)在 x_0 的邻域内,当 $x < x_0$ 时,$f'(x) > 0$;当 $x > x_0$ 时,$f'(x) < 0$,则函数 $f(x)$ 在 x_0 处取得极大值 $f(x_0)$.

(2)在 x_0 的邻域内,当 $x < x_0$ 时,$f'(x) < 0$;当 $x > x_0$ 时,$f'(x) > 0$,则函数 $f(x)$ 在 x_0 处取得极小值 $f(x_0)$.

(3)在 x_0 的空心邻域内,$f'(x)$ 恒为正或恒为负,即 $f'(x)$ 不变号,则 $f(x_0)$ 不是函数的极值.

求函数极值的一般步骤:

(1)求导数 $f'(x)$.

(2)求出 $f(x)$ 的全部驻点及使 $f'(x)$ 不存在的点.

(3)对(2)中的每个点考察其左右两侧邻域上 $f'(x)$ 的符号,以确定该点是否为极值点,并判断在极值点处函数取极大值还是极小值;求出各极值点处的函数值,即得函数的全部极值.

【例题 3-9】 求函数 $f(x)=x^3-6x^2+9x$ 的极值.

解:$f(x)=x^3-6x^2+9x$ 的定义域为 $(-\infty,+\infty)$,且

$$f'(x)=3x^2-12x+9=3(x-1)(x-3).$$

令 $f'(x)=0$，得驻点 $x_1=1$，$x_2=3$.

在 $(-\infty,1)$ 内，$f'(x)>0$；在 $(1,3)$ 内，$f'(x)<0$；在 $(3,+\infty)$ 内，$f'(x)>0$. 故由定理 3-5 知：$f(1)=4$ 为函数 $f(x)$ 的极大值，$f(3)=0$ 为函数 $f(x)$ 极小值.

定理 3-6（第二充分条件）　设函数 $f(x)$ 在点 x_0 处具有二阶导数且 $f'(x_0)=0$，$f''(x_0)\neq 0$，则：

(1) 当 $f''(x_0)<0$ 时，$f(x)$ 在点 x_0 处取极大值；

(2) 当 $f''(x_0)>0$ 时，$f(x)$ 在点 x_0 处取极小值.

【例题 3-10】　求函数 $f(x)=x^3-6x^2+9x$ 的极值.

解：因为 $f(x)=x^3-6x^2+9x$ 的定义域为 $(-\infty,+\infty)$，且

$$f'(x)=3x^2-12x+9,\ f''(x)=6x-12.$$

令 $f'(x)=0$，得驻点 $x_1=1$，$x_2=3$.

又因为 $f''(1)=-6<0$，所以 $f(1)=4$ 为极大值；$f''(3)=6>0$，所以 $f(3)=0$ 为极小值.

习题 3.3

1. 判别函数 $f(x)=x^{\frac{2}{3}}$ 的单调性.
2. 判别函数 $f(x)=x^4-4x^3-8x^2+1$ 的单调性.
3. 求函数 $f(x)=x^3-4x^2-3x$ 的极值.
4. 求函数 $f(x)=2-(x-1)^{\frac{2}{3}}$ 的极值.

3.4　函数的最大值与最小值

在工程技术及科学试验中，常遇到这样一类问题：在一定条件下，怎样使“用料最省”“成本最低”“效率最高”等，这类问题在数学上有时可归结为求某一函数的最大值或最小值问题.

我们知道，若函数 $f(x)$ 在闭区间 $[a,b]$ 上连续，那么它在该区间上一定有最大值和最小值. 显然，如果其最大值和最小值在开区间 (a,b) 内取得，那么对可导函数来讲，最大值点和最小值点必在 $f(x)$ 的驻点之中. 然而，有时函数的最大值和最小值可能在区间的端点处得到，因此求出 $f(x)$ 在 (a,b) 内的全部驻点处的值及 $f(a)$ 和 $f(b)$（如遇到不可导的点，还要算出不可导点处的函数值），将它们加以比较，其中最大值即为函数 $f(x)$ 在 $[a,b]$ 上的最大值，最小值即为 $f(x)$ 在 $[a,b]$ 上的最小值.

【例题 3-11】　求函数 $f(x)=2x^3+3x^2-12x+14$ 在 $[-3,4]$ 上的最大值与最小值.

解：

$$f'(x)=6x^2+6x-12=6(x+2)(x-1),$$

令 $f'(x)=0$，得驻点 $x_1=1$，$x_2=-2$.

由于 $f(-3)=23$，$f(-2)=34$，$f(1)=7$，$f(4)=142$，比较可得：$f(x)$ 在 $x=4$ 处取得它在 $[-3,4]$ 上的最大值 $f(4)=142$，在 $x=1$ 处取得它在 $[-3,4]$ 上的最小值 $f(1)=7$.

在解决实际问题时，注意下述结论，会使我们的讨论显得方便而又简洁.

(1)若函数$f(x)$在某区间（闭区间$[a,b]$，开区间(a,b)或无穷区间）内仅有一个可能极值点x_0，则当x_0为极大（或小）值点时，$f(x_0)$就是该函数在此区间上的最大（或小）值.

(2)在实际问题中，若由分析得知，确实存在最大值或最小值，所讨论的区间内又仅有一个可能的极值点，那么这个点处的函数值一定是最大值或最小值.

【例题 3-12】 有一块宽为$2a$的长方形铁皮，将宽的两个边缘向上折起，做成一个开口水槽，其横截面为矩形，高为x，问高x取何值时水槽的流量最大（如图 3-1 所示为水槽的横截面）？

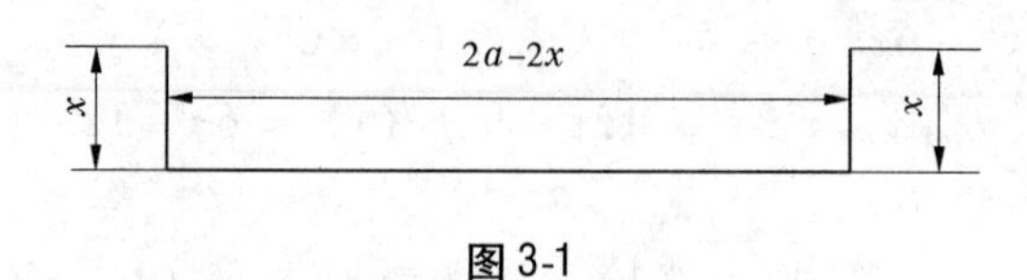

图 3-1

解：设两边各折起x，则横截面面积为

$$S(x) = 2x(a - x)\ (0 < x < a).$$

这样，问题归结为：当x为何值时，$S(x)$取得最大值.

由于$S'(x) = 2a - 4x$，所以，令$S'(x) = 0$，得$S(x)$的唯一驻点$x = \frac{a}{2}$.

又因为铁皮两边折得过大或过小，其横截面面积都会变小.

因此，该实际问题存在着最大截面面积.

所以，$S(x)$的最大值在$x = \frac{a}{2}$处取得，即当$x = \frac{a}{2}$时，水槽的流量最大.

【例题 3-13】 铁路线上AB的距离为 100 km，工厂C距A处为 20 km，AC垂直于AB，如图 3-2 所示，要在AB线上选定一点D向工厂修筑一条公路，已知铁路与公路每千米货物运费之比为 3:5，问D选在何处，才能使从B到C的运费最少？

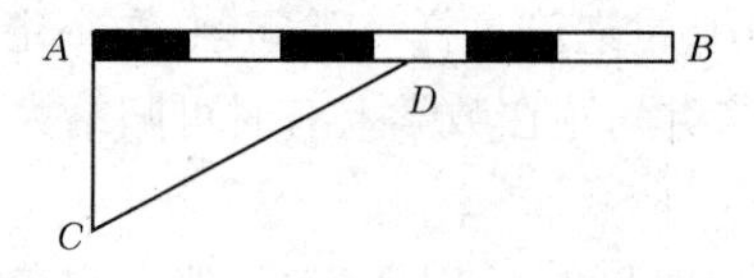

图 3-2

解：设$AD = x$ (km)，则$DB = 100 - x$，$CD = \sqrt{20^2 + x^2}$.

由于铁路每千米货物运费与公路每千米货物运费之比为 3:5，因此不妨设铁路上每千米运费为$3k$，则公路上每千米运费为$5k$，并设从B到C点需要的总运费为y，则

$$y = 5k\sqrt{20^2 + x^2} + 3k(100 - x) \quad (0 \leqslant x \leqslant 100),$$

$$y' = k\left(\frac{5x}{\sqrt{400 + x^2}} - 3\right).$$

令$y' = 0$，得$x = 15$为函数y在其定义域内的唯一驻点.

因此可知，y在$x = 15$处取得最小值，即D点应选在距A为 15 km 处，运费最少.

习题 3.4

1. 求函数 $f(x)=3x^2-x^3$ 在 $[1,3]$ 上的最大值与最小值.

2. 把一根直径为 d 的圆木锯成截面为矩形的梁. 问矩形截面的高 h 和宽 b 应如何选择才能使梁的抗弯截面模量最大?(矩形梁的抗弯截面模量为 $\omega=\frac{1}{6}bh^2$)

3. 水利工程中常采用的渠道为梯形断面和矩形断面渠道,其两侧渠坡的倾斜程度用边坡系数 $m=\cot\alpha$ 表示,α 是渠坡线与水平线的夹角,边坡系数 m 的大小可根据土壤种类和护坡情况确定. 对于底宽为 b,水深为 h,边坡系数为 m 的梯形渠道,其断面水力要素为:水面宽度 $B=b+2mh$,过水断面面积 $A=(b+mh)h$,湿周 $\chi=b+2h\sqrt{1+m^2}$,水力半径 $R=\frac{A}{\chi}=\frac{(b+mh)h}{b+2h\sqrt{1+m^2}}$. 请应用函数的极值与最值知识,分别推导梯形水力最佳断面的水力半径等于水深的一半($R=\frac{h}{2}$),以及矩形水力最佳断面的底宽等于水深的两倍($b=2h$).

4. 在水利工程中要设计周长为 2.4 m(无盖)、横断面为等腰梯形的量水槽,问腰长 x 与角度 α(腰长 x 与水平线的夹角)各为何值时横断面面积最大.

5. 某梯形断面重壤土渠道,通过设计流量 $Q=5\ \mathrm{m^3/s}$,边坡系数 $m=1$,粗糙系数 $n=0.020$,底坡 $i=0.000\ 2$. 试设计一水力最佳断面.

3.5 曲线的凹凸性与函数图形的描绘

3.5.1 曲线的凹凸性

由一阶导数的正负性可以知道函数的单调区间,从而获得函数变化的大概情形,但是还有不够完善的地方. 同样的递增曲线,但由于它们的"凹凸"是不同的,故变化的规律有较大的不同,所以还需找出一个判定凹凸的方法,以便对函数的性态有进一步的了解.

定义 3-2 设曲线 $y=f(x)$ 在区间 (a,b) 内各点都有切线,在切点附近如果曲线弧总是位于切线的上方,则称曲线 $y=f(x)$ 在 (a,b) 上是凹的,也称 (a,b) 为曲线 $y=f(x)$ 的凹区间;如果曲线弧总是位于切线的下方,则称曲线 $y=f(x)$ 在 (a,b) 上是凸的,也称 (a,b) 为曲线 $y=f(x)$ 的凸区间.

定理 3-7 设函数 $f(x)$ 在区间 (a,b) 内具有二阶导数:

(1)若在 (a,b) 内 $f''(x)>0$,则曲线 $f(x)$ 在区间 (a,b) 内为凹弧.

(2)若在 (a,b) 内 $f''(x)<0$,则曲线 $f(x)$ 在区间 (a,b) 内为凸弧.

注意:若把定理中的区间改为无穷区间,结论仍然成立.

【例题 3-14】 判定曲线 $y=\ln x$ 的凹凸性.

解:函数 $y=\ln x$ 的定义域为 $(0,+\infty)$,且

$$y' = \frac{1}{x}, y'' = \frac{1}{-x^2}.$$

当 $x > 0$ 时, $y'' < 0$,故曲线 $y = \ln x$ 在 $(0, +\infty)$ 内是凸的.

3.5.2 曲线的拐点

定义 3-3 若连续曲线 $y = f(x)$ 上的点 P 是曲线凹凸的分界点,则称点 P 是曲线 $y = f(x)$ 的拐点.

由于拐点是曲线凹凸的分界点,所以拐点左右两侧近旁 $f''(x)$ 必然异号. 因此,曲线拐点的横坐标 x_0 只可能是使 $f''(x_0) = 0$ 的点或 $f''(x_0)$ 不存在的点,从而可得求 (a,b) 内连续函数 $y = f(x)$ 的曲线的拐点的步骤:

(1)先求出 $f''(x)$,找出在 (a,b) 内使 $f''(x) = 0$ 的点和 $f''(x)$ 不存在的点.

(2)用上述各点按照从小到大依次将 (a,b) 分成小区间,再在每个小区间上考察 $f''(x)$ 的符号.

【例题 3-15】 判断曲线 $y = x^4 - 4x^3 - 18x^2 + 4x + 10$ 的凹凸性并求出拐点.

解: $y = x^4 - 4x^3 - 18x^2 + 4x + 10$ 的定义域为 $(-\infty, +\infty)$,且

$$y' = 4x^3 - 12x^2 - 36x + 4,$$

$$y'' = 12x^2 - 24x - 36 = 12(x+1)(x-3).$$

令 $y'' = 0$,得: $x_1 = -1, x_2 = 3$.

所以,曲线 $y = x^4 - 4x^3 - 18x^2 + 4x + 10$ 在区间 $(-\infty, -1]$、$[3, +\infty)$ 上是凹的,在区间 $[-1,3]$ 上是凸的,见表 3-2,拐点是 $(-1, -7)$ 和 $(3, -167)$.

表 3-2

x	$(-\infty, -1)$	-1	$(-1,3)$	3	$(3, +\infty)$
y''	+	0	−	0	+
y	凹		凸		凹

3.5.3 曲线的渐近线

定义 3-4 当曲线 C 上动点 P 沿着曲线无限地远离原点时,点 P 与某一固定直线 L 的距离趋于零,则称直线 L 为曲线 C 的渐近线.

定义 3-5 当 $x \to C$ 时(有时仅当 $x \to C^+$ 或 $x \to C^-$ 时), $f(x) \to \infty$,则称直线 $x = C$ 为曲线 $y = f(x)$ 的铅直渐近线(也叫垂直渐近线)(其中 C 为常数).

定义 3-6 当 $x \to \infty$ 时, $f(x) \to C$ 则称曲线 $y = f(x)$ 有水平渐近线 $y = C$.

【例题 3-16】 求曲线 $y = \frac{x^3}{x^2 + 2x - 3}$ 的铅直渐近线.

解: 由于
$$y = \frac{x^3}{x^2 + 2x - 3} = \frac{x^3}{(x+3)(x-1)},$$

所以,当 $x \to -3$ 和 $x \to 1$ 时,有 $y \to \infty$.

所以,曲线 $y=\dfrac{x^3}{x^2+2x-3}$ 有两条铅直渐近线 $x=-3$ 和 $x=1$.

【例题3-17】 求曲线 $y=e^{-x^2}$ 的水平渐近线.

解:因为当 $x\to\infty$ 时,有 $e^{-x^2}\to 0$.

所以,$y=0$ 为曲线 $y=e^{-x^2}$ 的水平渐近线.

3.5.4 函数图形的描绘

描绘出函数图形,对函数就有了一个几何直观的认识.通过函数的导数,对函数的增减性、极值及其图形的凹凸性及拐点、渐近线加以判断,便于更准确地作出函数的图形.

函数作图的一般步骤如下:

(1)确定函数的定义域及值域.

(2)考察函数的周期性与奇偶性.

(3)确定函数的单增、单减区间,极值点,凹凸区间及其拐点.

(4)求曲线的渐近线.

(5)求曲线与坐标轴的交点.

(6)根据上面几方面的讨论画出函数的图像.

【例题3-18】 描绘函数 $y=\dfrac{e^x}{1+x}$ 的图像.

解:函数 $y=f(x)=\dfrac{e^x}{1+x}$ 的定义域为 $x\neq -1$ 的全体实数,且当 $x<-1$ 时,有 $f(x)<0$,即 $x<-1$ 时,图像在 x 轴下方;当 $x>-1$ 时,有 $f(x)>0$,即 $x>-1$ 时,图像在 x 轴上方.

$$y'=\frac{xe^x}{(1+x)^2},\ y''=\frac{e^x(x^2+1)}{(1+x)^3}.$$

令 $y'=0$,得 $x=0$.

又当 $x=-1$ 时,y'' 不存在.

用 $x=0$,$x=-1$ 将定义区间分开,并进行讨论,如表3-3所示.

表3-3

x	$(-\infty,-1)$	$(-1,0)$	0	$(0,+\infty)$
y'	$-$	$-$	0	$+$
y''	$-$	$+$	$+$	$+$
y	减、凸	减、凹	凹	增、凹

由于 $\lim\limits_{x\to -1}f(x)=\infty$,所以 $x=-1$ 为曲线 $y=f(x)$ 的铅直渐近线.又因为 $\lim\limits_{x\to-\infty}\dfrac{e^x}{1+x}=0$,所以 $y=0$ 为该曲线的水平渐近线(见图3-3).

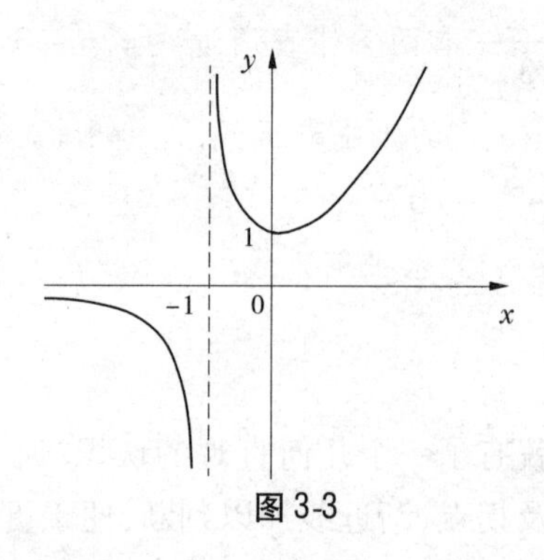

图 3-3

习题 3.5

1. 判断曲线 $y = x^3$ 的凹凸性.
2. 求曲线 $y = x^3 - 5x^2 + 3x + 5$ 的凹凸区间及拐点.
3. 设曲线 $y = \frac{1 + e^{-x^2}}{1 - e^{-x^2}}$，求该曲线的渐近线.
4. 求曲线 $y = 1 + \frac{36x}{(x + 3)^2}$ 的渐近线.
5. 描绘函数 $y = x^3 - x^2 - x + 1$ 的图形.

3.6 弧微分与曲率

3.6.1 弧微分

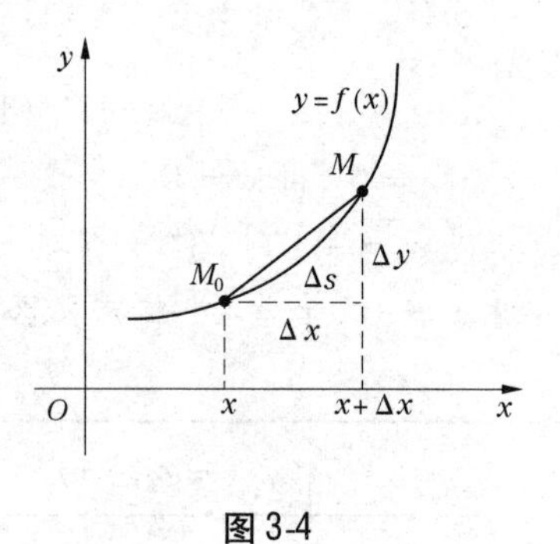

图 3-4

设函数 $f(x)$ 在 (a,b) 内具有连续导数，考虑曲线 $y = f(x)$ 上的一小段有向弧 $\overset{\frown}{M_0M}$（规定依 x 的增加方向作为曲线的正方向），并记 $\overset{\frown}{M_0M}$ 的值为 Δs（见图 3-4）. 当 $M \to M_0$，即 $\Delta x \to 0$ 时，可以用弦 M_0M 的长 $|M_0M|$ 近似代替 $\overset{\frown}{M_0M}$ 的弧长 $|\Delta s|$，并且当 $M \to M_0$ 时，有

$$\lim_{\Delta x \to 0} \frac{|\Delta s|}{|M_0M|} = 1.$$

由于当 $\Delta x > 0$ 时，$\Delta s > 0$；当 $\Delta x < 0$ 时，$\Delta s < 0$，因此 Δs 与 Δx 同正同负，于是有

$$\frac{\Delta s}{\Delta x} = \left|\frac{\Delta s}{\Delta x}\right| = \frac{|\Delta s|}{|M_0M|} \cdot \frac{|M_0M|}{|\Delta x|} = \frac{|\Delta s|}{|M_0M|} \cdot \frac{\sqrt{(\Delta x)^2 + (\Delta y)^2}}{|\Delta x|} = \frac{|\Delta s|}{|M_0M|} \cdot \sqrt{1 + \left(\frac{\Delta y}{\Delta x}\right)^2}.$$

当 $M \to M_0$ 时，即 $\Delta x \to 0$ 时对上式取极限，可得

$$\frac{\mathrm{d}s}{\mathrm{d}x}=\lim_{\Delta x\to 0}\frac{\Delta s}{\Delta x}=\sqrt{1+\left(\frac{\mathrm{d}y}{\mathrm{d}x}\right)^2}.$$

于是有

$$\mathrm{d}s=\sqrt{1+(y')^2}\,\mathrm{d}x. \tag{3-1}$$

这就是直角坐标系下曲线的弧微分公式.

由参数方程 $\begin{cases}x=\varphi(t)\\y=\psi(t)\end{cases}$（规定依参数 t 的增加方向作为曲线的正向）给出的曲线的弧微分公式为

$$\mathrm{d}s=\sqrt{[\varphi'(t)]^2+[\psi'(t)]^2}\,\mathrm{d}t. \tag{3-2}$$

极坐标系下的曲线 $r=r(\theta)$（规定依极角 θ 的增加方向作为曲线的正向）的弧微分公式为

$$\mathrm{d}s=\sqrt{r^2+(r')^2}\,\mathrm{d}\theta. \tag{3-3}$$

3.6.2 曲率及其计算公式

在现实生活中,许多问题都要考虑曲线的弯曲程度,如在修铁路时,铁路线的弯曲程度必须合适,否则容易造成火车脱轨;材料力学中,梁在外力的作用下要产生弯曲变形,断裂往往发生在弯曲最厉害的地方等,这都要定量地研究它们的弯曲程度.为此,数学上引入了"曲率"这一概念来研究曲线的弯曲程度.

在图3-5中,取弧段 $\overparen{M_1M_2}$ 和 $\overparen{M_2M_3}$ 的长度相同时,可以发现弧段 $\overparen{M_2M_3}$ 的弯曲程度比较厉害,切线转角 φ_2 也比较大.

在图3-6中,两条弧段 $\overparen{M_1M_2}$ 和 $\overparen{N_1N_2}$ 的切线转角都是 φ 时,弧段 $\overparen{N_1N_2}$ 的弯曲程度比较厉害,但 $\overparen{M_1M_2}$ 的长度却较小.

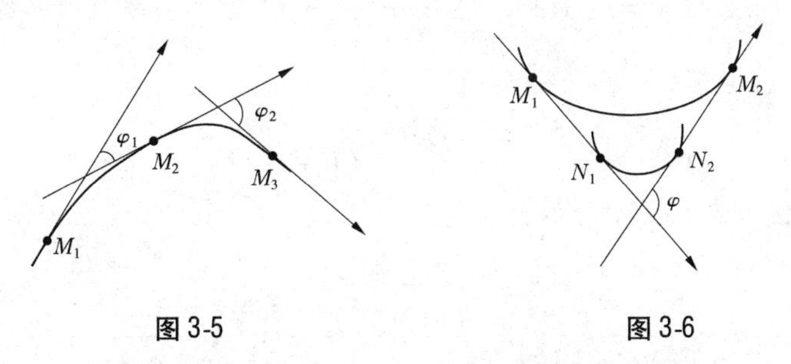

图3-5　　　　图3-6

由此可见,曲线弧的弯曲程度与弧段的长度和切线转角有关.人们常用单位弧长上的切线转角的大小来反映曲线的弯曲程度,由此引进了曲率的概念.

定义3-7 设平面曲线 C 是光滑的,曲线 C 上的弧段 $\overparen{M_0M}$ 的弧长为 $|\Delta s|$,当动点从 M_0 移到 M 时的切线转角为 $|\Delta\alpha|$ 时(见图3-7),称 $\left|\frac{\Delta\alpha}{\Delta s}\right|$ 为弧段 $\overparen{M_0M}$ 的平均曲率(它刻画了弧段 $\overparen{M_0M}$ 的平均弯曲程度),记为 $\overline{K}$,即

$$\overline{K} = \left|\frac{\Delta\alpha}{\Delta s}\right|.$$

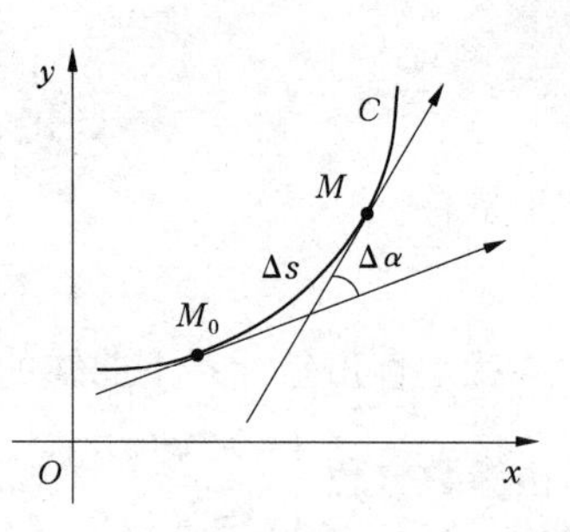

图 3-7

当 $\Delta s \to 0$ 时($M \to M_0$ 时),上述平均曲率的极限称为曲线 C 在点 M_0 处的曲率,记为 K ,即

$$K = \lim_{\Delta s \to 0}\left|\frac{\Delta\alpha}{\Delta s}\right|.$$

在 $K = \lim\limits_{\Delta s \to 0}\dfrac{\Delta\alpha}{\Delta s}$ 存在的条件下,则有

$$K = \left|\frac{d\alpha}{ds}\right|. \tag{3-4}$$

由于用定义来计算曲率在多数情况下比较困难,所以我们借助于式(3-4)式来推导出便于计算的曲率公式.

设曲线的直角坐标方程是 $y = f(x)$,且 $f(x)$ 具有二阶导数(此时 $f'(x)$ 连续,从而曲线是光滑的).因为 $\tan\alpha = y'$,所以 $\alpha = \arctan y'$,故

$$d\alpha = \frac{y''}{1 + (y')^2}dx.$$

又由式(3-1)可知, $ds = \sqrt{1 + (y')^2}dx$,结合曲率的表达式(3-4),有

$$K = \frac{|y''|}{[1 + (y')^2]^{\frac{3}{2}}}. \tag{3-5}$$

设曲线的参数方程为 $\begin{cases} x = \varphi(t), \\ y = \psi(t), \end{cases}$ 其中 $\varphi(t)$, $\psi(t)$ 二阶可导,求出 $\dfrac{dy}{dx}$ 及 $\dfrac{d^2y}{dx^2}$,代入曲率公式(3-5)便得

$$K = \frac{|\varphi'(t)\psi''(t) - \varphi''(t)\psi'(t)|}{[\varphi'^2(t) + \psi'^2(t)]^{\frac{3}{2}}}. \tag{3-6}$$

【例题 3-19】 求曲线 $y = \sqrt{1 + x^2}$ 在任一点 (x,y) 处的曲率及曲率的最大值.

解:由于

$$y' = \frac{x}{\sqrt{1 + x^2}}, y'' = \frac{1}{(1 + x^2)^{\frac{3}{2}}},$$

所以,曲线上任一点 (x,y) 处的曲率为

$$K = \frac{|y''|}{[1 + (y')^2]^{\frac{3}{2}}} = \frac{\left|\dfrac{1}{(1 + x^2)^{\frac{3}{2}}}\right|}{\left[1 + \dfrac{x^2}{1 + x^2}\right]^{\frac{3}{2}}} = \frac{1}{(1 + 2x^2)^{\frac{3}{2}}}.$$

令 $f(x) = 1 + 2x^2$,则 $f'(x) = 4x$,令 $f'(x) = 0$,解得唯一驻点 $x = 0$.又因为 $f''(0) = 1 > 0$,所以 $x = 0$ 是 $f(x)$ 的最小值点.

于是, $x = 0$ 是 K 的最大值点,最大的曲率为

$$K_{\max} = \left.\frac{1}{(1 + 2x^2)^{\frac{3}{2}}}\right|_{x=0} = 1.$$

【例题3-20】 计算半径为 R 的圆上任一点 (x,y) 处的曲率.

解:圆的参数方程为 $\begin{cases} x = R\cos t, \\ y = R\sin t, \end{cases}$ 所以

$$x' = -R\sin t, y' = R\cos t, x'' = -R\cos t, y'' = -R\sin t.$$

因此,半径为 R 的圆上任一点 (x,y) 处的曲率为

$$K = \frac{|R^2(\sin^2 t + \cos^2 t)|}{(R^2\sin^2 t + R^2\cos^2 t)^{\frac{3}{2}}} = \frac{1}{R}.$$

即圆上各点处的曲率等于半径的倒数,且半径越小,曲率越大.

3.6.3 曲率圆与曲率半径

定义3-8 设曲线 $y = f(x)$ 在点 $M(x,y)$ 处的曲率为 $K(K \neq 0)$,在点 M 处的曲线的法线上凹的一侧取一点 O',使得 $|O'M| = \rho = \frac{1}{K}$. 以 O' 为圆心,以 ρ 为半径作圆,称此圆为曲线 $y = f(x)$ 在点 M 处的曲率圆(见图3-8). 曲率圆的半径 $\rho = \frac{1}{K}$ 和圆心 O' 分别称为曲线 $y = f(x)$ 在点 M 处的曲率半径和曲率中心.

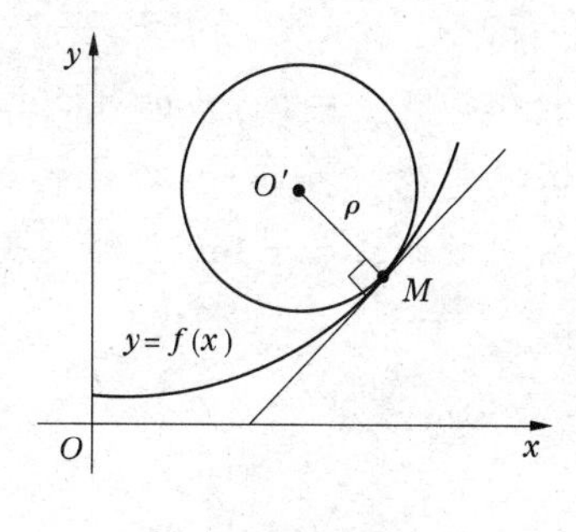

图3-8

按上述定义可知,曲线 $y = f(x)$ 在点 M 处与曲率圆既有相同的切线,又有相同的曲率和凹凸性. 因此,在实际问题中,常常用曲率圆在点 M 邻近的一段圆弧来近似代替曲线弧,以使问题简单化.

【例题3-21】 设工件内表面的截线为抛物线 $y = 0.4x^2$(见图3-9),现在要用砂轮磨削其内表面,问用直径为多大的砂轮才比较合适?

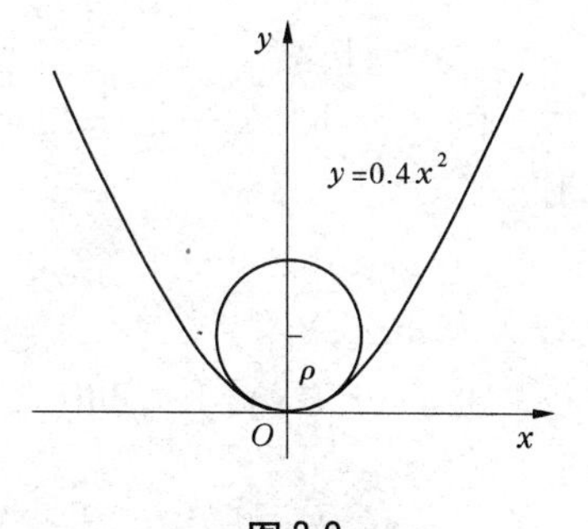

图3-9

解:由图3-9可知,砂轮的半径不应大于抛物线顶点处的曲率半径 ρ,因此只需要求出抛物线 $y = 0.4x^2$ 在顶点 $O(0,0)$ 处的曲率半径即可.

因为 $y' = 0.8x, y'' = 0.8$,所以

$$y'|_{x=0} = 0, y''|_{x=0} = 0.8.$$

代入曲率公式可得

$$K = \frac{|y''|}{[1 + (y')^2]^{\frac{3}{2}}} = 0.8.$$

从而求得抛物线在顶点处的曲率半径为

$$\rho = \frac{1}{K} = 1.25.$$

所以选用砂轮的半径不得超过1.25单位长,即直径不得超过2.5单位长.

习题 3.6

1. 求椭圆 $x^2+xy+y^2=3$ 在点 (1,1) 处的曲率.

2. 求摆线 $\begin{cases} x=t-\sin t \\ y=1-\cos t \end{cases}$ 在对应点 $t=\dfrac{\pi}{3}$ 处的曲率.

3. 设火车铁轨转弯的曲线为三次抛物线 $y=\dfrac{x^3}{3}$，求列车通过点 (3,9) 时的方向改变率(曲率).

4. 抛物线 $y=ax^2+bx+c$ 上哪一点处的曲率最大？

5. 求曲线 $y=x^2+x$ 在坐标原点处的曲率半径.

6. 对数曲线 $y=\ln x$ 上哪一点处的曲率半径最小？求出该点处的曲率半径.

3.7　Matlab 与导数的应用

3.7.1　验证洛必达法则

【例题 3-22】　以 $\lim\limits_{x\to 0}\dfrac{a^x-b^x}{x}$（其中 $a>0$，$a\neq 1$，$b>0$，$b\neq 1$ 且 $a\neq b$）为例验证洛必达法则.

解:这是 $\dfrac{0}{0}$ 型的极限，输入 Matlab 命令：

```
>> syms a b x;
>> f = a^x - b^x;g = x;L = limit(f/g,x,0)
L =
log(a) - log(b)
```

输入 Matlab 命令：

```
>> df = diff(f,x);dg = diff(g,x);L1 = limit(df/dg,x,0)
L1 =
log(a) - log(b)
```

输出结果说明：$\lim\limits_{x\to 0}\dfrac{a^x-b^x}{x}=\lim\limits_{x\to 0}\dfrac{(a^x-b^x)'}{(x)'}$.

3.7.2　函数的单调性与极值

【例题 3-23】　求函数 $f(x)=x^3-6x^2+9x+3$ 的单调区间与极值.

解:求可导函数的单调区间与极值，就是求导函数的正负区间与正负区间的分界点.

先求导函数的零点，再画出函数图像，根据图像可直观地看出函数的单调区间与极值.

输入 Matlab 命令:

```
>> syms x;
>> f = x^3 - 6 * x^2 + 9 * x + 3;df = diff(f,x);s = solve(df)
s =
   3
   1
```

输入 Matlab 命令:

```
>> ezplot(f,[0,4])
```

结果如图 3-10 所示.

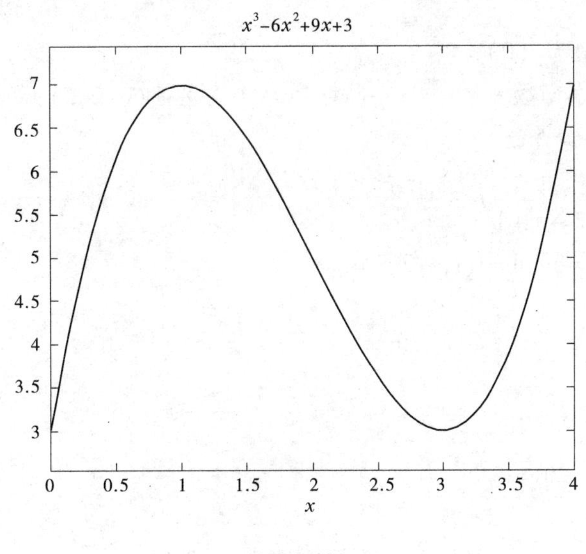

图 3-10

从上面的运行结果可见,函数 $f(x)=x^3-6x^2+9x+3$ 在 $(-\infty,1]$ 及 $[3,+\infty)$ 上单调递增,在 $[1,3]$ 上单调递减,极大值为 $f(1)=7$,极小值为 $f(3)=3$.

3.7.3　函数的最值

调用求函数最小值命令 fminbnd,可得函数的最小值点.首先,必须建立函数的 M—文件.

【例题 3-24】 求函数 $f(x)=(x-3)^2-1$ 在区间 $(0,5)$ 内的最小值.

解:建立函数的 M—文件:

```
function y = f(x);
y = (x - 3).^2 - 1;
```

输入 Matlab 命令:

```
>> x = fminbnd('f',0,5)
x =
      3
>> f(3)
```

```
ans =
     -1
```

即函数的最小值为$f(3)=-1$.

求最大值时可用命令:

```
>> x = fminbnd ('-(x-3)^2+1',0,5)
x =
     0
>> f(0)
ans =
     8
```

即函数的最大值为$f(0)=8$.

【例题 3-25】 求函数$f(x)=x^3-x^2-x+1$在区间$(-2,2)$内的极小值及极大值.

解:输入 Matlab 命令:

```
>> syms x;
>> f = 'x^3 - x^2 - x + 1';
>> [x1,minf] = fminbnd(f, -2,2)
x1 =
     -2
minf =
     -9
```

即极小值为$f(-2)=-9$.

输入 Matlab 命令:

```
>> [x2,maxf] = fminbnd('-x^3 + x^2 + x - 1', -2,2);
>> maxf = - maxf;
>> x2,maxf
x2 =
     2
maxf =
     3
```

即极大值为$f(2)=3$.

习题 3.7

上机完成如下的试验任务:

1. 建立函数$f(x,a)=a\sin x+\frac{1}{3}\sin 3x$,当$a$为何值时,该函数在$x=\frac{\pi}{3}$处取得极值?

2. 确定下列函数的单调区间:

(1) $y=2x^3-6x^2-18x-7$.

(2) $y=2x+\dfrac{8}{x}$.

(3) $y=\ln(x+\sqrt{1+x^2})$.

(4) $y=(x-1)(x+1)^3$.

未来应用

设计道路的弯道曲线

设计道路的弯道曲线主要出现在道路桥梁工程技术等专业中,具体到课程如“道路勘测设计”等,主要应用于道路桥梁工程的勘测、设计. 在设计道路时,为使列车在转弯时行驶平稳,保证安全,应该设法使路线各点处的曲率连续变化,通常当列车由直线行驶转入曲线上行驶时,用一条过渡曲线来连接,使曲率连续. 这种过渡曲线的曲率,在与直线轨道连接处应等于零;在与曲线轨道连接处应等于曲线轨道在该点的曲率. 在实际中通常用立方抛物线作为过渡曲线.

【实例】　某铁路用 $y=\dfrac{1}{6RL}x^3$ 作为缓冲曲线,其中 R 是圆弧弯道 AM 的半径,L 为缓冲曲线 OA 的长度,如图 3-11 所示. 试验证明,当所取 L 比 R 小得多(记为 $L \ll R$,或 $L/R \ll 1$)时,缓冲曲线 OA 在端点 O 的曲率为零(直线的曲率),在端点 A 的曲率近似于 $1/R$(圆弧弯道的曲率).

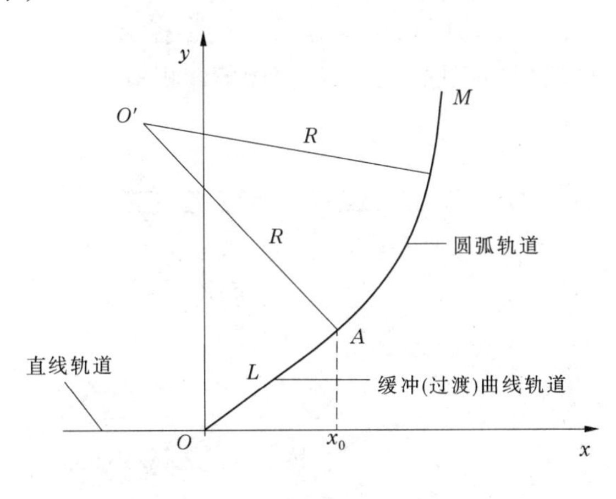

图 3-11

分析:首先建立合适的直角坐标系,即以直线轨道作为负 x 轴,以直线轨道与缓冲(过渡)曲线轨道的交点 O 为坐标原点,如图 3-11 所示. 然后,运用曲率的计算公式即可得证.

解答:(计算过程略)

缓冲曲线在端点 O 处的曲率 $K_0=0$,在端点 A 处的曲率 $K_A\approx 1/R$.

计算爆破施工炸药包的埋深

计算爆破施工炸药包的埋深主要出现在水利工程、水利水电建筑工程、水务管理、水利水电工程管理、城市水利、道路桥梁工程技术等专业中，具体到课程如“水利工程施工”等，主要应用于水利工程和建筑工程施工爆破漏斗的设计、布置. 所谓爆破漏斗，是指在有限介质中的爆破，当药包的爆破作用具有使部分介质抛向临空面的能量时，往往形成一个倒立圆锥的爆破坑，形如漏斗，称为爆破漏斗，如图 3-12 所示. 爆破漏斗的几何特征参数有最小抵抗线 W、爆破作用半径 R、漏斗底半径 r、可见漏斗深度 P 和抛掷距离 L 等. 爆破漏斗的几何特征反映了药包重量和埋深的关系，反映了爆破作用的影响范围.

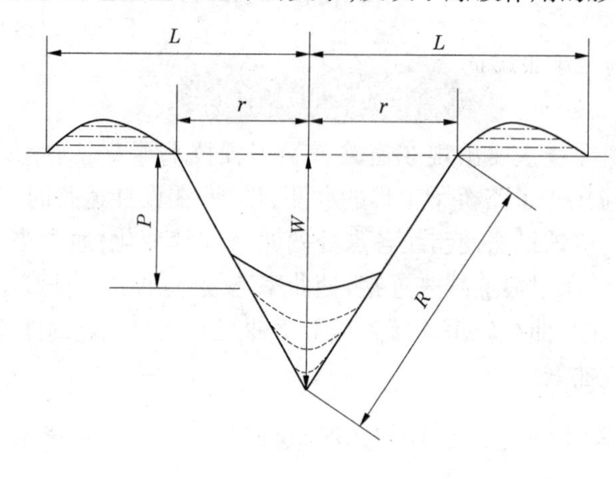

图 3-12

【实例】 建筑工程采石或取土，常用炸药包进行爆破. 实践表明，爆破部分呈倒立圆锥形状，如图 3-13 所示. 圆锥的母线长度即爆破作用半径 R，它是一定的；圆锥的底面半径即漏斗底半径为 r，试求炸药包埋藏多深可使爆破体积最大？

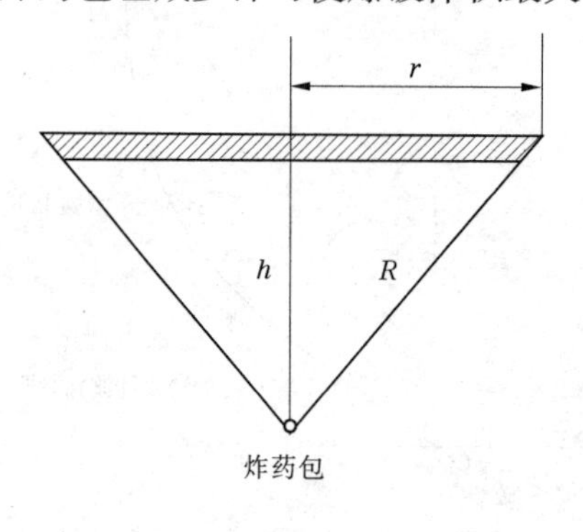

图 3-13

分析：首先根据圆锥的体积公式 $V=\frac{1}{3}\pi r^2 h$，建立函数关系式. 然后运用求函数最值的方法、步骤，即可求得炸药包的埋深 h.

解答：(计算过程略)

当炸药包埋深为 $h=\frac{\sqrt{3}}{3}R$ 时，爆破体积最大.

确定渠道水力最佳断面

确定渠道水力最佳断面主要出现在水利工程、水务管理、水利水电工程管理、城市水利、给水排水工程技术等专业中,具体到课程如"水力学"等,主要应用于渠道断面的规划设计. 所谓渠道水力最佳断面,是指设计渠道时为了提高经济效益,人们希望能以最小的过水断面通过设计流量,或者在过水断面面积一定的情况下,渠道通过的流量最大,满足这些条件的断面称为水力最佳断面. 渠道水力最佳断面的确定,需综合运用渠道断面的有关水力要素和高等数学中求极值的知识解决.

【实例】 水利工程中最常采用的渠道为梯形断面,其两侧渠坡的倾斜程度用边坡系数 $m=\cot\alpha$ 表示,α 是渠坡线与水平线的夹角,如图 3-14 所示. 渠坡系数 m 的大小可根据土壤种类和护坡情况确定. 对于底宽为 b,水深为 h,渠坡系数为 m 的梯形渠道,其断面水力要素为:水面宽度 $B=b+2mh$,过水断面面积 $A=(b+mh)h$,湿周 $\chi=b+2h\sqrt{1+m^2}$,水力半径 $R=\dfrac{A}{\chi}=\dfrac{(b+mh)h}{b+2h\sqrt{1+m^2}}$. 在边坡系数 m 和过水断面面积 A 一定的情况下,为使渠道通过的流量最大,即湿周最小,试确定梯形渠道水力最佳断面的条件(提示:求宽深比 $b/h=f(m)$).

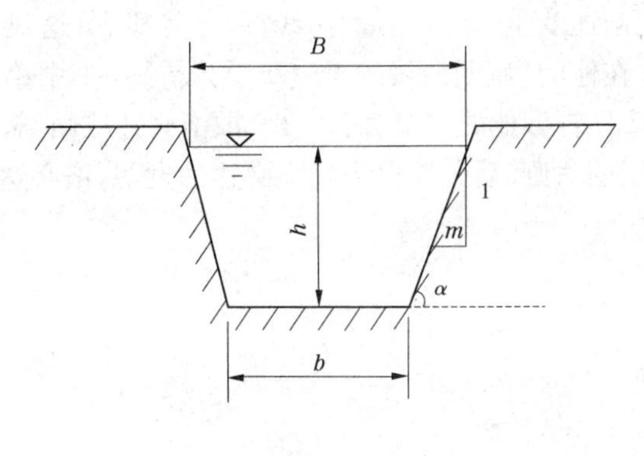

图 3-14

分析:首先由梯形渠道过水断面面积公式,解得 $b=\dfrac{A}{h}-mh$;把 b 代入湿周公式,得 $\chi=\dfrac{A}{h}-mh+2h\sqrt{1+m^2}=f(h)$. 然后,运用求函数的最值知识即可求得渠道水力最佳断面的条件.

解答:(计算过程略)

$\dfrac{b}{h}=2(\sqrt{1+m^2}-m)$ 即为渠坡系数为 m 的梯形渠道水力最佳断面的条件,其宽深比(令 $\beta_m=b/h$)仅是渠坡系数 m 的函数. 根据不同的渠坡系数值可以计算得到相应的 β_m 值,见表 3-4.

表3-4　梯形渠道水力最佳断面的宽深比 β_m

m	0	0.25	0.50	0.75	1.00	1.25	1.50	1.75	2.00	2.50	3.00	4.00
$\beta_m=b/h$	2.00	1.56	1.24	1.00	0.83	0.70	0.61	0.53	0.47	0.39	0.32	0.25

课外阅读

洛必达与洛必达法则

洛必达:(Marquis de l'Hôpital,1661—1704)法国的数学家.1661年出生于法国的贵族家庭,1704年2月2日卒于巴黎.他曾受袭侯爵衔,并在军队中担任骑兵军官,后来因为视力不佳而退出军队,转向学术方面.他早年就显露出数学才能,在他15岁时就解出帕斯卡的摆线难题.他投入更多的时间在数学上,在瑞士数学家约翰·伯努利的门下学习微积分,并成为法国新解析的主要成员.

洛必达的著作尚盛行于18世纪的圆锥曲线的研究.他最重要的著作是《阐明曲线的无穷小于分析》(1696),这本书是世界上第一本系统的微积分学教科书.洛必达由一组定义和公理出发,全面地阐述变量、无穷小量、切线、微分等概念,这对传播新创建的微积分理论起了很大的作用.在他的《阐明曲线的无穷小于分析》一书中第九章记载着约翰·伯努利在1694年7月22日告诉他的一个著名定理,即洛必达法则:是求一个分式当分子和分母都趋于零时的极限的法则.后人误以为是洛必达的发明,洛必达法则之名沿用至今.

学习项目4　不定积分

4.1　不定积分的概念

4.1.1　两个例子

【例题4-1】　已知做自由落体运动的物体在任意时刻 t 的运动速度为 $v(t)=gt$，且当 $t=0$ 时，$s=0$，求物体的运动方程.

解：设物体在时刻 t 的运动方程为 $s=s(t)$，易知：

$$\left(\frac{1}{2}gt^2+C\right)'=gt\quad(C\text{为任意常数}).$$

因此有

$$s(t)=\frac{1}{2}gt^2+C.$$

又因为当 $t=0$ 时 $s=0$，所以有

$$s(0)=C=0.$$

因此，所求物体的运动方程为

$$s(t)=\frac{1}{2}gt^2.$$

【例题4-2】　已知某条平面曲线经过原点(0,0)，且在横坐标为 x 的点处切线斜率是 $2x$，试求此曲线的方程.

解：设所求曲线的方程为 $y=f(x)$，易知：

$$(x^2+C)'=2x\quad(C\text{为任意常数}).$$

又因为曲线经过原点(0,0)，所以有：

$$f(0)=C=0.$$

因此，所求的曲线方程为 $y=x^2$.

上面的两个例子，一个是几何中的问题，一个是运动学中的问题，它们的实际背景有很大的差别，但两个问题的解决方法从数学上来看却是一致的：已知一个函数的导数来求此函数，对于这类问题，一般有下面的概念.

4.1.2　不定积分

定义4-1　设函数 $f(x)$ 在某区间上有定义，若存在函数 $F(x)$，使其在该区间上任一点都有

$$F'(x)=f(x)\text{ 或 }\mathrm{d}F(x)=f(x)\mathrm{d}x,$$

则称 $F(x)$ 是 $f(x)$ 在该区间上的原函数.

例如 $(\sin x)' = \cos x$，所以 $\sin x$ 是 $\cos x$ 的原函数，又如 $d(\sec x) = \sec x\tan x dx$，所以 $\sec x$ 是 $\sec x\tan x$ 的原函数.

定理 4-1 原函数存在定理:

如果函数 $f(x)$ 在某区间内连续，那么函数 $f(x)$ 在该区间内一定存在原函数.

简单地说:连续函数一定有原函数.

注意:(1)设 $F(x)$ 是函数 $f(x)$ 在某区间的原函数，则 $F(x)+C$(C 为任意常数)是函数 $f(x)$ 在该区间上的任意原函数.

(2)设 $F(x)$ 和 $G(x)$ 是 $f(x)$ 在某区间上的原函数，则

$$F(x)-G(x)=C\text{（}C\text{ 为常数）}.$$

定义 4-2 若 $F(x)$ 是 $f(x)$ 在某区间上的一个原函数，则 $F(x)+C$(C 为任意常数)称为函数 $f(x)$ 在该区间上的不定积分，记为

$$\int f(x)dx.$$

即有
$$\int f(x)dx=F(x)+C.$$

其中，$\int$ 称为积分号，$f(x)$ 称为被积函数，$f(x)dx$ 称为被积表达式，x 称为积分变量，C 称为积分常数.

【例题 4-3】 求下列不定积分.

(1) $\int x^2dx$； (2) $\int \sin x dx$； (3) $\int \frac{1}{x}dx$.

解:(1)因为 $\left(\frac{1}{3}x^3\right)'=x^2$，所以 $\int x^2dx=\frac{1}{3}x^3+C$.

(2)因为
$$(-\cos x)'=\sin x,$$
所以
$$\int \sin x dx=-\cos x+C.$$

(3)因为 $x>0$ 时，$(\ln x)'=\frac{1}{x}$，当 $x<0$ 时:

$$[\ln(-x)]'=\frac{-1}{-x}=\frac{1}{x},$$

所以
$$\int \frac{1}{x}dx=\ln|x|+C.$$

【例题 4-4】 设曲线过点(1,2)且斜率为 $2x$，求曲线方程.

解:设所求曲线方程为 $y=y(x)$.

因为 $\frac{dy}{dx}=2x$，故

$$y=\int 2xdx=x^2+C.$$

又因为曲线过点(1,2)，故代入上式得 $2=1+C$，得 $C=1$.

于是所求曲线方程为 $y=x^2+1$.

注意:“求不定积分”与“求导数”“求微分”互为逆运算，即有下述关系:

因为$\int f(x)\mathrm{d}x$是$f(x)$的原函数，所以

$\frac{\mathrm{d}}{\mathrm{d}x}\left[\int f(x)\mathrm{d}x\right]=f(x)$或$\mathrm{d}\left[\int f(x)\mathrm{d}x\right]=f(x)\mathrm{d}x$.

又因为$F(x)$是$F'(x)$的原函数.

所以

$$\int F'(x)\mathrm{d}x=F(x)+C\text{ 或 }\int \mathrm{d}F(x)=F(x)+C.$$

习题4.1

1. 求下列不定积分.

(1) $\int\frac{1}{1+x^2}\mathrm{d}x$.　　(2) $\int x^4\mathrm{d}x$.　　(3) $\int(x-1)\mathrm{d}x$.

(4) $\int \mathrm{e}^x\mathrm{d}x$.　　(5) $\int 3^x\mathrm{d}x$.　　(6) $\int\frac{1}{\sqrt{1-x^2}}\mathrm{d}x$.

2. 设某物体运动速度为$v=3t^2$，且当$t=0$时，$s=2$，求运动规律$s=s(t)$.

4.2　不定积分的基本公式和性质

4.2.1　不定积分的基本公式

由于求不定积分是求导数的逆运算，所以由导数公式可以相应地得出下列积分公式：

(1) $\int k\mathrm{d}x=kx+C$（k为常数）.

(2) $\int x^\mu\mathrm{d}x=\frac{1}{\mu+1}x^{\mu+1}+C$（$\mu\neq-1$）.

(3) $\int\frac{1}{x}\mathrm{d}x=\ln|x|+C$.

(4) $\int \mathrm{e}^x\mathrm{d}x=\mathrm{e}^x+C$.

(5) $\int a^x\mathrm{d}x=\frac{a^x}{\ln a}+C$.

(6) $\int\cos x\mathrm{d}x=\sin x+C$.

(7) $\int\sin x\mathrm{d}x=-\cos x+C$.

(8) $\int\frac{1}{\cos^2x}\mathrm{d}x=\int\sec^2x\mathrm{d}x=\tan x+C$.

(9) $\int\frac{1}{\sin^2x}\mathrm{d}x=\int\csc^2x\mathrm{d}x=-\cot x+C$.

(10) $\int \sec x\tan x\mathrm{d}x = \sec x + C$.

(11) $\int \csc x\cot x\mathrm{d}x = -\csc x + C$.

(12) $\int \frac{1}{1+x^2}\mathrm{d}x = \arctan x + C = -\mathrm{arccot}x + C$.

(13) $\int \frac{1}{\sqrt{1-x^2}}\mathrm{d}x = \arcsin x + C = -\arccos x + C$.

4.2.2 不定积分的性质

性质 4-1 被积函数中不为零的常数因子可提到积分号外.

$$\int kf(x)\mathrm{d}x = k\int f(x)\mathrm{d}x \quad (k \neq 0).$$

性质 4-2 两个函数和、差的积分,等于各函数积分的和、差,即

$$\int [f(x) \pm g(x)]\mathrm{d}x = \int f(x)\mathrm{d}x \pm \int g(x)\mathrm{d}x.$$

【例题 4-5】 求下列不定积分.

(1) $\int \frac{1}{x^2}\mathrm{d}x$;　　(2) $\int x\sqrt{x}\mathrm{d}x$;　　(3) $\int \frac{\mathrm{d}x}{\sqrt{2gx}}$.

解:(1) $\int \frac{1}{x^2}\mathrm{d}x = \int x^{-2}\mathrm{d}x = \frac{x^{-2+1}}{-2+1} + C = -\frac{1}{x} + C.$

(2) $\int x\sqrt{x}\mathrm{d}x = \int x^{\frac{3}{2}}\mathrm{d}x = \frac{2}{5}x^{\frac{5}{2}} + C.$

(3) $\int \frac{\mathrm{d}x}{\sqrt{2gx}} = \frac{1}{\sqrt{2g}}\int \frac{\mathrm{d}x}{\sqrt{x}} = \frac{1}{\sqrt{2g}} \frac{1}{-\frac{1}{2}+1}x^{-\frac{1}{2}+1} + C = \frac{\sqrt{2gx}}{g} + C.$

【例题 4-6】 求下列不定积分.

(1) $\int (\sqrt{x}+1)\left(x - \frac{1}{\sqrt{x}}\right)\mathrm{d}x$;　　(2) $\int \frac{x^2-1}{x^2+1}\mathrm{d}x$.

解:(1) $\int (\sqrt{x}+1)\left(x - \frac{1}{\sqrt{x}}\right)\mathrm{d}x = \int \left(x\sqrt{x} + x - 1 - \frac{1}{\sqrt{x}}\right)\mathrm{d}x$

$$= \int x\sqrt{x}\mathrm{d}x + \int x\mathrm{d}x - \int 1 \cdot \mathrm{d}x - \int \frac{1}{\sqrt{x}}\mathrm{d}x = \frac{2}{5}x^{\frac{5}{2}} + \frac{1}{2}x^2 - x - 2x^{\frac{1}{2}} + C.$$

(2) $\int \frac{x^2-1}{x^2+1}\mathrm{d}x = \int \frac{x^2+1-2}{x^2+1}\mathrm{d}x = \int \left(1 - \frac{2}{x^2+1}\right)\mathrm{d}x$

$= x - 2\arctan x + C.$

【例题 4-7】 求下列不定积分.

(1) $\int \tan^2 x\mathrm{d}x$;　　(2) $\int \frac{1}{\sin^2\frac{x}{2}\cos^2\frac{x}{2}}\mathrm{d}x$.

解:(1) $\int \tan^2 x\mathrm{d}x = \int(\sec^2 x - 1)\mathrm{d}x$

$$= \int \sec^2 x\mathrm{d}x - \int \mathrm{d}x = \tan x - x + C.$$

(2) $\int \frac{1}{\sin^2 x \cos^2 x}\mathrm{d}x = \int \frac{\sin^2 x + \cos^2 x}{\sin^2 x \cos^2 x}\mathrm{d}x = \int \frac{1}{\cos^2 x}\mathrm{d}x + \int \frac{1}{\sin^2 x}\mathrm{d}x$

$$= \tan x - \cot x + C.$$

习题 4.2

1. 求 $\int(10^x + x^{10})\mathrm{d}x$.

2. 求 $\int 2^x e^x \mathrm{d}x$.

3. 求 $\int \frac{1 - \sqrt[3]{u} + 2u}{u^2}\mathrm{d}u$.

4. 求 $\int(1 + \sin x + \cos x)\mathrm{d}x$.

5. 求 $\int(\frac{4}{\sqrt{x}} - \frac{x\sqrt{x}}{4})\mathrm{d}x$.

6. 求 $\int \frac{1}{\sin^2 x \cos^2 x}\mathrm{d}x$.

7. 求 $\int \sin^2 \frac{x}{2}\mathrm{d}x$.

8. 求 $\int e^x(2^x + \frac{e^{-x}}{\sqrt{1 - x^2}})\mathrm{d}x$.

9. 求 $\int \frac{1 + x + x^2}{x(1 + x^2)}\mathrm{d}x$.

10. 求 $\int \sin x(2\csc x - \cot x + \frac{1}{\sin^3 x})\mathrm{d}x$.

11. 求 $\int \frac{e^{3x} + 1}{e^x + 1}\mathrm{d}x$.

12. 求 $\int \frac{x^4}{1 + x^2}\mathrm{d}x$.

4.3 换元积分法

4.3.1 第一类换元积分法

对于不定积分 $\int \cos 2x\mathrm{d}x$,因为被积函数 $\cos 2x$ 是一个复合函数,若取中间变量为 $u =$

$2x$,则 $\cos2x = \cos u$, $du = 2dx$.

所以　　$\int\cos2x dx = \frac{1}{2}\int\cos2x d2x = \frac{1}{2}\sin2x + C.$

定理 4-2　如果 $\int f(x)dx = F(x) + C$,则 $\int f(u)du = F(u) + C$. 其中 $u = \varphi(x)$ 是 x 的任一个可微函数.

证明:由于

$$\int f(x)dx = F(x) + C,$$

所以

$$dF(x) = f(x)dx.$$

根据微分形式不变性,则有

$$dF(u) = f(u)du.$$

其中,$u = \varphi(x)$ 是 x 的可微函数.

由此可得 $\int f(u)du = \int dF(u) = F(u) + C.$

定理 4-2 表明,在基本积分公式中,自变量 x 换成任一可微函数 $u = \varphi(x)$ 后公式仍成立. 这就大大扩充了基本积分公式的使用范围.

应用这一结论,上述例题引用的方法,可一般化为下列计算程序:

$$\int f[\varphi(x)]\varphi'(x)dx \xlongequal{\text{凑微分}} \int f[\varphi(x)]d\varphi(x) \xlongequal{\text{令 } u = \varphi(x)}$$

$$\int f(u)du = F(u) + C \xlongequal{\text{回代}} F[\varphi(x)] + C.$$

这种先"凑"微分式,再作变量置换的方法,叫第一类换元积分法,也称凑微分法.

【例题 4-8】　求 $\int\cos^2x\sin x dx$.

解:设 $u = \cos x$, 得 $du = -\sin x dx$,则

$$\int\cos^2x\sin x dx = -\int u^2 du = -\frac{1}{3}u^3 + C = -\frac{1}{3}\cos^3x + C.$$

【例题 4-9】　求 $\int\frac{dx}{x\sqrt{1-\ln^2x}}$.

解:
$$\int\frac{dx}{x\sqrt{1-\ln^2x}} = \int\frac{1}{\sqrt{1-\ln^2x}}\left(\frac{dx}{x}\right) = \int\frac{1}{\sqrt{1-\ln^2x}}d(\ln x)$$
$$= \arcsin(\ln x) + C.$$

【例题 4-10】　求 $\int\frac{\sin\sqrt{x}}{\sqrt{x}}dx$.

解:$\int\frac{\sin\sqrt{x}}{\sqrt{x}}dx = 2\int\sin\sqrt{x}\,d\sqrt{x} = -2\cos\sqrt{x} + C$.

凑微分法的难点在于原题并未指明应该把哪一部分凑成 $d\varphi(x)$,这需要解题经验,如果记熟下列一些微分式,解题中则会给我们以启示.

(1) $dx = \frac{1}{a}d(ax+b)(a\neq0)$.　(2) $xdx = \frac{1}{2}d(x^2+C)$.

(3) $\frac{1}{x}\mathrm{d}x = \mathrm{d}\ln|x| = \mathrm{d}(\ln|x| + C)$.

(4) $\frac{1}{\sqrt{x}}\mathrm{d}x = 2\mathrm{d}\sqrt{x} = 2\mathrm{d}(\sqrt{x} + C)$.

(5) $\frac{1}{x^2}\mathrm{d}x = -\mathrm{d}\left(\frac{1}{x} + C\right)$.

(6) $\frac{1}{1+x^2}\mathrm{d}x = \mathrm{d}(\arctan x + C)$.

(7) $\frac{1}{\sqrt{1-x^2}}\mathrm{d}x = \mathrm{d}(\arcsin x + C)$.

(8) $\mathrm{e}^x\mathrm{d}x = \mathrm{d}\mathrm{e}^x = \mathrm{d}(\mathrm{e}^x + C)$.

(9) $\sin x\mathrm{d}x = -\mathrm{d}\cos x = -\mathrm{d}(\cos x + C)$.

(10) $\cos x\mathrm{d}x = \mathrm{d}\sin x = \mathrm{d}(\sin x + C)$.

(11) $\sec^2 x\mathrm{d}x = \mathrm{d}(\tan x + C)$.

(12) $\csc^2 x\mathrm{d}x = -\mathrm{d}(\cot x + C)$.

(13) $\sec x\tan x\mathrm{d}x = \mathrm{d}(\sec x + C)$.

(14) $\csc x\cot x\mathrm{d}x = -\mathrm{d}(\csc x + C)$.

【例题 4-11】 求下列积分.

(1) $\int\frac{\mathrm{d}x}{\sqrt{a^2 - x^2}}$ $(a > 0)$.　(2) $\int\tan x\mathrm{d}x$.　(3) $\int\sec x\mathrm{d}x$.

解: (1)
$$\int\frac{\mathrm{d}x}{\sqrt{a^2 - x^2}} = \int\frac{1}{a\sqrt{1-\left(\frac{x}{a}\right)^2}}\mathrm{d}x = \int\frac{1}{\sqrt{1-\left(\frac{x}{a}\right)^2}}\mathrm{d}\left(\frac{x}{a}\right) = \arcsin\frac{x}{a} + C.$$

(2) $$\int\tan x\mathrm{d}x = \int\frac{\sin x}{\cos x}\mathrm{d}x = -\int\frac{\mathrm{d}(\cos x)}{\cos x} = -\ln|\cos x| + C.$$

(3) $$\int\sec x\mathrm{d}x = \int\frac{\sec x(\sec x + \tan x)}{\tan x + \sec x}\mathrm{d}x = \int\frac{\sec^2 x + \sec x\tan x}{\tan x + \sec x}\mathrm{d}x$$
$$= \int\frac{1}{(\tan x + \sec x)}\mathrm{d}(\tan x + \sec x) = \ln|\sec x + \tan x| + C.$$

本题三个积分今后经常用到,可以作为公式使用.

【例题 4-12】 求下列积分:

(1) $\int\frac{1}{x^2 - a^2}\mathrm{d}x$.　(2) $\int\frac{3+x}{\sqrt{4-x^2}}\mathrm{d}x$.　(3) $\int\frac{1}{1+\mathrm{e}^x}\mathrm{d}x$.

(4) $\int\sin^2 x\mathrm{d}x$.　(5) $\int\frac{1}{1+\cos x}\mathrm{d}x$.

解:本题积分前,需先用代数运算或三角变换对被积函数作适当变形.

(1) $\int \frac{1}{x^2 - a^2}dx = \frac{1}{2a}\int\left(\frac{1}{x-a} - \frac{1}{x+a}\right)dx = \frac{1}{2a}\left[\int \frac{d(x-a)}{x-a} - \int \frac{d(x+a)}{x+a}\right]$

$$= \frac{1}{2a}[\ln|x-a| - \ln|x+a|] + C = \frac{1}{2a}\ln\left|\frac{x-a}{x+a}\right| + C.$$

(2) $\int \frac{3+x}{\sqrt{4-x^2}}dx = 3\int \frac{dx}{\sqrt{4-x^2}} + \int \frac{x}{\sqrt{4-x^2}}dx$

$$= 3\arcsin\frac{x}{2} + \int \frac{-\frac{1}{2}}{\sqrt{4-x^2}}d(4-x^2) = 3\arcsin\frac{x}{2} - \sqrt{4-x^2} + C.$$

(3) $\int \frac{1}{1+e^x}dx = \int \frac{1+e^x-e^x}{1+e^x}dx = \int\left(1 - \frac{e^x}{1+e^x}\right)dx$

$$= \int dx - \int \frac{1}{1+e^x}d(1+e^x) = x - \ln(1+e^x) + C.$$

(4) $\int \sin^2 x dx = \int \frac{1-\cos 2x}{2}dx = \frac{1}{2}\int dx - \frac{1}{2}\int \cos 2x dx$

$$= \frac{1}{2}x - \frac{1}{4}\int \cos 2x d(2x) = \frac{1}{2}x - \frac{1}{4}\sin 2x + C.$$

(5) $\int \frac{1}{1+\cos x}dx = \int \frac{dx}{2\cos^2\left(\frac{x}{2}\right)} = \int \frac{1}{\cos^2\left(\frac{x}{2}\right)}d\left(\frac{x}{2}\right) = \tan\frac{x}{2} + C.$

【例题 4-13】 求 $\int \frac{dx}{\sqrt{x-x^2}}$.

解法一: $\int \frac{dx}{\sqrt{x-x^2}} = \int \frac{dx}{\sqrt{\frac{1}{4} - \left(x - \frac{1}{2}\right)^2}} = \int \frac{2dx}{\sqrt{1-(2x-1)^2}}$

$$= \int \frac{d(2x-1)}{\sqrt{1-(2x-1)^2}} = \arcsin(2x-1) + C.$$

解法二:因为 $\frac{dx}{\sqrt{x}} = 2d\sqrt{x}$,所以

$$\int \frac{dx}{\sqrt{x-x^2}} = \int \frac{dx}{\sqrt{x(1-x)}} = 2\int \frac{d\sqrt{x}}{\sqrt{1-(\sqrt{x})^2}} = 2\arcsin\sqrt{x} + C.$$

本题说明,选用不同的积分方法,可能得出不同形式的积分结果.

4.3.2 第二类换元积分法

第一换元积分方法是选择新的积分变量 $u = \varphi(x)$,但对有些被积函数则需要作相反方式的换元,即令 $x = \varphi(t)$,把 t 作为新积分变量,才能积出结果,即

$$\int f(x)dx \xrightarrow[\text{换元}]{x=\varphi(t)} \int f[\varphi(t)]\varphi'(t)dt \xrightarrow{\text{积分}} F(t) + C \xrightarrow[\text{回代}]{t=\varphi^{-1}(x)} F[\varphi^{-1}(x)] + C.$$

这种方法叫第二类换元积分法. 使用第二换元法的关键是恰当地选择变换函数 $x = \varphi(t)$, 对于 $x = \varphi(t)$, 要求其单调可导, 且 $\varphi'(t) \neq 0$, 且其反函数 $t = \varphi^{-1}(x)$ 存在.

【例题 4-14】 求 $\int \frac{x^2}{\sqrt{2x-1}} dx$.

解: 令 $t = \sqrt{2x-1}$, 即 $x = \frac{1}{2}(t^2+1)$, $dx = tdt$, 则

$$\int \frac{x^2}{\sqrt{2x-1}} dx = \int \frac{1}{t} \cdot \frac{1}{4}(t^2+1)^2 t dt = \frac{1}{20}t^5 + \frac{1}{6}t^3 + \frac{1}{4}t + C$$

$$= \frac{1}{20}\sqrt{(2x-1)^5} + \frac{1}{6}\sqrt{(2x-1)^3} + \frac{1}{4}\sqrt{2x-1} + C.$$

【例题 4-15】 求 $\int \frac{dx}{x\sqrt{x-1}}$.

解: 令 $t = \sqrt{x-1}$, 即 $x = t^2+1$, $dx = 2tdt$, 则

$$\int \frac{dx}{x\sqrt{x-1}} = \int \frac{2t}{(t^2+1)t} dt = 2\arctan t + C = 2\arctan\sqrt{x-1} + C.$$

由以上两例可以看出, 被积函数中含有被开方因式为一次式的根式 $\sqrt[n]{ax+b}$ 时, 令 $\sqrt[n]{ax+b} = t$ 可以消去根号, 从而求得积分. 下面重点讨论被积函数含有被开方因式为二次式的根式的情况.

【例题 4-16】 求 $\int \sqrt{a^2-x^2} dx \quad (a>0)$.

解: 令 $x = a\sin t$, $x \in \left[-\frac{\pi}{2}, \frac{\pi}{2}\right]$, 则

$$\sqrt{a^2-x^2} = a\cos t, dx = a\cos t dt.$$

所以 $\int \sqrt{a^2-x^2} dx = \int a\cos t a\cos t dt = a^2\int\left(\frac{1}{2} + \frac{1}{2}\cos 2t\right) dt = \frac{a^2}{2}t + \frac{a^2}{2}\sin t\cos t + C$

$$= \frac{a^2}{2}\arcsin\frac{x}{a} + \frac{x}{2}\sqrt{a^2-x^2} + C.$$

【例题 4-17】 求 $\int \frac{x^2}{\sqrt{4-x^2}} dx$.

解: 令 $x = 2\sin t$, 则

$$\sqrt{4-x^2} = 2\cos t, dx = 2\cos t dt,$$

所以 $\int \frac{x^2}{\sqrt{4-x^2}} dx = \int \frac{4\sin^2 t}{2\cos t} \cdot 2\cos t dt = \int (2 - 2\cos 2t) dt = 2t - \sin 2t + C$

$$= 2t - 2\sin t\cos t + C = 2\arcsin\frac{x}{2} - \frac{x}{2}\sqrt{4-x^2} + C.$$

【例题 4-18】 求 $\int \frac{dx}{\sqrt{x^2-a^2}} \quad (a>0)$.

解: 令 $x = a\sec t$, $t \in \left(0, \frac{\pi}{2}\right)$, 则 $\sqrt{x^2-a^2} = a\tan t$, $dx = a\sec t\tan t dt$, 有

$$\int \frac{\mathrm{d}x}{\sqrt{x^2 - a^2}} = \int \frac{a\sec t\tan t}{a\tan t}\mathrm{d}t = \int \sec t\mathrm{d}t = \ln(\sec t + \tan t) + C$$

$$= \ln\left(\frac{x}{a} + \frac{\sqrt{x^2 - a^2}}{a}\right) + C = \ln(x + \sqrt{x^2 - a^2}) + C_1, C_1 = C - \ln a.$$

一般地说,当被积函数含有:

(1) $\sqrt{a^2 - x^2}$,可作代换 $x = a\sin t$.

(2) $\sqrt{a^2 + x^2}$,可作代换 $x = a\tan t$.

(3) $\sqrt{x^2 - a^2}$,可作代换 $x = a\sec t$.

通常称以上代换为三角代换,它是第二换元法的重要组成部分,但在具体解题时,还要具体分析,例如,$\int x\sqrt{x^2 - a^2}\mathrm{d}x$ 就不必用三角代换,而用凑微分法更为方便.

习题 4.3

1. 求 $\int \sin^3 x\cos^2 x\mathrm{d}x$.

2. 求 $\int \cos^3 x\mathrm{d}x$.

3. 求 $\int \frac{1}{x^2 + 4x + 5}\mathrm{d}x$.

4. 求 $\int \frac{3 - x}{9 + x}\mathrm{d}x$.

5. 求 $\int (x - 1)\mathrm{e}^{x^2 - 2x}\mathrm{d}x$.

6. 求 $\int \frac{1}{x^2 + 2x + 2}\mathrm{d}x$.

7. 求 $\int \frac{\sqrt{x}}{1 + \sqrt{x}}\mathrm{d}x$.

8. 求 $\int \frac{x + 1}{\sqrt[3]{3x + 1}}\mathrm{d}x$.

9. 求 $\int \frac{\mathrm{d}x}{\sqrt{x} + \sqrt[3]{x}}$.

10. 求 $\int \frac{\mathrm{d}x}{\sqrt{x^2 + a^2}}$ $(a > 0)$.

11. 求 $\int \frac{\mathrm{d}x}{(a^2 + x^2)^{\frac{3}{2}}}$ $(a > 0)$.

4.4 分部积分法

4.4.1 分部积分法公式

设函数 $u=u(x)$,$v=v(x)$ 均具有连续导数,则由两个函数乘法的微分法则可得:

$$d(uv) = udv + vdu \Rightarrow udv = d(uv) - vdu,$$

两边积分得:

$$\int udv = \int d(uv) - \int vdu = uv - \int vdu,$$

称这个公式为分部积分公式.

4.4.2 例题讲解

【例题 4-19】 求 $\int x\sin x dx$.

解:令 $u=x$,余下的 $\sin x dx = -d(\cos x) = dv$,则

$$\int x\sin x dx = -\int xd(\cos x) = -\left[x\cos x - \int \cos x dx\right] = -x\cos x + \sin x + C.$$

注意:本题如果令 $u=\sin x$,$xdx = d\left(\frac{1}{2}x^2\right)$,则

$$\int x\sin x dx = \frac{1}{2}\int \sin x d(x^2) = \frac{1}{2}\left[x^2\sin x - \int x^2 d(\sin x)\right]$$

$$= \frac{1}{2}x^2\sin x - \frac{1}{2}\int x^2\cos x dx.$$

由此可见 u,v 选错,积分越做越麻烦.

u,v 的选择原则如下:

(1)由 $\varphi(x)dx = dv$,求 v 比较容易.

(2)$\int vdu$ 比 $\int udv$ 更容易计算.

【例题 4-20】 求 $\int x^2\cos x dx$.

解:令 $u=x^2$,$\cos x dx = d(\sin x) = dv$,则

$$\int x^2\cos x dx = \int x^2 d(\sin x) = x^2\sin x - \int \sin x d(x^2) = x^2\sin x - 2\int x\sin x dx$$

$$= x^2\sin x - 2\left[-\int xd(\cos x)\right] = x^2\sin x + 2\left(x\cdot\cos x - \int \cos x dx\right).$$

$$= x^2\sin x + 2x\cos x - 2\sin x + C.$$

【例题 4-21】 求 $\int xe^x dx$.

解:令 $u=x$, $e^x dx = d(e^x) = dv$,则

$$\int xe^x dx = \int xd(e^x) = xe^x - \int e^x dx = e^x(x-1) + C.$$

【例题 4-22】 求 $\int x\ln x\mathrm{d}x$.

解:令 $u=\ln x, x\mathrm{d}x=\mathrm{d}(\frac{1}{2}x^2)=\mathrm{d}v$,则

$$\int x\ln x\mathrm{d}x = \frac{1}{2}\int \ln x\mathrm{d}(x^2) = \frac{1}{2}[x^2\ln x - \int x^2\mathrm{d}(\ln x)] = \frac{1}{2}x^2\ln x - \frac{1}{2}\int x^2 \cdot \frac{1}{x}\mathrm{d}x$$
$$= \frac{1}{4}x^2(2\ln x - 1) + C.$$

【例题 4-23】 求 $\int \arctan x\mathrm{d}x$.

解:令 $u=\arctan x, \mathrm{d}x=\mathrm{d}v$,则

$$\int \arctan x\mathrm{d}x = x\arctan x - \int x\mathrm{d}(\arctan x) = x\arctan x - \int \frac{x}{1+x^2}\mathrm{d}x$$
$$= x\arctan x - \frac{1}{2}\int \frac{1}{1+x^2}\mathrm{d}(1+x^2)$$
$$= x\arctan x - \frac{1}{2}\ln(1+x^2) + C.$$

【例题 4-24】 求 $\int \arcsin x\mathrm{d}x$.

解:令 $u=\arcsin x, \mathrm{d}x=\mathrm{d}v$,则

$$\int \arcsin x\mathrm{d}x = x\arcsin x - \int x\mathrm{d}(\arcsin x)$$
$$= x\arcsin x - \int \frac{x}{\sqrt{1-x^2}}\mathrm{d}x$$
$$= x\arcsin x + \frac{1}{2}\int \frac{\mathrm{d}(1-x^2)}{\sqrt{1-x^2}} = x\arcsin x + \sqrt{1-x^2} + C.$$

【例题 4-25】 求 $\int \mathrm{e}^x\cos x\mathrm{d}x$.

解:令 $u=\mathrm{e}^x$, $\cos x\mathrm{d}x=\mathrm{d}(\sin x)=\mathrm{d}v$,则

$$\int \mathrm{e}^x\cos x\mathrm{d}x = \mathrm{e}^x\sin x - \int \sin x\mathrm{d}(\mathrm{e}^x) = \mathrm{e}^x\sin x - \int \mathrm{e}^x\sin x\mathrm{d}x$$
$$= \mathrm{e}^x\sin x + \int \mathrm{e}^x\mathrm{d}(\cos x) = \mathrm{e}^x(\sin x + \cos x) - \int \cos x\mathrm{d}(\mathrm{e}^x)$$
$$= \mathrm{e}^x(\sin x + \cos x) - \int \mathrm{e}^x\cos x\mathrm{d}x.$$

移项得
$$2\int \mathrm{e}^x\cos x\mathrm{d}x = \mathrm{e}^x(\sin x + \cos x) + C_1,$$

故
$$\int \mathrm{e}^x\cos x\mathrm{d}x = \frac{1}{2}\mathrm{e}^x(\sin x + \cos x) + C \ (C = \frac{1}{2}C_1).$$

注意:下述几种类型积分,均可用分部积分公式求解,且 u,$\mathrm{d}v$ 的设法有规律可循.

(1) $\int x^n\mathrm{e}^{ax}\mathrm{d}x$, $\int x^n\sin ax\mathrm{d}x$, $\int x^n\cos ax\mathrm{d}x$,可设 $u=x^n$.

(2) $\int x^n \ln x\mathrm{d}x$, $\int x^n \arcsin x\mathrm{d}x$, $\int x^n \arctan x\mathrm{d}x$,可设 $u = \ln x$, $\arcsin x$, $\arctan x$.

(3) $\int \mathrm{e}^{ax}\sin bx\mathrm{d}x$, $\int \mathrm{e}^{ax}\cos bx\mathrm{d}x$,可设 $u = \sin bx$, $\cos bx$.

(4)常数也视为幂函数.

(5)上述情况 x^n 换成多项式时仍成立.

习题 4.4

1. 求 $\int x\cos x\mathrm{d}x$.

2. 求 $\int x^2\mathrm{e}^x\mathrm{d}x$.

3. 求 $\int \mathrm{e}^x\sin x\mathrm{d}x$.

4. 求 $\int x\sin x\cos x\mathrm{d}x$.

5. 求 $\int \ln x\mathrm{d}x$.

4.5 用 Matlab 求不定积分

高等数学中求不定积分是较费时间的事情,在 Matlab 中,只要输入一个命令就可以快速地求出不定积分来.

4.5.1 命令形式 1:int(f)

功能:求函数 f 对默认变量的不定积分,用于函数中只有一个变量.

4.5.2 命令形式 2:int(f,v)

功能:求函数 f 对变量 v 的不定积分.

【例题 4-26】 计算 $\int \frac{1}{\sin^2 x\cos^2 x}\mathrm{d}x$.

解:Matlab 命令为

```
>> syms  x
>> y = 1/((sin(x))^2 * (cos(x))^2);
>> pretty(int(y))
        1                  cos(x)
 ---------------- - 2 ------
 sin(x)cos(x)        sin(x)
```

所以 $\int \frac{1}{\sin^2 x\cos^2 x}\mathrm{d}x = \frac{1}{\sin x\cos x} - 2\frac{\cos x}{\sin x} + C$ (C 为任意实数,下同).

【例题 4-27】 计算 $\int \frac{1}{a^2 - x^2} dx$.

解:Matlab 命令为

```
>> syms   a   x
>> y = 1/( a^2 - x^2) ;
>> pretty( int( y,x) )
1/2 log( x + a)    - 1/2 log( x - a)
    -----------         -----------
         a                   a
```

所以 $$\int \frac{1}{a^2 - x^2} dx = \frac{\ln(x + a)}{2a} - \frac{\ln(x - a)}{2a} + C.$$

习题 4.5

1. 已知函数 $f(x) = \frac{\sin x}{x^2 + 4x + 3}$,先求其一阶导数,再求其不定积分.

2. 计算 $\int x^3 \cos^2 ax dx$.

课外阅读

不定积分

从微积分的发展史看,是先有定积分后有不定积分的.

在定积分中,dx 也是有明确的几何意义或物理意义的,而在不定积分中,dx 已经被认为只是一个符号.

国外的不少教材,甚至把 $\int f(x) dx$ 写成 $\int f(x)$. 在这一点上,可以说在国内没有得到多少人认同,除从国外回来的年轻的非专业人士外.

至少从现在看,不定积分中的 dx 也是和微分中的 dx 有一样的含义:

$dF(x) = f(x) dx$;

$d[\int f(x) dx] = f(x) dx$;

$\int dF(x) = \int f(x) dx = F(x) + C.$

学习项目5 定积分

5.1 定积分的概念

5.1.1 曲边梯形的面积

定义 5-1 将直角梯形的斜腰换成连续曲线段后的图形称作单曲边梯形,简称曲边梯形(见图 5-1).

由其他曲线围成的图形,可以用两组互相垂直的平行线分割成若干个矩形与单曲边梯形之和(见图 5-2).

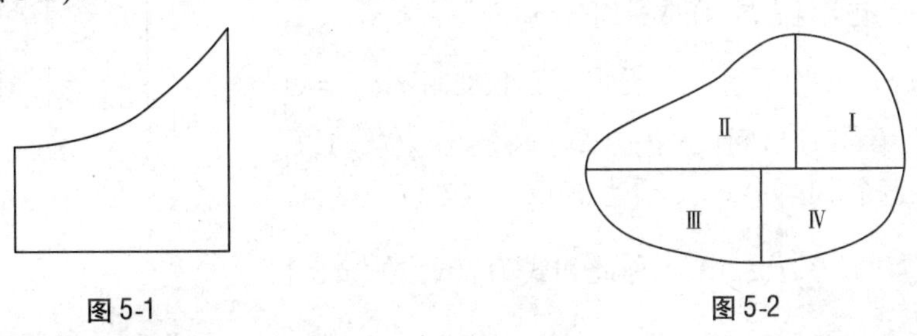

图 5-1　　图 5-2

适当选择直角坐标系,将单曲边梯形的一直腰放在 x 轴上,两底边为 $x=a,x=b$,设曲边的方程为 $y=f(x)$,再设 $f(x)$ 在 $[a,b]$ 上连续,且 $f(x)\geqslant 0$,如图 5-3 所示. 以 A 记图示曲边梯形的面积,用区间 $[a,b]$ 的长度为宽,高为 $f(\xi)$ $(a<\xi<b)$ 的矩形面积来作为 A 的近似值.

(1)分割:任取一组分点 $a=x_0<x_1<x_2<\cdots<x_{i-1}<x_i<\cdots<x_{n-1}<x_n=b$ 将区间 $[a,b]$ 分成 n 个小区间,则 $[a,b]=[x_0,x_1]\cup[x_1,x_2]\cup\cdots\cup[x_{i-1},x_i]\cup\cdots\cup[x_{n-1},x_n]$,第 i 个小区间的长度为 $\Delta x_i=x_i-x_{i-1}(i=1,2,\cdots,n)$. 过各分点作 x 轴的垂线,将原来的曲边梯形分成 n 个小曲边梯形(见图 5-4),第 i 个小曲边梯形的面积为 ΔA_i.

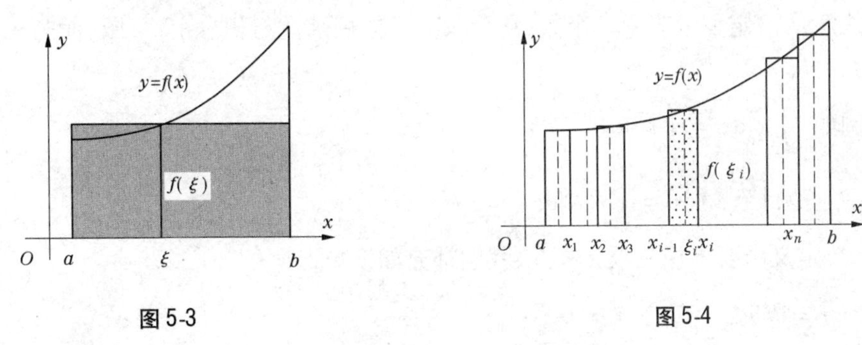

图 5-3　　图 5-4

(2)小范围内以不变代变:在每一个小区间$[x_{i-1},x_i]$上任取一点$\xi_i(i=1,2,\cdots,n)$,认为$f(x)\approx f(\xi_i)(x_{i-1}\leqslant\xi_i\leqslant x_i)$,以这些小区间为底、$f(\xi_i)$为高的小矩形面积作为第$i$个小曲边梯形面积的近似值:

$$\Delta A_i\approx f(\xi_i)\ \Delta x_i(i=1,2,\cdots,n).$$

(3)求和:将n个小矩形面积相加,作为原曲边梯形面积的近似值

$$A=\sum_{i=1}^{n}\Delta A_i\approx\sum_{i=1}^{n}f(\xi_i)\Delta x_i. \tag{5-1}$$

(4)取极限达到精确:以$\|\Delta x\|$表示所有小区间长度的最大值:

$$\|\Delta x\|=\max\{\Delta x_1,\Delta x_2,\cdots,\Delta x_n\}.$$

当$\|\Delta x\|\to 0$时,和式(5-1)的极限就是原曲边梯形的面积A,即

$$A=\lim_{\|\Delta x\|\to 0}\sum_{i=1}^{n}f(\xi_i)\Delta x_i.$$

5.1.2 定积分的定义

定义 5-2 如图 5-5 所示,设函数$f(x)$在区间$[a,b]$上有定义且有界,任取一组分点$a=x_0<x_1<x_2<\cdots<x_n=b$,把区间$[a,b]$分成$n$个小区间$[a,b]=\bigcup_{i=1}^{n}[x_{i-1},x_i]$,第$i$个小区间长度记为$\Delta x_i=x_i-x_{i-1}(i=1,2,\cdots,n)$. 在每个小区间$[x_{i-1},x_i]$上任取一点$\xi_i(i=1,2,\cdots,n)$,作和式$\sum_{i=1}^{n}f(\xi_i)\Delta x_i$,称此和式为$f(x)$在$[a,b]$上的积分和,记$\|\Delta x\|=\max_{1\leqslant i\leqslant n}\{\Delta x_i\}$. 如果$\|\Delta x\|\to 0$,积分和的极限存在,则称函数$f(x)$在区间$[a,b]$上可积,并称此极限为函数$f(x)$在区间$[a,b]$上的定积分,记作$\int_a^b f(x)\mathrm{d}x$,即

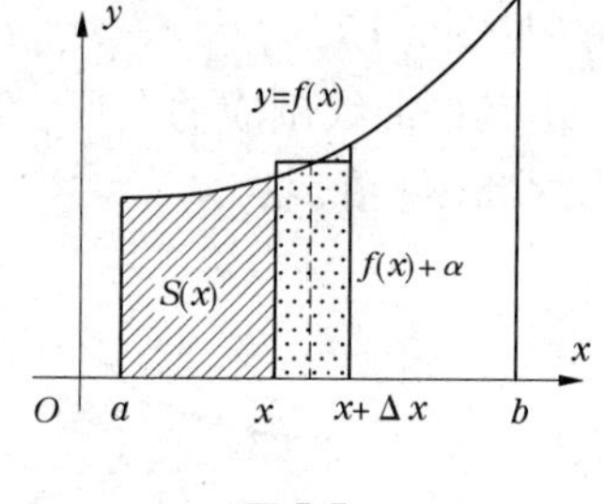

图 5-5

$$\int_a^b f(x)\mathrm{d}x=\lim_{\|\Delta x\|\to 0}\sum_{i=1}^{n}f(\xi_i)\Delta x_i.$$

其中,"$\int$"称为积分号,$[a,b]$称为积分区间,积分号下方的a称为积分下限,上方的b称为积分上限,x称为积分变量,$f(x)$称为被积函数,$f(x)\mathrm{d}x$称为被积表达式.

注意:(1)定积分表示一个数,它只取决于被积函数与积分上、下限,而与积分变量采用什么字母无关.

例如:$\int_0^1 x^2\mathrm{d}x=\int_0^1 t^2\mathrm{d}t$.

一般地,$\int_a^b f(x)\mathrm{d}x=\int_a^b f(t)\mathrm{d}t$.

(2)定义中要求积分限$a<b$,我们补充如下规定:

当$a=b$时,$\int_a^b f(x)\mathrm{d}x=0$;

当 $a > b$ 时，$\int_a^b f(x)\mathrm{d}x = -\int_b^a f(x)\mathrm{d}x$.

(3)定积分的存在性：当 $f(x)$ 在 $[a,b]$ 上连续或只有有限个第一类间断点时，$f(x)$ 在 $[a,b]$ 上的定积分存在(也称可积).

5.1.3　定积分的几何意义

如果 $f(x) > 0$，则 $\int_a^b f(x)\mathrm{d}x \geqslant 0$，此时 $\int_a^b f(x)\mathrm{d}x$ 表示由曲线 $y = f(x)$，$x = a$，$x = b$ 及 x 轴所围成的曲边梯形的面积 A，即 $\int_a^b f(x)\mathrm{d}x = A$（见图5-6).

如果 $f(x) \leqslant 0$，则 $\int_a^b f(x)\mathrm{d}x \leqslant 0$，此时 $\int_a^b f(x)\mathrm{d}x$ 表示由曲线 $y = f(x)$，$x = a$，$x = b$ 及 x 轴所围成的曲边梯形的面积 A 的负值，即 $\int_a^b f(x)\mathrm{d}x = -A$（见图5-7).

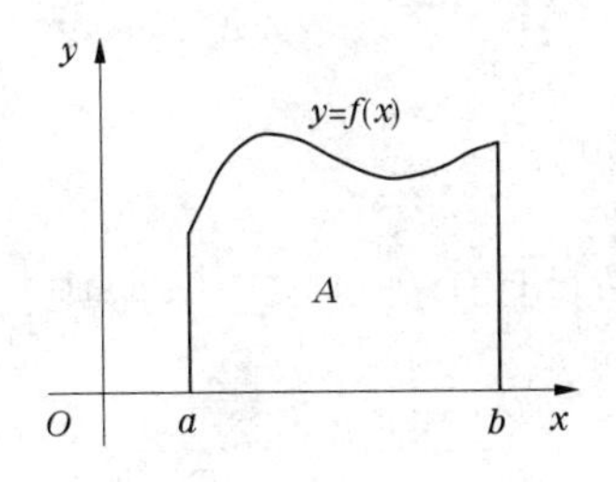

图5-6

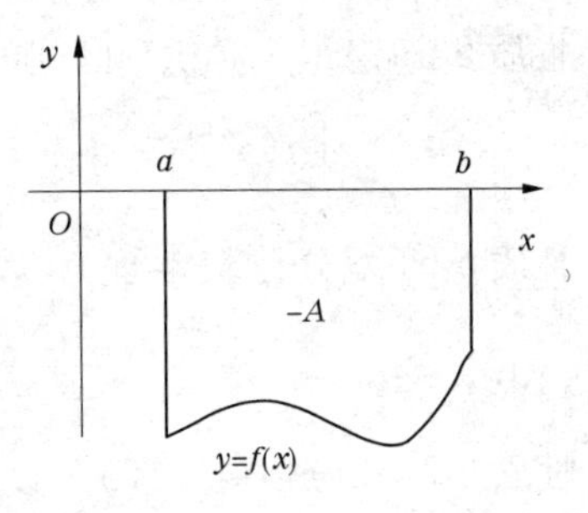

图5-7

如果 $f(x)$ 在 $[a,b]$ 上有正有负，则 $\int_a^b f(x)\mathrm{d}x$ 表示由曲线 $y = f(x)$，直线 $x = a$，$x = b$ 及 x 轴所围成的平面图形的面积位于 x 轴上方的面积减去位于 x 轴下方的面积(见图5-8)，即

$$\int_a^b f(x)\mathrm{d}x = A_1 - A_2 + A_3.$$

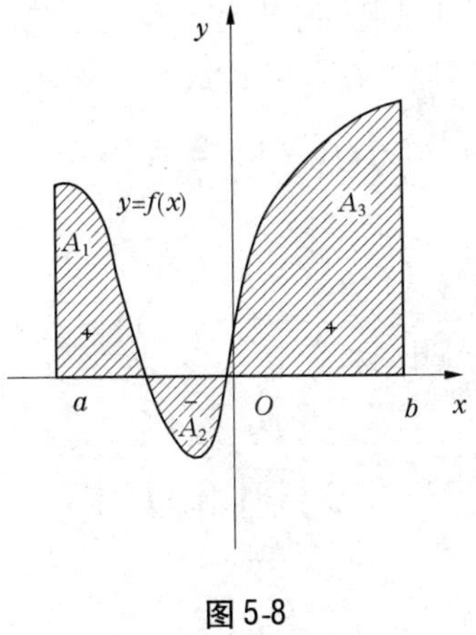

图5-8

5.1.4 定积分的性质

性质 5-1(绝对值可积性) 若$f(x)$在$[a,b]$上可积,则$|f(x)|$也在$[a,b]$上可积.

性质 5-2(常数性质) $\int_a^a f(x)\,dx = 0, \int_a^b dx = b - a$.

性质 5-3(反积分区间性质) $\int_a^b f(x)\,dx = -\int_b^a f(x)\,dx$.

性质 5-4(线性性质)

$\int_a^b [f(x) \pm g(x)]\,dx = \int_a^b f(x)\,dx \pm \int_a^b g(x)\,dx$.

$\int_a^b [k \cdot f(x)]\,dx = k\int_a^b f(x)\,dx$ (任意 $k \in R$).

这两个等式得到定积分的线性性质:

$$\int_a^b [\alpha f(x) + \beta g(x)]\,dx = \alpha\int_a^b f(x)\,dx + \beta\int_a^b g(x)\,dx (\alpha,\beta \in R).$$

性质 5-5(定积分对积分区间的可加性)

$\int_a^b f(x)\,dx = \int_a^c f(x)\,dx + \int_c^b f(x)\,dx$($a,b,c$ 为常数).

性质 5-6(积分比较定理) 如果在区间 $[a,b]$ 上有$f(x) \leqslant g(x)$,则$\int_a^b f(x)\,dx \leqslant \int_a^b g(x)\,dx$.

性质 5-7(积分估值定理) 设函数 $m \leqslant f(x) \leqslant M, x \in [a,b]$,则

$$m(b-a) \leqslant \int_a^b f(x)\,dx \leqslant M(b-a).$$

性质 5-8(积分中值定理) 设函数$f(x)$在$[a,b]$上连续,则在 a,b 之间至少存在一个ξ(中值),使得

$$\int_a^b f(x)\,dx = f(\xi)(b-a).$$

【例题 5-1】 估计定积分 $\int_{-1}^{1} e^{-x^2}\,dx$ 的值.

解:先求$f(x) = e^{-x^2}$ 在$[-1,1]$上的最大值和最小值. 因为$f'(x) = -2xe^{-x^2}$,令$f'(x) = 0$,得驻点 $x=0$,比较$f(x)$ 在驻点及区间端点处的函数值:

$$f(0) = e^0 = 1, f(-1) = f(1) = e^{-1} = \frac{1}{e},$$

得最大值 $M = 1$,最小值 $m = \frac{1}{e}$.

由估值定理得:$\frac{2}{e} \leqslant \int_{-1}^{1} e^{-x^2}\,dx \leqslant 2$.

习题 5.1

1. 用定积分的几何定义求值.

(1) $\int_0^1 x\mathrm{d}x$； (2) $\int_0^1 (ax + b)\mathrm{d}x$.

2. 试比较下列积分的大小.

(1) $\int_0^1 x^2 \mathrm{d}x$ 与 $\int_0^1 x^3 \mathrm{d}x$； (2) $\int_1^2 x^2 \mathrm{d}x$ 与 $\int_1^2 x^3 \mathrm{d}x$.

3. 估计下列定积分的值.

(1) $\int_1^3 (1 + x)\mathrm{d}x$； (2) $\int_0^{\frac{\pi}{2}} (1 + \sin x)\mathrm{d}x$.

5.2 微积分的基本公式

利用定积分的定义求定积分的值,是非常复杂和困难的,下面通过讨论定积分和原函数的关系,导出计算定积分的一个既简单又实用的计算公式——定积分的基本公式(牛顿-莱布尼兹公式).

5.2.1 变上限的定积分

定义 5-3 设函数 $f(x)$ 在 $[a,b]$ 上连续, $x \in [a,b]$. 我们把 $\int_a^x f(x)\mathrm{d}x$ 称为变上限的定积分或上限积分.

显然,上限 x 在 $[a,b]$ 上定义了一个函数,积分上限 x 与积分变量 x 不一样,这里把积分变量 x 换成 t ,即有 $\varphi(x) = \int_a^x f(t)\mathrm{d}t$,这个函数通常称为积分上限函数或上限积分.

5.2.2 积分上限函数求导

定理 5-1 如果函数 $f(x)$ 在区间 $[a,b]$ 上连续,则变上限积分 $\varphi(x) = \int_a^x f(t)\mathrm{d}t$ 在区间 $[a,b]$ 上可导,且导数为

$$\varphi'(x) = (\int_a^x f(t)\mathrm{d}t)' = f(x)(a \leqslant x \leqslant b).$$

这说明 $\varphi(x)$ 是连续函数 $f(x)$ 的一个原函数.

【例题 5-2】 已知 $\Phi(x) = \int_a^x \mathrm{e}^{t^2}\mathrm{d}x$, 求 $\Phi'(x)$.

解: $\Phi'(x) = (\int_0^x \mathrm{e}^{t^2}\mathrm{d}x)' = \mathrm{e}^{x^2}$.

【例题 5-3】 设 $y = \int_x^{x^2} \sqrt{1 + t^3}\,\mathrm{d}t$, 求 $\frac{\mathrm{d}y}{\mathrm{d}x}$.

解: 由定积分的可加性得

$$\frac{\mathrm{d}y}{\mathrm{d}x} = (\int_x^0 \sqrt{1 + t^3}\,\mathrm{d}t + \int_0^{x^2} \sqrt{1 + t^3}\,\mathrm{d}t)' = -\sqrt{1 + x^3} + 2x\sqrt{1 + x^6}.$$

【例题 5-4】 求 $\lim\limits_{x \to 0} \frac{\int_0^x \sin t\mathrm{d}t}{x^2}$.

解:利用洛必达法则,可得

$$\lim_{x\to 0}\frac{\int_0^x \sin t\mathrm{d}t}{x^2}=\lim_{x\to 0}\frac{\left(\int_0^x \sin t\mathrm{d}t\right)'}{2x}=\lim_{x\to 0}\frac{\sin x}{2x}=\frac{1}{2}$$

5.2.3 牛顿-莱布尼兹公式

由积分上限函数求导得 $\varphi(x)$ 是连续函数 $f(x)$ 的一个原函数,揭示了定积分和原函数之间的联系,故我们可以用原函数来计算定积分.

定理 5-2 如果函数 $F(x)$ 是连续函数 $f(x)$ 在区间 $[a,b]$ 上的一个原函数,则

$$\int_a^b f(x)\mathrm{d}x=[F(x)]_a^b=F(b)-F(a).$$

这个公式说明了一个连续函数在区间 $[a,b]$ 上的定积分等于它的任一个原函数在区间 $[a,b]$ 上的增量.也给出了一个简便的计算定积分的方法.

【例题 5-5】 求 $\int_0^1 x^2\mathrm{d}x$.

解:$\int_0^1 x^2\mathrm{d}x=\left[\frac{1}{3}x^3\right]_0^1=\frac{1}{3}-0=\frac{1}{3}$.

【例题 5-6】 求 $\int_{-1}^3 |2-x|\mathrm{d}x$.

解:$\int_{-1}^3 |2-x|\mathrm{d}x=\int_{-1}^2(2-x)\mathrm{d}x+\int_2^3(x-2)\mathrm{d}x=5$.

习题 5.2

1. 已知 $\Phi(x)=\int_a^x \mathrm{e}^{\cos t}\mathrm{d}x$,求 $\Phi'(x)$.

2. 求 $\lim_{x\to 0}\frac{\int_1^{\cos x}\mathrm{e}^{-t^2}\mathrm{d}t}{x^2}$.

3. 求 $\int_{-1}^3\frac{\mathrm{d}x}{1+x^2}$.

4. 求 $\int_1^3\left(x+\frac{1}{x}\right)\mathrm{d}x$.

5. 求 $\int_1^2\left(x+\frac{1}{x}\right)^2\mathrm{d}x$.

5.3 定积分的换元积分法

定积分的计算方法与不定积分的基本积分方法相对应,同样有换元积分法和分部积

分法.

5.3.1 定积分的换元积分法

【例题5-7】 求 $\int_0^4 \frac{dx}{1+\sqrt{x}}$.

解法一: $\int \frac{dx}{1+\sqrt{x}} \xlongequal{令\sqrt{x}=t} \int \frac{2tdt}{1+t} = 2\int(1-\frac{1}{1+t})dt = 2(t-\ln|1+t|)+C$

$\xlongequal{回代} 2[\sqrt{x}-\ln|1+\sqrt{x}|]+C$.

于是有 $$\int_0^4 \frac{dx}{1+\sqrt{x}} = 2[\sqrt{x}-\ln(1+\sqrt{x})]\Big|_0^4 = 4-2\ln3.$$

上述方法,要求求得的不定积分、变量必须还原,但是,在计算定积分时,这一步实际上可以省去,这只要将原来变量 x 的上、下限按照所用的代换式 $x=\varphi(t)$ 换成新变量 t 的相应上、下限即可.

解法二: 设 $\sqrt{x}=t$,即 $x=t^2(t>0)$. 当 $x=0$ 时,$t=0$;当 $x=4$ 时,$t=2$.

于是有 $\int_0^4 \frac{dx}{1+\sqrt{x}} = \int_0^2 \frac{2tdt}{1+t} = 2\int_0^2(1-\frac{1}{1+t})dt = 2(t-\ln|1+t|)\Big|_0^2 = 2(2-\ln3)$.

解法二要比解法一来得简单一些,因为它省掉了变量回代的一步,而这一步在计算中往往也不是十分简单的. 以后在定积分使用换元法时,就按照这种换元同时变换上、下限的方法来做.

一般地,定积分换元法可叙述如下:

设 $f(x)$ 在 $[a,b]$ 上连续,而 $x=\varphi(x)$ 满足下列条件:

(1) $x=\varphi(t)$ 在 $[\alpha,\beta]$ 上有连续导数.

(2) $\varphi(\alpha)=a, \varphi(\beta)=b$,且当 t 在 $[\alpha,\beta]$ 上变化时,$x=\varphi(t)$ 的值在 $[a,b]$ 上变化,则有换元公式:

$$\int_a^b f(x)dx = \int_\alpha^\beta f[\varphi(t)]\varphi'(t)dt.$$

上述条件是为了保证两端的被积函数在相应区间上连续,从而可积. 应用中,我们强调指出:换元必须换限. (原)上限对(新)上限,(原)下限对(新)下限.

【例题5-8】 求 $\int_0^{\frac{\pi}{2}} \cos^5 x\sin x dx$.

解: $\int_0^{\frac{\pi}{2}} \cos^5 x\sin x dx = -\int_0^{\frac{\pi}{2}} \cos^5 x d\cos x$,

令 $\cos x = t$,有

$$\int_0^{\frac{\pi}{2}} \cos^5 x\sin x dx = -\int_0^{\frac{\pi}{2}} \cos^5 x d\cos x = \int_0^1 t^5 dt = \frac{1}{6}.$$

【例题5-9】 求 $\int_0^4 \frac{x+2}{\sqrt{2x+1}}dx$.

解: 设 $\sqrt{2x+1}=t$,即

$$x = \frac{t^2-1}{2} \Rightarrow \mathrm{d}x = t\mathrm{d}t.$$

当 $x=0$ 时，$t=1$；$x=4$ 时，$t=3$. 所以

$$\int_0^4 \frac{x+2}{\sqrt{2x+1}}\mathrm{d}x = \int_1^3 \frac{\frac{t^2-1}{2}+2}{t} t\mathrm{d}t = \frac{1}{2}\int_1^3 (t^2+3)\mathrm{d}t = \frac{1}{2}\left[\frac{t^3}{3}+3t\right]_1^3 = \frac{22}{3}.$$

【例题 5-10】 $\int_0^a \sqrt{a^2-x^2}\mathrm{d}x (a>0)$.

解：设 $x = a\sin t$，则 $\mathrm{d}x = a\cos t\mathrm{d}t$，且 $x=0, t=0$；$x=a, t=\frac{\pi}{2}$. 所以

$$\int_0^a \sqrt{a^2-x^2}\mathrm{d}x = a^2\int_0^{\frac{\pi}{2}} \cos^2 t\mathrm{d}t = \frac{a^2}{2}\left[t+\frac{1}{2}\sin 2t\right]_0^{\frac{\pi}{2}} = \frac{\pi a^2}{4}.$$

【例题 5-11】 求 $\int_0^{\ln 2} \sqrt{\mathrm{e}^x-1}\mathrm{d}x$.

解：设 $\sqrt{\mathrm{e}^x-1} = t$，即 $x = \ln(t^2+1)$，$\mathrm{d}x = \frac{2t}{t^2+1}\mathrm{d}t$.

换积分限：当 $x=0$ 时，$t=0$；当 $x=\ln 2$ 时，$t=1$.

于是 $\int_0^{\ln 2} \sqrt{\mathrm{e}^x-1}\mathrm{d}x = \int_0^1 t\cdot\frac{2t}{t^2+1}\mathrm{d}t = 2\int_0^1 \left(1-\frac{1}{t^2+1}\right)\mathrm{d}t$

$$= 2[(t-\arctan t)]_0^1 = 2-\frac{\pi}{2}.$$

【例题 5-12】 设 $f(x)$ 在对称区间 $[-a,a]$ 上连续，

试证明 $\int_{-a}^a f(x)\mathrm{d}x = \begin{cases} 2\int_0^a f(x)\mathrm{d}x, & \text{当} f(x) \text{为偶函数时}, \\ 0, & \text{当} f(x) \text{为奇函数时}. \end{cases}$

证明：因为 $\int_{-a}^a f(x)\mathrm{d}x = \int_{-a}^0 f(x)\mathrm{d}x + \int_0^a f(x)\mathrm{d}x$，

对积分 $\int_{-a}^0 f(x)\mathrm{d}x$ 作变量代换 $x=-t$，由定积分换元法，得

$$\int_{-a}^0 f(x)\mathrm{d}x = -\int_a^0 f(-t)\mathrm{d}t = \int_0^a f(-t)\mathrm{d}t = \int_0^a f(-x)\mathrm{d}x.$$

于是有

$$\int_{-a}^a f(x)\mathrm{d}x = \int_0^a f(-x)\mathrm{d}x + \int_0^a f(x)\mathrm{d}x = \int_0^a [f(-x)+f(x)]\mathrm{d}x.$$

(1)若 $f(x)$ 为偶函数，即 $f(-x)=f(x)$，由上式得

$$\int_{-a}^a f(x)\mathrm{d}x = 2\int_0^a f(x)\mathrm{d}x.$$

(2)若 $f(x)$ 为奇函数，即 $f(-x)=-f(x)$，有 $f(-x)+f(x)=0$，则

$$\int_{-a}^a f(x)\mathrm{d}x = 0.$$

5.3.2 定积分的分部积分法

和定积分的换元积分一样，分部积分也是求定积分的一种方法，在过程中应用不定积

分的分部积分法求出原函数再代入上限和下限求差.

设函数 $u(x),v(x)$ 在区间 $[a,b]$ 上有连续导数 $u'(x),v'(x)$，则有

$$\int_a^b u\mathrm{d}v = [uv]_a^b - \int_a^b v\mathrm{d}u.$$

【例题 5-13】 计算 $\int_0^1 \mathrm{e}^{\sqrt{x}}\mathrm{d}x$.

解: 设 $\sqrt{x} = t$，则 $x = t^2$，即 $\mathrm{d}x = 2t\mathrm{d}t$. 当 $x = 0$ 时，$t = 0$；当 $x = 1$ 时，$t = 1$，故有

$$\int_0^1 \mathrm{e}^{\sqrt{x}}\mathrm{d}x = 2\int_0^1 t\mathrm{e}^t\mathrm{d}t = 2\int_0^1 t\mathrm{d}\mathrm{e}^t = [2t\mathrm{e}^t]_0^1 - 2\int_0^1 \mathrm{e}^t\mathrm{d}t = 2\mathrm{e} - (2\mathrm{e} - 2) = 2.$$

【例题 5-14】 求 $\int_0^{\frac{\pi}{2}} x^2\cos x\mathrm{d}x$.

解:
$$\begin{aligned}\int_0^{\frac{\pi}{2}} x^2\cos x\mathrm{d}x &= \int_0^{\frac{\pi}{2}} x^2\mathrm{d}(\sin x) = x^2\sin x\Big|_0^{\frac{\pi}{2}} - \int_0^{\frac{\pi}{2}} 2x\sin x\mathrm{d}x \\ &= \frac{\pi^2}{4} + 2\int_0^{\frac{\pi}{2}} x\mathrm{d}(\cos x) = \frac{\pi^2}{4} + [2x\cos x]\Big|_0^{\frac{\pi}{2}} - \int_0^{\frac{\pi}{2}} 2x\sin x\mathrm{d}x \\ &= \frac{\pi^2}{4} - 2\sin x\Big|_0^{\frac{\pi}{2}} = \frac{\pi^2}{4} - 2 .\end{aligned}$$

习题 5.3

1. 求 $\int_0^{\frac{\pi}{3}} \frac{1 + \sin^2 x}{\cos^2 x}\mathrm{d}x$.

2. 求 $\int_0^8 \frac{1}{1 + \sqrt[3]{x}}\mathrm{d}x$.

3. 求 $\int_{-1}^1 \frac{\arcsin x}{\sqrt{1 + x^2}}\mathrm{d}x$.

4. 证明 $\int_0^{\frac{\pi}{2}} f(\sin x)\mathrm{d}x = \int_0^{\frac{\pi}{2}} f(\cos x)\mathrm{d}x$.

5. 求 $\int_0^1 x^2\cos x\mathrm{d}x$.

6. 求 $\int_1^2 \ln x\mathrm{d}x$.

7. 求 $\int_{\frac{1}{\mathrm{e}}}^{\mathrm{e}} |\ln x| \mathrm{d}x$.

8. 求 $\int_0^{\frac{1}{2}} \arcsin x\mathrm{d}x$.

5.4　广义积分

前面所讨论的定积分,都是以有限积分区间和有界函数(特别是连续函数)为前提的. 但有时在讨论实际问题时,我们不得不考察无限区间上的积分或无界函数的积分. 我们把这两类积分称为广义积分,而前面所讨论的定积分称作常义积分.

5.4.1　无穷区间上的广义积分

定义 5-4　设 $f(x)$ 在 $[a,+\infty)$ 上连续,取 $b>a$,把 $\lim\limits_{b\to+\infty}\int_a^b f(x)\mathrm{d}x$ 称为 $f(x)$ 在 $[a,+\infty)$ 上的广义积分,记为 $\int_a^{+\infty} f(x)\mathrm{d}x=\lim\limits_{b\to+\infty}\int_a^b f(x)\mathrm{d}x$;若极限存在,则称广义积分 $\int_a^{+\infty} f(x)\mathrm{d}x$ 存在或收敛;若极限不存在,则称 $\int_a^{+\infty} f(x)\mathrm{d}x$ 不存在或发散.

类似可定义:

$$\int_{-\infty}^{b} f(x)\mathrm{d}x=\lim_{a\to-\infty}\int_a^b f(x)\mathrm{d}x,$$

$$\int_{-\infty}^{+\infty} f(x)\mathrm{d}x=\int_{-\infty}^{c} f(x)\mathrm{d}x+\int_c^{+\infty} f(x)\mathrm{d}x,$$

其中, c 为任意实数(譬如取 $c=0$),当右端两个广义积分都收敛时,广义积分 $\int_{-\infty}^{+\infty} f(x)\mathrm{d}x$ 才是收敛的,否则是发散的.

【例题 5-15】　求 $\int_0^{+\infty}\mathrm{e}^{-x}\mathrm{d}x$.

解:
$$\int_0^{+\infty}\mathrm{e}^{-x}\mathrm{d}x=\lim_{b\to+\infty}\int_0^b\mathrm{e}^{-x}\mathrm{d}x=\lim_{b\to+\infty}(-\mathrm{e}^{-x}\big|_0^b)$$
$$=\lim_{b\to+\infty}(-\mathrm{e}^{-b}+1)=1.$$

为了书写简便,实际运算过程中常常省去极限记号,而形式地把 ∞ 当成一个"数",直接利用牛顿 - 莱布尼兹公式的格式进行计算.

$$\int_a^{+\infty} f(x)\mathrm{d}x=F(x)\big|_a^{+\infty}=F(+\infty)-F(a),$$

$$\int_{-\infty}^{+\infty} f(x)\mathrm{d}x=F(x)\big|_{-\infty}^{+\infty}=F(+\infty)-F(-\infty),$$

其中, $F(x)$ 为 $f(x)$ 的原函数,记号 $F(\pm\infty)$ 应理解为极限运算:

$$F(\pm\infty)=\lim_{x\to\pm\infty}F(x).$$

【例题 5-16】　求 $\int_{-\infty}^{+\infty}\dfrac{\mathrm{d}x}{1+x^2}$.

解:
$$\int_{-\infty}^{+\infty}\frac{\mathrm{d}x}{1+x^2}=\arctan x\big|_{-\infty}^{+\infty}=\frac{\pi}{2}-(-\frac{\pi}{2})=\pi.$$

5.4.2　被积函数有无穷间断点的广义积分

定义 5-5　设 $f(x)$ 在 $(a,b]$ 上连续,且 $\lim\limits_{x\to a^+}f(x)=\infty$,取 $\varepsilon>0$,称极限

$\lim\limits_{\varepsilon\to0^+}\int_{a+\varepsilon}^{b}f(x)\mathrm{d}x$ 为 $f(x)$ 在 $(a,b]$ 上的广义积分,记为

$$\int_a^b f(x)\mathrm{d}x=\lim_{\varepsilon\to0^+}\int_{a+\varepsilon}^{b}f(x)\mathrm{d}x.$$

若该极限存在,则称广义积分 $\int_a^b f(x)\mathrm{d}x$ 收敛;若该极限不存在,则称 $\int_a^b f(x)\mathrm{d}x$ 发散.

类似地,当 $x=b$ 为 $f(x)$ 的无穷间断点时,即 $\lim\limits_{x\to b}f(x)=\infty$, $f(x)$ 在 $[a,b)$ 上的广义积分定义为:取 $\varepsilon>0$, $\int_a^b f(x)\mathrm{d}x=\lim\limits_{\varepsilon\to0^+}\int_a^{b-\varepsilon}f(x)\mathrm{d}x$.

当无穷间断点 $x=c$ 位于区间 $[a,b]$ 内部时,定义广义积分 $\int_a^b f(x)\mathrm{d}x$ 为

$$\int_a^b f(x)\mathrm{d}x=\int_a^c f(x)\mathrm{d}x+\int_c^b f(x)\mathrm{d}x.$$

注意:(1)上式右端两个积分均为广义积分,仅当这两个广义积分都收敛时,才称 $\int_a^b f(x)\mathrm{d}x$ 是收敛的,否则,称 $\int_a^b f(x)\mathrm{d}x$ 是发散的.

(2)上述无界函数的广义积分也称为瑕积分.

【例题5-17】 求积分:(1) $\int_0^a\frac{\mathrm{d}x}{\sqrt{a^2-x^2}}\quad(a>0)$; (2) $\int_0^1\ln x\mathrm{d}x$.

解:(1) $x=a$ 为被积函数的无穷间断点(又叫瑕点),于是有

$$\int_0^a\frac{\mathrm{d}x}{\sqrt{a^2-x^2}}=\lim_{\varepsilon\to0^+}\int_0^{a-\varepsilon}\frac{\mathrm{d}x}{\sqrt{a^2-x^2}}=\lim_{\varepsilon\to0^+}\left(\arcsin\frac{x}{a}\Big|_0^{a-\varepsilon}\right)$$
$$=\lim_{\varepsilon\to0^+}\arcsin\frac{a-\varepsilon}{a}=\frac{\pi}{2}.$$

(2) $\int_0^1\ln x\mathrm{d}x$ 的下限 $x=0$ 是被积函数的瑕点,于是有

$$\int_0^1\ln x\mathrm{d}x=\lim_{\varepsilon\to0^+}\int_\varepsilon^1\ln x\mathrm{d}x=\lim_{\varepsilon\to0^+}\left(x\ln x\Big|_\varepsilon^1-\int_\varepsilon^1\mathrm{d}x\right)$$
$$=\lim_{\varepsilon\to0^+}(-\varepsilon\ln\varepsilon-1+\varepsilon)=-1.$$

习题5.4

1. 讨论 $\int_2^{+\infty}\frac{\mathrm{d}x}{x\ln x}$ 的收敛性.

2. 求 $\int_0^{+\infty}t\mathrm{e}^{-t}\mathrm{d}t$.

3. 讨论 $\int_0^2\frac{\mathrm{d}x}{(x-1)^2}$ 的收敛性.

4. 讨论 $\int_0^1\frac{\mathrm{d}x}{x^q}$ 的收敛性.

5.5　用 Matlab 求定积分

求定积分及广义积分:

命令形式:int(f,a,b)

功能:求函数 f 对默认变量的定积分,用于函数中只有一个变量的情况.

【例题 5-18】 计算 $\int_0^1 e^x dx$.

解:Matlab 命令为

```
>> syms x
>> int(exp(x),0,1)
ans =
exp(1) - 1
```

【例题 5-19】 计算 $\int_0^2 |x - 1| dx$.

解:Matlab 命令为

```
>> syms x
>> int(abs(x - 1),0,2)
ans =
1
```

【例题 5-20】 判别广义积分 $\int_1^{+\infty} \frac{1}{x^p}dx, \int_{-\infty}^{+\infty} \frac{1}{\sqrt{2\pi}} e^{-\frac{x^2}{2}}dx$ 与 $\int_0^2 \frac{1}{(1 - x)^2}dx$.

解:对第一个积分,Matlab 命令为

```
>> syms p real;
>> int(1/x^p,x,1,inf)
ans =
limit( - (x^( - p + 1) - 1)/(p - 1),x = Inf)
```

由结果看出,当 $p < 1$ 时,$x^{(-p+1)}$ 为无穷大;当 $p > 1$ 时,ans = $1/(p - 1)$.

对第二个积分,Matlab 命令为

```
>> int(1/(2 * pi)^(1/2) * exp( - x^2/2), - inf,inf)
ans =
7186705221432913/18014398509481984 * 2^(1/2) * pi^(1/2)
```

由结果看出,这个积分收敛.

对第三个积分,Matlab 命令为

```
>> int(1/(1 - x)^2,0,2)
ans =
Inf
```

由结果看出,这个积分不收敛.

习题 5.5

1. 计算 $\int_0^2 |1-x| \sqrt{(x-4)^2}\mathrm{d}x$.

2. 计算 $\int_1^{+\infty} \frac{1}{x^4}\mathrm{d}x$.

未来应用

八字墙工程量计算

以湖南潭邵(湘潭—邵阳)高速公路盖板通道进口八字墙墙身为例.此盖板通道与线路斜交成45°,洞口八字墙采用 M7.5 浆砌片石砌筑,按 m^3 计量.为了便于微积分计算,将墙身体在分割面处分为 A,B 两部分,如图 5-9、图 5-10 所示.

图 5-9

1 计算 A 部分工程量

X 轴位置如图 5-10 所示,过 X 轴上一点 x 且垂直于 X 轴的截面为一梯形,其面积为

$$S_A = \left(1.02 - \frac{x}{2.58} + 2.72 - \frac{x}{2.58}\right) \times 8.43 \times \frac{\sin 50^\circ}{2}.$$

A 部分在坐标系中的高度变化范围为 0 ~ 0.4 m,A 部分工程量为

$$V_A = \int_0^{0.4}\left[\left(1.02 - \frac{x}{2.58} + 2.72 - \frac{x}{2.58}\right) \times 8.43 \times \frac{\sin 50^\circ}{2}\right]\mathrm{d}x$$

$$= \int_0^{0.4}(12.076 - 2.503x)\mathrm{d}x = 4.63(\mathrm{m}^3).$$

2 计算 B 部分工程量

为了便于计算,现将坐标原点移至 O_1 处,过 X 轴上一 x 点且垂直于 X 轴的截面同样为一梯形,其面积为

$$S_B = \left(0.86 + 0.86 + \frac{4.39 - x}{2.58}\right) \times 8.43 \times \sin 50^\circ \times \frac{4.39 - x}{4.39 \times 2}.$$

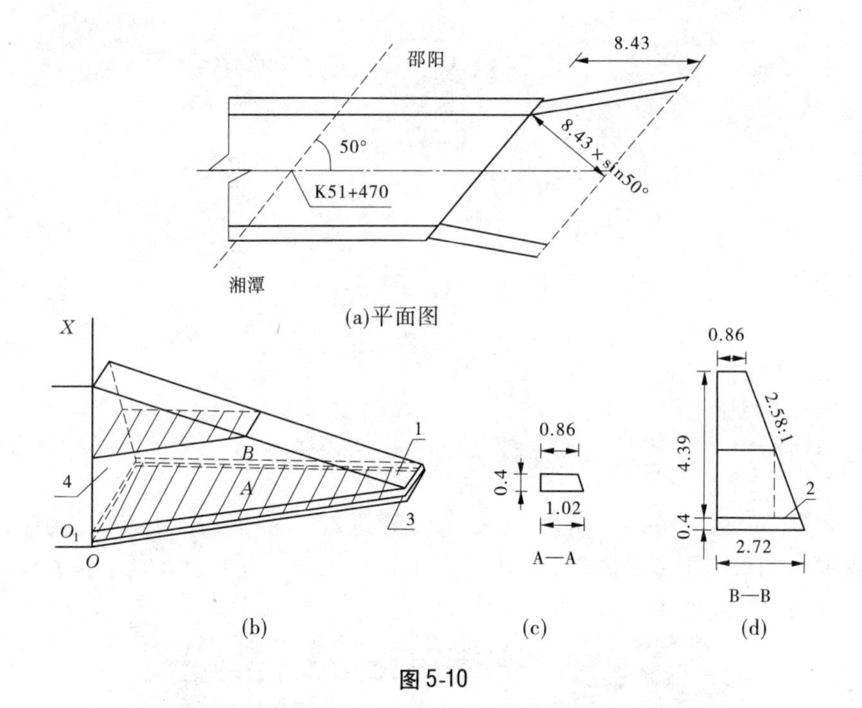

图 5-10

B 部分在坐标系中的高度变化范围为 0 ~ 4.39 m，B 部分工程量为

$$V_B = \int_0^{4.39} \left[\left(0.86 + 0.86 + \frac{4.39 - x}{2.58}\right) \times 8.43 \times \sin 50^\circ \times \frac{4.39 - x}{4.39 \times 2}\right] \mathrm{d}x$$

$$= \int_0^{4.39} (0.284x^2 - 3.768x + 11.053)\,\mathrm{d}x = 20.223(\mathrm{m}^3).$$

课外阅读

牛顿与莱布尼兹

1 牛顿

牛顿(Isaac Newton，1642—1727)：1642 年生于英格兰伍尔索普村的一个农民家庭.在牛顿出生之时，英格兰并没有采用教皇的最新历法，因此他的生日被记载为 1642 年的圣诞节. 由于早产，新生的牛顿十分瘦小；据传闻，他的母亲汉娜 · 艾斯库(Hannah Ayscough)曾说过，牛顿刚出生时小得可以把他装进一夸脱的马克杯中. 当牛顿 3 岁时，他的母亲改嫁并住进了新丈夫巴纳巴斯 · 史密斯(Barnabus Smith)牧师的家，而把牛顿托付给了他的外祖母玛杰里 · 艾斯库(Margery Ayscough). 1648 年，牛顿被送去读书. 少年时的牛顿并不是神童，他成绩一般，但他喜欢读书，喜欢看一些介绍各种简单机械模型制作方法的读物，并从中受到启发，自己动手制作些奇奇怪怪的小玩意，如风车、木钟、折叠式提灯等. 1661 年，牛顿进入剑桥大学三一学院，受教于巴罗. 对牛顿的数学思想影响最深的要数笛卡儿的《几何学》和沃利斯的《无穷算术》. 正是这两部著作引导牛顿走上了创立微

积分之路.他与戈特弗里德·威廉·莱布尼兹分享了发展出微积分学的荣誉.

2 **莱布尼兹**

戈特弗里德·威廉·莱布尼兹(Gottfried Wilhelm Leibniz,1646—1716),德国哲学家、数学家,历史上少见的通才,涉及的领域有法学、力学、光学、语言学等40多个范畴,被誉为17世纪的亚里士多德.和牛顿先后独立发明了微积分.莱布尼兹的父亲是莱比锡大学的伦理学教授,在莱布尼兹6岁时去世,留下了一个私人的图书馆.莱布尼兹于12岁时自学拉丁文,并着手学习希腊文.14岁时进入莱比锡大学念书,20岁时完成学业,专攻法律和一般大学课程.1666年,他出版了第一部有关哲学方面的书籍,书名为《论组合术》(*Dearte Combinatoria*).

莱布尼兹与牛顿谁先发明微积分的争论是数学界至今最大的公案.莱布尼兹于1684年发表第一篇微分论文,定义了微分概念,采用了微分符号 dx,dy.1686年他又发表了积分论文,讨论了微分与积分,使用了积分符号$\int$.依据莱布尼兹的笔记,1675年11月11日他便已完成一套完整的微分学.

然而,英国学者在1695年宣称:微积分的发明权属于牛顿;1699年又说:牛顿是微积分的"第一发明人".1712年,英国皇家学会成立了一个委员会调查此案,1713年初发布公告:确认牛顿是微积分的第一发明人.莱布尼兹直至去世后的几年都受到了冷遇.

不过莱布尼兹对牛顿的评价非常高,在1701年柏林宫廷的一次宴会上,普鲁士国王腓特烈询问莱布尼兹对牛顿的看法,莱布尼兹说道:在从世界开始到牛顿生活的时代的全部数学中,牛顿的工作超过了一半.

莱布尼兹认识到好的数学符号能节省思维劳动,运用符号的技巧是数学成功的关键之一.因此,他所创设的微积分符号远远优于牛顿的符号,这对微积分的发展有极大影响.1714~1716年间,莱布尼兹在去世前,起草了"微积分的历史和起源"一文(本文直到1846年才被发表),总结了自己创立微积分学的思路,说明了莱布尼兹自己成就的独立性.

学习项目6　定积分的应用

6.1　平面图形的面积

在区间 $[a,b]$ 上,由两条连续曲线 $y=f_1(x)$ 与 $y=f_2(x)$,且任意 $x\in[a,b]$,以及两直线 $x=a$ 与 $x=b$ 所围成平面图形(见图 6-1)的面积为 $A=\int_a^b[f_2(x)-f_1(x)]\mathrm{d}x$.

同样,在 $[c,d]$ 上,由两条连续曲线 $x=\varphi(y)$ 与 $x=\psi(y)$,且对于任意 $y\in[c,d]$, $\varphi(y)\geqslant\psi(y)$,以及两直线 $y=c$ 与 $y=d$ 所围的平面图形(见图 6-2)面积为 $A=\int_c^d[\varphi(y)-\psi(y)]\mathrm{d}y$.

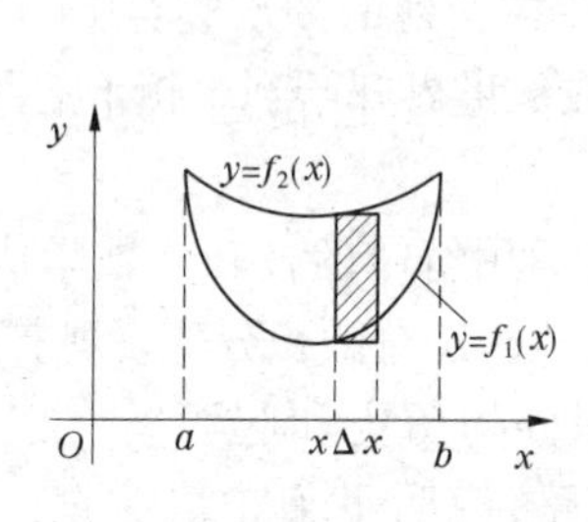

图 6-1

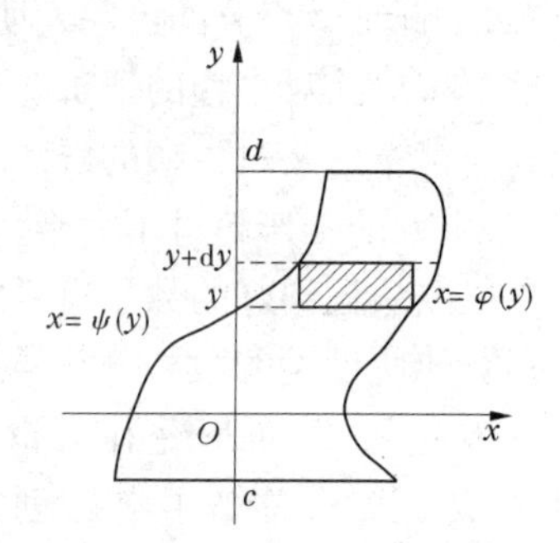

图 6-2

【例题 6-1】　计算由曲线 $y=x^2$ 及直线 $y=x$ 所围平面图形面积.

解:(1)作出图形(见图 6-3),解方程组 $\begin{cases}y=x^2\\y=x\end{cases}$ 得两曲线交点 $O(0,0)$,$P(1,1)$.

(2)取 x 为积分变量,变化区间为 $[0,1]$, 得 $A=\int_0^1(x-x^2)\mathrm{d}x=\dfrac{1}{6}$.

【例题 6-2】　计算由抛物线 $y^2=2x$ 及直线 $x-y-4=0$ 所围成的平面图形面积.

解:由 $\begin{cases}y^2=2x\\x-y-4=0\end{cases}$ 得抛物线与直线交点 $A(2,-2)$,$B(8,4)$,取 y 为积分变量,变化区间为 $[-2,4]$,得

$$A=\int_{-2}^4\left[(y+4)-\frac{1}{2}y^2\right]\mathrm{d}y=18.$$

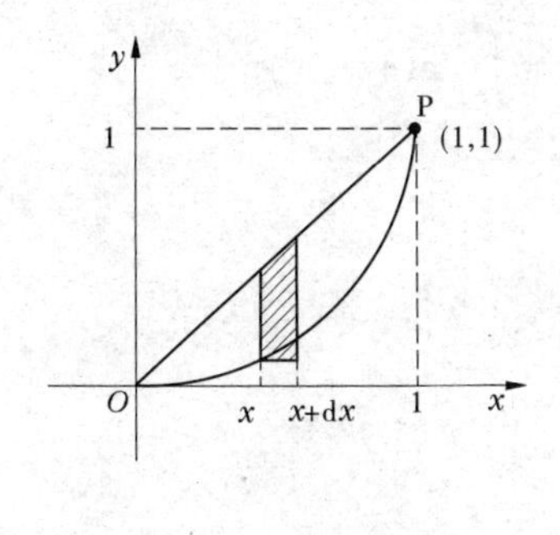

图 6-3

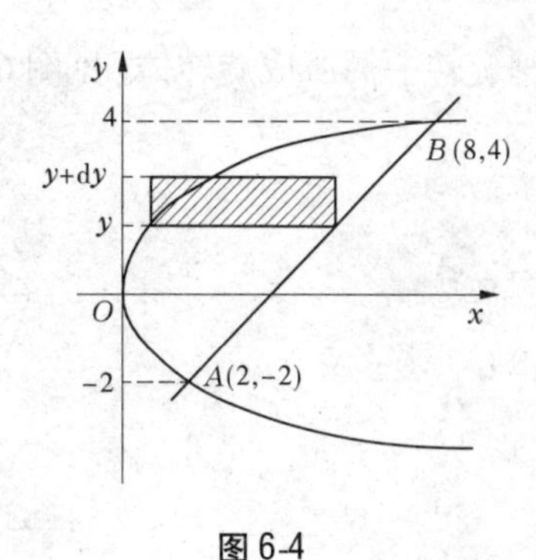

图 6-4

习题 6.1

1. 求两条抛物线 $y^2 = x$ 与 $y = x^2$ 所围成图形的面积.
2. 求两条抛物线 $y = x^3$ 与 $y = 2x$ 所围成图形的面积.
3. 求 $y=\dfrac{1}{x}$, $y=x$ 与 $y=2$ 所围成图形的面积.

6.2　旋转体的体积

一个平面图形绕平面内的一条定直线旋转一周所成的立体叫作旋转体,这条定直线叫作旋转轴. 圆柱、圆锥、圆台、球体、球都是旋转体.

计算由区间 $[a,b]$ 上的连续曲线 $y=f(x)$,两直线 $x=a$ 与 $x=b$ 及 x 轴所围成的曲边梯形绕 x 轴旋转一周所成的旋转体的体积,如图 6-5 所示.

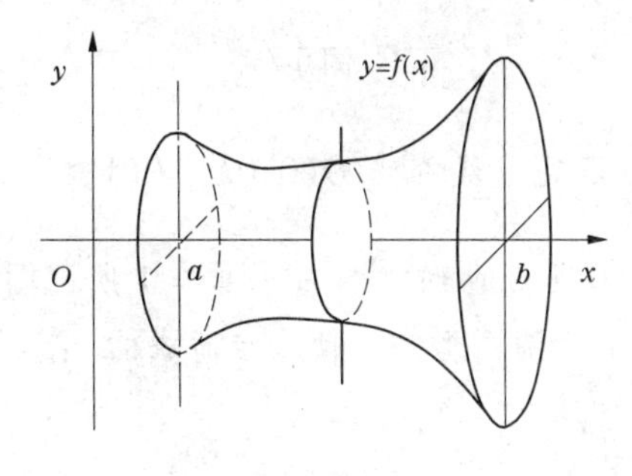

图 6-5

(1)由微元法,取积分变量 x ,变化区间 $[a,b]$.

(2)在 $[a,b]$ 的任意一个小区间 $[x,x+\mathrm{d}x]$ 上,相应的旋转体体积 ΔV 近似用扁圆柱体积代替,得体积微元 $\mathrm{d}V = \pi[f(x)]^2\mathrm{d}x$.

(3)所求旋转体体积 $V = \pi\int_a^b[f(x)]^2\mathrm{d}x$.

同理, $[c,d]$ 上的连续曲线 $x=\varphi(y)$,两直线 $y=c$ 与 $y=d$ 及 y 轴所围的曲边梯形

绕 y 轴旋转一周所成旋转体(见图 6-6)的体积 $V = \pi\int_c^d[\varphi(y)]^2\mathrm{d}y$.

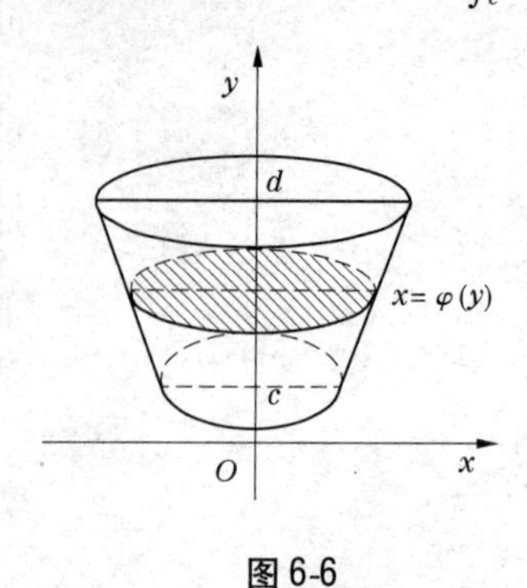

图 6-6

【例题 6-3】 求由两曲线 $y = x^2$ 及 $y^2 = x$ 所围成的平面图形绕 x 轴旋转而成的旋转体的体积.

解:(1) 作出图形,如图 6-7 所示.

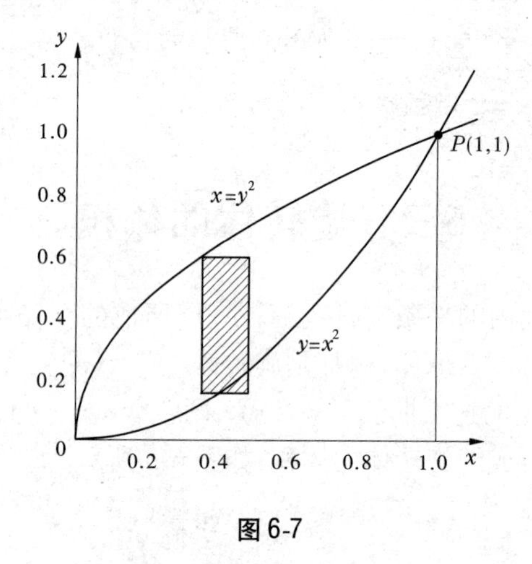

图 6-7

(2) 解方程组 $\begin{cases} y^2 = x \\ y = x^2 \end{cases}$ 得两曲线交点 $O(0,0)$,$P(1,1)$,所求旋转体体积可以看作两个旋转体体积之差,旋转体 1 为曲线 $y^2 = x$ 与 $x = 1$ 所围图形绕 x 轴旋转而成的,旋转体 2 为曲线 $y = x^2$ 与 $x = 1$ 所围图形绕 x 轴旋转而成的. 取 x 为积分变量,变化区间均为 $[0,1]$,两曲边方程为 $y = \sqrt{x}$ 与 $y = x^2$,得

$$V_1 = \pi\int_0^1(\sqrt{x})^2\mathrm{d}x, \quad V_2 = \pi\int_0^1(x^2)^2\mathrm{d}x.$$

(3) $V = V_1 - V_2 = \pi\int_0^1(\sqrt{x})^2\mathrm{d}x - \pi\int_0^1(x^2)^2\mathrm{d}x = \dfrac{3\pi}{10}$.

【例题 6-4】 求由星形线 $x^{\frac{2}{3}} + y^{\frac{2}{3}} = a^{\frac{2}{3}} (a > 0)$ 绕 x 轴旋转所成旋转体的体积,如图 6-8所示.

解:由方程 $x^{\frac{2}{3}} + y^{\frac{2}{3}} = a^{\frac{2}{3}}$ 解出 $y^2 = (a^{\frac{2}{3}} - x^{\frac{2}{3}})^3$,于是所求体积为

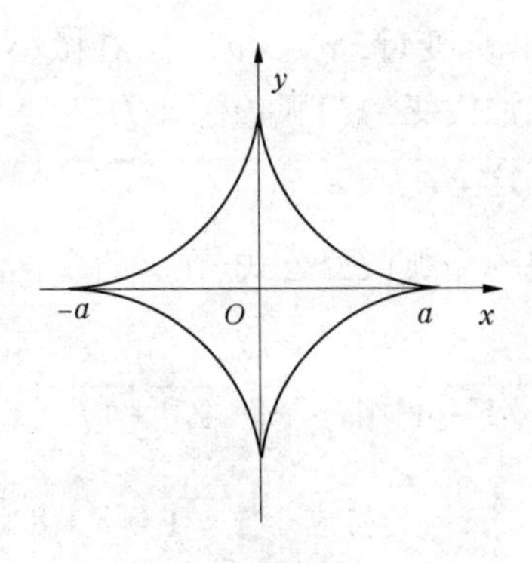

图6-8

$$V = \pi\int_{-a}^{a} y^2 \mathrm{d}x = 2\pi\int_{0}^{a} (a^{\frac{2}{3}} - x^{\frac{2}{3}})^3 \mathrm{d}x$$
$$= 2\pi\int_{0}^{a} (a^2 - 3a^{\frac{4}{3}}x^{\frac{2}{3}} + 3a^{\frac{2}{3}}x^{\frac{4}{3}} - x^2)\mathrm{d}x = \frac{32}{105}\pi a^3.$$

习题6.2

1. 求由两曲线 $y = x^2$ 及 $y = x$ 所围成的平面图形分别绕 x 轴、y 轴旋转而成的旋转体的体积.

2. 求由两曲线 $y = \mathrm{e}^x, y = \mathrm{e}^{-x}$ 及 $x = 1$ 所围成的平面图形分别绕 x 轴、y 轴旋转而成的旋转体的体积.

3. 在水利工程中,修建一个跨河渡槽的槽墩时要先下围堰,并且用水泵抽尽其中的水以便于施工。已知某圆柱形围堰的直径为 20 m,水深 27 m,围堰高出水面 3 m;根据施工进度计划,必须要求在 2 d 内用一台离心泵抽尽围堰内的水. 试用微元法求这台离心泵所作的功,应该配备至少多大功率的离心泵?

4. 设半径为 R 的圆形水闸门垂直于水面置于水中,水面与闸顶齐平,求闸门所受水的总压力. 如果水位下落 R,闸门所受水压力又是多少?

5. 垂直闸门的形状为等腰梯形,上底是 2 m,下底是 1 m,高为 3 m,露出水面 1 m,求水对闸门的压力.

6. 一半圆形排水沟的半径为 r,流满了水,求在这种水位下水对该排水沟的一端上的闸门的侧压力.

6.3　平面曲线的弧长

在平面几何中,直线的长度容易计算,而曲线(圆弧除外)长度的计算就比较困难,本部分将讨论这一问题.

设有曲线 $y = f(x)$ (假定其导数 $f'(x)$ 连续),我们来计算从 $x = a$ 到 $x = b$ 的一段弧长的长度 s.

我们仍用微元法，取 x 为积分变量，$x \in [a,b]$，在微小区间 $[x,x+\mathrm{d}x]$ 内，用切线段 MT 来近似代替小弧段 MN（“常代变”）得弧长微元为

$$\mathrm{d}s = MT = \sqrt{MQ^2 + QT^2} = \sqrt{(\mathrm{d}x)^2 + (\mathrm{d}y)^2} = \sqrt{1 + y'^2}\,\mathrm{d}x.$$

这里 $\mathrm{d}s = \sqrt{1 + y'^2}\,\mathrm{d}x$ 也称为弧微分公式. 在 x 的变化区间 $[a,b]$ 内积分，就得所求弧长为

$$s = \int_a^b \sqrt{1 + y'^2}\,\mathrm{d}x = \int_a^b \sqrt{1 + [f'(x)]^2}\,\mathrm{d}x.$$

【例题 6-5】 求曲线 $y = \frac{2}{3}x^{\frac{3}{2}}$ 上相应于 $x=0$ 到 $x=8$ 的一段弧的长度.

解：$y = \frac{2}{3}x^{\frac{3}{2}}$，$y' = \sqrt{x}$，则

$$s = \int_0^8 \sqrt{1 + y'^2}\,\mathrm{d}x = \int_a^b \sqrt{1 + (\sqrt{x})^2}\,\mathrm{d}x = \int_a^b \sqrt{1 + x}\,\mathrm{d}x = \left[\frac{2}{3}(1 + x)^{\frac{3}{2}}\right]_0^8 = \frac{52}{3}.$$

习题 6.3

1. 求曲线 $y = x^{\frac{3}{2}}$ 上相应于 $x=0$ 到 $x=4$ 的一段弧的长度.

2. 求曲线 $y = \frac{1}{4}x^2 - \frac{1}{2}\ln x$ 上相应于 $x=1$ 到 $x=\mathrm{e}$ 的一段弧的长度.

3. 在工程建筑结构的鱼腹梁中，钢筋呈现为抛物线形状，适当选取坐标系后其方程为 $y=ax^2$，试应用平面曲线的弧长公式求在 $x=-b$ 至 $x=b$ 之间的弧长.

6.4 函数的平均值

我们知道 n 个数 $y_1,y_2,\cdots,y_n$ 的算术平均值为 $\bar{y} = \frac{y_1 + y_2 + \cdots + y_n}{n}$. 在实际问题的研究中，不仅需要计算 n 个数的算术平均值，有时也常常需要计算一个连续函数 $y=f(x)$ 在区间$[a,b]$上所取得的一切值的算术平均值. 例如，平均电流、平均功率、平均压强、平均速度等.

下面给出求连续函数 $y=f(x)$ 在区间$[a,b]$上所取得的一切值的算术平均值.

$$\bar{y} = \frac{1}{b-a}\int_a^b f(x)\,\mathrm{d}x.$$

【例题 6-6】 求函数 $y = 3x^2 + 1$ 在区间$[1,2]$上的平均值.

解：$\bar{y} = \frac{1}{2-1}\int_1^2 (3x^2 + 1)\,\mathrm{d}x = [x^3 + x]_1^2 = 8.$

【例题 6-7】 计算 0 秒到 t 秒这段时间内自由落体的平均速度.

解：自由落体的速度为 $v=gt$，故所求的平均速度为

$$\bar{v} = \frac{1}{t-0}\int_0^t gt\,\mathrm{d}t = \frac{1}{t}\left[\frac{1}{2}gt^2\right]_0^t = \frac{1}{2}gt.$$

习题 6.4

1. 求函数 $y=3x^2-4$ 在区间[1,2]上的平均值.

2. 一物体以速度 $v=3t^2+2t+1$(m/s)作直线运动,试计算在 $t=0$ s 到 $t=3$ s 这段时间内物体的平均速度.

3. 有一条河流的河面在测流断面处的宽度为 100 m,河流的横断面为一抛物线弓形,河床的最深处在河流的中央,深度为 20 m,试应用定积分中值定理知识求河床的平均深度.

6.5　用数值方法计算定积分

用定积分的符号解法求定积分有时会失效,此时可以用数值方法计算定积分. Matlab 提供了如下一些计算定积分值的数值方法.

6.5.1　使用矩形法求定积分

定积分 $\int_a^b f(x)\,\mathrm{d}x$ 的几何意义是由 $y=f(x)$, $y=0$, $x=a$, $x=b$ 围成的曲边梯形的面积的代数和. 用矩形法求定积分,就是用小矩形面积代替小曲边梯形的面积,然后求和以获得定积分的近似值,这种方法精度较低. 矩形法可以用命令 sum(x)来完成,它的功能为求向量 x 的和或者矩形每一列向量的和.

【例题 6-8】　用矩形法求 $y=-x^2+115$ 在 $x=0$ 到 $x=10$ 之间所围的面积.

解:Matlab 命令为:

```
>> dx =0.1;
>> x =0:dx:10;y = -x.^2 +115;
>> sum(y(1:length(x) -1)) * dx
ans =
    821.6500
```

6.5.2　复合梯形公式法

本方法用小梯形面积代替小曲边梯形的面积,然后求和,以获得定积分的近似值.

命令形式:trapz(x,y)

功能:用复合梯形公式法计算定积分,变量 x 是积分变量在被积区间上的分点向量,y 为被积函数在 x 处对应的函数值向量.

6.5.3　复合辛普生公式法

本方法用抛物线代替小曲边梯形的曲边计算小曲边梯形的面积,然后求和以获得定积分的近似值.

命令形式 1:quad('fun',a,b,tol,trace)

命令形式 2:quad8('fun',a,b,tol,trace)

式中,fun 是被积函数表达式字符串或者是 M 函数文件名,a,b 是积分的下限与上限,tol 代表精度,可以缺省;缺省时,tol = 0.001. trace = 1 时用图形展示积分过程,trace = 0 时无图形,默认值为 0. 命令形式 2 比命令形式 1 精度高.

【例题 6-9】 用两种方法求定积分 $\int_2^5 \frac{\ln x}{x^2}dx$ 的近似值.

解:Matlab 命令为:

```
>> x = 2:0.1:5;
>> y = log(x)./(x.^2);
>> t = trapz(x,y);
>> ff = inline('log(x)./(x.^2)');
>> q = quad(ff,2,5);
>> disp([blanks(3),'梯形法求积分',blanks(3),'辛普生法求积分']),[t,q]
梯形法求积分   辛普生法求积分
0.3247              0.3247
```

说明:inline 表示内联函数.

【例题 6-10】 设 $s(x) = \int_0^x y(t)dt$,其中 $y(t) = e^{-0.8t|\sin t|}$,求 $s(10)$.

解:(1)建立 M 命令文件:

```
clf
dt = 0.1;t = 0:dt:10;
y = exp( -0.8 * t. * abs(sin(t)));
ss10 = dt * sum(y(1:length(t) -1));
st10 = trapz(t,y);
ff = inline('exp( -0.8 * t. * abs(sin(t)))','t');
q = quad(ff,0,10);
q8 = quad8(ff,0,10);
disp([blanks(5),'sum',blanks(6),'trapz',blanks(5),'quad',blanks(5),'quad8'])
disp([ss10,st10,q,q8])
plot(t,y,'b')
legend('y(x)')
```

(2)运行 M 文件得:

```
  sum      trapz      quad      quad8
2.7069    2.6576    2.6597    2.6597
```

结果如图 6-9 所示.

说明:用矩形法求得 $s(10) = 2.7069$,用梯形法求得 $s(10) = 2.6576$,用辛普生法求得 $s(10) = 2.6597$.

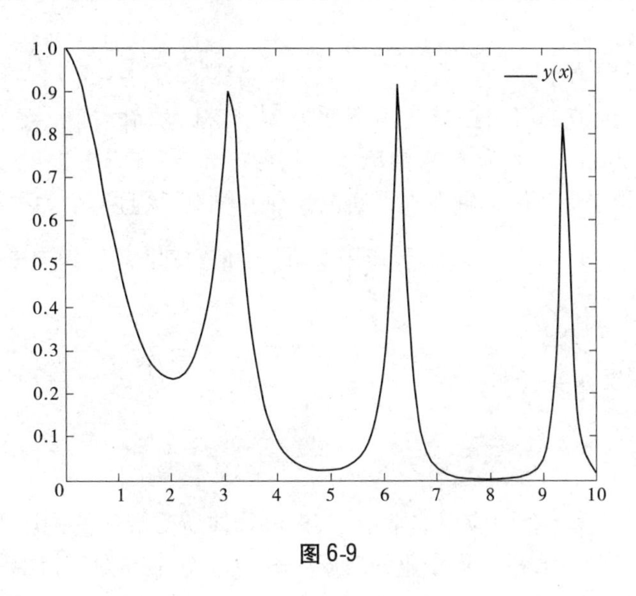

图 6-9

练习 6.5

1. 用三种数值积分方法计算 $\int_0^1 \sqrt{1+x^2}\,dx$，并与其精确值比较.

2. 人造地球卫星轨道可视为平面上的椭圆. 我国第一颗人造地球卫星近地点距地球表面 439 km，远地点距地球表面 2 384 km，地球半径为 6 371 km，求该卫星的轨道长度.

3. 在水利工程中，经常要计算河床的横截面面积。有一条河床狭窄且较深的河流，河面宽 20 m. 从河的一岸到对岸，每隔 2 m 测量一次水深 y，得出如表 6-1 中的数据，试用复合梯形公式法计算该河床的横截面面积.

表 6-1

x(m)	0	2	4	6	8	10	12	14	16	18	20
y(m)	0.3	0.9	1.5	2.3	3.2	4.2	4.4	3.6	2.7	1.1	0.5

未来应用

定积分中值定理知识的应用

定积分中值定理作为定积分的一个重要性质，计算河床的平均深度时，应用定积分中值定理知识. 此问题主要出现在水利工程、水务管理、水利水电工程管理、城市水利、给水排水工程技术等专业中，具体到课程如“工程水文学”“水资源管理”等，主要应用于计算河流、湖泊等河床横断面水的平均深度，以此用作河流测流、工程设计或施工的一个依据. 只要测量出河面在某处的宽度(B)、河床的横断面形状和河床的最大深度(h)，就可运用定积分中值定理知识计算该处河床的平均深度($\overline{h}$),即 $\overline{h} = \dfrac{1}{b-a}\int_a^b f(x)\,\mathrm{d}x$ (m).

【实例】 设一河流的河面在某处的宽度为 $2b$,河流的横断面为一抛物线弓形,河床的最深处在河流的中央,深度为 h,求河床的平均深度 $\overline{h}$.

分析:首先,选取坐标系使 x 轴在水平面上,y 轴正向朝下,且 y 轴为抛物线的对称轴. 于是,抛物线方程为 $y = h - \dfrac{h}{b^2}\cdot x^2$. 然后,运用定积分中值定理便可求得河床的平均深度 $\overline{h}$.

解:(计算过程略)

河床的平均深度 $\overline{h} = \dfrac{2}{3}h$.

微元法知识的应用

微元法在水利工程专业中应用非常广泛,求解物体所受液体的侧压力,可应用微元法知识. 此问题主要出现在水利工程专业的"水力学""水工建筑物"等课程中,主要应用微元法计算水闸及输水建筑物(如坝下涵管、隧洞、渠道、管道等)上的闸门所受水压力的大小,作为设计或校核闸门结构的一个重要依据. 水闸是一种低水头水工建筑物,既能挡水,又能泄水,用以调节水位,控制泄流量;多修建于河道、渠系及水库、湖泊岸边,在水利工程中的应用十分广泛. 闸门是水闸不可缺少的组成部分,用来调节流量和上、下游水位,宣泄洪水和排放泥沙等. 闸门的形式很多,按其形状不同可分为矩形闸门、梯形闸门、圆形闸门和椭圆形闸门等. 闸门的主要作用是挡水,承受水压力是其作用荷载之一. 运用微元法计算闸门所受水压力时,设受水压力作用的区域与水平面垂直且由曲线 $y = f(x) > 0$, $x = a$, $x = b\,(0 \leqslant a \leqslant x \leqslant b)$ 及 x 轴所组成。x 轴正向朝下,y 轴在水平面上,水的密度为 $\rho = 1\ 000$ kg/m^3,则闸门所受的水压力大小为 $P = \int_a^b \rho g x f(x)\,\mathrm{d}x$ (N).

【实例】 有一个水平放置的无压输水管道,其横断面是直径为 6 m 的圆,水流正好半满,求此时输水管道一端的竖直闸门上所受的水压力.

分析:首先建立合适的直角坐标系,如图 6-10 所示,则圆的方程为 $x^2 + y^2 = r^2 = 9$. 然后运用微元法求解即可.

解:(计算过程略)

$P = 1.76 \times 10^5$ N

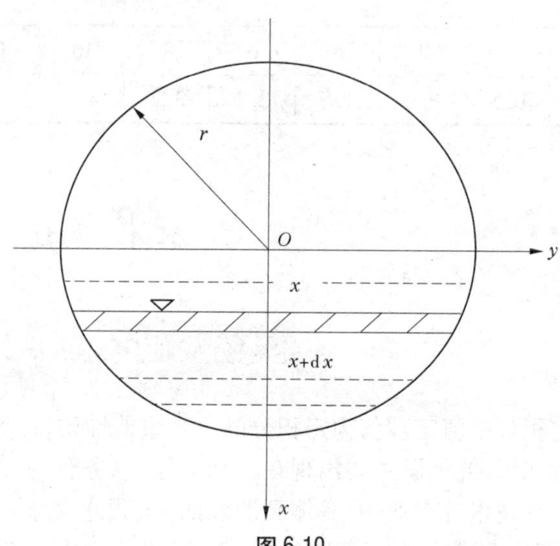

图 6-10

课外阅读

定积分的意义

定积分的概念起源于求平面图形的面积和其他一些实际问题. 定积分的思想在古代数学家的工作中,就已经有了萌芽. 比如古希腊时期阿基米德在公元前 240 年左右,就曾用求和的方法计算过抛物线弓形及其他图形的面积. 公元 263 年,我国刘徽提出的割圆术也是同一思想. 在历史上,积分观念的形成比微分要早. 但是直到牛顿和莱布尼兹的工作出现之前(17 世纪下半叶),有关定积分的种种结果还是孤立零散的,比较完整的定积分理论还未能形成,直到牛顿－莱布尼兹公式建立以后,计算问题得以解决,定积分才迅速建立发展起来.

定积分既是一个基本概念,又是一种基本思想. 定积分的思想即"化整为零→近似代替→积零为整→取极限". 定积分这种"和的极限"的思想,在高等数学、物理、工程技术和其他的知识领域以及人们在生产实践活动中具有普遍的意义,很多问题的数学结构与定积分中求"和的极限"的数学结构是一样的. 可以说,定积分最重要的功能是为我们研究某些问题提供一种思想方法(或思维模式),即用无限的过程处理有限的问题,用离散的过程逼近连续,以直代曲,局部线性化等.

学习项目7　多元函数微积分

7.1　多元函数

前面我们已经讨论了含有一个自变量的函数的微积分(这种函数叫一元函数). 但是大量的实际问题中出现的函数往往有多个自变量,即多元函数的问题. 为此,接下来我们讨论多元函数的概念及图形.

7.1.1　平面点集和区域

定义 7-1　平面上满足某个条件的一切点构成的集合叫平面点集.

【例题 7-1】　平面上以原点为中心,以 1 为半径的圆的内部就是一个平面点集,它可表示成 $E = \{(x,y) | x^2 + y^2 < 1\}$.

定义 7-2　在平面上,以 P_0 为中心,δ 为半径的圆的内部点 $P(x,y)$ 的全体,即 $U(P_0,\delta) = \{(x,y) \mid \sqrt{(x-x_0)^2+(y-y_0)^2} < \delta\}$,称为点 P_0 的 δ 邻域.

定义 7-3　在空间中,以 P_0 为中心,δ 为半径的圆的内部点 $P(x,y,z)$ 的全体,即 $U(P_0,\delta) = \{(x,y,z) \mid \sqrt{(x-x_0)^2+(y-y_0)^2+(z-z_0)^2} < \delta\}$,称为点 P_0 的 δ 邻域.

注意:若不需要强调邻域半径 δ,也可写成 $U(P_0)$.

点 P_0 的空心邻域记为 $U(P_0) = \{P | 0 < |PP_0| < \delta\}$.

7.1.2　内点、外点、边界点

设 E 是一个平面点集,P 是平面上一点.

定义 7-4　若存在点 P 的某邻域 $U(P) \subset E$,则称 P 为 E 的内点.

定义 7-5　若存在点 P 的某邻域 $U(P) \cap E = \phi$,则称 P 为 E 的外点.

定义 7-6　若对点 P 的任一邻域 $U(P)$ 既含 E 中的内点也含 E 的外点,则称 P 为 E 的边界点.

显然,E 的内点必属于 E,E 的外点必不属于 E,E 的边界点可能属于 E,也可能不属于 E.

7.1.3　区域

定义 7-7　若点集 E 的点都是内点,则称 E 为开集. 若点集 E 中任意两点都可用一完全属于 E 的折线相连,则称 E 是连通的;连通的开集称为开区域,简称区域;开区域连同它的边界一起称为闭区域.

例如:$D = \{(x,y) \mid x + y \geqslant 1\}$ 是开区域.

7.1.4　多元函数

在很多自然现象和实际问题中,经常会遇到多个变量的依赖关系,例如:

长方体的体积 V 依赖其长 x、宽 y 和高 z,它们之间的关系可表示为

$$V = xyz\ (x > 0, y > 0, z > 0).$$

式中,V 是 x,y,z 的三元函数.二元和二元以上的函数统称为多元函数.下面主要讨论二元函数,其结果可以推广到二元以上的多元函数.

7.1.5　二元函数的概念

定义 7-8　设 D 是平面上的一个点集,如果对于 D 中的每一个点 (x,y),变量 z 按照一定的对应法则 f,总有唯一确定的值与它对应,则称变量 z 是变量 x,y 的二元函数,记作 $z = f(x,y)$.其中,x,y 称为自变量,z 称为函数或因变量.x,y 的变化范围称为函数的定义域.设点 $(x_0,y_0) \in D$,则对应的值 $f(x_0,y_0)$ 称为函数值,函数值的全体称为函数的值域.

关于二元函数的定义域,与一元函数类似,如果不考虑函数的实际意义或没有特别指定,那么二元函数的定义域就是指使函数有意义的一切点组成的平面点集.

【例题 7-2】　求二元函数 $z = \sqrt{x+y}$ 的定义域.

解: 由根式函数的要求容易知道,自变量 x,y 所取的值必须满足不等式:

$$x + y \geqslant 0,$$

即函数的定义域为 $D = \{(x,y) \mid x + y \geqslant 0\}$.

其几何图形为平面上位于直线 $y = -x$ 右方的半平面,如图 7-1 所示.

【例题 7-3】　求二元函数 $z = \arccos \dfrac{2y}{x}$ 的定义域.

解: 自变量 x,y 所取的值必须满足不等式 $\left|\dfrac{2y}{x}\right| \leqslant 1$ 且 $x \neq 0$,即函数的定义域为

$$D = \left\{(x,y) \mid \left|\frac{2y}{x}\right| \leqslant 1 \text{ 且 } x \neq 0\right\}.$$

其几何图形为平面上位于直线 $y = \pm \dfrac{1}{2}x\ (x \neq 0)$ 之间的阴影部分,如图 7-2 所示.

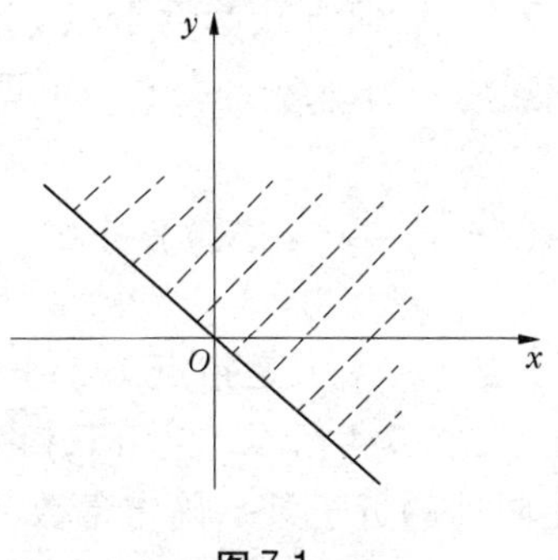

图 7-1

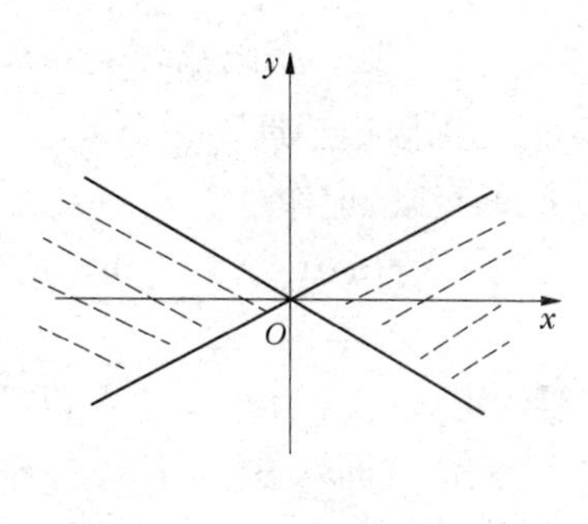

图 7-2

7.1.6　二元函数的图形

一元函数 $y = f(x)$ 通常表示平面上的一条线. 二元函数 $z = f(x,y)$,$(x,y) \in D$,其定义域 D 是平面上的一个区域,对于任取点 $P(x,y) \in D$,其对应的函数值为 $z = f(x,y)$,于是得到了空间内的一点 $M(x,y,z)$. 所有这样确定的点的集合就是二元函数 $z = f(x,y)$ 的图形,通常是一张空间曲面,如图 7-3 所示.

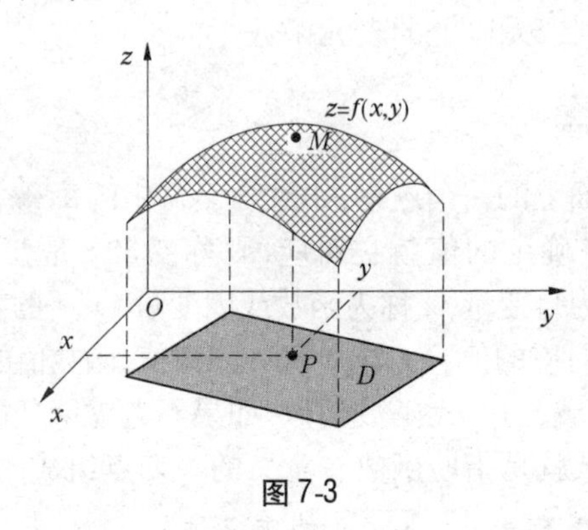

图 7-3

习题 7.1

1. 求函数 $z = \ln(4 - x^2 - y^2) + \sqrt{x^2 + y^2 - 1}$ 的定义域.
2. 求函数 $z = \ln(x - y) + \ln y$ 的定义域.
3. 求函数 $z = \sqrt{xy}$ 的定义域.

7.2　二元函数的极限与连续

7.2.1　二元函数的极限

定义 7-9　设二元函数 $z = f(x,y)$,当点 (x,y) 以任何方式趋近于点 (x_0,y_0) 时,$f(x,y)$ 总是无限地趋近于一个确定的常数 A ,则称常数 A 为函数 $z = f(x,y)$ 当 $x \to x_0$,$y \to y_0$ 时的极限,记作

$$\lim_{\substack{x \to x_0 \\ y \to y_0}} f(x,y) = A \quad 或 \quad f(x,y) \to A((x,y) \to (x_0,y_0)).$$

注意:定义中的当点 (x,y) 以任何方式趋近于点 (x_0,y_0) 是指点 (x,y) 趋近于点 (x_0,y_0) 是沿“四面八方”的各种各样路径来逼近的,如图 7-4 所示. 当 $P(x,y)$ 以某几条特殊路径趋近于 $P_0(x_0,y_0)$ 时,即使函数 $f(x,y)$ 无限地趋近于某一确定常数 A ,并不能断定函数的极限 $\lim\limits_{\substack{x \to x_0 \\ y \to y_0}} f(x,y) = A$ 存在. 反过来,当 $P(x,y)$ 沿两条不同路径趋近于点 $P_0(x_0,y_0)$ 时,函数 $f(x,y)$ 趋近于不同的值,可以断定函数的极限不存在.

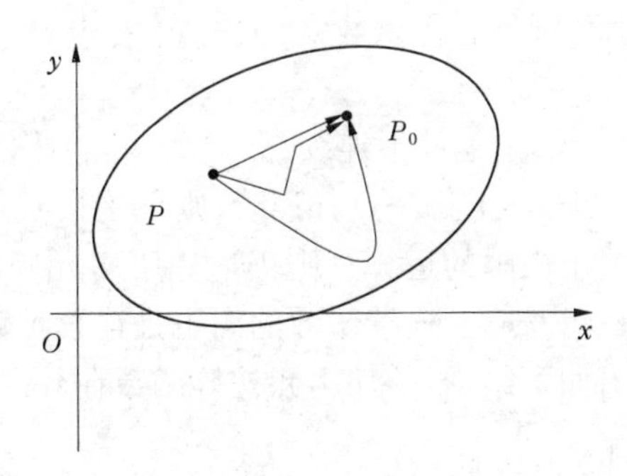

图7-4

【例题7-4】 讨论函数 $f(x,y)=\begin{cases}\dfrac{xy}{x^2+y^2}, & x,y\text{不同时为}0\\ 0, & x=y=0\end{cases}$ 在 $(x,y)\to(0,0)$ 时的极限是否存在.

解: 当点 $P(x,y)$ 沿 x 轴趋于点 $(0,0)$ 时,有

$$\lim_{x\to 0}f(x,0)=0.$$

又当点 $P(x,y)$ 沿 y 轴趋于点 $(0,0)$ 时,有

$$\lim_{y\to 0}f(0,y)=0.$$

显然,点 $P(x,y)$ 以上述两种方式趋于点 $(0,0)$ 时,极限存在且相等,但是那是两种特殊方式,不能以此断定极限存在.

当点 $P(x,y)$ 沿直线 $y=kx$ 趋于点 $(0,0)$ 时,有

$$\lim_{\substack{x\to 0\\ y=kx\to 0}}\frac{xy}{x^2+y^2}=\lim_{x\to 0}\frac{kx^2}{x^2+k^2x^2}=\frac{k}{1+k^2}.$$

显然,它随着 k 的值不同而改变,所以所讨论的极限不存在.

二元函数的极限运算,有与一元函数类似的运算法则.

【例题7-5】 求 $\lim\limits_{\substack{x\to 0\\ y\to 0}}(x^2+y^2)\sin\dfrac{1}{x^2+y^2}$.

解: 当 $x\to 0,y\to 0$ 时, x^2+y^2 是无穷小量,而 $\sin\dfrac{1}{x^2+y^2}$ 为有界变量,故

$$\lim_{\substack{x\to 0\\ y\to 0}}(x^2+y^2)\sin\frac{1}{x^2+y^2}=0.$$

【例题7-6】 求 $\lim\limits_{\substack{x\to 0\\ y\to a}}\dfrac{\sin(2xy)}{x}$.

解: 利用等价无穷小替换求解得

$$\lim_{\substack{x\to 0\\ y\to a}}\frac{\sin(2xy)}{x}=\lim_{\substack{x\to 0\\ y\to a}}\frac{\sin(2xy)}{2xy}\cdot 2y=1\cdot 2a=2a.$$

7.2.2 二元函数的连续性

定义7-10 设二元函数 $z=f(x,y)$ 在点 $P_0(x_0,y_0)$ 的某个邻域内有定义,若

$\lim\limits_{\substack{x \to x_0 \\ y \to y_0}} f(x,y) = f(x_0,y_0)$ 成立,则称二元函数 $z = f(x,y)$ 在点 $P_0(x_0,y_0)$ 处连续. 否则,称二元函数 $z = f(x,y)$ 在点 $P_0(x_0,y_0)$ 处不连续,点 $P_0(x_0,y_0)$ 称为函数 $z = f(x,y)$ 的间断点. 若函数 $z = f(x,y)$ 在区域 D 上每一点都连续,则称函数 $f(x,y)$ 在区域 D 上连续.

可以证明,一元函数关于极限的运算法则仍适用于多元函数,即多元连续函数的和、差、积为连续函数,在分母不为零处,连续函数的商也是连续函数,多元函数的复合函数也是连续函数. 由此还可得出如下结论:一切多元初等函数在其定义区域内是连续的.

7.2.3 二元函数连续性的性质

最值定理:若函数 $f(x,y)$ 在有界闭区域 D 上连续,则它在 D 上一定取得最大值和最小值.

介值定理:若函数 $f(x,y)$ 在有界闭区域 D 上连续,且它在 D 上一定取得最大值和最小值,则它一定能取得介于这两个值之间的一切值.

零点存在定理:若函数 $f(x,y)$ 在有界闭区域 D 上连续,且它取得两个不同的函数值中,一个大于零,一个小于零,则至少存在一点 $(\xi,\eta) \in D$,使得 $f(\xi,\eta) = 0$.

有界性定理:若函数 $f(x,y)$ 在有界闭区域 D 上连续,则它必在 D 上有界.

习题 7.2

1. 讨论 $\lim\limits_{\substack{x \to 0 \\ y \to 0}} \dfrac{x - y}{x + y}$ 是否存在.

2. 求 $\lim\limits_{\substack{x \to 0 \\ y \to 0}} (x + y)\sin \dfrac{1}{x^2 + y^2}$.

7.3 偏导数

在研究二元函数时,有时需要求当其中一个变量固定不变时,函数关于另一个变量的变化率,此时的二元函数实际上可转化为一元函数. 因此,可以利用一元函数的导数概念,得到二元函数对某一个变量的变化率,即偏导数.

7.3.1 偏导数的概念

定义 7-11 设函数 $z = f(x,y)$ 在点 (x_0,y_0) 的某一邻域内有定义,当 y 固定在 y_0 ,而 x 在 x_0 处有增量 Δx 时,相应地,函数有增量 $f(x_0 + \Delta x,y_0) - f(x_0,y_0)$,如果极限

$$\lim_{\Delta x \to 0} \frac{f(x_0 + \Delta x,y_0) - f(x_0,y_0)}{\Delta x}$$

存在,则称此极限为函数 $z = f(x,y)$ 在点 (x_0,y_0) 处对 x 的偏导数,记作

$$\left.\frac{\partial z}{\partial x}\right|_{x = x_0, y = y_0}, \left.\frac{\partial f}{\partial x}\right|_{x = x_0, y = y_0}, \quad \left. z_x \right|_{x = x_0, y = y_0}, f_x(x_0,y_0).$$

类似地,当 x 固定在 x_0,而 y 在 y_0 处有增量 Δy 时,如果极限

$$\lim_{\Delta y \to 0} \frac{f(x_0, y_0 + \Delta y) - f(x_0, y_0)}{\Delta y}$$

存在,则称此极限为函数 $z = f(x,y)$ 在点 (x_0,y_0) 处对 y 的偏导数,并记作

$$\left.\frac{\partial z}{\partial y}\right|_{x=x_0,y=y_0}, \left.\frac{\partial f}{\partial y}\right|_{x=x_0,y=y_0}, \quad \left. z_y \right|_{x=x_0,y=y_0}, f_y(x_0,y_0).$$

如果函数 $z = f(x,y)$ 在区域 D 内每一点 (x,y) 处对 x 的偏导数都存在,这个偏导数仍是 x,y 的函数,称它为函数 $z = f(x,y)$ 对自变量 x 的偏导数,记作 $\frac{\partial z}{\partial x},\frac{\partial f}{\partial x},z_x,f_x(x,y)$. 类似地,可以定义函数 $z = f(x,y)$ 对自变量 y 的偏导数,并记作 $\frac{\partial z}{\partial y},\frac{\partial f}{\partial y},z_y,f_y(x,y)$.

显然,偏导数的概念可推广到三元和三元以上的函数. 如三元函数 $u = f(x,y,z)$ 对 x 的偏导数为 $f_x(x,y,z) = \lim\limits_{\Delta x \to 0} \frac{f(x + \Delta x,y,z) - f(x,y,z)}{\Delta x}$,其中 (x,y,z) 是函数 $u = f(x,y,z)$ 的定义域内的点.

求多元函数的偏导数的方法:因为这里只有一个自变量在变化,可以把其他自变量看成是固定的常数,所以仍然是一元函数的导数.

【例题 7-7】 求 $z = xy + \frac{x}{y}$ 的偏导数 $\frac{\partial z}{\partial x}$, $\frac{\partial z}{\partial y}$.

解:把 y 看作常量,对 x 求导数,得

$$\frac{\partial z}{\partial x} = y + \frac{1}{y}.$$

把 x 看作常量,对 y 求导数,得

$$\frac{\partial z}{\partial y} = x - \frac{x}{y^2}.$$

注意:对于一元函数来说,在某点的导数存在,则它在该点必定连续,但对于多元函数来说,即使各偏导数都存在,也不能保证函数在该点连续.

例如:二元函数 $f(x,y) = \begin{cases} \frac{xy}{x^2 + y^2}, x^2 + y^2 \neq 0 \\ 0 \quad , x^2 + y^2 = 0 \end{cases}$ 在(0,0)可导,因为 $f_x(0,0) = 0$, $f_y(0,0) = 0$,但函数 $f(x,y)$ 在点(0,0)处不连续.

7.3.2 偏导数的几何意义

由偏导数的定义可知,二元函数 $z = f(x,y)$ 在点 (x_0,y_0) 处对 x 的偏导数 $f_x(x_0,y_0)$ 就是一元函数 $z = f(x,y_0)$ 在 x_0 处的导数 $\frac{\mathrm{d}}{\mathrm{d}x}f(x,y_0)\mid_{x=x_0}$.

设 $M_0(x_0,y_0,f(x_0,y_0))$ 为曲面 $z = f(x,y)$ 上的一点,过 M_0 作平面 $y = y_0$,这个平面在曲面上截得一曲线 C_x:

$$\begin{cases} z = f(x,y), \\ y = y_0. \end{cases}$$

由一元函数的导数的几何意义可知，$\frac{\mathrm{d}}{\mathrm{d}x}f(x,y_0)\big|_{x=x_0}$ 即 $f_x(x_0,y_0)$，就是这条曲线 C_x 在点 M_0 处的切线 M_0T_x 对 x 轴的斜率(见图7-5)，即

$$f_x(x_0,y_0) = \tan\alpha.$$

同理，$f_y(x_0,y_0)$ 是曲面 $z = f(x,y)$ 与平面 $x = x_0$ 的交线 C_y 在点 M_0 处的切线 M_0T_y 对 y 轴的斜率，即 $f_y(x_0,y_0) = \tan\beta$.

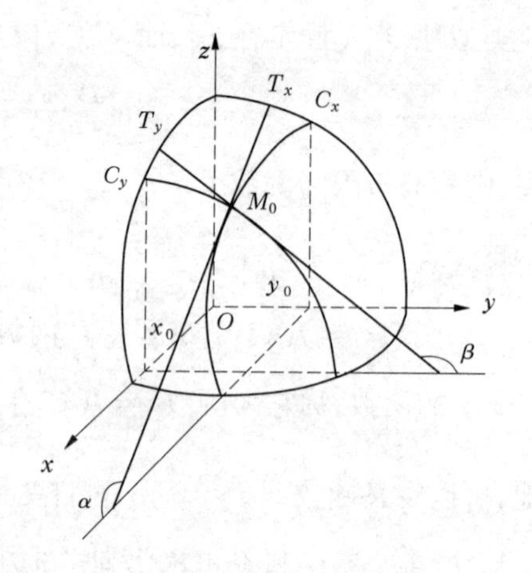

图 7-5

7.3.3 高阶偏导数

定义 7-12 如果在区域 D 内偏导数 $\frac{\partial z}{\partial x} = f_x(x,y)$，$\frac{\partial z}{\partial y} = f_y(x,y)$ 的偏导数存在，则称它们是函数 $z = f(x,y)$ 的二阶偏导数，即

$$\frac{\partial}{\partial x}\left(\frac{\partial z}{\partial x}\right) = \frac{\partial^2 z}{\partial x^2} = f_{xx}(x,y).$$

$$\frac{\partial}{\partial y}\left(\frac{\partial z}{\partial x}\right) = \frac{\partial^2 z}{\partial x\partial y} = f_{xy}(x,y).$$

$$\frac{\partial}{\partial x}\left(\frac{\partial z}{\partial y}\right) = \frac{\partial^2 z}{\partial y\partial x} = f_{yx}(x,y).$$

$$\frac{\partial}{\partial y}\left(\frac{\partial z}{\partial y}\right) = \frac{\partial^2 z}{\partial y^2} = f_{yy}(x,y).$$

其中，$f_{xy}(x,y)$，$f_{yx}(x,y)$ 称为二阶混合偏导数. 类似地，可得到二阶及二阶以上的偏导数，二阶及二阶以上的偏导数统称为高阶偏导数.

【例题 7-8】 求函数 $z = x^3y^2 - 3xy^2 - xy$ 的二阶偏导数.

解：函数的一阶偏导数为

$$\frac{\partial z}{\partial x} = 3x^2y^2 - 3y^2 - y, \frac{\partial z}{\partial y} = 2x^3y - 6xy - x.$$

二阶偏导数为

$$\frac{\partial^2 z}{\partial x^2} = \frac{\partial}{\partial x}\left(\frac{\partial z}{\partial x}\right) = \frac{\partial}{\partial x}(3x^2y^2 - 3y^2 - y) = 6xy^2,$$

$$\frac{\partial^2 z}{\partial x\partial y} = \frac{\partial}{\partial y}\left(\frac{\partial z}{\partial x}\right) = \frac{\partial}{\partial y}(3x^2y^2 - 3y^2 - y) = 6x^2y - 6y - 1,$$

$$\frac{\partial^2 z}{\partial y\partial x} = \frac{\partial}{\partial x}\left(\frac{\partial z}{\partial y}\right) = \frac{\partial}{\partial x}(2x^3y - 6xy - x) = 6x^2y - 6y - 1,$$

$$\frac{\partial^2 z}{\partial y^2} = \frac{\partial}{\partial y}\left(\frac{\partial z}{\partial y}\right) = \frac{\partial}{\partial y}(2x^3y - 6xy - x) = 2x^3 - 6x.$$

上例中的两个二阶混合偏导数相等，即 $\frac{\partial^2 z}{\partial x\partial y} = \frac{\partial^2 z}{\partial y\partial x}$. 可以证明，如果在区域 D 内，

$\frac{\partial^2 z}{\partial x \partial y}$ 与 $\frac{\partial^2 z}{\partial y \partial x}$ 都连续,则在 D 内必有 $\frac{\partial^2 z}{\partial x \partial y} = \frac{\partial^2 z}{\partial y \partial x}$.

习题 7.3

1. 求 $z = x^2y + xy^2 + 2y$ 在点(1,3)处的偏导数.
2. 求 $z = (x^2 + y^2)\ln(x + 2y)$ 的偏导数.
3. 求 $u = xy^2z + \frac{xy}{z}$ 的偏导数.
4. 设 $z = x^y (x > 0, x \neq 1)$,求证:$\frac{x}{y}\frac{\partial z}{\partial x} + \frac{1}{\ln x}\frac{\partial z}{\partial y} = 2z$.
5. 求 $z = x^3y - 3x^2y^3$ 的二阶偏导数.

7.4 全微分

7.4.1 全微分的定义

定义 7-13 如果二元函数 $z = f(x,y)$ 在点 (x,y) 处的全增量 $\Delta z = f(x + \Delta x, y + \Delta y) - f(x,y)$ 可以表示为关于 Δx , Δy 的线性函数与一个比 $\rho = \sqrt{\Delta x^2 + \Delta y^2}$ 高阶的无穷小之和,即

$$\Delta z = f(x + \Delta x, y + \Delta y) - f(x,y) = A \cdot \Delta x + B \cdot \Delta y + o(\rho).$$

其中, A , B 与 Δx , Δy 无关,只与 x 与 y 有关,则称函数 $z = f(x,y)$ 在点 (x,y) 处可微分. 并称 $A \cdot \Delta x + B \cdot \Delta y$ 是函数 $z = f(x,y)$ 在点 (x,y) 处的全微分,记作

$$dz = A \cdot \Delta x + B \cdot \Delta y.$$

定理 7-1(可微的必要条件) 如果 $z = f(x,y)$ 在点 (x,y) 处可微分,则它在该点的偏导数 $\frac{\partial z}{\partial x}, \frac{\partial z}{\partial y}$ 存在,且 $A = \frac{\partial z}{\partial x}$, $B = \frac{\partial z}{\partial y}$,即 $dz = \frac{\partial z}{\partial x} \cdot \Delta x + \frac{\partial z}{\partial y} \cdot \Delta y$.

一般地,记 $dx = \Delta x$, $dy = \Delta y$,并称为自变量 x , y 的微分,这样函数的全微分可写成

$$dz = \frac{\partial z}{\partial x}dx + \frac{\partial z}{\partial y}dy.$$

定理 7-2(可微的充分条件) 如果函数 $z = f(x,y)$ 的偏导数 $\frac{\partial z}{\partial x}$ 和 $\frac{\partial z}{\partial y}$ 在点 (x,y) 连续,则 $z = f(x,y)$ 在该点可微分.

定理 7-3 若函数 $z = f(x,y)$ 在点 (x,y) 处可微,则它在该点处一定连续.

全微分的概念也可以推广到二元以上函数的情形. 如若三元函数 $u = f(x,y,z)$ 可微分,则

$$du = \frac{\partial u}{\partial x}dx + \frac{\partial u}{\partial y}dy + \frac{\partial u}{\partial z}dz.$$

【例题 7-9】 求函数 $u = x + \sin\frac{y}{2} + e^{yz}$ 的全微分.

解:因为 $$\frac{\partial u}{\partial x} = 1,\ \frac{\partial u}{\partial y} = \frac{1}{2}\cos\frac{y}{2} + ze^{yz},\ \frac{\partial u}{\partial z} = ye^{yz},$$

所以 $$du = dx + \left(\frac{1}{2}\cos\frac{y}{2} + ze^{yz}\right)dy + ye^{yz}dz.$$

7.4.2 全微分在近似计算中的应用

由全微分的定义可知,二元函数全微分具有类似于一元函数微分的两个性质:

(1) dz 是 Δx 和 Δy 的线性函数.

(2)当 $(\Delta x,\Delta y)\to(0,0)$ 时 $\rho\to 0$,dz 与 Δz 之差是比 ρ 高阶的无穷小量.因此,当 Δx 和 Δy 都很小时,全增量可近似地用全微分代替,即

$$\Delta z \approx dz = f_x(x,y)\Delta x + f_y(x,y)\Delta y.$$

又 $$\Delta z = f(x + \Delta x, y + \Delta y) - f(x,y).$$

所以 $$f(x + \Delta x, y + \Delta y) \approx f(x,y) + f_x(x,y)\Delta x + f_y(x,y)\Delta y.$$

【例题 7-10】 求 $(1.02)^{4.96}$ 的近似值.

解:设函数 $f(x,y) = x^y$,取 $x = 1$,$\Delta x = 0.02$,$y = 5$,$\Delta y = -0.04$,则

$$f(1,5) = 1^5 = 1, f_x(1,5) = yx^{y-1}\big|_{x=1,y=5} = 5, f_y(1,5) = x^y\ln x\big|_{x=1,y=5} = 0.$$

所以由 $f(x + \Delta x, y + \Delta y) \approx f(x,y) + f_x(x,y)\Delta x + f_y(x,y)\Delta y$ 得

$$\begin{aligned}(1.02)^{4.96} &\approx f(1,5) + f_x(1,5)\times 0.02 + f_y(1,5)\times(-0.04)\\ &= 1 + 5\times 0.02 + 0\times(-0.04) = 1.1.\end{aligned}$$

习题 7.4

1. 求函数 $z = x^2y + xy^2$ 的全微分.
2. 求函数 $z = \ln(x + y)\sin y$ 的全微分.
3. 求函数 $z = xe^{\frac{x}{y}}$ 的全微分.
4. 求函数 $z = x + e^{xy}$ 在点 $(1,2)$ 处的全微分.

7.5 复合函数的偏导数

定理 7-4 如果函数 $u = \varphi(t)$ 及 $v = \psi(t)$ 都在点 t 可导,函数 $z = f(u,v)$ 在对应点 (u,v) 具有连续偏导数,则复合函数 $z = f[\varphi(t),\psi(t)]$ 在点 t 可导,且有

$$\frac{dz}{dt} = \frac{\partial z}{\partial u}\cdot\frac{du}{dt} + \frac{\partial z}{\partial v}\cdot\frac{dv}{dt}.$$

推广:设 $z = f(u,v,w)$,其中 $u = \varphi(t)$,$v = \psi(t)$,$w = \omega(t)$,则 $z = f[\varphi(t),\psi(t),\omega(t)]$ 对 t 的导数为

$$\frac{dz}{dt} = \frac{\partial z}{\partial u}\frac{du}{dt} + \frac{\partial z}{\partial v}\frac{dv}{dt} + \frac{\partial z}{\partial w}\frac{dw}{dt}.$$

$\frac{dz}{dt}$称为全导数.

【例题7-11】　设 $z = \arctan(x - y^2)$，$x = 3t, y = 4t^2$，求全导数 $\frac{dz}{dt}$.

解：
$$\frac{dz}{dt} = \frac{\partial z}{\partial x} \cdot \frac{dx}{dt} + \frac{\partial z}{\partial y} \cdot \frac{dy}{dt}$$
$$= \frac{1}{1 + (x - y^2)^2}(1 \times 3 - 2y \times 8t) = \frac{3 - 64t^3}{1 + (3t - 16t^4)^2}.$$

定义7-14　设 $z = f(u,v)$ 是 u,v 的函数，而 u,v 又都是 x,y 的函数，即 $u = \varphi(x,y)$，$v = \psi(x,y)$，于是 $z = f(\varphi(x,y),\psi(x,y))$ 是 x,y 的函数，称函数 $z = f(\varphi(x,y),\psi(x,y))$ 为 $z = f(u,v)$ 与 $u = \varphi(x,y), v = \psi(x,y)$ 的复合函数.

定理7-5　设 $u = \varphi(x,y), v = \psi(x,y)$ 在点 (x,y) 处有偏导数，$z = f(u,v)$ 在相应点 (u,v) 处有连续偏导数，则复合函数 $z = f(\varphi(x,y),\psi(x,y))$ 在点 (x,y) 处的两个偏导数存在，且

$$\begin{cases} \frac{\partial z}{\partial x} = \frac{\partial z}{\partial u} \cdot \frac{\partial u}{\partial x} + \frac{\partial z}{\partial v} \cdot \frac{\partial v}{\partial x}, \\ \frac{\partial z}{\partial y} = \frac{\partial z}{\partial u} \cdot \frac{\partial u}{\partial y} + \frac{\partial z}{\partial v} \cdot \frac{\partial v}{\partial y}. \end{cases} \tag{7-1}$$

【例题7-12】　设 $z = e^u \sin v$，而 $u = xy$，$v = x + y$，求 $\frac{\partial z}{\partial x}$ 和 $\frac{\partial z}{\partial y}$.

解：因为
$$\frac{\partial z}{\partial u} = e^u \sin v, \frac{\partial z}{\partial v} = e^u \cos v,$$
$$\frac{\partial u}{\partial x} = y, \frac{\partial u}{\partial y} = x, \frac{\partial v}{\partial x} = 1, \frac{\partial v}{\partial y} = 1,$$

所以
$$\frac{\partial z}{\partial x} = \frac{\partial z}{\partial u} \cdot \frac{\partial u}{\partial x} + \frac{\partial z}{\partial v} \cdot \frac{\partial v}{\partial x} = e^u \sin v \cdot y + e^u \cos v \cdot 1$$
$$= e^{xy}[y\sin(x + y) + \cos(x + y)],$$
$$\frac{\partial z}{\partial y} = \frac{\partial z}{\partial u} \cdot \frac{\partial u}{\partial y} + \frac{\partial z}{\partial v} \cdot \frac{\partial v}{\partial y} = e^u \sin v \cdot x + e^u \cos v \cdot 1$$
$$= e^{xy}[x\sin(x + y) + \cos(x + y)].$$

多元复合函数求偏导的法则，常借助于复合函数的结构图来理解复合函数中变量之间的关系.

以式(7-1)为例，z 对 x 的偏导数为
$$\frac{\partial z}{\partial x} = \frac{\partial z}{\partial u} \cdot \frac{\partial u}{\partial x} + \frac{\partial z}{\partial v} \cdot \frac{\partial v}{\partial x}.$$

它是由两项组成的，每项又是两个偏导数的乘积，如图7-6所示.

上面的结论可推广到三个或三个以上的中间变量和自变量，复合步骤多于一次的情形.

由此，得到下列不同形式的多元复合函数的偏导数公式：

(1)设函数 $z = f(u,v,w)$，而 $u = \varphi(x,y), v = \psi(x,y)$ 及 $w = w(x,y)$ 均在点 (x,y)

处具有对 x 及 y 的偏导数，$z=f(u,v,w)$ 在对应点 (u,v,w) 处具有连续偏导数，则复合函数 $z=f(\varphi(x,y),\psi(x,y),w(x,y))$ 在点 (x,y) 处的两个偏导数都存在，且由函数的结构图(见图 7-7)知：

$$\begin{cases}\dfrac{\partial z}{\partial x}=\dfrac{\partial z}{\partial u}\cdot\dfrac{\partial u}{\partial x}+\dfrac{\partial z}{\partial v}\cdot\dfrac{\partial v}{\partial x}+\dfrac{\partial z}{\partial w}\cdot\dfrac{\partial w}{\partial x},\\ \dfrac{\partial z}{\partial y}=\dfrac{\partial z}{\partial u}\cdot\dfrac{\partial u}{\partial y}+\dfrac{\partial z}{\partial v}\cdot\dfrac{\partial v}{\partial y}+\dfrac{\partial z}{\partial w}\cdot\dfrac{\partial w}{\partial y}.\end{cases}\tag{7-2}$$

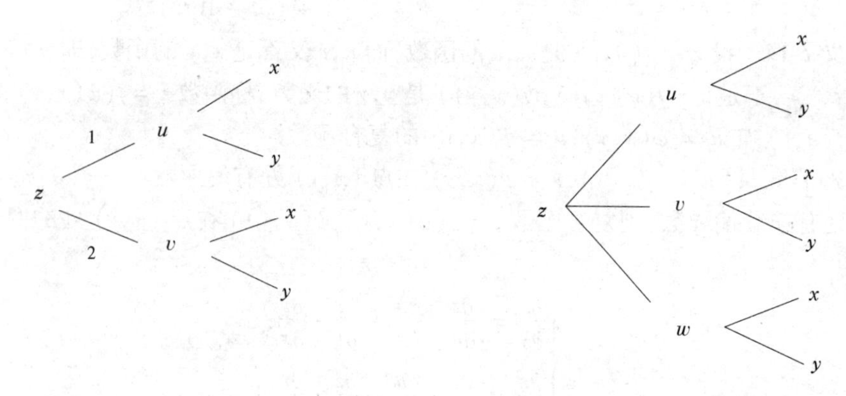

图 7-6　　图 7-7

(2) 设函数 $z=f(u,v,w)$，而 $u=\varphi(t),v=\psi(t),w=w(t)$ 在点 t 处可导，$z=f(u,v,w)$ 在相应点 (u,v,w) 处具有连续偏导数，则复合函数

$$z=f[\varphi(t),\psi(t),w(t)]$$

在点 t 可导，由函数的结构图(见图 7-8)知

$$\frac{\mathrm{d}z}{\mathrm{d}t}=\frac{\partial z}{\partial u}\cdot\frac{\mathrm{d}u}{\mathrm{d}t}+\frac{\partial z}{\partial v}\cdot\frac{\mathrm{d}v}{\mathrm{d}t}+\frac{\partial z}{\partial w}\cdot\frac{\mathrm{d}w}{\mathrm{d}t}.\tag{7-3}$$

此公式的导数称为全导数，这是因为函数 z 是通过多元函数 $z=f(u,v,w)$ 而成为 t 的一元复合函数. 又由于 u,v,w 这三个函数都是 t 的一元函数，故对 t 的导数应写成 $\frac{\mathrm{d}z}{\mathrm{d}t},\frac{\mathrm{d}u}{\mathrm{d}t},\frac{\mathrm{d}v}{\mathrm{d}t},\frac{\mathrm{d}w}{\mathrm{d}t}$，而不能写成 $\frac{\partial z}{\partial t},\frac{\partial u}{\partial t},\frac{\partial v}{\partial t},\frac{\partial w}{\partial t}$.

(3) 设函数 $z=f(x,v)$，而 $v=\psi(x,y)$ 在点 (x,y) 处有偏导数，$z=f(x,v)$ 在相应点 (x,v) 处有连续偏导数，则复合函数为

$$z=f(x,\psi(x,y))$$

在点 (x,y) 处的两个偏导数都存在，且由函数的结构图(见图 7-9)知：

$$\begin{cases}\dfrac{\partial z}{\partial x}=\dfrac{\partial f}{\partial x}+\dfrac{\partial f}{\partial v}\cdot\dfrac{\partial v}{\partial x},\\ \dfrac{\partial z}{\partial y}=\dfrac{\partial f}{\partial v}\cdot\dfrac{\partial v}{\partial y}.\end{cases}\tag{7-4}$$

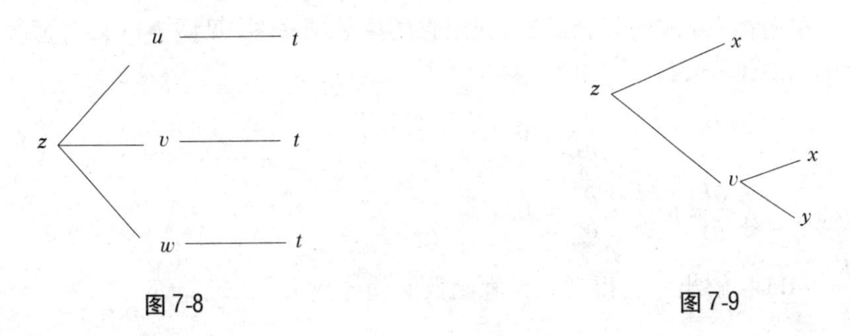

图7-8 图7-9

【例题7-13】 设 $u = f(x,y,z) = e^{x^2+y^2+z^2}$，而 $z = x^2\sin y$，求 $\dfrac{\partial u}{\partial x}$ 与 $\dfrac{\partial u}{\partial y}$.

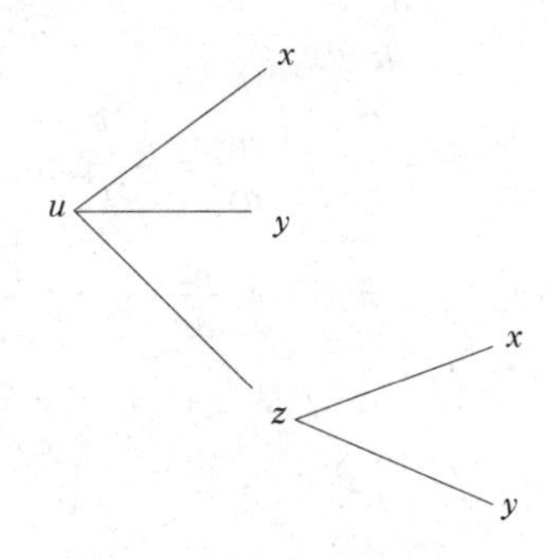

图7-10

解：由函数的结构图（见图7-10）可知：

$$\frac{\partial u}{\partial x} = \frac{\partial f}{\partial x} + \frac{\partial f}{\partial z}\cdot\frac{\partial z}{\partial x} = 2xe^{x^2+y^2+z^2} + 2ze^{x^2+y^2+z^2}\cdot 2x\sin y = 2xe^{x^2+y^2+z^2}(1 + 2x^2\sin^2 y),$$

$$\frac{\partial u}{\partial y} = \frac{\partial f}{\partial y} + \frac{\partial f}{\partial z}\cdot\frac{\partial z}{\partial y} = 2ye^{x^2+y^2+z^2} + 2ze^{x^2+y^2+z^2}\cdot x^2\cos y = 2e^{x^2+y^2+z^2}(y + x^4\sin y\cos y).$$

习题7.5

1. 设 $z = u^2\ln v$，$u = \dfrac{x}{y}$，$v = 3x - y$，求 $\dfrac{\partial z}{\partial x}$ 和 $\dfrac{\partial z}{\partial y}$.

2. 设 $z = e^{ax}(u - v)$，$u = a\sin x + y$，$v = \cos x - y$，求 $\dfrac{\partial z}{\partial x}$ 和 $\dfrac{\partial z}{\partial y}$.

3. 设 $u = \varphi(x^2 + y^2)$，其中 φ 可导，求证：$x\dfrac{\partial u}{\partial y} - y\dfrac{\partial u}{\partial x} = 0$.

7.6 隐函数的偏导数

二元方程 $F(x,y) = 0$ 可以确定一个一元的隐函数 $y = f(x)$，那么三元方程 $F(x,y,z) = 0$ 便可以确定一个二元的隐函数 $z = f(x,y)$. 考察恒等式

$$F(x,y,f(x,y)) = 0.$$

将上式左端看成 x,y 的复合函数，利用它的函数结构图（见图7-11），对恒等式两边分别对变量 x，y 求偏导，得

$$\frac{\partial F}{\partial x}+\frac{\partial F}{\partial z}\cdot\frac{\partial z}{\partial x}=0,$$

$$\frac{\partial F}{\partial y}+\frac{\partial F}{\partial z}\cdot\frac{\partial z}{\partial y}=0.$$

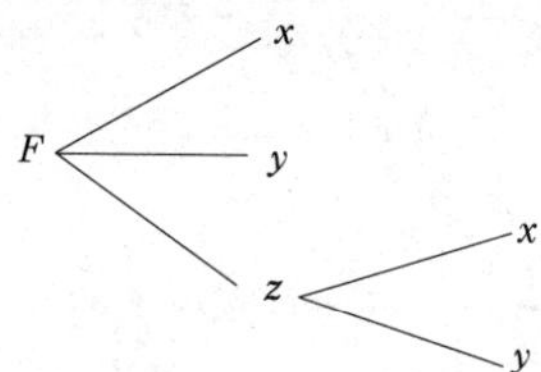

图7-11

当 $\frac{\partial F}{\partial z}\neq 0$ 时，解出 $\frac{\partial z}{\partial x}$，得到二元隐函数的偏导数为

$$\frac{\partial z}{\partial x}=-\frac{\frac{\partial F}{\partial x}}{\frac{\partial F}{\partial z}},\quad \frac{\partial z}{\partial y}=-\frac{\frac{\partial F}{\partial y}}{\frac{\partial F}{\partial z}}.$$

即

$$\frac{\partial z}{\partial x}=-\frac{F_x}{F_z},\quad \frac{\partial z}{\partial y}=-\frac{F_y}{F_z}.$$

【例题7-14】 设 $x^2+y^2+z^2-4z=0$，求 $\frac{\partial z}{\partial x}$，$\frac{\partial z}{\partial y}$，$\frac{\partial^2 z}{\partial x^2}$.

解法一：将方程 $x^2+y^2+z^2-4z=0$ 中的 z 视为 x,y 的隐函数，对 x 求偏导数有

$$2x+2z\cdot\frac{\partial z}{\partial x}-4\cdot\frac{\partial z}{\partial x}=0,$$

得

$$\frac{\partial z}{\partial x}=\frac{x}{2-z}.$$

类似地，得

$$\frac{\partial z}{\partial y}=\frac{y}{2-z}.$$

对 $2x+2z\cdot\frac{\partial z}{\partial x}-4\cdot\frac{\partial z}{\partial x}=0$ 两边关于 x 求偏导数，注意到 $z,\frac{\partial z}{\partial x}$ 均为 x,y 的函数，有

$$2+2\cdot\left(\frac{\partial z}{\partial x}\right)^2+2z\cdot\frac{\partial^2 z}{\partial x^2}-4\cdot\frac{\partial^2 z}{\partial x^2}=0,$$

得

$$\frac{\partial^2 z}{\partial x^2}=\frac{1+\left(\frac{\partial z}{\partial x}\right)^2}{2-z}=\frac{(2-z)^2+x^2}{(2-z)^3}.$$

解法二：令 $F(x,y,z)=x^2+y^2+z^2-4z$.

因为

$$F_x=2x,F_y=2y,F_z=2z-4,$$

得

$$\frac{\partial z}{\partial x}=-\frac{F_x}{F_z}=\frac{x}{2-z},\quad \frac{\partial z}{\partial y}=-\frac{F_y}{F_z}=\frac{y}{2-z}.$$

对 $\frac{\partial z}{\partial x}$ 关于 x 求偏导数，仍然将 z 视为 x,y 的隐函数，则有

$$\frac{\partial^2 z}{\partial x^2}=\frac{(2-z)-x\cdot\left(0-\frac{\partial z}{\partial x}\right)}{(2-z)^2}=\frac{(2-z)+x\cdot\frac{x}{2-z}}{(2-z)^2}$$

$$=\frac{(2-z)^2+x^2}{(2-z)^3}.$$

习题 7.6

1. 设方程 $\frac{x}{z}=\ln\frac{z}{y}$,求 $\frac{\partial z}{\partial x}$ 和 $\frac{\partial z}{\partial y}$.

2. 设方程 $xy+\ln x+\ln y=0$,求 $\frac{\partial z}{\partial x}$ 和 $\frac{\partial z}{\partial y}$.

7.7 多元函数的极值

在实际问题中,往往涉及多元函数的最大值、最小值问题.而最大值、最小值与极值有密切的联系.本节以二元函数为例,讨论多元函数的极值问题.

7.7.1 多元函数的极值概念

定义 7-15 设函数 $z=f(x,y)$ 在点 (x_0,y_0) 的某个邻域内有定义,如果对于该邻域内任何异于 (x_0,y_0) 的点 (x,y) ,都有

$$f(x,y)\leqslant f(x_0,y_0)\ (\text{或} f(x,y)\geqslant f(x_0,y_0)),$$

则称函数在点 (x_0,y_0) 取得极大值(或极小值).极大值与极小值统称为函数的极值,使函数取得极值的点称为极值点.

类似地,可定义三元函数及三元以上函数的极值概念.

【例题 7-15】 讨论下例函数在原点 $(0,0)$ 是否取得极值.

(1) $z=x^2+y^2$;

(2) $z=-\sqrt{x^2+y^2}$;

(3) $z=x\cdot y$.

解:依定义可以判断:

(1) $z=x^2+y^2$ 在点 $(0,0)$ 处取得极小值 $f(0,0)=0$ (见图 7-12, $(0,0,0)$ 是开口向上的旋转抛物面 $z=x^2+y^2$ 的顶点).

(2) $z=-\sqrt{x^2+y^2}$ 在点处 $(0,0)$ 取得极大值 $f(0,0)=0$ (见图 7-13, $(0,0,0)$ 是开口向下的锥面 $z=-\sqrt{x^2+y^2}$ 的顶点).

(3)点 $(0,0)$ 不是马鞍面 $z=x\cdot y$ 的极值点(见图 7-14).

定理 7-6(极值存在的必要条件) 设函数 $z=f(x,y)$ 在点 (x_0,y_0) 处具有偏导数且取得极值,则它在该点的偏导数必为零,即

$$f_x(x_0,y_0)=f_y(x_0,y_0)=0.$$

定义 7-16 使 $f_x(x,y)=0$, $f_y(x,y)=0$ 同时成立的点 (x_0,y_0) 称为函数的驻点.

定理 7-6 表明,可导函数的极值点必为驻点,反过来,函数的驻点却不一定是极值点.

定理 7-7(极值存在的充分条件) 设函数 $z=f(x,y)$ 在点 (x_0,y_0) 的某邻域内具有二阶连续的偏导数,又 $f_x(x_0,y_0)=f_y(x_0,y_0)=0$,记

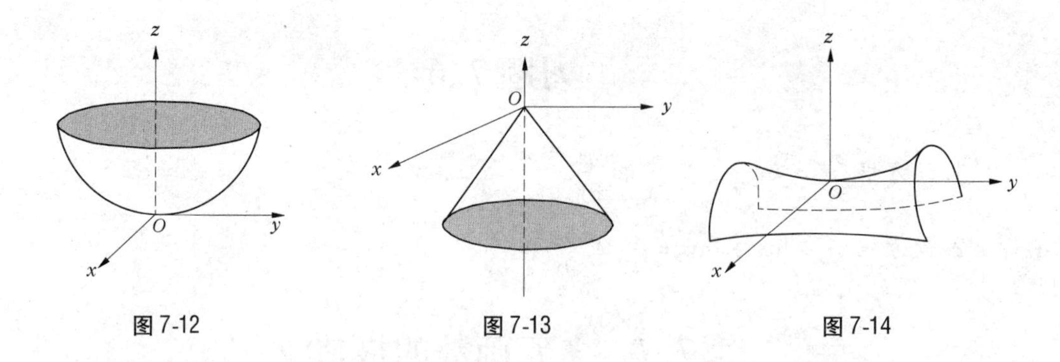

图 7-12　　图 7-13　　图 7-14

$$A = f_{xx}(x_0,y_0), B = f_{xy}(x_0,y_0), C = f_{yy}(x_0,y_0),$$

则函数在 (x_0,y_0) 处是否取得极值的条件如下:

(1)当 $AC - B^2 > 0$ 时具有极值,且当 $A < 0$ 时有极大值,当 $A > 0$ 时有极小值.

(2)当 $AC - B^2 < 0$ 时没有极值.

(3)当 $AC - B^2 = 0$ 时可能有极值,也可能没有极值,需另作判定.

【例题 7-16】 求函数 $f(x,y) = x^3 - y^3 + 3x^2 + 3y^2 - 9x$ 的极值.

解:函数具有二阶连续偏导数,故可疑的极值点只可能为驻点.

先解方程组

$$\begin{cases} f_x = 3x^2 + 6x - 9 = 3(x-1)(x+3) = 0, \\ f_y = -3y^2 + 6y = -3y(y-2) = 0, \end{cases}$$

求出全部驻点为 $(1,0),(1,2),(-3,0),(-3,2)$.

再求二阶偏导数

$$A = f_{xx} = 6x + 6, B = f_{xy} = 0, C = f_{yy} = -6y + 6.$$

在点 $(1,0)$ 处,$A = 12 > 0, B = 0, C = 6 > 0, AC - B^2 = 72 > 0$,所以在点 $(1,0)$ 处取得极小值 $f(1,0) = -5$.

在点 $(1,2)$ 处,$A = 12 > 0, B = 0, C = -6 < 0, AC - B^2 = -72 < 0$,所以点 $(1,2)$ 不是极值点.

在点 $(-3,0)$ 处,$A = -12 < 0, B = 0, C = 6 > 0, AC - B^2 = -72 < 0$,所以点 $(-3,0)$ 不是极值点.

在点 $(-3,2)$ 处,$A = -12 < 0, B = 0, C = -6 < 0, AC - B^2 = 72 > 0$,所以在点 $(-3,2)$ 处取得极大值 $f(-3,2) = 31$.

7.7.2 多元函数的最值概念

对于有界闭区域 D 上连续二元函数 $f(x,y)$,一定能在该区域上取得最大值和最小值,使函数取得最值的点既可能在 D 的内部,也可能在 D 的边界上.

(1)若函数的最值在区域 D 的内部取得,这个最值也是函数的极值,它必在函数的驻点或使 $f_x(x,y), f_y(x,y)$ 不存在的点之中.

(2)若函数在 D 的边界上取得最值,可根据 D 的边界方程,将 $f(x,y)$ 化成定义在某个闭区间上的一元函数,进而利用一元函数求最值的方法求出最值.

(3)有界闭区域 D 上的连续函数 $f(x,y)$ 的最值求法如下:

①求出在 D 的内部,使 f_x、f_y 同时为零的点及使 f_x 或 f_y 不存在的点;

②计算出 $f(x,y)$ 在 D 的内部的所有可疑极值点处的函数值;

③求出 $f(x,y)$ 在 D 的边界上的最值;

④比较上述函数值的大小,最大者便是函数在 D 上的最大值,最小者便是函数在 D 上的最小值.

【例题7-17】 求二元函数 $f(x,y)=x+xy-x^2-y^2$ 在区域 $D:x\geqslant 0,y\geqslant 0,x+y\leqslant 4$ 上的最值.

解:函数在 D 内处处可导,且

$$\begin{cases}f_x=1+y-2x=0,\\ f_y=x-2y=0,\end{cases}$$

得驻点 $(\frac{2}{3},\frac{1}{3})$ 以及相应的函数值 $f(\frac{2}{3},\frac{1}{3})=\frac{1}{3}$.

考虑函数在区域 D 的边界上的情况:

在边界 $x=0$ 上,二元函数成为 y 的一元函数,即

$$f(0,y)=-y^2\quad(0\leqslant y\leqslant 4),$$

则 $-16\leqslant f(0,y)\leqslant 0$.

在边界 $y=0$ 上,二元函数成为 x 的一元函数,即

$$f(x,0)=x-x^2=-(x-\frac{1}{2})^2+\frac{1}{4}\quad(0\leqslant x\leqslant 4),$$

则

$$-12\leqslant f(x,0)\leqslant\frac{1}{4}.$$

在边界 $x+y=4$ 上,二元函数成为 x 的一元函数,即

$$f(x,4-x)=-3x^2+13x-16=-3(x-\frac{13}{6})^2-\frac{23}{12}(0\leqslant x\leqslant 4),$$

则

$$-16\leqslant f(x,4-x)\leqslant-\frac{23}{12}.$$

所以,函数在闭区域 D 上的最大值、最小值分别为

$$f(\frac{2}{3},\frac{1}{3})=\frac{1}{3}\text{ 与 }f(0,4)=-16.$$

【例题7-18】 用铁板做成一个体积为 $2\ \mathrm{m}^3$ 的有盖长方体水箱,当长、宽、高各取怎样的尺寸时,才能使用料最省?

解:设水箱的长为 x m,宽为 y m,高为 $\frac{2}{xy}$ m,则表面积为

$$A=2(xy+y\cdot\frac{2}{xy}+x\cdot\frac{2}{xy})=2(xy+\frac{2}{x}+\frac{2}{y})(x>0,y>0).$$

令

$$\begin{cases}A_x=2(y-\frac{2}{x^2})=0,\\ A_y=2(x-\frac{2}{y^2})=0,\end{cases}$$

解方程组得唯一驻点 $x = y = \sqrt[3]{2}$.

由题意可知,水箱所用材料面积的最小值一定存在,因驻点只有一个,故可断定当 $x = y = \sqrt[3]{2}$ 时,用料最省.

7.7.3　条件极值

定义 7-17　对于函数的自变量,除限制它在定义域内外,再无其他的约束条件,称这类极值为无条件极值.

定义 7-18　在实际问题中,有时会遇到对函数的自变量还有附加条件的极值问题. 这类自变量有附加条件的极值称为条件极值.

定义 7-19　考虑函数 $z = f(x,y)$ 在限制条件 $\varphi(x,y) = 0$ 时的条件极值问题,可先作拉格朗日函数

$$F(x,y,\lambda) = f(x,y) + \lambda\varphi(x,y),$$

其中, λ 为参数.

然后,求其对 x 与 y 的一阶偏导数,并解方程组

$$\begin{cases} \dfrac{\partial F}{\partial x} = f_x(x,y) + \lambda\varphi_x(x,y) = 0, \\ \dfrac{\partial F}{\partial y} = f_y(x,y) + \lambda\varphi_y(x,y) = 0, \\ \dfrac{\partial F}{\partial \lambda} = \varphi(x,y) = 0, \end{cases}$$

求出 x,y,λ ,这样求出的点 (x,y) 就是可疑条件极值点.

最后,判别求出的点 (x,y) 是否为极值点,通常根据实际问题的实际意义判定.

上述方法称为拉格朗日乘数法,它可推广到二元以上的函数或限制条件多于一个的情形.

【例题 7-19】　求 $z = x^2 + y^2$ 在满足 $x + y - 3 = 0$ 条件下的极值.

解:设拉格朗日函数

$$F(x,y,\lambda) = x^2 + y^2 + \lambda(x + y - 3),$$

由

$$\begin{cases} \dfrac{\partial F}{\partial x} = 2x + \lambda = 0, \\ \dfrac{\partial F}{\partial y} = 2y + \lambda = 0, \\ \dfrac{\partial F}{\partial \lambda} = x + y - 3 = 0, \end{cases}$$

得唯一驻点 $\lambda = -3, x = y = \dfrac{3}{2}$.

对点 $(\dfrac{3}{2},\dfrac{3}{2})$ 进行判断:

$$A = F_{xx}\left(\frac{3}{2},\frac{3}{2}\right) = 2, B = F_{xy}\left(\frac{3}{2},\frac{3}{2}\right) = 0, C = F_{yy}\left(\frac{3}{2},\frac{3}{2}\right) = 2,$$

$$AC - B^2 = 4 > 0,$$

故函数在 $(\frac{3}{2},\frac{3}{2})$ 处有极小值,极小值为 $z(\frac{3}{2},\frac{3}{2}) = \frac{9}{2}$.

习题 7.7

1. 求函数 $f(x,y) = x^2 - xy + y^2 + 9x - 6y + 20$ 的极值.

2. 求函数 $f(x,y) = x^3 - 4x^2 + 2xy - y^2$ 的极值.

3. 求二元函数 $z = x - 2y - 3$ 在区域 $D(0 \leqslant x \leqslant 1, 0 \leqslant y \leqslant 1, 0 \leqslant x + y \leqslant 1)$ 上的最值.

4. 要造一个容积等于定数 a 的长方体水池,如何选择水池的尺寸,才使水池的表面积最小?

5. 求内接于半径为 a 的球的最大体积的长方体.

6. 求 $z = x^2 + y^2$ 在条件 $x + y = 1$ 下的极值.

7.8　二重积分

7.8.1　曲顶柱体的体积

定义 7-20　底是 xOy 平面上的闭区域 D,侧面是以 D 的边界曲线为准线,而母线平行于 z 轴的柱面,它的顶是曲面 $z = f(x,y)$,这里 $f(x,y) \geqslant 0$ 且在 D 上连续,称这个立体为曲顶柱体(见图 7-15).

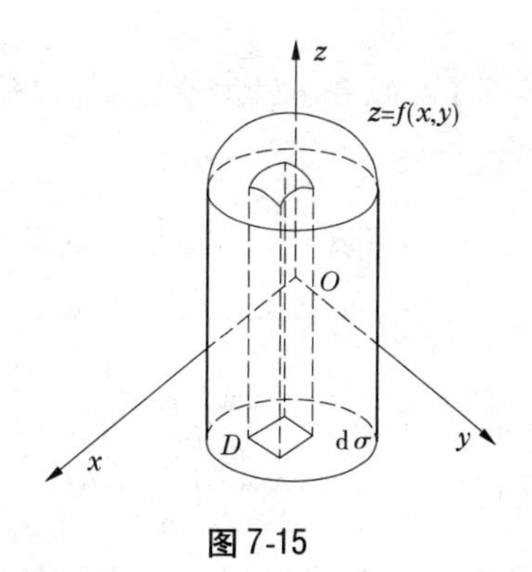

图 7-15

7.8.2　二重积分的概念

设 $f(x,y)$ 是有界闭区域 D 上的有界函数,将闭区域 D 任意分成 n 个小闭区域:

$$\Delta\sigma_1, \Delta\sigma_2, \cdots, \Delta\sigma_n$$

其中,$\Delta\sigma_i$ 表示第 i 个小闭区域,也表示它的面积.在每个 $\Delta\sigma_i$ 上任取一点 (ξ_i,η_i),作乘积

$$f(\xi_i,\eta_i)\Delta\sigma_i \quad (i=1,2,\cdots,n),$$

并作和 $\sum_{i=1}^{n} f(\xi_i,\eta_i)\Delta\sigma_i$. 如果当各小闭区域的直径中的最大值 λ 趋于零时,这和式的极限存在,则称此极限值为函数 $f(x,y)$ 在闭区域 D 上的二重积分,记作 $\iint\limits_D f(x,y)\mathrm{d}\sigma$,即

$$\iint\limits_D f(x,y)\mathrm{d}\sigma = \lim_{\lambda\to 0}\sum_{i=1}^{n} f(\xi_i,\eta_i)\Delta\sigma_i.$$

7.8.3　二重积分的性质

性质 7-1　常数因子可提到积分号外面,即

$$\iint\limits_D kf(x,y)\mathrm{d}\sigma = k\iint\limits_D f(x,y)\mathrm{d}\sigma.$$

性质 7-2　函数和与差的积分等于各函数积分的和与差,即

$$\iint\limits_D [f(x,y)\pm g(x,y)]\mathrm{d}\sigma = \iint\limits_D f(x,y)\mathrm{d}\sigma \pm \iint\limits_D g(x,y)\mathrm{d}\sigma.$$

性质 7-3　若积分区域 D 分割为 D_1 与 D_2 两部分,则有

$$\iint\limits_D f(x,y)\mathrm{d}\sigma = \iint\limits_{D_1} f(x,y)\mathrm{d}\sigma + \iint\limits_{D_2} f(x,y)\mathrm{d}\sigma.$$

性质 7-4(中值定理)　设 $f(x,y)$ 在有界闭区域 D 上连续, σ 是区域 D 的面积,则在 D 上至少有一点 (ξ,η) 使得下式成立:

$$\iint\limits_D f(x,y)\mathrm{d}\sigma = f(\xi,\eta)\mathrm{d}\sigma.$$

7.8.4　二重积分的计算

在直角坐标系中,采用平行于 x 轴和 y 轴的直线把区域 D 分成许多小矩形,于是面积元素 $\mathrm{d}\sigma = \mathrm{d}x\mathrm{d}y$,二重积分可以写成

$$\iint\limits_D f(x,y)\mathrm{d}x\mathrm{d}y.$$

(1)设 D 可表示为不等式(见图 7-16):

$$y_1(x)\leqslant y\leqslant y_2(x),a\leqslant x\leqslant b,$$

则

$$\iint\limits_D f(x,y)\mathrm{d}x\mathrm{d}y = \int_a^b \mathrm{d}x\int_{y_1(x)}^{y_2(x)} f(x,y)\mathrm{d}y. \tag{7-5}$$

说明:式(7-5)就是二重积分化为二次定积分的计算方法,该方法也称为累次积分法.计算第一次积分时,视 x 为常量,对变量 y 由下限 $y_1(x)$ 积到上限 $y_2(x)$,这时计算结果是一个关于 x 的函数,计算第二次积分时, x 是积分变量,积分限是常数,计算结果是一个定值.

(2)设积分区域 D 可表示为不等式(见图 7-17):

$$x_1(y)\leqslant x\leqslant x_2(y),c\leqslant y\leqslant d,$$

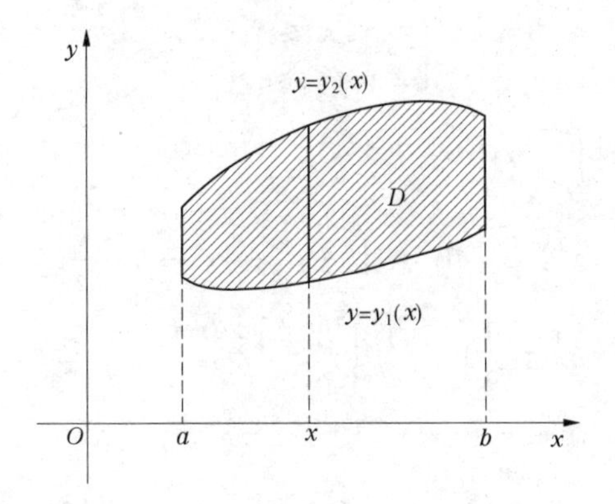

图 7-16

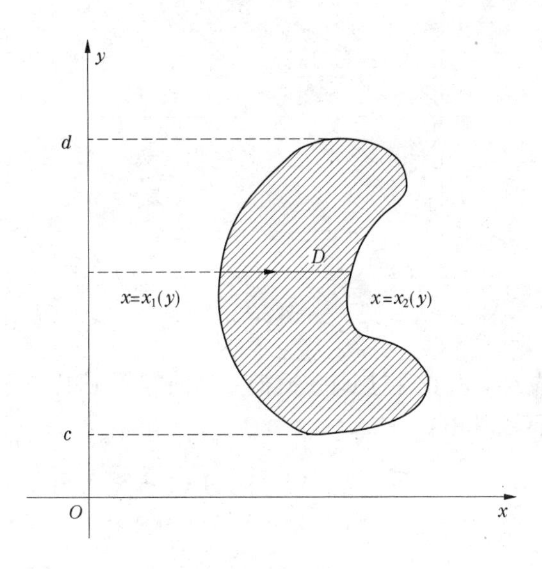

图 7-17

则
$$\iint_D f(x,y)\,dxdy = \int_c^d dy\int_{x_1(y)}^{x_2(y)} f(x,y)\,dx\,. \tag{7-6}$$

注意:化二重积分为累次积分时,需注意以下几点:

(1)累次积分的下限必须小于上限.

(2)用式(7-5)或式(7-6)时,要求 D 分别满足:平行于 y 轴或 x 轴的直线与 D 的边界相交不多于两点.如果 D 不满足这个条件,则需把 D 分割成几块,然后分块计算.

(3)正确选择积分次序.

(4)外层积分的上、下限必须是常数.若内层是关于 x 的积分,其上、下限或为常数,或是含 y 的表示式,反之也一样.

【例题 7-20】 计算 $\iint_D 2xy^2\,dxdy$,其中 D 由抛物线 $y^2 = x$ 及直线 $y = x-2$ 所围成.

解:作 D 的图形,如图 7-18 所示.选择先对 x 积分,这时 D 的表示式为

$$\begin{cases} y^2 \leqslant x \leqslant y+2, \\ -1 \leqslant y \leqslant 2, \end{cases}$$

从而 $\iint\limits_D 2xy^2\mathrm{d}x\mathrm{d}y = \int_{-1}^{2}\mathrm{d}y\int_{y^2}^{y+2}2xy^2\mathrm{d}x$

$$= \int_{-1}^{2}y^2(x^2)\Big|_{y^2}^{y+2}\mathrm{d}y = \int_{-1}^{2}(y^4+4y^3+4y^2-y^6)\mathrm{d}y$$

$$= \left[\frac{y^5}{5}+y^4+\frac{4}{3}y^3-\frac{y^7}{7}\right]_{-1}^{2} = 15\frac{6}{35}.$$

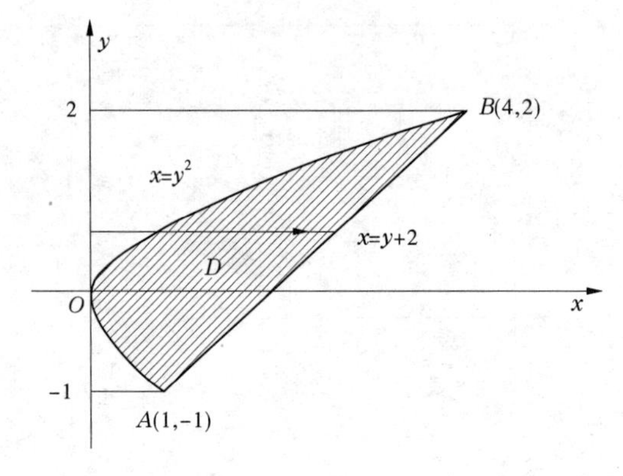

图 7-18

分析:本题也可先对 y 积分后对 x 积分,但是这时就必须用直线 $x=1$ 将 D 分成 D_1 和 D_2 两块,如图 7-19 所示,其中:

$$D_1:\begin{cases} -\sqrt{x} \leqslant y \leqslant \sqrt{x}, \\ 0 \leqslant x \leqslant 1, \end{cases} \quad D_2:\begin{cases} x-2 \leqslant y \leqslant \sqrt{x}, \\ 1 \leqslant x \leqslant 4, \end{cases}$$

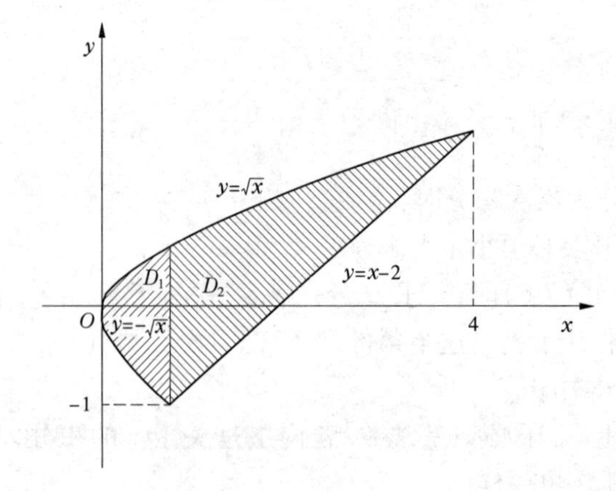

图 7-19

得

$$\iint_D 2xy^2\mathrm{d}x\mathrm{d}y = \iint_{D_1} 2xy^2\mathrm{d}x\mathrm{d}y + \iint_{D_2} 2xy^2\mathrm{d}x\mathrm{d}y.$$

$$= \int_0^1 \mathrm{d}x\int_{-\sqrt{x}}^{\sqrt{x}} 2xy^2\mathrm{d}y + \int_1^4 \mathrm{d}x\int_{-\sqrt{x}}^{\sqrt{x}} 2xy^2\mathrm{d}y.$$

可以看出,此种方法要麻烦得多,所以恰当地选择积分次序是化二重积分为二次积分的关键步骤.

7.8.5　二重积分的应用

【例题7-21】（平面薄板的质量)设一薄板的占有区域为中心在原点,半径为 R 的圆域,面密度为 $\mu = x^2 + y^2$,求薄板的质量.

解:在圆域 D 上任取一个微小区域 $\mathrm{d}\sigma$,视面密度不变,则得质量微元

$$\mathrm{d}m = \mu(x,y)\mathrm{d}\sigma = (x^2 + y^2)\mathrm{d}\sigma.$$

将上微元在区域 D 上积分,即得薄板的质量

$$m = \iint_D (x^2 + y^2)\mathrm{d}\sigma, D: x^2 + y^2 \leqslant R^2.$$

用极坐标计算,有

$$m = \int_0^{2\pi}\mathrm{d}\theta\int_0^R r^2 \cdot r\mathrm{d}r = \frac{1}{2}\pi R^4.$$

一般地,面密度为 $\mu(x,y)$ 的平面薄板 D 的质量是

$$m = \iint_D \mu(x,y)\mathrm{d}\sigma.$$

习题7.8

1. 计算 $\iint_D x\sqrt{y}\mathrm{d}x\mathrm{d}y$,其中 D 由抛物线 $y^2 = x$ 及 $y = x^2$ 所围成.

2. 计算 $\iint_D xy^2\mathrm{d}x\mathrm{d}y$,其中 D 由圆周 $x^2 + y^2 = 4$ 及 y 轴所围成的右半区域.

7.9　用 Matlab 求多元函数极值

求多元函数极小值常用的方法有单纯形法和拟牛顿法,主要命令有:

命令形式1:fminsearch(fun,x0)

功能:用单纯形法求多元函数极值点.

命令形式2:fminunc(fun,x0)

功能:用拟牛顿法求多元函数的极值点.

注意:命令中 fun 是要求极值点的多元函数文件名,x0 表示极小值点的初始预测值.

【例题7-22】　求 $f(x,y) = 100(y - x^2)^2 + (1 - x)^2$ 的极小值点.

解:令 $t = \begin{pmatrix} t(1) \\ t(2) \end{pmatrix} = \begin{pmatrix} x \\ y \end{pmatrix}$,Matlab 命令为:

```
>> ff = inline('100 * (t(2) - t(1)^2)^2 + (1 - t(1))^2','t');
>> t0 = [ -1.2,1];
>> t = fminsearch(ff,t0)
t =
    1.0000        1.0000
```

结果表明:当 $x=1,y=1$ 时,函数取得极小值.

【例题 7-23】 求函数 $f(x,y,z) = x^4 + \sin y - \cos z$ 在点(0,5,4)附近的极小值.

解:令 $t = \begin{pmatrix} t(1) \\ t(2) \\ t(3) \end{pmatrix} = \begin{pmatrix} x \\ y \\ z \end{pmatrix}$,Matlab 命令为:

```
>> t0 = [0,5,4];
>> ff = inline('t(1)^4 + sin(t(2)) - cos(t(3))','t');
>> disp('单纯形法求极值:');[t,fval] = fminsearch(ff,t0)
>> disp('拟牛顿法求极值:');[t,fval] = fminunc(ff,t0)
单纯形法求极值:
t =
     -0.0021      4.7124      6.2832
fval =
     -2.0000
拟牛顿法求极值:
t =
      0      4.7124      6.2832
fval =
     -2.0000
```

结果表明:当 $x=0,y=4.712\,4,z=6.283\,2$ 时,函数取得极小值 $f=-2$.

课外阅读

多元函数微积分

多元函数微积分,是微积分学的一个组成部分.历史上,多元函数微积分的基本概念都是在微分与积分的基本思想的应用中,与一元函数的微积分合为一体,为适应描述及分析物理现象和规律的需要而产生的,例如偏导数、重积分的朴素思想(牛顿,1687),二重积分及其累次积分与换元计算方法(欧拉,1769),三重积分及其累次积分与换元计算方法(拉格朗日,1773),都是初期出现在力学研究的著作中,并不是有意识地要建立相关的数学理论. 所以,多元函数微积分是在微积分的基本思想的应用和发展中自然地、水到渠成般地形成起来的. 它是体现在一元函数的微分学和积分学中的基本概念和计算方法在应用到多元函数的情形的发展. 在这发展中,基本概念都被推广到多元的情形,而计算方法则被化归到一元的情形. 从而计算仍旧是在实数范围内进行的. 这样,多元微积分学的基本任务便在于,以一元微积分学为基础,来阐述其中基本概念和计算的规律对于任意多个变量的函数仍然一致有效,同时分析由于变量个数的增多而带来的特点.

学习项目8　常微分方程

8.1　微分方程的基本概念

8.1.1　引例

【例题 8-1】　一条曲线通过点 $P(1,2)$，且在该曲线上任意一点 $Q(x,y)$ 处得切线斜率为 $2x$，求这条曲线方程.

解：设所求曲线的方程为 $y = f(x)$，根据导数的几何意义可知，未知函数 $y=f(x)$ 应满足关系式

$$\frac{dy}{dx} = 2x. \tag{8-1}$$

此外，未知函数 $y=f(x)$ 还应满足条件：$x=1$ 时，$y=2$.

把式(8-1)写成 $dy=2xdx$，再两边积分得：$y = \int 2xdx$，即

$$y = x^2 + C \tag{8-2}$$

把条件 $x=1, y=2$ 代入式(8-2)得 $C=1$. 于是所求曲线方程为

$$y = x^2 + 1. \tag{8-3}$$

上例中关系式(8-1)里含有未知函数的导数，把它叫作微分方程.

8.1.2　微分方程的基本概念

定义 8-1　含有未知函数的导数(或微分)的等式称为微分方程.

定义 8-2　未知函数是一元函数的微分方程称为常微分方程.

定义 8-3　未知函数是多元函数的微分方程称为偏微分方程.

说明：微分方程有时也简称为方程. 如方程 $\frac{dy}{dx} = 2x$ 是常微分方程，方程 $z_{xx} + z_{yy} = 0$，$yz_x - xz_y = 0$ 都是偏微分方程.

定义 8-4　微分方程中，所含未知函数的导数或微分的最高阶数称为微分方程的阶.

定义 8-5　当微分方程中未知函数及其各阶导数都是一次的，且不含这些变量的交叉项，该方程称为线性微分方程.

定义 8-6　在线性微分方程中，如果未知函数及其各阶导数前面的系数都是常数，则该方程称为常系数线性微分方程，否则称为变系数线性微分方程.

定义 8-7　如果一个函数代入微分方程后，方程两端恒等，则该函数称为微分方程的解.

定义8-8　如果微分方程的解中含有相互独立的任意常数(任意常数不能合并)的个数与方程的阶数相同,则称此解为该微分方程的通解.不含任意常数的解,称为微分方程的特解.

定义8-9　确定任意常数取固定值的条件称为初始条件.

例如,$y = x^3 + C$ 是方程 $y' = 3x^2$ 的通解,$y = x^3 + 2$,$y = x^3 - 1$ 都是方程 $y' = 3x^3$ 的特解.

定义8-10　求微分方程满足初始条件的解的问题,称为初值问题.

【例题8-2】　验证函数 $y = C_1e^x + C_2e^{-3x}$(C_1, C_2 为任意常数)为二阶微分方程

$$y'' + 2y' - 3y = 0$$

的通解,并求方程满足初始条件 $y(0) = 3$,$y'(0) = -1$ 的特解.

解:因为

$$y = C_1e^x + C_2e^{-3x},$$
$$y' = C_1e^x - 3C_2e^{-3x},$$
$$y'' = C_1e^x + 9C_2e^{-3x}.$$

将 y, y', y'' 代入方程 $y'' + 2y' - 3y = 0$,得

$$C_1e^x + 9C_2e^{-3x} + 2(C_1e^x - 3C_2e^{-3x}) - 3(C_1e^x + C_2e^{-3x})$$
$$= (C_1 + 2C_1 - 3C_1)e^x + (9C_2 - 6C_2 - 3C_2)e^{-3x} = 0.$$

所以,函数 $y = C_1e^x + C_2e^{-3x}$ 是所给微分方程的解.又因为解中有两个独立(不能合并)的任意常数,所以该解是所给的二阶微分方程的通解.

由初始条件 $\begin{cases} y(0) = 3 \\ y'(0) = -1 \end{cases}$ 得

$$\begin{cases} C_1 + C_2 = 3, \\ C_1 - 3C_2 = -1, \end{cases}$$

解得

$$\begin{cases} C_1 = 2, \\ C_2 = 1. \end{cases}$$

所以,满足初始条件的特解为 $y = 2e^x + e^{-3x}$.

习题8.1

1. 指出下列微分方程哪个是线性的,哪个是非线性的,并指出为几阶微分方程.

(1) $y'' - 3y' + xy = f(x)$.　　(2) $(y')^2 + \cos y = x$.

(3) $y^{(5)} - 3y'y'' + xy^2 = 0$.　　(4) $y^{(3)} - axy' + x^2y = \sin x$.

2. 验证函数 $y = C_1\cos x + C_2\sin x + C_3$ 是微分方程 $y''' + y' = 0$ 的解.

8.2　一阶微分方程

8.2.1　可分离变量的一阶微分方程

定义8-11　形如

$$\frac{dy}{dx} = f(x)g(y) \tag{8-4}$$

的方程,称为可分离变量的微分方程. 其中, $f(x)$ 只是 x 的函数, $g(y)$ 只是 y 的函数.

求解步骤如下:

(1)分离变量 $\dfrac{dy}{g(y)} = f(x)dx$.

(2)两边积分 $\int \dfrac{dy}{g(y)} = \int f(x)dx$.

(3)求出积分,得通解 $G(y) = F(x) + C$.

其中, $G(y)$, $F(x)$ 分别是 $g(y)$, $f(x)$ 的原函数.

【例题 8-3】 求微分方程 $y' = -\dfrac{x}{y}$ 的通解.

解:分离变量得 $$y dy = -x dx,$$

两边积分得 $$\int y dy = -\int x dx,$$

求积分得 $$\frac{1}{2}y^2 = -\frac{1}{2}x^2 + \frac{C}{2}.$$

于是,所求通解为 $x^2 + y^2 = C$ (其中 C 为任意常数).

【例题 8-4】 求微分方程 $y' = 2xy$ 的通解.

解:分离变量得 $$\frac{dy}{y} = 2x dx,$$

两边积分得 $$\int \frac{dy}{y} = 2\int x dx,$$

求积分得 $$\ln|y| = x^2 + C_1 .$$

于是有 $y = Ce^{x^2}$ (其中, $C = \pm e^{c_1}$).

易验证 $y=0$ 也是方程的解(分离变量时两边同除以 y 所丢失的解),故 C 可取零值,所以原方程的通解为 $y = Ce^{x^2}$ (C 为任意常数).

8.2.2 一阶线性微分方程

定义 8-12 一阶线性微分方程的标准形式为

$$\frac{dy}{dx} + P(x)y = Q(x), \tag{8-5}$$

其中, $P(x)$, $Q(x)$ 均为已知的连续函数. 当 $Q(x) \equiv 0$ 时,方程

$$\frac{dy}{dx} + P(x)y = 0 \tag{8-6}$$

称为一阶线性齐次微分方程. 当 $Q(x) \neq 0$ 时,式(8-5)称为一阶线性非齐次微分方程.

方程求解步骤为(常数变易法):

(1)求对应于式(8-5)的齐次方程(8-6)的通解

$$y = Ce^{-\int P(x)dx}. \tag{8-7}$$

(2)以 $C(x)$ 代替 C 得到

$$y = C(x)e^{-\int P(x)dx}, \tag{8-8}$$

并求 y'.

(3)将 y 及 y' 代入式(8-5)解出

$$C(x)=\int Q(x)e^{\int P(x)dx}dx+C.$$

(4)将 $C(x)$ 代入式(8-8),即得式(8-5)的通解

$$y=e^{-\int P(x)dx}\left[\int Q(x)e^{\int P(x)dx}dx+C\right]. \tag{8-9}$$

【例题 8-5】 求一阶线性微分方程 $y'-\frac{2}{x+1}y=(x+1)^3$ 的通解.

解:(1)对方程 $y'-\frac{2}{x+1}y=0$ 分离变量得

$$\frac{dy}{y}=\frac{2dx}{x+1},$$

积分得

$$y=C(x+1)^2.$$

(2)令 $y=C(x)(x+1)^2$,则

$$y'=C'(x)(x+1)^2+2C(x)(x+1).$$

(3)将 y,y' 代入原方程得

$$C'(x)=x+1,$$

积分得

$$C(x)=\int(x+1)dx=\frac{1}{2}(x+1)^2+C.$$

(4)将上式代入 $y=C(x)(x+1)^2$,即得原方程的通解

$$y=(x+1)^2\left[\frac{1}{2}(x+1)^2+C\right]$$

$$=\frac{1}{2}(x+1)^4+C(x+1)^2.$$

习题 8.2

1. 求微分方程 $\tan x\frac{dy}{dx}=1+y$ 的通解.
2. 求微分方程 $dx+xydy=y^2dx+ydy$ 的通解.
3. 求微分方程 $\frac{dy}{dx}=\frac{1+y^2}{xy+x^3y}$ 的通解.
4. 求微分方程 $y'=e^{x-1}$ 的通解.
5. 求微分方程 $y'+2xy=2xe^{-x^2}$ 的通解.

8.3 可降阶的高阶微分方程

8.3.1 $y^{(n)}=f(x)$ 型的微分方程

对 $y^{(n)}=f(x)$ 型的微分方程只需连续积分 n 次即得通解.

【例题 8-6】 求微分方程 $y'''=e^{2x}+x$ 的通解.

解:对所给的方程连续积分三次,得

$$y''=\int(e^{2x}+x)dx=\frac{1}{2}e^{2x}+\frac{x^2}{2}+C_1',$$

$$y'=\int(\frac{1}{2}e^{2x}+\frac{x^2}{2}+C_1')dx=\frac{1}{4}e^{2x}+\frac{x^3}{6}+C_1'x+C_2,$$

$$y=\int(\frac{1}{4}e^{2x}+\frac{x^3}{6}+C_1'x+C_2)dx=\frac{1}{8}e^{2x}+\frac{x^4}{24}+\frac{C_1'}{2}x^2+C_2x+C_3,$$

故原方程的通解为

$$y=\frac{1}{8}e^{2x}+\frac{x^4}{24}+C_1x^2+C_2x+C_3.$$

其中,$C_1=\frac{C_1'}{2}$.

8.3.2 $y''=f(x,y')$ 型的微分方程

$y''=f(x,y')$ 型的微分方程特点:右端不显含未知函数 y,可令 $y'=P$,则 $y''=P'$,原方程可降为 P 为未知函数的一阶微分方程:

$$P'=f(x,P).$$

若可以从这一阶方程中求出其通解 $P=\varphi(x,C_1)$,即

$$y'=\varphi(x,C_1),$$

两边再积分,便得原方程的通解.

【例题 8-7】 求微分方程 $y''-\frac{2}{x+1}y'=0$ 的通解.

解:方程不显含未知函数 y,属于 $y''=f(x,y')$ 型,故令 $y'=P$,则原方程化为

$$P'-\frac{2}{x+1}P=0,$$

即

$$\frac{dP}{P}=\frac{2dx}{x+1}.$$

两边积分,得

$$\ln P=\ln(x+1)^2+\ln C_1,$$

所以

$$P=C_1(x+1)^2,$$

即

$$y'=C_1(x+1)^2.$$

所以

$$y=\frac{1}{3}C_1(x+1)^3+C_2.$$

8.3.3 $y''=f(y,y')$型的微分方程

$y''=f(y,y')$型的微分方程特点:右端不显含自变量x,作变量代换将其降阶.

令$y'=P(y)$,则

$$y''=\frac{dP}{dx}=\frac{dP}{dy}\cdot\frac{dy}{dx}=P\frac{dP}{dy}.$$

从而将所给方程化为一阶微分方程

$$P\frac{dP}{dy}=f(y,P).$$

若能求出其解$P=\varphi(y,C_1)$,再由$y'=\varphi(y,C_1)$求出原方程的解.

【例题 8-8】 求微分方程$y'y''-y'^2=0$的通解.

解:该方程不显含自变量x,属于$y''=f(y,y')$型,故令$y'=P(y)$,则$y''=P\frac{dP}{dy}$.

原方程为
$$P^2\frac{dP}{dy}-P^2=0,$$
即
$$P^2\left(\frac{dP}{dy}-1\right)=0.$$
若$P\neq 0$,则
$$\frac{dP}{dy}=1,$$
分离变量,得
$$dP=dy,$$
积分,得
$$P=y+C_1,$$
即
$$y'=y+C_1,$$
解得
$$y=C_1+C_2e^x.$$
当$P=0$时,$y'=0$,积分得$y=C$,故原方程的通解为
$$y=C_1+C_2e^x.$$

习题 8.3

1. 求微分方程$y'''=2x+\cos x$的通解.
2. 求微分方程$y''=\frac{1}{1+x^2}$的通解.
3. 求微分方程$y''=1+y'$的通解.
4. 求微分方程$(1-x^2)y''-xy'=2$的通解.
5. 求微分方程$y''+\frac{2}{1-y}(y')^2=0$的通解.
6. 求微分方程$1+(y')^2=2yy''$的通解.
7. 求微分方程$y\cdot y''+(y')^2=0$的通解.

8.4　二阶线性微分方程

8.4.1　二阶线性微分方程的一般式

定义 8-13　二阶线性微分方程的一般式为 $y'' + p_1(x)y' + p_2(x)y = f(x)$,其中 $p_1(x)$,$p_2(x)$,$f(x)$ 均为 x 的连续函数;若函数 $f(x) \equiv 0$,则方程变为 $y'' + p_1(x)y' + p_2(x)y = 0$ 称为齐次微分方程;特别地,当 $p_1(x)$, $p_2(x)$ 分别为常数 p , q 时,变为 $y'' + py' + qy = f(x)$ 或 $y'' + py' + qy = 0$,此时称为二阶常系数线性非齐次或齐次微分方程.

8.4.2　二阶线性齐次微分方程解的结构

定理 8-1　设 $y_1(x)$, $y_2(x)$ 是方程 $y'' + p_1(x)y' + p_2(x)y = 0$ 的两个解,则 $y_1(x)$, $y_2(x)$ 的线性组合 $y = C_1y_1(x) + C_2y_2(x)$ 也是该方程的解,其中 C_1 , C_2 是任意常数.

注意: $y = C_1y_1(x) + C_2y_2(x)$ 中虽然含有两个任意常数 C_1 , C_2 ,但不一定是方程 $y'' + p_1(x)y' + p_2(x)y = 0$ 的通解,例如对于二阶常系数齐次微分方程 $y'' - 2y' + y = 0$,易证, $y_1(x) = e^x$, $y_2(x) = 2e^x$ 都是它的解,但是它们的线性组合不是方程的通解.

定义 8-14　设 $y_1(x)$, $y_2(x)$ 是定义在某区间内的两个函数,若存在不全为零的常数 k_1 , k_2 ,使对该区间的一切 x ,均有 $k_1y_1 + k_2y_2 = 0$ (或$\dfrac{y_1(x)}{y_2(x)} = k$,其中 k 为常数)成立,则称 $y_1(x)$与 $y_2(x)$在该区间内线性相关,否则线性无关.

定理 8-2　若 $y_1(x)$, $y_2(x)$ 是方程 $y'' + p_1(x)y' + p_2(x)y = 0$ 的两个线性无关解,则 $y_1(x)$, $y_2(x)$ 的线性组合 $y = C_1y_1(x) + C_2y_2(x)$ 是该方程的通解,其中 C_1 , C_2 是任意常数.

【例题 8-9】　验证 $y_1(x) = e^{-x}$, $y_2(x) = e^{2x}$ 都是方程 $y'' - y' - 2y = 0$ 的解,并写出该方程的通解.

解: $y_1'(x) = -e^{-x}$, $y_1''(x) = e^{-x}$, $y_2'(x) = 2e^{2x}$, $y_2''(x) = 4e^{2x}$.

把它们分别代入方程 $y'' - y' - 2y = 0$ 的左端,得

$$e^{-x} + e^{-x} - 2e^{-x} = 0, 4e^{2x} - 2e^{2x} - 2e^{2x} = 0.$$

所以, $y_1(x) = e^{-x}$, $y_2(x) = e^{2x}$ 都是方程 $y'' - y' - 2y = 0$ 的解.

由于 $\dfrac{y_2(x)}{y_1(x)} = \dfrac{e^{2x}}{e^{-x}} = e^{3x} \neq$ 常数,所以 $y_1(x) = e^{-x}$, $y_2(x) = e^{2x}$ 是方程 $y'' - y' - 2y = 0$ 的两个线性无关的解. 由定理 8-2 知它的通解为 $y = C_1e^{-x} + C_2e^{2x}$,其中 C_1 , C_2 是任意常数.

8.4.3　二阶常系数线性齐次微分方程的解法

定义 8-15　设二阶常系数线性齐次微分方程为 $y'' + py' + qy = 0$,方程 $r^2 + pr + q = 0$ 称为 $y'' + py' + qy = 0$ 的特征方程.

定义 8-16　特征方程 $r^2 + pr + q = 0$ 的根称为特征根.

二阶常系数线性齐次微分方程 $y'' + py' + qy = 0$ 解的三种情况如下.

对于特征方程 $r^2 + pr + q = 0$:

(1)当 $\Delta > 0$ 时,有不等的两实数根 $r_1 \neq r_2$,则原方程 $y'' + py' + qy = 0$ 的通解为

$$y = C_1 e^{r_1 x} + C_2 e^{r_2 x}. \tag{8-10}$$

(2)当 $\Delta = 0$ 时,有相等的两实数根 $r_1 = r_2$,则原方程 $y'' + py' + qy = 0$ 的通解为

$$y = (C_1 + C_2 x) e^{r_1 x}. \tag{8-11}$$

(3)当 $\Delta < 0$ 时,有一对共轭的复根 r_1, r_2,设 α 为复根的实部,β 为复根的虚部,则原方程 $y'' + py' + qy = 0$ 的通解为

$$y = e^{\alpha x}(C_1 \cos\beta x + C_2 \sin\beta x). \tag{8-12}$$

【例题 8-10】 求微分方程 $y'' + 3y' - 4y = 0$ 的通解.

解:特征方程为 $r^2 + 3r - 4 = 0$,所以特征根为 $r_1 = -4$,$r_2 = 1$,故原方程的通解为

$$y = C_1 e^{-4x} + C_2 e^{x}.$$

【例题 8-11】 求方程 $\frac{d^2 s}{dt^2} + 2\frac{ds}{dt} + s = 0$ 满足初始条件 $s|_{t=0} = 4, \frac{ds}{dt}|_{t=0} = -2$ 的特解.

解:通解为 $s = (C_1 + C_2 t)e^{-t}$,将初始条件代入得特解为

$$s = (4 + 2t)e^{-t}.$$

【例题 8-12】 求微分方程 $y'' + 2y' + 3y = 0$ 的通解.

解:特征方程一对共轭复根为 $r_{1,2} = -1 \pm \sqrt{2}i$,所以方程的通解为

$$y = e^{-x}(C_1 \cos\sqrt{2}x + C_2 \sin\sqrt{2}x)$$

习题 8.4

1. 求方程 $y'' + y' - 6y = 0$ 的通解.
2. 求方程 $y'' - 4y' + 4y = 0$ 的通解.
3. 求方程 $y'' + 4y' + 4y = 0$ 的通解.
4. 求方程 $y'' - 5y' + 6y = 0$ 的通解.
5. 求方程 $2y'' + y' - y = 0$ 的通解.
6. 求方程 $y'' + 6y' + 13y = 0$ 的通解.

8.5　用 Matlab 解常微分方程

8.5.1　求微分方程(组)的解析解

求微分方程(组)的解析解命令如下:

dsolve('方程 1','方程 2',…,'方程 n','初始条件','自变量')

记号规定:在表达微分方程时,用字母 D 表示求微分,D2、D3 等表示求高阶微分. D、

D2、D3 等后所跟的字母为因变量,自变量可以指定或由系统规则选定为缺省.

例如,微分方程 $\frac{d^2y}{dt^2}=0$ 应表达为:D2y=0.

【例题 8-13】 求 $\frac{du}{dt}=1+u^2$ 的通解.

解:输入命令:

```
>> u = dsolve('Du = 1 + u^2','t')
```

输出结果为:

```
u = tan(t + C1)
```

【例题 8-14】 求微分方程 $y''-2y'+y=2e^x+\cos x$ 的通解.

说明:此题人工求解有一定的难度,但用数学软件求解却非常容易.

解:在 Matlab 命令窗口中输入如下的命令:

```
>> y = dsolve('D2y - 2 * Dy + y = 2 * exp(x) + cos(x)','x')
```

命令的执行结果为:

```
y = exp(x) * x^2 - 1/2 * sin(x) + C1 * exp(x) + C2 * exp(x) * x
```

即方程通解为 $y=e^x(C_1+C_2x)+x^2e^x-\frac{1}{2}\sin x$.

【例题 8-15】 求微分方程组 $\begin{cases}\frac{d^2y}{dx^2}+4\frac{dy}{dx}+29y=0\\ y(0)=0,y'(0)=15\end{cases}$ 的特解.

解:在 Matlab 命令窗口输入命令:

```
>> y = dsolve('D2y + 4 * Dy + 29 * y = 0','y(0) = 0,Dy(0) = 15','x')
```

输出结果为:

```
y = 3 * exp( -2 * x) * sin(5 * x)
```

即方程的特解为

$$y=3e^{-2x}\sin(5x).$$

【例题 8-16】 求下列微分方程满足初始条件的特解:

$$y'''=\ln x,y(1)=0,y'(1)=-\frac{3}{4},y''(1)=-1.$$

说明:此题人工求解计算量比较大,但用软件求解非常简单.

解:在 Matlab 命令窗口中输入如下的命令:

```
>> y = dsolve('D3y = log(x)','y(1) = 0,Dy(1) = -3/4,D2y(1) = -1','x')
```

命令的运行结果为:

```
y = 1/6 * x^3 * log(x) - 11/36 * x^3 + 11/36
```

即方程的特解为 $y=\frac{1}{6}x^3\ln x-\frac{11}{36}x^3+\frac{11}{36}$.

【例题 8-17】 求微分方程组 $\begin{cases}\dfrac{dx}{dt}=2x-3y+3z\\ \dfrac{dy}{dt}=4x-5y+3z\\ \dfrac{dz}{dt}=4x-4y+2z\end{cases}$ 的通解.

解:在 Matlab 命令窗口输入命令:

```
>>[x,y,z]=dsolve('Dx=2*x-3*y+3*z','Dy=4*x-5*y+3*z','Dz=4*x-4*y+2*z','t')
>>x=simple(x)            %将x化简
>>y=simple(y)
>>z=simple(z)
```

输出结果为:

$x=(c1-c2+c3+c2e^{-3t}-c3e^{-3t})e^{2t}$

$y=(-c1e^{-4t}+c2e^{-4t}+c2e^{-3t}-c3e^{-3t}+c1-c2+c3)e^{2t}$

$z=(-c1e^{-4t}+c2e^{-4t}+c1-c2+c3)e^{2t}$

8.5.2 微分方程的数值解

8.5.2.1 常微分方程数值解的定义

在生产和科研中所处理的微分方程往往很复杂,且大多得不出通解.而实际上,对于给定初始条件的微分方程(初值问题),一般要求得到特解在若干个点上满足规定精确度的近似值,或者得到一个满足精确度要求的便于计算的表达式.

对常微分方程 $\begin{cases}y'=f(x,y),\\ y(x_0)=y_0,\end{cases}$ 其数值解是指由初始点 x_0 开始的若干离散的 x 值处,即对 $x_0<x_1<x_2<\cdots<x_n$,求出准确值 $y(x_0),y(x_1),y(x_2),\cdots,y(x_n)$ 的相应近似值 $y_0,y_1,y_2,\cdots,y_n$.

8.5.2.2 用 Matlab 软件求常微分方程的数值解

命令格式为:

```
[t,x]=solver('f',ts,x0,options)
```

其中,t 表示自变量值,x 表示函数值,solver 表示算法(ode45,ode23,ode113,ode15s,ode23s),如 ode23:组合的 2/3 阶龙格-库塔-芬尔格算法;ode45:组合的 4/5 阶龙格-库塔-芬尔格算法;f 表示由待解方程写成的 m-文件名,ts=[t0,tf],t0、tf 为自变量的初值和终值,x0 表示函数的初值,options 用于设定误差限(缺省时设定相对误差 10^{-3},绝对误差 10^{-6}),命令为:options=odeset('reltol',rt,'abstol',at),rt,at 分别为设定的相对误差和绝对误差.

注意事项如下:

(1)在解 n 个未知函数的微分方程组时,x_0 和 x 均为 n 维向量,m-文件中的待解方程组应以 x 的分量形式写成.

(2)使用 Matlab 软件求数值解时,高阶微分方程必须等价地变换成一阶微分方程组.

【例题 8-18】 求解 $\begin{cases} \dfrac{d^2x}{dt^2} - 1\ 000(1 - x^2)\dfrac{dx}{dt} + x = 0, \\ x(0) = 2; x'(0) = 0. \end{cases}$

解:令 $y_1 = x, y_2 = y_1'$

则微分方程变为一阶微分方程组:

$$\begin{cases} y_1' = y_2, \\ y_2' = 1\ 000(1 - y_1^2)y_2 - y_1, \\ y_1(0) = 2, y_2(0) = 0. \end{cases}$$

(1)建立 m - 文件 vdp1000. m 如下:

```
function dy = vdp1000(t,y)
dy = zeros(2,1);
dy(1) = y(2);
dy(2) = 1000 * (1 - y(1)^2) * y(2) - y(1);
```

(2)取 t0 = 0, tf = 3 000,输入命令:

```
[T,Y] = ode15s('vdp1000',[0 3000],[2 0]);
plot(T,Y(:,1),'-')
```

(3)结果如图 8-1 所示.

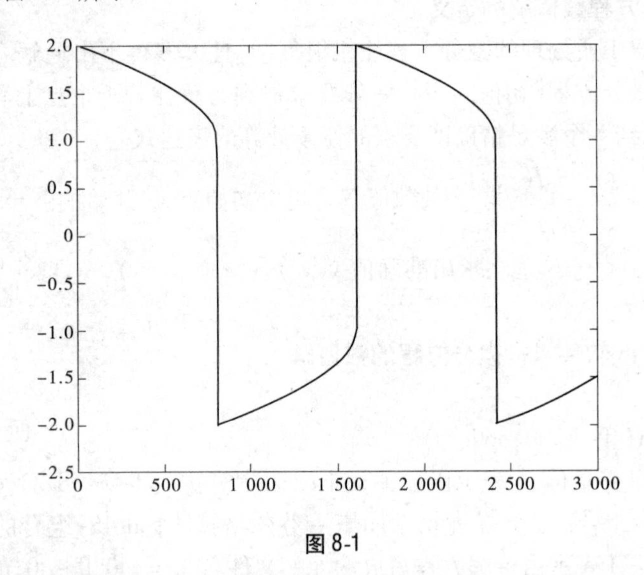

图 8-1

【例题 8-19】 解微分方程组:

$$\begin{cases} y_1' = y_2y_3, \\ y_2' = -y_1y_3, \\ y_3' = -0.51y_1y_2, \\ y_1(0) = 0, y_2(0) = 1, y_3(0) = 1. \end{cases}$$

解:(1)建立 m - 文件 rigid. m 如下:

```
function dy = rigid(t,y)
dy = zeros(3,1);
dy(1) = y(2) * y(3);
dy(2) = -y(1) * y(3);
dy(3) = -0.51 * y(1) * y(2);
```

(2)取 t0 = 0, tf = 12, 输入命令:

```
[T,Y] = ode45('rigid',[0 12],[-1 1]);
plot(T,Y(:,1),'-',T,Y(:,2),'*',T,Y(:,3),'+')
```

(3)结果如图 8-2 所示.

图中, y_1 的图形为实线, y_2 的图形为"*"线, y_3 的图形为"+"线.

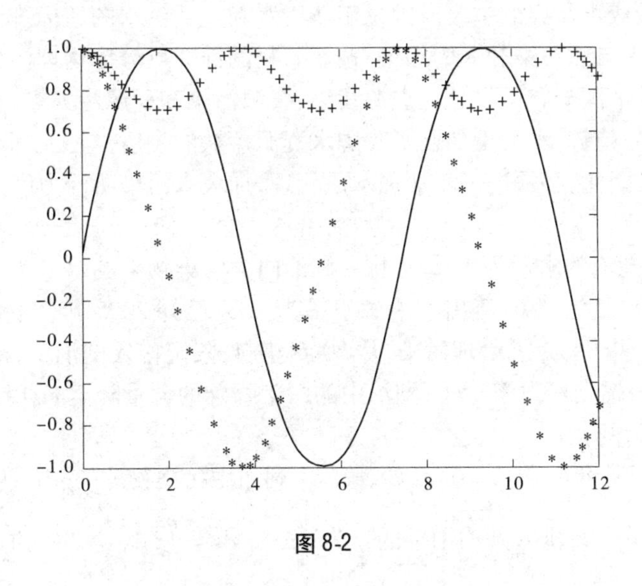

图 8-2

习题 8.5

1. 求微分方程 $(x^2-1)y'+2xy-\sin x=0$ 的通解.

2. 求微分方程 $y''-2y'+5y=e^x\sin x$ 的通解.

3. 求微分方程组

$$\begin{cases}\dfrac{dx}{dt}+x+y=0\\[2mm]\dfrac{dy}{dt}+x-y=0\end{cases}$$

在初始条件 $x|_{t=0}=1, y|_{t=0}=0$ 下的特解,并画出解函数 $y=f(x)$ 的图形.

4. 分别用 ode23、ode45 求第 3 题中的微分方程初值问题的数值解(近似解),求解区间为 $t\in[0,2]$. 利用画图来比较两种求解器之间的差异.

未来应用

水污染防治问题

水污染防治问题主要出现在水利工程、水务管理、水利水电工程管理、城市水利、给水排水工程技术等专业中,具体到课程如“水利工程管理”“水资源管理”等,主要应用于水质管理、水污染控制和水源保护. 水在自然循环和社会循环中会混入各种各样的杂质,包括自然界各种地球化学过程和生物过程的产物、人类生活和生产的各种废弃物. 当水中某些杂质的数量达到一定程度后,就会对人类环境或水的利用产生不良影响,水质的这种恶化称为水污染. 造成水污染的主要原因是工业废水和生活污水的超标排入. 水污染按造成污染的原因可分为自然污染和人为污染;按污染物的性质可分为物理污染、化学污染和生物污染;按污染源平面分布又可分为点源污染、线源污染和面源污染等. 近年来,我国水体水质总体上呈恶化趋势,水污染加剧了我国水资源短缺的矛盾,对工农业生产和人民生活造成一定的危害. 因此,必须进一步加强水质管理,加大水污染防治力度,切实保护好人类赖以生存的水资源.

【实例】 某湖泊的水量为 V,每年排入湖泊内含污染物砷的水量为 $V/6$,流入湖泊的不含污染物砷的水量为 $V/6$,流出湖泊的水量为 $V/3$. 已知 2005 年年底湖中砷的含量为 $5m$,超过国家规定指标,为了治理污染,从 2006 年起,限定排入湖泊中含砷污水的浓度不超过 m_0/V. 问至少需要经过多少年,湖泊中的污染物砷的含量降至 m_0 以内?(注:设湖水中砷的浓度是均匀的)

分析:设从 2006 年年初($t=0$)开始,第 t 年湖泊中污染物砷的总量为 m,浓度为 m/V,则在时间间隔 $[t,t+\mathrm{d}t]$ 排入湖泊中砷的量为 $\frac{m_0}{V}\cdot\frac{V}{6}\mathrm{d}t=\frac{m_0}{6}\mathrm{d}t$, 流出湖泊的水中砷的含量为 $\frac{m}{V}\cdot\frac{V}{3}\mathrm{d}t=\frac{m}{3}\mathrm{d}t$. 因而,在时间间隔 $\mathrm{d}t$ 内,湖泊中污染物砷的改变量 $\mathrm{d}m=\left(\frac{m_0}{6}-\frac{m}{3}\right)\mathrm{d}t$, 它是一阶可分离变量的微分方程. 然后,运用求解可分离变量的微分方程的方法和步骤,便可求得至少所需的年限.

解答:(计算过程略)

课外阅读

微分方程

方程是大家比较熟悉的,比如线性方程、二次方程、高次方程、指数方程、对数方程、三角方程和方程组等. 这些方程都是要把研究的问题中的已知数和未知数之间的关系找出来,列出包含一个未知数或几个未知数的一个或者多个方程式,然后去求方程的解.

但是在实际工作中,常常出现一些特点和以上方程完全不同的问题.比如:物质在一定条件下的运动变化,要寻求它的运动、变化的规律;某个物体在重力作用下自由下落,要寻求下落距离随时间变化的规律;火箭在发动机推动下在空间飞行,要寻求它飞行的轨道,等等.

物质运动和它的变化规律在数学上是用函数关系来描述的.因此,这类问题就是要去寻求满足某些条件的一个或者几个未知函数.也就是说,凡是这类问题都不是简单地去求一个或者几个固定不变的数值,而是要求一个或者几个未知的函数.

解这类问题的基本思想和初等数学解方程的基本思想很相似,也是要把研究的问题中已知函数和未知函数之间的关系找出来,从列出的包含未知函数的一个或几个方程中去求得未知函数的表达式.但是无论在方程的形式、求解的具体方法、求出解的性质等方面,都和初等数学中的解方程有许多不同的地方.在数学上,解这类方程,要用到微分和导数的知识.因此,凡是表示未知函数的导数以及自变量之间的关系的方程,就叫作微分方程.

微分方程差不多是和微积分同时产生的.苏格兰数学家耐普尔创立对数的时候,就讨论过微分方程的近似解.牛顿在建立微积分的同时,对简单的微分方程用级数来求解.后来,瑞士数学家约翰·伯努利、欧拉,法国数学家克雷洛、达朗贝尔、拉格朗日等又不断地研究和丰富了微分方程的理论.

常微分方程的形成与发展是和力学、天文学、物理学,以及其他科学技术的发展密切相关的.牛顿研究天体力学和机械力学的时候,利用了微分方程这个工具,从理论上得到了行星运动规律.后来,法国天文学家勒维烈和英国天文学家亚当斯使用微分方程各自计算出那时尚未发现的海王星的位置.这些都使数学家更加深信微分方程在认识自然、改造自然方面的巨大力量.

微分方程的理论逐步完善的时候,利用它就可以精确地表述事物变化所遵循的基本规律,只要列出相应的微分方程,有了解方程的方法.微分方程也就成了最有生命力的数学分支.

现在,常微分方程在很多学科领域内有着重要的应用,自动控制、各种电子学装置的设计、弹道的计算、飞机和导弹飞行的稳定性的研究、化学反应过程稳定性的研究等.这些问题都可以化为求常微分方程的解,或者化为研究解的性质的问题.应该说,应用常微分方程理论已经取得了很大的成就.但是,它的现有理论还远远不能满足需要,还有待于进一步的发展,使这门学科的理论更加完善.

学习项目9 无穷级数

9.1 常数项级数的概念与性质

9.1.1 基本概念

定义 9-1 若 $u_1, u_2, \cdots, u_n, \cdots$ 为已知数列,由数列构成的表达式 $u_1 + u_2 + \cdots + u_n + \cdots$ 称为(常数项)无穷级数,简称级数,记作 $\sum_{n=1}^{\infty} u_n$,其中第 n 项 u_n 称为级数的一般项或通项.

级数的前 n 项和记为 S_n,即 $S_n = \sum_{k=1}^{n} u_k$,称为级数的部分和. 当 n 依次取 $1,2,3,\cdots$ 时,它们构成了一个新的数列:

$$S_1 = u_1,$$
$$S_2 = u_1 + u_2,$$
$$\vdots$$
$$S_n = u_1 + u_2 + \cdots + u_n,$$

该数列 $\{S_n\}$ 叫作级数的部分和数列.

定义 9-2 当 n 无限增大时,如果级数 $\sum_{n=1}^{\infty} u_n$ 的部分和 S_n 存在极限 S,称级数 $\sum_{n=1}^{\infty} u_n$ 收敛,S 为级数的和. 若级数的部分和极限不存在,则称级数发散.

由定义可看出:研究级数的收敛和发散,就要看级数的部分和极限是否存在. 若存在,级数就是收敛的,否则是发散的.

【例题 9-1】 讨论几何级数(又称等比级数) $\sum_{n=1}^{\infty} aq^{n-1} = a + aq + aq^2 + \cdots + aq^{n-1} + \cdots$ 的敛散性,其中 $a \neq 0$,q 是级数的公比.

解:如果 $|q| \neq 1$,则该级数部分和为

$$S_n = a + aq + aq^2 + \cdots + aq^{n-1} = \frac{a - aq^n}{1-q} = \frac{a}{1-q} - \frac{aq^n}{1-q}.$$

当 $|q| < 1$ 时,$\lim_{n\to\infty} q^n = 0$,从而 $\lim_{n\to\infty} S_n = \frac{a}{1-q}$,所以原级数收敛,其和为 $\frac{a}{1-q}$.

当 $|q| > 1$ 时,$\lim_{n\to\infty} q^n = \infty$,从而 $\lim_{n\to\infty} S_n$ 没有极限,所以原级数发散.

当 $|q| = 1$ 时,如果 $q = 1$,$\lim_{n\to\infty} S_n = \lim_{n\to\infty} na$ 没有极限,因此原级数发散;如果 $q = -1$,原级数成为

$$a-a+a-a+a-\cdots,$$

其部分和 S_n，当 n 为偶数时等于 0；当 n 为奇数时等于 a. 所以，S_n 的极限不存在，原级数发散.

综上所述，当 $|q|<1$ 时，原级数收敛，其和为 $\frac{a}{1-q}$；当 $|q|\geqslant 1$ 时，原级数发散.

特别地，当 $a=1,q=x$ 且 $|x|<1$ 时，有

$$\frac{1}{1-x}=1+x+x^2+\cdots+x^n+\cdots.$$

【例题 9-2】 判别级数 $\sum\limits_{n=1}^{\infty}\ln\frac{n+1}{n}$ 的敛散性.

解：由于 $\ln\frac{n+1}{n}=\ln(n+1)-\ln n\ (n=1,2,\cdots)$，

$$\begin{aligned}所以\ S_n&=\ln\frac{2}{1}+\ln\frac{3}{2}+\ln\frac{4}{3}+\cdots+\ln\frac{n+1}{n}\\&=(\ln 2-\ln 1)+(\ln 3-\ln 2)+\cdots+[\ln(n+1)-\ln n]\\&=\ln(n+1).\end{aligned}$$

因为 $\lim\limits_{n\to\infty}S_n=\lim\limits_{n\to\infty}\ln(n+1)=+\infty$，所以原级数发散.

【例题 9-3】 证明级数 $\sum\limits_{n=1}^{\infty}\frac{1}{n(n+1)}$ 收敛且其和等于 1.

证明：级数的通项 $u_n=\frac{1}{n(n+1)}=\frac{1}{n}-\frac{1}{n+1}(n=1,2,\cdots)$，

$$\begin{aligned}所以\ S_n&=\frac{1}{1\times 2}+\frac{1}{2\times 3}+\frac{1}{3\times 4}+\cdots+\frac{1}{n(n+1)}\\&=\left(1-\frac{1}{2}\right)+\left(\frac{1}{2}-\frac{1}{3}\right)+\cdots+\left[\frac{1}{n}-\frac{1}{n+1}\right]\\&=1-\frac{1}{n+1}.\end{aligned}$$

因为 $\lim\limits_{n\to\infty}S_n=\lim\limits_{n\to\infty}(1-\frac{1}{n+1})=1$，所以原级数收敛且其和等于 1.

【例题 9-4】 证明级数 $\sum\limits_{n=1}^{\infty}n$ 是发散的.

证明：级数的部分和为 $S_n=1+2+3+\cdots+n=\frac{n(n+1)}{2}$.

因为 $\lim\limits_{n\to\infty}S_n=\lim\limits_{n\to\infty}\frac{n(n+1)}{2}=+\infty$，所以原级数是发散的.

9.1.2　数项级数的基本性质

性质 9-1（级数收敛的必要条件）　如果级数 $\sum\limits_{n=1}^{\infty}u_n$ 收敛，则它的一般项 u_n 趋于 $0(n\to\infty)$，即

$$\lim_{n\to\infty} u_n = 0.$$

推论 若 $\lim_{n\to\infty} u_n \neq 0$,则级数 $\sum_{n=1}^{\infty} u_n$ 发散.

注意:若 $\lim_{n\to\infty} u_n = 0$,不能得出级数 $\sum_{n=1}^{\infty} u_n$ 收敛.

【例题 9-5】 证明级数 $\sum_{n=1}^{\infty} \frac{n}{n+1}$ 是发散的.

证明:因为 $\lim_{n\to\infty} u_n = \lim_{n\to\infty} \frac{n}{(n+1)} = 1 \neq 0$,所以原级数发散.

性质 9-2 如果级数 $\sum_{n=1}^{\infty} u_n$ 收敛于和 S,k 为常数,则级数 $\sum_{n=1}^{\infty} ku_n$ 也收敛,且其和为 kS;如果级数 $\sum_{n=1}^{\infty} u_n$ 发散,$k \neq 0$,则级数 $\sum_{n=1}^{\infty} ku_n$ 也发散.

性质 9-3 如果级数 $\sum_{n=1}^{\infty} u_n$ 和 $\sum_{n=1}^{\infty} v_n$ 分别收敛于和 S、M,则级数 $\sum_{n=1}^{\infty} (u_n \pm v_n)$ 也收敛,且其和为 $S \pm M$.

性质 9-4 在级数 $\sum_{n=1}^{\infty} u_n$ 中去掉或添加或改变有限项,不会改变级数的收敛性.

性质 9-5 若级数 $\sum_{n=1}^{\infty} u_n$ 收敛,将级数中的项任意合并(加上括号)后所成的级数 $(u_1 + u_2 + \cdots + u_{n_1}) + (u_{n_1+1} + \cdots + u_{n_2}) + \cdots + (u_{n_{k-1}+1} + \cdots + u_{n_k}) + \cdots$ 仍收敛且其和不变.

注意:若将一个级数合并项后所成的级数收敛,但不能保证原级数收敛,例如:级数 $(1-1) + (1-1) + \cdots + (1-1) + \cdots$ 是收敛的,其和为零.但是去掉括号后级数是发散的.

【例题 9-6】 证明调和级数 $\sum_{n=1}^{\infty} \frac{1}{n}$ 是发散的.

证明:取前 2^n 项和

$$S_n = \frac{1}{1} + \frac{1}{2} + \frac{1}{3} + \cdots + \frac{1}{2^n}$$

$$= 1 + \frac{1}{2} + (\frac{1}{3} + \frac{1}{4}) + (\frac{1}{5} + \frac{1}{6} + \frac{1}{7} + \frac{1}{8}) + (\frac{1}{9} + \frac{1}{10} + \frac{1}{11} + \frac{1}{12} + \frac{1}{13} + \frac{1}{14} + \frac{1}{15} + \frac{1}{16}) + \cdots + (\frac{1}{2^{n-1}+1} + \cdots + \frac{1}{2^n}) > \frac{1}{2} + (\frac{1}{4} + \frac{1}{4}) + (\frac{1}{8} + \frac{1}{8} + \frac{1}{8} + \frac{1}{8}) + \underbrace{(\frac{1}{16} + \cdots + \frac{1}{16})}_{8项} + \cdots + \underbrace{(\frac{1}{2^n} + \cdots + \frac{1}{2^n})}_{2^{n-1}项}$$

$$= \underbrace{\frac{1}{2} + \cdots + \frac{1}{2}}_{n项} = \frac{n}{2}.$$

因为 $\lim_{n\to\infty} S_{2^n} \geqslant \lim_{n\to\infty} \frac{n}{2} = +\infty$,所以原级数是发散的.

习题 9.1

1. 判别级数 $\sum_{n=1}^{\infty}\frac{1}{(2n-1)(2n+1)}$ 的敛散性.

2. 判别级数 $\sum_{n=1}^{\infty}(\frac{1}{2^n}+\frac{1}{3^n})$ 的敛散性.

3. 判别级数 $\sum_{n=1}^{\infty}\frac{1}{\sqrt{n+1}+\sqrt{n}}$ 的敛散性.

4. 判别级数 $\sum_{n=1}^{\infty}(-1)^{n+1}(\frac{2}{3})^n$ 的敛散性.

5. 判别级数 $\sum_{n=1}^{\infty}\sqrt{\frac{n}{2n+1}}$ 的敛散性.

9.2　数项级数的敛散性判别法

定义 9-3　每一项都是非负的级数称为正项级数,即级数 $u_1+u_2+\cdots+u_n+\cdots$ 满足条件 $u_n\geqslant 0(n=1,2,\cdots)$,称为正项级数.

这是一类重要的级数,因为正项级数在实际应用中经常会遇到,并且一般级数的敛散性判别问题,往往可以归结为正项级数的敛散性判别问题.

9.2.1　收敛的基本定理

定理 9-1　正项级数 $\sum_{n=1}^{\infty}u_n(u_n\geqslant 0)$ 收敛的充分必要条件是其部分和数列 $\{S_n\}$ 有上界.

【例题 9-7】　证明级数 $\sum_{n=1}^{\infty}\frac{1}{n^p}=1+\frac{1}{2^p}+\cdots+\frac{1}{n^p}+\cdots$($p$ 为正常数)在 $p\leqslant 1$ 时发散;$p>1$ 时收敛. 此级数称为 p 级数.

证明: 当 $p\leqslant 1$ 时,分别用 S_n 和 σ_n 记级数 $\sum_{n=1}^{\infty}\frac{1}{n^p}$ 与 $\sum_{n=1}^{\infty}\frac{1}{n}$ 的部分和,即 $S_n=1+\frac{1}{2^p}+\cdots+\frac{1}{n^p}$,$\sigma_n==1+\frac{1}{2}+\cdots+\frac{1}{n}$

显然
$$S_n\geqslant\sigma_n,$$
由于调和级数发散于正无穷大,即数列 $\{\sigma_n\}$ 无上界,所以数列 $\{S_n\}$ 也无上界.

所以,当 $p\leqslant 1$ 时,原 p 级数发散.

当 $p>1$ 时,通过积分来证明 p 级数的部分和数列 $\{S_n\}$ 有上界. 由于
$$\frac{1}{n^p}=\int_{n-1}^{n}\frac{1}{n^p}\mathrm{d}x,$$

当 $n-1 \leqslant x \leqslant n$ 时，有$\frac{1}{n^p} \leqslant \frac{1}{x^p}$，于是

$$\begin{aligned} S_n &= 1 + \frac{1}{2^p} + \cdots + \frac{1}{n^p} \\ &= 1 + \int_1^2 \frac{1}{2^p}\mathrm{d}x + \int_2^3 \frac{1}{3^p}\mathrm{d}x + \cdots + \int_{n-1}^n \frac{1}{n^p}\mathrm{d}x \\ &< 1 + \int_1^2 \frac{1}{x^p}\mathrm{d}x + \int_2^3 \frac{1}{x^p}\mathrm{d}x + \cdots + \int_{n-1}^n \frac{1}{x^p}\mathrm{d}x \\ &= 1 + \int_1^n \frac{1}{x^p}\mathrm{d}x \end{aligned}$$

而$\int_1^n \frac{1}{x^p}\mathrm{d}x = \frac{1}{1-p}(\frac{1}{n^{p-1}} - 1)$.

所以

$$S_n < 1 + \frac{1}{p-1}(\frac{1}{n^{p-1}} - 1) < 1 + \frac{1}{p-1} = \frac{p}{p-1},$$

即数列$\{S_n\}$有上界.

所以，当 $p>1$ 时，p 级数收敛. 当 $p=1$ 时，p 级数即为调和级数. p 级数在判别正项级数的敛散性问题上起着重要的作用.

9.2.2　正项级数的收敛判别法

定理 9-2(比较判别法)　设级数 $\sum_{n=1}^{\infty} u_n$ 和 $\sum_{n=1}^{\infty} v_n$ 都是正项级数，满足关系式 $u_n \leqslant v_n (n = 1,2,\cdots)$，则：

(1)当级数 $\sum_{n=1}^{\infty} v_n$ 收敛时，级数 $\sum_{n=1}^{\infty} u_n$ 也收敛.

(2)当级数 $\sum_{n=1}^{\infty} u_n$ 发散时，级数 $\sum_{n=1}^{\infty} v_n$ 也发散.

【例题 9-8】　讨论级数 $\sum_{n=1}^{\infty} \frac{1}{(n+1)^2}$ 的收敛性.

解：因为 p 级数 $\sum_{n=1}^{\infty} \frac{1}{n^2}$ 收敛，而

$$\frac{1}{(n+1)^2} \leqslant \frac{1}{n^2} \quad (n = 1,2,\cdots),$$

由比较判别法知级数 $\sum_{n=1}^{\infty} \frac{1}{(n+1)^2}$ 收敛.

【例题 9-9】　判别级数 $\sum_{n=1}^{\infty} \frac{1}{n^n}$ 的敛散性.

解：因为公比为$\frac{1}{2}$的几何级数 $\sum_{n=1}^{\infty} \frac{1}{2^{n-1}}$ 收敛，而

$$\frac{1}{n^n} \leqslant \frac{1}{2^{n-1}} \quad (n = 1,2,\cdots),$$

由比较判别法知级数 $\sum_{n=1}^{\infty}\frac{1}{n^n}$ 收敛.

推论 设 $\sum_{n=1}^{\infty}u_n$ 和 $\sum_{n=1}^{\infty}v_n$ 都是正项级数,且 $\lim_{n\to\infty}\frac{u_n}{v_n}=l$, 则:

(1)若 $0<l<\infty$,级数 $\sum_{n=1}^{\infty}u_n$ 与 $\sum_{n=1}^{\infty}v_n$ 同时收敛或同时发散.

(2)若 $l=0$ 且级数 $\sum_{n=1}^{\infty}v_n$ 收敛,则级数 $\sum_{n=1}^{\infty}u_n$ 收敛.

(3)若 $l=+\infty$ 且级数 $\sum_{n=1}^{\infty}v_n$ 发散,则级数 $\sum_{n=1}^{\infty}u_n$ 发散.

【例题 9-10】 判别级数 $\sum_{n=1}^{\infty}\frac{1}{\sqrt{1+n^2}}$ 的敛散性.

解:因为调和级数 $\sum_{n=1}^{\infty}\frac{1}{n}$ 发散,且

$$\lim_{n\to\infty}\frac{\frac{1}{\sqrt{1+n^2}}}{\frac{1}{n}}=1,$$

由推论知级数 $\sum_{n=1}^{\infty}\frac{1}{\sqrt{1+n^2}}$ 发散.

【例题 9-11】 判别级数 $\sum_{n=1}^{\infty}\tan\frac{1}{n^2}$ 的敛散性.

解:级数的通项 $u_n=\tan\frac{1}{n^2}>0$, 这是正项级数,且

$$\lim_{n\to\infty}\frac{\tan\frac{1}{n^2}}{\frac{1}{n^2}}=1.$$

因为级数 $\sum_{n=1}^{\infty}\frac{1}{n^2}$ 是收敛的 $p(p=2)$ 级数,由推论知级数 $\sum_{n=1}^{\infty}\tan\frac{1}{n^2}$ 收敛.

说明:在应用比较判别法时,需要找到一个敛散性已知的级数,作为比较对象来判别所讨论的正项级数的敛散性.通常选择 p 级数、几何级数和调和级数作为比较对象.

用比较判别法需要找出一个敛散性已知的级数和待判断的级数进行比较,这一点往往比较困难.下面介绍一个使用比较方便的判别法——比值判别法.

定理 9-3(达朗贝尔比值判别法) 设正项级数 $\sum_{n=1}^{\infty}u_n$,如果 $\lim_{n\to\infty}\frac{u_{n+1}}{u_n}=\rho$, 则:

(1)当 $\rho<1$ 时,级数收敛.

(2)当 $\rho>1$ 时,级数发散.

(3)当 $\rho=1$ 时,此判别法失效.

【例题 9-12】 判别级数 $\sum_{n=1}^{\infty}\frac{n}{2^n}$ 的敛散性.

解:令 $u_n=\frac{n}{2^n}$,因为 $\lim\limits_{n\to\infty}\frac{u_{n+1}}{u_n}=\lim\limits_{n\to\infty}\frac{\frac{n+1}{2^{n+1}}}{\frac{n}{2^n}}=\lim\limits_{n\to\infty}\frac{n+1}{2n}=\frac{1}{2}<1$,

所以由比值判别法知,级数 $\sum_{n=1}^{\infty}\frac{n}{2^n}$ 是收敛的.

【例题 9-13】 判别级数 $\sum_{n=1}^{\infty}\frac{2n-1}{2^n}$ 的敛散性.

解:级数的通项为 $u_n=\frac{2n-1}{2^n}$,且

$$\lim_{n\to\infty}\frac{u_{n+1}}{u_n}=\lim_{n\to\infty}\frac{2(n+1)-1}{2^{n+1}}\cdot\frac{2^n}{2n-1}=\frac{1}{2}<1,$$

由比值判别法知,级数 $\sum_{n=1}^{\infty}\frac{2n-1}{2^n}$ 收敛.

在级数 $\sum_{n=1}^{\infty}u_n$ 中,有无穷多个正项和无穷多个负项,则称为任意项级数.这类级数中,最重要的一种特殊情形是交错级数.

9.2.3 交错级数

定义 9-4 如果级数的各项是正负交错的,即 $\sum_{n=1}^{\infty}(-1)^{n-1}u_n$ 或 $\sum_{n=1}^{\infty}(-1)^n u_n$(其中 $u_n>0$),这样的级数称为交错级数.

定理 9-4(莱布尼兹判别法) 如果交错级数 $\sum_{n=1}^{\infty}(-1)^{n-1}u_n$ 满足条件:

(1) $u_n\geqslant u_{n+1}(n=1,2,\cdots)$;

(2) $\lim\limits_{n\to\infty}u_n=0$;

则级数 $\sum_{n=1}^{\infty}(-1)^{n-1}u_n$ 收敛,且其和 $S\leqslant u_1$,其余项 r_n 的绝对值 $|r_n|\leqslant u_{n+1}$.

【例题 9-14】 判别级数 $\sum_{n=1}^{\infty}(-1)^{n-1}\frac{1}{n}$ 的敛散性.

解:级数 $\sum_{n=1}^{\infty}(-1)^{n-1}\frac{1}{n}$ 为交错级数,满足条件:

$$u_n=\frac{1}{n}>\frac{1}{n+1}=u_{n+1}(n=1,2,\cdots),$$

$$\lim_{n\to\infty}u_n=\lim_{n\to\infty}\frac{1}{n}=0,$$

根据莱布尼兹判别法,级数 $\sum_{n=1}^{\infty}(-1)^{n-1}\frac{1}{n}$ 收敛,其和小于 $u_1=1$.

9.2.4　绝对收敛和条件收敛

定义 9-5　设有级数 $\sum_{n=1}^{\infty} u_n = u_1 + u_2 + \cdots + u_n + \cdots$,它是有正项又有负项和零的任意项级数,由它各项的绝对值组成的正项级数 $\sum_{n=1}^{\infty} |u_n| = |u_1| + |u_2| + \cdots + |u_n| + \cdots$ 称为 $\sum_{n=1}^{\infty} u_n$ 的绝对值级数.

定理 9-5　如果级数 $\sum_{n=1}^{\infty} |u_n|$收敛,则级数$\sum_{n=1}^{\infty} u_n$ 收敛.

说明:判断一个任意项级数 $\sum_{n=1}^{\infty} u_n$ 是否收敛,可以先判断 $\sum_{n=1}^{\infty} |u_n|$是否收敛,若 $\sum_{n=1}^{\infty} |u_n|$收敛,则$\sum_{n=1}^{\infty} u_n$ 也收敛. 但要特别注意:当级数$\sum_{n=1}^{\infty} |u_n|$发散时,不能推出级数$\sum_{n=1}^{\infty} u_n$ 也发散,这时级数$\sum_{n=1}^{\infty} u_n$ 有可能是收敛的.

定义 9-6　设有任意项级数 $\sum_{n=1}^{\infty} u_n$,如果级数$\sum_{n=1}^{\infty} |u_n|$收敛,则称级数$\sum_{n=1}^{\infty} u_n$ 为绝对收敛;如果级数$\sum_{n=1}^{\infty} |u_n|$发散,而级数$\sum_{n=1}^{\infty} u_n$ 收敛,则称级数$\sum_{n=1}^{\infty} u_n$ 为条件收敛.

【例题 9-15】　判别级数 $\sum_{n=1}^{\infty} \frac{\cos n\alpha}{3^n}$($\alpha$ 为常数)的敛散性.

解:因为级数 $\sum_{n=1}^{\infty} \frac{\cos n\alpha}{3^n}$ 为任意项级数,先考察级数 $\sum_{n=1}^{\infty} \left|\frac{\cos n\alpha}{3^n}\right|$ 的敛散性.

由于 $\left|\frac{\cos n\alpha}{3^n}\right| \leqslant \frac{1}{3^n}$,而几何级数$\sum_{n=1}^{\infty} \frac{1}{3^n}$ 收敛,所以级数 $\sum_{n=1}^{\infty} \left|\frac{\cos n\alpha}{3^n}\right|$ 收敛,因此级数 $\sum_{n=1}^{\infty} \frac{\cos n\alpha}{3^n}$ 为绝对收敛.

根据定理 9-5,级数 $\sum_{n=1}^{\infty} \frac{\cos n\alpha}{3^n}$ 收敛.

习题 9.2

1. 判别级数 $\sum_{n=1}^{\infty} \frac{\ln n}{\sqrt{n}}$ 的敛散性.

2. 判别级数 $\sum_{n=1}^{\infty} \frac{1}{(n+1)(n+2)}$ 的敛散性.

3. 判别级数 $\sum_{n=1}^{\infty} \frac{1}{\sqrt{n(n+1)}}$ 的敛散性.

4. 判别级数 $\sum_{n=1}^{\infty}\frac{1}{\sqrt{n}}\sin\frac{1}{n}$ 的敛散性.

5. 判别级数 $\sum_{n=1}^{\infty}\ln(1+\frac{1}{n})$ 的敛散性.

6. 讨论级数 $\sum_{n=1}^{\infty}nx^{n-1}(x>0)$ 的敛散性.

7. 判别级数 $\sum_{n=1}^{\infty}2^{n}\sin\frac{\pi}{3^{n}}$ 的敛散性.

8. 判别级数 $\sum_{n=1}^{\infty}\frac{10^{n}}{n!}$ 的敛散性.

9. 判别级数 $\sum_{n=1}^{\infty}\frac{n!}{n^{n}}$ 的敛散性.

10. 判别级数 $\sum_{n=1}^{\infty}\frac{n!10^{n}}{n^{n}}$ 的敛散性.

11. 判断级数 $\sum_{n=1}^{\infty}\frac{(-1)^{n-1}n!}{n^{n}}$ 是条件收敛还是绝对收敛.

12. 讨论级数 $\sum_{n=1}^{\infty}\frac{x^{n}}{n}$ 的敛散性.

9.3 幂级数

9.3.1 函数项级数

定义 9-7 如果级数中的每一项都是变量 x 定义在某个区间 I 上的函数,即

$$u_1(x)+u_2(x)+\cdots+u_n(x)+\cdots=\sum_{n=1}^{\infty}u_n(x),$$

则称该级数为函数项级数.

定义 9-8 当自变量在 I 上给定一个 x_0 时,函数项级数就变成一个常数项级数 $u_1(x_0)+u_2(x_0)+\cdots+u_n(x_0)+\cdots=\sum_{n=1}^{\infty}u_n(x_0)$,若此级数收敛,则 x_0 称为函数项级数的一个收敛点;若级数发散,则 x_0 称为函数项级数的一个发散点.

定义 9-9 函数项级数的全体收敛点的集合称为收敛域;函数项级数的全体发散点的集合称为发散域.

定义 9-10 在收敛域内,函数项级数 $\sum_{n=1}^{\infty}u_n(x)$ 的和依赖于点 x,因此其和是 x 的函数,称为和函数,记为 $S(x)$. 该函数的定义域就是级数的收敛域.

把函数项级数 $\sum_{n=1}^{\infty}u_n(x)$ 的前 n 项部分和记作 $S_n(x)$,则在收敛域上有 $\lim_{n\to\infty}S_n(x)=S(x)$.

定义 9-11 记 $r_n = S(x) - S_n(x)$ 称为函数项级数的余项,则有 $\lim\limits_{n\to\infty} r_n(x) = 0$.

9.3.2 幂级数的概念

定义 9-12 各项都是幂函数的函数项级数称为幂级数,幂级数的一般形式为

$$a_0 + a_1(x - x_0) + a_2(x - x_0)^2 + \cdots + a_n(x - x_0)^n + \cdots = \sum_{n=0}^{\infty} a_n(x - x_0)^n,$$

其中,$a_n(n = 1,2,\cdots)$ 为幂级数的系数.

令 $t = x - x_0$,则

$$a_0 + a_1 t + a_2 t^2 + \cdots + a_n t^n + \cdots = \sum_{n=0}^{\infty} a_n t^n.$$

习惯以 x 作为自变量,改写成

$$a_0 + a_1 x + a_2 x^2 + \cdots + a_n x^n + \cdots = \sum_{n=0}^{\infty} a_n x^n.$$

下面主要讨论 $a_0 + a_1 x + a_2 x^2 + \cdots + a_n x^n + \cdots = \sum\limits_{n=0}^{\infty} a_n x^n$ 的收敛域.

9.3.3 幂级数的收敛半径和收敛区间

定理 9-6 已知幂级数 $\sum\limits_{n=0}^{\infty} a_n x^n$,如果 $\lim\limits_{n\to\infty}\left|\dfrac{a_{n+1}}{a_n}\right| = \rho$,则:

(1)若 $0 < \rho < +\infty$,当 $|x| < \dfrac{1}{\rho}$ 时,幂级数 $\sum\limits_{n=0}^{\infty} a_n x^n$ 绝对收敛,当 $|x| > \dfrac{1}{\rho}$ 时,幂级数 $\sum\limits_{n=0}^{\infty} a_n x^n$ 发散.

(2)若 $\rho = 0$,则对任意 x 幂级数 $\sum\limits_{n=0}^{\infty} a_n x^n$ 绝对收敛.

(3)若 $\rho = +\infty$,则幂级数 $\sum\limits_{n=0}^{\infty} a_n x^n$ 仅在 $x = 0$ 处收敛.

由定理 9-6 可知,幂级数 $\sum\limits_{n=0}^{\infty} a_n x^n$ 的收敛区间是一个以原点为中心,从 $-R$ 到 R 的开区间.

定义 9-13 正数 R 通常叫作幂级数 $\sum\limits_{n=0}^{\infty} a_n x^n$ 的收敛半径,开区间 $(-R,R)$ 叫作幂级数 $\sum\limits_{n=0}^{\infty} a_n x^n$ 的收敛区间.

如果幂级数 $\sum\limits_{n=0}^{\infty} a_n x^n$ 除点 $x = 0$ 外,对一切 $x \neq 0$ 都发散,则规定 $R = 0$,此时幂级数 $\sum\limits_{n=0}^{\infty} a_n x^n$ 的收敛区间缩为一点 $x = 0$.

如果幂级数 $\sum\limits_{n=0}^{\infty} a_n x^n$ 对任何 x 都收敛,则记作 $R = +\infty$,此时幂级数 $\sum\limits_{n=0}^{\infty} a_n x^n$ 的收敛区

间为$(-\infty,+\infty)$.

当$0<R<+\infty$时,要对点$x=\pm R$处级数的收敛性进行专门讨论,以决定收敛域是开区间,还是闭区间或半开半闭区间.

定理 9-7　设幂级数$\sum_{n=0}^{\infty}a_nx^n$的系数满足条件$\lim_{n\to\infty}\left|\frac{a_{n+1}}{a_n}\right|=\rho$,则该级数的收敛半径$R$满足:

(1)当$0<\rho<+\infty$时,$R=\frac{1}{\rho}$.

(2)当$\rho=0$时,$R=+\infty$.

(3)当$\rho=+\infty$时,$R=0$.

【例题 9-16】　求幂级数$\sum_{n=1}^{\infty}\frac{(-1)^{n-1}x^n}{n}$的收敛域.

解:令$a_n=\frac{(-1)^{n-1}}{n}$,则由$\rho=\lim_{n\to\infty}\left|\frac{a_{n+1}}{a_n}\right|=\lim_{n\to\infty}\frac{\frac{1}{n+1}}{\frac{1}{n}}=\lim_{n\to\infty}\frac{n}{n+1}=1$,得到收敛半径$R=\frac{1}{\rho}=1$.

当$x=-1$时,$\sum_{n=1}^{\infty}\frac{(-1)^{n-1}(-1)^n}{n}=\sum_{n=1}^{\infty}\frac{(-1)^{2n-1}}{n}=-\sum_{n=1}^{\infty}\frac{1}{n}$为调和级数,发散.

当$x=1$时,$\sum_{n=1}^{\infty}\frac{(-1)^{n-1}}{n}$为交错级数,由例题 9-14 知,$\sum_{n=1}^{\infty}\frac{(-1)^{n-1}}{n}$收敛,所以收敛区间为$(-1,1)$.

【例题 9-17】　求$\sum_{n=0}^{\infty}\frac{x^n}{n^2}$的收敛半径和收敛域.

解:令$a_n=\frac{1}{n^2}$,则$R=\lim_{n\to\infty}\left|\frac{a_n}{a_{n+1}}\right|=1$.

$x=1$时,$\sum_{n=0}^{\infty}\frac{1}{n^2}$收敛;$x=-1$时,$\sum_{n=0}^{\infty}(-1)^n\frac{1}{n^2}$收敛,所以收敛域为$[-1,1]$.

【例题 9-18】　求幂级数$\sum_{n=1}^{\infty}\frac{(x-2)^n}{3^nn}$的收敛半径和收敛域.

解:令$t=x-2$,新的幂级数为$\sum_{n=1}^{\infty}\frac{t^n}{3^nn}$,其收敛半径为

$$R_t=\lim_{n\to\infty}\left|\frac{a_n}{a_{n+1}}\right|=3.$$

当$t=3$时,级数$\sum_{n=1}^{\infty}\frac{1}{n}$发散;当$t=-3$时,级数$\sum_{n=1}^{\infty}\frac{(-1)^n}{n}$收敛;从而收敛域为$[-3,3)$.

所以,原幂级数的收敛半径为$R=3$,由$t=x-2$,$t\in[-3,3)$得原级数的收敛域为$[-1,5)$.

9.3.4　幂级数的运算和性质

设幂级数 $\sum\limits_{n=0}^{\infty} a_n x^n$ 与 $\sum\limits_{n=0}^{\infty} b_n x^n$ 的收敛半径分别为 R_1 与 R_2(R_1 与 R_2 均不为零)，它们的和函数分别为 $S_1(x)$ 与 $S_2(x)$，记 $R = \min(R_1, R_2)$.

9.3.4.1　加减法

$$\sum_{n=0}^{\infty} a_n x^n \pm \sum_{n=0}^{\infty} b_n x^n = \sum_{n=0}^{\infty} (a_n \pm b_n) x^n = S_1(x) \pm S_2(x),$$

此时幂级数 $\sum\limits_{n=0}^{\infty} (a_n \pm b_n) x^n$ 的收敛半径是 R.

9.3.4.2　乘法

$$\sum_{n=0}^{\infty} a_n x^n \cdot \sum_{n=0}^{\infty} b_n x^n = S_1(x) \cdot S_2(x),$$

此时幂级数的收敛半径是 R.

9.3.4.3　逐项求导

若级数 $\sum\limits_{n=0}^{\infty} a_n x^n$ 的收敛半径为 R，则在 $(-R, R)$ 内和函数 $S(x)$ 可导，且有 $S'(x) = (\sum\limits_{n=0}^{\infty} a_n x^n)' = \sum\limits_{n=1}^{\infty} a_n n x^{n-1}$，所得幂级数的收敛半径仍为 R，但在收敛区间端点处的收敛性可能改变.

9.3.4.4　逐项积分

若级数 $\sum\limits_{n=0}^{\infty} a_n x^n$ 的收敛半径为 R，则在 $(-R, R)$ 内和函数 $S(x)$ 可积，并有 $\int_0^x S(x)\mathrm{d}x = \int_0^x \sum\limits_{n=0}^{\infty} a_n x^n \mathrm{d}x = \sum\limits_{n=0}^{\infty} \frac{a_n}{n+1} x^{n+1}$，所得幂级数的收敛半径仍为 R，但在收敛区间端点处的收敛性可能改变.

【例题 9-19】　已知 $1 + x + x^2 + \cdots + x^n + \cdots = \frac{1}{1-x}, x \in (-1, 1)$，求 $\sum\limits_{n=1}^{\infty} n x^{n-1}$ 的和函数.

解：已知

$$\frac{1}{1-x} = 1 + x + x^2 + \cdots + x^n + \cdots, x \in (-1, 1),$$

将两边求导得

$$\frac{1}{(1-x)^2} = 1 + 2x + 3x^2 + \cdots + n x^{n-1} + \cdots = \sum_{n=1}^{\infty} n x^{n-1}.$$

所以，$\sum\limits_{n=1}^{\infty} n x^{n-1}$ 的和函数为 $\frac{1}{(1-x)^2}$.

【例题 9-20】　已知 $1 + x + x^2 + \cdots + x^n + \cdots = \frac{1}{1-x}, x \in (-1, 1)$，求 $\sum\limits_{n=0}^{\infty} \frac{x^{n+1}}{n+1}$ 的和函数.

解: $1+x+x^2+\cdots+x^n+\cdots=\dfrac{1}{1-x}$ 从 0 到 x 逐项积分得

$$\int_0^x \frac{1}{1-x}\mathrm{d}x=\int_0^x \sum_{n=0}^{\infty} x^n \mathrm{d}x=\sum_{n=0}^{\infty}\int_0^x x^n \mathrm{d}x=\sum_{n=0}^{\infty}\frac{x^{n+1}}{n+1},$$

即
$$-\ln(1-x)=x+\frac{x^2}{2}+\frac{x^3}{3}+\cdots+\frac{x^{n+1}}{n+1}+\cdots.$$

所以，$\sum\limits_{n=0}^{\infty}\dfrac{x^{n+1}}{n+1}$ 的和函数为 $-\ln(1-x)$.

习题 9.3

1. 求 $\sum\limits_{n=0}^{\infty}(-1)^n\dfrac{x^n}{n}$ 的收敛域.

2. 求 $\sum\limits_{n=0}^{\infty}\dfrac{x^n}{n!}$ 的收敛域.

3. 求 $\sum\limits_{n=1}^{\infty}n!x^n$ 的收敛域.

4. 求 $\sum\limits_{n=0}^{\infty}\dfrac{(2n)!}{(n!)^2}x^{2n}$ 的收敛半径与收敛域.

5. 求 $\sum\limits_{n=1}^{\infty}\dfrac{1}{3^n+(-2)^n}\dfrac{x^n}{n}$ 的收敛半径与收敛域.

6. 求 $\sum\limits_{n=0}^{\infty}\dfrac{x^{2n+1}}{3^n}$ 的收敛半径与收敛域.

7. 求级数 $\sum\limits_{n=0}^{\infty}(-1)^n\dfrac{x^{2n+1}}{2n+1}$ 在收敛域内的和函数，并求 $\sum\limits_{n=0}^{\infty}(-1)^n\dfrac{1}{2n+1}$ 的和.

9.4 函数展开成幂级数

9.4.1 泰勒定理

定理 9-8 设 $f(x)$ 在 x_0 的某邻域内有 $(n+1)$ 阶导数，对于该邻域内的任意 x，则 $f(x)$ 可以表示成：$f(x)=f(x_0)+\dfrac{f'(x_0)}{1!}(x-x_0)+\cdots+\dfrac{f^{(n)}(x_0)}{n!}(x-x_0)^n+\dfrac{f^{(n+1)}(\xi)}{(n+1)!}(x-x_0)^{n+1}$，其中 ξ 介于 x_0 与 x 之间.

定义 9-14 $f(x_0)+\dfrac{f'(x_0)}{1!}(x-x_0)+\cdots+\dfrac{f^{(n)}(x_0)}{n!}(x-x_0)^n+\cdots$ 称为 $f(x)$ 在 x_0 处的泰勒级数.

定义 9-15 $P_n(x)=f(x_0)+\dfrac{f'(x_0)}{1!}(x-x_0)+\dfrac{f''(x_0)}{2!}(x-x_0)^2+\cdots+\dfrac{f^{(n)}(x_0)}{n!}$

$(x-x_0)^n$，称 $P_n(x)$ 为 $(x-x_0)$ 的 n 次多项式.

定义 9-16　泰勒级数中，当 $x_0=0$ 时，$f(0)+\frac{f'(0)}{1!}x+\frac{f''(0)}{2!}x^2+\cdots+\frac{f^{(n)}(0)}{n!}x^n+\cdots$ 称为 $f(x)$ 的麦克劳林级数.

定理 9-9　如果函数 $f(x)$ 在 $x=x_0$ 的某个邻域内具有任意阶导数，则 $f(x)$ 的泰勒级数收敛于 $f(x)$ 的充分必要条件是

$$\lim_{n\to\infty}R_n(x)=\lim_{n\to\infty}[f(x)-P_n(x)]=0.$$

其中，$R_n(x)=f(x)-P_n(x)$ 具有如下形式：

$$R_n(x)=\frac{f^{(n+1)}(\xi)}{(n+1)!}(x-x_0)^{n+1}(\xi \text{ 在 } x \text{ 与 } x_0 \text{ 之间}),$$

$R_n(x)$ 称为 $f(x)$ 的 n 阶拉格朗日余项.

9.4.2　函数展开成幂级数

根据幂级数在其收敛区间内可以逐项求导的性质，我们可以得出函数 $f(x)$ 的展开式是唯一的，即如果 $f(x)$ 可展为

$$a_0+a_1(x-x_0)+a_2(x-x_0)^2+\cdots+a_n(x-x_0)^n+\cdots$$

则有

$$a_0=f(x_0),a_1=f'(x_0),a_2=\frac{f''(x_0)}{2!},\cdots,a_n=\frac{f^{(n)}(x_0)}{n!},\cdots$$

9.4.2.1　直接展开法

第一步：先求出 $f(x)$ 的各阶导数 $f'(x),f''(x),\cdots,f^{(n)}(x),\cdots$；

第二步：求出函数及各阶导数在 $x=0$ 处的数值 $f'(0),f''(0),\cdots,f^{(n)}(0),\cdots$；

第三步：求出幂级数 $f(0)+\frac{f'(0)}{1!}x+\cdots+\frac{f^{(n)}(0)}{n!}x^n+\cdots$ 的收敛半径 R；

第四步：在收敛域内验证 $\lim\limits_{n\to\infty}R_n(x)=0$，当 $\lim\limits_{n\to\infty}R_n(x)=0$ 时，有 $f(x)=f(0)+\frac{f'(0)}{1!}x+\frac{f''(0)}{2!}x^2+\cdots+\frac{f^{(n)}(0)}{n!}x^n+\cdots$.

【例题 9-21】　将函数 $f(x)=e^x$ 展成麦克劳林级数.

解：因为 $f^{(n)}(x)=e^x(n=1,2,\cdots)$，所以 $f^{(n)}(0)=1(n=1,2,\cdots)$，得

$$\sum_{n=0}^{\infty}\frac{f^{(n)}(0)}{n!}x^n=\sum_{n=0}^{\infty}\frac{x^n}{n!}.$$

其收敛域为 $(-\infty,+\infty)$，再考察 $R_n(x)$.

$$\lim_{n\to\infty}|R_n(x)|=\lim_{n\to\infty}\left|\frac{e^{\xi}}{(n+1)!}x^{n+1}\right|\leqslant\lim_{n\to\infty}e^{|x|}\frac{|x|^{n+1}}{(n+1)!}=0.$$

因为 ξ 在 x 与 x_0 之间，所以 $|\xi|<|x|$，$e^{|\xi|}<e^{|x|}$，对于任意 $x\in(-\infty,+\infty)$，$e^{|x|}$ 为有限值，而 $\frac{|x|^{n+1}}{(n+1)!}$ 是收敛级数 $\sum\limits_{n=0}^{\infty}\frac{|x|^{n+1}}{(n+1)!}$ 的一般项，故有 $\lim\limits_{n\to\infty}\frac{|x|^{n+1}}{(n+1)!}=0$，因此 e^x 可以展开为麦克劳林级数，即

$$e^x = \sum_{n=0}^{\infty} \frac{x^n}{n!} = 1 + x + \frac{x^2}{2!} + \cdots + \frac{x^n}{n!} + \cdots \quad x \in (-\infty, +\infty).$$

同样,还可以得到下列函数的幂级数展开式:

$$\sin x = x - \frac{x^3}{3!} + \frac{x^5}{5!} - \cdots + (-1)^n \frac{x^{2n+1}}{(2n+1)!} + \cdots \quad x \in (-\infty, +\infty),$$

$$(1+x)^m = 1 + mx + \frac{m(m-1)}{2!}x^2 + \cdots + \frac{m(m-1)\cdots(m-n+1)}{n!}x^n + \cdots \quad x \in (-1,1).$$

其中,m 为任意实数,这个级数称为二项式级数.

9.4.2.2 间接展开法

间接展开法就是利用一些已知函数的展开式及幂级数的运算法则、变量代换等方法,将所给函数展开成幂级数.

【例题 9-22】 将函数 $\cos x$ 展成麦克劳林级数.

解:因为 $(\sin x)' = \cos x$,且

$$\sin x = \sum_{n=0}^{\infty} (-1)^n \frac{x^{2n+1}}{(2n+1)!} \quad x \in (-\infty, +\infty),$$

所以

$$\cos x = (\sin x)' = \left[\sum_{n=0}^{\infty} (-1)^n \frac{x^{2n+1}}{(2n+1)!}\right]' = \sum_{n=0}^{\infty} (-1)^n \frac{x^{2n}}{(2n)!}$$

$$= 1 - \frac{x^2}{2!} + \frac{x^4}{4!} - \cdots + (-1)^n \frac{x^{2n}}{(2n)!} + \cdots \quad x \in (-\infty, +\infty).$$

习题 9.4

把下列函数展开成 x 的幂级数.

(1) $f(x) = \dfrac{1}{1+x}$.

(2) $f(x) = \sin x \quad (-\infty < x < +\infty)$.

(3) $f(x) = \ln(1+x)$.

(4) $f(x) = \dfrac{1}{2}(e^x + e^{-x})$.

(5) $f(x) = \arcsin x$.

9.5 Matlab 在级数中的应用

9.5.1 函数展开成幂级数

9.5.1.1 命令形式 1:taylor(f)

功能:将函数 f 展开成默认变量的 6 阶麦克劳林公式.

9.5.1.2 命令形式 2:taylor(f,n)

功能:将函数 f 展开成默认变量的 n 阶麦克劳林公式.

9.5.1.3　命令形式 3:taylor(f,n,v,a)

功能:将函数 $f(v)$ 在 $v = a$ 处展开成 n 阶泰勒公式.

【例题 9-23】　将函数 $f(x) = x\arctan x - \ln\sqrt{1+x^2}$ 展开为 x 的 6 阶麦克劳林公式.

解:Matlab 命令为:

```
>> syms x;
>> f = x * atan(x) - log(sqrt(1 + x^2));
>> taylor(f)
ans =
    1/2 * x^2 - 1/12 * x^4
```

【例题 9-24】　将函数 $f(x) = \dfrac{1}{x^2}$ 展开为关于 $(x-2)$ 的最高次数为 4 的幂级数.

解:Matlab 命令为:

```
>> syms x;
>> f = 1/x^2;
>> taylor(f,4,x,2);
>> pretty(taylor(f,4,x,2))
                                    2               3
       3/4 - 1/4 x + 3/16 (x - 2)   - 1/8 (x - 2)
```

9.5.2　求和、求积、级数求和

9.5.2.1　求和

命令形式 1:sum(x)

功能:求向量 x 的和或者是矩阵每一列向量的和.

命令形式 2:cumsum(x)

功能:如果 x 是向量,逐项求和并用行向量显示出来;如果 x 是矩阵,则对列向量进行操作.

例如:

```
>> a = 1:5; A = [1,2,3;2,3,4;7,8,9];
>> sum(a)
ans =
    15
>> cumsum(a)
ans =
    1    3    6    10    15
>> sum(A)
ans =
10    13    16
>> cumsum(A)
```

```
ans =
     1     2     3
     3     5     7
    10    13    16
```

9.5.2.2　**求积**

命令形式1:prod(x)

功能:求向量x各元素的积或者是矩阵每一列向量的积.

命令形式2:cumprod(x)

功能:如果x是向量,逐项求积并用行向量显示出来;如果x是矩阵,则对列向量进行操作.

例如:

```
>> a=1:5;A=[1 2 3;2 3 4;7 8 9];
>> prod(a)
ans =
    120
>> cumprod(a)
ans =
     1     2     6    24   120
>> prod(A)
ans =
    14    48   108
>> cumprod(A)
ans =
     1     2     3
     2     6    12
    14    48   108
```

9.5.2.3　**级数求和**

命令形式:symsum(s,v,a,b)

功能:对变量v求由a到b的有限项的和,其中s为求和级数的通项表达式.

【例题9-25】　求 $\sum_{k=0}^{n-1} k^3$.

解:Matlab命令为:

```
>> syms k n;
>> f=k^3;
>> symsum(f,k,0,n-1)
ans =
    1/4*n^4-1/2*n^3+1/4*n^2
```

【例题 9-26】 求 $\sum_{n=0}^{100}[an^3+(a-1)n^2+bn+2]$.

解:Matlab 命令为:

```
>> syms a b n;
>> f=a*n^3+(a-1)*n^2+b*n+2;
>> collect(symsum(f,n,0,100))
ans =
    -338148+25840850*a+5050*b
```

习题 9.5

1. 判断下列级数的敛散性.

(1) $\sum_{n=1}^{\infty}\frac{1}{n^2+n^3}$. (2) $\sum_{n=1}^{\infty}\frac{1}{n\cdot 2^n}$. (3) $\sum_{n=1}^{\infty}\frac{1}{\sin n}$. (4) $\sum_{n=1}^{\infty}\frac{\ln n}{n^3}$.

(5) $\sum_{n=1}^{\infty}\frac{n!}{n^n}$. (6) $\sum_{n=3}^{\infty}\frac{1}{(\ln n)^n}$. (7) $\sum_{n=2}^{\infty}\frac{1}{n\ln n}$. (8) $\sum_{n=1}^{\infty}\frac{(-1)^n n}{n^2+1}$.

2. 先用泰勒命令观测函数 $y=\sin x$ 的麦克劳林展开式的前 6 项,然后在区间 $[0,\pi]$ 上作函数 $y=\sin x$ 与多项式函数 $y=x$,$y=x-\frac{x^3}{3!}$,$y=x-\frac{x^3}{3!}+\frac{x^5}{5!}$ 图形,观测这些多项式函数的图形向 $y=\sin x$ 的图形逼近的情况.

课外阅读

泰勒

泰勒(Brook Taylor):于 1685 年 8 月 18 日在米德尔塞克斯的埃德蒙顿出生. 1709 年后移居伦敦,获法学硕士学位. 他在 1712 年当选为英国皇家学会会员,并于两年后获法学博士学位. 同年(1714 年),出任英国皇家学会秘书,四年后因健康理由辞退职务. 他于 1715 年发表的 *Methodus Incrementorum Directa et Inversa* 为高等数学添加了一个新的分支,今天这个方法被称为有限差分方法. 除其他许多用途外,他用这个方法来确定一个振动弦的运动. 他是第一个成功地使用物理效应来阐明该运动的人. 在同一著作中他还提出了著名的泰勒公式. 1717 年,他以泰勒定理求解了数值方程. 泰勒于 1731 年 12 月 29 日在伦敦逝世.

学习项目10 向量代数与空间解析几何

10.1 空间直角坐标系

10.1.1 空间直角坐标系

定义 10-1 在空间,任意取一点 O,经过点 O 作三条相互垂直的直线,它们都以 O 为原点;取相同的单位长度;分别选取它们的正向,使它们成为三条数轴,分别称为 x 轴(横轴)、y 轴(纵轴)、z 轴(竖轴),统称为坐标轴.

定义 10-2 三个坐标轴正向一般构成右手系,即用右手握着 z 轴,当右手四指从 x 轴正向以90°直角转向 y 轴正向时,大拇指的指向就是 z 轴的正向,如图 10-1 所示. 这样就构成了空间直角坐标系,点 O 称为坐标原点.

定义 10-3 在空间直角坐标系中,任意两条坐标轴所确定的平面称为坐标面. 例如:由 x 轴和 y 轴所确定的坐标平面称为 xOy 平面,同理还有 yOz 平面和 xOz 平面.

定义 10-4 三个坐标平面把空间分为八个部分,称为八个卦限,用大写罗马数字表示,其顺序规定如图 10-2 所示.

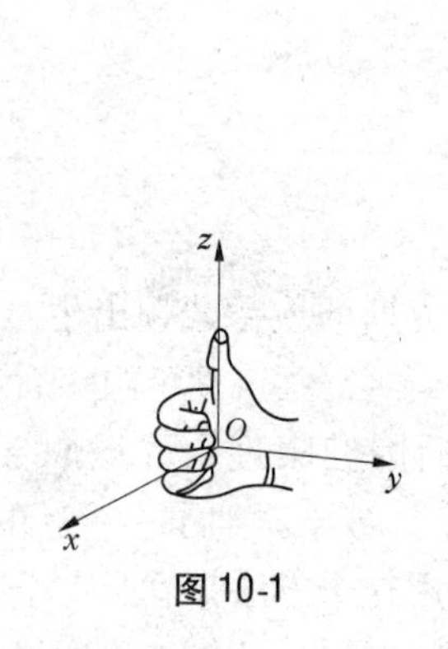

图 10-1

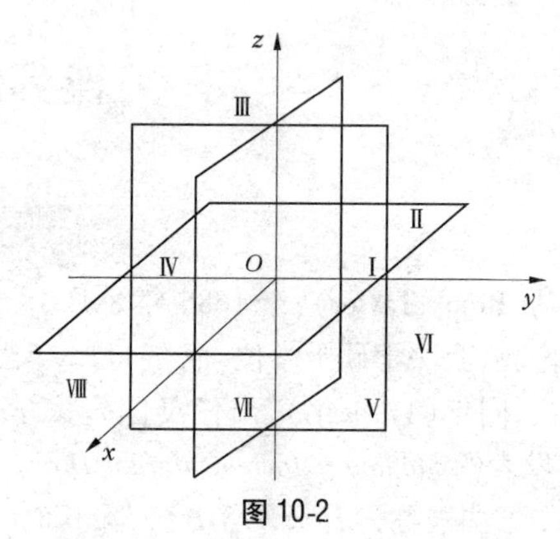

图 10-2

定义 10-5 对于空间任意点 P,可确定它的坐标如下:通过 P 点,作三个平面分别与三个坐标面平行,它们和坐标轴 Ox,Oy,Oz 依次交于 A、B、C,这三点在 Ox,Oy,Oz 上的坐标分别为 x,y,z,称 x,y,z 为点 P 的坐标,通常记为 $P(x,y,z)$,简记(x,y,z). x,y 和 z 依次称为点 P 的横坐标、纵坐标和竖坐标.

10.1.2 两点间的距离公式

设空间两点 $M_1(x_1,y_1,z_1)$,$M_2(x_2,y_2,z_2)$,则这两点的距离为

$$d = |M_1M_2| = \sqrt{(x_2 - x_1)^2 + (y_2 - y_1)^2 + (z_2 - z_1)^2}.$$

特别地,点 $M(x,y,z)$ 到原点的距离是 $d = \sqrt{x^2 + y^2 + z^2}$.

【例题 10-1】 已知 $A(-3,2,1)$,$B(0,2,5)$,求 $\triangle AOB$ 的周长.

解:由两点间距离公式得:

$$|AB| = \sqrt{(0+3)^2 + (2-2)^2 + (5-1)^2} = 5.$$

同理

$$|AO| = \sqrt{(-3)^2 + 2^2 + 1^2} = \sqrt{14},$$

$$|BO| = \sqrt{0^2 + 2^2 + 5^2} = \sqrt{29}.$$

所以,$\triangle AOB$ 的周长为

$$l = 5 + \sqrt{14} + \sqrt{29} \approx 14.$$

习题 10.1

1. 试证以 $A(4,1,9)$,$B(10,-1,6)$,$C(2,4,3)$ 为顶点的三角形是等腰直角三角形.
2. 在 z 轴上求与点 $A(-4,1,7)$ 和 $B(3,5,-2)$ 等距离的点.
3. 在 xOy 坐标面上找一点,使它的 x 轴坐标为 1,且与点 $(1,-2,2)$ 和点 $(2,-1,-4)$ 等距离.
4. 在 yOz 坐标面上求与三个已知点 $A(3,1,2)$,$B(4,-2,-2)$ 和 $C(0,5,1)$ 等距离的点.

10.2 向量及其坐标表示法

10.2.1 向量的概念

在物理学中,我们已经遇到过既有大小又有方向的量,如力、位移、速度、加速度等,这类量称为向量,或称为矢量.

定义 10-6 在数学上,常用有向线段表示向量,有向线段的长度表示向量的大小,有向线段的方向表示向量的方向,以 A 为起点,B 为终点的有向线段表示的向量,记为 $\overrightarrow{AB}$,如图 10-3 所示,其中第一个字母 A 是始点,第二个字母 B 是终点. 习惯上也用小写粗体字母表示向量,比如 $\boldsymbol{a}$,$\boldsymbol{b}$,$\boldsymbol{c}$ 等.

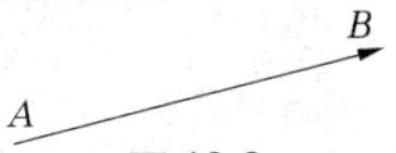

图 10-3

定义 10-7 向量 $\boldsymbol{a}$ 的大小称为向量的模(或向量的长度),记为 $|\boldsymbol{a}|$.

定义 10-8 模等于 1 的向量称为单位向量.

定义 10-9 与向量 $\boldsymbol{a}$ 的方向相同的单位向量,称为向量 $\boldsymbol{a}$ 的单位向量,记为 $\boldsymbol{a}^0$.

定义 10-10 模等于 0 的向量称为零向量,记为 0,零向量没有确定的方向,也可以认为其方向是任意的.

规定:两个方向相同,模相等的向量称为相等向量.

定义 10-11 在数学上我们仅讨论与始点无关的向量,即两个向量,在空间经过平行移动能使它们重合,就认为这两个向量相等,这种向量称为自由向量,例如图 10-4 中的 $\boldsymbol{a}=\boldsymbol{b}$.

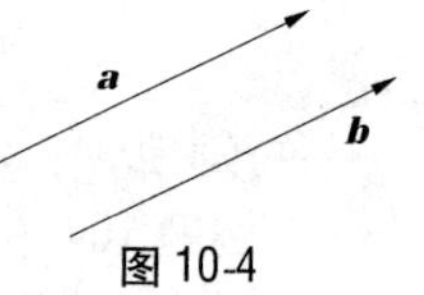

图 10-4

10.2.2 向量的运算

定义 10-12(向量加法) 设已给向量 $\boldsymbol{a},\boldsymbol{b}$,以任意点 O 为始点,作$\overrightarrow{OA}=\boldsymbol{a},\overrightarrow{OB}=\boldsymbol{b}$,再以 OA,OB 为边作平行四边形 $OABC$,则对角线上的向量$\overrightarrow{OC}=\boldsymbol{c}$ 就是 $\boldsymbol{a},\boldsymbol{b}$ 之和,记作 $\boldsymbol{a}+\boldsymbol{b}=\boldsymbol{c}$(见图 10-5),这种求向量和的作图法称为平行四边形法则.

求向量和还有另一种方法(见图 10-6):由于向量可以在空间平行移动,从空间一点 O 引向量$\overrightarrow{OB}=\boldsymbol{b}$,从 $\boldsymbol{b}$ 的终点 B 引向量$\overrightarrow{BC}=\boldsymbol{a}$,则向量$\overrightarrow{OC}=\boldsymbol{c}$ 就是 $\boldsymbol{a},\boldsymbol{b}$ 之和,$\boldsymbol{c}=\boldsymbol{a}+\boldsymbol{b}$($\overrightarrow{OC}=\overrightarrow{OB}+\overrightarrow{BC}$),这种作图法称为三角形法则. 三角形法则可以推广到任意有限个向量相加的情形(见图 10-7).

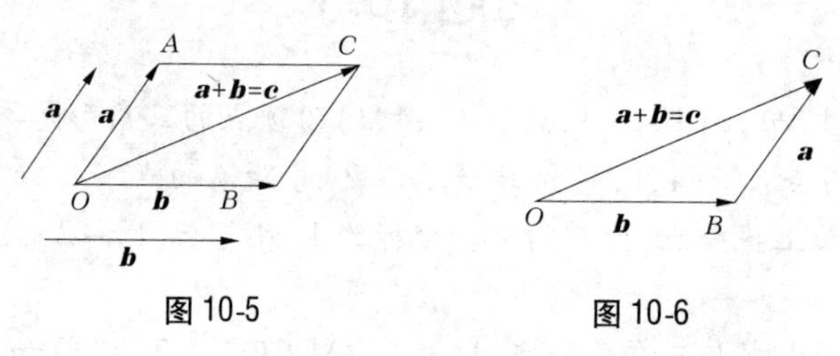

图 10-5　　图 10-6

定义 10-13 若向量 $\boldsymbol{a}$ 与 $-\boldsymbol{a}$,长度相等,方向相反,则称 $-\boldsymbol{a}$ 为 $\boldsymbol{a}$ 的负向量. 方向相同或相反的向量称为平行向量.

定义 10-14(向量减法) 对已给向量 $\boldsymbol{a},\boldsymbol{b}$,以任意点 O 为始点,作$\overrightarrow{OA}=\boldsymbol{a},\overrightarrow{OB}=\boldsymbol{b}$,则有$\overrightarrow{OB}$的终点 B 到$\overrightarrow{OA}$的终点 A 的向量$\overrightarrow{BA}$即为 $\boldsymbol{a}-\boldsymbol{b}$(见图 10-8). 这种作图法称为向量减法的三角形法则.

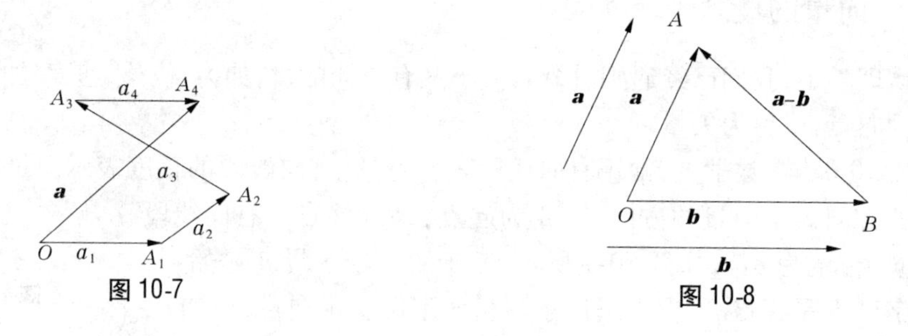

图 10-7　　图 10-8

定义 10-15 设 λ 为一实数,$\boldsymbol{a}$ 为向量,则 $\lambda\boldsymbol{a}$ 是一个向量. 规定向量 $\lambda\boldsymbol{a}$ 的模等于 $|\boldsymbol{a}|$ 与数 $|\lambda|$ 的乘积,即 $|\lambda\boldsymbol{a}|=|\lambda||\boldsymbol{a}|$;当 $\lambda>0$ 时,$\lambda\boldsymbol{a}$ 与 $\boldsymbol{a}$ 同方向;当 $\lambda<0$ 时,$\lambda\boldsymbol{a}$ 与 $\boldsymbol{a}$ 反方向;当 $\lambda=0$ 时,$\lambda\boldsymbol{a}$ 为零向量,则称向量 $\lambda\boldsymbol{a}$ 为向量 $\boldsymbol{a}$ 与数 λ 的乘积.

向量的加法与数乘满足以下运算律:($\boldsymbol{a},\boldsymbol{b},\boldsymbol{c}$ 为向量,λ,μ 为实数)

(1)交换律:$\boldsymbol{a}+\boldsymbol{b}=\boldsymbol{b}+\boldsymbol{a}$.

(2)结合律:$(\boldsymbol{a}+\boldsymbol{b})+\boldsymbol{c}=\boldsymbol{a}+(\boldsymbol{b}+\boldsymbol{c})$,

$$\lambda(\mu\boldsymbol{a})=\lambda\mu\boldsymbol{a}=\mu(\lambda\boldsymbol{a}).$$

(3) 分配律：$(\lambda+\mu)\boldsymbol{a}=\lambda\boldsymbol{a}+\mu\boldsymbol{a}$,

$$\lambda(\boldsymbol{a}+\boldsymbol{b})=\lambda\boldsymbol{a}+\lambda\boldsymbol{b}.$$

设 $\boldsymbol{a}$ 是非零向量，由数乘向量的定义可知，向量 $\frac{\boldsymbol{a}}{|\boldsymbol{a}|}$ 的模等于 1，且与 $\boldsymbol{a}$ 同方向，

所以
$$\boldsymbol{a}^0=\frac{\boldsymbol{a}}{|\boldsymbol{a}|}.$$

因此，任意非零向量 $\boldsymbol{a}$ 都可以表示为 $\boldsymbol{a}=|\boldsymbol{a}|\boldsymbol{a}^0$.

10.2.3 向量的坐标表达式

定义 10-16 在空间直角坐标系中，与 Ox 轴、Oy 轴、Oz 轴同向的单位向量，分别记为 $\boldsymbol{i},\boldsymbol{j},\boldsymbol{k}$，称为基本单位向量.

设向量 $\boldsymbol{a}$ 的起点在坐标原点 O，终点为 $P(x,y,z)$，如图 10-9 所示.

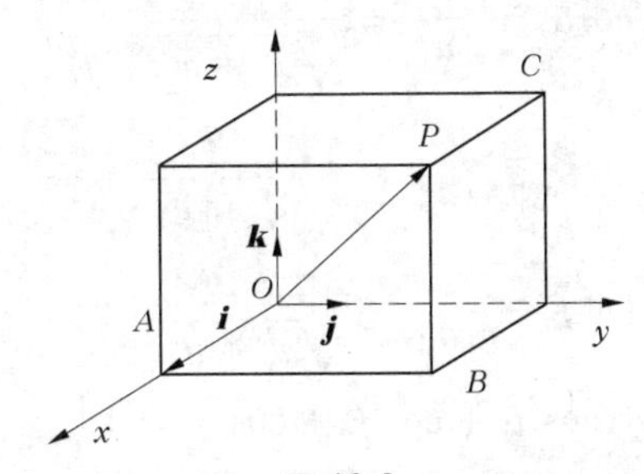

图 10-9

则向量
$$\boldsymbol{a}=x\boldsymbol{i}+y\boldsymbol{j}+z\boldsymbol{k},$$
或记为
$$\boldsymbol{a}=\overrightarrow{OP}=\{x,y,z\}.$$

在空间直角坐标系下，有以 $P_1(x_1,y_1,z_1)$ 为始点，$P_2(x_2,y_2,z_2)$ 为终点的向量 $\boldsymbol{a}$ 可以表示为：$\boldsymbol{a}=(x_2-x_1)\boldsymbol{i}+(y_2-y_1)\boldsymbol{j}+(z_2-z_1)\boldsymbol{k}$，或记为

$$\boldsymbol{a}=\{x_2-x_1,y_2-y_1,z_2-z_1\}.$$

向量的模可以用向量的坐标表示，向量 $\overrightarrow{P_1P_2}$ 的模为

$$|\overrightarrow{P_1P_2}|=\sqrt{(x_2-x_1)^2+(y_2-y_1)^2+(z_2-z_1)^2}.$$

特别地，原点 $O(0,0,0)$ 到点 $P(x,y,z)$ 的向径 $\overrightarrow{OP}$ 的模为

$$|\overrightarrow{OP}|=\sqrt{x^2+y^2+z^2}.$$

10.2.4 向量坐标形式的运算

利用向量的坐标表示式、向量加法的交换律与结合律，以及数乘向量的结合律与分配律，可以将上述关于向量的运算转化为普通的代数运算.

设
$$\boldsymbol{a}=\{a_x,a_y,a_z\},\boldsymbol{b}=\{b_x,b_y,b_z\},$$
则
$$\boldsymbol{a}+\boldsymbol{b}=\{a_x+b_x,a_y+b_y,a_z+b_z\},$$
$$\boldsymbol{a}-\boldsymbol{b}=\{a_x-b_x,a_y-b_y,a_z-b_z\},$$
$$k\boldsymbol{a}=\{ka_x,ka_y,ka_z\},$$
$$m\boldsymbol{a}+n\boldsymbol{b}=\{ma_x+nb_x,ma_y+nb_y,ma_z+nb_z\}\text{（其中，}m,n\text{ 为任意常数）}.$$

【例题 10-2】 已知 $\boldsymbol{a}=\{2,-1,-3\}$，$\boldsymbol{b}=\{2,1,-4\}$，求 $\boldsymbol{a}+\boldsymbol{b}$，$\boldsymbol{a}-\boldsymbol{b}$，$3\boldsymbol{a}-2\boldsymbol{b}$.

解：

$$\boldsymbol{a}+\boldsymbol{b}=\{2+2,-1+1,-3+(-4)\}=\{4,0,-7\},$$

$$\boldsymbol{a}-\boldsymbol{b}=\{2-2,-1-1,-3-(-4)\}=\{0,-2,1\},$$

$$3\boldsymbol{a}-2\boldsymbol{b}=\{6,-3,-9\}-\{4,2,-8\}=\{2,-5,-1\}.$$

10.2.5 向量的方向角与方向余弦

定义 10-17 向量 $\boldsymbol{a}$ 与三坐标轴正向的夹角 α、β、γ 称为向量 $\boldsymbol{a}$ 的方向角. 其中，$0\leqslant\alpha\leqslant\pi$，$0\leqslant\beta\leqslant\pi$，$0\leqslant\gamma\leqslant\pi$. $\cos\alpha=\dfrac{a_x}{|\boldsymbol{a}|}=\dfrac{a_x}{\sqrt{a_x^2+a_y^2+a_z^2}}$.

定义 10-18 方向角的余弦 $\cos\alpha$、$\cos\beta$、$\cos\gamma$ 称为向量 $\boldsymbol{a}$ 的方向余弦.

设向量 $\boldsymbol{a}=\{a_x,a_y,a_z\}$，则

$$\cos\alpha=\frac{a_x}{|\boldsymbol{a}|}=\frac{a_x}{\sqrt{a_x^2+a_y^2+a_z^2}},$$

$$\cos\beta=\frac{a_y}{|\boldsymbol{a}|}=\frac{a_y}{\sqrt{a_x^2+a_y^2+a_z^2}},$$

$$\cos\gamma=\frac{a_z}{|\boldsymbol{a}|}=\frac{a_z}{\sqrt{a_x^2+a_y^2+a_z^2}},$$

$$\cos^2\alpha+\cos^2\beta+\cos^2\gamma=1.$$

【例题 10-3】 已知 $\boldsymbol{M}_1=(1,-2,3)$，$\boldsymbol{M}_2=(4,2,-1)$，求 $\overrightarrow{M_1M_2}$ 的方向余弦.

解：

$$\overrightarrow{M_1M_2}=\{4-1,2+2,-1-3\}=\{3,4,-4\},$$

$$|3,4,-4|=\sqrt{41},$$

所以

$$\cos\alpha=\frac{3}{\sqrt{41}},\cos\beta=\frac{4}{\sqrt{41}},\cos\gamma=\frac{-4}{\sqrt{41}}.$$

【例题 10-4】 已知 $\cos\alpha=\dfrac{1}{3}$，$\cos\beta=\dfrac{2}{3}$，$|\boldsymbol{a}|=6$，求向量 $\boldsymbol{a}$ 的坐标.

解：因为

$$\cos^2\alpha+\cos^2\beta+\cos^2\gamma=1,$$

所以

$$\cos^2\gamma=1-\cos^2\alpha-\cos^2\beta,$$

得

$$\cos\gamma=\pm\sqrt{1-\cos^2\alpha-\cos^2\beta}.$$

由 $\cos\alpha=\dfrac{1}{3}$，$\cos\beta=\dfrac{2}{3}$ 得

$$\cos\gamma=\pm\frac{2}{3}.$$

设向量 $\boldsymbol{a}=\{a_x,a_y,a_z\}$，则

$$a_x=|\boldsymbol{a}|\cos\alpha=2,a_y=|\boldsymbol{a}|\cos\beta=4,a_z=|\boldsymbol{a}|\cos\gamma=\pm4,$$

所以

$$\boldsymbol{a}=\{2,4,4\}\text{ 或 }\boldsymbol{a}=\{2,4,-4\}.$$

习 题 10.2

1. 已知 $\boldsymbol{a}=\{-1,-1,4\}$，$\boldsymbol{b}=\{2,1,3\}$，求 $\boldsymbol{a}+\boldsymbol{b}$，$\boldsymbol{a}-\boldsymbol{b}$，$4\boldsymbol{a}-3\boldsymbol{b}$.

2. 已知 $M_1=(1,-3,4)$，$M_2=(1,-3,-1)$，求 $\overrightarrow{M_1M_2}$ 的方向余弦.

3. 已知 $\cos\alpha=\dfrac{1}{6}$，$\cos\beta=\dfrac{2}{3}$，$|\boldsymbol{a}|=12$，求向量 $\boldsymbol{a}$ 的坐标.

4. 设向量的方向角为 α,β,γ，若①$\alpha=60°$，$\beta=120°$，求 γ；②$\alpha=135°$，$\beta=60°$，求 γ.

10.3　向量的数量积与向量积

设一物体在常力 $\boldsymbol{F}$ 作用下沿直线从点 M_1 移动到点 M_2，用 $\boldsymbol{s}$ 表示 $\overrightarrow{M_1M_2}$. 由物理学知道，力 $\boldsymbol{F}$ 所做的功为 $W=|\boldsymbol{F}||\boldsymbol{s}|\cos\theta$，其中 θ 为 $\boldsymbol{F}$ 与 $\boldsymbol{s}$ 的夹角.

像这个由两个向量的模及其夹角余弦的乘积构成的算式，在其他问题中还会遇到.

10.3.1　两向量的数量积

定义 10-19　设 $\boldsymbol{a},\boldsymbol{b}$ 为任意两个向量，则 $|\boldsymbol{a}||\boldsymbol{b}|\cos\theta$ 称为 $\boldsymbol{a},\boldsymbol{b}$ 的数量积(或点积)，用 $\boldsymbol{a}\cdot\boldsymbol{b}$ 来表示. 其中，θ 是 $\boldsymbol{a},\boldsymbol{b}$ 之间的夹角，$0\leqslant\theta\leqslant\pi$.

注意：$\boldsymbol{a},\boldsymbol{b}$ 的数量积 $\boldsymbol{a}\cdot\boldsymbol{b}$ 是一个数量.

向量的数量积满足以下运算律：

(1) 交换律 $\boldsymbol{a}\cdot\boldsymbol{b}=\boldsymbol{b}\cdot\boldsymbol{a}$.

(2) 结合律 $\lambda(\boldsymbol{a}\cdot\boldsymbol{b})=(\lambda\boldsymbol{a})\cdot\boldsymbol{b}=\boldsymbol{a}\cdot(\lambda\boldsymbol{b})$.

(3) 分配律 $(\boldsymbol{a}+\boldsymbol{b})\cdot\boldsymbol{c}=\boldsymbol{a}\cdot\boldsymbol{c}+\boldsymbol{b}\cdot\boldsymbol{c}$.

由数量积的定义还可以得出如下结论：

(1) $\boldsymbol{a}\cdot\boldsymbol{a}=|\boldsymbol{a}|^2$.

(2) 对两个非零向量 $\boldsymbol{a}$ 和 $\boldsymbol{b}$，如果 $\boldsymbol{a}\perp\boldsymbol{b}$，则 $\boldsymbol{a}\cdot\boldsymbol{b}=0$，即 $\cos\theta=0$，所以两个非零向量 $\boldsymbol{a}$ 和 $\boldsymbol{b}$ 垂直的充分必要条件是 $\boldsymbol{a}\cdot\boldsymbol{b}=0$.

(3) 两个非零向量 $\boldsymbol{a}$ 和 $\boldsymbol{b}$ 之间的夹角公式为

$$\cos\theta=\frac{\boldsymbol{a}\cdot\boldsymbol{b}}{|\boldsymbol{a}||\boldsymbol{b}|}.$$

(4) 对基本单位向量 $\boldsymbol{i},\boldsymbol{j},\boldsymbol{k}$ 有

$$\boldsymbol{i}\cdot\boldsymbol{i}=\boldsymbol{j}\cdot\boldsymbol{j}=\boldsymbol{k}\cdot\boldsymbol{k}=1,$$
$$\boldsymbol{i}\cdot\boldsymbol{j}=\boldsymbol{j}\cdot\boldsymbol{k}=\boldsymbol{k}\cdot\boldsymbol{i}=0.$$

设 $\boldsymbol{a}=\{a_x,a_y,a_z\}$，$\boldsymbol{b}=\{b_x,b_y,b_z\}$，则两个向量数量积的坐标表示式为

$$\boldsymbol{a}\cdot\boldsymbol{b}=a_xb_x+a_yb_y+a_zb_z.$$

由两个向量数量积的坐标表示式可得两个非零向量 $\boldsymbol{a}$ 和 $\boldsymbol{b}$ 垂直的充分必要条件是

$$a_xb_x+a_yb_y+a_zb_z=0.$$

夹角公式为

$$\cos\theta=\frac{a_xb_x+a_yb_y+a_zb_z}{\sqrt{a_x^2+a_y^2+a_z^2}\sqrt{b_x^2+b_y^2+b_z^2}}.$$

【例题 10-5】　已知三点 $M(1,1,1)$，$A(2,2,1)$ 和 $B(2,1,2)$，求 $\angle AMB$.

解：从 M 到 A 的向量记为 $\boldsymbol{a}$，从 M 到 B 的向量记为 $\boldsymbol{b}$，则 $\angle AMB$ 就是向量 $\boldsymbol{a},\boldsymbol{b}$ 的夹

角. 因为 $\boldsymbol{a}=\{1,1,0\}$, $\boldsymbol{b}=\{1,0,1\}$, 得

$$\boldsymbol{a}\cdot\boldsymbol{b}=1,$$

所以

$$\angle AMB=\frac{\pi}{3}.$$

【例题 10-6】 求同时垂直于 $\boldsymbol{a}=\{1,3,2\}$, $\boldsymbol{b}=\{2,-1,1\}$ 的单位向量.

解:设同时垂直于 $\boldsymbol{a},\boldsymbol{b}$ 的单位向量为 $\boldsymbol{c}^0=\{c_x,c_y,c_z\}$,则

$$\boldsymbol{a}\cdot\boldsymbol{c}=0,\boldsymbol{b}\cdot\boldsymbol{c}=0,|\boldsymbol{c}|=1,$$

得

$$\begin{cases}c_x+3c_y+2c_z=0,\\2c_x-c_y+c_z=0,\\c_x^2+c_y^2+c_z^2=1.\end{cases}$$

得

$$\begin{cases}c_x=-\dfrac{5\sqrt{83}}{83},\\c_y=-\dfrac{3\sqrt{83}}{83},\\c_z=\dfrac{7\sqrt{83}}{83},\end{cases}\quad 或\quad\begin{cases}c_x=\dfrac{5\sqrt{83}}{83},\\c_y=\dfrac{3\sqrt{83}}{83},\\c_z=-\dfrac{7\sqrt{83}}{83}.\end{cases}$$

所以, 同时垂直于 $\boldsymbol{a}=\{1,3,2\}$, $\boldsymbol{b}=\{2,-1,1\}$ 的单位向量为 $\left\{-\dfrac{5\sqrt{83}}{83},-\dfrac{3\sqrt{83}}{83},\dfrac{7\sqrt{83}}{83}\right\}$ 或 $\left\{\dfrac{5\sqrt{83}}{83},\dfrac{3\sqrt{83}}{83},-\dfrac{7\sqrt{83}}{83}\right\}$.

10.3.2 两向量的向量积

定义 10-20 设 $\boldsymbol{a},\boldsymbol{b}$ 为任意两个向量,若向量 $\boldsymbol{c}$ 满足:

(1) $|\boldsymbol{c}|=|\boldsymbol{a}\times\boldsymbol{b}|=|\boldsymbol{a}||\boldsymbol{b}|\sin\theta(0\leqslant\theta\leqslant\pi)$.

(2) $\boldsymbol{c}$ 垂直于 $\boldsymbol{a}$ 和 $\boldsymbol{b}$,且按这个次序构成右手系,则向量 $\boldsymbol{c}$ 称为 $\boldsymbol{a},\boldsymbol{b}$ 的向量积(或叉积),记作 $\boldsymbol{c}=\boldsymbol{a}\times\boldsymbol{b}$.

注意:$\boldsymbol{a},\boldsymbol{b}$ 的向量积 $\boldsymbol{c}$ 是一个向量,而且 $\boldsymbol{c}$ 的方向与 $\boldsymbol{a}$ 和 $\boldsymbol{b}$ 都垂直,模等于以 $\boldsymbol{a}$ 与 $\boldsymbol{b}$ 为邻边的平行四边形的面积.

由向量积的定义可知:

(1) $\boldsymbol{i}\times\boldsymbol{j}=\boldsymbol{k},\boldsymbol{j}\times\boldsymbol{k}=\boldsymbol{i},\boldsymbol{k}\times\boldsymbol{i}=\boldsymbol{j}$.

(2) 两个非零向量 $\boldsymbol{a},\boldsymbol{b}$ 相互平行的充分必要条件是 $\boldsymbol{a}\times\boldsymbol{b}=0$.

向量积满足以下运算律($\boldsymbol{a},\boldsymbol{b},\boldsymbol{c}$ 为向量,λ 为实数):

(1) $\boldsymbol{a}\times\boldsymbol{b}=-\boldsymbol{b}\times\boldsymbol{a}$(说明叉积不满足交换律).

(2) $\lambda(\boldsymbol{a}\times\boldsymbol{b})=(\lambda\boldsymbol{a})\times\boldsymbol{b}=\boldsymbol{a}\times(\lambda\boldsymbol{b})$.

(3) $\boldsymbol{a}\times(\boldsymbol{b}+\boldsymbol{c})=\boldsymbol{a}\times\boldsymbol{b}+\boldsymbol{a}\times\boldsymbol{c}$.

向量积的行列式计算法如下:

$$\boldsymbol{a}\times\boldsymbol{b}=(a_yb_z-a_zb_y)\boldsymbol{i}+(a_zb_x-a_xb_z)\boldsymbol{j}+(a_xb_y-a_yb_x)\boldsymbol{k}$$

$$= \begin{vmatrix} \boldsymbol{i} & \boldsymbol{j} & \boldsymbol{k} \\ a_x & a_y & a_z \\ b_x & b_y & b_z \end{vmatrix} = \left\{ \begin{vmatrix} a_y & a_z \\ b_y & b_z \end{vmatrix}, -\begin{vmatrix} a_x & a_z \\ b_x & b_z \end{vmatrix}, \begin{vmatrix} a_x & a_y \\ b_x & b_y \end{vmatrix} \right\}.$$

注意:向量 $\boldsymbol{a}$ 与 $\boldsymbol{b}$ 平行 $\Leftrightarrow a_y b_z - a_z b_y = a_z b_x - a_x b_z = a_x b_y - a_y b_x = 0$

$$\Leftrightarrow \frac{a_x}{b_x} = \frac{a_y}{b_y} = \frac{a_z}{b_z}.$$

上式中,若有分母为零,则对应的分子也为零.

【例题10-7】 设 $\boldsymbol{a} = \{2,1,-1\}, \boldsymbol{b} = \{1,-1,2\}$,计算 $\boldsymbol{a} \times \boldsymbol{b}$.

解:$\boldsymbol{a} \times \boldsymbol{b} = \begin{vmatrix} \boldsymbol{i} & \boldsymbol{j} & \boldsymbol{k} \\ 2 & 1 & -1 \\ 1 & -1 & 2 \end{vmatrix} = \{1,-5,-3\}$.

【例题10-8】 已知三角形 ABC 的顶点分别是 $A(1,2,3), B(3,4,5), C(2,4,7)$,求三角形 ABC 的面积.

解:根据向量积的定义可知,三角形 ABC 的面积为

$$S_{\triangle ABC} = \frac{1}{2} |\overrightarrow{AB}| |\overrightarrow{AC}| \sin\angle A = \frac{1}{2} |\overrightarrow{AB} \times \overrightarrow{AC}| = \sqrt{14}.$$

习题10.3

1. 求同时垂直于 $\boldsymbol{a} = \{-1,0,2\}, \boldsymbol{b} = \{1,-1,0\}$ 的单位向量.
2. 已知 $\boldsymbol{a} = \{3,1,2\}, \boldsymbol{b} = \{1,-2,4\}$,求 $\boldsymbol{a} \cdot \boldsymbol{b}$.
3. 证明 $\boldsymbol{a} = \{3,-2,1\}$ 和 $\boldsymbol{b} = \{4,9,6\}$ 相互垂直.
4. 设 $\boldsymbol{a} = \{0,1,1\}, \boldsymbol{b} = \{1,0,2\}$,计算 $\boldsymbol{a} \times \boldsymbol{b}$.
5. 求以 $A(3,4,1), B(2,3,0), C(3,5,1), D(2,4,0)$ 为顶点的四边形的面积.

10.4　平面方程

10.4.1　平面的点法式方程

定义10-21　如果一非零向量垂直于一平面,这向量就称为该平面的法线向量.

容易知道:平面上的任一向量均与该平面的法线向量垂直.

当平面 π 上一点 $M_0(x_0, y_0, z_0)$ 和它的一个法线向量 $\vec{n} = \{A,B,C\}$ 为已知时,平面 π 的位置就完全确定了.

定义10-22　设一平面通过已知点 $M_0(x_0, y_0, z_0)$ 且垂直于非零向量 $\vec{n} = \{A,B,C\}$,则 $A(x-x_0) + B(y-y_0) + C(z-z_0) = 0$ 称为平面的点法式方程.

【例题10-9】　求过点 $M_1(1,2,-1), M_2(2,3,1)$ 且和平面 $x-y+z=1$ 垂直的平面方程.

解:因为点 M_1,M_2 在所求平面上,所以向量 $\overrightarrow{M_1M_2}=\{1,1,2\}$ 在该平面上.又因为与平面 $x-y+z=1$ 垂直,而已知平面的法向量 $\vec{n_1}=\{1,-1,1\}$,故可取该平面的法向量 $\vec{n}=\overrightarrow{M_1M_2}\times\vec{n_1}=\begin{vmatrix}\vec{i} & \vec{j} & \vec{k}\\ 1 & 1 & 2\\ 1 & -1 & 1\end{vmatrix}=3\vec{i}+\vec{j}-2\vec{k}$.由于该平面过点 M_1,因此由平面的点法式方程知 $3(x-1)+(y-2)-2(z+1)=0$,即 $3x+y-2z-7=0$ 为所求平面的方程.

10.4.2 平面的一般方程

定义 10-23 将平面的点法式方程 $A(x-x_0)+B(y-y_0)+C(z-z_0)=0$ 化成为 $Ax+By+Cz+D=0$,此方程称为平面的一般方程.

特殊地:

(1)$D=0$,平面过原点.

(2)$A=0$,平面平行于 x 轴;$B=0$,平面平行于 y 轴;$C=0$,平面平行于 z 轴.

(3)$D=A=0$,平面过 x 轴;$D=B=0$,平面过 y 轴;$D=C=0$,平面过 z 轴.

(4)$A=B=0$,平面平行于 xOy 面;$A=C=0$,平面平行于 xOz 面;$B=C=0$,平面平行于 yOz 面.

(5)$A=B=D=0$,平面表示 xOy 面;$A=C=D=0$,平面表示 xOz 面;$B=C=D=0$,平面表示 yOz 面.

【例题 10-10】 求通过 x 轴和点(4,3,1)的平面方程.

解:因平面通过 x 轴,故 $A=D=0$,设所求平面方程为

$$By+Cz=0,$$

代入已知点(4,3,1)得 $C=-3B$.

化简,得所求平面方程为

$$y-3z=0.$$

10.4.3 平面的截距式方程

定义 10-24 设一平面不通过原点,也不平行于任何坐标轴,并与 x,y,z 三轴分别交于 $P(a,0,0),Q(0,b,0),R(0,0,c)$ 三点,则 $\frac{x}{a}+\frac{y}{b}+\frac{z}{c}=1$ 称为平面的截距式方程,a,b,c 分别为平面在 x,y,z 轴上的截距.

10.4.4 两平面的夹角

定义 10-25 两平面法向量的夹角(常为锐角)称为两平面的夹角.

设平面 π_1 的法向量为 $\vec{n_1}=\{A_1,B_1,C_1\}$,平面 π_2 的法向量为 $\vec{n_2}=\{A_2,B_2,C_2\}$,则两平面夹角 θ 的余弦为

$$\cos\theta=\frac{|\vec{n_1}\cdot\vec{n_2}|}{|\vec{n_1}||\vec{n_2}|},$$

即
$$\cos\theta = \frac{|A_1A_2 + B_1B_2 + C_1C_2|}{\sqrt{A_1^2 + B_1^2 + C_1^2}\sqrt{A_2^2 + B_2^2 + C_2^2}}.$$

10.4.5 平面与平面之间的关系

设有平面 $\pi_1: A_1x + B_1y + C_1z + D_1 = 0, \vec{n_1} = \{A_1, B_1, C_1\}$,

平面 $\pi_2: A_2x + B_2y + C_2z + D_2 = 0, \vec{n_2} = \{A_2, B_2, C_2\}$.

则
$$\pi_1 \perp \pi_2: \vec{n_1} \cdot \vec{n_2} = 0 \Leftrightarrow A_1A_2 + B_1B_2 + C_1C_2 = 0,$$
$$\pi_1 // \pi_2: \vec{n_1} \times \vec{n_2} = \vec{0} \Leftrightarrow \frac{A_1}{A_2} = \frac{B_1}{B_2} = \frac{C_1}{C_2}.$$

【例题 10-11】 一平面通过两点 $M_1(1,1,1)$, $M_2(0,1,-1)$ 且垂直于平面 $\pi: x + y + z = 0$,求其方程.

解:设所求平面的法向量为 $\vec{n} = \{A, B, C\}$,则所求平面方程为
$$A(x-1) + B(y-1) + C(z-1) = 0,$$
$$\vec{n} \perp \overrightarrow{M_1M_2} \Rightarrow -A + 0 \cdot B - 2C = 0, \text{即 } A = -2C,$$
$$\vec{n} \perp \pi \text{ 的法向量} \Rightarrow A + B + C = 0, \text{故 } B = -(A + C) = C.$$

因此有
$$-2C(x-1) + C(y-1) + C(z-1) = 0,$$
即
$$2x - y - z = 0.$$

习题 10.4

1. 求在 x 轴上的截距为 3,在 z 轴上的截距为 -1,且与平面 $3x + y - z + 1 = 0$ 垂直的平面方程.

2. 求过点 $(0,0,1)$ 且上面有两向量 $\vec{a} = \{-2,1,1\}$, $\vec{b} = \{-1,0,0\}$ 的平面方程.

3. 求过 $A(1,2,\frac{5}{4})$, $B(1,-1,-1)$, $C(0,-3,-2)$ 三点的平面方程.

4. 求两平面 $x - y + 2z + 3 = 0$ 和 $2x + y + z - 5 = 0$ 的夹角.

10.5 空间直线方程

10.5.1 直线的点向式方程

定义 10-26 与直线平行的非零向量称为该直线的方向向量.

显然,直线的方向向量有无穷多个.由立体几何知道:过空间一点可以作而且只能作一条直线平行于已知直线,下面将利用这个结论来建立空间直线的方程.

定义 10-27 已知直线上一点 $M_0(x_0, y_0, z_0)$ 和它的方向向量 $\vec{s} = \{m, n, p\}$,设直线上

的动点为 $M(x,y,z)$，则 $\overrightarrow{M_0M} /\!/ \vec{s}$，故有 $\frac{x-x_0}{m}=\frac{y-y_0}{n}=\frac{z-z_0}{p}$，此式称为直线的点向式方程（也称为对称式方程）.

【例题 10-12】 求过点(1，-2,4) 且与平面 $2x-3y+z-4=0$ 垂直的直线方程.

解：设所求直线方程为 $\frac{x-x_0}{m}=\frac{y-y_0}{n}=\frac{z-z_0}{p}$.

因为过点(1，-2，4)，所以

$$\frac{x-1}{m}=\frac{y+2}{n}=\frac{z-4}{p}.$$

又因为与平面 $2x-3y+z-4=0$ 垂直，所以可取直线的方向向量为平面 $2x-3y+z-4=0$ 的法向量，得直线的方向向量为 $\{2,-3,1\}$，所以所求直线方程为

$$\frac{x-1}{2}=\frac{y+2}{-3}=\frac{z-4}{1}.$$

10.5.2 直线的参数式方程

定义 10-28 设 $\frac{x-x_0}{m}=\frac{y-y_0}{n}=\frac{z-z_0}{p}=t$，那么直线 l 的方程可写成如下形式

$$\begin{cases} x = x_0 + mt, \\ y = y_0 + nt, \\ z = z_0 + pt. \end{cases}$$

称为直线 l 的参数方程，t 为参数.

10.5.3 直线的一般式方程

定义 10-29 直线可视为两平面的交线，称 $\begin{cases} A_1x + B_1y + C_1z + D_1 = 0 \\ A_2x + B_2y + C_2z + D_2 = 0 \end{cases}$ 为直线的一般式方程.

【例题 10-13】 用点向式及参数式表示直线 $\begin{cases} x+y+z+1=0, \\ 2x-y+3z+4=0. \end{cases}$

解：先在直线上找一点，令 $x=1$，解方程组 $\begin{cases} y+z=-2 \\ y-3z=6 \end{cases}$ 得

$$y=0, z=-2,$$

故(1,0，-2)是直线上的一点.

再求直线的方向向量 $\vec{s}$. 已知两平面的法向量为

$$\vec{n}_1=\{1,1,1\}, \vec{n}_2=\{2,-1,3\}.$$

因为

$$\vec{s}\perp\vec{n}_1, \vec{s}\perp\vec{n}_2,$$

所以取

$$\vec{s}=\vec{n}_1\times\vec{n}_2,$$

即
$$\vec{s}=\vec{n}_1\times\vec{n}_2=\begin{vmatrix} i & j & k \\ 1 & 1 & 1 \\ 2 & -1 & 3 \end{vmatrix}=\{4,-1,-3\}.$$

所以,所给直线的对称式方程为

$$\frac{x-1}{4}=\frac{y}{-1}=\frac{z+2}{-3},$$

参数式方程为
$$\begin{cases} x=1+4t, \\ y=-t, \\ z=-2-3t. \end{cases}$$

10.5.4　两直线的夹角

定义 10-30　两直线的方向向量间的夹角(通常取锐角)称为两直线的夹角.

设直线 L_1,L_2 的方向向量分别为

$$\vec{s}_1=\{m_1,n_1,p_1\},\vec{s}_2=\{m_2,n_2,p_2\},$$

则两直线夹角 φ 满足 $\cos\varphi=\dfrac{|\vec{s}_1\cdot\vec{s}_2|}{|\vec{s}_1||\vec{s}_2|}=\dfrac{|m_1m_2+n_1n_2+p_1p_2|}{\sqrt{m_1^2+n_1^2+p_1^2}\sqrt{m_2^2+n_2^2+p_2^2}}.$

【例题 10-14】　求直线 $L_1:\begin{cases} 3x+y-5=0 \\ 2y-3z+5=0 \end{cases}$ 和直线 $L_2:\dfrac{x-2}{1}=\dfrac{y+2}{2}=\dfrac{z}{3}$ 的夹角.

解:直线 $L_1:\begin{cases} 3x+y-5=0 \\ 2y-3z+5=0 \end{cases}$ 的方向向量为 $\begin{vmatrix} \vec{i} & \vec{j} & \vec{k} \\ 3 & 1 & 0 \\ 0 & 2 & -3 \end{vmatrix}=\{-3,9,6\};$

直线 $L_2:\dfrac{x-2}{1}=\dfrac{y+2}{2}=\dfrac{z}{3}$ 的方向向量为 $\{1,2,3\}$.

则两直线的夹角 φ 满足

$$\cos\varphi=\frac{|-3\times1+9\times2+6\times3|}{\sqrt{(-3)^2+9^2+6^2}\times\sqrt{1^2+2^2+3^2}}=\frac{11}{14}.$$

所以,直线 L_1 和直线 L_2 的夹角为 $\arccos\dfrac{11}{14}$.

10.5.5　两直线的位置关系

设直线　$L_1:\dfrac{x-x_1}{m_1}=\dfrac{y-y_1}{n_1}=\dfrac{z-z_1}{p_1},s_1=(m_1,n_1,p_1)$,

直线　$L_2:\dfrac{x-x_2}{m_2}=\dfrac{y-y_2}{n_2}=\dfrac{z-z_2}{p_2},s_2=(m_2,n_2,p_2)$,

则　$L_1\perp L_2\Leftrightarrow\vec{s}_1\cdot\vec{s}_2=0\Leftrightarrow m_1m_2+n_1n_2+p_1p_2=0$,

$$L_1//L_2\Leftrightarrow\vec{s}_1\times\vec{s}_2=\vec{0}\Leftrightarrow\frac{m_1}{m_2}=\frac{n_1}{n_2}=\frac{p_1}{p_2}.$$

习题 10.5

1. 求过点(2,0,3) 且与平面 $4x+y-z+5=0$ 垂直的直线方程.

2. 求过点(1,1,1)且同时与平面 $2x-y-3z=0$ 和 $x+2y-5z=1$ 平行的直线方程.

3. 求与两平面 $x-4z=3$ 和 $2x-y-5z=1$ 的交线平行,且过点(-3,2,5)的直线的方程.

4. 求过点(1,0, -2)且与平面 $3x+4y-z+6=0$ 平行,又与直线 $\frac{x-3}{1}=\frac{y+2}{4}=\frac{z}{1}$ 垂直的直线方程.

5. 求直线 $L_1:\frac{x-1}{1}=\frac{y}{-4}=\frac{z+3}{1}$ 与直线 $L_2:\begin{cases}x+y+2=0\\x+2z=0\end{cases}$ 的夹角.

10.6 曲面与空间曲线

10.6.1 曲面及其方程

在日常生活中,我们会遇到各种曲面. 例如,反光镜的镜面,手电筒的外表面及锥面等.

在平面解析几何中,把曲线看作是按照一定规律运动的点的轨迹. 同样,在空间解析几何中,把曲面也看作是按照一定规律运动的点的轨迹,空间的动点 M 可以用坐标 x,y,z 来表示,动点所满足的规律通常可用 x,y,z 的方程来表示,因此,如果曲面 S 与三元方程

$$F(x,y,z)=0 \tag{10-1}$$

有下述关系:

(1)曲面 S 上任一点的坐标都满足方程(10-1).

(2)不在曲面 S 上的点的坐标都不满足方程(10-1).

那么,方程(10-1)就叫作曲面 S 的方程,而曲面 S 就叫作方程(10-1)的图形(见图 10-10).

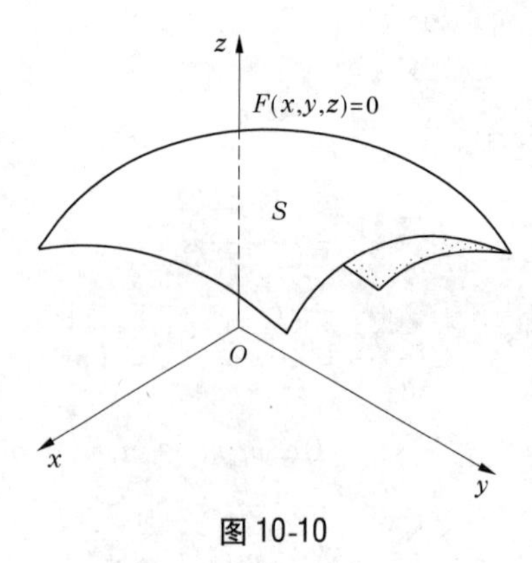

图 10-10

【例题10-15】 一动点 M 与二定点 $A(2,-3,2)$ 及 $B(1,4,-2)$ 等距离，求动点的轨迹方程.

解:设动点的坐标为 $M(x,y,z)$，依题意有 $|MA|=|MB|$.

根据空间两点间的距离公式有

$$\sqrt{(x-2)^2+(y+3)^2+(z-2)^2}=\sqrt{(x-1)^2+(y-4)^2+(z+2)^2},$$

即
$$x-7y+4z+2=0.$$

这方程表示空间一平面，它是线段 AB 的垂直平分面.

【例题10-16】 求以点 $M_0(x_0,y_0,z_0)$ 为球心，以 R 为半径的球面方程.

解:设 $M(x,y,z)$ 是球面上任意一点(见图10-11)，那么 $|M_0M|=R$.

由于
$$|M_0M|=\sqrt{(x-x_0)^2+(y-y_0)^2+(z-z_0)^2},$$

所以
$$\sqrt{(x-x_0)^2+(y-y_0)^2+(z-z_0)^2}=R,$$

即
$$(x-x_0)^2+(y-y_0)^2+(z-z_0)^2=R^2. \tag{10-2}$$

这就是球面上点的坐标满足的方程，方程(10-2)就是以点 $M_0(x_0,y_0,z_0)$ 为球心，以 R 为半径的球面方程.

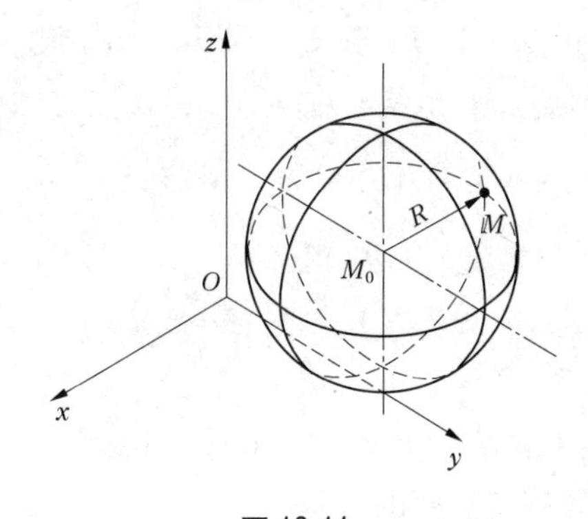

图10-11

如果 M_0 为坐标原点，则 $x_0=y_0=z_0=0$，球面方程为

$$x^2+y^2+z^2=R^2.$$

方程(10-2)也可写成

$$x^2+y^2+z^2-2x_0x-2y_0y-2z_0z+x_0^2+y_0^2+z_0^2=R^2. \tag{10-3}$$

由方程(10-3)可以看出，球面的方程是关于 x,y,z 的二次方程，它的 x^2,y^2,z^2 的系数相等，并且方程中没有 xy,yz,zx 项.

反之，利用配方法可以证明任何满足上述条件经过配方可化为(10-2)形式的二次方程

$$x^2+y^2+z^2+ax+by+cz+d=0 \tag{10-4}$$

在空间表示一个球面.

【例题10-17】 方程 $x^2+y^2+z^2+6x-8y=0$ 表示怎样的曲面?

解:通过配方,原方程可改写成

$$(x+3)^2+(y-4)^2+z^2=25,$$

与方程(10-2)比较,可知原方程表示一个球心在 $(-3,4,0)$,半径为5的球面.

在空间解析几何中关于曲面的研究,有下列两个问题:

(1)已知一曲面作为点的轨迹,建立该曲面的方程.

(2)已知坐标 x,y,z 所满足的方程,研究该方程所表示的曲面的形状.

下面作为基本问题(1)的例子,我们讨论旋转曲面,作为问题(2)的例子,我们讨论柱面.

10.6.1.1 **旋转曲面**

以一条平面曲线绕其平面上的一条直线旋转一周所形成的曲面,叫作旋转曲面,这条直线叫作旋转曲面的轴.

设在 yOz 坐标面上有一已知曲线 C ,它的方程为 $f(y,z)=0$. 把该曲线绕 z 轴旋转一周,就得到一个以 z 轴为轴的旋转曲面(见图10-12).

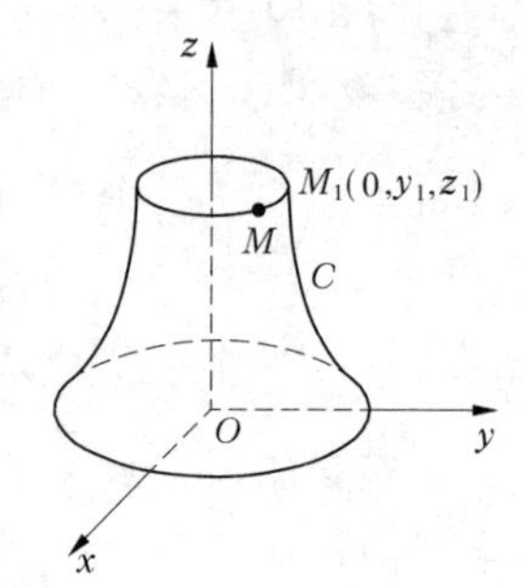

图10-12

设 $M_1(0,y_1,z_1)$ 为曲线 C 上的任意一点,那么有

$$f(y_0,z_0)=0. \tag{10-5}$$

当曲线 C 绕 z 轴旋转时,点 M_1 也绕 z 轴转动到另一点 $M(x,y,z)$,这时, $z=z_1$ 保持不变,且点 M 到 z 轴的距离 $d=\sqrt{x^2+y^2}=|y_1|$,将 $z=z_1,y_1=\pm\sqrt{x^2+y^2}$ 代入到方程(10-5)中,就有

$$f(\pm\sqrt{x^2+y^2},z)=0, \tag{10-6}$$

这就是所求旋转曲面的方程.

由此,我们知道在曲线 C 的方程 $f(y,z)=0$ 中,只要将 y 改成 $\pm\sqrt{x^2+y^2}$,便可得到曲线 C 绕 z 轴旋转所形成的旋转曲面的方程.

同理,曲线 C 绕 y 轴旋转所形成的旋转曲面的方程为

$$f(y,\pm\sqrt{x^2+z^2})=0. \tag{10-7}$$

【例题10-18】 将 xOz 坐标面上的双曲线 $\frac{x^2}{a^2}-\frac{z^2}{c^2}=1$ 分别绕 x 轴和 z 轴旋转一周,求所成的旋转曲面的方程.

解:绕 x 轴旋转一周所成的旋转曲面的方程为

$$\frac{x^2}{a^2}-\frac{y^2+z^2}{c^2}=1,$$

绕 z 轴旋转一周所成的旋转曲面的方程为

$$\frac{x^2+y^2}{a^2}-\frac{z^2}{c^2}=1,$$

这两种曲面都称为旋转双曲面.

【例题 10-19】 一动点与点(1,0,0)的距离为其与平面 $x+4=0$ 的距离的$\frac{1}{\sqrt{2}}$,求其轨迹方程,并指出是什么曲面?

解:设动点为 $M(x,y,z)$,依题意得

$$\sqrt{(x-1)^2+y^2+z^2}=\frac{1}{\sqrt{2}}|x+4|.$$

化简得　　$x^2+2y^2+2z^2-12x-14=0.$

配方后得　　$(x-6)^2+2y^2+2z^2=50.$

此曲面可看作是 xOz 坐标面上的椭圆 $(x-6)^2+2y^2=50$ 绕 x 轴旋转一周所成的旋转曲面,称为旋转椭球面.

10.6.1.2　柱面

我们先分析一个例子.

【例题 10-20】 方程 $x^2+y^2=R^2$ 表示怎样的曲面?

解:方程 $x^2+y^2=R^2$ 在 xOy 面上表示圆心在原点 O 、半径为 R 的圆,在空间直角坐标系中,因为方程不含 z ,即不论空间点的竖坐标 z 怎样,只要它的横坐标 x 和纵坐标 y 能满足该方程,那么这些点就在这种曲面上. 这就是说,凡是通过 xOy 面内 $x^2+y^2=R^2$ 上一点 $M(x,y,0)$,且平行于 z 轴的直线 L 都在这种曲面上. 因此,这种曲面可以看作是由平行于 z 轴的直线 L 沿 xOy 面内 $x^2+y^2=R^2$ 移动而形成的,这种曲面叫作圆柱面(见图 10-13). xOy 面上圆 $x^2+y^2=R^2$ 叫作它的准线,平行于 z 轴的直线 L 叫作它的母线.

一般地,平行于定直线并沿定曲线 C 移动的直线 L 形成的轨迹叫作柱面. 定曲线 C 叫作柱面的准线, 直线 L 叫作柱面的母线.

上述我们看到,不含 z 的方程 $x^2+y^2=R^2$ 在空间直角坐标系中表示圆柱面,它的母线平行于 z 轴,它的准线是 xOy 面上的圆 $x^2+y^2=R^2$.

类似地,方程 $y^2=2x$ 表示母线平行于 z 轴的柱面,它的准线是 xOy 面上的抛物线,该柱面叫作抛物线柱面(见图 10-14).

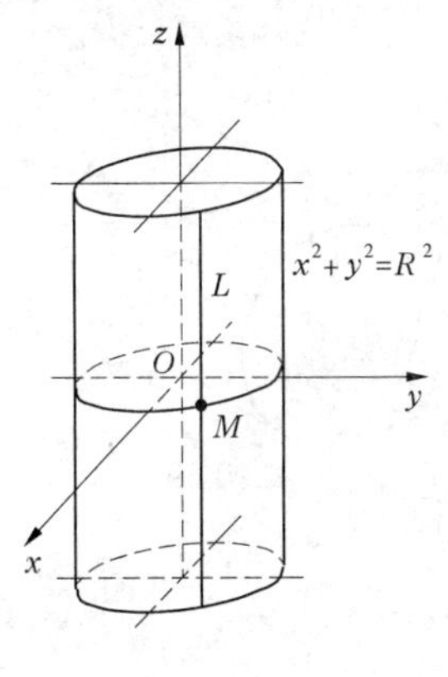

图 10-13

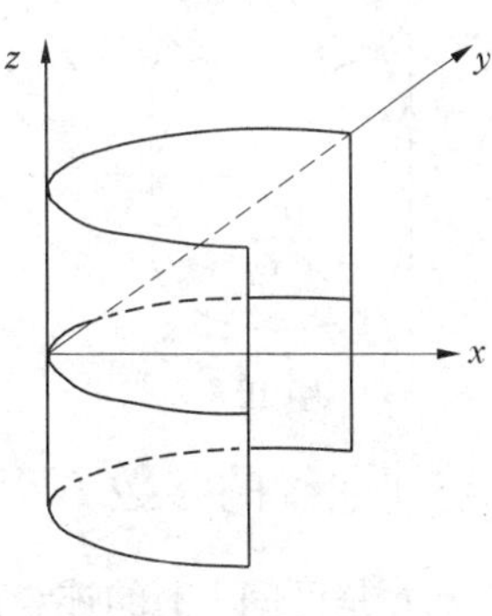

图 10-14

又如,平面 $x-y=0$ 也可看成是母线平行于 z 轴的柱面,其准线是 xOy 面上的直线 $x-y=0$,所以它是通过 z 轴的平面(见图 10-15).

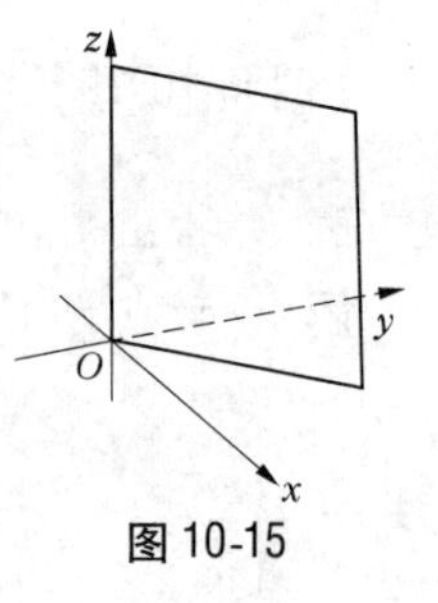

图 10-15

一般地,只含 x,y 的方程 $F(x,y)=0$ 在空间直角坐标系中表示母线平行于 z 轴的柱面,其准线是 xOy 面上的曲线 $C:F(x,y)=0$(见图 10-16).

类似地我们知道,只含 x,z 的方程 $G(x,z)=0$ 和只含 y,z 的方程 $H(y,z)=0$ 分别表示母线平行于 y 轴和 x 轴的柱面.

例如,方程 $y-z=0$ 表示的是母线平行于 x 轴的柱面,其准线是 yOz 面上的直线 $y-z=0$,所以它通过 x 轴(见图 10-17).

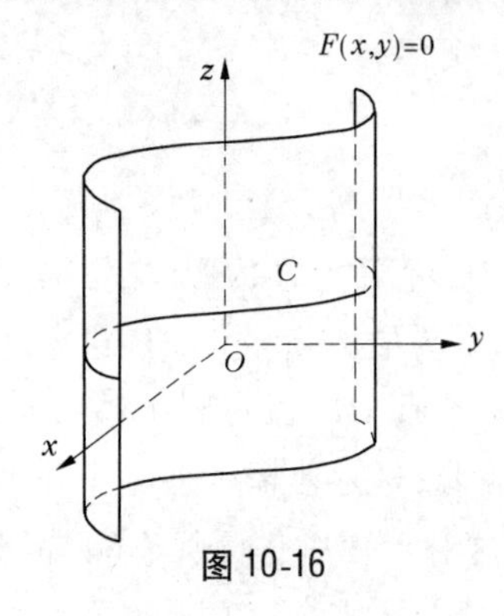

图 10-16

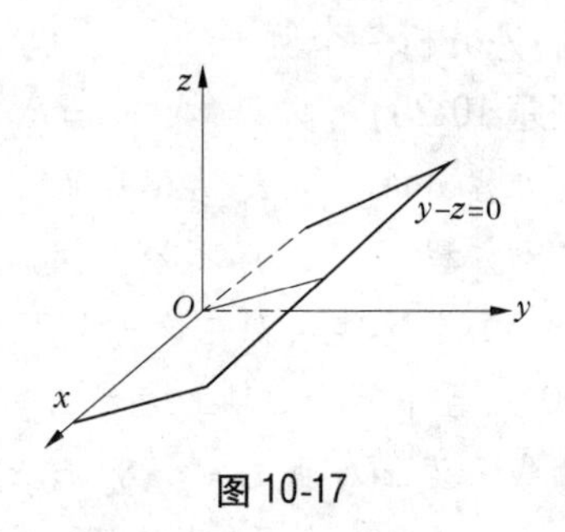

图 10-17

【例题 10-21】 确定曲面类型,并画出曲面.

(1) $x^2+y^2=1$;　　　　(2) $y^2+z^2=1$.

解:(1) $x^2+y^2=1$ 是一个圆柱面,它的母线平行于 z 轴,准线是 xOy 面上的圆 $x^2+y^2=1$(见图 10-18).

(2) $y^2+z^2=1$ 是一个圆柱面,它的母线平行于 x 轴,准线是 yOz 面上的圆 $y^2+z^2=1$(见图 10-19).

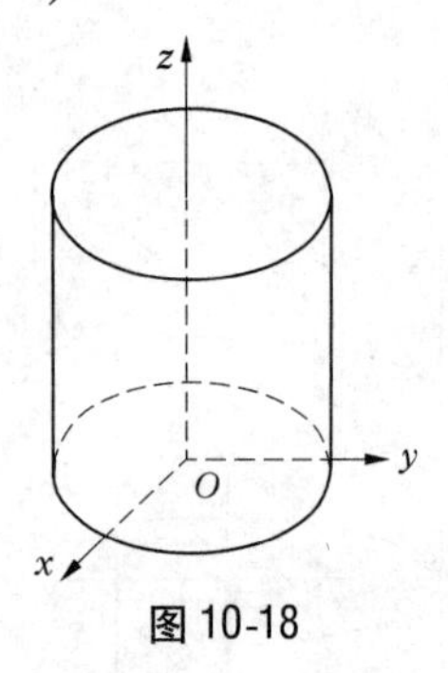

图 10-18

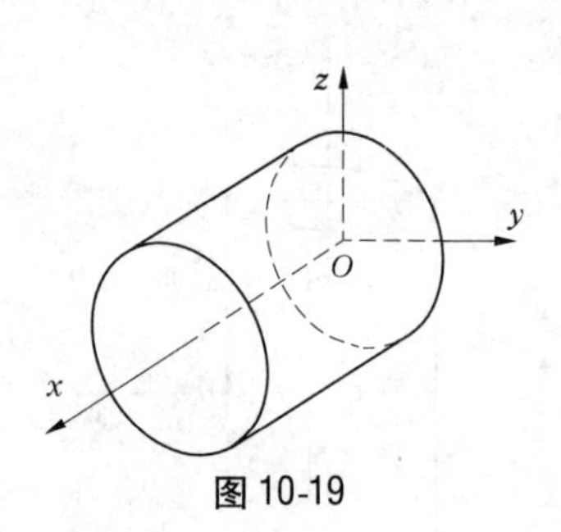

图 10-19

10.6.2 空间曲线的参数方程

假设 f,g,h 是区间 l 上的连续函数,那么满足

$$x=f(t),y=g(t),z=h(t),t\in l \tag{10-8}$$

的所有点 (x,y,z) 的集合 C 称为一条空间曲线,方程(10-8)称为空间曲线 C 的参数方程,

t 为参数.

【例题 10-22】 画出参数方程为 $x = \cos t, y = \sin t, z = t$ 的曲线.

解:因为 $x^2 + y^2 = \cos^2 t + \sin^2 t = 1$,所以这条曲线一定位于圆柱面 $x^2 + y^2 = 1$ 上,点 (x,y,z) 位于点 $(x,y,0)$ 正上方,这个点沿着 xOy 平面上的圆周 $x^2 + y^2 = 1$ 逆时针运动,因为 $z = t$ 随着 t 的增长,这条曲线沿着柱面盘旋上升(见图 10-20),称为螺旋线.

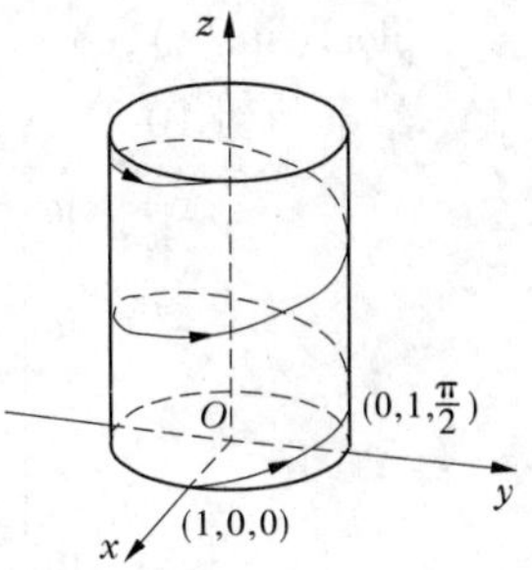

图 10-20

【例题 10-23】 求圆柱面 $x^2 + y^2 = 1$ 和平面 $y + z = 2$ 的交线 C 的参数方程.

解:圆柱面 $x^2 + y^2 = 1$ 和平面 $y + z = 2$ 的交线 C 是一个椭圆,C 在 xOy 平面的投影为圆周 $x^2 + y^2 = 1, z = 0$. 因此有

$$x = \cos t, y = \sin t, 0 \leqslant t \leqslant 2\pi.$$

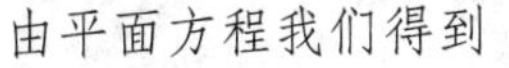

由平面方程我们得到

$$z = 2 - y = 2 - \sin t,$$

所以,C 的参数方程为

$$x = \cos t, y = \sin t, z = 2 - \sin t, 0 \leqslant t \leqslant 2\pi.$$

习题 10.6

1. 方程 $y = x^2$ 在空间直角坐标系中表示什么样的曲面?
2. 把下列方程化成标准形式,判断曲面类型.

(1) $z^2 = 4x^2 + 9y^2 + 36$; (2) $x^2 = 2y^2 + 3z^2$;

(3) $x = 2y^2 + 3z^2$; (4) $4x - y^2 + 4z^2 = 0$;

(5) $4x^2 + y^2 + 4z^2 - 4y - 24z + 36 = 0$; (6) $4x^2 + z^2 - x - 16y - 4z + 20 = 0$;

(7) $x^2 - y^2 + z^2 - 4x - 2y - 2z + 4 = 0$; (8) $x^2 - y^2 + z^2 - 2x + 2y + 4z + 2 = 0$.

3. 求以 y 轴为轴旋转抛物线 $y = x^2$ 所得到的曲面方程.
4. 求以 x 轴为轴旋转直线 $x = 3y$ 所得到的曲面方程.
5. 求由到点 $(-1,0,0)$ 和平面 $x = 1$ 距离相等的点所组成的曲面,并判断曲面的类型.

10.7 用 Matlab 作三维图形

10.7.1 空间曲线

10.7.1.1 一条曲线

命令格式:plot3(x,y,z,s)

功能:绘制空间曲线.其中,x,y,z 是向量(数组),分别表示曲线上点集的横坐标、纵坐标、函数值,s 指定颜色、线形等.

【例题 10-24】 在区间[0,10 * pi]上画出参数曲线 $x = \sin(t)$, $y = \cos(t)$, $z = t$ 的图形.

解:输入命令:

```
t=0:pi/50:10*pi;
plot3(sin(t),cos(t),t)
```

结果如图 10-21 所示.

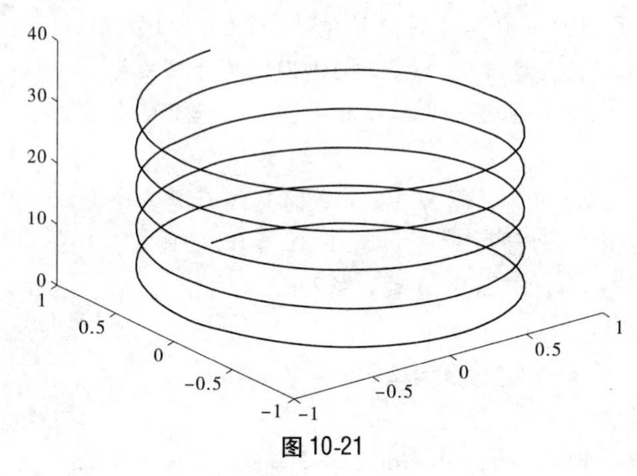

图 10-21

10.7.1.2 多条曲线

命令格式:plot3(x,y,z)

功能:绘制多条曲线.其中 x,y,z 是同阶的矩阵,其对应的每一列表示一条曲线.

【例题 10-25】 画多条曲线观察函数 $Z=(X+Y)^2$.

解:输入命令:

```
x=-3:0.1:3;y=1:0.1:5;
[X,Y]=meshgrid(x,y);
Z=(X+Y).^2;
plot3(X,Y,Z)
```

结果如图 10-22 所示.

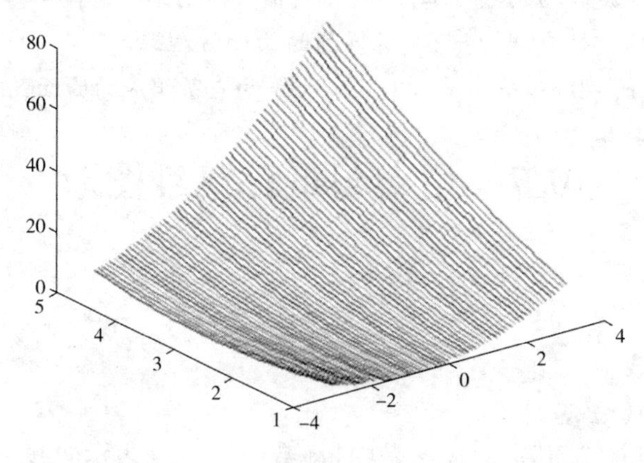

图 10-22

说明:meshgrid 基本调用格式为:[X,Y]=meshgrid(x,y).

meshgrid(x,y)的功能是按指定向量 x,y 生成二维网格矩阵(元素为二维有序实数对).

例如:

$x=[1\quad 2\quad 3\quad 4]$

$y=[5\quad 6\quad 7]$

meshgrid(x,y)的作用是生成二维网格矩阵:

(1,5)　(2,5)　(3,5)　(4,5)

(1,6)　(2,6)　(3,6)　(4,6)

(1,7)　(2,7)　(3,7)　(4,7)

[X,Y] = meshgrid(x , y)的作用是生成下面的两个矩阵:

$$X=\begin{pmatrix}1&2&3&4\\1&2&3&4\\1&2&3&4\end{pmatrix},$$

$$Y=\begin{pmatrix}5&5&5&5\\6&6&6&6\\7&7&7&7\end{pmatrix}.$$

10.7.2　空间曲面

命令格式 1:surf(x,y,z)

功能:画出数据点(x,y,z)表示的曲面.

x,y,z 是矩阵,分别表示数据点的横坐标、纵坐标、函数值.

【例题 10-26】　画函数 $Z=(X+Y)^2$ 的图形.

解:输入命令:

```
x = -3:0.1:3;
y = 1:0.1:5;
[X,Y] = meshgrid(x,y);
Z = (X+Y).^2;
surf(X,Y,Z)
shading flat   %将当前图形变得平滑
```

结果如图 10-23 所示.

命令格式 2:mesh(x,y,z)

功能:画网格曲面. 其中 x,y,z 是矩阵,分别表示数据点的横坐标、纵坐标、函数值.

【例题 10-27】　画出曲面 $Z=(X+Y)^2$ 的网格图.

解:输入命令:

```
x = -3:0.1:3;y = 1:0.1:5;
[X,Y] = meshgrid(x,y);
Z = (X+Y).^2;
mesh(X,Y,Z)
```

结果如图 10-24 所示.

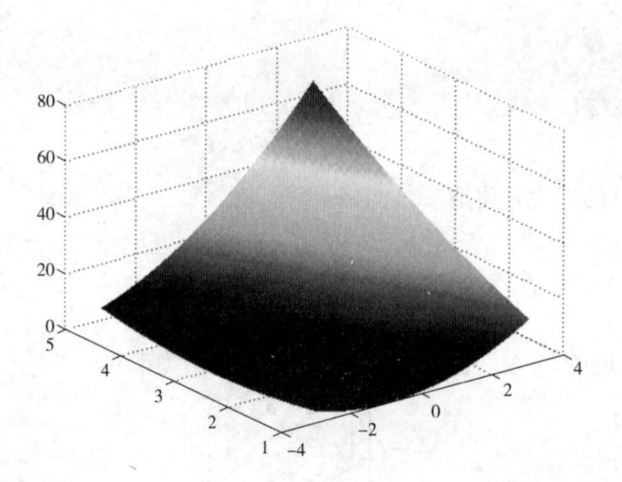

图 10-23

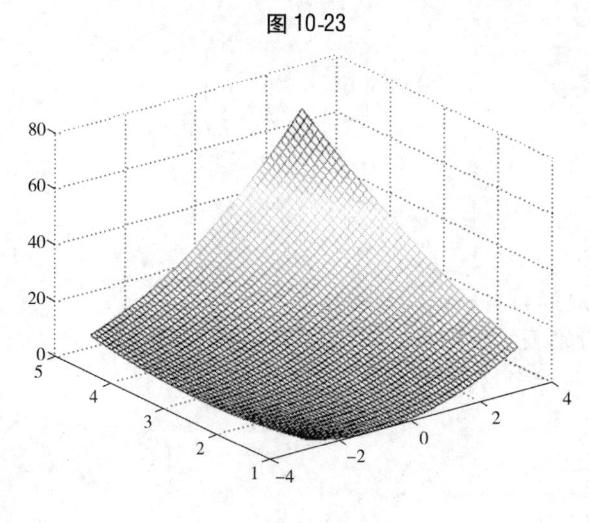

图 10-24

命令格式 3:meshz(x,y,z)

功能:在网格周围画一个 curtain 图(参考平面).

【例题 10-28】 绘 $Z=(5X+Y)^2$ 的网格图.

解:输入命令:

```
x = -3:0.1:3;y = 1:0.1:5;
[X,Y] = meshgrid(x,y);
Z = (5 * X + Y).^2;
meshz(X,Y,Z)
```

结果如图 10-25 所示.

10.7.3 图形处理

10.7.3.1 在图形上加格栅、标注

(1)grid on: 在当前图上加格栅.

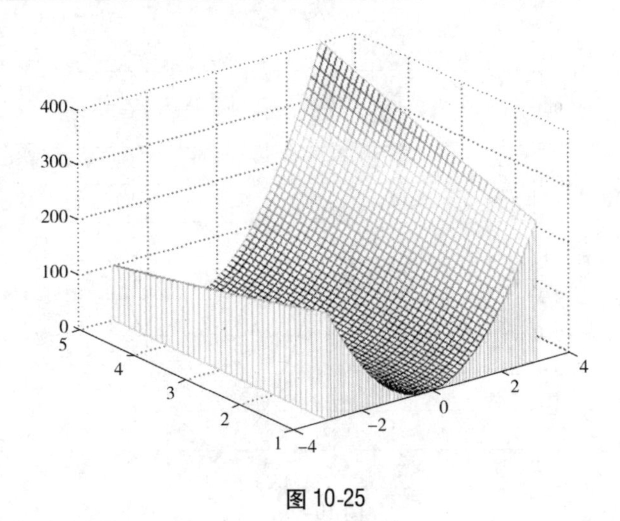

图 10-25

grid off：删除格栅.

(2) xlabel(string)：在当前图形的 x 轴上加标注 string.

ylabel(string)：在当前图形的 y 轴上加标注 string.

zlabel(string)：在当前图形的 z 轴上加标注 string.

title(string)：在当前图形的顶端上加标注 string.

【例题 10-29】 在区间[0,2 * *pi*]上画 sin*x* 的图形,并加上标注“自变量 *X*”“函数 *Y*”以及标题“示意图”,并加格栅.

解：输入命令：

```
x = linspace(0,2 * pi,30);
y = sin(x);
plot(x,y)
xlabel('自变量 X')
ylabel('函数 Y')
title('示意图')
grid on
```

结果如图 10-26 所示.

(3) gtext(string).

命令 gtext(string)用鼠标放置标注在现有的图上. 运行命令 gtext(string)时,屏幕上出现当前图形,在图形上出现一个交叉的十字,该十字随鼠标的移动而移动,当按下鼠标左键时,该标注 string 放在当前十字交叉的位置.

【例题 10-30】 在区间[0,2 * *pi*]上画 sin(*x*),cos(*x*)并分别标注“sin(*x*)”“cos(*x*)”.

解：输入命令：

```
x = linspace(0,2 * pi,30);
y = sin(x);
z = cos(x);
plot(x,y,x,z)
```

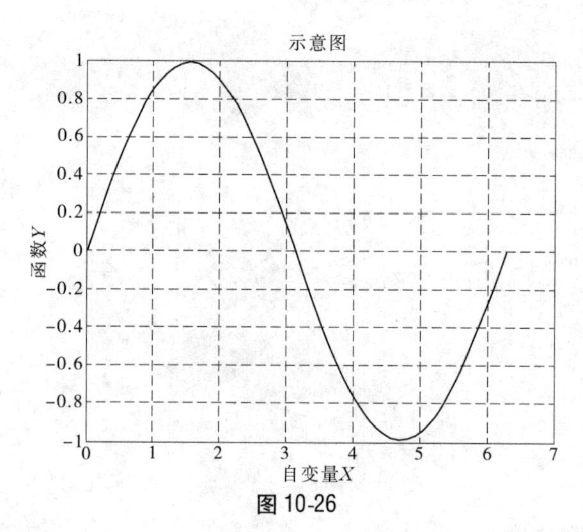

图 10-26

gtext('sin(x)');gtext('cos(x)')

10.7.3.2　**定制坐标**

命令格式 1:axis([xmin xmax ymin ymax zmin zmax])

功能:定制图形坐标. 其中 xmin xmax ymin ymax zmin zmax 表示 x、y、z 的最大值、最小值.

命令格式 2:axis auto

功能:将坐标轴返回到自动缺省值.

【例题 10-31】　在区间[0.005,0.01]上显示 sin(1/x)的图形.

解:输入命令:

```
x = linspace(0.0001,0.01,1000);
y = sin(1./x);
plot(x,y)
axis([0.005 0.01  -1 1])
```

结果如图 10-27 所示.

10.7.3.3　**图形保持**

(1)hold on:保持当前图形,以便继续画图到当前图上.

　hold off:释放当前图形窗口.

【例题 10-32】　将 $y = \sin(x)$、$y = \cos(x)$ 分别用点和线画在同一窗口上.

解:输入命令:

```
x = linspace(0,2 * pi,30);
y = sin(x);
z = cos(x)
plot(x,y,'.')
hold on
plot(x,z)
```

结果如图 10-28 所示.

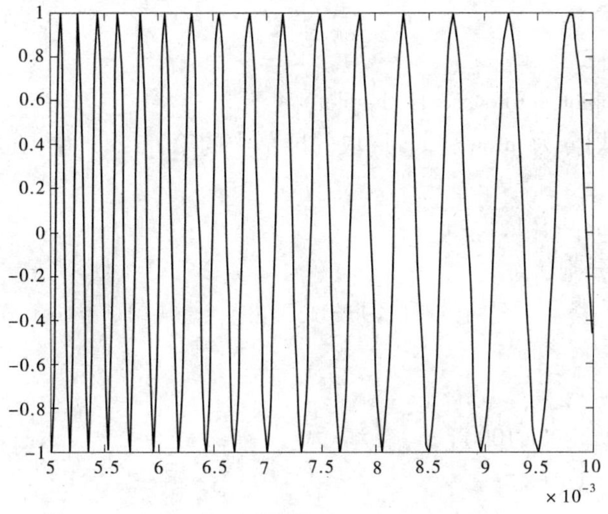

图10-27

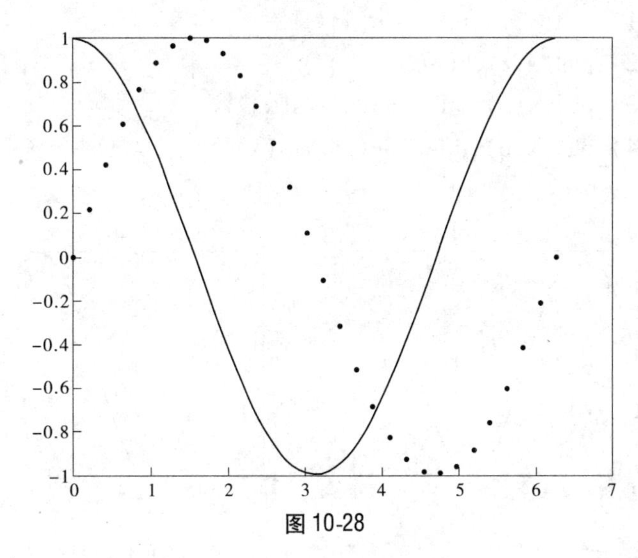

图10-28

(2) figure(h).

新建h窗口,或激活已建的h窗口中的图形,使其可见.

【例题10-33】 新建两个窗口分别画出 $y=\sin(x)$, $z=\cos(x)$ 在区间[0,2 * pi]上的图形.

解:输入命令

```
x = linspace(0,2 * pi,100);
y = sin(x);z = cos(x);
plot(x,y);
title('sin(x)');
pause
figure(2);
plot(x,z);
```

title('cos(x)')

10.7.3.4　**分割窗口**

命令格式:subplot(mrows,ncols,thisplot)

功能:激活已划分为 mrows * ncols 块的屏幕中的第 thisplot 块,其后的作图语句将图形画在该块上.

命令格式 2:subplot(1,1,1)

功能:返回非分割状态.

【例题 10-34】 将屏幕分割为四块,并分别画出 $y=\sin(x)$,$z=\cos(x)$,$a=\sin(x)\cos(x)$,$b=\sin(x)/\cos(x)$.

解:输入命令:

```
x = linspace(0,2 * pi,100);
y = sin(x); z = cos(x);
a = sin(x). * cos(x);b = sin(x)./(cos(x) + eps);
subplot(2,2,1);plot(x,y),title('sin(x)')
subplot(2,2,2);plot(x,z),title('cos(x)')
subplot(2,2,3);plot(x,a),title('sin(x)cos(x)')
subplot(2,2,4);plot(x,b),title('sin(x)/cos(x)')
```

结果如图 10-29 所示.

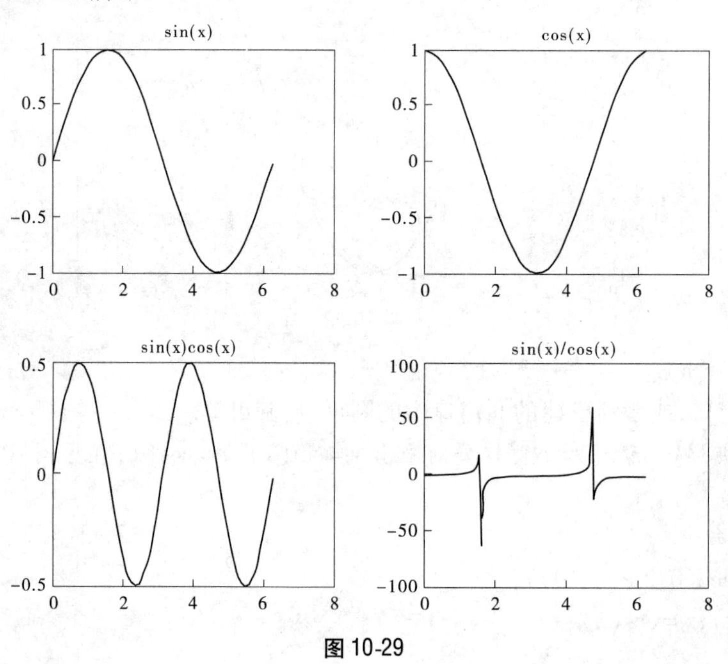

图 10-29

10.7.3.5　**改变视角** view

命令格式 1:view(a,b)

功能:改变视角到(a,b),a 是方位角,b 为仰角.缺省视角为(−37.5,30).

命令格式 2:view([x,y,z])

功能:用空间矢量[x,y,z]表示的方位或视角,观察效果与x,y,z的比例有关,与数值的大小无关.

【例题 10-35】 画出曲面 $Z=(X+Y)^2$ 以不同视角观察所得的网格图.

解:输入命令:

```
x = -3:0.1:3;y = 1:0.1:5;
[X,Y] = meshgrid(x,y);
Z = (X + Y).^2;
subplot(2,2,1),mesh(X,Y,Z)
subplot(2,2,2),mesh(X,Y,Z),view(50, -34)
subplot(2,2,3),mesh(X,Y,Z),view( -60,70)
subplot(2,2,4),mesh(X,Y,Z),view([0,1,1])
```

结果如图 10-30 所示.

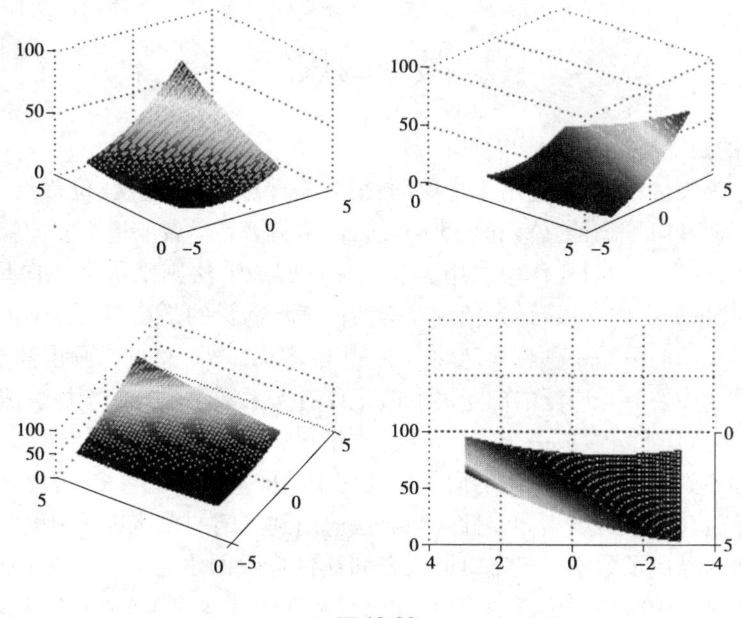

图 10-30

练习 10.7

1. 作空间曲线 $x=t\cos t, y=t\sin t, z=2t(0\leqslant t\leqslant 6\pi)$ 的图形.

2. 作直线 $x-1=\dfrac{y+1}{2}=\dfrac{z-2}{-2}$ 的图形.

3. 画出曲面 $z=x^2+y^2$ 在 $[-2,2]\times[-2,2]$ 上的图形.

4. 作平面 $z=6-2x-3y$ 的图形,其中 $0\leqslant x\leqslant 3, 0\leqslant y\leqslant 2$.

5. 作椭球面 $\dfrac{x^2}{4}+\dfrac{y^2}{9}+z^2=1$ 的图形.

该曲面的参数方程: $x=2\sin u\cos v, y=3\sin u\sin v, z=\cos u$.

其中，$0 \leqslant u \leqslant \pi, 0 \leqslant v \leqslant 2\pi$.

6. 作单叶双曲面$\frac{x^2}{1} + \frac{y^2}{4} - \frac{z^2}{9} = 1$的图形.

该曲面的参数方程：$x = \sec u \sin v, y = 2\sec u \cos v, z = 3\tan u$.

其中，$-\frac{\pi}{4} < u < \frac{\pi}{4}, 0 \leqslant v \leqslant 2\pi$.

7. 作双叶双曲面$\frac{x^2}{1} + \frac{y^2}{4} - \frac{z^2}{9} = -1$的图形.

该曲面的参数方程：$x = \cot u \cos v, y = 2\cot u \sin v, z = 3\csc u$.

其中，$0 < u \leqslant \frac{\pi}{2}, -\pi < v < \pi$对应双叶双曲面的一叶，$-\frac{\pi}{2} \leqslant u < 0, -\pi < v < \pi$对应双叶双曲面的另一叶.

8. 作出球面$x^2 + y^2 + z^2 = 4$和柱面$(x-1)^2 + y^2 = 1$相交所形成的空间曲线的图形.

课外阅读

1 向量的由来

向量又称为矢量，最初被应用于物理学. 很多物理量如力、速度、位移以及电场强度、磁感应强度等都是向量. 大约公元前350年前，古希腊著名学者亚里士多德就知道了力可以表示成向量，两个力的组合作用可用著名的平行四边形法则来得到. “向量”一词来自力学、解析几何中的有向线段. 最先使用有向线段表示向量的是英国大科学家牛顿.

课本上讨论的向量是一种带几何性质的量，除零向量外，总可以画出箭头表示方向. 但是在高等数学中还有更广泛的向量. 例如，把所有实系数多项式的全体看成一个多项式空间，这里的多项式都可看成一个向量. 在这种情况下，要找出起点和终点甚至画出箭头表示方向是办不到的. 这种空间中的向量比几何中的向量要广泛得多，可以是任意数学对象或物理对象. 这样，就可以指导线性代数方法应用到广阔的自然科学领域中去了. 因此，向量空间的概念已成了数学中最基本的概念和线性代数的中心内容，它的理论和方法在自然科学的各领域中得到了广泛的应用. 而向量及其线性运算也为“向量空间”这一抽象的概念提供出了一个具体的模型.

从数学发展史来看，历史上很长一段时间，空间的向量结构并未被数学家们所认识，直到19世纪末20世纪初，人们才把空间的性质与向量运算联系起来，使向量成为具有一套优良运算通性的数学体系.

向量能够进入数学并得到发展，首先应从复数的几何表示谈起. 18世纪末期，挪威测量学家威塞尔首次利用坐标平面上的点来表示复数$a + bi$，并利用具有几何意义的复数运算来定义向量的运算. 把坐标平面上的点用向量表示出来，并把向量的几何表示用于研究几何问题与三角问题. 人们逐步接受了复数，也学会了利用复数来表示和研究平面中的向量，向量就这样平静地进入了数学.

但复数的利用是受限制的，因为它仅能用于表示平面，若有不在同一平面上的力作用于同一物体，则需要寻找所谓三维“复数”以及相应的运算体系. 19世纪中期，英国数学家汉密尔顿发明了四元数(包括数量部分和向量部分),以代表空间的向量.他的工作为向量代数和向量分析的建立奠定了基础.随后,电磁理论的发现者,英国的数学家、物理学家麦克思韦尔把四元数的数量部分和向量部分分开处理,从而创造了大量的向量分析.

三维向量分析的开创,以及同四元数的正式分裂,是英国的居伯斯和海维塞德于19世纪80年代各自独立完成的.他们提出,一个向量不过是四元数的向量部分,但不独立于任何四元数.他们引进了两种类型的乘法,即数量积和向量积,并把向量代数推广到变向量的向量微积分.从此,向量的方法被引进到分析和解析几何中来,并逐步完善,成为了一套优良的数学工具.

2 解析几何

解析几何指借助笛卡儿坐标系,由笛卡儿、费马等数学家创立并发展.它是用代数方法研究几何对象之间的关系和性质的一门几何学分支,亦叫作坐标几何.

16世纪以后,由于生产和科学技术的发展,天文、力学、航海等方面都对几何学提出了新的需要.比如,德国天文学家开普勒发现行星是绕着太阳沿着椭圆轨道运行的,太阳处在这个椭圆的一个焦点上;意大利科学家伽利略发现投掷物体是沿着抛物线运动的.这些发现都涉及圆锥曲线,要研究这些比较复杂的曲线,原先的一套方法显然已经不适用了,这就导致了解析几何的出现.

解析几何包括平面解析几何和立体解析几何两部分.平面解析几何通过平面直角坐标系,建立点与实数对之间的一一对应关系,以及曲线与方程之间的一一对应关系,运用代数方法研究几何问题,或用几何方法研究代数问题.在平面解析几何中,除研究直线的有关性质外,主要是研究圆锥曲线(圆、椭圆、抛物线、双曲线)的有关性质.在空间解析几何中,除研究平面、直线的有关性质外,主要研究柱面、锥面、旋转曲面.

解析几何把代数和几何结合起来,把数学构造成一个具有两种作用的工具:一方面,几何概念可以用代数表示,几何目的通过代数来达到.另一方面,给代数概念以几何解释,可以直观地掌握这些概念的意义,又可以得到启发去提出新的结论.可以说,17世纪以来数学的巨大发展在很大程度上应归功于解析几何,如果没有前面出现的解析几何的工作与成就,微分学和积分学什么时候能产生还是很难说的.

学习项目11　线性代数

11.1　二、三阶行列式

11.1.1　二阶行列式

在中学,我们学过解二元一次方程组

$$\begin{cases} a_{11}x + a_{12}y = b_1, \\ a_{21}x + a_{22}y = b_2. \end{cases}$$

如果有解($a_{11}a_{22} - a_{12}a_{21} \neq 0$),它的解是 $\begin{cases} x = \dfrac{b_1a_{22} - a_{12}b_2}{a_{11}a_{22} - a_{12}a_{21}}, \\ y = \dfrac{a_{11}b_2 - a_{21}b_1}{a_{11}a_{22} - a_{12}a_{21}}. \end{cases}$

为了便于记忆,我们把上述解中的代数和 $a_{11}a_{22} - a_{12}a_{21}$ 用记号 $\begin{vmatrix} a_{11} & a_{12} \\ a_{21} & a_{22} \end{vmatrix}$ 来表示,即

$$D = \begin{vmatrix} a_{11} & a_{12} \\ a_{21} & a_{22} \end{vmatrix} = a_{11}a_{22} - a_{12}a_{21}.$$

类似地,也可将解中的另外两个代数和用这种记号表示出来,即

$$D_1 = \begin{vmatrix} b_1 & a_{12} \\ b_2 & a_{22} \end{vmatrix} = b_1a_{22} - a_{12}b_2, D_2 = \begin{vmatrix} a_{11} & b_1 \\ a_{21} & b_2 \end{vmatrix} = a_{11}b_2 - a_{21}b_1.$$

于是,当 $D = \begin{vmatrix} a_{11} & a_{12} \\ a_{21} & a_{22} \end{vmatrix} \neq 0$ 时, 原方程组的解就可表示为

$$x = \frac{D_1}{D}, y = \frac{D_2}{D}.$$

定义 11-1　形如记号 $\begin{vmatrix} a_{11} & a_{12} \\ a_{21} & a_{22} \end{vmatrix}$ 称为一个二阶行列式,它是由两行两列 4 个数排成的,横排称为行,竖排称为列,每个数均称为行列式的元素. $a_{11}a_{22} - a_{12}a_{21}$ 称为二阶行列式的展开式,于是得到

$$\begin{vmatrix} a_{11} & a_{12} \\ a_{21} & a_{22} \end{vmatrix} = a_{11}a_{22} - a_{12}a_{21}. \tag{11-1}$$

【例题 11-1】　解方程组 $\begin{cases} 2x + 3y - 7 = 0, \\ 5x - 4y - 6 = 0. \end{cases}$

解:原方程组即为 $\begin{cases}2x+3y=7,\\5x-4y=6.\end{cases}$

因为 $D=\begin{vmatrix}2 & 3\\5 & -4\end{vmatrix}=-23, D_1=\begin{vmatrix}7 & 3\\6 & -4\end{vmatrix}=-46, D_2=\begin{vmatrix}2 & 7\\5 & 6\end{vmatrix}=-23.$

所以,$x=\dfrac{D_1}{D}=\dfrac{-46}{-23}=2, y=\dfrac{D_2}{D}=\dfrac{-23}{-23}=1.$

11.1.2　三阶行列式

同样,在解三元一次方程组 $\begin{cases}a_{11}x+a_{12}y+a_{13}z=b_1\\a_{21}x+a_{22}y+a_{23}z=b_2\\a_{31}x+a_{32}y+a_{33}z=b_3\end{cases}$ 时,要用到三阶行列式,这里可采用如下的定义.

定义 11-2　将9个数 $a_{11},a_{12},a_{13},a_{21},a_{22},a_{23},a_{31},a_{32},a_{33}$ 排成的一个三行三列的方块,两边再各加上一条竖线所构成的记号

$$\begin{vmatrix}a_{11} & a_{12} & a_{13}\\a_{21} & a_{22} & a_{23}\\a_{31} & a_{32} & a_{33}\end{vmatrix}$$

称为一个三阶行列式,它的展开式是6项乘积的代数和,即

$$a_{11}a_{22}a_{33}+a_{12}a_{23}a_{31}+a_{13}a_{21}a_{32}-a_{13}a_{22}a_{31}-a_{11}a_{23}a_{32}-a_{12}a_{21}a_{33}.$$

为了便于记忆,我们用对角线法则表示,即

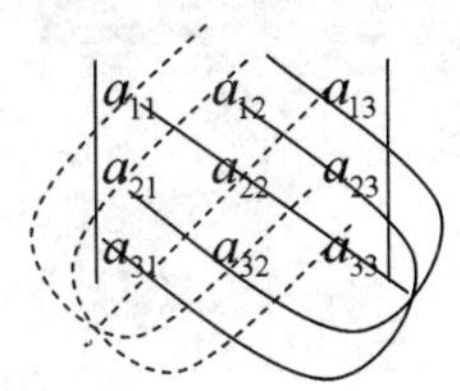

$$=a_{11}a_{22}a_{33}+a_{12}a_{23}a_{31}+a_{13}a_{21}a_{32}-a_{13}a_{22}a_{31}-a_{11}a_{23}a_{32}-a_{12}a_{21}a_{33} \qquad (11\text{-}2)$$

当 $D=\begin{vmatrix}a_{11} & a_{12} & a_{13}\\a_{21} & a_{22} & a_{23}\\a_{31} & a_{32} & a_{33}\end{vmatrix}\neq 0$ 时,三元一次方程组的解可用三阶行列式表示:

$$x=\frac{D_x}{D}, y=\frac{D_y}{D}, z=\frac{D_z}{D}. \qquad (11\text{-}3)$$

其中,D_x、D_y 和 D_z 是系数行列式 D 中 x、y 和 z 的系数,依次分别换成方程组右端的常数项而成的行列式.

即　$D_x=\begin{vmatrix}b_1 & a_{12} & a_{13}\\b_2 & a_{22} & a_{23}\\b_3 & a_{32} & a_{33}\end{vmatrix}, D_y=\begin{vmatrix}a_{11} & b_1 & a_{13}\\a_{21} & b_2 & a_{23}\\a_{31} & b_3 & a_{33}\end{vmatrix}, D_z=\begin{vmatrix}a_{11} & a_{12} & b_1\\a_{21} & a_{22} & b_2\\a_{31} & a_{32} & b_3\end{vmatrix}.$

【例题 11-2】 计算行列式 $\begin{vmatrix} 2 & 3 & 4 \\ 0 & 5 & 6 \\ 0 & 0 & 1 \end{vmatrix}$ 的值.

解: $\begin{vmatrix} 2 & 3 & 4 \\ 0 & 5 & 6 \\ 0 & 0 & 1 \end{vmatrix} = 2\times5\times1 + 3\times6\times0 + 0\times0\times4 - 4\times5\times0 - 3\times0\times1 - 6\times0\times2$

$= 10.$

【例题 11-3】 用行列式解方程组 $\begin{cases} 2x + 3y + 5z = 2, \\ x + 2y + 5z = 5, \\ x + 3y + 5z = 4. \end{cases}$

解:

$$D = \begin{vmatrix} 2 & 3 & 5 \\ 1 & 2 & 5 \\ 1 & 3 & 5 \end{vmatrix} = -5 \neq 0, D_x = \begin{vmatrix} 2 & 3 & 5 \\ 5 & 2 & 5 \\ 4 & 3 & 5 \end{vmatrix} = 10,$$

$$D_y = \begin{vmatrix} 2 & 2 & 5 \\ 1 & 5 & 5 \\ 1 & 4 & 5 \end{vmatrix} = 5, D_z = \begin{vmatrix} 2 & 3 & 2 \\ 1 & 2 & 5 \\ 1 & 3 & 4 \end{vmatrix} = -9.$$

$$x = \frac{D_x}{D} = -2, \quad y = \frac{D_y}{D} = -1, \quad z = \frac{D_z}{D} = \frac{9}{5}.$$

习题 11.1

1. 计算下列行列式的值.

(1) $\begin{vmatrix} 2 & 3 \\ 5 & -4 \end{vmatrix}$; (2) $\begin{vmatrix} 4a-5b & 2b \\ -6a & -3b \end{vmatrix}$; (3) $\begin{vmatrix} 10 & 8 & 2 \\ 15 & 12 & 3 \\ 20 & 32 & 12 \end{vmatrix}$; (4) $\begin{vmatrix} 1 & -2 & -1 \\ 2 & 0 & 0 \\ 3 & 1 & 1 \end{vmatrix}$.

2. 用行列式解下列方程组.

(1) $\begin{cases} 3x - y = 3 \\ x + 2y = 8 \end{cases}$; (2) $\begin{cases} 2x - y - 10 = 0 \\ x + 3y - 5 = 0 \end{cases}$; (3) $\begin{cases} x + 2y + z = 0 \\ 2x - y + z = 1 \\ x - y + 2z = 3 \end{cases}$; (4) $\begin{cases} x + y + z = 1 \\ 2x - y - z = 1 \\ x - y + z = 2 \end{cases}$.

11.2　n 阶行列式

11.2.1　n 阶行列式的概念

从二阶行列式、三阶行列式的定义来看,其中蕴含了一种规律,在三阶行列式的展开式中:

$$\begin{vmatrix} a_{11} & a_{12} & a_{13} \\ a_{21} & a_{22} & a_{23} \\ a_{31} & a_{32} & a_{33} \end{vmatrix} = a_{11}(a_{22}a_{33} - a_{23}a_{32}) - a_{12}(a_{21}a_{33} - a_{23}a_{31}) + a_{13}(a_{21}a_{32} - a_{22}a_{31})$$

$$= a_{11}\begin{vmatrix} a_{22} & a_{23} \\ a_{32} & a_{33} \end{vmatrix} - a_{12}\begin{vmatrix} a_{21} & a_{23} \\ a_{31} & a_{33} \end{vmatrix} + a_{13}\begin{vmatrix} a_{21} & a_{22} \\ a_{31} & a_{32} \end{vmatrix}$$

$$= a_{11}M_{11} - a_{12}M_{12} + a_{13}M_{13}$$

$$= a_{11}A_{11} + a_{12}A_{12} + a_{13}A_{13}.$$

我们同样定义更高的行列式,这种规律可由归纳法表现出来.

定义 11-3 由 n^2 个数排成 n 行 n 列的正方形数表,按照以下规律,可以得到:

$$D = \begin{vmatrix} a_{11} & a_{12} & \cdots & a_{1n} \\ a_{21} & a_{22} & \cdots & a_{2n} \\ \vdots & & & \vdots \\ a_{n1} & a_{n2} & \cdots & a_{nn} \end{vmatrix} = a_{11}A_{11} + a_{12}A_{12} + \cdots + a_{1n}A_{1n} = \sum_{k=1}^{n} a_{1k}A_{1k} \qquad (11\text{-}4)$$

称为 n 阶行列式,其中 $A_{ij} = (-1)^{i+j}M_{ij}$,$M_{ij}$ 表示 D 画去第 i 行第 j 列 $(i,j = 1,2,\cdots,n)$ 后所剩下的 $n-1$ 阶行列式.

M_{ij} 称为元素 a_{ij} 的余子式,A_{ij} 称为元素 a_{ij} 的代数余子式.

注意:为了方便,定义一阶行列式 $|a_{11}| = a_{11}$.

【例题 11-4】 证明对角行列式(主对角线外的元素都为零):

$$\begin{vmatrix} \lambda_1 & & & \\ & \lambda_2 & & \\ & & \ddots & \\ & & & \lambda_n \end{vmatrix} = \lambda_1\lambda_2\cdots\lambda_n.$$

解:按定义式

$$\begin{vmatrix} \lambda_1 & & & \\ & \lambda_2 & & \\ & & \ddots & \\ & & & \lambda_n \end{vmatrix} = \lambda_1\begin{vmatrix} \lambda_2 & & & \\ & \lambda_3 & & \\ & & \ddots & \\ & & & \lambda_n \end{vmatrix} = \lambda_1\lambda_2\begin{vmatrix} \lambda_3 & & \\ & \ddots & \\ & & \lambda_n \end{vmatrix} = \cdots = \lambda_1\lambda_2\cdots\lambda_n.$$

【例题 11-5】 证明下三角行列式(主对角线以上的元素都为零):

$$D = \begin{vmatrix} a_{11} & & & 0 \\ a_{21} & a_{22} & & \\ \vdots & \vdots & \ddots & \\ a_{n1} & a_{n2} & \cdots & a_{nn} \end{vmatrix} = a_{11}a_{22}\cdots a_{nn}.$$

证明:由定义得

$$D = a_{11}\begin{vmatrix} a_{22} & & & 0 \\ a_{32} & a_{33} & & \\ \vdots & \vdots & \ddots & \\ a_{n2} & a_{n3} & \cdots & a_{nn} \end{vmatrix} = a_{11}a_{22}\begin{vmatrix} a_{33} & & & 0 \\ a_{43} & & & \\ \vdots & & \ddots & \\ a_{n3} & a_{n4} & \cdots & a_{nn} \end{vmatrix} = \cdots = a_{11}a_{22}\cdots a_{nn}.$$

以上 n 阶行列式的定义式,是利用行列式的第一行元素来定义行列式的,这个式子通常称为行列式按第一行元素的展开式. 行列式也可按第一列元素展开,即

$$D = \begin{vmatrix} a_{11} & a_{12} & \cdots & a_{1n} \\ a_{21} & a_{22} & \cdots & a_{2n} \\ \vdots & \vdots & \vdots & \vdots \\ a_{n1} & a_{n2} & \cdots & a_{nn} \end{vmatrix} = a_{11}A_{11} + a_{21}A_{21} + \cdots + a_{n1}A_{n1} = \sum_{k=1}^{n} a_{k1}A_{k1}. \quad (11\text{-}5)$$

11.2.2 n 阶行列式的性质

从行列式的定义出发直接计算行列式是比较麻烦的,为了简化行列式的计算,下面我们给出行列式的一些基本性质.

将行列式 D 的对应行、列互换后,得到新的行列式称为 D 的转置行列式,记作:D^{T}.

如果 $D = \begin{vmatrix} a_{11} & a_{12} & \cdots & a_{1n} \\ a_{21} & a_{22} & \cdots & a_{2n} \\ \vdots & \vdots & \vdots & \vdots \\ a_{n1} & a_{n2} & \cdots & a_{nn} \end{vmatrix}$,则 $D^{T} = \begin{vmatrix} a_{11} & a_{21} & \cdots & a_{n1} \\ a_{12} & a_{22} & \cdots & a_{n2} \\ \vdots & \vdots & \vdots & \vdots \\ a_{1n} & a_{2n} & \cdots & a_{nn} \end{vmatrix}$.

性质 11-1 行列式与它的转置行列式相等,即 $D = D^{T}$.

说明:性质 11-1 说明行列式中行与列的地位是平等的,对行列式中行成立的性质,对列也同样成立,反过来也是对的,正因为如此,下面对行列式的讨论大多对行来进行.

【例题 11-6】 计算 n 阶行列式 $\begin{vmatrix} a_{11} & a_{12} & a_{13} & \cdots & a_{1n} \\ 0 & a_{22} & a_{23} & \cdots & a_{2n} \\ 0 & 0 & a_{33} & \cdots & a_{3n} \\ \vdots & \vdots & \vdots & & \vdots \\ 0 & 0 & 0 & \cdots & a_{nn} \end{vmatrix}$.

这个行列式称为上三角行列式,其特点是在元素 a_{11} 到 a_{nn} 所成的主对角线以下的元素全为零.

解: $\begin{vmatrix} a_{11} & a_{12} & a_{13} & \cdots & a_{1n} \\ 0 & a_{22} & a_{23} & \cdots & a_{2n} \\ 0 & 0 & a_{33} & \cdots & a_{3n} \\ \vdots & \vdots & \vdots & & \vdots \\ 0 & 0 & 0 & \cdots & a_{nn} \end{vmatrix} = \begin{vmatrix} a_{11} & 0 & 0 & \cdots & 0 \\ a_{12} & a_{22} & 0 & \cdots & 0 \\ a_{13} & a_{23} & a_{33} & \cdots & 0 \\ \vdots & \vdots & \vdots & & \vdots \\ a_{1n} & a_{2n} & a_{3n} & \cdots & a_{nn} \end{vmatrix} = a_{11}a_{22}\cdots a_{nn}$.

性质 11-2 互换行列式的两行(或两列),行列式变号.

例如,交换三阶行列式的第一行与第三行,由性质 11-2 有:

$$\begin{vmatrix} a_{11} & a_{12} & a_{13} \\ a_{21} & a_{22} & a_{23} \\ a_{31} & a_{32} & a_{33} \end{vmatrix} = -\begin{vmatrix} a_{31} & a_{32} & a_{33} \\ a_{21} & a_{22} & a_{23} \\ a_{11} & a_{12} & a_{13} \end{vmatrix}.$$

推论　如果行列式有两行(或两列)的对应元素相同,则该行列式等于零.

性质 11-3　n 阶行列式等于它的任一行(或任一列)的每个元素与其对应的代数余子式的乘积之和,即

$$D = \begin{vmatrix} a_{11} & a_{12} & \cdots & a_{1n} \\ a_{21} & a_{22} & \cdots & a_{2n} \\ \vdots & & & \vdots \\ a_{n1} & a_{n2} & \cdots & a_{nn} \end{vmatrix} = a_{i1}A_{i1} + a_{i2}A_{i2} + \cdots + a_{in}A_{in} = \sum_{k=1}^{n} a_{ik}A_{ik} (i = 1,2,\cdots,n). \tag{11-6}$$

$$D = \begin{vmatrix} a_{11} & a_{12} & \cdots & a_{1n} \\ a_{21} & a_{22} & \cdots & a_{2n} \\ \vdots & & & \vdots \\ a_{n1} & a_{n2} & \cdots & a_{nn} \end{vmatrix} = a_{1j}A_{1j} + a_{2j}A_{2j} + \cdots + a_{nj}A_{nj} = \sum_{k=1}^{n} a_{kj}A_{kj} (j = 1,2,\cdots,n). \tag{11-7}$$

性质 11-3 说明了行列式可按任一行(或列)展开,在具体计算时,只要行列式的某一行(或列)的零元素多,我们就按该行(或列)来展开,行列式的计算就简单了.

【例题 11-7】　计算下列行列式:

$$D = \begin{vmatrix} -1 & 0 & 3 & 4 & 7 \\ 3 & 0 & 1 & -2 & 0 \\ 5 & 2 & 7 & 8 & 10 \\ 4 & 0 & -1 & -6 & 0 \\ 0 & 0 & 6 & 0 & 0 \end{vmatrix}.$$

解:注意到第 2 列有 4 个零元素,可利用性质 11-3 按第 2 列展开:

$$D = 2(-1)^{3+2}\begin{vmatrix} -1 & 3 & 4 & 7 \\ 3 & 1 & -2 & 0 \\ 4 & -1 & -6 & 0 \\ 0 & 6 & 0 & 0 \end{vmatrix} (\text{按第 4 行展开})$$

$$= (-2)6(-1)^{4+2}\begin{vmatrix} -1 & 4 & 7 \\ 3 & -2 & 0 \\ 4 & -6 & 0 \end{vmatrix} (\text{按第 3 列展开})$$

$$= (-12)7(-1)^{1+3}\begin{vmatrix} 3 & -2 \\ 4 & -6 \end{vmatrix} = 840.$$

性质 11-4　n 阶行列式中任意一行(或列)的元素与另一行(或列)的相应元素的代数余子式的乘积之和等于零,即

$$a_{i1}A_{s1} + a_{i2}A_{s2} + \cdots + a_{in}A_{sn} = 0(i \neq s),$$

$$a_{1j}A_{1t} + a_{2j}A_{2t} + \cdots + a_{nj}A_{nt} = 0(j \neq t).$$

性质 11-5 行列式的某一行(或列)的所有元素都乘以一个数 k,等于 k 乘以这个行列式,即

$$\begin{vmatrix} a_{11} & a_{12} & \cdots & a_{1n} \\ \vdots & \vdots & & \vdots \\ ka_{i1} & ka_{i2} & \cdots & ka_{in} \\ \vdots & \vdots & & \vdots \\ a_{n1} & a_{n2} & \cdots & a_{nn} \end{vmatrix} = k \begin{vmatrix} a_{11} & a_{12} & \cdots & a_{1n} \\ \vdots & \vdots & & \vdots \\ a_{i1} & a_{i2} & \cdots & a_{in} \\ \vdots & \vdots & & \vdots \\ a_{n1} & a_{n2} & \cdots & a_{nn} \end{vmatrix}.$$

这个性质也可叙述为:行列式中某一行(或列)元素的公因子可以提到行列式符号的外边.由此性质,容易得到如下推论:

推论 1 如果行列式的某一行(或列)的元素全为零,则行列式等于零.

推论 2 如果行列式有两行(或列)的元素对应成比例,则行列式等于零.

性质 11-6 如果行列式的某一行(或列)的元素都可表示为两数之和,那么这个行列式等于两个行列式之和,这两个行列式除该行(或列)的元素分别为这两数之一外,其余各行(或列)的元素都与原来行列式的对应行(或列)相同,即

$$\begin{vmatrix} a_{11} & a_{12} & \cdots & a_{1n} \\ \vdots & \vdots & & \vdots \\ b_1 + c_1 & b_2 + c_2 & \cdots & b_n + c_n \\ \vdots & \vdots & & \vdots \\ a_{n1} & a_{n2} & \cdots & a_{nn} \end{vmatrix} = \begin{vmatrix} a_{11} & a_{12} & \cdots & a_{1n} \\ \vdots & \vdots & & \vdots \\ b_1 & b_2 & \cdots & b_n \\ \vdots & \vdots & & \vdots \\ a_{n1} & a_{n2} & \cdots & a_{nn} \end{vmatrix} + \begin{vmatrix} a_{11} & a_{12} & \cdots & a_{1n} \\ \vdots & \vdots & & \vdots \\ c_1 & c_2 & \cdots & c_n \\ \vdots & \vdots & & \vdots \\ a_{n1} & a_{n2} & \cdots & a_{nn} \end{vmatrix}.$$

性质 11-7 将行列式的某一行(或列)的元素都乘以同一个常数 k 后,再加到另一行(或列)的对应元素上,行列式的值不变,即

$$\begin{vmatrix} a_{11} & a_{12} & \cdots & a_{1n} \\ \vdots & \vdots & & \vdots \\ a_{i1} & a_{i2} & \cdots & a_{in} \\ \vdots & \vdots & & \vdots \\ a_{j1} & a_{j2} & \cdots & a_{jn} \\ \vdots & \vdots & & \vdots \\ a_{n1} & a_{n2} & \cdots & a_{nn} \end{vmatrix} = \begin{vmatrix} a_{11} & a_{12} & \cdots & a_{1n} \\ \vdots & \vdots & & \vdots \\ a_{i1} & a_{i2} & \cdots & a_{in} \\ \vdots & \vdots & & \vdots \\ a_{j1} + ka_{i1} & a_{j2} + ka_{i2} & \cdots & a_{jn} + ka_{in} \\ \vdots & \vdots & & \vdots \\ a_{n1} & a_{n2} & \cdots & a_{nn} \end{vmatrix}.$$

利用行列式的性质,可以简化行列式的计算,特别是利用这里的性质 11-2 和性质 11-7,总可将一个 n 阶行列式化为容易计算的上三角行列式.当然在化简行列式的过程中,注意综合运用行列式的其他性质,有助于方便计算行列式.

11.2.3 n 阶行列式的计算

下面将通过例题说明如何应用性质计算行列式,为使计算过程清楚,我们引入一些记号.

用 r_i 表示第 i 行,c_i 表示第 i 列.

(1)交换 i,j 两行(或两列):$r_i \leftrightarrow r_j$(或 $c_i \leftrightarrow c_j$).

(2)以数 k 乘以第 i 行(或列):kr_i(或 kc_i).

(3)从第 i 行(或列)提出公因式 k:$r_i \div k$(或 $c_i \div k$).

(4)以数 k 乘以第 j 行(或列)再加到第 i 行(或列)上:$r_i + kr_j$(或 $c_i + kc_j$).

【例题 11-8】 计算行列式:

$$D = \begin{vmatrix} -2 & 1 & 3 & 1 \\ 1 & 0 & -1 & 2 \\ 1 & 3 & 4 & -2 \\ 0 & 1 & 0 & -1 \end{vmatrix}.$$

解:注意到 D 的第 4 行有两个零元素,在按第 4 行展开之前,还可化简 D:

$$D \overset{c_4+c_2}{=} \begin{vmatrix} -2 & 1 & 3 & 2 \\ 1 & 0 & -1 & 2 \\ 1 & 3 & 4 & 1 \\ 0 & 1 & 0 & 0 \end{vmatrix} = (-1)^{4+2} \begin{vmatrix} -2 & 3 & 2 \\ 1 & -1 & 2 \\ 1 & 4 & 1 \end{vmatrix}$$

$$\underset{r_2-r_3}{\overset{r_1+2r_3}{=}} \begin{vmatrix} 0 & 11 & 4 \\ 0 & -5 & 1 \\ 1 & 4 & 1 \end{vmatrix} = (-1)^{3+1} \begin{vmatrix} 11 & 4 \\ -5 & 1 \end{vmatrix} = 31.$$

【例题 11-9】 计算行列式:

$$D = \begin{vmatrix} a_1 & -a_1 & 0 & 0 \\ 0 & a_2 & -a_2 & 0 \\ 0 & 0 & a_3 & -a_3 \\ 1 & 1 & 1 & 1 \end{vmatrix}.$$

解:根据 D 的元素的规律,可将第 4 列加到第 3 列,然后将第 3 列加到第 2 列,再将第 2 列加到第 1 列,目的是使 D 中的零元素增多:

$$D \overset{c_3+c_4}{=} \begin{vmatrix} a_1 & -a_1 & 0 & 0 \\ 0 & a_2 & -a_2 & 0 \\ 0 & 0 & 0 & -a_3 \\ 1 & 1 & 2 & 1 \end{vmatrix} \overset{c_2+c_3}{=} \begin{vmatrix} a_1 & -a_1 & 0 & 0 \\ 0 & 0 & -a_2 & 0 \\ 0 & 0 & 0 & -a_3 \\ 1 & 3 & 2 & 1 \end{vmatrix}$$

$$\overset{c_1+c_2}{=} \begin{vmatrix} 0 & -a_1 & 0 & 0 \\ 0 & 0 & -a_2 & 0 \\ 0 & 0 & 0 & -a_3 \\ 4 & 3 & 2 & 1 \end{vmatrix} = 4(-1)^{4+1} \begin{vmatrix} -a_1 & 0 & 0 \\ 0 & -a_2 & 0 \\ 0 & 0 & -a_3 \end{vmatrix}$$

$$= 4a_1a_2a_3.$$

习题 11.2

1. 计算下列行列式的值.

(1) $D=\begin{vmatrix}1&2&3&4\\4&3&2&1\\0&1&0&-1\\3&2&4&1\end{vmatrix}$;　　(2) $D=\begin{vmatrix}1&-2&3\\7&-8&9\\4&-5&6\end{vmatrix}$;

(3) $D=\begin{vmatrix}3&1&1&1\\1&3&1&1\\1&1&3&1\\1&1&1&3\end{vmatrix}$;　　(4) $D=\begin{vmatrix}2&1&0&0&0\\1&2&1&0&0\\0&1&2&1&0\\0&0&1&2&1\\0&0&0&1&2\end{vmatrix}$.

2. 证明下列各等式.

(1) $\begin{vmatrix}a_1+tb_1&a_2+tb_2&a_3+tb_3\\b_1+c_1&b_2+c_2&b_3+c_3\\c_1&c_2&c_3\end{vmatrix}=\begin{vmatrix}a_1&b_1&c_1\\a_2&b_2&c_2\\a_3&b_3&c_3\end{vmatrix}$;　(2) $\begin{vmatrix}0&-a&-b\\a&0&-c\\b&c&0\end{vmatrix}=0$.

11.3　矩阵的概念及运算

11.3.1　矩阵的概念

已知 n 元线性方程组 $\begin{cases}a_{11}x_1+a_{12}x_2+\cdots+a_{1n}x_n=b_1\\a_{21}x_1+a_{22}x_2+\cdots+a_{2n}x_n=b_2\\\quad\vdots\qquad\vdots\qquad\vdots\qquad\vdots\qquad\vdots\qquad\vdots\\a_{m1}x_1+a_{m2}x_2+\cdots+a_{mn}x_n=b_m\end{cases}$ 的系数及常数项可以排成 m 行,$n+1$ 列的有序数表:

$$\begin{matrix}a_{11}&a_{12}&\cdots&a_{1n}&b_1\\a_{21}&a_{22}&\cdots&a_{2n}&b_2\\\vdots&\vdots&\vdots&\vdots&\vdots\\a_{m1}&a_{m2}&\cdots&a_{mn}&b_m\end{matrix}$$

说明:这个有序数表完全确定了线性方程组,对它研究可以判断解的情况.

定义 11-4　由 $m\times n$ 个数 $a_{ij}(i=1,2,\cdots,m;j=1,2,\cdots,n)$ 排成的 m 行 n 列的数表:

$$A=\begin{pmatrix}a_{11}&a_{12}&\cdots&a_{1n}\\a_{21}&a_{22}&\cdots&a_{2n}\\\vdots&\vdots&\vdots&\vdots\\a_{m1}&a_{m2}&\cdots&a_{mn}\end{pmatrix}=(a_{ij})_{m\times n}=(a_{ij})\tag{11-8}$$

称为 m 行 n 列矩阵,简称 $m\times n$ 矩阵 $A_{m\times n}$,其中 a_{ij} 叫作矩阵 A 的元素.

根据元素的特点,矩阵可分为实矩阵(a_{ij} 都是实数)与复矩阵.

下面给出一些特殊矩阵：

(1)行矩阵. $m=1, A=(a_1 \quad a_2 \quad \cdots \quad a_n)_{1\times n}$或$A=(a_1, a_2, \cdots, a_n)_{1\times n}$.

(2)列矩阵. $n=1, A=\begin{pmatrix} a_1 \\ a_2 \\ \vdots \\ a_m \end{pmatrix}_{m\times 1}$.

(3)零矩阵. 元素全为零的矩阵,称为零矩阵. 记作: $A=(0)_{m\times n}=0$.

(4)方阵. $m=n, A=(a_{ij})_{n\times n}$,称为 n 阶方阵.

(5)对角矩阵. $\begin{pmatrix} \lambda_1 & 0 & \cdots & 0 \\ 0 & \lambda_2 & \cdots & 0 \\ \vdots & \vdots & \ddots & \vdots \\ 0 & 0 & \cdots & \lambda_n \end{pmatrix}$,简记为$\begin{pmatrix} \lambda_1 & & & \\ & \lambda_2 & & \\ & & \ddots & \\ & & & \lambda_n \end{pmatrix}$,称为 n 阶对角矩阵.

(6)数量矩阵. $\begin{pmatrix} \lambda & & & \\ & \lambda & & \\ & & \ddots & \\ & & & \lambda \end{pmatrix}$, n 阶对角矩阵中主对角线上的元素都相等,称为数量矩阵. 称 A 为 n 阶数量矩阵. 当 $\lambda=1$ 时,A 就是 n 阶单位矩阵.

(7)单位矩阵. $\begin{pmatrix} 1 & 0 & \cdots & 0 \\ 0 & 1 & \cdots & 0 \\ \vdots & \vdots & \vdots & \vdots \\ 0 & 0 & \cdots & 1 \end{pmatrix}_{n\times n}$ 称为 n 阶单位矩阵,记作 E_n.

(8)上三角矩阵. $\begin{pmatrix} a_{11} & a_{12} & \cdots & a_{1n} \\ 0 & a_{22} & \cdots & a_{2n} \\ \vdots & \vdots & \ddots & \vdots \\ 0 & 0 & \cdots & a_{nn} \end{pmatrix}$称为上三角矩阵.

(9)下三角矩阵. $\begin{pmatrix} b_{11} & 0 & \cdots & 0 \\ b_{21} & b_{22} & \cdots & 0 \\ \vdots & \vdots & \ddots & \vdots \\ b_{n1} & b_{n2} & \cdots & b_{nn} \end{pmatrix}$称为下三角矩阵.

例如:某厂向 3 个商店发送 4 种产品的数量可列成矩阵:

$$A=\begin{pmatrix} a_{11} & a_{12} & a_{13} & a_{14} \\ a_{21} & a_{22} & a_{23} & a_{24} \\ a_{31} & a_{32} & a_{33} & a_{34} \end{pmatrix}$$

其中,a_{ij} 为工厂向第 i 店发送第 j 种产品的数量.

11.3.2 矩阵的运算

11.3.2.1 矩阵的加减法

设 $A=(a_{ij})_{m\times n}$，$B=(b_{ij})_{m\times n}$，称 A,B 为同型矩阵(行数、列数均相等).

相等：$A=B\Leftrightarrow a_{ij}=b_{ij}(i=1,2,\cdots,m;j=1,2,\cdots,n)$.

加减法：$A+B=(a_{ij}+b_{ij})_{m\times n}$.

$A-B=(a_{ij}-b_{ij})_{m\times n}$.

运算律如下：

(1) $A+B=B+A$.

(2) $(A+B)+C=A+(B+C)$.

【例题 11-10】 求矩阵 X，使 $X+A=B$，其中：

$$A=\begin{pmatrix}3&-2&0\\1&1&2\\2&3&-1\end{pmatrix},B=\begin{pmatrix}1&2&-1\\1&3&-4\\-2&-1&1\end{pmatrix}.$$

解：$$X=B-A=\begin{pmatrix}1&2&-1\\1&3&-4\\-2&-1&1\end{pmatrix}-\begin{pmatrix}3&-2&0\\1&1&2\\2&3&-1\end{pmatrix}=\begin{pmatrix}-2&4&-1\\0&2&-6\\-4&-4&2\end{pmatrix}.$$

注意：只有同型矩阵才能进行加减运算.

11.3.2.2 数与矩阵的乘法

$$\lambda A=(\lambda a_{ij})_{m\times n}(\lambda \text{ 为常数}).$$

运算律：$(\lambda\mu)A=\lambda(\mu A)$；$(\lambda+\mu)A=\lambda A+\mu A$；$\lambda(A+B)=\lambda A+\lambda B$. λ,μ 为常数.

注意：矩阵的加减法和数与矩阵的乘法统称为矩阵的线性运算.

例如：设从某地 4 个地区到另外 3 个地区的距离(单位为 km)为

$$B=\begin{pmatrix}40&60&105\\175&130&190\\120&70&135\\80&55&100\end{pmatrix}.$$

已知货物每吨的运费为 2.4 元/km. 那么，各地区之间每吨货物的运费可记为

$$2.4\times B=\begin{pmatrix}2.4\times40&2.4\times60&2.4\times105\\2.4\times175&2.4\times130&2.4\times190\\2.4\times120&2.4\times70&2.4\times135\\2.4\times80&2.4\times55&2.4\times100\end{pmatrix}=\begin{pmatrix}96&144&252\\420&312&456\\288&168&324\\192&132&240\end{pmatrix}.$$

11.3.3 矩阵的乘法

11.3.3.1 矩阵与矩阵的乘法

定义 11-5 设 $A=(a_{ij})_{m\times s}$，$B=(b_{ij})_{s\times n}$，则规定 A 与 B 的乘积是一个 $m\times n$ 矩阵 $C=(c_{ij})_{m\times n}$，其中

$$c_{ij} = a_{i1}b_{1j} + a_{i2}b_{2j} + \cdots + a_{is}b_{sj} = \sum_{k=1}^{s} a_{ik}b_{kj} \quad (i = 1,2,\cdots,m; j = 1,2,\cdots,n), \tag{11-9}$$

记作 $C = AB$.

注意:(1)一行与一列相乘:

$$(a_{i1}, a_{i2}, \cdots, a_{is})\begin{pmatrix} b_{1j} \\ b_{2j} \\ \vdots \\ b_{sj} \end{pmatrix} = \sum_{k=1}^{s} a_{ik}b_{kj} = c_{ij},$$

故 $AB = C$ 的第 i 行第 j 列位置上的元素 c_{ij} 就是 A 的第 i 行与 B 的第 j 列的乘积.

(2)只有 A 的列数等于 B 的行数时,AB 才有意义(乘法可行).

【例题 11-11】 设 $A = \begin{pmatrix} 3 & -1 & 1 \\ -2 & 0 & 2 \end{pmatrix}$, $B = \begin{pmatrix} 1 & 0 & 0 & 0 \\ 1 & 2 & 0 & 0 \\ 2 & 1 & 3 & 4 \end{pmatrix}$,求 AB.

解:$c_{11} = (3 \quad -1 \quad 1)\begin{pmatrix} 1 \\ 1 \\ 2 \end{pmatrix} = 3 \times 1 + (-1) \times 1 + 1 \times 2 = 4$;

$c_{12} = (3 \quad -1 \quad 1)\begin{pmatrix} 0 \\ 2 \\ 1 \end{pmatrix} = 3 \times 0 + (-1) \times 2 + 1 \times 1 = -1$;

$c_{13} = (3 \quad -1 \quad 1)\begin{pmatrix} 0 \\ 0 \\ 3 \end{pmatrix} = 3 \times 0 + (-1) \times 0 + 1 \times 3 = 3$;

$c_{14} = (3 \quad -1 \quad 1)\begin{pmatrix} 0 \\ 0 \\ 4 \end{pmatrix} = 3 \times 0 + (-1) \times 0 + 1 \times 4 = 4$.

同理可得:$c_{21} = 2, c_{22} = 2, c_{23} = 6, c_{24} = 8$,

得
$$AB = \begin{pmatrix} 4 & -1 & 3 & 4 \\ 2 & 2 & 6 & 8 \end{pmatrix}.$$

注意:BA 乘法不可行.

【例题 11-12】 设 $A = \begin{pmatrix} 4 & -2 \\ -2 & 1 \end{pmatrix}$, $B = \begin{pmatrix} 3 & 6 \\ -2 & -4 \end{pmatrix}$,求 AB 及 BA.

解:$AB = \begin{pmatrix} 4 & -2 \\ -2 & 1 \end{pmatrix}\begin{pmatrix} 3 & 6 \\ -2 & -4 \end{pmatrix} = \begin{pmatrix} 16 & 32 \\ -8 & -16 \end{pmatrix}$,

$BA = \begin{pmatrix} 3 & 6 \\ -2 & -4 \end{pmatrix}\begin{pmatrix} 4 & -2 \\ -2 & 1 \end{pmatrix} = \begin{pmatrix} 0 & 0 \\ 0 & 0 \end{pmatrix}$.

由此发现:(1) $AB \neq BA$(不满足交换律).

(2)$A \neq 0, B \neq 0$,但却有 $BA = 0$.

【例题 11-13】 某公司 4 个工厂均能生产甲、乙、丙 3 种产品，其单位生产成本如表 11-1 所示.

表 11-1　某公司单位生产成本

工厂	产品		
	甲	乙	丙
A	3	5	6
B	2	4	8
C	4	5	5
D	4	3	7

现要生产产品甲 660 件、乙 500 件、丙 200 件，试比较由哪个工厂生产成本才能达到最低？

解：4 个工厂生产的甲、乙、丙 3 种产品可用矩阵 $\begin{pmatrix}3 & 5 & 6\\2 & 4 & 8\\4 & 5 & 5\\4 & 3 & 7\end{pmatrix}$ 来表示，故 4 个工厂生产甲、乙、丙 3 种产品总成本为

$$\begin{pmatrix}3 & 5 & 6\\2 & 4 & 8\\4 & 5 & 5\\4 & 3 & 7\end{pmatrix}\begin{pmatrix}600\\500\\200\end{pmatrix}=\begin{pmatrix}5\ 500\\4\ 800\\5\ 900\\5\ 300\end{pmatrix}.$$

所以，由 B 厂生产成本最低.

11.3.3.2　矩阵乘法的运算律（假定运算是可行的）

(1) $A(B+C)=AB+AC$（分配律）.

(2) $(AB)C=A(BC)$（结合律）.

(3) $\lambda(AB)=(\lambda A)B=A(\lambda B)$.

(4) $EA=A, BE=B$（单位矩阵的意义所在）.

11.3.3.3　n 阶方阵的幂

设 A 是 n 阶方阵，则定义

$$A^2=AA, A^3=A^2A, \cdots, A^{k+1}=A^kA,$$

或 $A^2=AA,\ A^3=AAA,\ \cdots,\ A^{k+1}=\underbrace{A\cdots A}_{k+1}$.

规律：$A^kA^l=A^{k+l}$，$(A^k)^l=A^{kl}$，其中 k, l 为正整数.

但一般地，$(AB)^k\neq A^kB^k$，A, B 为 n 阶方阵.

11.3.4　转置矩阵

定义 11-6　把矩阵 A 的各行均换成同序数的列所得到的矩阵，称为 A 的转置矩阵，记

作 A'(或 A^{T}).

例如：$$A=\begin{pmatrix}2&0&-1\\1&3&2\end{pmatrix},A'=\begin{pmatrix}2&1\\0&3\\-1&2\end{pmatrix}.$$

运算律：(1) $(A')'=A$.

(2) $(A+B)'=A'+B'$.

(3) $(kA)'=kA'$.

(4) $(AB)'=B'A'$.

【例题 11-14】 已知 $A=\begin{pmatrix}2&1&4&0\\1&-1&3&4\end{pmatrix},B=\begin{pmatrix}1&3&1\\0&-1&2\\1&-3&1\\4&0&-2\end{pmatrix}$，求 $(AB)'$.

解法一：$AB=\begin{pmatrix}2&1&4&0\\1&-1&3&4\end{pmatrix}\begin{pmatrix}1&3&1\\0&-1&2\\1&-3&1\\4&0&-2\end{pmatrix}=\begin{pmatrix}6&-7&8\\20&-5&-6\end{pmatrix}$，所以

$$(AB)'=\begin{pmatrix}6&20\\-7&-5\\8&-6\end{pmatrix}.$$

解法二：$(AB)'=B'A'=\begin{pmatrix}1&0&1&4\\3&-1&-3&0\\1&2&1&-2\end{pmatrix}\begin{pmatrix}2&1\\1&-1\\4&3\\0&4\end{pmatrix}=\begin{pmatrix}6&20\\-7&-5\\8&-6\end{pmatrix}.$

11.3.5 方阵的行列式

定义 11-7 由 n 阶方阵 A 的元素所构成的 n 阶行列式(各元素的位置不变)，称为方阵 A 的行列式，记作 $|A|$ 或 $\det A$(determinant).

注意：方阵与其行列式不同，前者为数表，后者为数值.

运算律：(1) $|A'|=|A|$.

(2) $|kA|=k^{n}|A|(A_{n\times n})$.

(3) $|AB|=|A||B|$(证明略).

【例题 11-15】 设 $A=\begin{pmatrix}1&2\\3&3\end{pmatrix},B=\begin{pmatrix}1&2\\-1&3\end{pmatrix}$，求 $|AB|$.

解法一：因为 $AB=\begin{pmatrix}-1&8\\0&15\end{pmatrix}$，所以

$$|AB|=\begin{vmatrix}-1&8\\0&15\end{vmatrix}=-15.$$

解法二：$|AB| = |A||B| = \begin{vmatrix} 1 & 2 \\ 3 & 3 \end{vmatrix}\begin{vmatrix} 1 & 2 \\ -1 & 3 \end{vmatrix} = (-3) \times 5 = -15.$

习题 11.3

1. 已知 $A = \begin{pmatrix} 3 & 6 & 2 \\ 2 & 4 & 7 \\ -1 & 2 & 5 \end{pmatrix}$，求 $A + A'$ 及 $A - A'$.

2. 已知 $A = \begin{pmatrix} 3 & 1 & 1 \\ 2 & 1 & 2 \\ 1 & 2 & 3 \end{pmatrix}$，$B = \begin{pmatrix} 1 & 1 & -1 \\ 2 & -1 & 0 \\ 1 & 0 & 1 \end{pmatrix}$，求 $AB - BA$.

3. 计算：

(1) $\begin{pmatrix} 1 & 0 \\ 0 & 1 \end{pmatrix}\begin{pmatrix} 3 & 2 \\ 5 & 6 \end{pmatrix}$.　　(2) $\begin{pmatrix} 2 \\ 1 \\ -1 \\ 2 \end{pmatrix}(-2 \quad 1 \quad 0)$.　　(3) $\begin{pmatrix} \lambda & 1 & 0 \\ 0 & \lambda & 1 \\ 0 & 0 & \lambda \end{pmatrix}^3$.

4. 已知 $AB = BA$，$AC = CA$，求证：$A(B + C) = (B + C)A$.

11.4　矩阵的初等变换与矩阵的秩

11.4.1　矩阵的初等变换

定义 11-8　对矩阵施以下列三种变换，称为矩阵的初等变换.

(1) 串位变换：任意交换矩阵的两行（或列）；用 $r_i \leftrightarrow r_j$（或 $c_i \leftrightarrow c_j$）表示第 i 行（或列）和第 j 行（或列）互换.

(2) 数乘变换：以一个非零的数 k 乘以矩阵的某一行（或列）；用 kr_i（或 kc_i）表示以数 k 乘以第 i 行（或列）.

(3) 消元变换：把矩阵的某一行（或列）的 k 倍加于另一行（或列）上，用 $r_i + kr_j$（或 $c_i + kc_j$）表示第 j 行（或列）的 k 倍加到第 i 行（或列）上.

只对行进行的初等变换称为行初等变换（以下讨论中，只对矩阵的行进行变换）.

定义 11-9　满足以下条件的矩阵称为行阶梯形矩阵：

(1) 所有首非零元素的列标随着行标递增而严格增大.

(2) 矩阵的所有零行在矩阵的最下方（如果有的话）.

例如 $\begin{bmatrix} 2 & 1 & 0 & 6 & 3 \\ 0 & 1 & 3 & 0 & 0 \\ 0 & 0 & 0 & 2 & 1 \\ 0 & 0 & 0 & 0 & 0 \end{bmatrix}$.

定义 11-10　满足以下条件的行阶梯形矩阵称为最简阶梯形矩阵：

(1)所有首非零元素都为1.

(2)所有首非零元素所在列的其余元素都为0.

例如$\begin{bmatrix}1&0&2&0&3\\0&1&3&0&0\\0&0&0&1&1\\0&0&0&0&0\end{bmatrix}$.

定理 11-1 任一矩阵 A 都可经过若干次初等行变换化成行阶梯形矩阵,进而化为最简阶梯形矩阵.

【例题 11-16】 用初等行变换,把矩阵$\begin{pmatrix}2&0&-1&3\\1&2&-2&4\\0&1&3&-1\end{pmatrix}$化为最简阶梯形矩阵.

解:

$$\begin{pmatrix}2&0&-1&3\\1&2&-2&4\\0&1&3&-1\end{pmatrix}\to\begin{pmatrix}1&2&-2&4\\2&0&-1&3\\0&1&3&-1\end{pmatrix}\to\begin{pmatrix}1&2&-2&4\\0&-4&3&-5\\0&1&3&-1\end{pmatrix}\to$$

$$\begin{pmatrix}1&2&-2&4\\0&1&3&-1\\0&-4&3&-5\end{pmatrix}\to\begin{pmatrix}1&2&-2&4\\0&1&3&-1\\0&0&15&-9\end{pmatrix}\to\begin{pmatrix}1&2&-2&4\\0&1&3&-1\\0&0&1&-\frac{3}{5}\end{pmatrix}\to\begin{pmatrix}1&2&0&\frac{14}{5}\\0&1&0&\frac{4}{5}\\0&0&1&-\frac{3}{5}\end{pmatrix}\to$$

$$\begin{pmatrix}1&0&0&\frac{6}{5}\\0&1&0&\frac{4}{5}\\0&0&1&-\frac{3}{5}\end{pmatrix}.$$

11.4.2 矩阵的秩

矩阵的秩是一个很重要的概念,在研究线性方程组的解等方面起着非常重要的作用.

定义 11-11 在矩阵 $A_{m\times n}$ 中任取 k 行 k 列($1\leqslant k\leqslant \min(m,n)$),由位于这些行、列相交处的元素按原来的次序构成的 k 阶行列式,称为 A 的一个 k 阶子式,记作 $D_k(A)$.

$D_k(A)$ 共有 $C_m^k\cdot C_n^k$ 个.

例如,$A_{3\times4}=\begin{pmatrix}a_{11}&a_{12}&a_{13}&a_{14}\\a_{21}&a_{22}&a_{23}&a_{24}\\a_{31}&a_{32}&a_{33}&a_{34}\end{pmatrix}$有4个三阶子式,18个二阶子式.

定义 11-12 若矩阵 A 中不等于0的子式的最高阶数是 r,则称 r 为矩阵 A 的秩,记作:$R(A)=r$.

结论:

(1) $R(A)=0\Leftrightarrow A=0$.

(2)对于 $A_{m\times n}$,有 $0 \leqslant R(A) \leqslant \min(m,n)$.

(3)若 $R(A) = r$,则 A 中至少有一个 $D_r(A) \neq 0$,而所有的 $D_{r+1}(A) = 0$.

【例题 11-17】 求下列矩阵的秩.

$$A = \begin{pmatrix} 1 & 1 & 0 & 0 \\ 1 & 0 & 1 & 1 \\ 2 & -1 & 3 & 3 \end{pmatrix}, B = \begin{pmatrix} 1 & 0 & 1 & 0 \\ 2 & 1 & -1 & -3 \\ 1 & 0 & -3 & -1 \\ 0 & 2 & -6 & 3 \end{pmatrix}.$$

解:$D_2(A) = \begin{vmatrix} 1 & 0 \\ 0 & 1 \end{vmatrix} = 1 \neq 0$,而 A 的所有三阶子式(4 个):

$$\begin{vmatrix} 1 & 1 & 0 \\ 1 & 0 & 1 \\ 2 & -1 & 3 \end{vmatrix} = 0, \begin{vmatrix} 1 & 1 & 0 \\ 1 & 0 & 1 \\ 2 & -1 & 3 \end{vmatrix} = 0, \begin{vmatrix} 1 & 0 & 0 \\ 1 & 1 & 1 \\ 2 & 3 & 3 \end{vmatrix} = 0, \begin{vmatrix} 1 & 0 & 0 \\ 0 & 1 & 1 \\ -1 & 3 & 3 \end{vmatrix} = 0,$$

所以 $R(A)=2$.

$$|B| = \begin{vmatrix} 1 & 0 & 1 & 0 \\ 2 & 1 & -1 & -3 \\ 1 & 0 & -3 & -1 \\ 0 & 2 & -6 & 3 \end{vmatrix} \overset{c_3-c_1}{=} \begin{vmatrix} 1 & 0 & 0 & 0 \\ 2 & 1 & -3 & -3 \\ 0 & 0 & -4 & -1 \\ 0 & 2 & -6 & 3 \end{vmatrix} = \begin{vmatrix} 1 & -3 & -3 \\ 0 & -4 & -1 \\ 2 & -6 & 3 \end{vmatrix}$$

$$\overset{r_3-2r_1}{=} \begin{vmatrix} 1 & -3 & -3 \\ 0 & -4 & -1 \\ 0 & 0 & 9 \end{vmatrix} = -36 \neq 0,$$

所以 $R(B)=4$.

11.4.3 利用初等变换求矩阵的秩

定理 11-2 矩阵的初等变换不改变矩阵的秩(证明略).

利用定理 11-2 可以简化求秩 $R(A)$ 的计算,其常用的方法是:把 A 变成行阶梯形矩阵,其非零行的行数为 $R(A)$.

【例题 11-18】 求 $R(A)$,其中 $A = \begin{pmatrix} 1 & 1 & 2 & 2 & 1 \\ 0 & 2 & 1 & 5 & -1 \\ 2 & 0 & 3 & -1 & 3 \\ 1 & 1 & 0 & 4 & -1 \end{pmatrix}$.

解:$A \xrightarrow[r_4 - r_1]{r_3 - 2r_1} \begin{pmatrix} 1 & 1 & 2 & 2 & 1 \\ 0 & 2 & 1 & 5 & -1 \\ 0 & -2 & -1 & -5 & 1 \\ 0 & 0 & -2 & 2 & -2 \end{pmatrix} \xrightarrow{r_3 + r_2} \begin{pmatrix} 1 & 1 & 2 & 2 & 1 \\ 0 & 2 & 1 & 5 & -1 \\ 0 & 0 & 0 & 0 & 0 \\ 0 & 0 & -2 & 2 & -2 \end{pmatrix}$

$$\xrightarrow{r_3 \leftrightarrow r_4} \begin{pmatrix} 1 & 1 & 2 & 2 & 1 \\ 0 & 2 & 1 & 5 & -1 \\ 0 & 0 & -2 & 2 & -2 \\ 0 & 0 & 0 & 0 & 0 \end{pmatrix}(\text{行阶梯形}).$$

由此可看出，$R(A)=3$.

在具体的解题过程中，如果 A 经过几次初等变换后即可看出 $R(A)$ 的秩，就不必再继续将 A 化为阶梯形.

习题 11.4

1. 用初等行变换，把 $\begin{pmatrix} 0 & 2 & -4 \\ -1 & -4 & 5 \\ 3 & 1 & 7 \\ 2 & 3 & 0 \end{pmatrix}$ 化为最简阶梯形矩阵.

2. 求下列矩阵的秩.

(1) $A=\begin{pmatrix} 1 & 2 & -3 \\ -1 & -3 & 4 \\ 1 & 1 & -2 \end{pmatrix}$；　(2) $A=\begin{pmatrix} 1 & 2 & 2 & 11 \\ 1 & -3 & -3 & -14 \\ 3 & 1 & 1 & 8 \end{pmatrix}$；

(3) $A=\begin{pmatrix} 1 & 2 & 2 & 11 \\ 1 & 2 & -3 & -14 \\ 3 & 1 & 1 & 3 \\ 2 & 5 & 5 & 28 \end{pmatrix}$；　(4) $A=\begin{pmatrix} 1 & 0 & -1 & -1 & 2 \\ 0 & -1 & 2 & 3 & 1 \\ 1 & -1 & 1 & 2 & 3 \\ 1 & 2 & -5 & -7 & 0 \end{pmatrix}$.

11.5　逆矩阵

11.5.1　逆矩阵的概念与性质

定义 11-13　设 A 为 n 阶方阵，若存在一个 n 阶方阵 C，使得 $CA=AC=E$，则称方阵 A 可逆，并称方阵 C 为 A 的逆矩阵，记作 $A^{-1}=C$，即若 $CA=AC=E$，则 $C=A^{-1}$.

推论 1　若 A^{-1} 存在，则 A^{-1} 必唯一.

推论 2　若 A 可逆，则 $(A^{-1})^{-1}=A$.

推论 3　若 A 可逆，则 A' 可逆，且 $(A')^{-1}=(A^{-1})'$.

推论 4　若同阶方阵 A、B 都可逆，则 AB 也可逆，且 $(AB)^{-1}=B^{-1}A^{-1}$.

11.5.2　逆矩阵存在的条件及求法

定义 11-14　由 $A=(a_{ij})_{n\times n}$ 的行列式 $|A|=\begin{vmatrix} a_{11} & a_{12} & \cdots & a_{1n} \\ a_{21} & a_{22} & \cdots & a_{2n} \\ \vdots & \vdots & \ddots & \vdots \\ a_{n1} & a_{n2} & \cdots & a_{nn} \end{vmatrix}$ 中元素 a_{ij} 的代数余

子式 $A_{ij}(i,j=1,2,\cdots,n)$ 构成的 n 阶方阵,记作 A^* ,即 $A^*=\begin{pmatrix} A_{11} & A_{21} & \cdots & A_{n1} \\ A_{12} & A_{22} & \cdots & A_{n2} \\ \vdots & \vdots & \ddots & \vdots \\ A_{1n} & A_{2n} & \cdots & A_{nn} \end{pmatrix}$,称为 A 的伴随矩阵.

【例题 11-19】 设 $A=\begin{pmatrix} 3 & 2 & 1 \\ 1 & 2 & 2 \\ 3 & 4 & 3 \end{pmatrix}$,求 A^*.

解:因为 $A_{11}=-2,A_{12}=3,A_{13}=-2,A_{21}=-2,A_{22}=6,A_{23}=-6,A_{31}=2,A_{32}=-5,A_{33}=4$,所以

$$A^*=\begin{pmatrix} -2 & -2 & 2 \\ 3 & 6 & -5 \\ -2 & -6 & 4 \end{pmatrix}.$$

定理 11-3 方阵 $A=(a_{ij})_{n\times n}$ 可逆 $\Leftrightarrow |A|\neq 0$ 且 $A^{-1}=\dfrac{A^*}{|A|}$(证明略).

推论 1 设 A 为 n 阶方阵,若存在 n 阶方阵 B,使得 $AB=E$(或 $BA=E$),则 $B=A^{-1}$.

推论 2 A 为满秩方阵 $\Leftrightarrow |A|\neq 0$. 由此可知,$A$ 可逆 $\Leftrightarrow A$ 为满秩方阵.

【例题 11-20】 判断下列方阵 $A=\begin{pmatrix} 3 & 2 & 1 \\ 1 & 2 & 2 \\ 3 & 4 & 3 \end{pmatrix}$,$B=\begin{pmatrix} -1 & 3 & 2 \\ -11 & 15 & 1 \\ -3 & 3 & -1 \end{pmatrix}$是否可逆?若可逆,求其逆矩阵.

解:因为 $|A|=-2\neq 0$, $|B|=0$,所以 B 不可逆,A 可逆.

并且 $$A^{-1}=-\frac{A^*}{2}=-\frac{1}{2}\begin{pmatrix} -2 & -2 & 2 \\ 3 & 6 & -5 \\ -2 & -6 & 4 \end{pmatrix}=\begin{pmatrix} 1 & 1 & -1 \\ -\frac{3}{2} & -3 & \frac{5}{2} \\ 1 & 3 & -2 \end{pmatrix}.$$

11.5.3 利用初等变换求逆矩阵

定理 11-4 n 阶可逆方阵 $A_n=(a_{ij})_{n\times n}$ 可以经过一系列的初等行变换化为 n 阶单位矩阵 E_n.

利用上述定理,可以利用初等变换求逆矩阵.

其方法为:$(A_n \ \vdots \ E_n) \xrightarrow{\text{初等行变换}} (E_n \ \vdots \ A_n^{-1})$,其中$(A_n \vdots E_n)$、$(E_n \vdots A_n^{-1})$ 表示 $n\times 2n$ 的矩阵.

【例题 11-21】 设 $A=\begin{pmatrix} 1 & 2 & 3 \\ 2 & 1 & 2 \\ 1 & 3 & 4 \end{pmatrix}$,用初等变换法求 A^{-1}.

$$\text{解}:(A \vdots E)=\begin{pmatrix}1&2&3&\vdots&1&0&0\\2&1&2&\vdots&0&1&0\\1&3&4&\vdots&0&0&1\end{pmatrix}\xrightarrow[r_3-r_1]{r_2-2r_1}\begin{pmatrix}1&2&3&\vdots&1&0&0\\0&-3&-4&\vdots&-2&1&0\\0&1&1&\vdots&-1&0&1\end{pmatrix}$$

$$\xrightarrow{r_2\leftrightarrow r_3}\begin{pmatrix}1&2&3&\vdots&1&0&0\\0&1&1&\vdots&-1&0&1\\0&-3&-4&\vdots&-2&1&0\end{pmatrix}\xrightarrow{r_3+3r_2}\begin{pmatrix}1&2&3&\vdots&1&0&0\\0&1&1&\vdots&-1&0&1\\0&0&-1&\vdots&-5&1&3\end{pmatrix}$$

$$\xrightarrow{r_1+3r_3}\begin{pmatrix}1&2&0&\vdots&-14&3&9\\0&1&0&\vdots&-6&1&4\\0&0&1&\vdots&5&-1&-3\end{pmatrix}\xrightarrow{r_1-2r_2}\begin{pmatrix}1&0&0&\vdots&-2&1&1\\0&1&0&\vdots&-6&1&4\\0&0&1&\vdots&5&-1&-3\end{pmatrix},$$

所以，$A^{-1}=\begin{pmatrix}-2&1&1\\-6&1&4\\5&-1&-3\end{pmatrix}$.

【例题11-22】 某工厂检验室有甲、乙两种不同的化学原料，甲原料分别含锌与镁10%与20%，乙原料分别含锌与镁10%与30%，现在要用这两种原料分别配制A、B两种试剂，A试剂需含锌2 g、镁5 g，B试剂需含锌、镁1 g、2 g. 问配制A、B两种试剂分别需要甲、乙两种化学原料各多少克？

解：设配制A试剂需甲、乙两种化学原料分别为x g、y g；配制B试剂需甲、乙两种化学原料分别为s g、t g；根据题意，得如下矩阵方程：

$$\begin{pmatrix}0.1&0.1\\0.2&0.3\end{pmatrix}\begin{pmatrix}x&s\\y&t\end{pmatrix}=\begin{pmatrix}2&1\\5&2\end{pmatrix}$$

设 $$A=\begin{pmatrix}0.1&0.1\\0.2&0.3\end{pmatrix},X=\begin{pmatrix}x&s\\y&t\end{pmatrix},B=\begin{pmatrix}2&1\\5&2\end{pmatrix},$$

则 $$X=A^{-1}B.$$

下面用初等行变换求A^{-1}：

$$\begin{pmatrix}0.1&0.1&\vdots&1&0\\0.2&0.3&\vdots&0&1\end{pmatrix}\xrightarrow[10r_2]{10r_1}\begin{pmatrix}1&1&\vdots&10\\2&3&\vdots&0\end{pmatrix}\xrightarrow{r_2-2r_1}$$

$$\begin{pmatrix}1&1&\vdots&10\\0&1&\vdots&-20\end{pmatrix}\xrightarrow{r_1-r_2}\begin{pmatrix}1&0&\vdots&30\\0&1&\vdots&-20\end{pmatrix},$$

即 $$A^{-1}=\begin{pmatrix}30&-10\\-20&10\end{pmatrix}.$$

所以 $$X=\begin{pmatrix}x&s\\y&t\end{pmatrix}=\begin{pmatrix}30&-10\\-20&10\end{pmatrix}\begin{pmatrix}2&1\\5&2\end{pmatrix}=\begin{pmatrix}10&10\\10&0\end{pmatrix}.$$

即配制A试剂分别需要甲、乙两种化学原料各10 g，配制B试剂需甲、乙两种化学原料分别为10 g、0.

习题 11.5

1. 求矩阵 $A=\begin{pmatrix}1&2&-3\\0&1&2\\0&0&1\end{pmatrix}$ 的逆矩阵.

2. 求矩阵 $A=\begin{pmatrix}1&0&1\\2&1&0\\-3&2&-5\end{pmatrix}$ 的逆矩阵.

3. 判断方阵 $A=\begin{pmatrix}1&1&1&1\\1&-2&-2&-1\\2&5&-1&4\\4&1&1&2\end{pmatrix}$ 是否可逆,若可逆,求 A^{-1}.

4. 已知矩阵 $A=\begin{pmatrix}1&0&1\\2&1&0\\-3&2&-5\end{pmatrix}$,求 $(E-A)^{-1}$.

11.6　线性方程组的解法

11.6.1　克莱姆法则

在引进二阶行列式的定义前,我们曾给出二元一次方程组 $\begin{cases}a_{11}x+a_{12}y=b_1,\\a_{21}x+a_{22}y=b_2,\end{cases}$ 当它的系数行列式 $D=\begin{vmatrix}a_{11}&a_{12}\\a_{21}&a_{22}\end{vmatrix}\neq 0$ 时,原方程组的解可表示为 $x=\dfrac{D_1}{D}$,$y=\dfrac{D_2}{D}$,这里 $D_1=\begin{vmatrix}b_1&a_{12}\\b_2&a_{22}\end{vmatrix}$,$D_2=\begin{vmatrix}a_{11}&b_1\\a_{21}&b_2\end{vmatrix}$ 是把 D 中第一、二列的元素分别换成方程组右端的常数项 b_1,b_2 所得到的行列式.由此可得到下面的定理.

定理 11-5(克莱姆法则)　设由 n 个含有 n 个未知数的 n 元一次方程构成的方程组

$$\begin{cases}a_{11}x_1+a_{12}x_2+\cdots+a_{1n}x_n=b_1,\\a_{21}x_1+a_{22}x_2+\cdots+a_{2n}x_n=b_2,\\\qquad\vdots\\a_{n1}x_1+a_{n2}x_2+\cdots+a_{nn}x_n=b_n.\end{cases}\tag{11-10}$$

利用式(11-10)的系数可以构成一个 n 阶行列式:

$$D = \begin{vmatrix} a_{11} & a_{12} & \cdots & a_{1n} \\ a_{21} & a_{22} & \cdots & a_{2n} \\ \vdots & \vdots & \ddots & \vdots \\ a_{n1} & a_{n2} & \cdots & a_{nn} \end{vmatrix}, \tag{11-11}$$

这个行列式叫作方程组(11-10)的系数行列式.

当系数行列式 $D \neq 0$ 时,其唯一解为

$$x_i = \frac{D_i}{D} \quad (i = 1,2,\cdots,n). \tag{11-12}$$

此处 $D_i(i = 1,2,\cdots,n)$ 是把行列式 D 中的第 i 列的元素换成方程组的常数项 b_1, $b_2,\cdots,b_n$ 而得到的 n 阶行列式,即

$$D_i = \begin{vmatrix} a_{11} & \cdots & a_{1,i-1} & b_1 & a_{1,i+1} & \cdots & a_{1n} \\ a_{21} & \cdots & a_{2,i-1} & b_2 & a_{2,i+1} & \cdots & a_{2n} \\ \vdots & & \vdots & \vdots & \vdots & & \vdots \\ a_{n1} & \cdots & a_{n,i-1} & b_n & a_{n,i+1} & \cdots & a_{nn} \end{vmatrix} \quad (i = 1,2,\cdots,n).$$

【例题 11-23】 解线性方程组:$\begin{cases} x_1 + x_2 + 2x_3 + 3x_4 = 4, \\ x_1 + x_2 + x_4 = 4, \\ 3x_1 + 2x_2 + 5x_3 + 10x_4 = 12, \\ 4x_1 + 5x_2 + 9x_3 + 13x_4 = 18. \end{cases}$

解:方程组的系数行列式为

$$D = \begin{vmatrix} 1 & 1 & 2 & 3 \\ 1 & 1 & 0 & 1 \\ 3 & 2 & 5 & 10 \\ 4 & 5 & 9 & 13 \end{vmatrix} = \begin{vmatrix} 0 & 0 & 2 & 2 \\ 1 & 1 & 0 & 1 \\ 0 & -1 & 5 & 7 \\ 0 & 1 & 9 & 9 \end{vmatrix} = -\begin{vmatrix} 0 & 2 & 2 \\ -1 & 5 & 7 \\ 1 & 9 & 9 \end{vmatrix}$$

$$= -\begin{vmatrix} 0 & 2 & 2 \\ -1 & 5 & 7 \\ 0 & 14 & 16 \end{vmatrix} = -\begin{vmatrix} 2 & 2 \\ 14 & 16 \end{vmatrix} = -(32 - 28) = -4,$$

因为 $D \neq 0$,所以可用克莱姆法则求解:

$$D_1 = \begin{vmatrix} 4 & 1 & 2 & 3 \\ 4 & 1 & 0 & 1 \\ 12 & 2 & 5 & 10 \\ 18 & 5 & 9 & 13 \end{vmatrix} = \begin{vmatrix} 0 & 0 & 2 & 2 \\ 4 & 1 & 0 & 1 \\ 0 & -1 & 5 & 7 \\ 18 & 5 & 9 & 13 \end{vmatrix} = \begin{vmatrix} 0 & 0 & 2 & 0 \\ 4 & 1 & 0 & 1 \\ 0 & -1 & 5 & 2 \\ 18 & 5 & 9 & 4 \end{vmatrix} = 2\begin{vmatrix} 4 & 1 & 1 \\ 0 & -1 & 2 \\ 18 & 5 & 4 \end{vmatrix} = -4,$$

$$D_2 = \begin{vmatrix} 1 & 4 & 2 & 3 \\ 1 & 4 & 0 & 1 \\ 3 & 12 & 5 & 10 \\ 4 & 18 & 9 & 13 \end{vmatrix} = \begin{vmatrix} 0 & 0 & 2 & 2 \\ 1 & 4 & 0 & 1 \\ 0 & 0 & 5 & 7 \\ 0 & 2 & 9 & 9 \end{vmatrix} = -\begin{vmatrix} 0 & 2 & 2 \\ 0 & 5 & 7 \\ 2 & 9 & 9 \end{vmatrix} = -8,$$

$$D_3=\begin{vmatrix}1&1&4&3\\1&1&4&1\\3&2&12&10\\4&5&18&13\end{vmatrix}=\begin{vmatrix}0&0&0&2\\1&1&4&1\\0&-1&0&7\\0&1&2&9\end{vmatrix}=-2\begin{vmatrix}1&1&4\\0&-1&0\\0&1&2\end{vmatrix}=4,$$

$$D_4=\begin{vmatrix}1&1&2&4\\1&1&0&4\\3&2&5&12\\4&5&9&18\end{vmatrix}=\begin{vmatrix}0&0&2&0\\1&1&0&4\\0&-1&5&0\\0&1&9&2\end{vmatrix}=2\begin{vmatrix}1&1&4\\0&-1&0\\0&1&2\end{vmatrix}=-4.$$

故方程组的解是

$$x_1=\frac{D_1}{D}=\frac{-4}{-4}=1,x_2=\frac{D_2}{D}=\frac{-8}{-4}=2,x_3=\frac{D_3}{D}=\frac{4}{-4}=-1,x_4=\frac{D_4}{D}=\frac{-4}{-4}=1.$$

11.6.2 线性方程组的讨论

定义 11-15 线性方程组

$$\begin{cases}a_{11}x_1+a_{12}x_2+\cdots+a_{1n}x_n=b_1\\a_{21}x_1+a_{22}x_2+\cdots+a_{2n}x_n=b_2\\\qquad\vdots\\a_{m1}x_1+a_{m2}x_2+\cdots+a_{mn}x_n=b_m\end{cases}\tag{11-13}$$

称为一般线性方程组.

设 $A=(a_{ij})_{m\times n}=\begin{pmatrix}a_{11}&a_{12}&\cdots&a_{1n}\\a_{21}&a_{22}&\cdots&a_{2n}\\\vdots&\vdots&\ddots&\vdots\\a_{m1}&a_{m2}&\cdots&a_{mn}\end{pmatrix}$,则称 A 是方程组(11-13) 的系数矩阵. 设

$\widetilde{A}=\begin{pmatrix}a_{11}&a_{12}&\cdots&a_{1n}&b_1\\a_{21}&a_{22}&\cdots&a_{2n}&b_2\\\vdots&\vdots&\ddots&\vdots&\vdots\\a_{m1}&a_{m2}&\cdots&a_{mn}&b_m\end{pmatrix}$,则称 $\widetilde{A}$ 是方程组(11-13) 的增广矩阵. 设 $X=\begin{pmatrix}x_1\\x_2\\\vdots\\x_n\end{pmatrix}$,

$B=\begin{pmatrix}b_1\\b_2\\\vdots\\b_m\end{pmatrix}$,则称 X,B 分别是方程组(11-13)的未知数列矩阵、常数项列矩阵.

这时,方程组(11-13)可记为

$$AX=B.\tag{11-14}$$

定义 11-16 线性方程组

$$\begin{cases} a_{11}x_1 + a_{12}x_2 + \cdots + a_{1n}x_n = 0 \\ a_{21}x_1 + a_{22}x_2 + \cdots + a_{2n}x_n = 0 \\ \qquad\qquad \vdots \\ a_{m1}x_1 + a_{m2}x_2 + \cdots + a_{mn}x_n = 0 \end{cases} \tag{11-15}$$

称为齐次线性方程组.

若记 $A = (a_{ij})_{m\times n}, X = \begin{pmatrix} x_1 \\ x_2 \\ \vdots \\ x_n \end{pmatrix}, 0 = \begin{pmatrix} 0 \\ 0 \\ 0 \\ 0 \end{pmatrix}$, 则方程组(11-13)可记为

$$AX = 0. \tag{11-16}$$

注意:方程组(11-13)又称为非齐次线性方程组.

定理 11-6 对非齐次线性方程组(11-13)有以下结论:

(1)若 $r(\tilde{A}) = r(A) = n$,则方程组(11-13)有且只有唯一解.

(2)若 $r(\tilde{A}) = r(A) < n$,则方程组(11-13)有无穷多解.

(3)若 $r(\tilde{A}) \neq r(A)$,则方程组(11-13)没有解.

(4)若 $m = n$ 且 $|A| \neq 0$,则方程组(11-13)有且仅有唯一解(克莱姆法则).

【例题 11-24】 判断下列方程组是否有解,若有解,试确定解的个数.

$$\begin{cases} x_1 + 2x_2 - 3x_3 + x_4 = 1, \\ x_1 + x_2 + x_3 + x_4 = 0. \end{cases}$$

解:此方程组的增广矩阵为

$$\tilde{A} = \begin{pmatrix} 1 & 2 & -3 & 1 & \vdots & 1 \\ 1 & 1 & 1 & 1 & \vdots & 0 \end{pmatrix},$$

显然,有一个二阶子式 $\begin{vmatrix} 1 & 2 \\ 1 & 1 \end{vmatrix} = -1 \neq 0$.

因此 $r(\tilde{A}) = r(A) = 2 < 4 = n$, 故此方程组有无穷多解.

【例题 11-25】 判断下列方程组是否有解,若有解,试确定解的个数.

$$\begin{cases} -3x_1 + x_2 + 4x_3 = -5, \\ x_1 + x_2 + x_3 = 2, \\ -2x_1 + x_3 = -3, \\ x_1 + x_2 - 2x_3 = 5. \end{cases}$$

解:

$$\tilde{A} = \begin{pmatrix} -3 & 1 & 4 & \vdots & -5 \\ 1 & 1 & 1 & \vdots & 2 \\ -2 & 0 & 1 & \vdots & -3 \\ 1 & 1 & -2 & \vdots & 5 \end{pmatrix} \to \begin{pmatrix} 1 & 1 & 1 & \vdots & 2 \\ 0 & 4 & 7 & \vdots & 1 \\ 0 & 2 & 3 & \vdots & 1 \\ 0 & 0 & -3 & \vdots & 3 \end{pmatrix}$$

$$\to\begin{pmatrix}1&1&1&\vdots&2\\0&4&7&\vdots&1\\0&2&3&\vdots&1\\0&0&-1&\vdots&1\end{pmatrix}\to\begin{pmatrix}1&1&1&\vdots&2\\0&2&3&\vdots&1\\0&4&7&\vdots&1\\0&0&-1&\vdots&1\end{pmatrix}$$

$$\to\begin{pmatrix}1&1&1&\vdots&2\\0&2&3&\vdots&1\\0&0&1&\vdots&-1\\0&0&-1&\vdots&1\end{pmatrix}\to\begin{pmatrix}1&1&1&\vdots&2\\0&2&3&\vdots&1\\0&0&1&\vdots&-1\\0&0&0&\vdots&0\end{pmatrix},$$

因此 $r(\tilde{A})=r(A)=3=n$,故原方程组有且只有唯一解.

定理 11-7　对齐次线性方程组(11-15),有以下结论:

(1)若 $r(A)=n$(未知量个数),则方程组(11-15)有唯一零解.

(2)若 $r(A)\neq n$,则方程组(11-15)有非零解.

(3)若 $m<n$(方程个数小于未知量个数),则方程组(11-15)有非零解.

【例题 11-26】　讨论下列方程组解的情况.

(1) $\begin{cases}x_1+2x_2+3x_3=0,\\2x_1+5x_2+3x_3=0,\\x_1+5x_2+8x_3=0;\end{cases}$　　(2) $\begin{cases}x_1+x_2+x_3=0,\\x_1-2x_2+3x_3=0,\\3x_1+5x_3=0.\end{cases}$

解:(1) $A=\begin{pmatrix}1&2&3\\2&5&3\\1&5&8\end{pmatrix}\to\begin{pmatrix}1&2&3\\0&1&-3\\0&3&5\end{pmatrix}\to\begin{pmatrix}1&2&3\\0&1&-3\\0&0&14\end{pmatrix}$,

所以,$r(A)=3$,故此方程组有唯一零解.

(2) $A=\begin{pmatrix}1&1&1\\1&-2&3\\3&0&5\end{pmatrix}\to\begin{pmatrix}1&1&1\\0&-3&2\\0&-3&2\end{pmatrix}\to\begin{pmatrix}1&1&1\\0&-3&2\\0&0&0\end{pmatrix}$,

所以,$r(A)=2<3$,故此方程组有非零解.

【例题 11-27】　一个牧场,12 头牛 4 周吃草 10/3 格尔,21 头牛 9 周吃草 10 格尔,问 24 格尔牧草,多少头牛 18 周吃完?(注:格尔——牧场的面积单位)

解:设每头牛每周吃草量为 x,每格尔草地每周的生长量(草的生长量)为 y,每格尔草地的原有草量为 a,另外设 24 格尔牧草,z 头牛 18 周吃完.

根据题意得 $\begin{cases}12\times4x=10a/3+10/3\times4y,\\21\times9x=10a+10\times9y,\\z\times18x=24a+24\times18y,\end{cases}$　其中 (x,y,a) 是线性方程组的未知数.

化简得 $\begin{cases}144x-40y-10a=0,\\189x-90y-10a=0,\\18zx-432y-24a=0.\end{cases}$

根据题意知此齐次线性方程组有非零解,故 $r(A)<3$,即系数行列式

$$\begin{vmatrix} 144 & -40 & -10 \\ 189 & -90 & -10 \\ 18z & -432 & -24 \end{vmatrix} = 0,$$

计算得 $z=36$.

所以,24 格尔牧草 36 头牛 18 周吃完.

11.6.3　逆矩阵法解线性方程组

定理 11-8　对于方程组(11-10),设

$$A = \begin{pmatrix} a_{11} & a_{12} & \cdots & a_{1n} \\ a_{21} & a_{22} & \cdots & a_{2n} \\ \vdots & \vdots & & \vdots \\ a_{n1} & a_{n2} & \cdots & a_{nn} \end{pmatrix}, X = \begin{pmatrix} x_1 \\ x_2 \\ \vdots \\ x_n \end{pmatrix}, B = \begin{pmatrix} b_1 \\ b_2 \\ \vdots \\ b_n \end{pmatrix},$$

且 $|A| \neq 0$,则 $X = A^{-1}B$ 为方程组(11-10)的解.

【例题 11-28】　解线性方程组

$$\begin{cases} 3x_1 + 2x_2 + x_3 = 1, \\ x_1 + 2x_2 + 2x_3 = 2, \\ 3x_1 + 4x_2 + 3x_3 = 3. \end{cases}$$

解:其矩阵式为

$$\begin{pmatrix} 3 & 2 & 1 \\ 1 & 2 & 2 \\ 3 & 4 & 3 \end{pmatrix} \begin{pmatrix} x_1 \\ x_2 \\ x_3 \end{pmatrix} = \begin{pmatrix} 1 \\ 2 \\ 3 \end{pmatrix}.$$

因为

$$\begin{vmatrix} 3 & 2 & 1 \\ 1 & 2 & 2 \\ 3 & 4 & 3 \end{vmatrix} = -2$$

所以

$$\begin{pmatrix} x_1 \\ x_2 \\ x_3 \end{pmatrix} = \begin{pmatrix} 3 & 2 & 1 \\ 1 & 2 & 2 \\ 3 & 4 & 3 \end{pmatrix}^{-1} \begin{pmatrix} 1 \\ 2 \\ 3 \end{pmatrix} = -\frac{1}{2} \begin{pmatrix} -2 & -2 & 2 \\ 3 & 6 & -5 \\ -2 & -6 & 4 \end{pmatrix} \begin{pmatrix} 1 \\ 2 \\ 3 \end{pmatrix} = \begin{pmatrix} 0 \\ 0 \\ 1 \end{pmatrix}.$$

所以,其解为 $x_1 = 0, x_2 = 0, x_3 = 1$.

11.6.4　初等行变换法解线性方程组

定理 11-9　如果通过初等行变换将一个线性方程组的增广矩阵 $(A \vdots B)$ 化为 $(C \vdots D)$,则方程组 $AX = B$ 与 $CX = D$ 是同解方程组.

根据定理 11-9 求解方程组的方法是:对线性方程组的增广矩阵作初等行变换,化成最简阶梯形矩阵,再还原成线性方程组,就可以得到线性方程组的解.

【例题 11-29】　解线性方程组:

$$\begin{cases} x_1 + 3x_2 - 2x_3 + x_4 = 3, \\ 2x_1 + x_2 - 3x_3 = 2, \\ x_1 - 2x_2 - x_3 - x_4 = -1. \end{cases}$$

解:对其增广矩阵作初等行变换,化成最简阶梯形矩阵

$$\tilde{A} = (A \vdots B) = \begin{pmatrix} 1 & 3 & -2 & 1 & \vdots & 3 \\ 2 & 1 & -3 & 0 & \vdots & 2 \\ 1 & -2 & -1 & -1 & \vdots & -1 \end{pmatrix} \to$$

$$\begin{pmatrix} 1 & 3 & -2 & 1 & \vdots & 3 \\ 0 & 1 & -\frac{1}{5} & \frac{2}{5} & \vdots & \frac{4}{5} \\ 0 & 0 & 0 & 0 & \vdots & 0 \end{pmatrix} \to \begin{pmatrix} 1 & 0 & -\frac{7}{5} & -\frac{1}{5} & \vdots & \frac{3}{5} \\ 0 & 1 & -\frac{1}{5} & \frac{2}{5} & \vdots & \frac{4}{5} \\ 0 & 0 & 0 & 0 & \vdots & 0 \end{pmatrix}.$$

将阶梯形矩阵还原成线性方程组:

$$\begin{cases} x_1 - \frac{7}{5}x_3 - \frac{1}{5}x_4 = \frac{3}{5}, \\ x_2 - \frac{1}{5}x_3 + \frac{2}{5}x_4 = \frac{4}{5}, \end{cases}$$

即

$$\begin{cases} x_1 = -\frac{3}{5} + \frac{7}{5}x_3 + \frac{1}{5}x_4, \\ x_2 = \frac{4}{5} + \frac{1}{5}x_3 - \frac{2}{5}x_4. \end{cases}$$

原方程组中有三个方程,通过消元只剩下两个方程,第三个方程没有了,说明第三个方程完全可以用其他两个方程代替,所以是多余方程.

当取 $x_3 = c_1, x_4 = c_2$ 时(c_1, c_2 为任意常数),解为:

$$\begin{cases} x_1 = \frac{3}{5} + \frac{7}{5}c_1 + \frac{1}{5}c_2, \\ x_2 = \frac{4}{5} + \frac{1}{5}c_1 - \frac{2}{5}c_2, \\ x_3 = c_1, \\ x_4 = c_2. \end{cases}$$

因为 c_1, c_2 为任意常数,所以此方程组有无穷多解.

习题 11.6

1. 用克莱姆法则求解线性方程组 $\begin{cases} x + 2y + z = 0, \\ 2x - y + z = 1, \\ x - y + 2z = 3. \end{cases}$

2. 判断 t 为何值时，方程组 $\begin{cases}-x_1-4x_2+x_3=1\\ tx_2-3x_3=3\\ x_1+3x_2+(t+1)x_3=0\end{cases}$ 无解，有唯一解，有无穷多解？

3. 解矩阵方程 $AX=B$，其中

$$A=\begin{pmatrix}1&0&1\\2&1&0\\-3&2&-5\end{pmatrix},B=\begin{pmatrix}1&-2&-1\\4&-5&2\\1&-4&-1\end{pmatrix}.$$

4. 用逆矩阵解线性方程组 $\begin{cases}2x+2y+z=5,\\ 3x+y+5z=0,\\ 3x+2y+3z=0.\end{cases}$

5. 用初等行变换法解线性方程组 $\begin{cases}x_1+x_2-2x_3-x_4=-1,\\ x_1+5x_2-3x_3-2x_4=0,\\ 3x_1-x_2+x_3+4x_4=2,\\ -2x_1+2x_2+x_3-x_4=1.\end{cases}$

11.7 向量及其线性关系

前面我们已经了解了向量的概念、表示法和运算，现在将向量的概念推广到 n 维向量.

11.7.1 n 维向量的概念

定义 11-17 n 个有序数 $a_1,a_2,\cdots,a_n$ 组成的有序数组$(a_1,a_2,\cdots,a_n)$称为 n 维向量，数 $a_i(i=1,2,\cdots,n)$称为向量的第 i 个分量，向量通常用希腊字母 $\boldsymbol{\alpha},\boldsymbol{\beta},\boldsymbol{\gamma}$ 等简记. 当 a_i 都是实数时，向量称为实 n 维向量；当 a_i 都是复数时，向量称为复 n 维向量.

定义中，$\boldsymbol{\alpha}=(a_1,a_2,\cdots,a_n)$称为 n 维行向量.

有时我们也可把它写成 $\boldsymbol{\alpha}=\begin{pmatrix}a_1\\a_2\\\vdots\\a_n\end{pmatrix}$，称为 n 维列向量.

若 n 维向量的所有分量元素全为零，则此向量称为 n 维零向量，记为 $\boldsymbol{O}$. 即

$$\boldsymbol{O}=(0,0,\cdots,0)$$

若 n 维向量的第 i 个分量 $a_i(i=1,2,\cdots,n)$为 1，其余分量全为零，则此向量称为 n 维单位向量，记为 $\boldsymbol{e}_i$. 即

$$\boldsymbol{e}_i=(0,\cdots,0,1,0,\cdots,0)$$

这时称向量组 $\boldsymbol{e}_1,\boldsymbol{e}_2,\cdots,\boldsymbol{e}_n$ 为 n 维单位向量组.

11.7.2 n 维向量的运算

向量可看成一种特殊形式的矩阵,向量的相等、加减与数乘运算同矩阵的相等、加减与数乘运算是一致的.

【例题 11-30】 设 $\boldsymbol{\alpha}=(1,3,-2)$,$\boldsymbol{\beta}=(3,2,6)$. 求:$\boldsymbol{\alpha}+\boldsymbol{\beta}$ 、$\boldsymbol{\alpha}-\boldsymbol{\beta}$、$2\boldsymbol{\beta}-3\boldsymbol{\alpha}$.

解:$\boldsymbol{\alpha}+\boldsymbol{\beta}=(4,5,4)$;

$\boldsymbol{\alpha}-\boldsymbol{\beta}=(-2,1,-8)$;

$2\boldsymbol{\beta}-3\boldsymbol{\alpha}=(3,-5,18)$.

向量的加法与数乘运算满足以下运算率:

(1)$\boldsymbol{\alpha}+\boldsymbol{\beta}=\boldsymbol{\beta}+\boldsymbol{\alpha}$

(2)$\boldsymbol{\alpha}+\boldsymbol{\beta}+\boldsymbol{\gamma}=\boldsymbol{\alpha}+(\boldsymbol{\beta}+\boldsymbol{\gamma})$

(3)$\boldsymbol{\alpha}+\boldsymbol{O}=\boldsymbol{\alpha}$

(4)$\boldsymbol{\alpha}+(-\boldsymbol{\alpha})=\boldsymbol{O}$

(5)$1\boldsymbol{\alpha}=\boldsymbol{\alpha}$

(6)$k(\boldsymbol{\alpha}+\boldsymbol{\beta})=k\boldsymbol{\alpha}+k\boldsymbol{\beta}$

(7)$(k+l)\boldsymbol{\alpha}=k\boldsymbol{\alpha}+l\boldsymbol{\alpha}$

(8)$k(l\boldsymbol{\alpha})=(kl)\boldsymbol{\alpha}$

其中,$\boldsymbol{\alpha}$,$\boldsymbol{\beta}$,$\boldsymbol{\gamma}$ 均是 n 维单位向量,k,l 是任意常数.

11.7.3 向量的线性关系

定义 11-18 设有 m 个 n 维向量 $\boldsymbol{\alpha}_1,\boldsymbol{\alpha}_2,\cdots,\boldsymbol{\alpha}_m$,若 n 维向量 $\boldsymbol{\beta}$ 能使 $\boldsymbol{\beta}=\lambda_1\boldsymbol{\alpha}_1+\lambda_2\boldsymbol{\alpha}_2+\cdots+\lambda_m\boldsymbol{\alpha}_m$ 成立,其中 $\lambda_i(i=1,2,\cdots,m)$ 是数,则称 $\boldsymbol{\beta}$ 是 $\boldsymbol{\alpha}_1,\boldsymbol{\alpha}_2,\cdots,\boldsymbol{\alpha}_m$ 的线性组合. 或称 $\boldsymbol{\beta}$ 可由 $\boldsymbol{\alpha}_1,\boldsymbol{\alpha}_2,\cdots,\boldsymbol{\alpha}_m$ 线性表示(或线性表出).

说明:分析等式 $\boldsymbol{\beta}=\lambda_1\boldsymbol{\alpha}_1+\lambda_2\boldsymbol{\alpha}_2+\cdots+\lambda_m\boldsymbol{\alpha}_m$,可知线性组合(或线性表示)问题实质上可归结为非齐次线性方程组是否有解的问题.

【例题 11-31】 设 $\boldsymbol{\alpha}_1=(1,0,2,-1)$,$\boldsymbol{\alpha}_2=(3,0,4,1)$,$\boldsymbol{\beta}=(-1,0,0,-3)$. 问 $\boldsymbol{\beta}$ 是 $\boldsymbol{\alpha}_1$,$\boldsymbol{\alpha}_2$ 的线性组合吗?

解:由于 $\boldsymbol{\beta}=2\boldsymbol{\alpha}_1-\boldsymbol{\alpha}_2$,因此说 $\boldsymbol{\beta}$ 是 $\boldsymbol{\alpha}_1$,$\boldsymbol{\alpha}_2$ 的线性组合.

【例题 11-32】 设 $\boldsymbol{\beta}=(4,5,5)$,$\boldsymbol{\alpha}_1=(1,2,3)$,$\boldsymbol{\alpha}_2=(-1,1,4)$,$\boldsymbol{\alpha}_3=(3,3,2)$,问 $\boldsymbol{\beta}$ 能否由 $\boldsymbol{\alpha}_1$,$\boldsymbol{\alpha}_2$,$\boldsymbol{\alpha}_3$ 线性表示?

解:设 $\boldsymbol{\beta}=\lambda_1\boldsymbol{\alpha}_1+\lambda_2\boldsymbol{\alpha}_2+\lambda_3\boldsymbol{\alpha}_3$,则

$$\begin{cases}\lambda_1-\lambda_2+3\lambda_3=4\\2\lambda_1+\lambda_2+3\lambda_3=5\\3\lambda_1+4\lambda_2+2\lambda_3=5\end{cases}$$

而此非齐次线性方程组满足:$r(\tilde{A})=r(A)=2$,所以,此非齐次线性方程组有解,且有无穷多解.

解此方程组,取两组解:$\begin{cases}\lambda_1=1\\ \lambda_2=0\\ \lambda_3=1\end{cases}$, $\begin{cases}\lambda_1=3\\ \lambda_2=-1.\\ \lambda_3=0\end{cases}$

因此,$\boldsymbol{\beta}=\boldsymbol{\alpha}_1+\boldsymbol{\alpha}_3$ 或 $\boldsymbol{\beta}=3\boldsymbol{\alpha}_1-\boldsymbol{\alpha}_2$.

11.7.4 向量组的线性相关性

定义 11-19 设有 m 个 n 维向量 $\boldsymbol{\alpha}_1,\boldsymbol{\alpha}_2,\cdots,\boldsymbol{\alpha}_m$,如果存在 m 个不全为0的数 $\lambda_1,\lambda_2,\cdots,\lambda_m$,使得 $\lambda_1\boldsymbol{\alpha}_1+\lambda_2\boldsymbol{\alpha}_2+\cdots+\lambda_m\boldsymbol{\alpha}_m=\boldsymbol{O}$ 成立,则称 $\boldsymbol{\alpha}_1,\boldsymbol{\alpha}_2,\cdots,\boldsymbol{\alpha}_m$ 线性相关,否则称为线性无关.

说明:此定义理解为若存在一组不全为0的数 $\lambda_1,\lambda_2,\cdots,\lambda_m$ 使等式 $\lambda_1\boldsymbol{\alpha}_1+\lambda_2\boldsymbol{\alpha}_2+\cdots+\lambda_m\boldsymbol{\alpha}_m=\boldsymbol{O}$ 成立,则 $\boldsymbol{\alpha}_1,\boldsymbol{\alpha}_2,\cdots,\boldsymbol{\alpha}_m$ 线性相关;当且仅当 $\lambda_1=\lambda_2=\cdots=\lambda_m=0$ 时,等式 $\lambda_1\boldsymbol{\alpha}_1+\lambda_2\boldsymbol{\alpha}_2+\cdots+\lambda_m\boldsymbol{\alpha}_m=\boldsymbol{O}$ 才成立,则称 $\boldsymbol{\alpha}_1,\boldsymbol{\alpha}_2,\cdots,\boldsymbol{\alpha}_m$ 线性无关.

【例题 11-33】 证明:下列 n 个 n 维单位向量必线性无关.

$$\boldsymbol{e}_1=\begin{pmatrix}1\\0\\\vdots\\0\end{pmatrix},\boldsymbol{e}_2=\begin{pmatrix}0\\1\\\vdots\\0\end{pmatrix},\cdots,\boldsymbol{e}_n=\begin{pmatrix}0\\0\\\vdots\\1\end{pmatrix}$$

证明:设存在 $\lambda_1,\lambda_2,\cdots,\lambda_n$,使 $\lambda_1\boldsymbol{e}_1+\lambda_2\boldsymbol{e}_2+\cdots+\lambda_n\boldsymbol{e}_n=\boldsymbol{O}$,则

$$\lambda_1\begin{pmatrix}1\\0\\\vdots\\0\end{pmatrix}+\lambda_2\begin{pmatrix}0\\1\\\vdots\\0\end{pmatrix}+\cdots+\lambda_n\begin{pmatrix}0\\0\\\vdots\\1\end{pmatrix}=\begin{pmatrix}0\\0\\\vdots\\0\end{pmatrix}$$

即
$$\begin{pmatrix}\lambda_1\\\lambda_2\\\vdots\\\lambda_n\end{pmatrix}=\begin{pmatrix}0\\0\\\vdots\\0\end{pmatrix},\text{故 }\lambda_1=\lambda_2=\cdots\lambda_n=0.$$

从而 $\boldsymbol{e}_1,\boldsymbol{e}_2,\cdots,\boldsymbol{e}_n$ 线性无关.

向量组线性相关性的判别方法:

(1) 根据定义可得:向量组线性相关的充要条件是齐次线性方程组有非零解.

(2) 单个零向量一定线性相关,单个非零向量一定线性无关.

(3) 两个向量线性相关的充要条件是这两个向量的对应分量成比例.

(4) 向量组中,一部分向量线性相关时,该向量组线性相关;向量组线性无关时,它的一部分向量构成的向量组线性无关.

定义 11-20 设 $\boldsymbol{\alpha}=(a_1,a_2,\cdots,a_n)$ 是一个 n 维向量,则 $\tilde{\boldsymbol{\alpha}}=(a_1,a_2,\cdots,a_n,a_{n+1},\cdots,a_{n+k})$ 是一个 $(n+k)$ 维向量,我们称 $\tilde{\boldsymbol{\alpha}}$ 是 $\boldsymbol{\alpha}$ 的接长向量.

(5) 若向量组线性无关,则它的接长向量也一定线性无关.

【例题 11-34】 判断 $\boldsymbol{\alpha}_1=(1,0,0,2),\boldsymbol{\alpha}_2=(0,1,0,1),\boldsymbol{\alpha}_3=(1,0,0,-3)$ 的线性相关性.

解:因为:$\boldsymbol{e}_1=(1,0,0),\boldsymbol{e}_2=(0,1,0),\boldsymbol{e}_3=(1,0,0)$,而 $\boldsymbol{\alpha}_1,\boldsymbol{\alpha}_2,\boldsymbol{\alpha}_3$ 分别是 $\boldsymbol{e}_1,\boldsymbol{e}_2,\boldsymbol{e}_3$ 的接长向量.所以:$\boldsymbol{\alpha}_1,\boldsymbol{\alpha}_2,\boldsymbol{\alpha}_3$ 线性无关.

(6)n 阶行列式的 n 个行(列)向量线性相关的充要条件是这个 n 阶行列式的值为零.

【例题 11-35】 判断 $\boldsymbol{\alpha}_1=(1,0,2),\boldsymbol{\alpha}_2=(1,0,1),\boldsymbol{\alpha}_3=(0,0,-3)$ 的线性相关性.

解:因为:$\begin{vmatrix}1&0&2\\1&0&1\\0&0&3\end{vmatrix}=0$,所以:$\boldsymbol{\alpha}_1,\boldsymbol{\alpha}_2,\boldsymbol{\alpha}_3$ 线性相关.

(7)将向量 $\boldsymbol{\alpha}_1,\boldsymbol{\alpha}_2,\cdots,\boldsymbol{\alpha}_m$ 中的每个向量看成矩阵 $\boldsymbol{A}$ 的一行,则 $\boldsymbol{\alpha}_1,\boldsymbol{\alpha}_2,\cdots,\boldsymbol{\alpha}_m$ 线性相关的充要条件是矩阵 $\boldsymbol{A}$ 的秩小于 m(向量的个数).

【例题 11-36】 已知向量组 $\boldsymbol{A}=\{\boldsymbol{\alpha}_1,\boldsymbol{\alpha}_2,\boldsymbol{\alpha}_3,\boldsymbol{\alpha}_4\}$,其中

$$\boldsymbol{\alpha}_1=(1,3,-2,4,1)\qquad\boldsymbol{\alpha}_2=(2,6,0,5,2)$$
$$\boldsymbol{\alpha}_3=(4,11,8,0,5)\qquad\boldsymbol{\alpha}_4=(1,3,2,1,1)$$

判断 $\boldsymbol{A}$ 的线性相关性.

解:以向量组 $\boldsymbol{A}$ 中的向量为行向量构成一个矩阵 $\boldsymbol{A}$,对 $\boldsymbol{A}$ 施行初等行变换:

$$\boldsymbol{A}=\begin{pmatrix}\boldsymbol{\alpha}_1\\\boldsymbol{\alpha}_2\\\boldsymbol{\alpha}_3\\\boldsymbol{\alpha}_4\end{pmatrix}=\begin{pmatrix}1&3&-2&4&1\\2&6&0&5&2\\4&11&8&0&5\\1&3&2&1&1\end{pmatrix}\to\begin{pmatrix}1&3&-2&4&1\\0&0&4&-3&0\\0&-1&16&-16&1\\0&0&4&-3&0\end{pmatrix}\to$$

$$\begin{pmatrix}1&3&-2&4&1\\0&-1&16&-16&1\\0&0&4&-3&0\\0&0&4&-3&0\end{pmatrix}\to\begin{pmatrix}1&3&-2&4&1\\0&-1&0&4&1\\0&0&4&-3&0\\0&0&0&0&0\end{pmatrix}$$

得:$r(\boldsymbol{A})=3$,所以 $\boldsymbol{A}$ 线性相关.

定理 11-10 设 $\boldsymbol{\alpha}_1,\boldsymbol{\alpha}_2,\cdots,\boldsymbol{\alpha}_m$ 是一组 n 维向量,则 $\boldsymbol{\alpha}_1,\boldsymbol{\alpha}_2,\cdots,\boldsymbol{\alpha}_m$ 线性相关的充要条件是其中至少有一个向量可以由其他向量线性表示.

11.7.5 向量组的极大无关组

定义 11-21 设 $\boldsymbol{A}$ 是一个 n 维向量组,若其中一部分向量满足下列条件:

(1)$\boldsymbol{\alpha}_1,\boldsymbol{\alpha}_2,\cdots,\boldsymbol{\alpha}_m$ 线性无关;

(2)在原向量组中任意取一个向量 $\boldsymbol{\alpha}$,均有 $\boldsymbol{\alpha}_1,\boldsymbol{\alpha}_2,\cdots,\boldsymbol{\alpha}_m,\boldsymbol{\alpha}$ 线性相关.

则称 $\boldsymbol{\alpha}_1,\boldsymbol{\alpha}_2,\cdots,\boldsymbol{\alpha}_m$ 是这组向量 $\boldsymbol{A}$ 的一个极大线性无关组.

定义 11-22 向量组 $\boldsymbol{A}$ 的极大线性无关组所含向量的个数,称为向量组 $\boldsymbol{A}$ 的秩.记作 $r(\boldsymbol{A})$.

向量组 $\boldsymbol{A}$ 的极大线性无关组与秩的求法是:

向量组 $\boldsymbol{A}$ 中的每个向量看成矩阵 $\boldsymbol{A}$ 的一行,然后对 $\boldsymbol{A}$ 进行初等行变换,变成行阶梯型矩阵. 则行阶梯型矩阵的非零行对应的原向量组的那几个向量就是该向量组的一个极大线性无关组,且非零行数就是向量组的秩.

【例题11-37】 已知向量组 $\boldsymbol{A}=\{\boldsymbol{\alpha}_1,\boldsymbol{\alpha}_2,\boldsymbol{\alpha}_3,\boldsymbol{\alpha}_4\}$,其中

$$\boldsymbol{\alpha}_1=(1,3,-2,4,1) \qquad \boldsymbol{\alpha}_2=(2,6,0,5,2)$$

$$\boldsymbol{\alpha}_3=(4,11,8,0,5) \qquad \boldsymbol{\alpha}_4=(1,3,2,1,1)$$

求:(1)$\boldsymbol{A}$ 的一个极大无关组;(2)$r(\boldsymbol{A})$.

解:由上例:$\boldsymbol{A}=\begin{pmatrix}\boldsymbol{\alpha}_1\\ \boldsymbol{\alpha}_2\\ \boldsymbol{\alpha}_3\\ \boldsymbol{\alpha}_4\end{pmatrix}=\begin{pmatrix}1&3&-2&4&1\\2&6&0&5&2\\4&11&8&0&5\\1&3&2&1&1\end{pmatrix}\to\begin{pmatrix}1&3&-2&4&1\\0&0&4&-3&0\\0&-1&16&-16&1\\0&0&4&-3&0\end{pmatrix}\to$

$$\begin{pmatrix}1&3&-2&4&1\\0&-1&16&-16&1\\0&0&4&-3&0\\0&0&4&-3&0\end{pmatrix}\to\begin{pmatrix}1&3&-2&4&1\\0&-1&0&4&1\\0&0&4&-3&0\\0&0&0&0&0\end{pmatrix}$$

得:$\boldsymbol{\alpha}_1,\boldsymbol{\alpha}_2,\boldsymbol{\alpha}_3$ 是原向量组的一个极大无关组;$r(\boldsymbol{A})=3$.

习题 11.7

1. 设 $\boldsymbol{\alpha}=(3,0,1,0)$,$\boldsymbol{\beta}=(1,2,0,0)$,求 $\boldsymbol{\gamma}$,使得 $2\boldsymbol{\alpha}+\boldsymbol{\gamma}=3\boldsymbol{\beta}$.

2. 将 $\boldsymbol{\beta}$ 用向量组 $\boldsymbol{\alpha}_1,\boldsymbol{\alpha}_2,\cdots$,线性表示出来.

(1)$\boldsymbol{\beta}=(-1,7)$;$\boldsymbol{\alpha}_1=(1,-1)$,$\boldsymbol{\alpha}_2=(2,4)$.

(2)$\boldsymbol{\beta}=(4,0)$;$\boldsymbol{\alpha}_1=(-1,2)$,$\boldsymbol{\alpha}_2=(3,2)$,$\boldsymbol{\alpha}_3=(6,4)$.

3. 判断下列向量组的线性相关性.

(1)$\boldsymbol{A}=\{(1,0,0),(0,1,0),(0,0,1),(2,0,0),(0,2,0)\}$.

(2)$\boldsymbol{A}=\{(1,2,3),(0,1,2),(2,5,8)\}$.

(3)$\boldsymbol{\alpha}_1=(1,3,1)$,$\boldsymbol{\alpha}_2=(-1,1,3)$,$\boldsymbol{\alpha}_3=(-5,-7,3)$.

(4)$\boldsymbol{\alpha}_1=(1,2,3,4)$,$\boldsymbol{\alpha}_2=(-1,1,3,4)$,$\boldsymbol{\alpha}_3=(-5,-7,3,8)$.

4. 求下列向量组的一个极大线性无关组和秩.

(1)$\boldsymbol{\alpha}_1=(1,0,3,4)$,$\boldsymbol{\alpha}_2=(-1,1,0,4)$,$\boldsymbol{\alpha}_3=(-5,-7,1,0)$,$\boldsymbol{\alpha}_4=(-1,-2,1,1)$.

(2)$\boldsymbol{\alpha}_1=(1,0,1)$,$\boldsymbol{\alpha}_2=(-2,1,0)$,$\boldsymbol{\alpha}_3=(-1,-2,3)$,$\boldsymbol{\alpha}_4=(-1,-1,0)$.

(3)$\boldsymbol{\alpha}_1=(1,3,1,0,1)$,$\boldsymbol{\alpha}_2=(-1,1,3,0,1)$,$\boldsymbol{\alpha}_3=(0,2,3,0,2)$.

(4)$\boldsymbol{\alpha}_1=(1,2,0,1)$,$\boldsymbol{\alpha}_2=(-2,1,3,0)$,$\boldsymbol{\alpha}_3=(-1,-4,2,1)$.

11.8 Matlab 在线性代数中的应用

11.8.1 行列式的计算

命令格式:det(A)

功能:计算矩阵 A 的行列式.

【例题 11-38】 计算矩阵 $A=\begin{bmatrix}1&0&2&1\\-1&2&2&3\\2&3&3&1\\0&1&2&1\end{bmatrix}$的行列式.

解:输入命令:

```
>> A=[1 0 2 1; -1 2 2 3;2 3 3 1;0 1 2 1];
>> det(A)
ans =
  14
```

11.8.2 矩阵的计算

命令格式 1:inv(A)
功能:计算矩阵 A 的逆矩阵.
命令格式 2:A\B
功能:将矩阵 A 的逆矩阵左乘矩阵 B.
命令格式 3:A/B
功能:将矩阵 A 的逆矩阵右乘矩阵 B.
命令格式 4:A′
功能:求实矩阵 A 的转置矩阵 A'.

【例题 11-39】 设 $A=\begin{bmatrix}-1&0&0\\0&-1&2\\0&-2&3\end{bmatrix}$, $B=\begin{bmatrix}1&2&-1\\2&0&-1\\1&-2&3\end{bmatrix}$,求 $2A+B$, A^{-1}, $A^{-1}B$, BA^{-1}, B'.

解:输入命令:

```
>> A=[ -1 0 0;0 -1 2;0 -2 3];B=[1 2 -1;2 0 -1;1 -2 3];2*A+B
ans =
     -1      2     -1
      2     -2      3
      1     -6      9
>> inv(A)
ans =
     -1    0     0
      0    3    -2
      0    2    -1
>> A\B
```

```
ans =
    -1    -2     1
     4     4    -9
     3     2    -5
>> A/B
ans =
    -0.1667   -0.3333   -0.1667
     0.0833   -0.3333    0.5833
    -0.1667   -0.3333    0.8333
>> B'
ans =
     1     2     1
     2     0    -2
    -1    -1     3
```

11.8.3　矩阵的初等行变换

命令格式 1:rref(A)

功能:将矩阵 A 化为行简化阶梯形矩阵.

命令格式 2:format rat

功能:设定有理式数据格式.

命令格式 3:C(:,4:6)

功能:提取矩阵 C 中的第 4 列到第 6 列.

【例题 11-40】　设矩阵 $A=\begin{bmatrix}1&1&1\\1&2&-5\\2&3&-4\end{bmatrix}$,将 A 化为行简化阶梯形矩阵.

解:输入命令:

```
>> A=[1 1 1;1 2 -5;2 3 -4];rref(A)
ans =
     1     0     7
     0     1    -6
     0     0     0
```

【例题 11-41】　设矩阵 $A=\begin{bmatrix}1&3&2\\4&7&-5\\2&3&-4\end{bmatrix}$,用初等行变换求 A 的逆矩阵.

解:输入命令:

```
>> A=[1 3 2;4 7 -5;2 3 -4];format rat;C=rref([A eye(3,3)])
```

```
C =
        1        0        0      -13       18      -29
        0        1        0        6       -8       13
        0        0        1       -2        3       -5
>> C(:,4:6)
ans =
     -13          18          -29
       6          -8           13
      -2           3           -5
```

习题 11.8

1. 设 $A=\begin{pmatrix}1&2&-1\\0&1&2\\-3&6&4\end{pmatrix}$, $B=\begin{pmatrix}-1&0&1\\0&2&2\\3&5&1\end{pmatrix}$, 求 A', $A+B$, AB, A^2, $A^{-1}B$.

2. 计算 $D=\begin{vmatrix}1&2&3\\4&5&6\\7&8&9\end{vmatrix}$.

3. 将矩阵 $A=\begin{pmatrix}7&1&-1&10&1\\4&8&-2&4&3\\12&1&-1&-1&5\end{pmatrix}$ 化为最简行阶梯形矩阵.

未来应用

求解超静定结构的内力

求解超静定结构的内力主要出现在水利工程、水利水电建筑工程、水利水电工程管理、城市水利、给水排水工程技术、道路桥梁工程技术等专业中,具体到课程如“工程力学”等,主要应用于建筑结构力学中的力法和矩阵位移法. 用力法求解超静定结构的一般步骤如下:

(1)确定超静定次数,建立基本系.

(2)建立典型方程(齐次线性方程组).

(3)计算系数和自由项.

(4)求解典型方程,得基本未知量.

(5)计算内力并作内力图(N 图、Q 图和 M 图).

矩阵位移法,是指将结构离散化为单元,建立单元的劲度矩阵和整体(结构)劲度矩阵,求解结构的内力.

【实例】 如图 11-1(a)所示的刚架结构,作用一荷载 $\boldsymbol{P}$,试建立力法的典型方程,并

写成矩阵的形式.

分析:由结构力学知识可知,此结构为三次超静定结构,解除 B 端约束,建立基本系,如图 11-1(b)所示. 然后,根据 $\Delta_1=0,\Delta_2=0,\Delta_3=0$ 建立典型方程(齐次线性方程组),再将方程写成矩阵的形式. 但其基本未知量(X_1,X_2,X_3)和内力的求得,则综合运用结构力学知识和解方程知识解决.

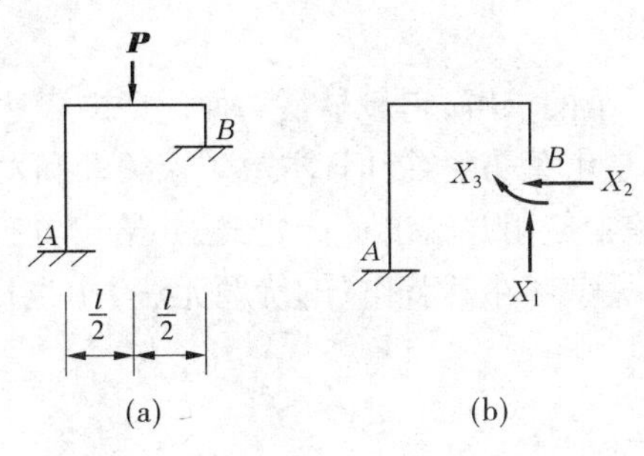

图 11-1

解答:(计算过程略)

典型方程为:

$\Delta_1=0$,即 $\delta_{11}X_1+\delta_{12}X_2+\delta_{13}X_3+\Delta_{1P}=0$;

$\Delta_2=0$,即 $\delta_{21}X_1+\delta_{22}X_2+\delta_{23}X_3+\Delta_{2P}=0$;

$\Delta_3=0$,即 $\delta_{31}X_1+\delta_{32}X_2+\delta_{33}X_3+\Delta_{3P}=0$.

用矩阵表示为

$$\begin{pmatrix}\delta_{11}&\delta_{12}&\delta_{13}\\\delta_{21}&\delta_{22}&\delta_{23}\\\delta_{31}&\delta_{32}&\delta_{33}\end{pmatrix}\begin{pmatrix}x_1\\x_2\\x_3\end{pmatrix}+\begin{pmatrix}\Delta_{1P}\\\Delta_{2P}\\\Delta_{3P}\end{pmatrix}=0,$$

或

$$(\delta_{ij})(X)+(\Delta_P)=(0).$$

$(\delta_{ij})=\begin{pmatrix}\delta_{11}&\delta_{12}&\delta_{13}\\\delta_{21}&\delta_{22}&\delta_{23}\\\delta_{31}&\delta_{32}&\delta_{33}\end{pmatrix}$ 称为柔度矩阵,即力法方程中的系数矩阵.

$(X)=\begin{pmatrix}x_1\\x_2\\x_3\end{pmatrix}=(x_1\quad x_2\quad x_3)^{\mathrm{T}}$ 称为基本未知量列阵.

$(\Delta_P)=\begin{pmatrix}\Delta_{1P}\\\Delta_{2P}\\\Delta_{3P}\end{pmatrix}=(\Delta_{1P}\quad\Delta_{2P}\quad\Delta_{3P})^{\mathrm{T}}$ 称为自由项列阵.

课外阅读

行列式与矩阵

1 行列式

行列式出现于线性方程组的求解，它最早是一种速记的表达式，现在已经是数学中一种非常有用的工具. 行列式是由莱布尼兹和日本数学家关孝和发明的. 1693 年4 月，莱布尼兹在写给洛必达的一封信中使用并给出了行列式，并给出方程组的系数行列式为零的条件. 同时代的日本数学家关孝和在其著作《解伏题元法》中也提出了行列式的概念与算法.

2 矩阵

矩阵是数学中的一个重要的基本概念，是代数学的一个主要研究对象，也是数学研究和应用的一个重要工具. “矩阵”这个词是由詹姆士 · 西尔维斯特(J. Sylvester, 1814—1894)首先使用的，他为了将数字的矩形阵列区别于行列式而发明了这个术语. 而实际上，矩阵这个课题在诞生之前就已经发展得很好了. 从行列式的大量工作中明显地表现出来，为了很多目的，不管行列式的值是否与问题有关，方阵本身都可以用来研究和使用，矩阵的许多基本性质也是在行列式的发展中建立起来的. 在逻辑上，矩阵的概念应先于行列式的概念，然而在历史上次序正好相反.

矩阵本身所具有的性质依赖于元素的性质，矩阵由最初作为一种工具经过 2 个多世纪的发展，现在已成为独立的一门数学分支——矩阵论. 而矩阵论又可分为矩阵方程论、矩阵分解论和广义逆矩阵论等矩阵的现代理论. 矩阵及其理论现已广泛地应用于现代科技的各个领域.

学习项目12 概率论

12.1 随机事件及其概率

12.1.1 随机事件及其关系

在生产与科学研究中,人们会遇到形形色色的现象,按其结果是否确定,可以把这些现象分为两类:确定性现象与随机现象.在一定条件下必然出现某种结果的现象称为确定性现象,如异性电荷相吸这一现象就是确定性现象.在一定条件下并不总是出现同一结果的现象称为随机现象,如射击命中靶的环数就属于随机现象.概率论研究的主要对象是后一种.

人们对随机现象的观察与研究在远古时代就已开始.随着生产与科技的发展,对随机现象的研究也越来越广泛、深入,在揭示随机现象的内在规律方面已有众多行之有效的方法.本书介绍的是其中最基础而且重要的方法,这些方法在生产、管理以及科学研究的各个方面有着广泛的应用.

12.1.1.1 随机事件与样本空间

为了叙述方便,我们把对各种现象的一次观察或试验,统称为一个试验.如果一个试验在相同条件下可以重复进行,而且每次试验的结果事前不可预言,则称该试验为一随机试验.以下涉及的试验都是指随机试验.

通常来说,一随机试验总会有多种结果可能发生(或出现),我们把那些可能发生,也可能不发生的结果称为随机事件,简称事件,并用大写字母 A, B, C …表示.

随机试验中,那些不可能再分的事件称为简单事件或基本事件,简单事件常用小写字母表示.由若干简单事件组合而成的事件称为复合事件;由所有简单事件组合而成的事件称为随机试验的样本空间,并用 Ω 表示.

在随机事件中有两种特殊的事件,一种是必然事件,另一种是不可能事件.在一定条件下,每次试验肯定会发生的事件称为必然事件;每次试验都肯定不会发生的事件称为不可能事件.必然事件与不可能事件已经没有通常意义下的随机性,为了叙述方便,仍将它们称为随机事件.必然事件通常用 Ω 表示,而不可能事件常用 ϕ 表示.

【例题 12-1】 掷一骰子,并观察出现的点数,以 e_i 表示"出现 i 点",则 e_1,e_2, e_3, e_4, e_5, e_6均为简单事件,而"出现偶数点"$=\{e_2, e_4, e_6\}$为一复合事件,它由 e_2, e_4, e_6 三个简单事件组成.该试验的样本空间为:$\Omega=\{e_1,e_2, e_3, e_4, e_5, e_6\}$.

【例题 12-2】 考察某日某路口通过的卡车数,则样本空间为 $\Omega=\{0, 1, 2, \cdots\}$.

【例题 12-3】 考察某品牌的电视机寿命,则其样本空间为 $\Omega=\{t|t\geqslant 0\}$.

从以上各例可以看出,样本空间的基本结果可以是有限个,可以是可数无穷多个,也可以是不可数无穷多个.

12.1.1.2 **随机事件之间的关系及其运算**

在对随机试验进行研究时,通常会涉及同一随机试验的多个随机事件,这些事件之间通常是有一定联系的,如复杂事件可由简单事件构成.下面引进随机事件之间的关系及其运算.

子事件:若事件 A 出现必然导致事件 B 出现,则称 A 为 B 的子事件,并记作:$A\subset B$.如在掷骰子问题中,若 A 表示出现"2 点", B 表示出现"偶数点",则 $A\subset B$.

相等事件:对两个事件 A 和 B,若 $A\subset B$ 且 $B\subset A$,则称 A 和 B 为相等事件,并记作:$A=B$.

和事件:"事件 A 与事件 B 至少有一个发生"的事件称为事件 A 与事件 B 的和事件,记作:$A\cup B$.例如,若 A 表示出现"2 点", B 表示出现"3 点",则 $A\cup B$ 表示出现"2 点,3 点".

积事件:设 A,B 为两事件,"A 和 B 同时发生"的事件称为 A 与 B 的积事件,记作:$A\cap B$ 或 AB.例如,A 为"出现 1 点,2 点,3 点",B 为"出现 2 点,3 点,4 点",则 AB 为"出现 2 点,3 点".

事件的和与积的运算可以推广到三个及以上的事件,其定义及记法与两个事件的情形类似.

互斥事件:若事件 A 与 B 不可能同时发生,即 $AB=\phi$,则称 A 与 B 为互斥事件.例如,若 A 为"出现 2 点",B 为"出现 4 点,5 点",则 A 与 B 互斥.

互逆事件:若两事件 A 与 B 满足 $AB=\phi$ 且 $A\cup B=\Omega$,则称 A,B 两事件为互逆事件,并把其中一个事件称为另一事件的逆事件.事件 A 的逆事件记作:$\overline{A}$.例如,在掷骰子试验中,若 A 表示"出现偶数点",则 $\overline{A}$ 表示"出现奇数点".

差事件:设 A,B 为两事件,称 "A 出现而 B 不出现"的事件为 A 与 B 的差事件,并记作:$A-B$,例如:若 A 为"出现 1 点,2 点,3 点,4 点", B 为"出现 3 点,4 点,5 点",则 $A-B$ 表示"出现 1 点,2 点".

完备事件组:若事件组 $A_1,A_2,\cdots,A_n$ 两两互斥,而且其和事件为必然事件,即 $A_iA_j=\phi$ $(i\neq j)$ 且 $A_1\cup A_2\cup\cdots\cup A_n=\Omega$,则称 $A_1,A_2,\cdots,A_n$ 为完备事件组.

【例题 12-4】 检验一圆柱形产品时规定:若其直径及长度均合格,则该产品为合格品.现取一件该产品进行检验,记 A 为"直径合格", B 为"长度合格",试用 A,B 表示下列事件:

(1)该产品为合格品.

(2)该产品为不合格品.

(3)该产品直径合格,而长度不合格.

(4)该产品两项指标均不合格.

解:(1)该产品为合格品,意味着其直径及长度均合格,即 AB.

(2)该产品为不合格品,意味着其直径及长度至少有一项不合格,即 $\overline{A}\cup\overline{B}$ 或 $\overline{AB}$.

(3)直径合格而长度不合格,即 $A\overline{B}$ 或 $A-B$.

(4)两项指标均不合格,即 $\overline{A}\overline{B}$ 或 $\overline{A\cup B}$.

【例题12-5】 甲、乙两棋手采用三局两胜制对弈,比赛至其中一棋手胜两局结束,假定无和棋.若用 A_i 表示"甲胜了第 i 局", $i=1,2,3$.试用 A_1,A_2,A_3 表示下列事件:

(1)$A=$"甲只胜了第二局".(2)$B=$"甲仅胜了一局".

(3) $C=$"甲至少胜了一局".(4)$D=$ "甲获胜".

解:(1)"甲只胜了第二局"是指乙胜了第一、三局,甲胜了第二局,故 $A=\overline{A_1}A_2\overline{A_3}$.

(2)"甲仅胜一局"包含两种情况:仅胜了第一局,即 $A_1\overline{A_2}\overline{A_3}$;仅胜第二局,即 $\overline{A_1}A_2\overline{A_3}$;从而 $B=A_1\overline{A_2}\overline{A_3}\cup A_1\overline{A_2}\overline{A_3}$.

(3)$C=A_1\cup A_2$.若从逆事件的角度考虑,则"甲至少胜一局"为"甲前两局皆输"的逆事件,即 $C=\overline{\overline{A_1}\overline{A_2}}$.

(4)"甲获胜"含三种情况:甲在前两局均获胜,依赛制不再进行第三局,即 A_1A_2;甲第一、三局胜,第二局输 $A_1\overline{A_2}A_3$;甲第一局输,第二局和第三局胜,即 $\overline{A_1}A_2A_3$.

总之,$D=A_1A_2\cup A_1\overline{A_2}A_3\cup\overline{A_1}A_2A_3$.

从以上各例可以看出,随机事件之间的关系及运算与集合之间的关系及运算有许多相似之处.事实上,在许多方面二者是一致的,表12-1给出了二者之间的对照关系.除表12-1中所列对照性质外,集合的其他常见运算性质对相应的随机事件的运算也是成立的,如 $A(B\cup C)=AB\cup AC$,$A-B=A\overline{B}$,$A=\overline{\overline{A}}$,$A\Omega=A$,$\overline{A\cup B}=\overline{A}\cup\overline{B}$等.

表12-1

记号	随机事件	集合
Ω	样本空间、必然事件	全集
ϕ	不可能事件	空集
e	基本事件	单点集
A	事件	集合
$\overline{A}$	A 的逆事件	A 的补集
$A\subset B$	A 为 B 的子事件	A 为 B 的子集
$A=B$	相等事件	相等集合
$A\cup B$	和事件	并集
$A\cap B$	积事件	交集
$A-B$	差事件	差集
$AB=\phi$	互斥事件	不交集

12.1.2 随机事件的概率及其性质

不同的随机事件出现的可能性的大小一般是不同的,有的随机事件出现的可能性较大,有的则要小一些,研究随机现象不仅要知道可能出现哪些事件,更重要的是要定量地给出各事件出现的可能性的大小.我们把刻划随机事件出现的可能性大小的数量指标称为随机事件的概率.下面从不同的角度给出概率的定义.

12.1.2.1 概率的统计定义

观察两个试验:

试验一:有人连续投掷一枚质地均匀的硬币,每次出现的结果有两种:正面朝上或背面朝上.其试验结果见表 12-2.

表 12-2

投掷次数 n	4 048	12 000	24 000
正面出现次数 m	2 048	6 019	120 012
正面出现的频率 m/n	0.505 9	0.501 6	0.500 5

上述试验说明出现正面的频率总在 0.5 附近波动,随着试验次数的增加,频率逐渐稳定于 0.5.这个 0.5 反映了正面出现可能性的大小.

试验二:某人曾连续掷骰子 600 次,记录了各点出现的情况,并绘图(见图 12-1)如下:(为简单起见这里只给出 1 点”的情况).

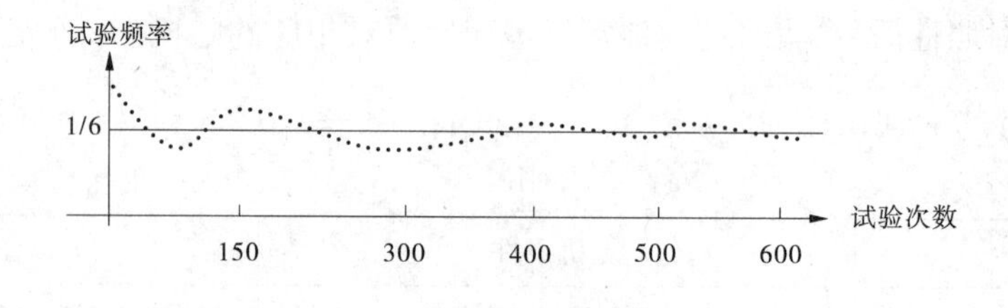

图 12-1

对试验二,图像说明一个与试验一相同的结论:随着试验次数的增加,频率逐渐稳定于 1/6.这个 1/6 也反映了“1 点出现”的可能性的大小,它是“1 点出现”这个随机事件本身固有的一个量值,这个值的大小与谁做的试验、何时做的试验等无关,只要无限制地做下去,对均质的骰子而言,频率的极限为 1/6.

综合以上分析,下面从统计的角度给出一个较为直观的概率定义.

定义 12-1 设在一定的试验条件下,事件 A 出现的频率为 $f(A)=\dfrac{m}{n}$,其中 n 为总的试验次数,m 为 A 出现的次数.若随着试验次数的增大,事件 A 出现的频率 $f(A)$ 在区间 $[0,1]$ 上的某个确定的数字 p 附近摆动,则称 p 为事件 A 的概率,并记为:$P(A)$.

随机事件频率的运算具有如下性质:

(1)$0\leqslant f(A)\leqslant 1$.

(2)$f(\Omega)=1$, $f(\phi)=0$.

(3)若 A, B 互斥,则 $f(A\cup B)=f(A)+f(B)$.

证明:依定义应有 $0 \leqslant m \leqslant n$,故 $0 \leqslant f(A) \leqslant 1$. 对必然事件 Ω 有 $m=n$,所以 $f(\Omega)=1$.类似地,对不可能事件 ϕ,$f(\phi)=0$.

设在 n 次试验中,事件 A 出现 r 次,事件 B 出现 s 次,由 A 与 B 互斥知 $A \cup B$ 出现 $r+s$ 次,所以 $f(A \cup B)=\frac{r+s}{n}$,从而有

$$f(A \cup B)=\frac{r+s}{n}=\frac{r}{n}+\frac{s}{n}=f(A)+f(B).$$

12.1.2.2 **概率的公理化定义**

以上从统计的角度给出了概率的定义,它揭示了概率的实质.为了理论上的严密与完备,下面抽象出概率的公理化定义,并讨论概率的一些性质.

定义 12-2 设 Ω 为样本空间,$A \subset \Omega$ 为任一随机事件, $P(A)$ 为以所有随机事件组成的集合为定义域的函数,若 $P(A)$ 的运算满足下面三条公理:

公理 12-1 对任一随机事件 A,有 $0 \leqslant P(A) \leqslant 1$.

公理 12-2 $P(\Omega)=1, P(\phi)=0$.

公理 12-3 若 $A_1, A_2, \cdots, A_n \cdots$ 两两互斥,则有

$$P(A_1 \cup A_2 \cup \cdots \cup A_n \cup \cdots)=P(A_1)+P(A_2)+\cdots+P(A_n)+\cdots.$$

则称 $P(A)$ 为事件 A 的概率.

由概率的公理化定义,可推出以下重要的概率运算性质:

性质 12-1 若 $A_1, A_2, \cdots, A_n$ 为两两互斥事件,则有

$$P(A_1 \cup A_2 \cup \cdots \cup A_n)=P(A_1)+P(A_2)+\cdots+P(A_n).$$

证明:在公理 12-3 中取 $A_{n+1}=A_{n+2}=\cdots=\phi$,则有

$$\begin{aligned}P(A_1 \cup A_2 \cup \cdots \cup A_n) &= P(A_1 \cup A_2 \cup \cdots \cup A_n \cup \cdots) \\ &= P(A_1)+P(A_2)+\cdots+P(A_n)+P(A_{n+1})+\cdots \\ &= P(A_1)+P(A_2)+\cdots+P(A_n).\end{aligned}$$

性质 12-2 对任一事件 A,有 $P(A)=1-P(\bar{A})$.

证明:因为 $$1=P(\Omega)=P(A \cup \bar{A})=P(A)+P(\bar{A}),$$

故 $$P(A)=1-P(\bar{A}).$$

性质 12-3 $P(A-B)=P(A)-P(AB)$.

证明:因为 $A=(A-B) \cup (AB)$ 且 $(A-B)(AB)=\phi$,由性质 12-1 知:

$$P(A)=P(A-B)+P(AB) \text{ 即 } P(A-B)=P(A)-P(AB).$$

推论 12-1 若 $B \subset A$,则 $P(A-B)=P(A)-P(B)$.

推论 12-2 若 $B \subset A$,则 $P(B) \leqslant P(A)$.

性质 12-4 设 A,B 为任意两个事件,则 $P(A \cup B)=P(A)+P(B)-P(AB)$.

证明:因为 $A \cup B=A \cup (B-AB)$,且 $A(B-AB)=\phi$,故

$$P(A \cup B)=P(A)+P(B-AB)=P(A)+P(B)-P(BAB)=P(A)+P(B)-P(AB).$$

推论 12-3 对任意两个事件 A,B,有 $P(A \cup B) \leqslant P(A)+P(B)$.

【例题 12-6】 设事件 A, B 的概率分别为 $\frac{1}{3}$ 与 $\frac{1}{2}$,在下面三种情况下求事件 $P(B\bar{A})$.

(1) $AB=\phi$. (2) $A\subset B$. (3) $P(AB)=\frac{1}{8}$.

解: (1) $P(B\bar{A})=P(B-A)=P(B-AB)=P(B)-P(AB)=\frac{1}{2}-0=\frac{1}{2}$.

(2) $P(B\bar{A})=P(B)-P(AB)=P(B)-P(A)=\frac{1}{2}-\frac{1}{3}=\frac{1}{6}$.

(3) $P(B\bar{A})=P(B)-P(AB)=\frac{1}{2}-\frac{1}{8}=\frac{3}{8}$.

【例题 12-7】 设 A, B, C 为任意三个随机事件,证明

$$P(A\cup B\cup C)=P(A)+P(B)+P(C)-P(AB)-P(AC)-P(BC)+P(ABC).$$

证明:
$$\begin{aligned}P(A\cup B\cup C)&=P[(A\cup B)\cup C]=P(A\cup B)+P(C)-P[(A\cup B)C]\\&=P(A\cup B)+P(C)-P(AC\cup BC)\\&=P(A)+P(B)-P(AB)+P(C)-[P(AC)+P(BC)-P(ACBC)]\\&=P(A)+P(B)+P(C)-P(AB)-P(AC)-P(BC)+P(ABC).\end{aligned}$$

12.1.3 古典概率与几何概率

12.1.3.1 古典概率

概率的公理化定义,只告诉了概率运算应满足的一些条件,并没有涉及怎样计算一个具体的随机事件的概率.概率的统计定义说明概率是频率的"极限",可通过大量的试验求出概率的近似值,这显然在现实中是难以实现的.在某些情况下,利用人们长期积累起来的经验,根据问题的特殊性质,可以直接计算出事件的概率.例如,在抛硬币试验中,所有的结果只有正面与反面两个,对于均匀的硬币来讲,出现正面的概率与出现反面的概率应该是相同的,有理由判定两者的概率都是 0.5.由于该类问题较早地为人们所研究,所以人们常称之为古典概型,相应的概率亦称为古典概率.

若一随机试验具有下面两个特征:

(1)所有的基本事件数为有限个.

(2)每个基本事件出现的可能性相同.

则称该随机试验为古典概型.

对古典概型,事件 A 的概率由下式计算:

$$P(A)=\frac{A\text{ 中包含的基本事件个数}(r)}{\text{基本事件总数}(n)}.$$

【例题 12-8】 袋中有 9 个球,编号分别为 1,2,…,9,从中任取一球,问该球编号为偶数的概率为多少.

解: 从中任意取一球意味着取球时没有任何偏向,每个球均有相同的可能性被取到,9 个球中编号为偶数的共有 4 个,故 $n=9$, $r=4$, $P(A)=\frac{4}{9}$.

【例题 12-9】 一批产品共 100 件,其中正品 60 件,次品 40 件,从中任取两件,求两件产品恰为一正一次的概率.

解：设 A 表示"取得一正一次"，基本事件的总数为 $n=C_{100}^{2}$，A 包含的基本事件数为 $r=C_{60}^{1}C_{40}^{1}$，故

$$P(A)=\frac{60\times40}{100\times99\times\frac{1}{2}}=\frac{48}{99}.$$

【**例题 12-10**】　某班有 30 名学生，试求该班至少有两名学生生日相同的概率.

解：设 A 表示"至少有两名学生生日相同"，每个学生的生日可以是 365 天中的任意一天，故基本事件的总数为 $n=365^{30}$，由于 A 包含多种情况，直接计算 r 是非常麻烦的. 下面通过求逆事件的概率间接地求出 A 的概率. 依题意 A 的逆事件 $\overline{A}$ 为 30 个学生的生日各不相同，所以 $\overline{A}$ 包含的基本事件总数为 $r=365\times364\times\cdots\times(365-30+1)$，从而有

$$P(A)=1-P(\overline{A})=1-\frac{365\times364\times\cdots\times336}{365^{30}}\approx0.706.$$

【**例题 12-11**】　某城市有 50% 的住户订有日报，有 65% 的住户订有晚报，有 85% 的住户至少订有这两种报纸的一种，用概率方法求出同时订这两种报纸的住户的百分比.

解：从该市中任选一户，以 A 表示该户订有日报，以 B 表示该户订有晚报，则

$$P(A)=0.5,\quad P(B)=0.65,\quad P(A\cup B)=0.85,\text{故}$$

$$P(AB)=P(A)+P(B)-P(A\cup B)=0.5+0.65-0.85=0.3.$$

即为所求百分比.

12.1.3.2　**几何概率**

在等可能与基本结果为有限个的假定下，利用古典概型可以求得一类随机事件的概率. 还有一类随机试验，它只具备等可能性，而基本事件却有无限多个，对这类随机试验，有关事件的概率计算要借助于几何上的度量（如区间长度、区域面积、空间体积等）. 这类问题通常可归结为如下"区域中的质点"问题：

设 S 为一区域，某质点等可能地位于区域中的任一点，$A\subset S$ 为 S 的子区域，求质点位于 A 内的概率 $P(A)$.

由于 A，S 中通常有无穷多个点，无法用古典概型定义概率 $P(A)$. 由等可能的假定知，质点位于 A 的概率与 A 的度量成正比，因此 $P(A)$ 可规定为

$$P(A)=\frac{\mu(A)}{\mu(S)},$$

其中，$\mu(A)$ 为 A 的度量，它可以是长度、面积、体积等几何度量.

依上述方法规定的概率称为几何概率.

【**例题 12-12**】　在一个均匀陀螺的圆周上均匀地刻上 $[0,3)$ 上的诸数字，旋转该陀螺，求陀螺停下时其圆周与桌面接触点的刻度位于区间 $[0.5,2]$ 上的概率 $P(A)$.

解：$A=[0.5,\ 2]$，$S=[0,\ 3)$，$P(A)=\dfrac{\mu(A)}{\mu(S)}=\dfrac{2-0.5}{3-0}=0.5$.

【**例题 12-13**】　甲、乙两人相约在 $0\sim T$ 这段时间内在预定地点会面. 先到者等待 t 时后离去（$t<T$）. 设每人在 $0\sim T$ 这段时间内各时刻到达该地是等可能的，且两人到达的时刻互不牵连. 求甲、乙两人能会面的概率 $P(A)$.

解:以 x、y 分别表示甲、乙两人到达的时刻,则 $0\leqslant x\leqslant T,\ 0\leqslant y\leqslant T$,即 $S=\{(x,y)\mid 0\leqslant x\leqslant T,\ 0\leqslant y\leqslant T\}$,两人能会面的充分必要条件为 $|x-y|\leqslant t$,即 $A=\{(x,y)\mid |x-y|\leqslant t\}$,见图 12-2,所以有

$$P(A)=\frac{\mu(A)}{\mu(S)}=\frac{T^2-(T-t)^2}{T^2}=1-\left(1-\frac{t}{T}\right)^2.$$

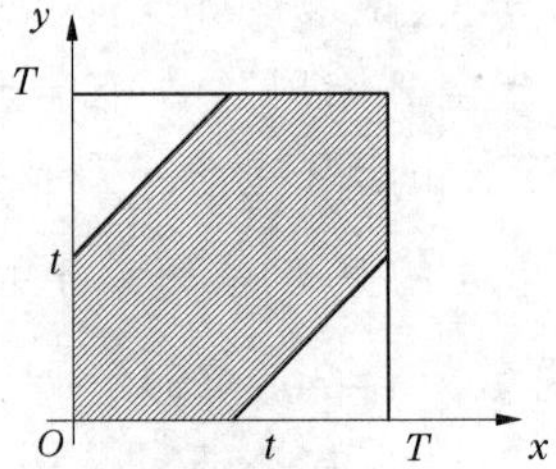

图 12-2

【**例题 12-14**】(蒲丰针问题)　在平面上画有等距离的一些平行线,距离为 a,向平面上随意投掷一长为 $l(l<a)$ 的针.试求 $A=$“针与平行线相交”的概率 $P(A)$.

解:设 M 为针的中点,x 表示 M 点与最近的一条平行线的距离,φ 表示针与最近的平行线的交角.由图 12-3 容易看出,S:$0\leqslant x\leqslant \frac{a}{2}$,$0\leqslant\varphi\leqslant\pi$,即在 φOx 坐标系下,S 为矩形区域.而针与平行线相交的充分必要条件是 $x\leqslant\frac{l}{2}\sin\varphi$,故所求概率为

$$P(A)=\frac{\mu(A)}{\mu(S)}=\frac{\int_0^{\pi}\frac{l}{2}\sin\varphi\mathrm{d}\varphi}{\frac{a}{2}\pi}=\frac{2l}{\pi a}.$$

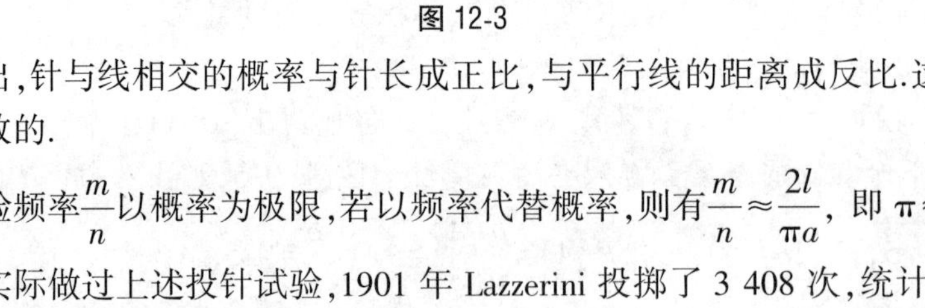

图 12-3

容易看出,针与线相交的概率与针长成正比,与平行线的距离成反比.这一点与从直观上看是一致的.

由于试验频率$\frac{m}{n}$以概率为极限,若以频率代替概率,则有$\frac{m}{n}\approx\frac{2l}{\pi a}$,即 $\pi\approx\frac{2nl}{ma}$.

不少人实际做过上述投针试验,1901 年 Lazzerini 投掷了 3 408 次,统计出相交次数,并根据上面 π 的近似表达式,估计出圆周率为 3. 141 592 9.

此例告诉我们这样一个事实:对我们关心的数学或工程方面的问题,可以构建一个概率模型,用统计试验的方法可求得问题的近似解.此例中的试验是实际做的,有了计算机

之后,可以用计算机产生的随机数,通过适当的转换,以转换后的数据代替试验.

依上述思路研究问题的方法称为统计试验法,又称为蒙特卡罗(Monte-Carlo)方法,其应用范围相当广.

12.1.4 条件概率与乘法定理

12.1.4.1 条件概率

同一随机试验中的随机事件之间通常是有一定关系的,比如:某班有 30 名学生,其中女生 12 名,男生 18 名.女生中有 2 人喜欢看足球赛,男生中有 10 人喜欢看足球赛,现从该班中随意挑选一位学生,考虑下面随机事件的概率:

(1)该生喜欢看足球赛,此事件记为 A.

(2)该生为男生,此事件记为 B.

(3)该生喜欢看足球赛(已知该生为男生),此事件记为 $A|B$.

不难看出,$P(A)=\dfrac{12}{30}$,$P(B)=\dfrac{18}{30}$,$P(A|B)=\dfrac{10}{18}$,显然 $P(A|B)\neq P(A)$,也就是说 B 的发生对 A 发生的概率是有影响的.

一般地,我们称在事件 B 已发生的条件下事件 A 发生的概率为事件 A 对于事件 B 的条件概率,以 $P(A|B)$ 表示,并规定

$$P(A\mid B)=\frac{P(AB)}{P(B)}.$$

上述规定的合理性,可从古典概率及几何概率中得到简便的证明:

对古典概率,设 A 包含 r 个基本事件,B 包含 S 个基本事件,AB 包含 t 个基本事件,总共有 n 个基本事件,则 A 对 B 的条件概率为

$$P(A\mid B)=\frac{t}{s}=\frac{\frac{t}{n}}{\frac{s}{n}}=\frac{P(AB)}{P(B)}.$$

对几何概率,由定义知

$$P(A\mid B)=\frac{\mu(AB)}{\mu(B)}=\frac{\frac{\mu(AB)}{\mu(S)}}{\frac{\mu(B)}{\mu(S)}}=\frac{P(AB)}{P(B)}.$$

【例题 12-15】 市场上供应的灯泡中,甲厂产品占 70%,乙厂占 30%,甲厂产品的合格率为 70%,乙厂产品的合格率为 80%,现随意买一只灯泡,若用 A、$\overline{A}$ 分别表示该灯泡是甲、乙厂生产的,B 表示该灯泡为合格品,试计算下面概率:$P(A)$,$P(\overline{A})$,$P(B|A)$,$P(B|\overline{A})$,$P(\overline{B}|A)$,$P(\overline{B}|\overline{A})$.

解:依题意 $P(A)=0.7$,$P(\overline{A})=0.3$,$P(B|A)=0.7$,$P(B|\overline{A})=0.8$.

进一步可得:$P(\overline{B}|A)=0.3$,$P(\overline{B}|\overline{A})=0.2$.

【**例题 12-16**】 设某种动物活到 20 岁以上的概率为 0.8,活到 25 岁以上的概率为 0.4,现在有一个 20 岁的这种动物,问它能活到 25 岁以上的概率是多少?

解:设 A 表示事件“活到 20 岁以上”;B 表示事件“活到 25 岁以上”.

依题意,$P(A)=0.8,P(B)=0.4$,由于 $B\subset A$,所以 $AB=B,P(AB)=0.4$.

由条件概率定义知,所求概率为

$$P(B \mid A)=\frac{P(AB)}{P(A)}=\frac{0.4}{0.8}=0.5.$$

12.1.4.2 乘法定理

由条件概率的定义很容易得到下面定理:

定理 12-1(乘法定理) 设 A,B 为两事件,若 $P(AB)>0$,则

$$P(AB)=P(A)P(B \mid A)=P(B)P(A \mid B).$$

一般地,对多个事件 $A_1,A_2,\cdots,A_n$,若 $P(A_1A_2\cdots A_n)>0$,则有

$$P(A_1A_2\cdots A_n)=P(A_1)P(A_2 \mid A_1)\cdot P(A_3 \mid A_1A_2)\cdot\cdots\cdot P(A_n \mid A_1A_2\cdots A_{n-1}).$$

【**例题 12-17**】 设袋中有 4 个白球和 2 个黑球,从中取两次,每次取一球,取后不再放回袋中,求取出的两球均为白球的概率.

解:以 A,B 分别表示第一次、第二次取得白球,则 $P(AB)$ 即为所求概率.

因为
$$P(A)=\frac{4}{6},P(B|A)=\frac{3}{5},$$

所以
$$P(AB)=P(A)P(B|A)=\frac{4}{6}\times\frac{3}{5}=0.4.$$

【**例题 12-18**】 猎手在距猎物 10 m 处开枪,击中概率为 0.6,若击不中,待开第二枪时猎物已逃至 30 m 远处,此时击中概率为 0.25,若再不中,猎物已逃至 50 m 远处,此时只有 0.1 的击中概率,求猎手三枪内击中猎物的概率.

解:以 $A_i(i=1,2,3)$ 表示第 i 枪击中猎物,则所求概率为 $P(A_1\cup A_2\cup A_3)$.

$$\begin{aligned}P(A_1\cup A_2\cup A_3)&=1-P(\overline{A_1\cup A_2\cup A_3})=1-P(\overline{A}_1\overline{A}_2\overline{A}_3)\\&=1-P(\overline{A_1})P(\overline{A_2}|\overline{A_1})P(\overline{A_3}|\overline{A}_1\overline{A}_2)\\&=1-(1-0.6)(1-0.25)(1-0.1)=0.73.\end{aligned}$$

12.1.5 概率基本公式

12.1.5.1 全概率公式

概率的重要研究课题之一是希望从已知的简单事件的概率去推算出复杂事件的概率.为达到这一目的,经常把一个复杂事件分解为若干个互斥的简单事件之和,再通过分别计算这些简单事件的概率而得到最终结果.这里,全概率公式起着重要的作用.

定理 12-2(全概率公式) 设事件组 $A_1,A_2,\cdots,A_n$ 两两互斥,即 $A_iA_j=\phi(i\neq j)$,且 $B\subset A_1\cup A_2\cup\cdots\cup A_n,P(A_i)>0(i=1,\ 2,\ \cdots,n)$,则有

$$P(B)=\sum_{i=1}^{n}P(A_i)P(B \mid A_i).$$

证明:由 $B \subset A_1 \cup A_2 \cup \cdots \cup A_n$ 知:

$$B=B(A_1 \cup A_2 \cup \cdots A_n)=BA_1 \cup BA_2 \cup \cdots \cup BA_n,$$

且 $(BA_i)(BA_j)=\phi(i \neq j)$,于是有

$$P(B)=P(BA_1)+P(BA_2)+\cdots+P(BA_n)$$
$$=\sum_{i=1}^{n} P(BA_i)=\sum_{i=1}^{n} P(A_i)P(B|A_i).$$

【例题 12-19】 一批产品共计 100 箱,其中 25 箱由甲厂生产,另 35 箱、40 箱分别由乙厂、丙厂生产,已知甲、乙、丙三厂的产品次品率分别为 0.05,0.04,0.02.现从该批产品中任取一箱后,再从该箱中任取一件,求所取产品为次品的概率.

解:以 B 表示所取产品为次品,以 A_1,A_2,A_3 分别表示所取一箱由甲、乙、丙厂生产,则 $A_1 \cup A_2 \cup A_3=\Omega$,从而 $B \subset A_1 \cup A_2 \cup A_3$,则

$$P(A_1)=\frac{25}{100},\ P(A_2)=\frac{35}{100},\ P(A_3)=\frac{40}{100},$$

$$P(B|A_1)=0.05,\ P(B|A_2)=0.04,\ P(B|A_3)=0.02.$$

由全概率公式知,所求概率为

$$P(B)=P(A_1)P(B|A_1)+P(A_2)P(B|A_2)+P(A_3)P(B|A_3)$$
$$=0.25 \times 0.05+0.35 \times 0.04+0.4 \times 0.02=0.0345.$$

12.1.5.2 贝叶斯(Bayes)公式

在全概率公式中,若将 $A_1,A_2,\cdots,A_n\cdots$ 理解成导致事件 B 发生的诸多“原因”,则 $P(A_1),P(A_2),\cdots,P(A_n)\cdots$ 反映了各种“原因”发生的可能性的大小,它通常是以往经验的总结,在试验前已经知道.试验的结果为 B 发生,这个信息有助于进一步探讨事件发生的“原因”.条件概率 $P(A_i|B)$ 反映了试验结果 B 发生之后对各种“原因”发生的可能性的新知识,这种条件概率称为后验概率,相应地,$P(A_i)$ 常称为先验概率.下面讨论后验概率的计算.

定理 12-3 设事件组 $A_1,A_2,\cdots,A_n$ 两两互斥,即 $A_iA_j=\phi(i \neq j)$,$P(B)>0$,$B \subset A_1 \cup A_2 \cup \cdots \cup A_n$,$P(A_i)>0(i=1,2,\cdots,n)$,则有下面公式

$$P(A_i \mid B)=\frac{P(A_i)P(B \mid A_i)}{\sum_{i=1}^{n} P(A_i)P(B \mid A_i)} \quad (i=1,2,\cdots,n).$$

上述公式称为贝叶斯(Bayes)公式.

【例题 12-20】 已知某地区患某种疾病者占其总人口的 4/10 000.现用某种方法进行诊断.以 A 表示接受诊断者患有该病,B 表示诊断的结论是患有该病,该诊断方法的效率如下:$P(B|A)=0.95$,$P(\overline{B}|\overline{A})=0.90$.若某人被此法诊断为患有该疾病,求该人真正患有该疾病的概率.

解:由 $P(A)=0.0004$,$P(B|A)=0.95$,$P(\overline{B}|\overline{A})=0.90$ 知:

$$P(\overline{A})=0.9996,P(B|\overline{A})=0.1.$$

由贝叶斯公式知所求概率为

$$P(A|B)=\frac{P(A)P(B|A)}{P(A)P(B|A)+P(\bar{A})P(B|\bar{A})}$$
$$=\frac{0.0004\times0.95}{0.0004\times0.95+0.9996\times0.1}=0.0038.$$

12.1.6　事件的独立性与重复独立试验

12.1.6.1　事件的独立性

一般说来,条件概率 $P(A|B)$ 与概率 $P(A)$ 是不等的,若二者相等,则说明 B 的发生与否对 A 发生的概率无影响,在这种情况下,我们说 A,B 二事件独立,此时有

$$P(A\mid B)=\frac{P(AB)}{P(B)}=P(A),\text{故而 } P(AB)=P(A)P(B).$$

定义 12-3　如果事件 A 与 B 满足 $P(AB)=P(A)P(B)$,则称事件 A 与事件 B 相互独立.

定理 12-4　若四对事件 $A,B;A,\bar{B};\bar{A},B;\bar{A},\bar{B}$ 中有一对是相互独立的,则另外三对也相互独立.

证明:这里仅证明当 A,B 相互独立时,$A,\bar{B}$ 也相互独立,其余由读者自行证明.

因为 A,B 相互独立,所以

$$P(AB)=P(A)P(B),$$

从而

$$P(A\bar{B})=P(A-B)=P(A)-P(AB)$$
$$=P(A)-P(A)P(B)=P(A)(1-P(B))$$
$$=P(A)P(\bar{B}).$$

即 A 与 $\bar{B}$ 相互独立.

事件独立性的概念可推广到有限多个事件的情形.

定义 12-4　(三个事件的独立性)设 A,B,C 为三个事件,如果等式

$$P(AB)=P(A)P(B),$$
$$P(BC)=P(B)P(C),$$
$$P(AC)=P(A)P(C),$$
$$P(ABC)=P(A)P(B)P(C)$$

都成立,则称事件 A,B,C 相互独立.

定义 12-5　设 $A_1,A_2,\cdots,A_n$ 为 n 个事件,若下面 2^n-n-1 个等式

$$P(A_iA_j)=P(A_i)P(A_j),\quad (i\neq j)$$
$$P(A_iA_jA_k)=P(A_i)P(A_j)P(A_k),\quad (i\neq j,j\neq k,k\neq i)$$
$$\vdots$$
$$P(A_1A_2\cdots A_n)=P(A_1)P(A_2)\cdots P(A_n)$$

成立,则称 $A_1,A_2,\cdots,A_n$ 相互独立.

独立性概念为概率的计算提供了方便,通过它可以方便地把积事件的概率转化为事件概率的积,然而从理论上判别多个事件是否独立通常是较为困难的,在实际应用中,对事件的独立性可从事件的实际意义来判别.例如,甲掷硬币一次,乙掷骰子一次,两结果之

间无任何联系,自然应该是独立的;再如,在袋中取球一类的问题中,若首次取出的球经检查后再放回袋中,则前后两次的结果互不影响,也应是独立的,在无放回的抽验中,若球的数量较大,而抽取的数目较小,则前面抽取的结果对其后抽取的结果影响微弱,此时前后两次的结果可近似地看作是独立的.

【例题 12-21】 甲、乙两射手独立地射击同一目标,他们击中目标的概率分别为 0.9 和 0.8.求在一次射击中,目标被击中的概率.

解: 以 A 表示甲击中目标, B 表示乙击中目标,依题意, A 与 B 独立, $P(A)=0.9$, $P(B)=0.8$,所求概率为

$$\begin{aligned}P(A\cup B)&=P(A)+P(B)-P(AB)\\&=P(A)+P(B)-P(A)P(B)\\&=0.9+0.8-0.9\times0.8=0.98.\end{aligned}$$

作为独立性的一个应用,下面讨论系统的可靠性问题.

一部件能正常工作的概率称为该部件的可靠性.设一系统由 n 个部件组成,若该系统只有在所有部件均正常工作时才能正常工作,则从可靠性角度称该系统为串联系统,并用可靠性框图(见图 12-4)形象地表示;若只要有一个部件能正常工作,该系统就能正常工作,则称该系统为并联系统,并用图 12-5 表示.

图 12-4　串联系统　　图 12-5　并联系统

值得注意的是,系统与其部件之间的可靠性关系同其物理关系是两个不同的概念.例如,振荡回路由一个电容 C 和一个电感 L 并联而成,从可靠性关系来看,只要有一个部件失效,这个振荡器就失效,因此该系统应视为串联系统.

【例题 12-22】 一流体系统由一个泵和两个抑制阀串联组成,各部件独立工作(见图 12-6) 抑制阀的作用是当泵不工作时,能阻止倒流,设泵的可靠性为 0.99,两阀的可靠性均为 0.8,求系统的可靠性.

解: 以 A,B,C 分别表示泵及抑制阀能正常工作.由题意知,系统可靠性框图见图 12-7.所以系统的可靠性为

$$\begin{aligned}P&=P[A(B\cup C)]=P(A)(P(B)+P(C)-P(B)P(C))\\&=0.99\times(0.8+0.8-0.8\times0.8)=0.950\,4.\end{aligned}$$

图 12-6　系统图　　图 12-7　可靠性框图

在实际问题中,部件之间常常有一定的依赖关系,即一个部件能否正常在一定程度上

取决于其他部件是否正常工作，见下面例题.

【例题 12-23】 为了防止意外，在矿内同时设有 A，B 两种报警系统，单独使用时，A 系统有效的概率为 $P(A)=0.92$；B 系统有效的概率为 $P(B)=0.93$，在 A 失灵的条件下，B 有效的概率为 0.85，求：

(1) 发生意外时，两个报警系统至少有一个有效的概率.

(2) B 失灵的条件下，A 有效的概率.

解：(1) $P(A\cup B)=1-P(\overline{A}\,\overline{B})=1-P(\overline{A})P(\overline{B}|\overline{A})=1-(1-0.92)(1-0.85)=0.988$.

(2) $P(A|\overline{B})=1-P(\overline{A}|\overline{B})=1-\dfrac{P(\overline{A})P(\overline{B}|\overline{A})}{P(\overline{B})}=1-\dfrac{(1-0.92)(1-0.85)}{1-0.93}=0.829$.

12.1.6.2 重复独立试验

对类似于掷骰子、有放回抽样等随机试验，每次试验时的样本空间都是一样的，有关事件的概率也保持不变，而且各次试验之间是互不影响的，我们称这类试验为重复独立试验.对重复独立试验，这里要讨论的主要问题是：若在一次试验中某事件 A 发生的概率是 p，现将该试验重复、独立地进行 n 次，在这 n 次试验中该事件总共发生 k 次($0\leqslant k\leqslant n$)的概率是多少.

以 A_i 表示“在第 i 次试验中 A 发生”，B_k 表示“n 次试验中 A 总共发生 k 次”，则 B_k 可以表示为

$$B_k=(A_1A_2\cdots A_k\overline{A_{k+1}}\cdots\overline{A_n})\cup\cdots\cup(\overline{A_1}\,\overline{A_2}\cdots\overline{A_{n-k}}A_{n-k+1}\cdots A_n).$$

由独立性知 $P(A_1A_2\cdots A_k\overline{A_{k+1}}\cdots\overline{A_n})=p^k(1-p)^{n-k}$；

由组合论知识知 $P(B_k)=C_n^kp^k(1-p)^{n-k}$.

定理 12-5(二项概率公式) 设事件 A 在一次试验中出现的概率为 p，则在 n 次重复独立试验中 A 恰好出现 k 次的概率 $P_n(k)$ 为 $P_n(k)=C_n^kp^k(1-p)^{n-k}(k=0,1,\cdots,n)$.

【例题 12-24】 用两种方法证明 $\sum\limits_{k=0}^{n}P_n(k)=1$.

证明：(法一) 由二项概率公式知：

$$1=[p+(1-p)]^n=\sum_{k=0}^{n}C_n^kp^k(1-p)^{n-k}=\sum_{k=0}^{n}P_n(k),$$

即

$$\sum_{k=0}^{n}P_n(k)=1.$$

(法二) B_k 表示“n 次试验中 A 恰发生 k 次”，则 $B_0\cup B_1\cdots\cup B_n=\Omega$，所以

$$\sum_{k=0}^{n}P_n(k)=\sum_{k=1}^{n}P(B_k)=\sum_{k=1}^{n}P_n(k)=P(\Omega)=1.$$

【例题 12-25】 某机构有一个 9 人组成的顾问小组，若每个顾问贡献正确意见的概率是 0.7，现该机构就某事可行与否个别征求各位顾问意见，并按多数人意见作出决策，求作出正确决策的概率.

解：以 A_i 表示恰有 i 位顾问贡献了正确意见($i=0,1,2,\cdots,9$)，则所求概率为

$$P(A_5\cup A_6\cup A_7\cup A_8\cup A_9)=\sum_{i=5}^{9}P(A_i)=\sum_{i=5}^{9}C_9^i(0.7)^i(0.3)^{9-i}=0.901.$$

【例题 12-26】　现有一大批产品,规定对其抽样验收方案如下:先从中任取 10 件进行检验,若无次品,则接受这批产品,若次品数大于 2,则拒收,若有 1 个或 2 个次品,则从中再任取 5 件,仅当 5 件中无次品时接受这批产品,若产品的次品率为 10%,求

(1)这批产品经第一次检验就能接受的概率.

(2)需作第二次检验的概率.

(3)这批产品按第二次检验的标准被接受的概率.

(4)这批产品在第一次检验未能作决定且第二次检验时被通过的概率.

(5)这批产品被接受的概率.

解:若记 A_1=“第一次检验时接受该批产品”, A_2=“需作第二次检验”,A_3=“第二次检验时接受该批产品”,则上述概率依次为:

(1)$P(A_1)=P_{10}(10)=0.9^{10}=0.349$.

(2)$P(A_2)=P_{10}(1)+P_{10}(2)=C_{10}^1\times0.1\times0.9^9+C_{10}^2\times0.1^2\times0.9^8=0.581$.

(3)$P(A_3|A_2)=P_5(5)=0.9^5=0.590$.

(4)$P(A_2A_3)=P(A_2)P(A_3|A_2)=0.581\times0.590=0.343$.

(5)$P(A_1\cup A_2A_3)=P(A_1)+P(A_3A_2)=0.349+0.343=0.692$.

习题 12.1

1.写出下列试验的样本空间:

(1)将一骰子抛掷两次,记录两颗骰子出现的点数.

(2)同时抛掷两颗骰子,记录两颗骰子出现的点数.

2.设 A,B,C 是三个随机事件,试将下列事件用 A,B,C 表示出来:

(1)A 发生,B 不发生.

(2)A 发生,而 B,C 都不发生.

(3)A 发生,而 B,C 不都发生.

(4)不多于一个事件发生.

(5)不多于两个事件发生.

3.在图书馆中任选一本书,设 A 表示“选的是数学书”, B 表示“选的是中文版的书”,C 表示“选的是 1990 年以后出版的书”,问:

(1)$\overline{ABC}$表示什么事件.

(2)$A=\overline{B}$ 表示什么意思.

(3)$B\subset C$ 表示什么意思.

4.设 $P(A)=x,P(B)=y,P(AB)=z$,用 x,y,z 表示下列的概率:

(1)$P(\overline{A}\cup\overline{B})$.　(2)$P(\overline{A}B)$.　(3)$P(\overline{A}\cup B)$.　(4)$P(\overline{A}\ \overline{B})$.

5.设随机事件 A,B,C 满足:$P(A)=P(B)=P(C)=0.25,P(AB)=P(BC)=0,P(AC)=0.125$,试求事件 A,B,C 中至少有一个发生的概率.

6.盒子中有 5 个白球,6 个黑球.从中任取 4 个球,试求:

(1)恰取到 $a(a<5)$ 个白球的概率.

(2)至少取到两个白球的概率.

7.袋内装有 2 个 5 分、3 个 2 分、5 个 1 分的硬币,现任意取出 5 个硬币,求总数超过 1 角的概率.

8.在 0~9 的整数中,任取 4 个进行排列,能排成一个 4 位偶数的概率是多少?

9.一口袋中有 5 个红球及 2 个白球,从此袋中任取一球,看过其颜色后就放口袋中,然后从袋中任取一球,试求:

(1)第一次、第二次均取得红球的概率.

(2)第一次取得红球,第二次取得白球的概率.

(3)两次取得的球为红、白各一的概率.

10.问某宿舍的 4 个学生中至少有 2 个人的生日是在同一个月的概率是多少?

11.某批产品共 100 件,其中 95 件是正品,5 件是次品,有放回地抽出 5 件产品进行检查,如果发现 5 件产品中有次品,则认为这批产品是不合格的,求该产品被认定为合格的概率.

12.将线段 $[0,a]$ 任意折成三折,求此三折线段能构成三角形的概率.

13.从 $[0,1]$ 中任取两个数,试求两数之和小于 1,且两数之积小于 $\frac{3}{16}$ 的概率.

14.甲、乙两艘轮船驶向一个不能同时停泊两艘轮船的码头停泊,它们在一昼夜内到达的时刻是等可能的,如果甲船停泊时间是 1 h,乙船的停泊时间是 2 h,试求它们中的任一艘都不需等待码头空出的概率.

15.一批零件共 100 个,其中 10 个为次品,无放回地抽取 3 次,每次抽取 1 个,求第三次才取得正品的概率.

16.设某光学仪器厂制造的透镜,第一次落下时打破的概率为 1/2,若第一次落下未打破,第二次落下打破的概率为 7/10,若前两次落下未打破,第三次落下打破的概率为9/10.试求透镜落下三次而未打破的概率.

17.在一个盒子中装有 15 个乒乓球,其中 9 个新球,在第一次比赛时任取 3 个球,赛后放回盒中,在第二次比赛时同样地任取出 3 个球,求第二次取出的 3 个球均为新球的概率.

18.某人从 n 根火柴中取出若干根(最少 1 根,最多 n 根),让其他 n 个人依次猜测所取火柴根数;谁猜中谁获奖(猜过的数字不能再猜).证明:获奖与否同猜测次序无关.

19.两台车床加工同样的零件,第一台出现废品的概率为 0.03,第二台出现废品的概率为 0.02,现将两台车床加工出来的零件放在一起,并且已知第一台加工的零件比第二台加工的零件多一倍,现取一零件经检验后发现其为次品,求该零件是由第二台车床加工的概率.

20.对以往数据分析结果表明,当机器调整得良好时,产品的合格率为 98%,而当机器发生某种故障时,其合格率为 55%.每天早上机器开动时,机器调整良好的概率为 95%.试求已知某日早上每一件产品是合格品时,机器调整得良好的概率是多少?

21.已知100件产品中有10件正品,每次使用这些正品时肯定不会发生故障,而在每次使用非正品时均有0.1的概率发生故障.现从这100件产品中随机抽取1件,若使用了n次均未发生故障,问n至少为多大时,才能有70%的把握认为所取的产品为正品.

22.甲、乙二人下棋,每局甲胜的概率为p,乙胜的概率为$1-p$,若$p>0.5$,试分析是一局制还是三局两胜制对甲较有利.

23.证明:若$P(A|B)=P(A|\overline{B})$,则A与B独立.

24.甲、乙二人轮流射击,第一次甲射击,第二次乙射击,甲击中靶子的概率为0.3,乙击中靶子的概率为0.4,分别求甲、乙先击中靶子的概率.

25.电路由电池A与两个并联的电池B,C串联而成(见图12-8).设电池A,B,C损坏与否是相互独立的,它们损坏的概率依次为0.3,0.2,0.2.求该电路发生间断的概率.

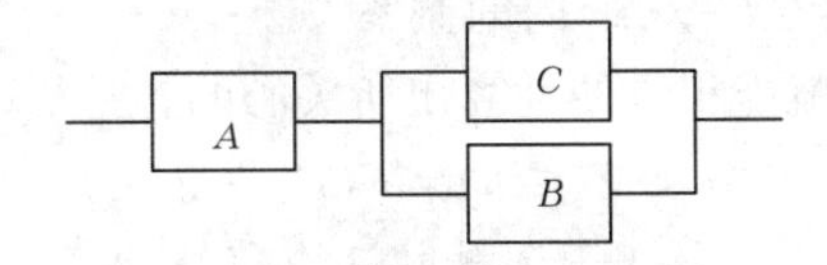

图12-8

26.一条自动生产线上产品的一级品率为0.6,现检查了10件,求至少有两件一级品的概率.

27.为了摧毁某个目标,需要命中至少2次,已知每次射击的命中率为0.8,问独立地连续射击5次时,摧毁目标的概率为多大?

28.设每次射击时命中率为0.2.问至少必须进行多少次独立射击才能使至少击中一次的概率不小于0.9?

29.某种电灯泡耐用时数在1 000 h以上的概率为0.2,求3个电灯泡在使用1 000 h以后最多只有一个损坏的概率.假设这3个灯泡是相互独立地使用的.

30.一大楼装有5个同类型的供水设备,调查表明在任一时刻t每个设备被使用的概率为0.1,问在同一时刻:

(1)恰有2个设备被使用的概率是多少?

(2)至少有3个设备被使用的概率是多少?

(3)至多有3个设备被使用的概率是多少?

(4)至少有1个设备被使用的概率是多少?

12.2　一维随机变量及其概率分布

12.2.1　一维随机变量及其分布函数

12.2.1.1　一维随机变量

在随机试验中,有很大一部分问题与数值发生联系,例如在产品的抽样检验中,我们关心的是抽样中出现的次品数;在掷骰子的试验中我们关心的是点数;在众多的测量问题中关心的是测量的具体数值及误差.这里对测量值的随机性作一说明,任何一种测量,由于测量者的操作水平、视角、仪器灵敏度等因素的影响，对一给定的测量对象进行多次测量，测量结果不会是唯一的，要求精度越高，不同的测量值就越多.例如，我国第一台万吨水压机主轴直径测量了 2 000 多次，不同的值有上百个.总之，随机试验的基本结果常常表现为一个数量，这个数量就称为随机变量，常用大写字母 X,Y,Z 等表示.

12.2.1.2　随机变量的分布函数

分布函数是描述随机变量取值规律的有力工具，原则上讲，它能描述各类随机变量，其定义如下.

定义 12-6　设 X 为一随机变量，x 是任意实数，称由概率定义的函数 $F(x)=P(X\leqslant x)$ 为 X 的分布函数.

由定义知，分布函数的定义域是整个实数轴，值域是$[0,1]$，若将 X 理解为数轴上的随机点，$F(x)$ 的值就是 X 落在$(-\infty,x]$内的概率.

有了分布函数后，我们就能很方便地算出所关心的各种概率，例如：

$$P(a<X\leqslant b)=F(b)-F(a).$$

【例题 12-27】　设某随机变量 X 只可能取 3 个值：1,2,3.取各值的概率分别为

$$P(X=1)=0.22,P(X=2)=0.38,P(X=3)=0.40.$$

(1)求 X 的分布函数.(2)求概率 $P(0.5<X\leqslant 3.5)$.(3)画出分布函数的图形.

解：(1)当 $x<1$ 时，$F(x)=P(X\leqslant x)=0$；

当 $1\leqslant x<2$ 时，$F(x)=P(X\leqslant x)=P(X=1)=0.22$；

当 $2\leqslant x<3$ 时，$F(x)=P(X\leqslant x)=P(X=1)+P(X=2)=0.6$；

当 $x\geqslant 3$ 时，$F(x)=P(X\leqslant x)=P(X=1)+P(X=2)+P(X=3)=1$.

总之　$$F(x)=\begin{cases}0,x<1,\\0.22,1\leqslant x<2,\\0.6,2\leqslant x<3,\\1,x\geqslant 3.\end{cases}$$

(2)$P(0.5<X\leqslant 2.5)=F(2.5)-F(0.5)=0.6-0=0.6$.

(3)分布函数的图形见图 12-9.

【例题 12-28】　在例题 12-12 中，曾讨论过旋转陀螺问题，这里以 X 表示圆周与桌面接触点的刻度，试求 X 的分布函数，并画出分布函数的图形.

解：X 的可能取值为$[0,3)$上的诸数字.

当 $x<0$ 时，$F(x)=P(X\leqslant x)=P(\phi)=0$；

当 $0\leqslant x<3$ 时，$F(x)=P(X\leqslant x)=\dfrac{x-0}{3-0}=\dfrac{x}{3}$；

当 $x\geqslant 3$ 时，$F(x)=P(X\leqslant x)=P(S)=1$.

总之　$$F(x)=\begin{cases}0,x<0,\\\dfrac{x}{3},0\leqslant x<3,\\1,x>3.\end{cases}$$

其图形见图 12-10.

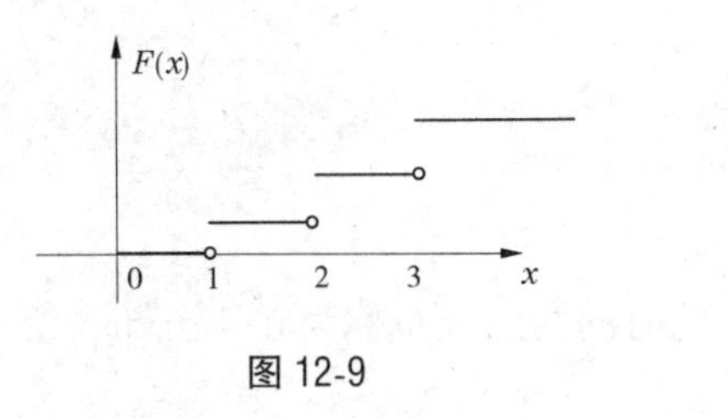

图 12-9

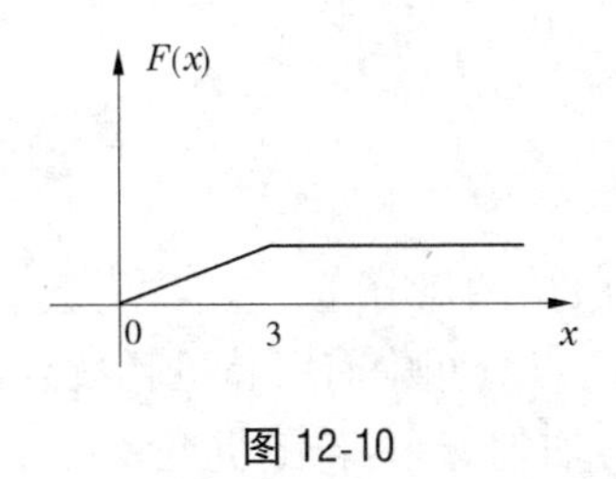

图 12-10

从上面计算及图形可以看出,分布函数有下列性质:

(1)$0 \leqslant F(x) \leqslant 1, -\infty < x < +\infty$.

(2)$F(x)$单调不减.

(3)$F(-\infty) = \lim\limits_{x \to -\infty} F(x) = 0, F(+\infty) = \lim\limits_{x \to +\infty} F(x) = 1$.

(4)$F(x)$在任意点 x 都是右连续的,即$\lim\limits_{x \to x_0^+} F(x) = F(x_0)$.

上述四条性质是分布函数最为本质的性质,任何随机变量的分布函数都具备这些性质.同时,若某一函数满足上面四条性质,可以证明,它必为某随机变量的分布函数.

12.2.2　一维离散型随机变量

实际问题中遇到的随机变量是多种多样的,按其取值特征,通常可将其分为两类,一类是所谓的离散型随机变量,它的特征是变量只能取有限个或可数无穷多个值.另一类是所谓的连续型随机变量,它的取值通常充满实数轴上的某个区间.对这两类随机变量,可用不同的方法来描述其取值规律,下面分别讨论.

12.2.2.1　一维离散型随机变量及其分布律

定义 12-7　若随机变量 X 所有的取值为 $x_1, x_2, \cdots, x_n, \cdots$ 则称 X 为离散型随机变量.

要把握一个离散型随机变量,至少要清楚以下两点:

(1)X 所有的取值 $x_1, x_2, \cdots, x_n, \cdots$ 各是多少.

(2)X 取各个值的概率 $P(X = x_k)$ 为多少.

以上两点可由下表完整地表示出来:

X	$x_1, x_2, \cdots, x_n, \cdots$
$p_k = P(X = x_k)$	$p_1, p_2, \cdots, p_n, \cdots$

上表称为随机变量的分布律或分布密度,亦可用 $P(X = x_k) = p_k (k = 1, 2, \cdots)$ 来表示分布律.有了分布律,关于 X 的各种概率就可以很方便地求得了.

容易看出分布律满足:

$$0 \leqslant p_k \leqslant 1, \sum_{k=1}^{\infty} p_k = 1.$$

12.2.2.2　常见的离散型随机变量

(1)两点分布:若随机变量 X 的分布率为

X	$a,\quad b$
p_k	$1-p,p$

，

则称 X 服从两点分布.

在两点分布中有一特殊情况：$a=0,b=1$，此时的两点分布称为0-1分布.

(2)均匀分布：若随机变量 X 的分布率为

X	x_1,	x_2,	$\cdots$,	x_n
p_k	$\frac{1}{n}$,	$\frac{1}{n}$,	$\cdots$,	$\frac{1}{n}$

，

则称 X 服从均匀分布.

例如：投掷一均匀骰子，X 为出现的点数，则 X 服从均匀分布：

X	1,	2,	3,	4,	5,	6
p_k	$\frac{1}{6}$,	$\frac{1}{6}$,	$\frac{1}{6}$,	$\frac{1}{6}$,	$\frac{1}{6}$,	$\frac{1}{6}$

.

(3)二项分布：若随机变量 X 的分布率为

X	0,	1,	2,	$\cdots$,	k,	$\cdots$, n
p_k	q^n,	$C_n^1 pq^{n-1}$,	$C_n^2 p^2 q^{n-2}$,	$\cdots$,	$C_n^k p^k q^{n-k}$,	$\cdots$, p^n

，

其中，$0\leqslant p\leqslant 1$，$q=1-p$，则称 X 服从参数为 (n,p) 的二项分布，记作 $X\sim B(n,p)$.

容易看出，若某事件在一次试验中出现的概率为 p，X 为 n 次重复独立试验中该事件发生的次数，则 X 服从参数为 (n,p) 二项分布，即 $X\sim B(n,p)$.

(4)泊松分布：若随机变量 X 的分布率为

X	0,	1,	2,	$\cdots$,	k,	$\cdots$
p_k	$e^{-\lambda}$,	$\lambda e^{-\lambda}$,	$\frac{\lambda^2 e^{-\lambda}}{2!}$,	$\cdots$,	$\frac{\lambda^k e^{-\lambda}}{k!}$,	$\cdots$

，

其中，参数 $\lambda>0$，则称 X 服从参数为 λ 的泊松(Poisson)分布，并记作 $X\sim P(\lambda)$.泊松分布常用于描述某路口的车流量、各种电器在某段时间内受到的冲击次数等.

(5)几何分布：若随机变量 X 的分布率为

X	1,	2,	3,	$\cdots$,	k,	$\cdots$
p_k	p,	$(1-p)p$,	$(1-p)^2 p$,	$\cdots$,	$(1-p)^{k-1}p$,	$\cdots$

，

其中，参数 $0<p<1$，则称 X 服从参数为 p 的几何分布，并记作 $X\sim G(p)$.

几何分布常用于描述重复独立试验，某事件首次出现时，已经完成的试验次数.

(6)超几何分布：若随机变量 X 的分布率为

X	0,	1,	2,	$\cdots$,	k
p_k	$\dfrac{C_M^0 C_{N-M}^n}{C_N^n}$,	$\dfrac{C_M^1 C_{N-M}^{n-1}}{C_N^n}$,	$\dfrac{C_M^2 C_{N-M}^{n-2}}{C_N^n}$,	$\cdots$,	$\dfrac{C_M^k C_{N-M}^{n-k}}{C_N^n}$

其中,参数 M,N,n 为正整数($M<N$),$k=0,1,2,\cdots,\min\{n,M\}$,则称 X 服从超几何分布,并记作 $X\sim H(N,M,n)$,其概率意义见例题 12-33.

(7)单点分布:若随机变量 X 的分布率为

X	a
p_k	1

则称 X 服从单点分布.

单点分布也称为退化分布,这里 X 只取一个值,直观地可理解为 X 已无随机性,它的引入是为了后面讨论问题的方便.

在二项分布的概率分布公式 $P(X=k)=C_n^k p^k q^{n-k}$ 中,当 n,k 比较大时,用该式计算概率很不方便,下面定理提供了一个用泊松分布近似计算二项分布的简便方法.

泊松定理:设有一列正数 p_n,$0<p_n<1$,若 $\lim\limits_{n\to\infty} np_n=\lambda$ 为常数.

则
$$\lim_{n\to\infty} C_n^k p_n^k (1-p_n)^{n-k}=\frac{\lambda^k}{k!}e^{-\lambda}\ (k=0,1,2\cdots).$$

证明:
$$C_n^k p_n^k (1-p_n)^{n-k}=\frac{n(n-1)\cdots(n-k+1)}{k!}p_n^k (1-p_n)^{n-k}$$
$$=\frac{\lambda_n^k}{k!}\left[1\times\left(1-\frac{1}{n}\right)\left(1-\frac{2}{n}\right)\cdots\left(1-\frac{k-1}{n}\right)\right]\left(1-\frac{\lambda_n}{n}\right)^n\left(1-\frac{\lambda_n}{n}\right)^{-k}.$$

其中,$\lambda_n=np_n$.

由于 k 是固定的,故当 $n\to\infty$ 时
$$1\times\left(1-\frac{1}{n}\right)\left(1-\frac{2}{n}\right)\cdots\left(1-\frac{k-1}{n}\right)\to1,\left(1-\frac{\lambda_n}{n}\right)^n\to e^{-\lambda},\left(1-\frac{\lambda_n}{n}\right)^{-k}\to1,$$

从而有
$$\lim_{n\to\infty} C_n^k p_n^k (1-p_n)^{n-k}=\frac{\lambda^k}{k!}e^{-\lambda}\ (k=0,1,2,\cdots).$$

此例说明,当 n 较大、p 较小时,可用泊松分布近似计算二项分布,即
$$C_n^k p^k (1-p)^{n-k}\approx\frac{\lambda^k}{k!}e^{-\lambda}\quad (k=0,1,2,\cdots,n).$$

其中,$\lambda=np$.

【例题 12-29】　某袋中有 10 个球,标号分别为 0,2,2,3,4,5,6,6,6,8,从中任取一球,以 X 表示所取球的号码,试写出 X 的分布密度.

解:X 的可能值为 0,2,3,4,5,6,8,取各值的概率分别为 0.1,0.2,0.1,0.1,0.1,0.3,0.1,故分布密度为

X	0,	2,	3,	4,	5,	6,	8
p_k	0.1,	0.2,	0.1,	0.1,	0.1,	0.3,	0.1

.

【例题 12-30】 某种抽奖活动规则为:袋中放红色球及白色球各5只,抽奖者交纳一元钱后得到一次抽奖的机会,然后从袋中一次取出5只球,若5只球同色,则获奖100元,否则无奖.以 X 表示某抽奖者在一次抽取中净赢钱数,求 X 的概率分布.

解:若不中奖则 X 为-1,若中奖则 X 为100-1=99,故 X 的可能取值为-1,99:

$$P(X=99)=\frac{r}{n}=\frac{C_2^1C_5^5C_5^0}{C_{10}^5}=\frac{1}{126},P(X=-1)=\frac{125}{126}.$$

所以 X 的分布密度为

X	-1,	99
p_k	$\frac{125}{126}$,	$\frac{1}{126}$

.

【例题 12-31】 盒中有15只圆珠笔,其中10只为红色,5只为蓝色,现需用1只红色笔,从盒中任意取一只,如果是蓝色笔就不再放回盒中.求在取到红色笔之前取出的蓝色笔数 X 的分布率.

解:$X=0$ 表示第一次就取到了红笔,$X=1$ 表示第一次取到了蓝色笔而第二次取到了红色笔,因此:

$$P(X=0)=\frac{10}{15}=\frac{2}{3}\ ,P(X=1)=(\frac{5}{15})(\frac{10}{14})=\frac{5}{21}\ .$$

同样方法,可以依次计算出 $P(X=k)(k=2,3,4,5)$,因此 X 的分布率为

X	0,	1,	2,	3,	4,	5
p_k	$\frac{2}{3}$,	$\frac{5}{21}$,	$\frac{20}{273}$,	$\frac{5}{273}$,	$\frac{10}{3\ 003}$,	$\frac{1}{3\ 003}$

.

【例题 12-32】 某篮球选手投篮命中率为 $p(0<p<1)$,现在让该选手投篮,一次不中再投,直到投中,若 X 为首次命中时已投篮的次数.

(1)求 X 的分布律.

(2)求条件概率 $P(X=l+k|X>l)$ 并分析其概率意义,该结果与实际相符吗?

解:(1)$X=k$ 说明前 k 次均未中,第 k 次命中,故

$$P(X=k)=\overbrace{(1-p)(1-p)\cdots(1-p)}^{(k-1)个}p=(1-p)^{k-1}p,$$

故 X 的分布律为

X	1,	2,	3,	…,	k,	…
p_k	p,	$(1-p)p$,	$(1-p)^2p$,	…,	$(1-p)^{k-1}p$,	…

.

即 $X\sim G(p)$.

$$(2)P(X=l+k\mid X>l)=\frac{P(X=l+k,X>l)}{P(X>l)}$$

$$=\frac{P(X=l+k)}{\sum_{i=1}^{\infty}P(X=l+i)}=\frac{p\,(1-p)^{l+k-1}}{\sum_{i=1}^{\infty}p\,(1-p)^{l+i-1}}=p\,(1-p)^{k-1}=P(X=k).$$

其概率意义是:只要前 l 次均不中,该选手就处于"零起点"上,这一性质称为"无记忆性",该计算结果是以各次投篮相互独立为基础的,实际上,在前几次均不中的情况下,有经验的选手总会根据前面结果进行调整,即各次投篮不完全独立,该计算结果与实际不完全相符.

【例题 12-33】 袋中共有 N 球,其中 M 个白球,$N-M$ 个黑球,现从袋中取 n 个球($n\leqslant N$),求 n 个球中白球个数的分布.

解:设共有 X 个白球,则 $X\leqslant\min\{M,n\}$,且 $P(X=k)=\frac{C_M^kC_{N-M}^{n-k}}{C_N^n}$,即 $X\sim H(N,M,n)$.

【例题 12-34】 检查了 100 个零件上的疵点数,结果如表 12-3 所示.

表 12-3

疵点	0	1	2	3	4	5	6
频数	14	27	26	20	7	3	3

(1)计算疵点数的频率分布.

(2)取平均疵点数作为泊松分布中的参数 λ,计算疵点的概率分布,并与频率分布比较.

解:平均疵点数 $\lambda=\frac{1}{100}(14\times0+27\times1+\cdots+3\times6)=2$,频率 $\frac{m}{n}$ 以及 $\lambda=2$ 的泊松分布的概率一并列入表 12-4.

表 12-4

疵点数	0	1	2	3	4	5	6
频数	14	27	26	20	7	3	3
频率	0.14	0.27	0.26	0.20	0.07	0.03	0.03
概率	0.135 3	0.270 7	0.270 7	0.180 4	0.090 2	0.036 1	0.012

【例题 12-35】 设 $X\sim B(100,0.015)$,直接计算 $P(X=1)$ 的值并用泊松定理算出二者的近似值.

解:依二项分布公式 $P(X=1)=C_{100}^1\times0.015\times0.985^{99}=0.3359$.

若以泊松定理近似计算,则 $\lambda=np=100\times0.015=1.5$,$P(X=1)\approx\lambda e^{-\lambda}=0.3347$.

12.2.3 一维连续型随机变量

12.2.3.1 连续型随机变量

除离散型随机变量外,还有一类重要的随机变量——连续型随机变量.这种随机变量的取值范围为某个区间$[a,b]$或$(-\infty,+\infty)$中的一切值.如测量中的误差、分子运动速度、候车时的等待时间、降雨量、风速、洪峰值等皆属于这一类,对这一随机变量,不能用列表的办法去描述它.下面用另一概念——密度函数,来刻画这类随机变量的取值规律.

定义 12-8　设 $F(x)$ 为随机变量 X 的分布函数,若对任意实数 x,存在非负可积函数 $f(x)$,使

$$F(x)=\int_{-\infty}^{x} f(x)\,\mathrm{d}x,$$

则称 X 为连续型随机变量,称 $f(x)$ 为 X 的密度函数或概率密度.

由分布函数的性质知密度函数满足以下两条:

(1) $f(x)\geqslant 0$.

(2) $\int_{-\infty}^{+\infty} f(x)\,\mathrm{d}x=1$.

反之,对于定义在 $(-\infty,+\infty)$ 上的非负可积函数 $f(x)$ 若满足上面两条,则 $f(x)$ 必为某一连续型随机变量的密度函数.

有了密度函数之后,可以方便地计算有关概率,如 $P(a\leqslant X\leqslant b)=\int_{a}^{b} f(x)\,\mathrm{d}x$,其几何意义见图 12-11.

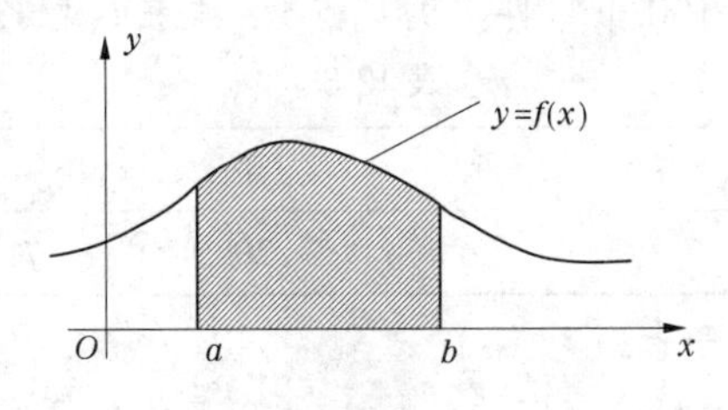

图 12-11

图 12-11 说明 X 落入区间 $[a,b]$ 的概率等于由 $y=f(x)$,$x=a$,$x=b$,$y=0$ 所围曲边梯形的面积.

容易验证:若 x 为 $f(x)$ 的连续点,则 $F(x)$ 可导,且 $F'(x)=f(x)$.

12.2.3.2　常见的几种连续型随机变量

1. 均匀分布

若 X 的密度函数为 $f(x)=\begin{cases}\dfrac{1}{b-a}, & a\leqslant x\leqslant b,\\ 0, & \text{其他},\end{cases}$ 则称 X 服从区间 $[a,b]$ 上的均匀分布,记为 $X\sim U[a,b]$.均匀分布的特征是密度函数为常数.

2.指数分布

若 X 的密度函数为 $f(x)=\begin{cases}\lambda \mathrm{e}^{-\lambda x}, & x\geqslant 0,\\ 0, & x<0,\end{cases}$ 则称 X 服从区间参数为 λ 的指数分布,记为 $X\sim E(\lambda)$.

指数分布在可靠性领域中有着广泛的应用,常常用于描述各种元器件的寿命,容易验证,指数分布具有如下一个独特的性质——无记忆性,即

$$P(X>s+t\mid X>s)=P(X>t).$$

若将 X 看作元器件寿命,无记忆性说明“旧”元件与“新”元件的寿命分布是一样的.

3.正态分布

若 X 的密度函数为 $f(x)=\frac{1}{2\pi\sigma}e^{-\frac{(x-\mu)^2}{2\sigma^2}}$,$-\infty<x<+\infty$(其中 μ,σ 为常数,且 $\sigma>0$),称 X 服从正态分布,记为 $X\sim N(\mu,\sigma^2)$.

为了证明上述函数确为一密度函数,只须证明:

$$I=\int_{-\infty}^{+\infty}\frac{1}{\sqrt{2\pi}\sigma}e^{-\frac{(x-\mu)^2}{2\sigma^2}}dx=1.$$

对上述积分作变换:$u=\frac{x-\mu}{\sigma}$,则 $I=\int_{-\infty}^{+\infty}\frac{1}{\sqrt{2\pi}}e^{-\frac{u^2}{2}}du$,从而有

$$I^2=\int_{-\infty}^{+\infty}\frac{1}{\sqrt{2\pi}}e^{-\frac{x^2}{2}}dx\int_{-\infty}^{+\infty}\frac{1}{\sqrt{2\pi}}e^{-\frac{y^2}{2}}dy$$

$$=\frac{1}{2\pi}\int_0^{2\pi}d\theta\int_0^{+\infty}re^{-\frac{r^2}{2}}dr=1,$$

从而 $I=1$.

正态分布有着极为广泛的应用,许多随机现象,如测量误差、人的身高和体重、波浪高度等,均服从或近似服从正态分布.其密度函数的图形如图 12-12 所示.

特别,当 $\mu=0,\sigma=1$ 时,称 X 服从标准正态分布,其分布函数记为 $\Phi(x)$,即

$$\Phi(x)=\int_{-\infty}^{x}\frac{1}{\sqrt{2\pi}}e^{-\frac{x^2}{2}}dx.$$

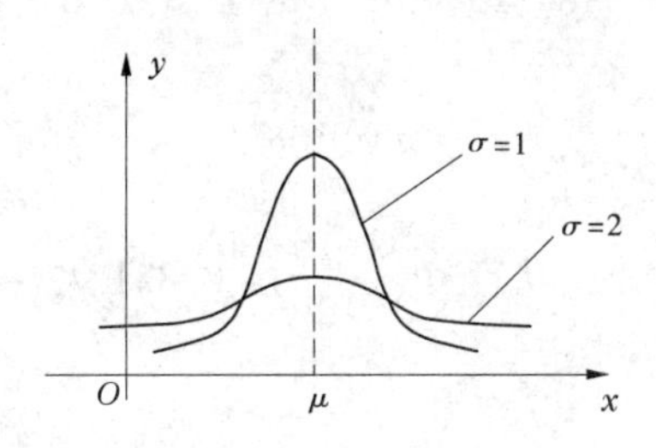

图 12-12

为便于计算,人们编制了标准正态分布函数表(见附录).附录中只列出了 $x\geqslant0$ 时 $\Phi(x)$ 的值,当 $x<0$ 时,可通过如下对称性:$\Phi(x)=1-\Phi(-x)$ 求得相应的概率.

对于一般的正态分布 $N(\mu,\sigma^2)$ 的概率计算,可通过以下方法转换化为标准正态分布的概率计算:

$$P(a\leqslant X\leqslant b)=\int_a^b\frac{1}{\sqrt{2\pi}\sigma}e^{-\frac{(x-\mu)^2}{2\sigma^2}}dx\left(令\ u=\frac{x-\mu}{\sigma}\right)$$

$$=\int_{\frac{a-\mu}{\sigma}}^{\frac{b-\mu}{\sigma}}\frac{1}{\sqrt{2\pi}}e^{-\frac{u^2}{2}}du=\Phi\left(\frac{b-\mu}{\sigma}\right)-\Phi\left(\frac{a-\mu}{\sigma}\right).$$

【例题 12-36】 设 K 服从 $(0,5)$ 上的均匀分布,求 x 的方程 $4x^2+4Kx+K+2=0$ 有实根

的概率.

解:所求概率为 $p=P[(\Delta=(4K)^2-4\times4(K+2)\geqslant0]$,即 $P(K\geqslant2$ 或 $K\leqslant-1)$,由于 K 的值只可能在$(0,5)$内,因此方程有实根的概率 $p=P(K\geqslant2)=\int_2^5\frac{1}{5}\mathrm{d}x=\frac{3}{5}$.

【例题 12-37】 设 $X\sim N(3,2^2)$ 求:(1)$P(2\leqslant X\leqslant5)$;(2)$P(-4<X<10)$;(3)$P(X>3)$;(4)$P(|X|>2)$;(5)$a$,使得 $P(X\leqslant a)=0.99$.

解:(1) $P(2\leqslant X\leqslant5)=\Phi(\frac{5-3}{2})-\Phi(\frac{2-3}{2})$

$=\Phi(1)-\Phi(-0.5)=\Phi(1)-[1-\Phi(0.5)]=0.532\ 8$.

(2)$P(-4<X<10)=\Phi(3.5)-\Phi(-3.5)=2\Phi(3.5)-1=0.999\ 6$.

(3)$P(X>3)=1-P(X\leqslant3)=1-\Phi(0)=1-0.5=0.5$.

(4)$P(|X|>2)=1-P(|X|\leqslant2)=1-[\Phi(-0.5)-\Phi(-2.5)]$

$=\Phi(0.5)+1-\Phi(2.5)=0.697\ 7$.

(5)$P(X\leqslant a)=\Phi(\frac{a-3}{2})=0.99$,查表得:$\frac{a-3}{2}\approx2.23$,所以 $a\approx7.66$.

【例题 12-38】 假设某科统考的成绩 X 近似服从正态分布 $N(70,100)$,已知第 100 名的成绩为 60 分,问第 20 名的成绩大约为多少分?

解:由题设知 $P(X\geqslant60)=1-P(X<60)=1-\Phi(\frac{60-70}{10})=0.841\ 3$,这说明成绩在 60 分以上的考生,在全体考生中占 84.13%,因此考生总数大致为$\frac{100}{0.841\ 3}\approx119$ 名,故前 20 名考生在全体考生中的比例大致为$\frac{20}{119}\approx0.168\ 1$.设 s 为第 20 名考生的成绩,它满足 $P(X\geqslant s)=1-\Phi(\frac{s-70}{10})=0.168\ 1$,从而 $\Phi(\frac{s-70}{10})=0.831\ 9$,$s\approx79.6$.

习题 12.2

1.设随机变量 X 的分布律为 $P(X=k)=a\frac{\lambda^k}{k!}(k=0,1,2,\cdots)$,其中 $\lambda>0$ 为已知常数,试确定常数 a.

2.已知随机变量 X 只能取-1, 0, 1, 2 四个值,取相应值的概率依次为$\frac{1}{2c}$,$\frac{3}{4c}$,$\frac{5}{8c}$,$\frac{7}{16c}$,确定常数 c 并计算 $P(X<1|X\neq0)$.

3.同时抛掷两枚骰子,观察它们出现的点数,求两枚骰子出现的最大点数 X 的分布率.

4.将一硬币连掷两次,以 X 表示两次投掷中所得正面次数的和,写出 X 的分布密度.

5.某射手有 5 发子弹,射击一次命中率为 0.9,如果命中了就停止射击,若命不中就一直射下去,直到子弹用尽,求耗用子弹数 X 的分布密度.

6.设随机变量 X 的密度函数为

$$f(x)=\begin{cases}\dfrac{k}{\sqrt{1-x^2}}, |x|<1,\\ 0, |x|\geqslant 1,\end{cases}$$

求:(1)系数 k;(2)X 落在[-0.5,0.5]内的概率.

7.已知 X 的密度函数为

$$f(x)=\begin{cases}x, 0<x<1,\\ 2-x, 1\leqslant x<2,\\ 0, \text{其他},\end{cases}$$

(1)求 X 的分布函数.

(2)计算概率 $P(X<0.5)$,$P(X>1.3)$,$P(0.2<X<1.2)$.

(3)画出 $f(x)$ 与 $F(x)$ 的草图.

8.设连续型随机变量 X 的分布函数为

$$F(x)=\begin{cases}A+Be^{-\frac{x^2}{2}}, x\geqslant 0,\\ 0, x<0,\end{cases}$$

求:(1)系数 A 及 B;(2)X 的密度函数.

9.某靶子是一个半径为 R 的圆盘,已知每次射击都能击中靶子,并且击中以靶心为圆心的圆盘的概率与该圆盘的面积成正比,设 X 为命中点与靶心的距离,求 X 的分布函数.

10.以 X 表示某商店从早晨开始营业起直到第一个顾客到达的等待时间(以 min 计),X 的分布函数是:$F(x)=\begin{cases}1-e^{-0.4x}, & x>0,\\ 0, & x\leqslant 0,\end{cases}$ 求下述有关等待时间的概率:

(1)P(至多 3 min);(2)P(至少 4 min);(3)P(3~4 min);(4)P(至多 3 min 或至少 4 min);(5)P(恰好 2.5 min).

11.设 X 服从正态分布 $N(60,9)$,求分点 x_1,x_2,x_3,x_4,使 X 落在 $(-\infty,x_1)$,(x_1,x_2),(x_2,x_3),(x_3,x_4),$(x_4,+\infty)$ 中的概率之比为 7∶24∶38∶24∶7 .

12.设 $X\sim N(108,9)$,求:

(1)$P(101.1<X<117.6)$.

(2)常数 a,使得 $P(X<a)=0.9$.

(3)常数 b,使得 $P(|X-b|>b)=0.01$.

13.设电子管的寿命 X 具有密度函数

$$f(x)=\begin{cases}\dfrac{100}{x^2}, x>100,\\ 0, x\leqslant 100,\end{cases} \quad (\text{单位:h}),$$

问在 150 h 内:

(1)3 只管子没有 1 只损坏的概率是多少?

(2)3 只管子全损坏的概率是多少?

14. 某产品的寿命 X(以 h 为单位)服从 $N(1\ 600,\sigma^2)$,如果要求寿命在 1 200 h 以上的概率不小于 0.96,问 σ 最大能取多少?

12.3 二维随机变量及其概率分布

12.3.1 二维随机变量及其分布函数

12.3.1.1 随机向量

在许多实际问题中,一个随机现象往往需要多个随机变量来描述.如射击中的弹着点由横坐标 X 及纵坐标 Y 描述;运动质点在空间区域的位置由三个坐标 X,Y,Z 表达等.由于这里的 X,Y,Z 之间通常有一定的依赖关系,不能孤立地研究某个变量,应将它们视为一个向量(X,Y)或(X,Y,Z)从整体上加以研究.一般地,若向量$(X_1,X_2,\cdots,X_n)$的值由随机试验结果而定,则称$(X_1,X_2,\cdots,X_n)$为 n 维随机向量,有时也称为 n 维随机变量.今后主要研究二维随机变量(X,Y),研究的结果可以方便地推广到 n 维随机变量中去.

12.3.1.2 二维随机变量的联合分布函数

与一维随机变量类似,分布函数是研究二维随机向量的重要工具,其定义如下.

定义 12-9 设(X,Y)是二维随机向量,x,y 是两个任意实数,称二元函数

$$F(x,y)=P(X\leqslant x,Y\leqslant y)$$

为(X,Y)的联合分布函数.

若将(X,Y)看作平面上随机点的坐标,则分布函数是随机点(X,Y)落入如下无穷矩形区域 D_{xy}(阴影部分)内的概率(见图 12-13)与一维分布函数相仿,二维分布函数有如下性质:

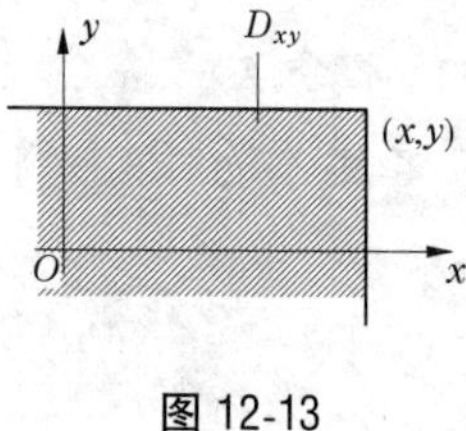

图 12-13

(1)$0\leqslant F(x,y)\leqslant 1$.

(2)$F(x,y)$是 x 及 y 的单调不减函数.

(3)对于任意的 x,y 有

$$F(x,-\infty)=0,F(-\infty,y)=0\ ,F(-\infty,-\infty)=0,F(+\infty,+\infty)=1.$$

(4) 当 x 固定不变时,$F(x,y)$作为 y 的函数是处处右连续的;当 y 固定不变时,$F(x,y)$作为 x 的函数也是处处右连续的.

(5)$P(x_1<X\leqslant x_2,y_1<Y\leqslant y_2)=F(x_2,y_2)-F(x_2,y_1)-F(x_1,y_2)+F(x_1,y_1)$.

12. 3. 2 二维离散型随机变量及其分布列

与一维随机变量的分类相仿,二维随机变量也分离散和连续两种类型.

定义 12-10 如果二维随机变量(X,Y)的可能取值只有有限对或可列无穷多对,则称(X,Y)为二维离散型随机变量.

若(X,Y)所有可能取值为$(x_i,y_j)(i,j=1,2,\cdots)$,取各值的概率分别为:$P(X=x_i,Y=y_j)=p_{ij}(i,j=1,2,\cdots)$,则称下表为$(X,Y)$的联合分布密度(或分布律):

X \ Y	y_1,	$y_2,\cdots$,	y_n,	$\cdots$
x_1	p_{11},	$p_{12},\cdots$,	p_{1i},	$\cdots$
x_2	p_{21},	$p_{22},\cdots$,	p_{2i},	$\cdots$
$\vdots$	$\vdots$	$\vdots$	$\vdots$	$\cdots$
x_i	p_{i1},	$p_{i2},\cdots$,	p_{ij},	$\cdots$
$\vdots$	$\vdots$	$\vdots$	$\vdots$	

有时也称$P(X=x_i,Y=y_j)=p_{ij}(i,j=1,2,\cdots)$为$(X,Y)$的联合分布密度.

联合分布密度具有如下性质:

(1)$0\leqslant p_{ij}\leqslant 1(i,j=1,2,\cdots)$.

(2)$\sum\limits_{i}\sum\limits_{j}p_{ij}=1$.

【例题 12-39】 设盒中装 8 支圆珠笔芯,其中 3 支是蓝色的,3 支是绿色的,2 支是红色的.现从中随机抽取 2 支,以X,Y分别表示抽取的蓝色与红色笔芯数,试求:

(1)(X,Y)的分布密度.

(2)$P((X,Y)\in A)$,其中$A=\{(x,y)\mid x+y\leqslant 1\}$.

解:(1) X,Y的可能取值为 0,1,2.下面以$P(X=0,Y=1)$为例,计算(X,Y) 取不同值的概率.

$$P(X=0,Y=1)=\frac{C_3^0C_2^1C_3^1}{C_8^2}=\frac{3}{14}.$$

以同样的方法可求得

$$P(X=0,Y=0)=\frac{3}{28},P(X=0,Y=2)=\frac{1}{28},P(X=1,Y=0)=\frac{9}{28},$$

$$P(X=1,Y=1)=\frac{3}{14},\ P(X=1,Y=2)=0,P(X=2,Y=0)=\frac{3}{28},$$

$$P(X=2,Y=1)=0,P(X=2,Y=2)=0.$$

所求分布密度为

$X \backslash Y$	0	1	2
0	$\frac{3}{28}$	$\frac{3}{14}$	$\frac{1}{28}$
1	$\frac{9}{28}$	$\frac{3}{14}$	0
2	$\frac{3}{28}$	0	0

.

(2) $P((X,Y)\in A)=P(X+Y)\leqslant 1)$

$$=P(X=0,Y=0)+P(X=1,Y=0)+P(X=0,Y=1)=\frac{9}{14}.$$

【例题 12-40】 设事件 A,B 满足 $P(A)=\frac{1}{4},P(A|B)=\frac{1}{2},P(B|A)=\frac{1}{2}$，记 X,Y 分别为一次试验中 A,B 发生的次数，即 $X=\begin{cases}1,A\text{ 发生}\\0,A\text{ 不发生}\end{cases}$，$Y=\begin{cases}1,B\text{ 发生}\\0,B\text{ 不发生}\end{cases}$，试求 (X,Y) 的联合分布.

解: $P(AB)=P(A)P(B|A)=\frac{1}{4}\times\frac{1}{2}=\frac{1}{8}$，　$P(B)=\frac{P(AB)}{P(A|B)}=\frac{1}{4}$，

$$P(X=0,Y=0)=P(\bar{A}\,\bar{B})=1-P(A\cup B)$$

$$=1-P(A)-P(B)+P(AB)=\frac{5}{8},$$

$$P(X=0,Y=1)=P(\bar{A}B)=P(B)-P(AB)=\frac{1}{8},$$

$$P(X=1,Y=0)=P(\bar{A}\,\bar{B})=P(A)-P(AB)=\frac{1}{8},$$

$$P(X=1,Y=1)=P(AB)=\frac{1}{8},$$

故联合分布率为

$X \backslash Y$	0	1
0	$\frac{5}{8}$	$\frac{1}{8}$
1	$\frac{1}{8}$	$\frac{1}{8}$

.

12.3.3　二维连续型随机变量

定义 12-11　若二维随机变量 (X,Y) 的分布函数 $F(x,y)$ 可以表示为

$$F(x,y)=\int_{-\infty}^{x}\int_{-\infty}^{y} f(x,y)\,\mathrm{d}x\mathrm{d}y,$$

其中,$f(x,y)$为非负可积函数,则称(X,Y)为二维连续型随机变量,并称$f(x,y)$为(X,Y)的联合密度函数或联合概率密度.

由联合密度函数的定义,容易得到$f(x,y)$有下述性质:

(1)$f(x,y)\geqslant 0$.

(2)$\int_{-\infty}^{+\infty}\int_{-\infty}^{+\infty} f(x,y)\,\mathrm{d}x\mathrm{d}y=1$.

(3)若$f(x,y)$在(x,y)点连续,则$\dfrac{\partial^2 F(x,y)}{\partial x\partial y}=f(x,y)$.

(4)若D为xOy平面上的区域,则$P((X,Y)\in D)=\iint\limits_{D} f(x,y)\,\mathrm{d}x\mathrm{d}y$.

常见的二维连续型随机变量有二维均匀分布、二维正态分布等,可分别由相应的密度函数定义.

均匀分布:设A为xOy平面上的区域,其面积为$\mu(A)$,若(X,Y)的联合概率密度为

$$f(x,y)=\begin{cases}\dfrac{1}{\mu(A)},(x,y)\in A,\\ 0,其他,\end{cases}$$

则称(X,Y)服从A上的均匀分布.

二维正态分布:若(X,Y)的联合密度函数为

$$f(x,y)=\frac{1}{2\pi\sigma_1\sigma_2\sqrt{1-\rho^2}}\exp\left\{-\frac{1}{2(1-\rho^2)}\left[\frac{(x-a_1)^2}{\sigma_1^2}-2\rho\frac{(x-a_1)(y-a_2)}{\sigma_1\sigma_2}+\frac{(y-a_2^2)}{\sigma_2^2}\right]\right\},$$

其中$a_1,a_2,\sigma_1,\sigma_2,\rho$为常数,且$\sigma_1>0,\sigma_2>0,-1<\rho<1$,则称$(X,Y)$服从二维正态分布$N(a_1,\sigma_1^2;a_2,\sigma_2^2;\rho)$,并记为$(X,Y)\sim N(a_1,\sigma_1^2;a_2,\sigma_2^2;\rho)$.

【例题 12-41】　设(X,Y)服从单位圆$x^2+y^2\leqslant 1$上的均匀分布,试求其联合概率密度及概率$P(X\leqslant 0,Y\leqslant 0)$.

解:由定义知联合密度函数为

$$f(x,y)=\begin{cases}\dfrac{1}{\pi},x^2+y^2\leqslant 1,\\ 0,其他,\end{cases}$$

所以,$P\{X\leqslant 0,Y\leqslant 0\}=\int_{-\infty}^{0}\int_{-\infty}^{0} f(x,y)\,\mathrm{d}x\mathrm{d}y=\dfrac{1}{\pi}\int_{-1}^{0}\int_{-\sqrt{1-x^2}}^{0}\mathrm{d}x\mathrm{d}y=\dfrac{1}{4}$.

【例题 12-42】　设(X,Y)的联合密度函数为$f(x,y)=\begin{cases}\lambda \mathrm{e}^{-3x-4y},x,y\geqslant 0,\\ 0,其他,\end{cases}$其中$\lambda>0$为常数.

试求:(1)λ的值.

(2)$P(0\leqslant X\leqslant 1,0\leqslant Y\leqslant 2),P(X+Y\leqslant 1)$.

解:(1)由$\int_{-\infty}^{+\infty}\int_{-\infty}^{+\infty} f(x,y)\,\mathrm{d}x\mathrm{d}y=1$知

$$\lambda\int_0^{+\infty}\int_0^{+\infty}e^{-3x-4y}dxdy=\frac{\lambda}{12}=1,$$

所以 $\lambda=12$.

(2) $P(0\leqslant X\leqslant 1,0\leqslant Y\leqslant 2)=12\int_0^1 dx\int_0^2 e^{-3x-4y}dy=(1-e^{-3})(1-e^{-4})$.

(3) $P(X+Y\leqslant 1)=12\int_0^1 dx\int_0^{1-x}e^{-3x-4y}dy=1+3e^{-4}-4e^{-3}$.

12.3.4 二维随机变量的边缘分布与条件分布

二维随机变量(X,Y)的两个分量X,Y也是随机变量,它们各有其概率分布,分别称为(X,Y)关于X和关于Y的边缘分布,并分别记作$F_X(x),F_Y(y)$.有了(X,Y)的联合分布,关于X和关于Y的边缘分布可以方便地确定下来,其基本依据是

$$F_X(x)=P(X\leqslant x)=P(X\leqslant x,Y<+\infty)=F(x,+\infty),$$

及

$$F_Y(y)=P(Y\leqslant y)=P(X<+\infty,Y\leqslant y)=F(+\infty,y).$$

下面就离散与连续两种情况来分别讨论.

12.3.4.1 二维离散型随机变量的边缘分布

设(X,Y)为二维离散型随机变量,其分布为

$$P(X=x_i,Y=y_j)=p_{ij}(i,j=1,2,\cdots,n,\cdots),$$

则关于X的边缘分布列为

$$\begin{aligned}P(X=x_i)&=P(X=x_i,-\infty<Y<+\infty)\\&=P(X=x_i,Y=y_1)+P(X=x_i,Y=y_2)+\cdots+P(X=x_i,Y=y_j)+\cdots\\&=p_{i1}+p_{i2}+\cdots+p_{ij}+\cdots=\sum_j p_{ij}.\end{aligned}$$

为简便起见,以后把$\sum_j p_{ij}$记作$p_{i\cdot}$.同理,关于Y的边缘分布列为$P(Y=y_j)=\sum_i p_{ij}=p_{\cdot j}$,即$(X,Y)$关于$X$和$Y$的边缘分布分别为

X	x_1, x_2, $\cdots$, x_i, $\cdots$
p_k	$p_{1\cdot}$, $p_{2\cdot}$, $\cdots$, $p_{i\cdot}$, $\cdots$

,

Y	y_1, y_2, $\cdots$, y_j, $\cdots$
p_k	$p_{\cdot 1}$, $p_{\cdot 2}$, $\cdots$, $p_{\cdot j}$, $\cdots$

.

【例题 12-43】 设(X,Y)的联合分布密度为

X \ Y	-2	-1	0
-1	$\frac{1}{12}$	$\frac{1}{12}$	$\frac{3}{12}$
0	$\frac{2}{12}$	$\frac{1}{12}$	0
1	$\frac{2}{12}$	0	$\frac{2}{12}$

,

试求(X,Y)关于X,Y的边缘分布密度.

解:(X,Y)关于X,Y的边缘分布密度分别为

X	-1	0	1
p_k	$\frac{5}{12}$	$\frac{3}{12}$	$\frac{4}{12}$

,

Y	-2	-1	0
p_k	$\frac{5}{12}$	$\frac{2}{12}$	$\frac{5}{12}$

.

12.3.4.2 二维连续型随机变量的边缘分布

设$F(x,y)$,$f(x,y)$分别为二维连续型随机变量(X,Y)的分布函数与密度函数,容易得到(X,Y)关于X的边缘分布函数$F_X(x)$与密度函数$f_X(x)$分别为

$$F_X(x)=P\{X\leqslant x\}=P\{X\leqslant x,Y<+\infty\}=\int_{-\infty}^{x}\left[\int_{-\infty}^{+\infty}f(x,y)\,\mathrm{d}y\right]\mathrm{d}x,$$

$$f_X(x)=\int_{-\infty}^{+\infty}f(x,y)\,\mathrm{d}y.$$

对称地,(X,Y)关于Y的边缘分布函数$F_Y(y)$与密度函数$f_Y(y)$分别为

$$F_Y(y)=\int_{-\infty}^{y}\left[\int_{-\infty}^{+\infty}f(x,y)\,\mathrm{d}x\right]\mathrm{d}y,$$

$$f_Y(y)=\int_{-\infty}^{+\infty}f(x,y)\,\mathrm{d}x.$$

【例题 12-44】 设$(X,Y)\sim N(0,1;0,1;\rho)$,即$(X,Y)$的联合密度函数为

$$f(x,y)=\frac{1}{2\pi\sqrt{1-\rho^2}}\exp\left\{-\frac{1}{2(1-\rho^2)}[x^2-2\rho xy+y^2]\right\},$$

试求(X,Y)关于X,Y的边缘分布的密度函数.

解:关于X的边缘分布密度函数为

$$\begin{aligned}f_X(x)&=\int_{-\infty}^{+\infty}f(x,y)\,\mathrm{d}y\\&=\int_{-\infty}^{+\infty}\frac{1}{2\pi\sqrt{1-\rho^2}}\exp\left\{-\frac{1}{2(1-\rho^2)}[x^2-2\rho xy+y^2]\right\}\mathrm{d}y\\&=\mathrm{e}^{-\frac{x^2}{2}}\int_{-\infty}^{+\infty}\frac{1}{2\pi\sqrt{1-\rho^2}}\exp\left[-\frac{(y-\rho x)^2}{2(1-\rho^2)}\right]\mathrm{d}y.\end{aligned}$$

作变换$u=\frac{y-\rho x}{\sqrt{1-\rho^2}}$,则上式可以表示为

$$f_X(x)=\frac{\mathrm{e}^{-\frac{x^2}{2}}}{2\pi}\int_{-\infty}^{+\infty}\mathrm{e}^{-\frac{u^2}{2}}\mathrm{d}u=\frac{1}{\sqrt{2\pi}}\mathrm{e}^{-\frac{x^2}{2}}.$$

即关于X的边缘分布为标准正态分布.

对称地,关于Y的边缘分布密度函数为$f_Y(y)=\frac{1}{\sqrt{2\pi}}\mathrm{e}^{-\frac{y^2}{2}}$.

容易证明如下更为一般的结果:若$(X,Y)\sim N(\mu_1,\sigma_1^2;\mu_2,\sigma_2^2;\rho)$,则$X,Y$分别服从正

态分布 $N(\mu_1,\sigma_1^2)$ 与 $N(\mu_2,\sigma_2^2)$.

考虑两个不同的二维正态分布 $N(0,1;0,1;\rho_1)$ 与 $N(0,1;0,1;\rho_2)$ ，其中 $\rho_1\neq\rho_2$，则由例题 12-44 知，它们边缘分布是相同的，这一事实说明，仅仅由两个随机变量的边缘分布是无法确定其联合分布的.

【例题 12-45】 设 (X,Y) 服从圆 $x^2+y^2\leqslant r^2$ 上的均匀分布，求关于 X 的边缘密度函数.

解：由 (X,Y) 为均匀分布知：

$$f(x,y)=\begin{cases}\dfrac{1}{\pi r^2},x^2+y^2\leqslant r^2,\\0,\text{其他}.\end{cases}$$

从而当 $|x|>r$ 时：

$$f_X(x)=\int_{-\infty}^{+\infty}f(x,y)\,\mathrm{d}y=\int_{-\infty}^{+\infty}0\mathrm{d}y=0.$$

当 $|x|\leqslant r$ 时：

$$f_X(x)=\int_{-\infty}^{+\infty}f(x,y)\,\mathrm{d}y=\int_{-\sqrt{r^2-x^2}}^{\sqrt{r^2-x^2}}\frac{1}{\pi r^2}\mathrm{d}y=\frac{2\sqrt{r^2-x^2}}{\pi r^2},$$

即

$$f_X(x)=\begin{cases}\dfrac{2\sqrt{r^2-x^2}}{\pi r^2},|x|\leqslant r,\\0,|x|>r.\end{cases}$$

本例说明，二维均匀分布随机变量的边缘分布未必是均匀分布的.

12.3.4.3 离散型随机变量的条件分布

在 12.1 节中曾经介绍过在事件 B 出现的条件下，事件 A 的条件概率 $P(A|B)$，依照这一思路，下面讨论离散型随机变量的条件分布.

设 (X,Y) 为二维离散型随机变量，其概率密度为

X \ Y	y_1,	y_2,	$\cdots$,	y_j,	$\cdots$
x_1	p_{11},	p_{12},	$\cdots$,	p_{1i},	$\cdots$
x_2	p_{21},	p_{22},	$\cdots$,	p_{2i},	$\cdots$
$\vdots$	$\vdots$	$\vdots$		$\vdots$	$\cdots$
x_i	p_{i1},	p_{i2},	$\cdots$,	p_{ij},	$\cdots$
$\vdots$	$\vdots$	$\vdots$		$\vdots$	

，

则 $(X=x_i)$ 在 $(Y=y_j)$ 下的条件概率为

$$P(X=x_i|Y=y_j)=\frac{P(X=x_i,Y=y_j)}{P(Y=y_j)}=\frac{p_{ij}}{p_{\cdot j}}(i,j=1,2,\cdots),$$

其中 $p_{\cdot j}=\sum\limits_i p_{ij}$.

从而，X 在 $(Y=y_j)$ 条件下的条件分布密度为

X	x_1, x_2, $\cdots$, x_i, $\cdots$
$P(X=x_i \mid Y=y_j)$	$\frac{p_{1j}}{p_{\cdot j}}$, $\frac{p_{2j}}{p_{\cdot j}}$, $\cdots$, $\frac{p_{ij}}{p_{\cdot j}}$, $\cdots$

，

类似地，Y在$(X=x_i)$条件下的条件分布密度为

Y	y_1, y_2, $\cdots$, y_i, $\cdots$
$P(Y=y_j \mid X=x_i)$	$\frac{p_{i1}}{p_{i\cdot}}$, $\frac{p_{i2}}{p_{i\cdot}}$, $\cdots$, $\frac{p_{ij}}{p_{i\cdot}}$, $\cdots$

，

其中 $p_{i\cdot}=\sum_j p_{ij}$.

【例题 12-46】 设(X,Y)的联合分布密度为

X \ Y	2	3	4
0	0.10	0.20	0.30
1	0.15	0.20	0.05

，

求：(1) Y在$(X=1)$条件下的条件分布密度.

(2) X在$(Y=4)$条件下的条件分布密度.

解：

$$P(X=1)=0.15+0.20+0.05=0.40,$$

$$P(Y=4)=0.30+0.05=0.35,$$

所求两个条件分布密度依次为

Y	2	3	4
$P(Y=y_j \mid X=1)$	$\frac{3}{8}$	$\frac{4}{8}$	$\frac{1}{8}$

，

X	0	1
$P(X=x_i \mid Y=4)$	$\frac{30}{35}$	$\frac{5}{35}$

.

【例题 12-47】 某射击手一次击中目标的概率为$p(0<p<1)$，射击进行到第二次击中目标为止，X_k表示第k次击中目标时已经进行的射击次数$(k=1,2)$，求X_1，X_2的联合分布以及它们的条件分布.

解：事件$(X_1=i,X_2=j)$表示第i次及第j次击中了目标$(1\leqslant i<j)$，而其余$j-2$次都没有击中目标，联合分布为$p_{ij}=P(X_1=i,X_2=j)=p^2(1-p)^{j-2}(1\leqslant i<j)$，边缘分布分别为

$$P(X_1=i)=p_{i\cdot}=\sum_{j=i+1}^{\infty}p_{ij}=p(1-p)^{i-1} \quad (i=1,2,3,\cdots),$$

$$P(X_2=j)=p_{\cdot j}=\sum_{i=1}^{j-1}p_{ij}=(j-1)p^2(1-p)^{j-2} \quad (j=2,3,\cdots).$$

关于X_1的条件分布为

$$P(X_1=i \mid X_2=j)=\frac{p_{ij}}{p_{\cdot j}}=\frac{p^2(1-p)^{j-2}}{(j-1)p^2(1-p)^{j-2}}=\frac{1}{j-1} \quad (i=1,2,\cdots,j-1),$$

关于X_2的条件分布为

$$P(X_2=j|X_1=i)=\frac{p_{ij}}{p_{i\cdot}}=\frac{p^2\ (1-p)^{j-2}}{p\ (1-p)^{i-1}}=p\ (1-p)^{j-i-1}\quad (j=i+1,i+2,\cdots).$$

12.3.4.4　**连续型二维随机变量的条件分布**

设(X,Y)为二维连续型随机变量,对于连续型随机变量Y,由于$P(Y=y)=0$,不能用对离散型随机变量讨论的办法来研究在$(Y=y)$条件下的条件概率问题.下面用极限的办法定义X在$(Y=y)$条件下的条件分布函数与条件密度函数.

定义 12-12　设y为给定实数,对任意正数ε,$P(y-\varepsilon\leqslant Y\leqslant y+\varepsilon)>0$,若对任意实数$x$,极限$\lim\limits_{\varepsilon\to0^+}P(X\leqslant x|y-\varepsilon\leqslant Y\leqslant y+\varepsilon)=\lim\limits_{\varepsilon\to0^+}\dfrac{P(X\leqslant x,y-\varepsilon\leqslant Y\leqslant y+\varepsilon)}{P(y-\varepsilon\leqslant Y\leqslant y+\varepsilon)}$存在,则称此极限为$X$在$(Y=y)$条件下的条件分布函数,记为$P(X\leqslant x|Y=y)$或$F_{X|Y}(x|y)$.

下面讨论条件分布函数的计算,并引出条件密度函数的概念.

设(X,Y)的联合密度函数$f(x,y)$在(x,y)点连续,(X,Y)关于Y的边缘密度函数在y点连续且$f_Y(y)>0$,则有

$$\begin{aligned}F_{X|Y}(x|y)&=\lim_{\varepsilon\to0+}\frac{P(X\leqslant x,y-\varepsilon\leqslant Y\leqslant y+\varepsilon)}{P\{y-\varepsilon\leqslant Y\leqslant y+\varepsilon\}}\\&=\lim_{\varepsilon\to0+}\frac{[F(x,y+\varepsilon)-F(x,y-\varepsilon)]/2\varepsilon}{[F_Y(y+\varepsilon)-F_Y(y-\varepsilon)]/2\varepsilon}\\&=\frac{\partial F(x,y)}{\partial y}\Big/\frac{\mathrm{d}F_Y(y)}{\mathrm{d}y}=\frac{\int_{-\infty}^{x}f(x,y)\,\mathrm{d}x}{f_Y(y)}=\int_{-\infty}^{x}\frac{f(x,y)}{f_Y(y)}\mathrm{d}x,\end{aligned}$$

即

$$F_{X|Y}(x|y)=\int_{-\infty}^{x}\frac{f(x,y)}{f_Y(y)}\mathrm{d}x.$$

若记$f_{X|Y}(x|y)=\dfrac{f(x,y)}{f_Y(y)}$,则$F_{X|Y}(x|y)=\int_{-\infty}^{x}f_{X|Y}(x|y)\,\mathrm{d}x$,即条件分布函数$F_{X|Y}(x|y)$等于$f_{X|Y}(x|y)$的积分,因此自然称$f_{X|Y}(x|y)$为$X$在$(Y=y)$条件下的条件密度函数.

类似地,当$f_X(x)>0$时,称$f_{Y|X}(y|x)=\dfrac{f(x,y)}{f_X(x)}$为$Y$在$(X=x)$条件下的条件密度函数.

而$F_{Y|X}(y|x)=\int_{-\infty}^{y}f_{Y|X}(y|x)\,\mathrm{d}y$即为$Y$在$(X=x)$条件下的条件分布函数.

【例题 12-48】　设$(X,Y)\sim N(0,1;0,1;\rho)$,求$X$在$(Y=y)$条件下的条件密度函数$f_{X|Y}(x|y)$.

解: 由例题 12-43 知$f_Y(y)=\dfrac{1}{\sqrt{2\pi}}\mathrm{e}^{-\frac{y^2}{2}}$,从而所求条件密度函数为

$$\begin{aligned}f_{X|Y}(x|y)&=\frac{1}{2\pi\sqrt{1-\rho^2}}\exp\left[-\frac{1}{2(1-\rho^2)}(x^2-2\rho xy+y^2)\right]/f_Y(y)\\&=\frac{1}{\sqrt{2\pi}\sqrt{1-\rho^2}}\mathrm{e}^{-\frac{(x-\rho y)^2}{2(1-\rho^2)}},\end{aligned}$$

即所求条件分布为$N(\rho y,1-\rho^2)$.

【例题12-49】 设B为由y轴、x轴及直线$y=2x+1$所围的三角形区域,(X,Y)服从B上的均匀分布,试求在$(X=x)$条件下Y的条件分布密度函数$f_{Y|X}(y|x)$.

解:(X,Y)的联合密度函数为

$$f(x,y)=\begin{cases}4,(x,y)\in B,\\0,其他.\end{cases}$$

关于X的边缘密度函数为

$$f_X(x)=\int_{-\infty}^{+\infty}f(x,y)\mathrm{d}y=\begin{cases}\int_0^{2x+1}4\mathrm{d}y,-\frac{1}{2}<x<0\\\int_{-\infty}^{+\infty}0\mathrm{d}y,其他\end{cases}$$

$$=\begin{cases}4(2x+1),-\frac{1}{2}<x<0,\\0,其他,\end{cases}$$

所求条件密度函数为

$$f_{Y|X}(y|x)=\frac{f(x,y)}{f_X(x)}=\begin{cases}\frac{1}{2x+1},0\leqslant y\leqslant\frac{1}{2x+1},\\0,其他.\end{cases}$$

【例题12-50】 假设随机变量X的密度函数为$f_X(x)=\begin{cases}4xe^{-2x},x>0,\\0,x<0,\end{cases}$而随机变量$Y$服从区间$(0,X)$上的均匀分布,试求:(1)$(X,Y)$的联合密度函数$f(x,y)$;(2)$Y$的密度函数$f_Y(y)$.

解:由于Y服从区间$(0,X)$上的均匀分布,因此在$(X=x)$条件下Y的密度函数为

$$f_{Y|X}(y|x)=\begin{cases}\frac{1}{x},0<y<x,\\0,其他,\end{cases}$$

从而有

$$f(x,y)=f_X(x)f_{Y|X}(y|x)=\begin{cases}4e^{-2x},0<y<x,\\0,其他,\end{cases}$$

$$f_Y(y)=\int_{-\infty}^{+\infty}f(x,y)\mathrm{d}x=\begin{cases}4\int_y^{+\infty}e^{-2x}\mathrm{d}x,y>0\\0,y\leqslant0\end{cases}=\begin{cases}2e^{-2y},y>0,\\0,y\leqslant0.\end{cases}$$

12.3.5 随机变量的独立性

定义12-13 设(X,Y)为二维随机变量,称X与Y独立是指对任意的实数集S_1,S_2,事件$X\in S_1$与事件$Y\in S_2$相互独立.

若取$S_1=(-\infty,x]$,$S_2=(-\infty,y]$,则当X与Y独立时有

$$P(X\in S_1,Y\in S_2)=P(X\in S_1)P(Y\in S_2),$$

即

$$P(X\leqslant x,Y\leqslant y)=P(X\leqslant x)P(Y\leqslant y)\text{ 或 }F(x,y)=F_X(x)F_Y(y).$$

反之,如果对任意的x,y均有$F(x,y)=F_X(x)F_Y(y)$成立,那么可以证明X,Y是独立的.在实际应用中,两个随机变量是否独立通常可由常识或经验作一简单的判别.例如,将一骰子投掷

两次,以 X,Y 分别表示第一次、第二次所得点数,则 X 与 Y 独立.再如以 X,Y 分别表示某射击手在前后两次射击中的得分数,若不考虑心理因素,则 X 与 Y 是独立的;若心理因素有较大影响,则 X 与 Y 就不独立.

对二维离散型及连续型随机变量分别有如下独立性判别方法:

设 (X,Y) 为二维离散型随机变量,则 X 与 Y 独立的充分必要条件是对任意 i,j 有 $p_{ij}=p_{i\cdot}p_{\cdot j}$ 成立.其中,$p_{ij}=P\{X=x_i,Y=y_j\}$,$p_{i\cdot}=\sum_j p_{ij}$,$p_{\cdot j}=\sum_i p_{ij}$.

易见,若 X 与 Y 独立,则有

$$P(X=x_i,Y=y_j)=P(X=x_i)P(Y=y_j),$$

即

$$p_{ij}=p_{i\cdot}p_{\cdot j}.$$

反之,设 S_1,S_2 为任意两个实数集,若对任意的 i,j 有 $p_{ij}=p_{i\cdot}p_{\cdot j}$ 成立,则

$$\begin{aligned}P(X\in S_1,Y\in S_2)&=\sum_{x_i\in S_1,y_j\in S_2}p_{ij}=\sum_{x_i\in S_1,y_j\in S_2}p_{i\cdot}p_{\cdot j}\\&=\left(\sum_{x_i\in S_1}p_{i\cdot}\right)\left(\sum_{y_j\in S_2}p_{\cdot j}\right)=P\{X\in S_1\}P\{Y\in S_2\},\end{aligned}$$

即对任意的 S_1,S_2,事件 $X\in S_1$ 与事件 $Y\in S_2$ 相互独立,从而 X 与 Y 独立.

类似地,若 (X,Y) 为连续型随机变量,$f(x,y)$ 和 $f_X(x)$,$f_Y(y)$ 分别为联合密度函数和边缘密度函数,则 X 与 Y 独立的充分必要条件为:对任意的 x,y 有 $f(x,y)=f_X(x)f_Y(y)$ 成立.

【例题 12-51】 设 (X,Y) 的联合分布密度为

X \ Y	−1	0	2
0.5	0.10	0.05	0.10
1	0.10	0.05	0.10
2	0.20	0.10	0.20

,

判别 X 与 Y 是否独立.

解: 因为 $p_{1\cdot}=0.25$,$p_{\cdot 1}=0.4$,所以

$$p_{1\cdot}p_{\cdot 1}=0.25\times0.5=0.1=p_{11}.$$

容易验证对 $i,j=1,2,3$,关系 $p_{ij}=p_{i\cdot}p_{\cdot j}$ 成立,故 X 与 Y 独立.

【例题 12-52】 设 $(X,Y)\sim N(0,1;0,1;\rho)$,证明 X 与 Y 独立的充要条件是 $\rho=0$.

证明: 若 $\rho=0$,则

$$f(x,y)=\frac{1}{2\pi}\exp\left[-\frac{1}{2}(x^2+y^2)\right]=\frac{1}{\sqrt{2\pi}}\exp\left(-\frac{x^2}{2}\right)\frac{1}{\sqrt{2\pi}}\exp\left(-\frac{y_2}{2}\right)=f_X(x)f_Y(y),$$

从而 X 与 Y 独立.

反之,若 X 与 Y 独立,则 $f(x,y)=f_X(x)f_Y(y)$ 对任意实数成立,即

$$f(x,y)=\frac{1}{2\pi\sqrt{1-\rho^2}}\exp\left[-\frac{1}{2(1-\rho^2)}(x^2-2\rho xy+y^2)\right]$$
$$=\frac{1}{\sqrt{2\pi}}\exp\left(-\frac{x^2}{2}\right)\frac{1}{\sqrt{2\pi}}\exp\left(\frac{y^2}{2}\right).$$

取 $x=y=0$,则容易验证 $\rho=0$.

两个随机变量的独立性概念可推广到一般 n 个随机变量上去.如 n 个随机变量 $X_1,X_2,\cdots,X_n$ 相互独立,是指对任意实数集 $S_1,S_2,\cdots,S_n$ 有

$$P(X_1\in S_1,X_2\in S_2,\cdots,X_n)=P(X\in S_1)P(X_2\in S_2)\cdots P(X_n\in S_n).$$

再如,若 $(X_1,X_2,\cdots,X_n)$ 为 n 维连续型随机变量,则 $X_1,X_2,\cdots,X_n$ 相互独立的充分必要条件是联合密度函数等于边缘密度函数之积,即

$$f(x_1,x_2,\cdots,x_n)=f_{X_1}(x_1)f_{X_2}(x_2)\cdots f_{X_n}(x_n).$$

12.3.6 随机变量函数的分布

在许多实际问题中,需要由已知随机变量的分布,求得随机变量函数的分布,例如在测量某构件所受随机作用力 Y 时,通常是先测量构件的随机变形 X,根据 X 的分布求 $Y=g(X)$ 的分布.下面分四种情况,讨论其求解方法.

12.3.6.1 一维离散型随机变量的函数分布

【例题 12-53】 设 X 的分布密度为

X	-1	0	1	2	2.5
p_k	0.2	0.1	0.1	0.3	0.3

,

分别求 $Y_1=X-1,Y_2=-2X,Y_3=X^2$ 的分布密度.

解:容易完成下表:

p_k	0.2	0.1	0.1	0.3	0.3
X	-1	0	1	2	2.5
$X-1$	-2	-1	0	1	1.5
$-2X$	2	0	-2	-4	-5
X^2	1	0	1	4	6.25

,

由上表给出 Y_1,Y_2,Y_3 的分布密度分别为

Y_1	-2	-1	0	1	1.5
p_k	0.2	0.1	0.1	0.3	0.3

,

Y_2	2	0	-2	-4	-5
p_k	0.2	0.1	0.1	0.3	0.3

,

Y_3	0	1	4	6.25
p_k	0.1	0.3	0.3	0.3

.

12.3.6.2 一维连续型随机变量的函数及其分布

设 X 为一维连续型随机变量,其密度函数为 $f(x)$, $Y=g(X)$ 为 X 的函数,通过如下转换可求得 Y 的分布函数 $F_Y(y)$ 与密度函数 $f_Y(y)$:

$$F_Y(y)=P(Y\leqslant y)=P(g(X)\leqslant y)$$

$$=P(X\in g^{-1}(y))=\int_{g^{-1}(y)}f(x)\mathrm{d}x.$$

这里 $g^{-1}(y)=\{x|g(x)\leqslant y\}$,继而

$$f_Y(y)=F'_Y(y)=\frac{\mathrm{d}}{\mathrm{d}y}\int_{g^{-1}(y)}f(x)\mathrm{d}x.$$

【例题 12-54】 设 $X\sim N(\mu,\sigma^2)$,求 $Y=aX+b$ 的密度函数,这里 a,b 为常数,且 $a>0$.

解: $$F_Y(y)=P(aX+b)\leqslant y=P(X\leqslant\frac{y-b}{a})=\int_{-\infty}^{\frac{y-b}{a}}\frac{1}{\sqrt{2\pi}\sigma}\mathrm{e}^{-\frac{(x-\mu)^2}{2\sigma^2}}\mathrm{d}x,$$

所以 $$f_Y(y)=\frac{\mathrm{d}}{\mathrm{d}y}(\int_{-\infty}^{\frac{y-b}{a}}\frac{1}{\sqrt{2\pi}\sigma}\mathrm{e}^{-\frac{(x-\mu)^2}{2\sigma^2}}\mathrm{d}x)=\frac{1}{\sqrt{2\pi}a\sigma}\mathrm{e}^{-\frac{(y-a\mu-b)^2}{2a^2\sigma^2}}.$$

因此,Y 服从正态分布 $N(a\mu+b,a^2\sigma^2)$.此例说明服从正态分布的随机变量,其线性函数仍服从正态分布.

【例题 12-55】 设 X 服从[0,1]上的均匀分布,求 $Y=X^2$ 的分布密度.

解: 当 $y\leqslant 0$ 时:

$$P(Y\leqslant y)=P(X^2\leqslant y)=0;$$

当 $0\leqslant y\leqslant 1$ 时:

$$P(Y\leqslant y)=P(X^2\leqslant y)=P(-\sqrt{y}\leqslant X\leqslant\sqrt{y})=\int_{-\sqrt{y}}^{\sqrt{y}}f(x)\mathrm{d}x=\int_0^{\sqrt{y}}1\mathrm{d}x=\sqrt{y};$$

当 $y>1$ 时:

$$P(Y\leqslant y)=P(-\sqrt{y}\leqslant X\leqslant\sqrt{y})=\int_0^1 1\mathrm{d}x=1,$$

从而有 $$F_Y(y)=\begin{cases}0,y\leqslant 0,\\ \sqrt{y},0<y\leqslant 1,\\ 1,y>1,\end{cases}$$

密度函数为 $$f(y)=\begin{cases}\frac{1}{2\sqrt{y}},0<y\leqslant 1,\\ 0,\text{其他}.\end{cases}$$

12.3.6.3 二维离散型随机变量的函数及其分布

【例题 12-56】 设 (X,Y) 的分布密度为

X \ Y	1	2	3
4	0.1	0	0.2
5	0.3	0.1	0.3

，

求 $2X+Y$,XY 的分布密度.

解:由(X,Y)的分布密度容易列出下表:

p_{ij}	0.1	0	0.2	0.3	0.1	0.3
(X,Y)	(4,1)	(4,2)	(4,3)	(5,1)	(5,2)	(5,3)
$2X+Y$	9	10	11	11	12	13
XY	4	8	12	5	10	15

从而有

$2X+Y$	9	11	12	13
p_k	0.1	0.5	0.1	0.3

，

XY	4	5	10	12	15
p_k	0.1	0.3	0.1	0.2	0.3

.

【例题 12-57】 设 X,Y 相互独立,分别服从参数为 λ_1,λ_2 的泊松分布.证明 $X+Y$ 服从参数为 $\lambda_1+\lambda_2$ 的泊松分布.

证明:$X+Y$ 可能取的值为 $0,1,2,\cdots,i\cdots$

$$\begin{aligned}P\{X+Y=i\}&=P\{X=0,Y=i\}+P\{X=1,Y=i-1\}+\cdots+P\{X=i,Y=0\}\\&=e^{-\lambda_1}\frac{\lambda_2^i e^{-\lambda_2}}{i!}+\frac{\lambda_1 e^{-\lambda_1}}{1!}\frac{\lambda_2^{i-1}e^{-\lambda_2}}{(i-1)!}+\cdots+\frac{\lambda_1^k e^{-\lambda_1}}{k!}\frac{\lambda_2^{i-k}e^{-\lambda_2}}{(i-k)!}+\cdots+\frac{\lambda_1^i e^{-\lambda_1}e^{-\lambda_2}}{i!}\\&=\frac{e^{-(\lambda_1+\lambda_2)}}{i!}[\lambda_2^i+C_i^1\lambda_2^{i-1}\lambda_1+C_i^2\lambda_2^{i-2}\lambda_1^2+\cdots+C_i^k\lambda_2^{i-k}\lambda_1^k+\cdots+\lambda_1^i]\\&=\frac{e^{-(\lambda_1+\lambda_2)}}{i!}(\lambda_1+\lambda_2)^i,\end{aligned}$$

即 $X+Y$ 服从参数为 $\lambda_1+\lambda_2$ 的泊松分布.

12.3.6.4 二维连续型随机变量函数的分布

这里要讨论的问题是:(X,Y)为二维连续型随机变量,其密度函数为$f(x,y)$,$Z=g(X,Y)$为X,Y的函数,求 Z 的密度函数,其一般方法为

$$\begin{aligned}F_Z(z)&=P(Z\leqslant z)=P(g(X,Y)\leqslant z)\\&=P((X,Y)\in D_z)=\iint_{D_z}f(x,y)\mathrm{d}x\mathrm{d}y,\end{aligned}$$

其中 $D_z=\{(x,y)\mid g(x,y)\leqslant z\}$,所以 Z 的密度函数为

$$f_Z(z)=F'_Z(z)=\frac{\mathrm{d}}{\mathrm{d}z}\iint_{D_z}f(x,y)\mathrm{d}x\mathrm{d}y.$$

【例题 12-58】 设 X,Y 相互独立,且均服从 $N(0,1)$,求 $Z=X^2+Y^2$ 的密度函数 $f_Z(z)$.

解:由 X,Y 的独立性知其联合密度函数为

$$f(x,y)=\frac{1}{2\pi}e^{-\frac{(x^2+y^2)}{2}};$$

当 $z<0$ 时:

$$F_Z(z)=P(X^2+Y^2\leqslant z)=0;$$

当 $z>0$ 时:

$$F_Z(z)=P(X^2+Y^2\leqslant z)=\iint\limits_{D_z}\frac{1}{2\pi}e^{-\frac{x^2+y^2}{2}}\mathrm{d}x\mathrm{d}y,$$

其中 $D_z=\{(x,y)\mid x^2+y^2\leqslant z\}$(见图 12-14).

作变换:$\begin{cases}x=r\cos\theta,\\ y=r\sin\theta,\end{cases}$则 $F_Z(z)=\int_0^{2\pi}\mathrm{d}\theta\int_0^{\sqrt{z}}\frac{1}{2\pi}e^{-\frac{r^2}{2}}r\mathrm{d}r=1-e^{-\frac{z}{2}}$.

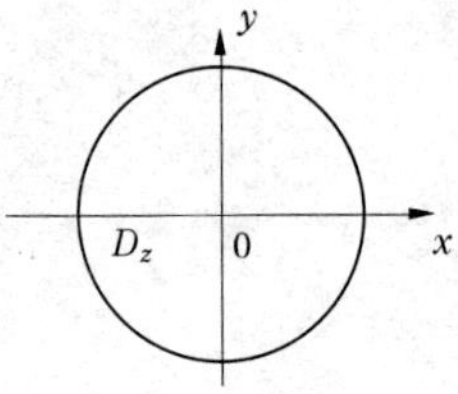

从而,$Z=X^2+Y^2$ 的密度函数为

$$f_Z(z)=F'_Z(z)=\begin{cases}\frac{1}{2}e^{-\frac{z}{2}},z>0,\\ 0,z\leqslant 0.\end{cases}$$

图 12-14

【例题 12-59】 设(X,Y)的联合密度函数为$f(x,y)$,求 $Z=X+Y$ 的密度函数$f_Z(z)$.

解:

$$F_Z(z)=P(X+Y\leqslant z)=\iint\limits_{D_z}f(x,y)\mathrm{d}x\mathrm{d}y,$$

其中 $D_z=\{(x,y)\mid x+y\leqslant z\}$(见图 12-15).

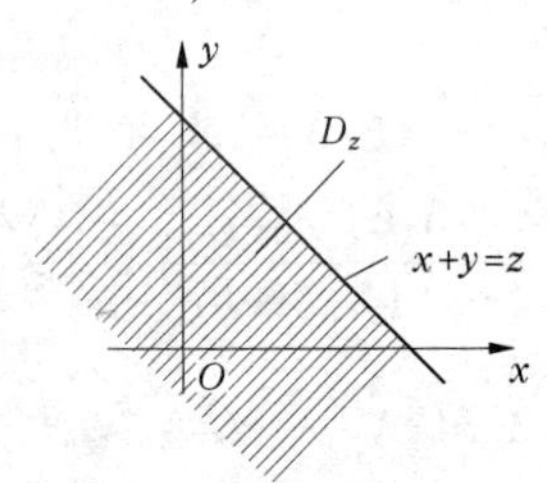

图 12-15

化为累次积分,并作变换 $y=v-x$ 得

$$\begin{aligned}F_Z(z)&=\int_{-\infty}^{+\infty}\mathrm{d}x\int_{-\infty}^{z-x}f(x,y)\mathrm{d}y\\&=\int_{-\infty}^{+\infty}\left\{\int_{-\infty}^{z}f(x,v-x)\mathrm{d}v\right\}\mathrm{d}x\\&=\int_{-\infty}^{z}\left\{\int_{-\infty}^{+\infty}f(x,v-x)\mathrm{d}x\right\}\mathrm{d}v,\end{aligned}$$

于是 $X+Y$ 的密度函数为

$$f_Z(z)=\int_{-\infty}^{+\infty}f(x,z-x)\mathrm{d}x.$$

若 X,Y 独立,则 $X+Y$ 的密度函数可表示为

$$f_Z(z)=\int_{-\infty}^{+\infty} f_X(x)f_Y(z-x)\,\mathrm{d}x.$$

【例题 12-60】 设 X,Y 相互独立,且均服从 $N(0,1)$,求 $Z=X+Y$ 的密度函数 $f_Z(z)$.

解:
$$f_Z(z)=\int_{-\infty}^{+\infty}\frac{1}{\sqrt{2\pi}}\mathrm{e}^{-\frac{x^2}{2}}\frac{1}{\sqrt{2\pi}}\mathrm{e}^{-\frac{(z-x)^2}{2}}\mathrm{d}x$$
$$=\frac{1}{\sqrt{2\pi}}\mathrm{e}^{-\frac{z^2}{4}}\int_{-\infty}^{+\infty}\frac{1}{\sqrt{2\pi}}\mathrm{e}^{-\frac{(\sqrt{2}x-\frac{z}{\sqrt{2}})^2}{2}}\mathrm{d}x=\frac{1}{\sqrt{2\pi}\sqrt{2}}\mathrm{e}^{-\frac{z^2}{2(\sqrt{2})^2}},$$

即 $X+Y$ 服从 $N(0,2)$.

更为一般的结果是:若 (X,Y) 服从二维正态分布,则其线性组合 $aX+bY$ 服从一维正态分布.

【例题 12-61】 设一系统由 A,B 两个部件组成,部件 A 的寿命 X 服从参数为 λ_1 的指数分布,部件 B 的寿命 Y 服从参数为 λ_2 的指数分布,假定 X,Y 相互独立.就下面情况求系统寿命 Z 的密度函数.

(1)串联.

(2)并联.

(3)贮备.

这里所谓贮备是指最初部件 A 工作,一旦部件 A 故障,部件 B 自动替换部件 A.

解:(1)在串联情况(见图 12-6)下,系统的寿命为 $Z=\min(X,Y)$,所以

$$\begin{aligned}P(Z\leqslant z)&=P\{\min(X,Y)\leqslant z\}\\&=1-P\{\min(X,Y)>z\}=1-P\{X>z,Y>z\}\\&=1-\int_z^{+\infty}\mathrm{d}x\int_z^{+\infty}\lambda_1\lambda_2\mathrm{e}^{-\lambda_1x-\lambda_2y}\mathrm{d}y\\&=1-\mathrm{e}^{-(\lambda_1+\lambda_2)z},\end{aligned}$$

所以 $f_Z(z)=F'_Z(z)=\begin{cases}(\lambda_1+\lambda_2)\mathrm{e}^{-(\lambda_1+\lambda_2)z},z\geqslant0,\\0,z<0.\end{cases}$

(2)在并联情况(见图 12-7)下,系统的寿命为 $Z=\max(X,Y)$,所以

$$\begin{aligned}P(Z\leqslant z)&=P\{\max(X,Y)\leqslant z\}=P\{X\leqslant z,Y\leqslant z\}\\&=P\{X\leqslant z,Y\leqslant z\}=\int_0^z\mathrm{d}x\int_0^z\lambda_1\lambda_2\mathrm{e}^{-(\lambda_xx+\lambda_2y)}\mathrm{d}y\\&=(1-\mathrm{e}^{-\lambda_1z})(1-\mathrm{e}^{-\lambda_2z}),\end{aligned}$$

所以 $f_Z(z)=F'_Z(z)=\begin{cases}\lambda_1\mathrm{e}^{-\lambda_1z}+\lambda_2\mathrm{e}^{-\lambda_2z}-(\lambda_1+\lambda_2)\mathrm{e}^{-(\lambda_1+\lambda_2)z},z\geqslant0,\\0,z<0.\end{cases}$

(3)在贮备情况(见图 12-8)下,系统的寿命为 $Z=X+Y$,所以

$$f_Z(z)=\int_{-\infty}^{+\infty}f(x,z-x)\,\mathrm{d}x.$$

这里 $f(x,y)=\begin{cases}(\lambda_1\lambda_2)\mathrm{e}^{-\lambda_1x-\lambda_2y},x,y\geqslant0,\\0,\text{其他},\end{cases}$

从而　$$f_Z(z)=\int_0^z \lambda_1\lambda_2 e^{-\lambda_1 x}e^{-\lambda_2(z-x)}dx=\frac{\lambda_1\lambda_2}{\lambda_1-\lambda_2}[e^{-\lambda_1 z}-e^{-\lambda_2 z}](z>0).$$

易见,当 $z<0$ 时,$f(z)=0$,总之:

$$f(z)=\begin{cases}\dfrac{\lambda_1\lambda_2}{\lambda_1-\lambda_2}[e^{-\lambda_1 z}-e^{-\lambda_2 z}],z\geqslant 0,\\ 0,z<0.\end{cases}$$

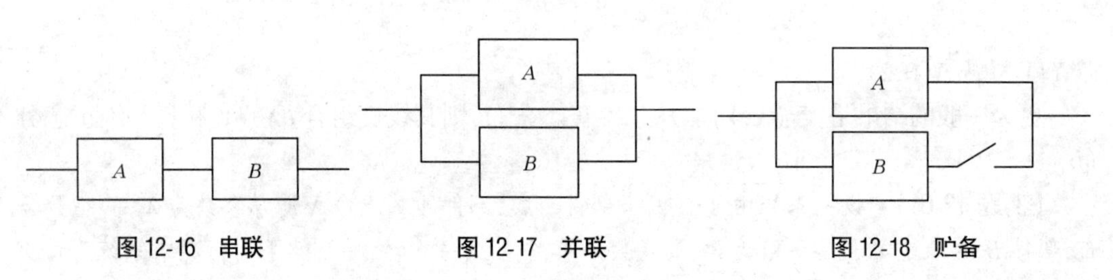

图 12-16　串联　　图 12-17　并联　　图 12-18　贮备

习题 12.3

1.将一硬币连抛 3 次,以 X 表示在 3 次中出现正面的次数;以 Y 表示 3 次中出现正面次数与出现反面次数之差的绝对值,试写出 (X,Y) 的联合分布密度.

2.一袋有色球,其中 3 只白球,2 只红球,3 只黑球,现抽取 4 只,X 为其中的白球数,Y 为其中的红球数,求:

(1) (X,Y) 的联合分布律.

(2) $P(X+Y\leqslant 2)$.

3.设二维随机变量 (X,Y) 的联合分布密度函数为

$$f(x,y)=\begin{cases}ce^{-2x-y},x>0,y>0,\\ 0,其他,\end{cases}$$

(1) 求常数 c.

(2) 求分布函数 $F(x,y)$.

(3) 求 $P(Y\leqslant X)$

4.设随机变量 (X,Y) 的密度函数为

$$f(x,y)=\begin{cases}x^2+\dfrac{xy}{3},0\leqslant x\leqslant 1,0\leqslant y\leqslant 2,\\ 0,其他,\end{cases}$$

求 $P(Y+X\geqslant 1)$.

5.设随机变量 X 表示某医院一天诞生的婴儿数,Y 表示其中的男婴数.已知 (X,Y) 的联合分布为

$$P(X=m,Y=n)=\frac{e^{-14}(7.14)^n\ (6.86)^{m-n}}{n!\ (m-n)!}(m=0,1,\cdots;n=0,1,\cdots,m),$$

求边缘分布.

6.已知 X 服从参数 $p=0.6$ 的0–1分布,在 $X=0$ 及 $X=1$ 下关于 Y 的条件分布分别为

Y	1	2	3
$P(Y\|X=0)$	1/4	1/2	1/4

,

Y	1	2	3
$P(Y\|X=1)$	1/2	1/6	1/3

,

求二维随机变量(X,Y)的联合概率分布,以及在 $Y\neq1$ 时关于 X 的条件分布.

7.设(X,Y)的联合分布律为

X \ Y	1	2	3	4
5	0.1	0	0.2	0
6	0.2	0	0	0.1
7	0.1	0.1	0.1	0.1

,

试求:(1)$Y=3$ 时 X 的条件分布.

(2)$X=7$ 时 Y 的条件分布.

8.设(X,Y)的联合密度函数为

$$f(x,y)=\begin{cases}x+y, 0\leqslant x\leqslant1, 0\leqslant y\leqslant1,\\0,\text{其他},\end{cases}$$

求当 $Y=y(0\leqslant y\leqslant1)$ 时 X 的条件密度函数.

9.设随机点(X,Y)落在椭圆形区域$\frac{x^2}{a^2}+\frac{y^2}{b^2}\leqslant1$内各点是等可能的,试求 X 及 Y 的条件密度函数.

10.已知(X,Y)的联合分布密度为

X \ Y	1	2	3
1	$\frac{1}{6}$	$\frac{1}{9}$	$\frac{1}{18}$
2	$\frac{1}{3}$	$\frac{1}{a}$	$\frac{1}{b}$

,

问当 a,b 取何值时,X 与 Y 相互独立?

11.若 X,Y 相互独立,其分布密度分别为

X	−1	0	1
p_k	0.2	0.3	0.5

,

Y	2	4	6
p_k	0.3	0.4	0.3

,

试求(X,Y)的联合分布密度.

12.已知随机变量 X,Y 的概率分布分别为

X	-1	0	1
p_k	$\frac{1}{4}$	$\frac{1}{2}$	$\frac{1}{4}$

，

X	0	1
p_k	$\frac{1}{2}$	$\frac{1}{2}$

，

且 $P(XY=0)=1$：

(1)求(X,Y)的联合分布.

(2)判断X,Y是否独立.

13.设X与Y相互独立,且均服从$(0,b)$上的均匀分布,试求方程$t^2+Xt+Y=0$有实根的概率.

14.设(X,Y)的密度函数为

$$f(x,y)=\begin{cases}cxy^2,0\leqslant x\leqslant 1,0\leqslant y\leqslant 1,\\0,\text{其他},\end{cases}$$

(1)求常数c.

(2)证明X与Y独立.

15.设$X_1,X_2,\cdots,X_n$相互独立,X_i服从参数为λ_i的指数分布,$i=1,2,\cdots,n$,试写出$(X_1,X_2,\cdots,X_n)$的联合密度函数.

16.证明:若X与Y独立,则$aX+b$与$cY+d$独立(其中a,b,c,d为常数).

17.设随机变量X的分布密度为

X	0	$\frac{\pi}{2}$	π
p_k	0.5	0.25	0.25

，

求$Y=\frac{2}{3}X+2$及$Y=\cos X$的分布密度.

18.设X的密度函数为

$$f(x)=\begin{cases}3x^2,0<x<1,\\0,\text{其他},\end{cases}$$

分别求Y_1,Y_2,Y_3的密度函数,其中$Y_1=2X,Y_2=1-X,Y_3=X^2$.

19.设X的密度函数为$f(x)$,求$aX+b$以及X^2的密度函数($a\neq 0$).

20.设(X,Y)的联合分布密度为

X \ Y	-1	0	1
0	0	0	$\frac{1}{3}$
1	0	$\frac{1}{3}$	0
2	$\frac{1}{3}$	0	0

，

分别求 $2X+Y$ 及 X^2+Y-2 的分布密度.

21.一个仪器由2个主要部件组成，其总长度为这2个部件长度的和，这2个部件的长度 X,Y 为两个相互独立的随机变量，其分布律分别为

X	9	10	11
p_k	0.3	0.5	0.2

，

Y	6	7
p_k	0.4	0.6

，

求此仪器长度的分布律.

22.一个商店每星期四进货，以备星期五、星期六、星期日3天销售，根据多周统计，这3天销售件数 X,Y,Z 彼此独立，其分布分别为

X	10	11	12
p_k	0.2	0.7	0.1

，

Y	13	14	15
p_k	0.3	0.6	0.1

，

Z	17	18	19
p_k	0.1	0.8	0.1

，

问3天的销售总量 $T=X+Y+Z$ 可以取哪些值？如果进货45件，不够卖的概率是多少？如果进货40件，够卖的概率是多少？

23.设 X,Y 相互独立，$X\sim B(1,p)$，$Y\sim B(1,p)$，证明 $X+Y\sim B(2,p)$.

24.设 X,Y 相互独立，且服从相同的分布，举例说明 $X+Y$ 与 $2X$ 不一定服从相同的分布.

25.设 X 服从 $(0,\ a\ ]$ 上的均匀分布，Y 服从 $(0,\ b\ ]$ 上的均匀分布，其中 $b\leqslant a$，且 X 与 Y 独立.求 $X+Y$ 的密度函数.

26.设 X,Y 是两个相互独立的随机变量，其概率密度分别为

$$f_X(x)=\begin{cases}1,0\leqslant x\leqslant 1,\\0,\text{其他},\end{cases}\quad f_Y(y)=\begin{cases}e^{-y},y>0,\\0,y\leqslant 0,\end{cases}$$

求随机变量 $Z=X+Y$ 的概率密度.

27.设随机变量 (X,Y) 的概率密度为

$$f(x,y)=\begin{cases}\dfrac{1}{2}(x+y)e^{-(x+y)},x>0,y>0,\\0,\text{其他},\end{cases}$$

(1)问 X 和 Y 是否相互独立？

(2)求 $Z=X+Y$ 的概率密度.

28.设 X,Y 相互独立，且 $X\sim N(\mu,\sigma^2)$，Y 服从 $[-b,\ b]$ 上的均匀分布，求 $X+Y$ 的密度函数.

29.设二维随机变量 (X,Y) 服从矩形 $G=\{(x,y)\mid 0\leqslant x\leqslant 2,0\leqslant y\leqslant 1\}$ 上的均匀分布，求矩形面积 S 的密度函数 $f(s)$.

30.设一系统由3个部件 A,B,C 构成，各部件的寿命相互独立，寿命分布函数分别为 $F_1(t)$，$F_2(t)$，$F_3(t)$.若系统的可靠性框图为图12-19：

试用 $F_1(t)$，$F_2(t)$，$F_3(t)$ 表示系统的寿命分布.

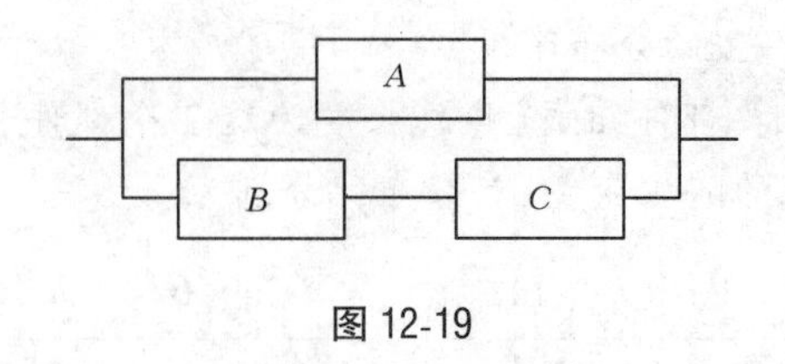

图 12-19

12.4　随机变量的数字特征

12.3 节讨论了随机变量的分布,它完整地描述了随机变量的取值规律,然而在实际应用中求随机变量的分布不是一件容易的事.在很多时候也不需要确切地知道随机变量的取值规律;而只需知道取值规律的某个侧面.例如在研究粮食品种优劣时,关心的是平均每穗粒数及平均每千粒重量;在检查一批棉花质量时,既要注意纤维的平均长度,又要注意纤维长度间的差异,平均长度大、差异小,质量就较好.类似这些能反映随机变量取值的平均结果及差异大小的指标常常表现为具体的数字,因而常称它们为随机变量的数字特征.下面讨论几个常用的数字特征.

12.4.1　数学期望

12.4.1.1　一维离散型随机变量的数学期望

为便于理解数学期望的实际意义,先分析下述问题:

设甲、乙两工人在相同生产条件下生产同一种产品,甲一天内生产的废品数为 X,乙一天生产的废品数为 Y,经长期的观察分析,得到 X,Y 的分布如下:

X	0	1	2	3
p_k	0.3	0.3	0.2	0.2

,

Y	0	1	2	3
p_k	0.2	0.5	0.3	0

.

若以生产废品的多少衡量二人技术水准的高低,哪个的技术更高?

从 X,Y 的分布还难以看出谁的技术高一些,比如甲生产 0 个次品的概率为 0.3,大于乙生产 0 个次品的概率 0.2 ,从这一点上看甲的技术要好一些;若比较一下生产 3 个次品的概率,又会发现甲的水平不如乙,怎么来综合地评判二者的水平呢?

技术水平的高低不能以某一天的表现来判断,设想让二人各工作 100 天,对甲来讲,由概率的统计定义知;出现 0 个、1 个、2 个、3 个次品的天数大约分别为 30 天、30 天、20 天、20 天.平均每天生产的次品数大约为

$$(30\times0+30\times1+20\times2+20\times3)\div100=0\times0.3+1\times0.3+2\times0.2+3\times0.2=1.3.$$

同样的分析,乙平均每天生产的次品数约为

$$0\times0.2+1\times0.5+2\times0.3+3\times0=1.1.$$

可见乙的技术水平略高一些,与甲相比,乙每 100 天大约少生产 20 个次品.

这个例子说明,离散型随机变量的取值与其对应概率乘积之和,反映了随机变量取值的平均值的大小,这个平均值称为随机变量的数学期望.

定义 12-14　设离散型随机变量 X 的分布密度为

$$P(X=x_i)=p_i(i=1,2,\cdots).$$

若级数 $\sum_{i=1}^{\infty} x_i p_i$ 绝对收敛，则称其值为 X 的数学期望，记为 $E(X)$，即

$$E(X)=\sum_{i=1}^{\infty} x_i p_i.$$

数学期望简称期望，有时也称为均值.

定义中要求级数 $\sum_{i=1}^{\infty} x_i p_i$ 绝对收敛是为了保证 $E(X)$ 的值与求和次序无关.

【例题 12-62】　设 X 服从参数为 λ 的泊松分布，求 X 的数学期望.

解：

$$E(X)=\sum_{i=0}^{\infty} i\frac{\lambda^i e^{-\lambda}}{i!}=\lambda e^{-\lambda}\sum_{i=1}^{\infty}\frac{\lambda^{i-1}}{(i-1)!}=\lambda e^{-\lambda}e^{\lambda}=\lambda.$$

【例题 12-63】　某抽奖活动规则如下：袋中有 8 白 2 红共 10 个球，抽奖者每次交 10 元钱可获一次抽奖机会，抽奖时每次从袋中取 2 个球，若两球均为红色，则得一等奖 50 元；若为一红一白，则得二等奖 20 元；若二球均为白色则无奖. 试求抽奖者每次净得钱数的平均值.

解： 以 X 表示每次抽奖净得钱数，则 X 的可能取值为 $-10,10,40$，则

$$P(X=-10)=P\{\text{抽得两个白球}\}=\frac{C_8^2C_2^0}{C_{10}^2}=\frac{28}{45}.$$

类似地，容易求出 $P(X=10)=\frac{16}{45}$，$P(X=40)=\frac{1}{45}$，所以 X 的分布律为

X	-10	10	40
p_k	$\frac{28}{45}$	$\frac{16}{45}$	$\frac{1}{45}$

，

$$E(X)=(-10)\times\frac{28}{45}+10\times\frac{16}{45}+40\times\frac{1}{45}=-\frac{80}{45}.$$

【例题 12-64】　某商店对某种家用电器的销售采用先使用后付款的方式. 记使用寿命为 X（以年计），规定：

$X\leqslant 1$，　一台付款 1 500 元；

$1<X\leqslant 2$，一台付款 2 000 元；

$2<X\leqslant 3$，一台付款 2 500 元；

$X>3$，　一台付款 3 000 元.

设寿命 X 服从指数分布，概率密度为

$$f(x)=\begin{cases}\frac{1}{10}e^{-x/10}, x>0,\\ 0, x\leqslant 0,\end{cases}$$

试求该商店一台收费 Y 的数学期望.

解： 寿命 X 落在各个区间的概率分别为

$$P(X\leqslant 1)=\int_{0}^{1}\frac{1}{10}e^{-x/10}dx=1-e^{-0.1}=0.0952,$$

$$P(1<X\leqslant 2)=\int_{1}^{2}\frac{1}{10}e^{-x/10}dx=e^{-0.1}-e^{-0.2}=0.0861,$$

$$P(2<X\leqslant 3)=\int_{2}^{3}\frac{1}{10}e^{-x/10}dx=e^{-0.2}-e^{-0.3}=0.0779,$$

$$P(X>3)=\int_{3}^{\infty}\frac{1}{10}e^{-x/10}dx=e^{-0.3}=0.7408.$$

因此,一台收费 Y 的分布为

Y	1 500	2 000	2 500	3 000
p_k	0.095 2	0.086 1	0.077 9	0.740 8

,

$E(Y)=2\ 732.15$,即平均一台收费 2 732.15 元.

【例题 12-65】 设 X 的分布密度为

X	0	1	2	3
p_k	0.4	0.3	0.2	0.1

,

求 $4X+5$ 的数学期望.

解:依通常的思路,首先应求出 $4X+5$ 的分布密度

$4X+5$	5	9	13	17
p_k	0.4	0.3	0.2	0.1

,

从而有

$$E(X)=5\times 0.4+9\times 0.3+13\times 0.2+17\times 0.1=9.$$

仔细分析上述求解过程,会发现,求 $4X+5$ 的分布密度这一步可以省去,一般地有如下结果:若 X 的分布为 $P(X=x_i)=p_i(i=1,2,\cdots)$,$Y=g(X)$,$\sum_{i=1}^{\infty}g(x_i)p_i$ 绝对收敛,则

$$E(Y)=E[g(X)]=\sum_{i=1}^{\infty}g(x_i)p_i.$$

12.4.1.2 一维连续型随机变量的数学期望

设 X 为连续型随机变量,$f(x)$ 为其密度函数,由于

$$xP\{x\leqslant X\leqslant x+dx\}\approx xf(x)dx,$$

因此,用 $\int_{-\infty}^{+\infty}xf(x)dx$ 定义为 X 的期望是很自然的.

定义 12-15 设 X 为连续型随机变量,$f(x)$ 为其密度函数,若广义积分 $\int_{-\infty}^{+\infty}xf(x)dx$ 绝对收敛,则称其值为 X 的数学期望,记为 $E(X)$,即

$$E(X)=\int_{-\infty}^{+\infty}xf(x)\,dx.$$

【例题 12-66】 设 X 服从 $[a,b]$ 上的均匀分布,求 $E(X)$.

解:
$$E(X)=\int_{-\infty}^{+\infty}xf(x)\,dx=\int_{a}^{b}x\frac{1}{b-a}dx=\frac{a+b}{2}.$$

【例题 12-67】 设 $X\sim N(\mu,\sigma^2)$,求 $E(X)$.

解:
$$E(X)=\int_{-\infty}^{+\infty}xf(x)\,dx=E(X)=\int_{-\infty}^{+\infty}x\frac{1}{\sqrt{2\pi}\sigma}e^{-\frac{(x-\mu)^2}{2\sigma^2}}dx.$$

令 $u=\frac{x-\mu}{\sigma}$,则

$$E(X)=\int_{-\infty}^{+\infty}(\sigma u+\mu)\frac{1}{\sqrt{2\pi}}e^{-\frac{u^2}{2}}du=\mu.$$

与离散随机变量类似,设 X 的密度函数为 $f(x)$, $Y=g(X)$,若广义积分 $\int_{-\infty}^{+\infty}g(x)f(x)dx$ 绝对收敛,则 Y 的数学期望为

$$E(Y)=E[g(X)]=\int_{-\infty}^{+\infty}g(x)f(x)\,dx.$$

【例题 12-68】 设 X 服从参数为 λ 的指数分布,求 $E(X^2)$.

解:
$$E(X^2)=\int_{-\infty}^{+\infty}x^2f(x)\,dx=\int_{0}^{+\infty}x^2\lambda e^{-\lambda x}dx=\frac{2}{\lambda^2}.$$

【例题 12-69】 设随机变量 X 的密度函数为 $f(x)=\frac{1}{\pi(1+x^2)}(-\infty<x<+\infty)$,求 $E(\min|X|,1)$.

解:
$$\begin{aligned}E\min(|X|,1)&=\int_{-\infty}^{+\infty}\min(|x|,1)f(x)\,dx\\&=\int_{|x|<1}|x|f(x)\,dx+\int_{|x|\geq 1}f(x)\,dx\\&=2\int_{0}^{1}\frac{x}{\pi(1+x^2)}dx+2\int_{1}^{+\infty}\frac{1}{\pi(1+x^2)}dx=\frac{\ln 2}{\pi}+\frac{1}{2}.\end{aligned}$$

【例题 12-70】 某应时商品每出售 1 kg 获利 l 元,若不能按时售完,则剩余部分每千克亏损 m 元.设某商店在这段时间内该商品的销售量 X(以 kg 计)是一随机变量且在区间 $[a,b]$ 上服从均匀分布,要使商店获得利润的数学期望最大,问商店应进多少货?

解:设进货为 t kg,此时所得利润为 $y_t(X)$,依题意应有 $a\leqslant t\leqslant b$,则

$$y_t(X)=\begin{cases}lX-(t-X)m, & a\leqslant X\leqslant t,\\ lt, & t<X\leqslant b,\end{cases}$$

其中 X 的分布密度为

$$f(x)=\begin{cases}\frac{1}{b-a}, & a\leqslant x\leqslant b,\\ 0, & \text{其他}.\end{cases}$$

利润的数学期望为

$$\begin{aligned}E[y_t(X)]&=\int_a^b y_t(x)f(x)\,\mathrm{d}x\\&=\int_a^t[lx-(t-x)m]\frac{1}{b-a}\mathrm{d}x+\int_t^b\frac{lt}{b-a}\mathrm{d}x\\&=\left[-\frac{l+m}{2}t^2+(ma+lb)t-\frac{l+m}{2}a^2\right]/(b-a).\end{aligned}$$

令
$$\frac{\mathrm{d}}{\mathrm{d}t}E[y_t(X)]=[-(l+m)t+ma+lb]/(b-a)=0,$$

得
$$t=\frac{ma+lb}{l+m},$$

即当进货$\frac{ma+lb}{l+m}$kg 时,利润的数学期望最大.

12.4.1.3　**二维随机变量函数的数学期望**

以上对一维随机变量函数的期望的讨论很容易推广到二维随机变量,下面分离散和连续两种情况讨论.

(1)设(X,Y)为二维离散型随机变量,其联合分布律为

$$P(X=x_i,Y=y_j)=p_{ij}(i,j=1,2,\cdots).$$

若$Z=g(X,Y)$且$\sum_{i,j}g(x_i,y_j)p_{ij}$绝对收敛,则$Z$的数学期望存在,且

$$E(Z)=\sum_{i,j}g(x_i,y_j)p_{ij}.$$

(2)设(X,Y)为二维连续型随机变量,其联合密度函数为$f(x,y)$.若$Z=g(X,Y)$,且广义积分$\int_{-\infty}^{+\infty}\int_{-\infty}^{+\infty}g(x,y)f(x,y)\,\mathrm{d}x\mathrm{d}y$绝对收敛,则$Z$的数学期望存在,且

$$E(Z)=\int_{-\infty}^{+\infty}\int_{-\infty}^{+\infty}g(x,y)f(x,y)\,\mathrm{d}x\mathrm{d}y.$$

【例题 12-71】　设(X,Y)的分布密度为

X \ Y	1	2
1	0.125	0.250
2	0.500	0.125

,

求$Z=XY^2$的数学期望.

解:由(X,Y)的分布密度可得Z的分布:

(X,Y)	(1,1)	(1,2)	(2,1)	(2,2)
$Z=XY^2$	1	4	2	8
p_k	0.125	0.250	0.500	0.125

,

所以　$E(Z)=E(XY^2)=1\times0.125+4\times0.250+2\times0.500+8\times0.125=3.125.$

【例题12-72】 设(X,Y)的密度函数为

$$f(x,y)=\begin{cases}12y^2,0\leqslant y\leqslant x\leqslant 1,\\0,其他,\end{cases}$$

求$E(X^2+Y^2)$.

解:$E(X^2+Y^2)=\int_{-\infty}^{+\infty}\int_{-\infty}^{+\infty}(x^2+y^2)f(x,y)\mathrm{d}x\mathrm{d}y$

$$=\int_0^1\mathrm{d}x\int_0^x(x^2+y^2)y^2\mathrm{d}y=\frac{16}{15}.$$

【例题12-73】 设(X,Y)为二维连续型随机变量,试证明$E(X+Y)=E(X)+E(Y)$.

证明:设(X,Y)的联合密度函数为$f(x,y)$,则

$$\begin{aligned}E(X+Y)&=\int_{-\infty}^{+\infty}\int_{-\infty}^{+\infty}(x+y)f(x,y)\mathrm{d}x\mathrm{d}y\\&=\int_{-\infty}^{+\infty}\int_{-\infty}^{+\infty}xf(x,y)\mathrm{d}x\mathrm{d}y+\int_{-\infty}^{+\infty}\int_{-\infty}^{+\infty}yf(x,y)\mathrm{d}x\mathrm{d}y\\&=\int_{-\infty}^{+\infty}x\left[\int_{-\infty}^{+\infty}f(x,y)\mathrm{d}y\right]\mathrm{d}x+\int_{-\infty}^{+\infty}y\left[\int_{-\infty}^{+\infty}f(x,y)\mathrm{d}x\right]\mathrm{d}y\\&=\int_{-\infty}^{+\infty}xf_X(x)\mathrm{d}x+\int_{-\infty}^{+\infty}yf_Y(y)\mathrm{d}y\\&=E(X)+E(Y).\end{aligned}$$

依照类似方法,可以证明,数学期望的运算有下面性质:

(1)$E(c)=c$(c为常数).

(2)$E(cX)=cE(X)$(c为常数).

(3)$E(X\pm Y)=E(X)\pm E(Y)$.

(4)当X,Y独立时,$E(XY)=E(X)E(Y)$.

上述各性质的证明留给读者来完成.这里要说明的是,上述(2)、(3)、(4)条性质还可以推广到多个随机变量的情形.一般地,对n个随机变量$X_1,X_2,\cdots,X_n$,以及n个常数$c_1,c_2,\cdots,c_n$,有

$$E(c_1X_1\pm c_2X_2\pm\cdots\pm c_nX_n)=c_1E(X_1)\pm c_2E(X_2)\pm\cdots\pm c_nE(X_n)$$

当$X_1,X_2,\cdots,X_n$相互独立时:

$$E(X_1X_2\cdots X_n)=E(X_1)E(X_2)\cdots E(X_n)$$

【例题12-74】 设X服从二项分布$B(n,p)$,求X的数学期望.

解:本例可直接由二项分布及数学期望的定义来计算,但较麻烦,下面给出另一解法.

考虑一n次重复独立试验,设事件A在一次试验中出现的概率为p,则事件A在n次试验中发生的总次数X服从二项分布$B(n,p)$,以X_i表示第i次试验中事件A发生的次数,即

$$X_i=\begin{cases}0,第\,i\,次试验中\,A\,不发生\\1,第\,i\,次试验中\,A\,发生\end{cases}\quad(i=1,2,\cdots,n)$$

则$X_1,X_2,\cdots,X_n$相互独立且均服从$(0,1)$分布,而$X=X_1+X_2+\cdots+X_n$,所以

$$E(X)=E(X_1)+E(X_2)+\cdots+E(X_n)=nE(X_i)=n[0\times(1-p)+1\times p]=np.$$

12.4.2 方差

数学期望从一个侧面反映了随机变量的取值的总体特征,然而在许多实际问题中只有数学期望是不足以说明问题的,试看下面问题:

设甲、乙二人在一次射击中的得分分别为 X,Y,其分布密度如下:

X	6	7	8	9	10
p_k	0.1	0.2	0.4	0.2	0.1

,

Y	6	7	8	9	10
p_k	0.2	0.2	0.2	0.2	0.2

.

试问甲、乙二人哪个射击水平较为稳定?

容易看出,$E(X)=E(Y)=8$,也就是说,单依据数学期望是不能说明问题的.从 X,Y 的分布不难看出,甲的水平较乙稳定,原因是甲得高分与得低分的概率都比较小,而得平均分的概率较大,得分较为集中.乙的得分波动较大,较为分散,而呈现一种不稳定状态.在数据比较少时,这种差异可以看出来,在数据比较多时,就难以分辨了.于是人们提出另一指标,用来定量地刻画随机变量的这种分散程度或偏离程度,这就是所谓的方差.

定义 12-16 设 X 为随机变量,若 $E[X-E(X)]^2$ 存在,则称其值为 X 的方差,记作 $D(X)$.

依据这一定义,对离散型随机变量,若分布律为 $P(X=x_i)=p_i(i=1,2,\cdots)$,则其方差计算公式为

$$D(X)=\sum_{i=1}^{\infty}[x_i-E(X)]^2p_i.$$

同样,对于连续型随机变量 X,若其密度函数为 $f(x)$,则其方差计算公式为

$$D(X)=\int_{-\infty}^{+\infty}[x-E(X)]^2f(x)\,dx.$$

随机变量 X 的方差在量纲上与 X 是不一样的,在某些应用问题中常用 $\sqrt{D(X)}$ 来表示 X 的偏离程度,并称其为 X 的均方差或标准差.标准差的量纲与变量自身的量纲是一致的.

【例题 12-75】 分别计算上述两射手的得分 X,Y 的方差.

解:$D(X)=E[X-E(X)]^2$

$=(6-8)^2\times0.1+(7-8)^2\times0.2+(8-8)^2\times0.4+(9-8)^2\times0.2+(10-8)^2\times0.1$

$=1.2.$

同理得 $D(Y)=2$.

方差的运算有以下性质:

(1) $D(c)=0$,c 为常数.

(2) $D(cX)=c^2D(X)$,c 为常数.

(3) 若 X,Y 独立,则 $D(X\pm Y)=D(X)+D(Y)$.

(4) $D(X)=E(X^2)-E^2(X)$.

(5) $D(X)=0$ 的充分必要条件是 $P(X=c)=1$(c 为常数).

以上性质的证明均不复杂,以(3)为例:

事实上　$D(X\pm Y)=E[(X\pm Y)-E(X\pm Y)]^2$

$$=E[(X-E(X))\pm(Y-E(Y))]^2$$

$$=E^2(X-E(X))+E^2(Y-E(Y))\pm 2E[(X-E(X))(Y-E(Y)].$$

而　$E[(X-E(X))(Y-E(Y)]=E[XY-E(X)Y-E(Y)X+E(X)E(Y)]$

$$=E(XY)-E(X)E(Y).$$

由 X,Y 独立知：　$E(XY)=E(X)E(Y)$，

所以　$D(X\pm Y)=E^2(X-E(X))+E^2(Y-E(Y))=D(X)+D(Y).$

该性质可以推广到 n 个随机变量的情形：若 $X_1,X_2,\cdots,X_n$ 相互独立，则

$$D(X_1\pm X_2\pm\cdots\pm X_n)=D(X_1)+D(X_2)+\cdots+D(X_n).$$

【例题 12-76】　试求泊松分布、二项分布的方差.

解：(1) 设 $X\sim P(\lambda)$，则

$$P(X=i)=\frac{\lambda^i}{i!}\mathrm{e}^{-\lambda}(i=0,1,2,\cdots),E(X)=\lambda,$$

$$E(X^2)=\sum_{i=0}^{\infty}i^2\frac{\lambda^i\mathrm{e}^{-\lambda}}{i!}=\mathrm{e}^{-\lambda}\sum_{i=1}^{\infty}\frac{i\lambda^i}{(i-1)!}$$

$$=\mathrm{e}^{-\lambda}\sum_{i=1}^{\infty}\frac{(i-1)\lambda^i}{(i-1)!}+\lambda\mathrm{e}^{-\lambda}\sum_{i=1}^{\infty}\frac{i\lambda^{i-1}}{(i-1)!}$$

$$=\lambda^2\mathrm{e}^{-\lambda}\sum_{i=2}^{\infty}\frac{\lambda^{i-2}}{(i-2)!}+\lambda\mathrm{e}^{-\lambda}\mathrm{e}^{\lambda}=\lambda^2\mathrm{e}^{-\lambda}\mathrm{e}^{\lambda}+\lambda=\lambda^2+\lambda,$$

从而　$D(X)=E(X^2)-E^2(X)=\lambda^2+\lambda-\lambda^2=\lambda.$

(2) 由例题 12-76 知，若 X 服从二项分布 $B(n,p)$，则 X 可以表示为：

$X=X_1+X_2+\cdots+X_n$，其中 $X_1,X_2,\cdots,X_n$ 相互独立，且均服从 0-1 分布，

$$D(X_i)=E(X_i{}^2)-E^2(X_i)=0\times(1-p)+1\times p-p^2=p(1-p),$$

从而　$D(X)=D(X_1)+D(X_2)+\cdots+D(X_n)=np(1-p).$

【例题 12-77】　设 X 服从 $[a,b]$ 上的均匀分布，Y 服从正态分布 $N(\mu,\sigma^2)$，求 $D(X)$、$D(Y)$.

解：(1)　$E(X^2)=\int_{-\infty}^{+\infty}x^2f(x)\,\mathrm{d}x=\int_a^b x^2\frac{1}{b-a}\mathrm{d}x=\frac{b^3-a^3}{3(b-a)},$

$$D(X)=E(X^2)-E^2(X)=\frac{b^3-a^3}{3(b-a)}-\left(\frac{a+b}{2}\right)^2=\frac{(b-a)^2}{12}.$$

(2)　$D(Y)=\int_{-\infty}^{+\infty}[y-E(Y)]^2f(y)\,\mathrm{d}y$

$$=\int_{-\infty}^{+\infty}(y-\mu)^2\frac{1}{\sqrt{2\pi}\sigma}\mathrm{e}^{-\frac{(y-\mu)^2}{2\sigma^2}}\mathrm{d}y.$$

令 $\frac{y-\mu}{\sigma}=t$，得

$$D(Y)=\int_{-\infty}^{+\infty}t^2\frac{\sigma^2}{\sqrt{2\pi}}\mathrm{e}^{-\frac{t^2}{2}}\mathrm{d}t=\sigma^2.$$

从以上各例可以看出,随机变量的期望与方差常常与分布中的某些参数相联系,这些参数的取值往往决定了期望与方差的大小.为便于对照,表 12-5 列出了常见随机变量及其期望与方差,读者可从中体会各参数的概率意义与几何意义.

表 12-5 常用随机变量及数字特征

名称	分布律或密度函数	数字特征
单点分布	$P(X=c)=1$(c 为常数)	$E(X)=c,D(X)=0$
几何分布	$P(X=k)=p^k(k=1,2\cdots)$,其中 $0<p<1$	$E(X)=\frac{1}{p},D(X)=\frac{1-p}{p^2}$
0-1 分布	$P(X=0)=1-p,P(X=1)=p$,其中 $0<p<1$	$E(X)=p$,$D(X)=p(1-p)$
二项分布	$P(X=k)=C_n^k p^k(1-p)^{n-k}$,其中 $0<p<1,k=0,1,\cdots,n$	$E(X)=np$,$D(X)=np(1-p)$
泊松分布	$P(X=k)=\frac{\lambda^k}{k!}e^{-\lambda}$,其中 $\lambda>0,k=0,1\cdots$	$E(X)=\lambda$,$D(X)=\lambda$
均匀分布	$f(x)=\begin{cases}\frac{1}{b-a}, & a\leqslant x\leqslant b\\ 0, & 其他\end{cases}$ (图: y, O, a, b, x)	$E(X)=\frac{a+b}{2}$,$D(X)=\frac{(b-a)^2}{12}$
指数分布	$f(x)=\begin{cases}\lambda e^{-\lambda x}, & x>0,\\ 0, & x\leqslant 0,\end{cases}$ 其中 $\lambda>0$ (图: y, O, x)	$E(X)=\frac{1}{\lambda}$,$D(X)=\frac{1}{\lambda^2}$
正态分布	$f(x)=\frac{1}{\sqrt{2\pi}\sigma}e^{-\frac{(x-\mu)^2}{2\sigma^2}}$,其中 $\sigma>0$ (图: y, O, μ, x)	$E(X)=\mu$,$D(X)=\sigma^2$

12.4.3 其他数字特征

12.4.3.1 随机变量的矩

矩是概率论与数理统计中的又一重要概念,读者在数理统计中会看到它的作用,这里只给出矩的定义.

定义 12-17 设 X 为随机变量,a 为常数,k 为正整数,若 $E[(X-a)^k]$ 存在,则称其为 X 关于 a 的 k 阶矩.

当 $a=0$ 时的 k 阶矩称为 k 阶原点矩,常记为 α_k, 即 $\alpha^k=E(X^k)$.

当 $a=E(X)$ 时的 k 阶矩称为 k 阶中心矩,常记为 β_k, 即 $\beta_k=E[(X-E(X))^k]$.

容易看出,前面讲过的数学期望即是一阶原点矩,而方差即是二阶中心矩.

【例题 12-78】 设 X 服从正态分布 $N(\mu,\sigma^2)$,求 X 的三阶中心矩及四阶中心矩.

解:$E(X)=\mu$,

$$\beta_3=E[(X-\mu)^3]=\int_{-\infty}^{+\infty}[x-\mu]^3\frac{1}{\sqrt{2\pi}\sigma}\mathrm{e}^{-\frac{(x-\mu)^2}{2\sigma^2}}\mathrm{d}x.$$

令 $\dfrac{x-\mu}{\sigma}=t$,得

$$\beta_3=\int_{-\infty}^{+\infty}t^3\frac{\sigma^3}{\sqrt{2\pi}}\mathrm{e}^{-\frac{t^2}{2}}\mathrm{d}t=0(\text{被积函数为奇函数}),$$

同样

$$\beta_4=E[(X-\mu)^4]=\int_{-\infty}^{+\infty}[x-\mu]^4\frac{1}{\sqrt{2\pi}\sigma}\mathrm{e}^{-\frac{(x-\mu)^2}{2\sigma^2}}\mathrm{d}x$$

$$=\int_{-\infty}^{+\infty}t^4\frac{\sigma^4}{\sqrt{2\pi}}\mathrm{e}^{-\frac{t^2}{2}}\mathrm{d}t=3\sigma^4.$$

12.4.3.2 协方差与相关系数

多维随机变量的各个分量也是随机变量,这些随机变量之间往往不是独立的,而是存在某种联系的.这些联系可否通过具体的计算得以度量呢?这就是下面将要给出的协方差与相关系数的概念.

在上节讨论期望的性质时,可以看到,若 X 与 Y 独立,则有 $E(XY)=E(X)E(Y)$,该式等价于

$$E[(X-E(X))(Y-E(Y))]=0.$$

这就是说,当上式不为 0 时,X 与 Y 就不独立,X 与 Y 不独立则说明二者必然存在着某种关联,上式常用来表达 X 与 Y 这种联系,并称为 X 与 Y 的协方差.

定义 12-18 对二维随机变量,$E(X)$,$E(Y)$,$E[(X-E(X))(Y-E(Y))]$均存在,则称 $E[(X-E(X))(Y-E(Y))]$为 X 与 Y 的协方差,并记为 $Cov(X,Y)$,即

$$Cov(X,Y)=E[(X-E(X))(Y-E(Y))].$$

根据协方差的定义不难得出如下结论:

(1)若 X 与 Y 相互独立,则 $Cov(X,Y)=0$.

(2)$D(X\pm Y)=D(X)+D(Y)\pm 2Cov(X,Y)$.

(3)$Cov(X,Y)=E(XY)-E(X)E(Y)$.

协方差 $Cov(X,Y)$ 通常是有量纲的,对不同的具体问题,协方差是大或是小难以给出统一的标准,为克服上述弱点,下面给出相关系数的概念.

定义 12-19　设 (X,Y) 为二维随机变量,$D(X)$,$D(Y)$,$Cov(X,Y)$ 存在,若 $D(X)>0$,$D(Y)>0$,则称 $\dfrac{Cov(X,Y)}{\sqrt{D(X)D(Y)}}$ 为 X 与 Y 的相关系数,记为 $\rho(X,Y)$,即

$$\rho(X,Y)=\frac{Cov(X,Y)}{\sqrt{D(X)D(Y)}}.$$

相关系数具有下列性质:

(1) $|\rho(X,Y)|\leqslant 1$.

(2) 若 X 与 Y 相互独立,则 $\rho(X,Y)=0$.

(3) $|\rho(X,Y)|=1$ 的充分必要条件是存在两个常数 $a,b(a\neq 0)$,使 $P(Y=aX+b)=1$.

在 $\rho(X,Y)=0$ 时,称 X 与 Y 不相关.可以看出,若 X 与 Y 独立,则 X 与 Y 一定不相关.反之,由不相关性不一定能推出独立性.

【例题 12-79】　设 (X,Y) 的密度函数为

$$f(x,y)=\begin{cases}\frac{1}{8}(x+y),0\leqslant x\leqslant 2,0\leqslant y\leqslant 2,\\0,其他,\end{cases}$$

求 $E(X)$,$D(X)$,$E(Y)$,$D(Y)$,$Cov(X,Y)$.

解:

$$E(X)=\int_{-\infty}^{+\infty}\int_{-\infty}^{+\infty}xf(x,y)\,dxdy=\int_0^2 dx\int_0^2 x(x+y)\frac{1}{8}dy=\frac{7}{6},$$

$$E(X^2)=\int_0^2 dx\int_0^2 x^2(x+y)\frac{1}{8}dy=\frac{5}{3},$$

所以

$$D(X)=E(X^2)-E^2(X)=\frac{5}{3}-\left(\frac{7}{6}\right)^2=\frac{11}{36}.$$

由密度函数的对称性可以看出:

$$E(Y)=E(X)=\frac{7}{6},D(Y)=D(X)=\frac{11}{36},$$

$$E(XY)=\int_0^2 dx\int_0^2 xy(x+y)\frac{1}{8}dy=\frac{4}{3},$$

$$Cov(X,Y)=E(XY)-E(X)E(Y)=\frac{4}{3}-\left(\frac{7}{6}\right)^2=-\frac{1}{36},$$

$$\rho(X,Y)=\frac{Cov(X,Y)}{\sqrt{D(X)D(Y)}}=-\frac{1}{11}.$$

【例题 12-80】　设 $(X,Y)\sim N(0,1;0,1;\rho)$,求 $\rho(X,Y)$.

解: 由例题 12-44 知 $X\sim N(0,1)$,$Y\sim N(0,1)$,于是

$$E(X)=E(Y)=0,$$

$$D(X)=D(Y)=1,$$

从而 $\rho(X,Y)=\dfrac{Cov(X,Y)}{\sqrt{D(X)D(Y)}}=E(XY)$

$$=\frac{1}{2\pi\sqrt{1-\rho^2}}\int_{-\infty}^{+\infty}\int_{-\infty}^{+\infty}xy\exp\left[-\frac{x^2-2\rho xy+y^2}{2(1-\rho^2)}\right]\mathrm{d}x\mathrm{d}y.$$

令 $u=\dfrac{y-\rho x}{\sqrt{1-\rho^2}}$,则

$$\rho(X,Y)=\int_{-\infty}^{+\infty}x\frac{\mathrm{e}^{-\frac{x^2}{2}}}{\sqrt{2\pi}}\mathrm{d}x\int_{-\infty}^{+\infty}(u\sqrt{1-\rho^2}+\rho x)\frac{\mathrm{e}^{-\frac{u^2}{2}}}{\sqrt{2\pi}}\mathrm{d}u$$

$$=\rho\int_{-\infty}^{+\infty}x^2\frac{\mathrm{e}^{-\frac{x^2}{2}}}{\sqrt{2\pi}}\mathrm{d}x\int_{-\infty}^{+\infty}\frac{\mathrm{e}^{-\frac{u^2}{2}}}{\sqrt{2\pi}}\mathrm{d}u=\rho E(X^2)\cdot 1=\rho.$$

类似地可以证明,若(X,Y)服从正态分布 $N(\mu_1,\sigma_1^2;\mu_2,\sigma_2^2;\rho)$,则

$$Cov(X,Y)=\rho\sigma_1\sigma_2,\quad \rho(X,Y)=\rho.$$

由例题 12-80 及例题 12-52 可以看出,若(X,Y)服从二维正态分布 $N(\mu_1,\sigma_1^2;\mu_2,\sigma_2^2;\rho)$,则 X,Y 独立与 X,Y 不相关是等价的,且都等价于 $\rho=0$.

【例题 12-81】 设$(X,Y)\sim N(2,4;5,9;0.2)$,求 $6X+7Y$ 的分布.

解: 由例题 12-60 知,$6X+7Y$ 应服从正态分布,下面确定其中的两个参数:

$$E(6X+7Y)=6E(X)+7E(Y)=6\times2+7\times5=47,$$

$$D(6X+7Y)=D(6X)+D(7Y)+2Cov(6X,7Y)$$

$$=36\times4+49\times9+2\times(6\times7)\times2\times3\times0.2=685.8.$$

即 $6X+7Y\sim N(47,685.8)$.

【例题 12-82】 设随机变量 X,Y 分别服从正态分布 $N(1,3^2)$ 和 $N(0,4^2)$,且 X 与 Y 的相关系数为 $\rho(X,Y)=-0.5$,设 $Z=\dfrac{X}{3}+\dfrac{Y}{2}$,求:

(1)$E(Z),D(Z)$.

(2)$\rho(X,Z)$.

(3)问 X 与 Z 是否独立?为什么?

解: (1) $E(Z)=\dfrac{1}{3}E(X)+\dfrac{1}{2}E(Y)=\dfrac{1}{3}$,

$$D(Z)=D(\frac{X}{3}+\frac{Y}{2})=D\left(\frac{X}{3}\right)+D\left(\frac{Y}{2}\right)+2Cov\left(\frac{X}{3},\frac{Y}{2}\right)$$

$$=\frac{D(X)}{9}+\frac{D(Y)}{4}+2\times\frac{1}{6}\sqrt{D(X)}\sqrt{D(Y)}\rho(X,Y)=3.$$

(2) $Cov(X,Z)=\dfrac{1}{3}Cov(X,X)+\dfrac{1}{2}Cov(X,Y)$

$$=\frac{1}{3}D(X)+\frac{1}{2}\sqrt{D(X)}\sqrt{D(Y)}\rho(X,Y)=0,$$

所以 $\rho(X,Z)=0$.

(3) 由于(X,Z)不一定服从二维正态分布，因此由$\rho(X,Z)=0$不能推出X与Z相互独立.

12.4.4 条件数学期望

在12.3节中，对二维随机变量(X,Y)，曾讨论过关于一个随机变量的条件概率问题，这里进一步讨论在一个变量取确定值的条件下另一个变量的数学期望，这种数学期望称为条件数学期望.

定义12-20 设(X,Y)为二维离散型随机变量，其分布为

$$P(X=x_i,Y=y_j)=p_{ij}(i,j=1,2,\cdots).$$

若级数$\sum_{j=1}^{\infty}y_jP(Y=y_j|X=x_i)$绝对收敛，则称其和$Y$为在$X=x_i$条件下的条件数学期望，记为$E(Y|x_i)$，即

$$E(Y|x_i)=\sum_{j=1}^{\infty}y_jP(Y=y_j|X=x_i).$$

由于$P(Y=y_j|X=x_i)=\dfrac{P(X=x_i,Y=y_j)}{P(X=x_i)}=\dfrac{p_{ij}}{p_{i\cdot}}$，其中$p_{i\cdot}=\sum_j p_{ij}$，因此上述条件期望亦可以表示为

$$E(Y|x_i)=\frac{1}{p_{i\cdot}}\sum_{j=1}^{\infty}y_jp_{ij}.$$

类似地，X在$Y=y_j$条件下的条件数学期望$E(X|y_j)$可以定义为

$$E(X|y_j)=\sum_{i=1}^{\infty}x_iP(X=x_i|Y=y_j)=\frac{1}{p_{\cdot j}}\sum_{i=1}^{\infty}x_ip_{ij},$$

其中，$p_{\cdot j}=\sum_i p_{ij}$.

【例题12-83】 设(X,Y)的分布密度为

X \ Y	0	1	2
3	0.1	0.1	0.2
4	0.2	0.3	0.1

，

求$E(Y|3)$，$E(X|1)$.

解：

$$E(Y|3)=\frac{1}{p_{1\cdot}}\sum_{j=1}y_jp_{1j}=\frac{1}{0.4}\times(0\times0.1+1\times0.1+2\times0.2)=1.25,$$

$$E(X|1)=\frac{1}{p_{\cdot 2}}\sum_{i=1}x_ip_{ij}=\frac{1}{0.4}\times(3\times0.1+4\times0.3)=3.75.$$

对于连续型二维随机变量，条件期望的定义如下：

定义12-21 设(X,Y)为二维连续型随机变量，Y在$X=x$条件下的条件密度函数为$f_{Y|X}(y|x)$，若积分$\int_{-\infty}^{+\infty}yf_{Y|X}(y|x)\mathrm{d}y$绝对收敛，则称其值为$Y$在$X=x$条件下的条件数学期望，记为$E(Y|x)$，即

$$E(Y|x)=\int_{-\infty}^{+\infty}yf_{Y|X}(y|x)\mathrm{d}y.$$

类似地,X 在 $Y=y$ 条件下的条件数学期望 $E(X|y)$ 可以定义为

$$E(X|y)=\int_{-\infty}^{+\infty}xf_{X|Y}(x|y)\mathrm{d}x.$$

由条件数学期望的定义知,对给定的 y 来讲,$E(X|y)$ 为一确定的数值,若以 $E(X|Y)$ 表示 Y 的函数:当 $Y=y$ 时,$E(X|Y)$ 的取值为 $E(X|y)$,则 $E(X|Y)$ 可看作随机变量的函数,因此它也是随机变量.

条件数学期望有下面重要性质:

(1)若 X,Y 相互独立,则 $E(X|Y)=E(X)$.

(2)$E[E(X|Y)]=E(X)$.

上面两条性质的证明留作习题,其中第二个等式常称为全数学期望公式,下面举例说明其应用.

【例题12-84】 一个工人负责调整 n 台同一类型的机床,n 台机床排列在一条直线上,彼此间的距离等于 a,假设每台机床需要调整的概率为 $\frac{1}{n}$,求该工人两次调整机床之间所走路程的平均值.

解:把机床从左到右标上号码:1,2,…,n,记 Y 为两次机床调整之间所走的路程,则 Y 为随机变量,下面求 $E(Y)$.

记 X 为前一次所调机床的号码,则 X 的分布为

X	1	2	…	k	…	n
p_k	$\frac{1}{n}$	$\frac{1}{n}$	…	$\frac{1}{n}$	…	$\frac{1}{n}$

.

下面求 $E(Y|j)$.易见在 $X=j$ 的条件下,Y 分布为

Y	$(j-1)a$	$(j-2)a$	…	$(j-j+1)a$	0	a	$2a$	…	$(n-j)a$
$P(Y=y_j\|j)$	$\frac{1}{n}$	$\frac{1}{n}$	…	$\frac{1}{n}$	$\frac{1}{n}$	$\frac{1}{n}$	$\frac{1}{n}$	…	$\frac{1}{n}$

,

从而有

$$E(Y|j)=\frac{(j-1)a}{n}+\frac{(j-2)a}{n}+\cdots+\frac{(n-j)a}{n}=\frac{a}{2n}[2j^2-2(n+1)j+n(n+1)],$$

故 $E(Y)=E[E(Y|X)]=\sum_{j=1}^{n}E(Y|j)P(X=j)$

$$=\sum_{j=1}^{n}\frac{a}{2n}[2j^2-2(n+1)j+n(n+1)]\frac{1}{n}=\frac{(n+1)(n-1)a}{3n}.$$

特别当 $n=1$ 时,$E(Y)=0$;当 $n=2$ 时,$E(Y)=\frac{a}{2}$.

习题 12.4

1. 设 X 的分布密度为

X	-1	0	0.5	1	2
p_k	$\frac{1}{3}$	$\frac{1}{6}$	$\frac{1}{6}$	$\frac{1}{12}$	$\frac{1}{4}$

，

求：(1) $E(X)$.

(2) $E(-X+1)$.

(3) $E(X^2)$.

2. 设 X 服从几何分布 $G(p)$，求 $E(X)$，$D(X)$.

3. 一批产品中有一等品、二等品、三等品、等外品及废品 5 种，相应的概率分别为 0.7、0.1、0.1、0.06 及 0.04，若其产值分别为 6 元、5.4 元、5 元、4 元及 0 元，求平均产值.

4. 某柜台上有 4 个售货员，并预备了 2 个台秤，若每个售货员在 1 h 内平均有 15 min 时间使用台秤，求一天 10 h 内，平均有多少时间台秤不够用.

5. 轮船横向摇摆的随机振幅 X 的密度函数为

$$f(x)=\begin{cases}Axe^{-\frac{x^2}{2\sigma^2}}, x>0,\\ 0, x\leqslant 0,\end{cases}$$

求：(1) A.

(2) $E(X)$.

(3) $E(X^2)$.

6. 某公司计划开发一种新产品市场，并试图确定该产品的产量. 他们估计出售一件产品可获利 m 元，而积压一件产品导致 n 元的损失. 再者，他们预测销售量 Y(件)服从指数分布，其概率密度为

$$f_Y(y)=\begin{cases}\frac{1}{\theta}e^{-y/\theta}, y>0,\\ 0, y\leqslant 0,\end{cases}$$

问：若要获得利润的数学期望最大，应生产多少件产品(m,n,θ 均为已知)？

7. 随机变量 Y 是另一个随机变量 X 的函数，并且 $Y=e^{\lambda X}(\lambda>0)$，若 $E(Y)$ 存在，求证对于任何实数 a 都有 $P(X\geqslant a)\leqslant e^{-\lambda a}E(e^{\lambda X})$.

8. 设某动物生 r 个蛋的概率是 $P(X=r)=\frac{\lambda^r}{r!}e^{-\lambda}(r=0,1,2,\cdots)$. 若每个蛋能育成小动物的概率是 p 且每个蛋能否育成小动物是相互独立的. 证明该动物的后代个数的数学期望为 λp.

9. 设 (X,Y) 的分布密度为

X \ Y	-1	0	1
1	0.2	0.1	0.1
2	0.1	0.0	0.1
3	0.0	0.3	0.1

，

求：(1) $E(\frac{Y}{X})$.

(2) $E(X-Y)^2$.

10. 证明：当 $k=E(X)$ 时，$E(X-k)^2$ 的值达到最小.

11. 设 (X,Y) 服从 A 上的均匀分布，其中 A 为由 x 轴、y 轴以及 $x+y+1=0$ 所围成的区域.

求：(1) $E(X)$.

(2) $E(-3X+2Y)$.

(3) $E(XY)$.

12. 设 X,Y 相互独立，其密度函数分别为

$$f_X(x)=\begin{cases}2x, & 0\leqslant x\leqslant 1,\\ 0, & \text{其他},\end{cases}\qquad f_Y(y)=\begin{cases}e^{-(y-5)}, & y>5,\\ 0, & y\leqslant 5,\end{cases}$$

求 $E(XY)$.

13. 某电路中的电流 $I(\mathrm{A})$ 与电阻 $R(\Omega)$ 是两个相互独立的随机变量，其概率密度分别为

$$g(i)=\begin{cases}2i, & 0\leqslant i\leqslant 1,\\ 0, & \text{其他},\end{cases}\qquad h(r)=\begin{cases}\dfrac{r^2}{9}, & 0\leqslant r\leqslant 3,\\ 0, & \text{其他},\end{cases}$$

试求：电压 $V=IR$ 的平均值.

14. 设二维随机变量 (X,Y) 服从以点 $(0,1)$，$(1,0)$，$(1,1)$ 为顶点的三角形区域上的均匀分布，求 $Z=X+Y$ 的方差.

15. 设 (X,Y) 的分布密度为

X \ Y	1	2
3	0.2	0.3
4	0.3	0.2

，

求：$D(X)$，$D(Y)$，$D(X+Y)$，$D(X-Y)$.

16. 设 X 密度函数为 $f(x)=\frac{1}{2}e^{-|x|}$，求 $D(X)$.

17. 设 $X_1,X_2,\cdots,X_n$ 相互独立，且均服从 $N(0,\sigma^2)$ 分布，求 $D(X_1^2+X_2^2+\cdots+X_n^2)$.

18. 设 (X,Y) 的密度函数为

$$f(x,y)=\frac{1}{2}[f_1(x,y)+f_2(x,y)],$$

其中,$f_1(x,y)$,$f_2(x,y)$都是二维正态密度函数,且它们对应的二维正态变量的相关系数分别为$\frac{1}{3}$和$-\frac{1}{3}$,它们的边缘密度函数所对应的随机变量的期望都是0,方差都是1.

(1)求随机变量X和Y的密度函数$f_X(x)$和$f_Y(y)$,以及相关系数ρ.

(2)问X和Y是否独立？为什么？

19.设$X_i\sim N(0,1)(i=1,2,3)$并且X_1,X_2,X_3相互独立,$\overline{X}=\frac{1}{3}\sum_{i=1}^{3}X_i$,$\overline{Y}=\sum_{i=1}^{3}(X_i-\overline{X})^2$,求$Cov(\overline{X},X_1)$,$E(Y)$.

20.设二维随机变量$(X,Y)\sim N(0,1;0,1;\rho)$,$Z=2X-2Y$.试问$\rho$至少为多大时,才能使$P(Z\leqslant 1)\geqslant 0.977$.

21.(1)设随机变量X_1,X_2,X_3,X_4相互独立,且有

$$EX_i=i,DX_i=5-i(i=1,2,3,4),$$

设$Y=2X_1-X_2+3X_3-\frac{1}{2}X_4$.求$E(Y)$,$D(Y)$.

(2)设随机变量X,Y相互独立,且$X\sim N(720,30^2)$,$Y\sim N(640,25^2)$.

求$Z_1=2X+Y$,$Z_2=X-Y$的分布,并求概率$P(X>Y)$,$P(X+Y>1\ 400)$.

22.设(X,Y)服从区域$D=\{(x,y)\mid 0\leqslant x\leqslant 1,0\leqslant y\leqslant x\}$上的均匀分布,求协方差$Cov(X,Y)$和相关系数$\rho_{XY}$.

23.设X,Y不相关,证明:

(1)$E(XY)=E(X)E(Y)$.

(2)$D(X\pm Y)=D(X)+D(Y)$.

24.设(X,Y)的分布密度为

X \ Y	-1	0	1
-1	$\frac{1}{8}$	$\frac{1}{8}$	$\frac{1}{8}$
0	$\frac{1}{8}$	0	$\frac{1}{8}$
1	$\frac{1}{8}$	$\frac{1}{8}$	$\frac{1}{8}$

,

验证X,Y不相关,但X,Y不是相互独立的.

25.设(X,Y)的概率密度函数为

$$f(x,y)=\begin{cases}\dfrac{6}{(x+y+1)^2}, & x>0,y>0,\\ 0, & \text{其他},\end{cases}$$

(1)求 $E(X|y)$.

(2)验证 $E[E(X|Y)]=E(X)$.

26.若连续型随机变量 X 的密度函数为

$$f(x)=\begin{cases}ax^2+bx+c, 0<x<1,\\ 0, 其他,\end{cases}$$

且已知 $E(X)=0.5, D(X)=0.15$，求系数 a,b,c.

12.5　大数定律与中心极限定理

本节主要讨论以下两个问题：

(1)多个随机变量的算术平均值与其数学期望以及方差之间的关系.

(2)怎样用正态分布对多个随机变量的和的分布作近似计算.

12.5.1　切比雪夫不等式

设随机变量 X 的数学期望及方差均存在，则对任何正数 ε，下面不等式成立：

$$P(|X-E(X)|\geqslant\varepsilon)\leqslant\frac{D(X)}{\varepsilon^2} \text{ 或 } P(|X-E(X)|<\varepsilon)\geqslant1-\frac{D(X)}{\varepsilon^2}.$$

以上两个不等式称为切比雪夫不等式，当对某随机变量只知其期望和方差而不知其分布时，切比雪夫不等式可对有关概率作以粗略估计.

下面就 X 为连续型随机变量对切比雪夫不等式作出证明：

$$\begin{aligned}P(|x-E(X)|\geqslant\varepsilon)&=\int_{|x-E(X)|\geqslant\varepsilon}f(x)\,\mathrm{d}x\\&\leqslant\int_{|x-E(X)|\geqslant\varepsilon}\frac{|x-E(X)|^2}{\varepsilon^2}f(x)\,\mathrm{d}x\\&\leqslant\frac{1}{\varepsilon^2}\int_{-\infty}^{+\infty}[x-E(X)]^2f(x)\,\mathrm{d}x=\frac{D(X)}{\varepsilon^2}\end{aligned}$$

【例题 12-85】　设 X 的期望为 a，方差为 σ^2，证明 $P(|X-a|<3\sigma)\geqslant\frac{8}{9}$.

证明：取 $\varepsilon=3\sigma$，由切比雪夫不等式知

$$P(|X-a|<3\sigma)\geqslant1-\frac{\sigma^2}{(3\sigma)^2}=\frac{8}{9}.$$

本例中只是知道 X 的两个数字特征，不管 X 服从任何分布，上述关系总是成立的.

【例题 12-86】　设随机变量 $X\sim B(n,p)$，试用切比雪夫不等式证明：

$$P(|X-np|\geqslant\sqrt{n})\leqslant\frac{1}{4}\ .$$

证明：由于 X 服从二项分布，故

$$E(X)=np, D(X)=np(1-p),$$

$$P(|X-np|\geqslant\sqrt{n})=P(|X-E(X)|\geqslant\sqrt{n})\leqslant\frac{D(X)}{n}=p(1-p)\leqslant\frac{1}{4}\ .$$

12.5.2 大数定律

切比雪夫大数定律：设 $X_1,X_2,\cdots,X_n,\cdots$ 是相互独立的随机变量序列，$E(X_1),E(X_2),\cdots,E(X_n),\cdots$ 以及 $D(X_1),D(X_2),\cdots,D(X_n),\cdots$ 均存在，且有正数 K，使 $D(X_i)\leqslant K(i=1,2,\cdots,n,\cdots)$，则对任意的正数 ε，有

$$\lim_{n\to\infty}P\left(\left|\frac{1}{n}\sum_{i=1}^{n}X_i-\frac{1}{n}\sum_{i=1}^{n}E(X_i)\right|<\varepsilon\right)=1.$$

证明：将 $\frac{1}{n}\sum_{i=1}^{n}X_i$ 看作一个随机变量，则

$$E\left(\frac{1}{n}\sum_{i=1}^{n}X_i\right)=\frac{1}{n}\sum_{i=1}^{n}E(X_i),\ D\left(\frac{1}{n}\sum_{i=1}^{n}X_i\right)=\frac{1}{n^2}\sum_{i=1}^{n}D(X_i)\leqslant\frac{K}{n}.$$

对 $\frac{1}{n}\sum_{i=1}^{n}X_i$ 应用切比雪夫不等式得

$$P\left(\left|\frac{1}{n}\sum_{i=1}^{n}X_i-\frac{1}{n}\sum_{i=1}^{n}E(X_i)\right|<\varepsilon\right)\geqslant1-\frac{D\left(\frac{1}{n}\sum_{i=1}^{n}X_i\right)}{\varepsilon^2}\geqslant1-\frac{K}{n\varepsilon^2},$$

从而

$$\lim_{n\to\infty}P\left(\left|\frac{1}{n}\sum_{i=1}^{n}X_i-\frac{1}{n}\sum_{i=1}^{n}E(X_i)\right|<\varepsilon\right)=1.$$

伯努利大数定律：设 n_A 为 n 次重复独立试验中事件 A 发生的次数，p 为 A 在一次试验中发生的概率，则对任意正数 ε，有 $\lim\limits_{n\to\infty}P\left(\left|\frac{n_A}{n}-p\right|<\varepsilon\right)=1$.

证明：记 $X_i=\begin{cases}0,\text{在第 }i\text{ 次试验中 }A\text{ 不发生},\\1,\text{在第 }i\text{ 次试验中 }A\text{ 发生},\end{cases}$ 则 $X_1,X_2,\cdots,X_n,\cdots$ 相互独立，$E(X_i)=p$，$D(X_i)=p(1-p)$，$n_A=X_1+X_2+\cdots+X_n$，由切比雪夫定律知：

$$\lim_{n\to\infty}P\left(\left|\frac{1}{n}\sum_{i=1}^{n}X_i-p\right|<\varepsilon\right)=1,\quad\text{即}\quad\lim_{n\to\infty}P\left(\left|\frac{n_A}{n}-p\right|<\varepsilon\right)=1.$$

$\frac{n_A}{n}$ 是事件 A 发生的频率；p 是 A 发生的概率，伯努利大数定律表明，当试验次数很多时，事件 A 的频率与概率出现较大偏差的可能性是很小的.该特征常称为频率的稳定性.

切比雪夫大数定律要求 $X_1,X_2,\cdots,X_n,\cdots$ 的方差 $D(X_1),D(X_2),\cdots,D(X_n),\cdots$ 均存在，在 $X_1,X_2,\cdots,X_n,\cdots$ 独立同分布的情况下，这一要求不是必要的.

辛钦大数定律：设 $X_1,X_2,\cdots,X_n,\cdots$ 为独立同分布随机变量序列，$E(X_i)=a$，ε 为一正数，则有

$$\lim_{n\to\infty}P\left(\left|\frac{1}{n}\sum_{i=1}^{n}X_i-a\right|<\varepsilon\right)=1.$$

若某一量的真值为 a（未知），对该量测量的次数为 n，通常来讲，n 次测量的结果 X_1，

$X_2,\cdots,X_n,\cdots$为相互独立且服从同一分布的随机变量,且$E(X_i)=a$.上述推论表明:当测量次数较多时,用n次测量的算术平均值作为a的近似值,其误差大于ε的概率是很小的.

12.5.3 中心极限定理

在许多应用问题中经常要用到多个随机变量和的分布,例如,抽验产品时,人们关心的往往是总的次品数;在估计产品的平均寿命时,要用到寿命之和的分布等.然而,要精确地求出多个随机变量和的分布,通常不是一件轻松的事,在许多情况下,也没有必要求出其精确的分布.下面两个定理给出了近似地计算随机变量和的分布的一般方法.

独立同分布中心极限定理(列维-林德伯格定理):设$X_1,X_2,\cdots,X_n,\cdots$是相互独立且服从同一分布的随机变量序列,$E(X_i)=a,D(X_i)=\sigma^2$,则对任意实数$x$有

$$\lim_{n\to\infty}P\left(\frac{1}{\sqrt{n}\sigma}\sum_{i=1}^{n}(X_i-a)\leqslant x\right)=\int_{-\infty}^{x}\frac{1}{\sqrt{2\pi}}e^{-\frac{x^2}{2}}dx=\Phi(x).$$

本定理说明:当n较大时,随机变量$\frac{1}{\sqrt{n}\sigma}\sum_{i=1}^{n}(X_i-a)$近似地服从标准正态分布.

【例题12-87】 对某目标进行100次炮击,设每次炮击中炮弹命中颗数的期望为2,标准差为1.5.求在100次炮击中,有180~220颗炮弹命中目标的概率.

解:设X_k为第k次炮击中命中目标的炮弹颗数($k=1,2,\cdots,100$),那么在100次炮击中,总的命中颗数为$\sum_{i=1}^{100}X_i$,而$X_1,X_2,\cdots,X_{100}$为相互独立且服从同一分布的随机变量序列,则$E(X_i)=2,D(X_i)=1.5^2(k=1,2,\cdots,100)$.

所求概率为 $P(180\leqslant\sum_{i=1}^{100}X_i\leqslant 220)$

$$=P\left(\frac{180-200}{\sqrt{100}\times 1.5}\leqslant\frac{\sum_{i=1}^{100}(X_i-2)}{\sqrt{100}\times 1.5}\leqslant\frac{220-200}{\sqrt{100}\times 1.5}\right)$$

$$\approx P\left(-1.33\leqslant\frac{\sum_{i=1}^{100}(X_i-2)}{15}\leqslant 1.33\right)\approx 2\Phi(1.33)-1=0.8164.$$

若在上述定理中加上条件:$X_1,X_2,\cdots,X_n,\cdots$均服从0-1分布,令$Y_n=\sum_{i=1}^{n}X_i$,则$Y_n$服从二项分布$B(n,p)$,因此有如下结论:

隶莫佛-拉普拉斯中心极限定理:设随机变量Y_n服从二项分布$B(n,p)$,其中$n=1,2,\cdots,0<p<1$,则对任一实数x有

$$\lim_{n\to\infty}P\left(\frac{Y_n-np}{\sqrt{np(1-p)}}\leqslant x\right)=\int_{-\infty}^{x}\frac{1}{\sqrt{2\pi}}e^{-\frac{x^2}{2}}dx.$$

【例题12-88】 对于一个学生而言,来参加家长会的家长人数是一个随机变量,设一

个学生无家长、1 名家长、2 名家长来参加会议的概率分别为 0.05、0.8、0.15.若学校共有 400 名学生,设各学生参加家长会的家长总数相互独立,且服从同一分布,求:

(1)参加会议的家长总数 X 超过 450 的概率.

(2)有 1 名家长来参加会议的学生数不多于 340 的概率.

解:(1)以 $X_k(k=1,2,\cdots,400)$ 表示第 k 个学生来参加会议的家长数,则 X_k 的分布律为

X_k	0	1	2
p_j	0.05	0.8	0.15

,

易知 $E(X_k)=1.1, D(X)=0.19(k=1,2,\cdots,400)$,而 $X=\sum_{k=1}^{400}X_k$,由独立同分布中心极限定理知 $\dfrac{\sum_{k=1}^{400}X_k-400\times1.1}{\sqrt{400}\sqrt{0.19}}=\dfrac{X-400\times1.1}{\sqrt{400}\sqrt{0.19}}$近似服从正态分布 $N(0,1)$,于是有

$$P(X>450)=P\left(\frac{X-400\times1.1}{\sqrt{400}\sqrt{0.19}}>\frac{450-400\times1.1}{\sqrt{400}\sqrt{0.19}}\right)$$

$$=1-P\left(\frac{X-400\times1.1}{\sqrt{400}\sqrt{0.19}}\leqslant1.147\right)\approx1-\Phi(1.147)=0.1257.$$

(2)记 Y 为有 1 名家长来参加会议的学生数,则 $Y\sim B(400,0.8)$,所求概率为

$$P(Y\leqslant340)=P\left(\frac{Y-400\times0.8}{\sqrt{400\times0.8\times0.2}}\leqslant\frac{340-400\times0.8}{\sqrt{400\times0.8\times0.2}}\right)$$

$$=P\left(\frac{Y-400\times0.8}{\sqrt{400\times0.8\times0.2}}\leqslant2.5\right)=\Phi(2.5)=0.9938.$$

习题 12.5

1.随机地掷 4 颗骰子,利用切比雪夫不等式估计:4 颗骰子出现的点数总和在 10~18 点的概率.

2.设随机变量 X,Y 的期望分别为$-2,2$;方差分别为 1,4;而相关系数为-0.5,根据切比雪夫不等式,估计 $P(|X|\geqslant6)$的范围.

3.设各零件的质量都是随机变量,它们相互独立,且服从相同的分布,其数学期望为 0.5 kg,标准差为 0.1 kg,问 5 000 只零件的总质量超过 2 510 kg 的概率是多少?

4.计算机在进行加法时每个加数取整数(取最为接近于它的整数),设所有的取整误差是相互独立的,且它们在$[-0.5,0.5]$上服从均匀分布.

(1)若将 1 500 个数相加,问误差总和的绝对值超过 15 的概率是多少?

(2)最多几个数加在一起可使得误差总和的绝对值小于 10 的概率不超过 90%?

5.从装有 3 只白球与 1 只黑球的袋中,有放回地抽取 n 个球,设 m 是取到白球的总次

数,问 n 至少为多大时能保证 $P\left(\left|\frac{m}{n}-\frac{3}{4}\right|\leqslant 0.01\right)\geqslant 0.996$?

6.某车间有同类型的机器 400 台,每台机器工作时需要的电功率为 QW,由于工艺关系,每台机器并不连续开动,开动时间只占工作总时间的 75%.问应供应多少瓦电力才能以 99%的概率保证有足够的电功率?这里假定各台机器的停、开是相互独立的.

7.一食品店有 3 种蛋糕出售,由于售出哪一种蛋糕是随机的,因而售出一只蛋糕的价格是一个随机变量,它取 1 元、1.2 元、1.5 元各个值的概率分别为 0.3、0.2、0.5.若售出 300 只蛋糕.

(1)求收入至少 400 元的概率.

(2)求售出价格为 1.2 元的蛋糕多于 60 只的概率.

8.设电站供电网由 10 000 盏电灯,夜晚每盏灯开灯的概率都是 0.7,假定开、关时间彼此独立:

(1)用切比雪夫不等式,估计夜晚同时开着的灯数在 6 800~7 200 的概率.

(2)用中心极限定理,计算夜晚同时开着的灯数在 6 800~7 200 的概率.

12.6 Matlab 在概率论中的应用

12.6.1 关于二项分布的常用命令

设 $X\sim B(n,p)$,Matlab 关于二项分布的命令:

命令格式 1:binocdf(x-1,n,p)

功能:计算概率 $P(X<x)$.

命令格式 2:binocdf(x,n,p)

功能:计算概率 $P(X\leqslant x)$.

【例题 12-89】 生产某种产品的废品率为 0.1,抽取 20 件产品,初步检查已发现有 2 件废品,问这 20 件产品中,废品不少于 3 件的概率.

解:设抽取 20 件产品中废品的个数为 X,则 $X\sim B(20,0.1)$,由于初步检查已发现有 2 件废品,说明已知 20 件产品中废品数 $X\geqslant 2$,因此所求是在事件$\{X\geqslant 2\}$发生的前提下,事件$\{X\geqslant 3\}$再发生的条件概率.于是

$$P(X\geqslant 3|X\geqslant 2)=\frac{P(\{X\geqslant 3\}\cap\{X\geqslant 2\})}{P(X\geqslant 2)}=\frac{P(X\geqslant 3)}{P(x\geqslant 2)}.$$

令 $p=P(X\geqslant 3|X\geqslant 2)$,输入命令:

```
>> p=(1-binocdf(2,20,0.1))/(1-binocdf(1,20,0.1))
p =
    0.531 1
```

12.6.2 二项分布的 p 分位数的调用格式

命令格式:binoinv(p,n,p_1)

功能:求 n 满足 $P(X \leqslant n)=p$.

【例题 12-90】 某工厂生产的产品中废品率为 0.005,任意取出 1 000 件,计算:

(1)其中至少 2 件废品的概率.

(2)其中不超过 5 件废品的概率.

(3)能以 0.9 以上的概率保证废品件数不超过多少?

解:用 X 表示取出的 1 000 件中的废品数,则 $X \sim B(1\,000, 0.005)$.

(1)所求概率为 $P(X \geqslant 2)=1-P(X \leqslant 1)$,输入命令:

```
>> p1 = 1-binocdf(1,1000,0.005)
p1 =
    0.959 9
```

所以,其中至少两件废品的概率为 0.959 9.

(2)所求概率为 $P(X \leqslant 5)$,输入命令:

```
>> p2 = binocdf(5,1000,0.005)
p2 =
    0.6160
```

所以,其中不超过 5 件废品的概率为 0.616 0.

(3)由题意,求 n 满足 $P(X \leqslant n)=0.9$,输入命令:

```
>> n = binoinv(0.9,1000,0.005)
n =
     8
```

所以,能以 0.9 以上的概率保证废品件数不超过 8 件.

习题 12.6

1.一张考卷上有 5 道选择题,每道题列出 4 个可能答案,其中只有一个答案是正确的,某学生靠猜测至少能答对 4 道题的概率是多少?

2.某城市大学录取率为 40%,求 20 个参加高考的中学生中至少有 10 人被录取的概率.

3.在次品率为 5%的产品中,任意抽取 200 件,计算抽取的次品数超过 18 件的概率.

4.有一批数量较大的产品,次品率为 10%,从中任意连续取出 4 件,求不超过 3 件次品的概率.

课外阅读

1 概率的起源

概率论是一门研究随机现象的统计规律的数学学科.它起源于 17 世纪中叶,当时刺激数学家们首先思考概率论的问题是来自赌博者的问题.费马、帕斯卡、惠更斯对这个问题进行了首先的研究与讨论,科尔莫戈罗夫等数学家对它进行了公理化.后来,社会和工程技术问题的需要,促使概率论不断发展,隶莫弗、拉普拉斯、高斯等著名数学家对这方面内容进行了研究.

三四百年前在欧洲许多国家,贵族之间盛行赌博之风.掷骰子是他们常用的一种赌博方式.因骰子的形状为小正方体,当它被掷到桌面上时,每个面向上的可能性是相等的,即出现1~6点中任何一个点数的可能性是相等的.有的参赌者就想:如果同时掷两颗骰子,则点数之和为9与点数之和为10,哪种情况出现的可能性较大?17世纪中叶,法国有1位热衷于掷骰子游戏的贵族德·梅耳发现了这样的事实:将1枚骰子连掷4次至少出现1个6点的机会比较多,而同时将两枚骰子掷24次,至少出现1次双6的机会却很少.这是什么原因呢?后人称此为著名的德·梅耳问题.

2 数学家们参与赌博

又有人提出了"分赌注问题":两个人决定赌若干局,事先约定谁先赢得5局便算赢家.如果在一个人赢3局,另一个人赢4局时因故终止赌博,应如何分赌本?诸如此类的需要计算可能性大小的赌博问题提出了不少,但他们自己无法给出答案.参赌者将他们遇到的上述问题请教当时法国数学家帕斯卡,帕斯卡接受了这些问题,他没有立即回答,而把它交给另一位法国数学家费马.他们频频通信,互相交流,围绕着赌博中的数学问题开始了深入、细致的研究.后来,这些问题被来到巴黎的荷兰科学家惠更斯获悉,回荷兰后,他独立地进行研究.帕斯卡和费马两人一边亲自做赌博试验,一边仔细分析计算赌博中出现的各种问题,终于完整地解决了"分赌注问题".他们将此题的解法向更一般的情况推广,从而建立了概率论的一个基本概念——数学期望,这是描述随机变量取值的平均水平的一个量.

3 概率论的初步形成

惠更斯经过多年的潜心研究,解决了掷骰子中的一些数学问题.1657年,他将自己的研究成果写成了专著《论掷骰子游戏中的计算》.这本书迄今为止被认为是关于概率论的最早的论著.因此,可以说早期概率论的真正创立者是帕斯卡、费马和惠更斯.这一时期被称为组合概率时期,计算各种古典概率.在他们之后,对概率论这一学科做出贡献的是瑞士数学家族——伯努利家族的几位成员.雅可布·伯努利在前人研究的基础上,继续分析赌博中的其他问题,给出了"赌徒输光问题"的详尽解法,并证明了被称为"大数定律"的一个定理,这是研究等可能性事件的古典概率论中的极其重要的结果.大数定律证明的发现过程是极其困难的,他做了大量的试验计算,首先猜想到这一事实,然后为了完善这一猜想的证明,雅可布花了20年的时光.雅可布将他的全部心血倾注到这一数学研究之中,从中发展了不少新方法,取得了许多新成果,终于将此定理证实.

4 伯努利家族

伯努利家族在科学史上,父子科学家、兄弟科学家并不鲜见,然而在一个家族跨世纪的几代人中,众多父子兄弟都是科学家的较为罕见,其中瑞士的伯努利(也译作贝努利、伯努里)家族最为突出.伯努利家族3代人中有8位科学家,出类拔萃的至少有3位;而在他们一代又一代的众多子孙中,至少有一半相继成为杰出人物.伯努利家族的后裔有不少于120位被人们系统地追溯过,他们在数学、科学、技术、工程乃至法律、管理、文学、艺术等方面享有名望,有的甚至声名显赫.最不可思议的是这个家族中有两代人,他们中的大多数数学家,并非有意选择数学为职业,然而却忘情地沉溺于数学之中,有人调侃他们就像酒鬼碰到了烈酒.

5 老尼古拉·伯努利

老尼古拉·伯努利:(Nicolaus Bernoulli,1623—1708)生于巴塞尔,受过良好教育,曾在当地政府和司法部门任高级职务.他有3个有成就的儿子.其中,长子雅各布(Jocob,1654—1705)和第三个儿子约翰(Johann,1667—1748)成为著名的数学家,第二个儿子小尼古拉(Nicolaus I,1662—1716)在成为彼得堡科学院数学界的一员之前,是伯尔尼的第一个法律学教授.

6 雅各布·伯努利

1654年12月27日,雅各布·伯努利生于巴塞尔,毕业于巴塞尔大学,1671年17岁时获艺术硕士学位.这里的艺术指“自由艺术”,包括算术、几何学、天文学、数理音乐和文法、修辞、雄辩术共7大门类.他自学了数学和天文学.1676年,他到日内瓦做家庭教师.1687年,雅各布在《教师学报》上发表数学论文“用两相互垂直的直线将三角形的面积四等分的方法”,同年成为巴塞尔大学的数学教授,1699年,雅各布当选为巴黎科学院外籍院士;1701年被柏林科学协会(后为柏林科学院)接纳为会员,直至1705年8月16日逝世.许多数学成果与雅各布的名字相联系.例如悬链线问题(1690年)、曲率半径公式(1694年)、“伯努利双纽线”(1694年)、“伯努利微分方程”(1695年)、“等周问题”(1700年)等.雅各布对数学最重大的贡献是在概率论研究方面.他从1685年起发表关于赌博游戏中输赢次数问题的论文,后来写成巨著《猜度术》,这本书在他死后8年,即1713年才得以出版.

7 约翰·伯努利

雅各布·伯努利的弟弟约翰·伯努利比哥哥小13岁,1667年8月6日生于巴塞尔,1748年1月1日卒于巴塞尔,享年81岁.约翰于1685年18岁时获巴塞尔大学艺术硕士学位,1690年获医学硕士学位,1694年又获得博士学位.但他发现他骨子里的兴趣是数学.他一直向雅各布学习数学,并颇有造诣.1695年,28岁的约翰取得了他的第一个学术职位——荷兰格罗宁根大学数学教授.10年后的1705年,约翰接替去世的雅各布任巴塞尔大学数学教授.同他的哥哥一样,他也当选为巴黎科学院外籍院士和柏林科学协会会员.1712年、1724年和1725年,他还分别当选为英国皇家学会、意大利波伦亚科学院和彼得堡科学院的外籍院士.约翰的数学成果比雅各布还要多.例如解决悬链线问题(1691年),提出洛必达法则(1694年)、最速降线(1696年)和测地线问题(1697年),给出求积分的变量替换法(1699年),研究弦振动问题(1727年),出版《积分学教程》(1742年)等.约翰的另一大功绩是培养了一大批出色的数学家,其中包括18世纪最著名的数学家欧拉、瑞士数学家克莱姆、法国数学家洛必达,以及他自己的儿子丹尼尔和侄子尼古拉二世等.

8 丹尼尔·伯努利

丹尼尔·伯努利:(Daniel Bernoulli, 1700—1782)瑞士物理学家、数学家、医学家.

1700年2月8日生于荷兰格罗宁根.著名的伯努利家族中最杰出的一位.他是数学家约翰·伯努利的次子,曾在海得尔贝格、斯脱思堡和巴塞尔等大学学习哲学、伦理学、医学.1721年取得医学硕士学位.1725年,25岁的丹尼尔受聘为圣彼得堡的数学教授.1727年,20岁的欧拉(后人将他与阿基米德、牛顿、高斯并列为数学史上的"四杰")到圣彼得堡成为丹尼尔的助手.1734年,丹尼尔荣获巴黎科学院奖金,以后又10次获得该奖金.能与丹尼尔媲美的只有大数学家欧拉.丹尼尔和欧拉保持了近40年的学术通信,在科学史上留下了一段佳话.丹尼尔于1747年当选为柏林科学院院士,1748年当选为巴黎科学院院士,1750年当选为英国皇家学会会员.他一生获得过多项荣誉称号.

学习项目13 数理统计

数理统计以概率论为理论基础，利用观测随机现象所得到的数据来选择、构造数学模型，对研究对象的客观规律性做出种种合理性的估计、判断和预测，为决策者提供理论依据. 数理统计的内容很丰富，这里我们主要介绍数理统计的基本概念，包括参数估计、假设检验、方差分析和回归分析.

13.1 统计量

13.1.1 总体与样本

13.1.1.1 总体、个体

在数理统计中，我们把所研究的全部元素组成的集合称为总体，而把组成总体的每个元素称为个体.

例如：在研究某批灯泡的平均寿命时，该批灯泡的全体就组成了总体，而其中每个灯泡就是个体；在研究某校男生的身高和体重的分布情况时，该校的全体男生组成了总体，而每个男生就是个体.

但对于具体问题，由于我们关心的不是每个个体的种种具体特性，而是它的某一项或几项数量指标 X（可以是向量）和该数量指标 X 在总体的分布情况. 在上述例子中，X 表示灯泡的寿命或男大学生的身高和体重. 在试验中，抽取了若干个个体就观察到了 X 的这样或那样的数值，因而这个数量指标 X 是一个随机变量（或向量），而 X 的分布就完全描写了总体中我们所关心的那个数量指标的分布状况. 由于我们关心的正是这个数量指标，因此我们以后就把总体和数量指标 X 可能取值的全体组成的集合等同起来.

定义 13-1 把研究对象的全体（通常为数量指标 X 可能取值的全体组成的集合）称为总体，总体中的每个元素称为个体.

总体和随机变量对应，对总体的研究，就是对相应的随机变量 X 的分布的研究，所谓总体的分布也就是它对应的随机变量 X 的分布，因此 X 的分布函数和数字特征分别称为总体的分布函数和数字特征. 今后将不区分总体与相应的随机变量，笼统称为总体 X. 根据总体中所包括个体的总数，将总体分为有限总体和无限总体.

例如，考察一块试验田中小麦穗的质量：

X = 所有小麦穗质量的全体（个体数量很大，可以看成无限总体），对应的分布为正态分布.

13.1.1.2 样本

为了对总体的分布进行各种研究，就必须对总体进行抽样观察.

抽样为从总体中按照一定的规则抽出一部分个体的行动.

一般地,我们都是从总体中抽取一部分个体进行观察,然后根据观察所得数据来推断总体的性质. 按照一定规则从总体 X 中抽取的一组个体 $X_1,X_2,\cdots,X_n$ 称为总体的一个样本,显然,样本为一组随机变量(向量).

为了能更好地得到总体的信息,需要进行多次重复、独立的抽样观察(一般进行 n 次),若对抽样要求:

(1)代表性:每个个体被抽到的机会一样,保证了 $X_1,X_2,\cdots,X_n$ 的分布相同,与总体一样.

(2)独立性:$X_1,X_2,\cdots,X_n$ 相互独立.

符合"代表性"和"独立性"要求的样本$(X_1,X_2,\cdots,X_n)$称为简单随机样本. 易知,对有限总体而言,有放回的随机样本为简单随机样本,无放回的抽样不能保证 $X_1,X_2,\cdots,X_n$ 的独立性;但对无限总体(或总体包含的个体数目非常大时)而言,无放回随机抽样也得到简单随机样本,本书主要研究简单随机样本.

对样本的每一次观察都得到一组数据$(x_1,x_2,\cdots,x_n)$,称为样本值. 综上,给出如下定义:

定义 13-2 设总体 X 的分布函数为 $F(x)$,若 $X_1,X_2,\cdots,X_n$ 是具有同一分布函数 $F(x)$的相互独立的随机变量,则称$(X_1,X_2,\cdots,X_n)$为从总体 X 中得到的容量为 n 的简单随机样本,简称样本. 把它们的观察值$(x_1,x_2,\cdots,x_n)$称为样本值.

13.1.2 样本的分布

设总体 X 的分布函数为 $F(x)$,$(X_1,X_2,\cdots,X_n)$是 X 的一个样本,则其联合分布函数为

$$F^*(x_1,x_2,\cdots,x_n)=\prod_{i=1}^{n}F(x_i). \tag{13-1}$$

例如,总体 $X\sim B(1,p)$,$(X_1,X_2,\cdots,X_n)$为其一个简单随机样本,则样本空间为

$$\Omega=\{(x_1,x_2,\cdots,x_n)\mid x_i=0,1;i=1,2,\cdots,n\}.$$

因为 $P\{X=x\}=p^x\cdot(1-p)^{1-x},x=0,1$,所以样本的联合分布律为

$$\begin{aligned}P\{X_1=x_1,X_2=x_2,\cdots,X_n=x_n\}&=P\{X_1=x_1\}P\{X_2=x_2\}\cdots P\{X_n=x_n\}\\&=p^{x_1}(1-p)^{1-x_1}p^{x_2}(1-p)^{1-x_2}\cdots p^{x_n}(1-p)^{1-x_n}\quad(x_i=0,1;i=1,2,\cdots,n).\end{aligned}$$

13.1.3 统计量

有了总体和样本的概念,能否直接利用样本来对总体进行推断呢? 一般来说是不能的,需要根据研究对象的不同,构造出样本的各种不同函数,然后利用这些函数对总体的性质进行统计推断,为此我们首先介绍数理统计的另一重要概念——统计量.

定义 13-3 设$(X_1,X_2,\cdots,X_n)$是来自总体 X 的一个样本,$g(X_1,X_2,\cdots,X_n)$是样本的函数,若 g 中不含任何未知参数,则称 $g(X_1,X_2,\cdots,X_n)$是一个统计量.

设$(x_1,x_2,\cdots,x_n)$是对应于样本$(X_1,X_2,\cdots,X_n)$的样本值,则称 $g(x_1,x_2,\cdots,x_n)$是 $g(X_1,X_2,\cdots,X_n)$的观察值.

从定义可以看出,统计量是随机变量,下面列出几个常用的统计量.

13.1.3.1　**样本均值与样本方差**

定义 13-4　设$(X_1,X_2,\cdots,X_n)$是来自总体X的一个样本,称$\overline{X}=\frac{1}{n}\sum_{i=1}^{n}X_i$为样本均值.

$$S^2=\frac{1}{n-1}\sum_{i=1}^{n}(X_i-\overline{X})^2=\frac{1}{n-1}\left(\sum_{i=1}^{n}X_i{}^2-n\overline{X}{}^2\right) \tag{13-2}$$

为样本方差.

$$S=\sqrt{S^2}=\sqrt{\frac{1}{n-1}\sum_{i=1}^{n}(X_i-\overline{X})^2} \tag{13-3}$$

为样本标准差.

13.1.3.2　**样本矩**

首先介绍随机变量的矩这一概念.

定义 13-5　设X为一个随机变量,则称$m_k=E(X^k)$(假设它存在)为总体X的k阶原点矩,称$\mu_k=E[(X-E(X))^k]$为总体X的k阶中心矩.特别地:$m_1=E(X)$,$\mu_2=D(x)$是X的期望和方差.

把总体的各阶中心矩和原点矩统称为总体矩.

定义 13-6　设$(X_1,X_2,\cdots,X_n)$是来自总体X的一个样本,则称:

$A_k=\frac{1}{n}\sum_{i=1}^{n}X_i^k(k=1,2,3,\cdots)$为样本的$k$阶原点矩(随机变量);

$B_k=\frac{1}{n}\sum_{i=1}^{n}(X_i-\overline{X})^k(k=1,2,3,\cdots)$为样本值的$k$阶中心矩(随机变量).

特别地,$A_1=\overline{X}$,但B_2与S^2却不同,由S^2与B_2的计算式可知:

$$B_2=\frac{n-1}{n}S^2.$$

设$(x_1,x_2,\cdots,x_n)$为样本$(X_1,X_2,\cdots,X_n)$的观测值,则样本矩对应的观测值分别为

$$\bar{x}=\frac{1}{n}\sum_{i=1}^{n}x_i;$$

$$s^2=\frac{1}{n-1}\sum_{i=1}^{n}(x_i-\bar{x})^2,s=\sqrt{s^2}=\sqrt{\frac{1}{n-1}\sum_{i=1}^{n}(x_i-\bar{x})^2};$$

$$a_k=\frac{1}{n}\sum_{i=1}^{n}x_i^k,b_k=\frac{1}{n}\sum_{i=1}^{n}(x_i-\bar{x})^k(k=1,2,3,\cdots).$$

在不至于混淆的情况下,这些值也分别称为样本均值、样本方差、样本标准差、样本k阶原点矩、样本k阶中心矩.

习题 13.1

1. 设总体$X\sim N(\mu,\sigma^2)$,X_1,X_2,X_3,X_4是正态总体X的一个样本,X为样本均值,S^2

为样本方差,若μ为未知参数且σ为已知参数,下列随机变量是否为统计量?

(1) $X_1 - X_2 + X_3$.　　(2) $2X_3 - \mu$.

(3) $\frac{\overline{X} - \mu}{S}\sqrt{3}$.　　(4) $\frac{4(\overline{X} - \mu)^2}{S^2}$.

(5) $\frac{3S^2}{\sigma^2}$.　　(6) $\frac{1}{\sigma}(X_2 - X)$.

2. 使用一测量仪器对同一轴的直径进行 12 次独立测量,其结果为(单位:mm)

232.50	232.48	232.15	232.53	232.45	232.48
232.05	232.45	232.60	232.30	232.30	232.47

试求$\bar{x}$,S^2.

3. 试推导样本方差 $S^2 = \frac{1}{n-1}\sum_{i=1}^{n}(X_i^2 - \bar{X})^2$ 的简化公式:

$$S^2 = \frac{1}{n-1}\left(\sum_{i=1}^{n} X_i^2 - n\overline{X}^2\right).$$

13.2 统计量的分布

统计量是我们对总体的分布函数或数字特征进行统计推断的重要基本概念,所以寻求统计量的分布是数理统计的基本问题之一.我们把统计量的分布称为抽样分布.常用的统计量的分布有χ^2分布、t分布、F分布,统称为"三大抽样分布".

13.2.1 样本均值的分布

在实际问题中,大多总体都服从正态分布:而对于正态总体,由正态分布的性质,容易得到如下结论:

若$(X_1, X_2, \cdots, X_n)$是来自总体$X \sim N(\mu, \sigma^2)$的一个样本,$\overline{X}$为样本均值,则

$$\overline{X} \sim N\left(\mu, \frac{\sigma^2}{n}\right), \frac{\overline{X} - \mu}{\sigma/\sqrt{n}} \sim N(0,1).$$

由上述结论可知:$\overline{X}$的期望与X的期望相同,而$\overline{X}$的方差却比X的方差小得多,即$\overline{X}$的取值将更向μ集中.

13.2.2 χ^2 分布

定义 13-7 设$(X_1, X_2, \cdots, X_n)$是来自总体$X \sim N(0,1)$的一个样本,则称统计量$\chi^2 = \sum_{i=1}^{n} X_i^2$服从自由度为$n$的$\chi^2$分布,记作$\chi^2 \sim \chi^2(n)$.

$\chi^2(n)$的概率密度函数为

$$\chi^2(x,n) = \begin{cases} \frac{1}{2^{\frac{n}{2}}\Gamma\left(\frac{n}{2}\right)} x^{\frac{n}{2}-1} e^{-\frac{x}{2}}, & x > 0, \\ 0, & x \leqslant 0, \end{cases} \tag{13-4}$$

其中：$\Gamma(\frac{n}{2})=\int_0^{\infty}x^{\frac{n}{2}-1}e^{-x}dx,\Gamma\left(\frac{1}{2}\right)=\sqrt{\pi}$. 其图形如图 13-1 所示.

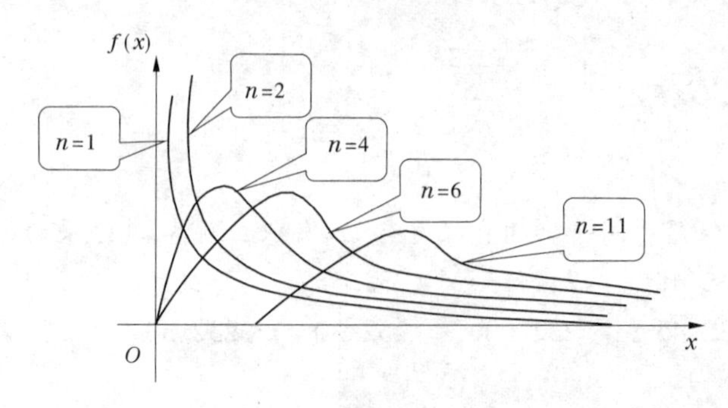

图 13-1

显然，$\chi^2(x,n)\geqslant 0$，且 $\int_{-\infty}^{+\infty}\chi^2(x,n)dx=1$，即符合密度函数性质.

事实上，$X^2=\sum_{i=1}^{n}X_i^2\sim\Gamma(\frac{n}{2},\frac{1}{2})$.

χ^2 分布具有下述性质：

(1)可加性.

设 $\chi_1^2\sim\chi^2(n_1)$，$\chi_2^2\sim\chi^2(n_2)$，且 χ_1^2 与 χ_2^2 相互独立，则

$$\chi_1^2+\chi_2^2\sim\chi^2(n_1+n_2). \tag{13-5}$$

(2)若 $\chi^2\sim\chi^2(n)$，则 $E(\chi^2)=n,D(\chi^2)=2n$，事实上，因为 $X_i\sim N(0,1)$，则

$$E(X_i^2)=D(X_i)=1.$$

$$D(X_i^2)=E(X_i^4)-[E(X_i^2)]^2=\frac{1}{\sqrt{2\pi}}\int_{-\infty}^{+\infty}x^4e^{-\frac{x^2}{2}}dx-1=3-1=2(i=1,2,\cdots,n). \tag{13-6}$$

所以 $E(\chi^2)=E(\sum_{i=1}^{n}X_i^2)=\sum_{i=1}^{n}E(X_i^2)=n;D(\chi^2)=D(\sum_{i=1}^{n}X_i^2)=\sum_{i=1}^{n}D(X_i^2)=2n.$

$$\tag{13-7}$$

13.2.3 t 分布

定义 13-8 设 $X\sim N(0,1)$，$Y\sim\chi^2(n)$，且 X 与 Y 相互独立，则称统计量 $T=\frac{X}{\sqrt{\frac{Y}{n}}}$ 所服从的分布是自由度为 n 的 t 分布，记为 $T\sim t(n)$，t 分布又称为学生氏(Student)分布.

t 分布的概率密度函数为

$$t(x,n)=\frac{\Gamma(\frac{n+1}{2})}{\sqrt{n\pi}\cdot\Gamma(\frac{n}{2})}(1+\frac{x^2}{n})^{-\frac{n+1}{2}}\quad(-\infty<x<+\infty).$$

其图形如图 13-2 所示.

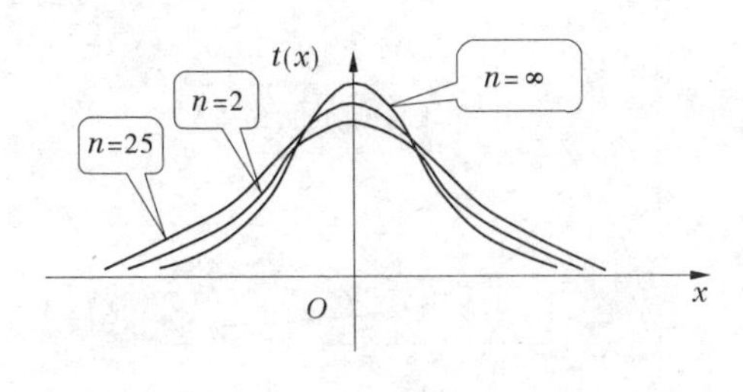

图 13-2

从图 13-2 可以看出，t 分布有下述性质：

(1) $t(x;n)$ 关于 $x=0$ 对称.

(2) 当 n 较大时，t 分布与 $N(0,1)$ 非常接近.

关于 t 分布有下述定理

定理 13-1　(1) 设 $(X_1,X_2,\cdots,X_n)$ 是来自总体 $X\sim N(\mu,\sigma^2)$ 的一个样本，则统计量

$$T=\frac{(\overline{X}-\mu)}{S}\sqrt{n}\sim t(n-1). \tag{13-8}$$

(2) 设 $(X_1,X_2,\cdots,X_m)$ 是来自总体 $X\sim N(\mu_1,\sigma_1^2)$ 的一个样本，$(Y_1,Y_2,\cdots,Y_n)$ 是来自总体 $Y\sim N(\mu_2,\sigma_2^2)$ 的一个样本，且 X 与 Y 相互独立，当 $\sigma_1^2=\sigma_2^2=\sigma^2$ 时，则统计量

$$T=\frac{(\overline{X}-\overline{Y})-(\mu_1-\mu_2)}{\sqrt{(m-1)S_m^2+(n-1)S_n^2}}\sqrt{\frac{mn(m+n-2)}{m+n}}\sim t(m+n-2). \tag{13-9}$$

其中，$\overline{X}=\frac{1}{m}\sum_{i=1}^{m}X_i$，$S_m^2=\frac{1}{m-1}\sum_{i=1}^{m}(X_i-\overline{X})^2$，$\overline{Y}=\frac{1}{n}\sum_{i=1}^{n}Y_i$，$S_n^2=\frac{1}{n-1}\sum_{i=1}^{n}(Y_i-\overline{Y})^2$.

13.2.4　F 分布

定义 13-9　设 $X\sim\chi^2(m)$，$Y\sim\chi^2(n)$，且 X 与 Y 相互独立，则称统计量 $F=\dfrac{\frac{X}{m}}{\frac{Y}{n}}$ 服从自由度为 (m,n) 的 F 分布，记作 $F\sim F(m,n)$，其中：m 为第一自由度，n 为第二自由度.

由定义，若 $T\sim t(n)$，则 $T^2\sim F(1,n)$.

$F(m,n)$ 的概率密度函数为

$$f(x;m,n)=\begin{cases}\dfrac{\Gamma(\frac{m+n}{2})}{\Gamma(\frac{m}{2})\Gamma(\frac{n}{2})}\left(\dfrac{m}{n}\right)\left(\dfrac{m}{n}x\right)^{\frac{m}{2}-1}\left(1+\dfrac{m}{n}x\right)^{-\frac{m+n}{2}}, & x>0,\\ 0, & x\leqslant 0.\end{cases}$$

其图形如图 13-3 所示.

显然，若 $F\sim F(m,n)$，则 $\frac{1}{F}\sim F(n,m)$.

关于 F 分布有下述定理：

定理 13-2　设 $(X_1,X_2,\cdots,X_m)$ 是来自总体 $X\sim N(\mu_1,\sigma_1^2)$ 的一个样本，$(Y_1,Y_2,\cdots,Y_n)$

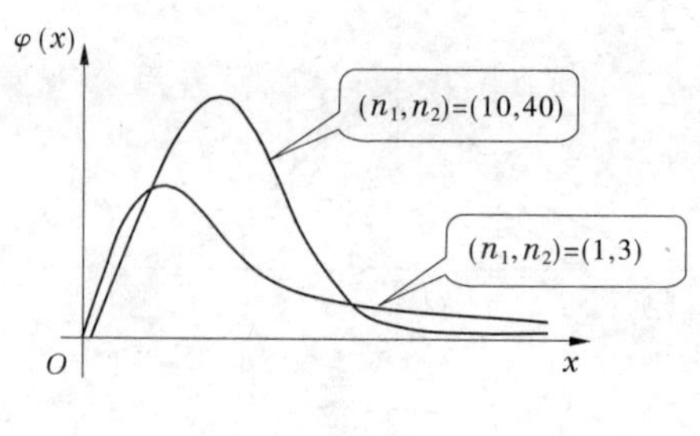

图 13-3

是来自总体 $Y \sim N(\mu_2, \sigma_2^2)$ 的一个样本，且 X 与 Y 相互独立，则 $F = \dfrac{\sigma_2^2 S_1^2}{\sigma_1^2 S_2^2} \sim F(m-1, n-1)$.

13.2.5 分位数

13.2.5.1 定义

设随机变量 X 的分布函数为 $F(x)$，对于给定的正数 $\alpha(0<\alpha<1)$，若有 x_α 满足 $F(x_\alpha)=P\{X>x_\alpha\}=\alpha$，则称 x_α 为 X 的(上侧) α 分位数(或 α 分位点).

13.2.5.2 表示方法

(1) $N(0,1)$ 的 α 分位数 z_α (见图 13-4) 满足：

$$\int_{z_\alpha}^{\infty} \frac{1}{\sqrt{2\pi}} e^{-\frac{x^2}{2}} dx = \alpha.$$

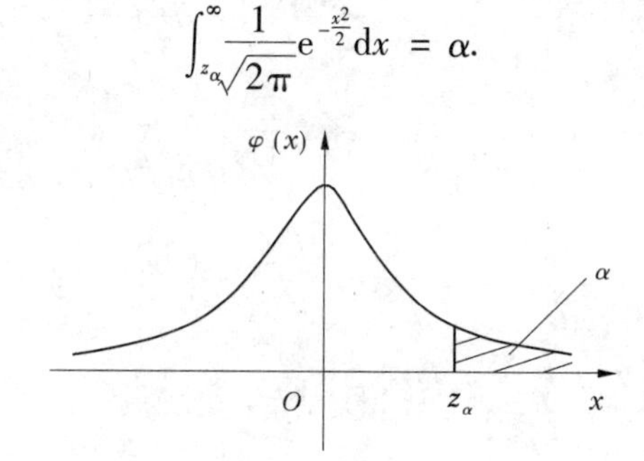

图 13-4

由标准正态分布的对称性可知：$-z_\alpha = z_{1-\alpha}$.

(2) $\chi^2(n)$ 分布的 α 分位数 $\chi_\alpha^2(n)$ (见图 13-5) 满足：

$$\int_{\chi^2{}_\alpha(n)}^{\infty} \chi^2(x,n) dx = \alpha.$$

当 $n \geqslant 45$ 时，$\chi_\alpha^2(n) \approx \dfrac{1}{2}(z_\alpha + \sqrt{2n-1})^2$ 或 $x_\alpha^2(n) \approx n + \sqrt{2n} \cdot z_\alpha$.

(3) $t(n)$ 分布的 α 分位数 $t_\alpha(n)$ (见图 13-6) 满足：$\int_{t_\alpha(n)}^{\infty} t(x,n) dx = \alpha$. 由于当 $n > 30$ 时，$t(n)$ 分布接近于 $N(0,1)$，所以当 $n > 45$ 时，可查 $N(0,1)$ 分布分位数表. 由 t 分布的对称性可知：$-t_\alpha = t_{1-\alpha}$.

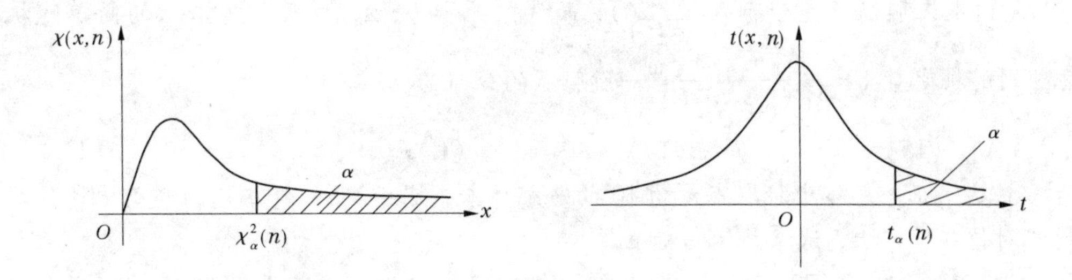

图 13-5　　　　图 13-6

(4) $F(m,n)$ 分布的 α 分位数 $F_\alpha(m,n)$（见图 13-7）满足：$\int_{F\alpha(m,n)}^{\infty} f(x;m,n)\mathrm{d}x = \alpha$，由 $F(m,n)$ 的分布性质有

$$F_\alpha(m,n) = \frac{1}{F_{1-\alpha}(n,m)}.$$

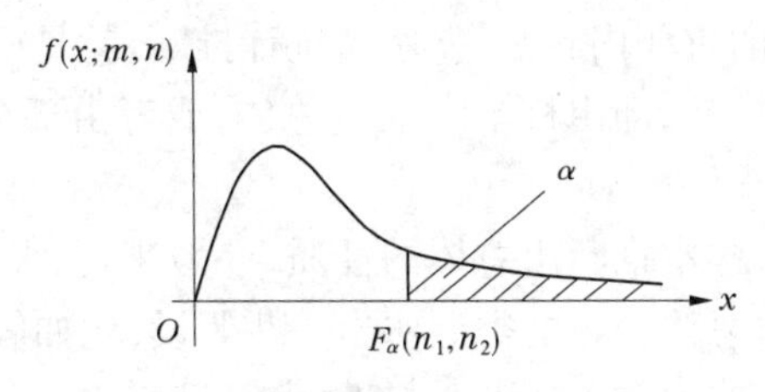

图 13-7

习题 13.2

1. 填空题

(1) 设 $X_1, X_2, \cdots, X_n$ 为来自总体 $N(0,\sigma^2)$，且随机变量 $Y = C\left(\sum_{i=1}^{n} X_i\right)^2 \sim \chi^2(1)$，则常数 $C =$ ________.

(2) 设 X_1, X_2, X_3, X_4 来自正态总体 $N(0, 2^2)$ 的样本，且 $Y = a(X_1 - 2X_2)^2 + b(3X_3 - 4X_4)^2$，则当 $a =$ ________，$b =$ ________ 时，Y 服从 χ^2 分布，自由度为 ________.

(3) 设 $X_1, X_2, \cdots, X_n$ 来自总体 $\chi^2(n)$ 的分布，则 $E(\overline{X}) =$ ________，$D(\overline{X}) =$ ________.

2. 单项选择题

(1) 设 $X_1, X_2, \cdots, X_n$ 为来自总体 $N(0,\sigma^2)$ 的样本，则样本二阶原点矩 $A_2 = \frac{1}{n}\sum_{i=1}^{n} X_i^2$ 的方差为

(A) σ^2　　(B) $\frac{\sigma^2}{n}$　　(C) $\frac{2\sigma^4}{n}$　　(D) $\frac{\sigma^4}{n}$

(2)设 X 服从正态分布 $N(0, 2^2)$，而 $X_1, X_2, \cdots, X_{15}$ 为来自总体 X 的简单随机样本，则随机变量 $Y=\dfrac{X_1^2+\cdots+X_{10}^2}{2(X_{11}^2+\cdots+X_{15}^2)}$ 所服从的分布为

(A) $\chi^2(15)$　　(B) $t(14)$　　(C) $F(10, 5)$　　(D) $F(1, 1)$

3. 从一正态总体中抽取容量为 10 的一个样本，若有 2% 的样本均值与总体均值之差的绝对值在 4 以上，试求总体的标准差.

4. 设总体 $X \sim N(72, 100)$，为使样本均值大于 70 的概率不小于 0.95，问样本容量至少应取多大?

5. 设 $X_1, X_2, \cdots, X_{10}$ 为总体 $N(0, 0.3^2)$ 的一个样本，求 $P(\sum\limits_{i=1}^{10} X_i^2 > 1.44)$.

13.3　点估计

统计推断是数理统计的重要内容之一. 所谓统计推断，就是根据从总体中抽取得的一个样本对总体进行分析和推断，即由样本来推断总体，或者由部分推断总体. 统计推断是数理统计学的核心内容.

统计推断的目的，是由样本推断出总体的性质. 一般来说，要想得到总体的精确分布是十分困难的. 我们可以对总体分布的类型作出一些假设，比如假设总体服从某种类型的分布，其中含有一个或几个未知参数；其次，有时我们只关心总体的某些数字特征，如期望、方差等，通常把这些数字特征也称为参数. 这时，统计推断的目的就是得到这些未知的参数.

例如，设某总体 X 服从参数为 λ 的泊松分布，由样本 $(X_1, X_2, \cdots, X_n)$ 来估计参数 λ.

在上例中，参数的取值虽未知，但根据参数的性质和实际问题，可以确定出参数的取值范围，再根据所得样本，估计其值.

定义 13-10　所谓参数估计，是指从样本 $(X_1, X_2, \cdots, X_n)$ 中提取有关总体 X 的信息，即构造样本的统计量 $g(X_1, X_2, \cdots, X_n)$，然后将样本值代入，求出统计量的观测值 $g(x_1, x_2, \cdots, x_n)$，用该值来作为相应待估参数的估计值.

此时，把统计量 $g(X_1, X_2, \cdots, X_n)$ 称为参数的估计量，把 $g(x_1, x_2, \cdots, x_n)$ 称为参数的估计值. 参数估计包括点估计和区间估计.

点估计是指对总体分布中的参数 θ，根据样本 $(X_1, X_2, \cdots, X_n)$ 及样本值 $(x_1, x_2, \cdots, x_n)$，构造一统计量 $g(X_1, X_2, \cdots, X_n)$，将 $g(x_1, x_2, \cdots, x_n)$ 作为 θ 的估计值，则称 $g(X_1, X_2, \cdots, X_n)$ 为 θ 的点估计量，简称点估计，记为 $\hat{\theta}=g(X_1, X_2, \cdots, X_n)$.

关于点估计的一般提法：设 θ 为总体 X 分布函数中的未知参数或总体的某些未知的数字特征，$(X_1, X_2, \cdots, X_n)$ 是来自 X 的一个样本，$(x_1, x_2, \cdots, x_n)$ 是相应的一个样本值，点估计问题就是构造一个适当的统计量 $\hat{\theta}(X_1, X_2, \cdots, X_n)$，用其观察值 $\hat{\theta}(x_1, x_2, \cdots, x_n)$ 作为未知参数 θ 的近似值，我们称 $\hat{\theta}(X_1, X_2, \cdots, X_n)$ 为参数 θ 的点估计量，$\hat{\theta}(x_1, x_2, \cdots, x_n)$ 为参数 θ 的点估计值，在不至于混淆的情况下，统称为点估计. 由于估计量是样本的函数，因此

对于不同的样本值，θ 的估计值是不同的.

点估计量的求解方法很多，本节主要介绍矩估计法和极大似然估计法，除这两种方法外，还有贝叶斯方法和最小二乘法等.

13.3.1　矩估计

矩估计法是一种古老的估计方法. 矩是描写随机变量的最简单的数字特征. 样本来自于总体，从前面可以看到，样本矩在一定程度上也反映了总体矩的特征，因而自然想到用样本矩作为总体矩的估计. 具体做法如下：

假设 $\theta=(\theta_1,\theta_2,\cdots,\theta_k)$ 为总体 X 的待估参数 $(\theta\in\Phi)$ $(X_1,X_2,\cdots,X_n)$ 是来自 X 的一个样本，令 $\begin{cases}A_1=m_1,\\A_2=m_2,\\\quad\vdots\\A_k=m_k,\end{cases}$ 即 $A_l=\dfrac{1}{n}=\sum\limits_{i=1}^{n}X_i^l=m_l=EX^l(l=1,2,\cdots,k)$，　(13-10)

得一个包含 k 个未知数 $\theta_1,\theta_2,\cdots,\theta_k$ 的方程组，从中解出 $\theta=(\theta_1,\theta_2,\cdots,\theta_k)$ 的一组解 $\hat{\theta}=(\hat{\theta}_1,\hat{\theta}_2,\cdots,\hat{\theta}_k)$，然后用这个方程组的解 $\hat{\theta}_1,\hat{\theta}_2,\cdots,\hat{\theta}_k$ 分别作为 $\theta_1,\theta_2,\cdots,\theta_k$ 的估计量，这种估计量称为矩估计量，矩估计量的观察值称为矩估计值.

这种用样本矩估计总体矩的方法称为矩估计法.

【例题 13-1】　设总体 X 的均值 μ 及方差 σ^2 都存在但均未知，且有 $\sigma^2>0$，又设 $(X_1,X_2,\cdots,X_n)$ 是来自总体 X 的一个样本，试求 μ,σ^2 的矩估计量.

解：因为 $\begin{cases}m_1=E(X)=\mu,\\m_2=E(X^2)=D(X)+[E(X)]^2=\sigma^2+\mu^2,\end{cases}$ 令 $\begin{cases}\mu=A_1=E(X),\\\sigma^2+\mu^2=A_2=E(X^2),\end{cases}$ 解得

$$\begin{cases}\hat{\mu}=\overline{X},\\\hat{\sigma}^2=\dfrac{1}{n}\sum\limits_{i=1}^{n}(X_i^2)-\overline{X}^2=\dfrac{1}{n}\sum\limits_{i=1}^{n}(X_i-\overline{X})^2.\end{cases}$$

对于同一个参数，可能会有多种矩估计量，比如例题 13-2.

【例题 13-2】　设 X 服从参数为 λ 的泊松分布，λ 未知，$(X_1,X_2,\cdots,X_n)$ 是 X 的一个样本，求 λ 的矩估计.

解：因为 $E(X)=\lambda,D(X)=\lambda$，所以

$$E(X)=\lambda,\text{即 }\hat{\lambda}=\overline{X},$$

或

$$D(X)=\lambda,\text{即 }\hat{\lambda}=\frac{1}{n}\sum_{i=1}^{n}(X_i-\overline{X})^2.$$

由以上可以看出，显然 $\overline{X}$ 与 $\dfrac{1}{n}\sum\limits_{i=1}^{n}(X_i-\overline{X})^2$ 是两个不同的统计量，但都是 λ 的估计. 在这种情况下，通常选择较低阶的矩作为参数的矩估计量.

13.3.2　极大似然估计

设 $(X_1,X_2,\cdots,X_n)$ 是来自总体 X 的一个样本，$(x_1,x_2,\cdots,x_n)$ 是相应于样本的一样本

值,易知其联合分布律为:

若总体 X 是离散的,分布律为 $P(X=x)=P(x;\theta)$,其中 $\theta=(\theta_1,\theta_2,\cdots,\theta_k)$,则

$$L(x_1,x_2,\cdots,x_n;\theta)=P\{X_1=x_1,X_2=x_2,\cdots,X_n=x_n\}=\prod_{i=1}^{n}P(x_i;\theta).\quad(13\text{-}11)$$

若总体 X 是连续的,概率密度函数为 $f(x;\theta)$,则

$$L(x_1,x_2,\cdots,x_n;\theta)=\prod_{i=1}^{n}f(x_i;\theta).\quad(13\text{-}12)$$

这里 $\theta=(\theta_1,\theta_2,\cdots,\theta_k)$ 为待估参数.

$L(x_1,x_2,\cdots,x_n;\theta)$ 随 θ 的取值变化而变化,它是 θ 的函数,反映了样本值 $x_1,x_2,\cdots,x_n$ 出现的概率(离散总体),或样本落在 $x_1,x_2,\cdots,x_n$ 周围一个小邻域内的概率(连续总体),称为样本的似然函数. 在选取 θ 时,自然是使 $x_1,x_2,\cdots,x_n$ 出现的概率越大越好. 如果当 $\theta=\theta_1$ 时 $L(\theta)$ 取最大值,我们自然认为 θ_0 作为未知参数 θ 的估计较为合理.

极大似然方法就是固定样本观测值 $(x_1,x_2,\cdots,x_n)$,在 θ 取值的可能范围内,挑选使似然函数 $L(x_1,x_2,\cdots,x_n;\theta)$ 达到最大的参数值 $\hat{\theta}$ 作为参数 θ 的估计值,即 $L(x_1,x_2,\cdots,x_n;\hat{\theta})=\max\limits_{\theta\in\Theta}L(x_1,x_2,\cdots,x_n;\theta)$,这样得到的 $\hat{\theta}$ 与样本值 $(x_1,x_2,\cdots,x_n)$ 有关,常记为 $\hat{\theta}(x_1,x_2,\cdots,x_n)$,称为参数 θ 的最大似然估计值,而相应的统计量 $\hat{\theta}(X_1,X_2,\cdots,X_n)$ 称为参数 θ 的最大似然估计量. 这样求参数 θ 的最大似然估计值问题就转化为求似然函数 $L(\theta)$ 的最大值问题了. 其具体做法如下:

(1) 写出似然函数 $L(x_1,x_2,\cdots,x_n;\theta)=\prod\limits_{i=1}^{n}P(x_i;\theta)$(离散总体),或 $L(x_1,x_2,\cdots,x_n;\theta)=\prod\limits_{i=1}^{n}f(x_i;\theta)$(连续总体).

(2)求 $L(x_1,x_2,\cdots,x_n;\theta)$ 的极大值点.

①若 $L(x_1,x_2,\cdots,x_n;\theta)$ 关于 θ 可微,为了计算方便取 $L(x_1,x_2,\cdots,x_n;\theta)$ 的自然对数:

$$\ln L(\theta)=\sum_{i=1}^{n}\ln f(x_i;\theta)\left(\text{或}\sum_{i=1}^{n}\ln P(x_i;\theta)\right).\quad(13\text{-}13)$$

式(13-13)称为对数似然函数. 显然,$L(\theta)$ 与 $\ln L(\theta)$ 的极大值点相同,令 $\dfrac{\partial\ln L(\theta)}{\partial\theta_i}=0$ $(i=1,2,\cdots,k)$,求解得:$\theta=\theta(x_1,x_2,\cdots,x_n)$,从而可得参数 θ 的极大似然估计量为 $\hat{\theta}=\hat{\theta}(X_1,X_2,\cdots,X_n)$.

(2)当 $p(x;\theta)$ 和 $f(x;\theta)$ 关于 θ 不可微时,需另寻方法.

【例题 13-3】 设 $X\sim B(1,p)$,p 为未知参数,$(x_1,x_2,\cdots,x_n)$ 是一个样本值,求参数 p 的极大似然估计.

解:因为总体 X 的分布律为

$$P\{X=x\}=p^x(1-p)^{1-x}(x=0,1),$$

故似然函数为

$$L(p)=\prod_{i=1}^{n}p^{x_i}(1-p)^{1-x_i}=p^{\sum_{i=1}^{n}x_i}(1-p)^{n-\sum_{i=1}^{n}x_i},x_i=0,1(i=1,2,\cdots,n).$$

对数似然函数为

$$\ln L(p)=(\sum_{i=1}^{n}x_i)\ln p+(n-\sum_{i=1}^{n}x_i)\ln(1-p).$$

令$\dfrac{\mathrm{d}[\ln L(p)]}{\mathrm{d}p}=\dfrac{\sum_{i=1}^{n}x_i}{p}+\dfrac{(n-\sum_{i=1}^{n}x_i)}{p-1}=0$,解得$p$的极大似然估计值为$\hat{p}=\dfrac{1}{n}\sum_{i=1}^{n}x_i=\bar{x}$,所以$p$的最大似然估计量为$\hat{p}=\dfrac{1}{n}\sum_{i=1}^{n}X_i=\bar{X}$.

【例题13-4】 设$\xi_1,\cdots,\xi_n$是取自参数为λ的泊松分布总体的一个样本,试求λ的极大似然估计量.

解:似然函数为

$$L(\lambda)=\prod_{i=1}^{n}\frac{\lambda^{k_i}}{k_i!}\mathrm{e}^{-\lambda}=\frac{\lambda^{\sum_{i=1}^{n}k_i}}{k_1!\cdots k_n!}\mathrm{e}^{-n\lambda}.$$

对数似然函数

$$\ln L(\lambda)=(\sum_{i=1}^{n}k_i)\ln\lambda-n\lambda-\ln(k_1!\cdots k_n!).$$

由$\dfrac{\mathrm{d}\ln L(\lambda)}{\mathrm{d}\lambda}=\dfrac{\sum_{i=1}^{n}k_i}{\lambda}-n=0$得$\lambda$的极大似然估计量为

$$\lambda=\frac{1}{n}\sum_{i=1}^{n}\xi_i,\hat{\lambda}=\bar{\xi}.$$

【例题13-5】 设总体$\xi\sim f(x)=\begin{cases}\mathrm{e}^{-(x-\alpha)}, & x>\alpha\\ 0, & x\leqslant\alpha\end{cases}$ $(-\infty<\alpha<+\infty$未知$)$;$\xi_1,\cdots,\xi_n$为其样本.试求参数α的极大似然估计量.

解:似然函数为

$$L(\alpha)=\prod_{i=1}^{n}\mathrm{e}^{-(x_i-\alpha)}=\mathrm{e}^{-(\sum_{i=1}^{n}x_i-n\alpha)}.$$

对数似然函数为

$$\ln L(\alpha)=-(\sum_{i=1}^{n}x_i-n\alpha).$$

但$\dfrac{\mathrm{d}\ln L(\alpha)}{\mathrm{d}\alpha}=n=0$,无解.当$\alpha$越小时,$L(\alpha)$越大.

可取$\hat{\alpha}=\min\{\xi_1,\cdots,\xi_n\}=\xi_{(1)}$.

习题 13.3

1. 随机测定 8 包大米的质量(单位:kg).

20.1　20.5　20.3　20.0　19.3　20.0　20.4　20.2

试求总体均值 μ 及方差 σ^2 的矩估计值,并求样本方差 S^2.

2. 设总体 ξ 服从几何分布, $P(\xi=k)=p(1-p)^{k-1}(k=1,2,\cdots)$, $\xi_1,\cdots,\xi_n$ 为其样本,试求 p 的矩估计量和极大似然估计量.

3. 设总体 ξ 的密度函数如下(式中 θ 为未知参数), $\xi_1,\cdots,\xi_n$ 为其样本,试求参数 θ 的矩估计量和极大似然估计量.

(1) $f(x)=\begin{cases}\theta e^{-\theta x}, & x>0\\ 0, & x\leqslant 0\end{cases}\quad(\theta>0)$.

(2) $f(x)=\begin{cases}\theta x^{\theta-1}, & 0<x<1\\ 0, & \text{其他}\end{cases}\quad(\theta>0)$.

4. 假设 $\xi_1,\cdots,\xi_n$ 是来自总体 ξ 的样本, ξ 服从参数为 λ 的泊松分布,求 $P\{\xi=0\}$ 的极大似然估计.

5. 设总体 $\xi\sim U([\theta_1,\theta_2])$; $\xi_1,\cdots,\xi_n$ 为其样本. 试求参数 θ_1 和 θ_2 的极大似然估计.

13.4　估计量的评选标准

对于同一参数,用不同的估计方法求出的估计量可能不相同,用相同的方法也可能得到不同的估计量,也就是说,同一参数可能具有多种估计量,而且从原则上讲,任何统计量都可以作为某未知参数的估计量,那么采用哪一个估计量为好呢?这就涉及估计量的评价问题,而判断估计量好坏的标准是:有无系统偏差;波动性的大小;伴随样本容量的增大是否是越来越精确,即估计量的无偏性、有效性和相合性.

13.4.1　无偏性

设 $\hat{\theta}$ 是未知参数 θ 的估计量,则 $\hat{\theta}$ 是一个随机变量,对于不同的样本值就会得到不同的估计值,我们总希望估计值在 θ 的真实值附近波动,而其数学期望恰等于 θ 的真实值,这就是无偏性.

定义 13-11　设 $\hat{\theta}=\hat{\theta}(X_1,X_2,\cdots,X_n)$ 是未知参数 θ 的估计量,若 $E(\hat{\theta})=\theta$,则称 $\hat{\theta}$ 是 θ 的无偏估计量,称 $\hat{\theta}$ 具有无偏性.

在科学技术中, $E(\hat{\theta})-\theta$ 称为以 $\hat{\theta}$ 作为 θ 的估计的系统误差,无偏估计的实际意义就是无系统误差.

【例题 13-6】　设总体 X 的 k 阶中心矩 $m_k=E(X^k)(k\geqslant 1)$ 存在, $(X_1,X_2,\cdots,X_n)$ 是 X 的一个样本,证明:不论 X 服从什么分布, $A_k=\dfrac{1}{n}\sum_{i=1}^{n}X_i^k$ 是 m_k 的无偏估计.

证明：因为 $X_1, X_2, \cdots, X_n$ 与 X 同分布，所以 $E(X_i^k) = E(X^k) = m_k (i = 1, 2, \cdots, n)$，即 $E(A_k) = \frac{1}{n}\sum_{i=1}^{n} E(X_i^k) = m_k$. 可见，$A_k = \frac{1}{n}\sum_{i=1}^{n} X_i^k$ 是 m_k 的无偏估计.

特别地，不论 X 服从什么分布，只要 $E(X)$ 存在，$\overline{X}$ 总是 $E(X)$ 的无偏估计.

【例题 13-7】　设总体 X 的 $E(X) = \mu, D(X) = \sigma^2$ 都存在，且 $\sigma^2 > 0$，若 μ, σ^2 均为未知，则 σ^2 的估计量 $\hat{\sigma}^2 = \frac{1}{n}\sum_{i=1}^{n}(X_i - \overline{X})^2$ 是有偏的.

证明：因为
$$\hat{\sigma}^2 = \frac{1}{n}\sum_{i=1}^{n}(X_i - \overline{X})^2 = \frac{1}{n}\sum_{i=1}^{n} X_i^2 - \overline{X}^2,$$

所以
$$E(\hat{\sigma}^2) = \frac{1}{n}\sum_{i=1}^{n} E(X_i^2) - E(\overline{X})^2 = \frac{1}{n}\sum_{i=1}^{n} E(X^2) - (D\overline{X} + (E\overline{X})^2$$
$$= (\sigma^2 + \mu^2) - (\frac{\sigma^2}{n} + \mu^2) = \frac{n-1}{n}\sigma^2.$$

若在 $\hat{\sigma}^2$ 的两边同乘以 $\frac{n}{n-1}$，则所得到的估计量就是无偏了，即 $E(\frac{n}{n-1}\hat{\sigma}^2) = \frac{n}{n-1}E(\hat{\sigma}^2) = \sigma^2$，而 $\frac{n}{n-1}\hat{\sigma}^2$ 恰恰就是样本方差 $S^2 = \frac{1}{n-1}\sum_{i=1}^{n}(X_i - \overline{X})^2$.

可见，S^2 是 σ^2 的是无偏估计. 因此，常用 S^2 作为方差 σ^2 的估计量. 从无偏的角度考虑，S^2 作为 $\hat{\sigma}^2$ 的估计好.

在实际应用中，对整个系统（整个试验）而言无系统偏差，就一次试验来讲，$\hat{\theta}$ 可能偏大也可能偏小，实质上并说明不了什么问题，只是平均来说它没有偏差. 所以，无偏性只有在大量的重复试验中才能体现出来。另外，我们注意到，无偏估计只涉及一阶矩（均值），虽然计算简便，但是往往会出现一个参数的无偏估计量有多个，而无法确定哪个估计量好. 那么，究竟哪个无偏估计更好、更合理，这就看哪个估计量的观察值更接近真实值的附近，即估计量的观察值更密集地分布在真实值的附近. 我们知道，方差是反映随机变量取值的分散程度. 所以，无偏估计以方差最小者为最好、最合理. 为此，引入了估计量的有效性概念.

13.4.2　有效性

定义 13-12　设 $\hat{\theta}_1 = \hat{\theta}_1(X_1, X_2, \cdots, X_n)$ 与 $\hat{\theta}_2 = \hat{\theta}_2(X_1, X_2, \cdots, X_n)$ 都是 θ 的无偏估计量，若有 $D(\hat{\theta}_1) < D(\hat{\theta}_2)$，则称 $\hat{\theta}_1$ 比 $\hat{\theta}_2$ 有效. 若对 $\forall\theta$ 的无偏估计 $\hat{\theta}$ 都有：$D(\hat{\theta}_0) \leqslant D(\hat{\theta})$，则称 $\hat{\theta}_0$ 为 θ 的最小方差无偏估计.

【例题 13-8】　设 X_1, X_2, X_3, X_4 是来自均值为 θ 指数分布总体的样本，其中 θ 未知. 设有估计量 $T_1 = \frac{1}{6}(X_1 + X_2) + \frac{1}{3}(X_3 + X_4)$，$T_2 = (X_1 + 2X_2 + 3X_3 + 4X_4)/5$，$T_3 = (X_1 + X_2 + X_3 + X_4)/4$. (1) 指出 T_1, T_2, T_3 中哪些是 θ 的无偏估计量；(2) 在上述 θ 的无偏估计量中指出哪一个较为有效.

解:$X_i(i=1,2,3,4)$ 服从均值为 θ 的指数分布,故 $E(X_i)=\theta, D(X_i)=\theta^2$.

$$E(T_1)=\frac{1}{6}[E(X_1)+E(X_2)]+\frac{1}{3}[E(X_3)+E(X_4)]=2\theta(\frac{1}{6}+\frac{1}{3})=\theta,$$

$$E(T_2)=\frac{1}{5}[E(X_1)+2E(X_2)+3E(X_3)+4E(X_4)]=\frac{1}{5}(1+2+3+4)\theta=2\theta,$$

$$E(T_3)=\frac{1}{4}[E(X_1)+E(X_2)+E(X_3)+E(X_4)]=\frac{1}{4}(1+1+1+1)\theta=\theta.$$

因此,T_1,T_3 是 θ 的无偏估计量.

由于 X_1,X_2,X_3,X_4 相互独立:

$$D(T_1)=\frac{1}{36}[D(X_1)+D(X_2)]+\frac{1}{9}[D(X_3)+D(X_4)]=2\theta^2(\frac{1}{36}+\frac{1}{9})=\frac{5}{18}\theta^2,$$

$$D(T_3)=\frac{1}{16}[D(X_1)+D(X_2)+D(X_3)+D(X_4)]=\frac{1}{16}(1+1+1+1)\theta^2=\frac{5}{20}\theta^2.$$

由于 $D(T_1)>D(T_3)$,所以 T_3 比 T_1 较为有效.

13.4.3 一致性(相合性)

关于无偏性和有效性是在样本容量固定的条件下提出的,即我们不仅希望一个估计量是无偏的,而且是有效的,自然希望伴随样本容量的增大,估计值能稳定于待估参数的真值,为此引入一致性概念.

定义 13-13 设 $\hat{\theta}$ 是 θ 的估计量,若对任意的 $\varepsilon>0$,有 $\lim\limits_{n\to\infty}p\{|\hat{\theta}-\theta|<\varepsilon\}=1$,则称 $\hat{\theta}$ 是 θ 的一致性估计量(相合估计量).

例如:在任何分布中,$\overline{X}$ 是 $E(x)$ 的相合估计.

不过,一致性只有在 n 相当大时,才能显示其优越性,而在实际中,往往很难达到,因此在实际工作中,关于估计量的选择要视具体问题而定.

习题 13.4

1. 已知 X_1,X_2,X_3,X_4,X_5 是总体 X 的一个样本,X 为样本均值,下列统计是否为总体数学期望 $E(X)$ 的无偏估计量?

(1) $X_1+X_2-X_5$.　　(2) $2X_2-X_4$.

(3) $\frac{1}{3}X_1+\frac{2}{3}\overline{X}$.　　(4) $\frac{3}{2}\overline{X}-\frac{1}{2}X_5$.

2. 已知 X_2,X_2 是总体 X 的一个样本,统计量 $2X_1-X_2$ 与 $\frac{1}{3}X_1+\frac{2}{3}X_2$ 都是总体数学期望 $E(X)$ 的无偏估计量,评价它们中哪一个有效.

13.5 区间估计

区间估计是指对总体中的一维参数 θ,构造两个统计量:$\hat{\theta}_1=g_1(X_1,X_2,\cdots,X_n)$,$\hat{\theta}_2=g_2(X_1,X_2,\cdots,X_n)$,使得待估参数以较大的概率落在$[\hat{\theta}_1,\hat{\theta}_2]$内.

13.5.1 区间估计

若只是对总体的某个未知参数 θ 的值进行统计推断,那么点估计是一种很有用的形式,即只要得到样本观测值$(x_1,x_2,\cdots,x_n)$,点估计值 $\hat{\theta}(x_1,x_2,\cdots,x_n)$能给我们对 θ 的值有一个明确的数量概念.但是 $\hat{\theta}(x_1,x_2,\cdots,x_n)$仅仅是 θ 的一个近似值,它并没有反映出这个近似值的误差范围,这对实际工作来说是不方便的,而区间估计正好弥补了点估计的这个缺陷.

事实上,由于 $\hat{\theta}_1,\hat{\theta}_2$ 是两个统计量,所以$[\hat{\theta}_1,\hat{\theta}_2]$实际上是一个随机区间,它覆盖 $\theta(\theta\in[\hat{\theta}_1,\hat{\theta}_2])$就是一个随机事件,而 $P\{\theta\in[\hat{\theta}_1,\hat{\theta}_2]\}$就反映了这个区间估计的可信程度;另外,区间长度 $\hat{\theta}_2-\hat{\theta}_1$ 也是一个随机变量,$E(\hat{\theta}_2-\hat{\theta}_1)$反映了区间估计的精确程度.我们自然希望反映可信程度越大越好,反映精确程度的区间长度越小越好.但在实际问题中,二者常常不能兼顾.为此,这里引入置信区间的概念,并给出在一定可信程度的前提下求置信区间的方法,使区间的平均长度最短.

定义 13-14 设总体 X 的分布函数 $F(x;\theta)$含有一个未知参数 θ,对于给定的 $\alpha(0<\alpha<1)$,若由样本$(X_1,X_2,\cdots,X_n)$确定的两个统计量$\underline{\theta}_1(X_1,X_2,\cdots,X_n)$和 $\overline{\theta}_2(X_1,X_2,\cdots,X_n)$满足:

$$P\{\underline{\theta}_1\leqslant\theta\leqslant\overline{\theta}_2\}=1-\alpha, \tag{13-14}$$

则称$[\underline{\theta}_1,\overline{\theta}_2]$为 θ 的置信度为 $1-\alpha$ 的置信区间,$1-\alpha$ 称为置信度或置信水平,$\underline{\theta}_1$ 称为双侧置信区间的置信下限,$\overline{\theta}_2$ 称为置信上限.

当 X 是连续型随机变量时,对于给定的 α,我们总是按要求 $p\{\underline{\theta}_1\leqslant\theta\leqslant\overline{\theta}_2\}=1-\alpha$ 求出置信区间;而当 X 是离散型随机变量时,对于给定的 α,我们常常找不到区间$[\underline{\theta}_1\leqslant,\overline{\theta}_2]$使得 $p\{\underline{\theta}_1\leqslant\theta\leqslant\overline{\theta}_2\}$恰为 $1-\alpha$,此时我们取区间$[\underline{\theta}_1,\overline{\theta}_2]$使 $P\{\theta\in[\widehat{\theta}_1,\widehat{\theta}_2]\}$至少为 $1-\alpha$,且尽可能接近 $1-\alpha$.

式(13-14)的意义在于:若反复抽样多次,每个样本值确定一个区间$[\underline{\theta},\overline{\theta}]$,每个这样的区间要么包含 θ 的真值,要么不包含 θ 的真值,据伯努利大数定律,在这样多的区间中,包含 θ 真值的约占 $1-\alpha$,不包含 θ 真值的约仅占 α,比如,$\alpha=0.005$ 代表反复抽样 1 000 次,则得到的 1 000 个区间中不包含 θ 真值的区间仅为 5 个.

【例题 13-9】 设总体 $X\sim N(\mu,\sigma^2)$,σ^2 为已知,μ 为未知,$(X_1,X_2,\cdots,X_n)$是来自 X 的一个样本,求 μ 的置信度为 $1-\alpha$ 的置信区间.

解:由 13.4 节知:$\overline{X}$ 是 μ 的无偏估计,且有 $Z=\dfrac{\overline{X}-\mu}{\sigma/\sqrt{n}}\sim N(0,1)$.

据标准正态分布的 α 位点的定义有:

$$P\{|Z|\leqslant z_{\frac{\alpha}{2}}\}=1-\alpha,$$

即 $$P\{\overline{X}-\frac{\sigma}{\sqrt{n}}z_{\frac{\alpha}{2}}\leqslant\mu\leqslant\overline{X}+\frac{\sigma}{\sqrt{n}}z_{\frac{\alpha}{2}}\}=1-\alpha.$$

所以,μ 的置信度为 $1-\alpha$ 的置信区间为:$\left[\overline{X}-\frac{\sigma}{\sqrt{n}}z_{\frac{\alpha}{2}},\overline{X}+\frac{\sigma}{\sqrt{n}}z_{\frac{\alpha}{2}}\right]$,简写成$\left[\overline{X}\pm\frac{\sigma}{\sqrt{n}}z_{\frac{\alpha}{2}}\right]$.

比如,当 $\alpha=0.05$ 时,查表得 $\mu_{\frac{\alpha}{2}}=\mu_{0.025}=1.96$.

又若 $\sigma=1,n=16,\bar{x}=5.4$ 则得到一个置信度为 0.95 的置信区间为$[5.4\pm\frac{1}{\sqrt{16}}\times 1.96]$,即$[4.91,5.89]$.

此时,该区间已不再是随机区间了,但我们可称它为置信度为 0.95 的置信区间,其含义是指"该区间包含 μ"可信程度为 95%.

通过上述例子,可以得到寻求未知参数 θ 的置信区间的一般步骤如下:

(1)寻求一个样本$(X_1,X_2,\cdots,X_n)$的函数 $W(X_1,X_2,\cdots,X_n;\theta)$;它包含待估参数 θ,而不包含其他未知参数,并且 W 的分布已知,且不依赖于任何未知参数. 这一步通常是根据 θ 的点估计及抽样分布得到的.

(2)对于给定的置信度 $1-\alpha$,定出两个常数 a,b,使 $p\{a\leqslant W\leqslant b\}=1-\alpha$. 这一步通常由抽样分布的分位数定义得到.

(3)从 $a\leqslant W\leqslant b$ 中得到等价不等式$\underline{\theta}\leqslant\theta\leqslant\overline{\theta}$,其中:$\underline{\theta}=\underline{\theta}(X_1,X_2,\cdots,X_n)$,$\overline{\theta}=\overline{\theta}(X_1,X_2,\cdots,X_n)$都是统计量,则$[\underline{\theta},\overline{\theta}]$就是 θ 的一个置信度为 $1-\alpha$ 的置信区间.

13.5.2　正态总体均值与方差的区间估计

设总体 $X\sim N(\mu,\sigma^2)$,$(X_1,X_2,\cdots,X_n)$为来自 X 的一个样本,已给定置信度(水平)为 $1-\alpha$,求 μ 和 σ^2 的置信区间.

13.5.2.1　求均值 μ 的值信区间

(1)当 σ^2 已知时,由例题 13-9 可得:μ 的置信水平为 $1-\alpha$ 的置信区间为

$$[\overline{X}\pm\frac{\sigma}{\sqrt{n}}z_{\frac{\alpha}{2}}].\tag{13-15}$$

事实上,不论 X 服从什么分布,只要 $E(X)=\mu,D(X)=\sigma^2$,当样本容量足够大时,根据中心极限定理,就可以得到 μ 的置信水平为 $1-\alpha$ 的置信区间为式(13-15).

(2)当 σ^2 未知时,由 13.4 节知:S^2 是 σ^2 的最小方差无偏估计,据抽样分布有 $T=\dfrac{\overline{X}-\mu}{S}\sqrt{n}\sim t(n-1)$.

由自由度为 $n-1$ 的 t 分布的分位数的定义有

$$P\{|T|\leqslant t_{\frac{\alpha}{2}}(n-1)\}=1-\alpha,$$

即 $$p\{\overline{X}-\frac{s}{\sqrt{n}}t_{\frac{\alpha}{2}}(n-1)\leqslant\mu\leqslant\overline{X}+\frac{s}{\sqrt{n}}t_{\frac{\alpha}{2}}(n-1)\}=1-\alpha.$$

所以,μ 的置信度为 $1-\alpha$ 的置信区间为

$$\left[\overline{X}\pm\frac{s}{\sqrt{n}}t_{\frac{\alpha}{2}}(n-1)\right].\tag{13-16}$$

13.5.2.2 方差 σ^2 的置信区间

由于 $$\frac{(n-1)S^2}{\sigma^2}\sim\chi^2(n-1),$$

所以 $$P\{\chi^2_{1-\frac{\alpha}{2}}(n-1)<\frac{(n-1)S^2}{\sigma^2}<\chi^2_{\frac{\alpha}{2}}(n-1)\}=1-\alpha.$$

可以得到 σ^2 的置信度为 $1-\alpha$ 的置信区间为

$$\left[\frac{(n-1)S^2}{\chi^2_{1-\frac{\alpha}{2}}(n-1)},\frac{(n-1)S^2}{\chi^2_{\frac{\alpha}{2}}(n-1)}\right].\tag{13-17}$$

进一步还可以得到 σ 的置信度为 $1-\alpha$ 的置信区间为

$$\left[\frac{\sqrt{n-1}S}{\sqrt{\chi^2_{1-\frac{\alpha}{2}}(n-1)}},\frac{\sqrt{n-1}S}{\sqrt{\chi^2_{\frac{\alpha}{2}}(n-1)}}\right].\tag{13-18}$$

当分布不对称时,如χ^2 分布和 F 分布,习惯上仍然取其对称的分位点来确定置信区间,但所得区间不是最短的.

【例题 13-10】 已知每株梨树的产量 X kg 服从正态分布 $N(\mu,\sigma^2)$,从一片梨树林中随机抽取6株,测算其产量分别为221, 191, 202, 205, 256, 245,求:

(1)当置信度为0.95时的每株梨树平均产量 μ 的置信区间.

(2)当置信度为0.95时的每株梨树产量方差 σ^2 的置信区间.

解:(1)$\bar{x}=\frac{1}{6}\times(221+191+202+205+256+245)=220.$

$$\begin{aligned}S^2&=\frac{1}{6-1}\times[(221-220)^2+(191-220)^2+(202-220)^2+\\&(205-220)^2+(256-220)^2+(245-220)^2]\\&=662.4=25.7^2.\end{aligned}$$

由所给置信度 $1-\alpha=0.95$ 知 $\alpha/2=0.025$, $n-1=6-1=5$ 对应的 $t_{0.025}(5)=2.571$:

$$\frac{t_{0.025}(5)S}{\sqrt{n}}=\frac{2.571\times25.7}{\sqrt{6}}=27.0,$$

从而得到置信下限:

$$\bar{x}-\frac{t_{0.025}(5)S}{\sqrt{n}}=220-27=193.0,$$

以及置信上限:

$$\bar{x}+\frac{t_{0.025}(5)S}{\sqrt{n}}=220+27=247.0.$$

所以,每株梨树平均产量 μ 的置信区间为(193.0, 247.0).

(2) 由所给置信度 $1-\alpha=0.95$ 查表得 $\chi^2_{0.975}(5)=12.833$, $\chi^2_{0.025}(5)=0.831$. 计算置信下限:

$$\frac{(6-1)\times 622.4}{12.833}=258.1$$

以及置信上限:

$$\frac{(6-1)\times 662.4}{0.831}=3\ 985.6,$$

所以,每株梨树产量 σ^2 的置信区间为(258.1, 3 985.6).

习题 13.5

1. 已知某加热炉正常工作时的炉内温度 X ℃服从正态分布 $N(\mu,12^2)$,用一种仪器反复5次测量其温度分别为1 250 ℃,1 265 ℃,1 245 ℃,1 260 ℃,1 275 ℃,试以0.90的置信度,求加热炉正常工作时炉内平均温度 μ 的置信区间.

2. 已知每桶奶粉净重 X g服从正态分布 $N(\mu,5^2)$,从一批桶装奶粉中随取15桶,经过测量得到它们的平均净重为446 g,试以0.95的置信度,求每桶奶粉平均净重 μ 的置信区间.

3. 已知成年人的脉搏 X 次/min服从正态分布 $N(\mu,\sigma^2)$,从一群成年人中随机抽取10人,测量其脉搏分别为68, 69, 72, 73, 66, 70, 69, 71, 74, 68,试以0.95的置信度,求每人平均脉搏 μ 的置信区间.

4. 已知某种型号飞机的最大飞行速度 X m/s服从正态分布 $N(\mu,\sigma^2)$,飞机作独立飞行试验8次,测量其最大飞行速度分别为422 m/s,425 m/s,418 m/s,420 m/s,425 m/s,425 m/s,431 m/s,434 m/s,试以0.95的置信度,求飞机最大飞行速度方差 σ^2 的置信区间.

5. 已知某种型号保险丝在短路情况下的熔化时间 X s服从正态分布 $N(\mu,\sigma^2)$,从一批保险丝中随机抽取9根,测量其在短路情况下的熔化时间分别为4.2, 6.5, 7.5, 7.8, 6.9, 5.9, 5.7, 6.8, 5.4,试以0.99的置信度,求:

(1)每根保险丝在短路情况下平均熔化时间 μ 的置信区间.

(2)每根保险丝在短路情况下熔化时间方差 σ^2 的置信区间.

13.6 假设检验

13.6.1 假设检验的基本原理

在总体的分布函数完全未知或只知其形式,但不知其参数的情况下,为了推断总体的某些性质,提出某些关于总体的假设.例如,提出总体服从泊松分布的假设;又如,对于正态总体提出数学期望等于 μ_0 的假设.假设检验就是根据样本对所提出的假设作出判断:是接受,还是拒绝所提出的假设.

假设检验问题是统计推断的另一类重要问题. 如何利用样本值对一个具体的假设进行检验? 通常借助于直观分析和理论分析相结合的做法,其基本原理就是人们在实际问题中经常采用的所谓实际推断原理:"一个小概率事件在一次试验中几乎是不可能发生的". 如果在所假设的条件下小概率事件发生了,则认为假设是不真的,拒绝接受假设,而接受与其对立的假设;否则,认为假设合理,接受假设.

下面结合实例来说明假设检验的基本思想.

【例题 13-11】 已知某炼铁厂的铁水含碳量在正常情况下服从正态分布 $N(4.55, 0.108^2)$,现检测10份铁水的含碳量分别为4.28,4.40,4.42,4.35, 4.37, 4.29, 4.34,4.44,4.56,4.39. 问:如果标准差没有改变,总体均值有无变化?

解:用 μ 和 σ 分别表示铁水含碳量这一总体 X 的均值和标准差,由题意知 $X \sim N(\mu, 0.108^2)$.

其中 μ 未知,问题是根据取得的样本值来判断 $\mu = 4.55$,还是 $\mu \neq 4.55$,为此我们提出两个对立的假设 $H_0: \mu = \mu_0 = 4.55, H_1: \mu \neq \mu_0$.

若 H_0 为真,可以想象 $|\bar{x} - \mu_0|$ 不应太大,我们知道,当 H_0 为真时,$\dfrac{\bar{X} - \mu_0}{\sigma/\sqrt{n}} \sim N(0,1)$,衡量 $|\bar{x} - \mu_0|$ 的大小可归结为衡量 $\dfrac{|\bar{X} - \mu_0|}{\sigma/\sqrt{n}}$ 的大小. 于是可以选定一个适当的正数 k,当观察值 $\bar{x}$ 满足 $\dfrac{|\bar{X} - \mu_0|}{\sigma/\sqrt{n}} \geqslant k$ 时,拒绝假设 H_0.

反之,当观察值 $\bar{x}$ 满足 $\dfrac{|\bar{X} - \mu_0|}{\sigma/\sqrt{n}} < k$ 时,接受假设 H_0. 因为当 H_0 为真时,$Z = \dfrac{\bar{X} - \mu_0}{\sigma/\sqrt{n}} \sim N(0,1)$ 取一个较小的 α,由标准正态分布的 α 分位点的定义得:

若取 $k = z_{\alpha/2}$,当 H_0 为真时,$P\left\{\dfrac{|\bar{x} - \mu_0|}{\sigma/\sqrt{n}} \geqslant k\right\} = \dfrac{\alpha}{2}$,$\left\{\dfrac{|\bar{x} - \mu_0|}{\sigma/\sqrt{n}} \geqslant k\right\}$ 是一个小概率事件,因此 $\dfrac{|\bar{x} - \mu_0|}{\sigma/\sqrt{n}} \geqslant k$,应拒绝 H_0,反之则当 $\dfrac{|\bar{x} - \mu_0|}{\sigma/\sqrt{n}} < k$ 时, 接受 H_0.

例如,若取 $\alpha = 0.05$,则 $k = z_{\alpha/2} = z_{0.025} = 1.96$, $n = 9$, $\sigma = 0.015$, 由样本算得 $\bar{x} = 0.511$, 即有 $\dfrac{|\bar{x} - \mu_0|}{\sigma/\sqrt{n}} = 2.2 > 1.96$, 于是拒绝假设 H_0,认为包装机工作不正常.

13.6.2 假设检验的相关概念

在例题 13-11 中,H_0 称为原假设或零假设,H_1 称为备择假设或对立假设. 当样本容量 n 固定时,选定 α 后,数 k 就可以确定,然后按照统计量 $Z = \dfrac{\bar{X} - \mu_0}{\sigma/\sqrt{n}}$ 的观察值的绝对值大于或等于 k 还是小于 k 来做决定,如果 $|Z| = \left|\dfrac{\bar{X} - \mu_0}{\sigma/\sqrt{n}}\right| \geqslant k$,则称 $\bar{x}$ 与 μ_0 的差异是显著的,我

们拒绝 H_0;反之,如果 $|Z| = \left|\dfrac{\overline{X}-\mu_0}{\sigma/\sqrt{n}}\right| < k$,则称 $\bar{x}$ 与 μ_0 的差异不是显著的,我们接受 H_0. α 称为检验的显著性水平,上述关于 $\bar{x}$ 与 μ_0 有无显著差异的判断是在显著性水平 α 之下做出的. $Z = \dfrac{\overline{X}-\mu_0}{\sigma/\sqrt{n}}$ 称为检验的统计量. 当检验统计量取某个区域 C 中的值时, 我们拒绝原假设 H_0, 则称区域 C 为拒绝域, 拒绝域的边界点称为临界点. 如在前面例题 13-11 中,拒绝域为 $|Z| \geqslant z_{\alpha/2}$, 临界点为 $Z = -z_{\alpha/2}$, $Z = z_{\alpha/2}$. 前面提到,假设检验的依据是:小概率事件在一次试验中很难发生, 但很难发生不等于不发生, 因而假设检验所做出的结论有可能是错误的. 这种错误有以下两类(见表 13-1):

(1)当原假设 H_0 为真时, 观察值却落入拒绝域, 而做出了拒绝 H_0 的判断, 称为第一类错误, 又叫弃真错误, 这类错误是"以真为假". 犯第一类错误的概率是显著性水平.

(2)当原假设 H_0 不真时,而观察值却落入接受域, 而做出了接受 H_0 的判断, 称为第二类错误, 又叫取伪错误, 这类错误是"以假为真". 犯第二类错误的概率记为 $P\{$当 H_0 不真接受 $H_0\}$ 或 $P_{\mu\in H_1}\{$接受 $H_0\}$.

表 13-1　假设检验的两类错误

真实情况（未知）	所做决策	
	接受 H_0	拒绝 H_0
H_0 为真	正确	犯第一类错误
H_0 不真	犯第二类错误	正确

当样本容量 n 一定时, 若减少犯第一类错误的概率, 则犯第二类错误的概率往往增大. 若要使犯两类错误的概率都减小, 除非增加样本容量.

若只对犯第一类错误的概率加以控制, 而不考虑犯第二类错误的概率的检验,这样的检验称为显著性检验. 在例题 13-11 中假设 $H_0:\mu=\mu_0$, $H_1:\mu\neq\mu_0$,备择假设 H_1 表示 μ 可能大于 μ_0,也可能小于 μ_0,称为双边备择假设,形如 $H_0:\mu=\mu_0$,$H_1:\mu\neq\mu_0$ 的假设检验称为双边假设检验. 而形如 $H_0:\mu=\mu_0$, $H_1:\mu>\mu_0$ 的假设检验称为右边检验,形如 $H_0:\mu=\mu_0$, $H_1:\mu<\mu_0$ 的假设检验称为左边检验. 右边检验与左边检验统称为单边检验. 设总体 $X\sim N(\mu,\ \sigma^2)$, σ 为已知, $X_1,X_2,\cdots,X_n$ 是来自总体 X 的样本,给定显著性水平 α, 不难得到右边检验的拒绝域 $z=\dfrac{\bar{x}-\mu_0}{\sigma/\sqrt{n}}\geqslant z_\alpha$, 左边检验的拒绝域为 $z=\dfrac{\bar{x}-\mu_0}{\sigma/\sqrt{n}}\leqslant -z_\alpha$.

综上,我们可以归纳出假设检验的一般步骤.

13.6.3　假设检验的一般步骤

(1)由实际问题提出原假设 H_0(与备选假设 H_1).

(2)选取适当的统计量,并在 H_0 为真的条件下确定该统计量的分布.

(3)根据问题的要求确定显著性水平 α(一般题目中会给定),从而得到拒绝域.

(4)由样本观测值计算统计量的观测值,看是否属于拒绝域,从而对 H_0 做出判断.

习题 13.6

1. 某车间用 1 台包装机包装葡萄糖, 包得的袋装糖重是一个随机变量,它服从正态分布. 当机器正常时, 其均值为 0.5 kg, 标准差为 0.015 kg. 某日开工后,为检验包装机是否正常, 随机地抽取它所包装的糖 9 袋,称得净重为(kg):0.497,0.506,0.518,0.524,0.498,0.511,0.520,0.515,0.512, 在显著性水平 $\alpha=0.05$ 下, 问机器是否正常(假设无论机器好坏,标准差都是不变的)?

2. 某工厂生产的固体燃料推进器的燃烧率服从正态分布 $N(\mu,\sigma^2)$,$\mu=40$ cm/s,$\sigma=2$ cm/s,现用新方法生产了一批推进器,从中随机取 $n=25$ 只,测得燃烧率的样本均值为 $\bar{x}=41.25$ cm/s. 设在新方法下总体均方差仍为 2 cm/s,问这批推进器的燃烧率是否较以往生产的推进器的燃烧率有显著的提高? 取显著性水平 $\alpha=0.05$.

13.7　正态总体均值与方差的假设检验

13.7.1　单个总体 $N(\mu,\sigma^2)$ 均值 μ 的检验

13.7.1.1　Z 检验:(在 σ^2 已知条件下,对 μ 进行检验)

在例题 13-11 中讨论过正态总体 $N(\mu,\sigma^2)$,当 σ^2 为已知时, 关于 $\mu=\mu_0$ 的检验问题如下:

(1)双边检验. $H_0:\mu=\mu_0$, $H_1:\mu\neq\mu_0$.

(2)右边检验. $H_0:\mu\leqslant\mu_0$, $H_1:\mu>\mu_0$.

(3)左边检验. $H_0:\mu\geqslant\mu_0$, $H_1:\mu<\mu_0$.

讨论中都是利用 H_0 为真时服从 $N(0,1)$分布的统计量 $Z=\dfrac{\overline{X}-\mu_0}{\sigma/\sqrt{n}}$ 来确定拒绝域的,这种检验法称为 Z 检验法.

【例题 13-12】 某切割机在正常工作时, 切割每段金属棒的平均长度为 10.5 cm, 标准差是 0.15 cm, 今从一批产品中随机地抽取 15 段进行测量, 其结果如下:

10.4,10.6,10.1,10.4,10.5,10.3,10.3,10.2,
10.9,10.6,10.8,10.5,10.7,10.2,10.7

假定切割的长度服从正态分布, 且标准差没有变化, 试问该机工作是否正常?

解:因为 $X\sim N(\mu,\sigma^2)$, $\sigma=0.15$, 要检验假设 $H_0:\mu=10.5$,$H_1:\mu\neq10.5$,$n=15$, $\bar{x}=10.48$,$\alpha=0.05$,则 $\dfrac{\bar{x}-\mu_0}{\sigma/\sqrt{n}}=\dfrac{10.48-10.5}{0.15/\sqrt{15}}=-0.516$.

查表得 $z_{0.05}=1.645$,于是 $\dfrac{\bar{x}-\mu_0}{\sigma/\sqrt{n}}=-0.516<z_{0.05}=1.645$, 故接受 H_0, 认为该机工作正常.

13.7.1.2 σ^2 为未知，关于 μ 的检验（T 检验）

设总体 $X \sim N(\mu,\sigma^2)$，其中 μ,σ^2 未知，显著性水平为 α. 求检验问题 $H_0: \mu=\mu_0$，$H_1: \mu \neq \mu_0$ 的拒绝域.

设 $X_1,X_2,\cdots,X_n$ 为来自总体 X 的样本，因为 σ^2 未知，不能利用 $\dfrac{\overline{X}-\mu_0}{\sigma/\sqrt{n}}$ 来确定拒绝域. 考虑到 S^2 是 σ^2 的无偏估计，故用 S 来取代 σ，即采用 $T=\dfrac{\overline{X}-\mu_0}{S/\sqrt{n}}$ 来作为检验统计量. 当观察值 $|t|=\left|\dfrac{\bar{x}-\mu_0}{s/\sqrt{n}}\right|$ 过分大时应拒绝 H_0，所以拒绝域的形式为 $|t|=\left|\dfrac{\bar{x}-\mu_0}{s/\sqrt{n}}\right| \geqslant k$.

当 H_0 为真时，$\dfrac{\overline{X}-\mu_0}{S/\sqrt{n}} \sim t(n-1)$，由 $P\{$当 H_0 为真，拒绝 $H_0\}=P_{\mu_0}\left\{\left|\dfrac{\overline{X}-\mu_0}{S/\sqrt{n}}\right| \geqslant k\right\}=\alpha$，得 $k=t_{\alpha/2}(n-1)$，拒绝域为

$$|t|=\left|\frac{\bar{x}-\mu_0}{s/\sqrt{n}}\right| \geqslant t_{\alpha/2}(n-1). \tag{13-19}$$

上述利用 T 统计量得出的检验法称为 T 检验法.

对于正态总体 $N(\mu,\sigma^2)$，当 σ^2 未知时，关于 μ 的单边检验的拒绝域在表 13-2 中给出. 在实际中，正态总体的方差常为未知，所以我们常用 T 检验法来检验关于正态总体均值的检验问题.

表 13-2　单个正态总体方差的假设检验

H_0	H_1	显著性水平 α 下的拒绝域
$\sigma^2 \leqslant \sigma_0^2$	$\sigma^2 > \sigma_0^2$	$\chi^2=\dfrac{(n-1)s^2}{{\sigma_0}^2} > \chi_\alpha^2(n-1)$
$\sigma^2 \geqslant \sigma_0^2$	$\sigma^2 < \sigma_0^2$	$\chi^2=\dfrac{(n-1)s^2}{{\sigma_0}^2} < \chi_{1-\alpha}^2(n-1)$
$\sigma^2 = \sigma_0^2$	$\sigma^2 \neq \sigma_0^2$	$\chi^2=\dfrac{(n-1)s^2}{\sigma_0^2} < \chi_{1-\frac{\alpha}{2}}^2(n-1)$ 或 $\chi^2=\dfrac{(n-1)s^2}{\sigma_0^2} > \chi_{\frac{\alpha}{2}}^2(n-1)$

【例题 13-13】 如果在例题 13-12 中只假定切割的长度服从正态分布，问该机切割的金属棒的平均长度有无显著变化？

解：依题意 $X \sim N(\mu,\sigma^2)$，μ,σ^2 均为未知，要检验假设 $H_0: \mu=10.5$，$H_1: \mu \neq 10.5$，$n=15$，$\bar{x}=10.48$，$\alpha=0.05$，$s=0.237$，$|t|=\left|\dfrac{\bar{x}-\mu_0}{s/\sqrt{n}}\right|=\left|\dfrac{10.48-10.5}{0.237/\sqrt{15}}\right|=0.327$，查 t 分布表得，$t_{\alpha/2}(n-1)=t_{0.025}(14)=2.1448>|t|=0.327$，故接受 H_0，认为金属棒的平均长度无显著变化.

13.7.2 单个总体 $N(\mu,\sigma^2)$ 方差 σ^2 的检验

设总体 $X \sim N(\mu,\sigma^2)$，μ,σ^2 均为未知，$X_1,X_2,\cdots,X_n$ 为来自总体 X 的样本，要求检验假设：$H_0: \sigma^2=\sigma_0^2$，$H_1: \sigma^2 \neq \sigma_0^2$，其中 σ_0 为已知常数.

设显著性水平为 α，由于 S^2 是 σ^2 的无偏估计，当 H_0 为真时，比值 $\frac{s^2}{\sigma_0^2}$ 在 1 附近摆动，不应过分大于 1 或过分小于 1，所以拒绝域的形式为

$$\frac{(n-1)S^2}{{\sigma_0}^2}\leqslant k_1 \text{ 或 } \frac{(n-1)S^2}{{\sigma_0}^2}\geqslant k_2.$$

当 H_0 为真时，$\frac{(n-1)S^2}{{\sigma_0}^2}\sim\chi^2(n-1)$. 所以，此处 k_1 和 k_2 的值由下式确定：

$$P\{H_0 \text{ 为真,拒绝 } H_0\}=P_{\sigma_0^2}\left\{\left(\frac{(n-1)S^2}{{\sigma_0}^2}\leqslant k_1\right)\cup\left(\frac{(n-1)S^2}{\sigma_0^2}\geqslant k_2\right)\right\}=\alpha.$$

为了计算方便，习惯上取：

$$P_{\sigma_0^2}\left\{\frac{(n-1)S^2}{\sigma_0^2}\leqslant k_1\right\}=\frac{\alpha}{2},P_{\sigma_0^2}\left\{\frac{(n-1)S^2}{{\sigma_0}^2}\geqslant k_2\right\}=\frac{\alpha}{2},$$

故得

$$k_1=\chi^2_{1-\alpha/2}(n-1),\ k_2=\chi^2_{\alpha/2}(n-1),$$

拒绝域为

$$\frac{(n-1)S^2}{{\sigma_0}^2}\leqslant\chi^2_{1-\alpha/2}(n-1) \text{ 或 } \frac{(n-1)S^2}{\sigma_0^2}\geqslant\chi^2_{\alpha/2}(n-1). \tag{13-20}$$

上述检验法称为 χ^2 检验法.

【例题 13-14】 一自动车床加工零件的长度服从正态分布 $N(\mu,\sigma^2)$，原来加工精度 $\sigma_0^2=0.18$，经过一段时间生产后，抽取这车床所加工的 $n=31$ 个零件，测得数据如表 13-3 所示.

表 13-3

长度 x_i	10.1	10.3	10.6	11.2	11.5	11.8	12.0
频数 n_i	1	3	7	10	6	3	1

问这一车床是否保持原来的加工精度.

解：由题意要检验假设 $H_0:\sigma^2=0.18;H_1:\sigma^2\neq0.18$，此时我们只要考虑单侧的情形，由题中所给的数据计算得：$\chi^2=\sum_{i=1}^{7}\frac{n_1(x_i-\bar{x})^2}{0.18}=44.5$，对于给定的 $\alpha=0.05$，查自由度为 $n-1=30$ 的 χ^2 分布分位数表得临界值 $\chi^2_{0.95}(30)=43.8$，此时 $\chi^2>\chi^2_{0.95}(30)$，因此拒绝原假设 H_0，这说明自动车床工作一段时间后精度变差.

习题 13.7

1. 某种电子元件的寿命 X(以 h 计)服从正态分布，μ,σ^2 均为未知. 现测得 16 只元件的寿命如下：

159,280,101,212,224,379,179,264,
222,362,168,250,149,260,485,170

问是否有理由认为元件的平均寿命大于 225(h)？

2. 某厂生产的某种型号的电池，其寿命长期以来服从方差 $\sigma^2 = 5\ 000(\mathrm{h}^2)$ 的正态分布，现有一批这种电池，从它的生产情况来看，寿命的波动性有所变化. 现随机地取 26 只电池，测出其寿命的样本方差 $\sigma^2 = 9\ 200(\mathrm{h}^2)$. 问根据这一数据能否推断这批电池的寿命的波动性较以往的有显著的变化？($\alpha = 0.02$)

13.8 两个正态总体均值与方差的假设检验

13.8.1 两个总体均值差的检验

13.8.1.1 σ_1^2, σ_2^2 已知

设 $X_1, X_2, \cdots, X_n$ 为来自正态总体 $N(\mu_1, \sigma_1^2)$ 的样本，$Y_1, Y_2, \cdots, Y_n$ 为来自正态总体 $N(\mu_2, \sigma_2^2)$ 的样本，且两样本独立. 又设 $\overline{X}, \overline{Y}$ 分别是总体的样本均值，μ_1, μ_2 均未知，显著性水平为 α. 考虑假设检验问题：

$$H_0: \mu_1 - \mu_2 = \delta,\ H_1: \mu_1 - \mu_2 \neq \delta(\delta \text{ 为已知常数}).$$

当 H_0 成立时，$|\overline{X} - \overline{Y} - \delta|$ 不应过大，考虑到 $\dfrac{(\overline{X} - \overline{Y}) - \delta}{\sqrt{\dfrac{\sigma_1^2}{n_1} + \dfrac{\sigma_2^2}{n_2}}} \sim N(0,1)$，所以拒绝域的形式为

$$\left| \frac{(\overline{X} - \overline{Y}) - \delta}{\sqrt{\dfrac{\sigma_1^2}{n_1} + \dfrac{\sigma_2^2}{n_2}}} \right| > k.$$

由 $P\{H_0\text{为真，拒绝 } H_0\} = P_{\mu_1 - \mu_2 = \delta}\left\{ \left| \dfrac{(\overline{X} - \overline{Y}) - \delta}{\sqrt{\dfrac{\sigma_1^2}{n_1} + \dfrac{\sigma_2^2}{n_2}}} \right| \geqslant k \right\} = \alpha$，得 $k = z_{\frac{\alpha}{2}}$. 所以，检验的拒绝域为

$$\left| \frac{(\overline{X} - \overline{Y}) - \delta}{\sqrt{\dfrac{\sigma_1^2}{n_1} + \dfrac{\sigma_2^2}{n_2}}} \right| > z_{\frac{\alpha}{2}}. \tag{13-21}$$

13.8.1.2 $\sigma_1^2 = \sigma_2^2$ 但未知的情况

设 $X_1, X_2, \cdots, X_n$ 为来自正态总体 $N(\mu_1, \sigma^2)$ 的样本，$Y_1, Y_2, \cdots, Y_n$ 为来自正态总体 $N(\mu_2, \sigma^2)$ 的样本，且两样本独立. 又设 $\overline{X}, \overline{Y}$ 分别为总体的样本均值，S_1^2, S_2^2 为样本方差，μ_1, μ_2, σ^2 均为未知，求检验问题 $H_0: \mu_1 - \mu_2 = \delta$，$H_1: \mu_1 - \mu_2 > \delta$($\delta$ 为已知常数)的拒绝域. 取显著性水平为 α.

引入 T 统计量作为检验统计量 $T = \dfrac{(\overline{X} - \overline{Y}) - \delta}{S_w \sqrt{\dfrac{1}{n_1} + \dfrac{1}{n_2}}}$，其中 $S_w^2 = \dfrac{(n_1 - 1)S_1^2 + (n_2 - 1)S_2^2}{n_1 + n_2 - 2}$，

其拒绝域的形式为

$$|t|=\left|\frac{(\bar{x}-\bar{y})-\delta}{s_w\sqrt{\frac{1}{n_1}+\frac{1}{n_2}}}\right|\geqslant k.$$

当 H_0 为真时，$T\sim t(n_1+n_2-2)$，由

$$P\{H_0\text{ 为真，拒绝 }H_0\}=P_{\mu_1-\mu_2=\delta}\left\{\left|\frac{(\bar{X}-\bar{Y})-\delta}{S_w\sqrt{\frac{1}{n_1}+\frac{1}{n_2}}}\right|\geqslant k\right\}=\alpha$$

得 $k=t_{\alpha/2}(n_1+n_2-2)$，故拒绝域为

$$|t|=\frac{|(\bar{x}-\bar{y})-\delta|}{s_w\sqrt{\frac{1}{n_1}+\frac{1}{n_2}}}\geqslant t_{\alpha/2}(n_1+n_2-2). \tag{13-22}$$

【例题 13-15】 某工厂用甲、乙两台机床加工同一种产品，其椭圆度服从正态分布，现测得甲机床加工的产品椭圆度为 $\bar{x}=0.081$ mm，$s_1=0.025$ mm，$n_1=200$；乙机床加工的产品的椭圆度为 $\bar{y}=0.062$ mm，$s_2=0.062$ mm，$n_2=150$. 问：取显著性水平为 $\alpha=0.05$ 下，两机床加工的产品椭圆度有无显著差异?

解：$t=\dfrac{|(\bar{x}-\bar{y})-\delta|}{s_w\sqrt{\frac{1}{n_1}+\frac{1}{n_2}}}=\dfrac{0.081-0.062}{\sqrt{\dfrac{[(200\times0.025^2)+(150\times0.062^2)]\times350}{200\times150\times348}}}=3.92.$

$t_{0.025}(348)=1.96<t$，应认为两台机床加工的产品椭圆度之间有显著差异.

关于均值差的其他两个检验问题的拒绝域见表 13-4，常用 $\delta=0$ 的情况. 当两个正态总体的方差均为已知(不一定相等)时，我们可用 μ 检验法来检验两正态总体均值差的假设问题，见表 13-5.

表 13-4　两个正态总体均值的假设检验

H_0	H_1	$\sigma_1^2=\sigma_2^2=\sigma^2$，但 σ^2 未知	σ_1^2,σ_2^2 已知
		显著性水平 α 下的拒绝域	
$\mu_1-\mu_2\leqslant\delta$	$\mu_1-\mu_2>\delta$	$t=\dfrac{(\bar{x}-\bar{y})-\delta}{s_w\sqrt{\frac{1}{n_1}+\frac{1}{n_2}}}>t_\alpha(n_1+n_2-2)$	$z=\dfrac{(\bar{x}-\bar{y})-\delta}{\sqrt{\frac{\sigma_1^2}{n_1}+\frac{\sigma_2^2}{n_2}}}>z_\alpha$
$\mu_1-\mu_2\geqslant\delta$	$\mu_1-\mu_2<\delta$	$t=\dfrac{(\bar{x}-\bar{y})-\delta}{s_w\sqrt{\frac{1}{n_1}+\frac{1}{n_2}}}<-t_\alpha(n_1+n_2-2)$	$z=\dfrac{(\bar{x}-\bar{y})-\delta}{\sqrt{\frac{\sigma_1^2}{n_1}+\frac{\sigma_2^2}{n_2}}}<-z_\alpha$
$\mu_1-\mu_2=\delta$	$\mu_1-\mu_2\neq\delta$	$|t|=\dfrac{|(\bar{x}-\bar{y})-\delta|}{s_w\sqrt{\frac{1}{n_1}+\frac{1}{n_2}}}>t_{\frac{\alpha}{2}}(n_1+n_2-2)$	$|z|=\dfrac{|(\bar{x}-\bar{y})-\delta|}{\sqrt{\frac{\sigma_1^2}{n_1}+\frac{\sigma_2^2}{n_2}}}>z_{\frac{\alpha}{2}}$

注：$s_w^2=\dfrac{(n_1-1)s_1^2+(n_2-1)s_2^2}{n_1+n_2-2}$.

表 13-5　单个正态总体均值的假设检验

H_0	H_1	方差 σ^2 已知	方差 σ^2 未知
		显著性水平 α 下的拒绝域	
$\mu\leqslant\mu_0$	$\mu>\mu_0$	$z=\dfrac{\overline{x}-\mu_0}{\sigma/\sqrt{n}}>z_\alpha$	$t=\dfrac{\overline{x}-\mu_0}{s/\sqrt{n}}>t_\alpha(n-1)$
$\mu\geqslant\mu_0$	$\mu<\mu_0$	$z=\dfrac{\overline{x}-\mu_0}{\sigma/\sqrt{n}}<-z_\alpha$	$t=\dfrac{\overline{x}-\mu_0}{s/\sqrt{n}}<-t_\alpha(n-1)$
$\mu=\mu_0$	$\mu\neq\mu_0$	$\|z\|=\dfrac{\|\overline{x}-\mu_0\|}{\sigma/\sqrt{n}}>z_{\frac{\alpha}{2}}$	$t=\dfrac{\|\overline{x}-\mu_0\|}{s/\sqrt{n}}>t_{\frac{\alpha}{2}}(n-1)$

13.8.2　两个正态总体方差的检验

设 $X_1,X_2,\cdots,X_n$ 为来自正态总体 $N(\mu_1,\sigma_1^2)$ 的样本，$Y_1,Y_2,\cdots,Y_n$ 为来自 $N(\mu_2,\sigma_2^2)$ 的样本，且设两样本独立，其样本方差为 S_1^2,S_2^2. 又设 $\mu_1,\mu_2,\sigma_1^2,\sigma_2^2$ 均为未知，需要检验假设：

$$H_0:\ \sigma_1^2=\sigma_2^2,\ H_1:\ \sigma_1^2\neq\sigma_2^2.$$

当 H_0 为真时，$\dfrac{s_1^2}{s_2^2}$在 1 附近，当 H_1 为真时，观察值 $\dfrac{s_1^2}{s_2^2}$偏离 1，所以拒绝域的形式为

$$\frac{s_1^2}{s_2^2}\geqslant k_1,\frac{s_1^2}{s_2^2}\leqslant k_2.$$

此处 k_1,k_2 的值由下式确定：

$$P\{H_0\text{为真,拒绝 }H_0\}=P_{\sigma_1^2\neq\sigma_2{}^2}\left\{\frac{S_1^2}{S_2^2}\geqslant k_1\ \text{或}\frac{S_1^2}{S_2^2}\geqslant k_2\right\}=\alpha.$$

当 H_0 为真时：$F=S_1^2/S_2{}^2\sim F(n_1-1,n_2-1)$. 所以，$k_1=F_{1-\alpha/2}(n_1-1,n_2-1)$，$k_1=F_{\alpha/2}(n_1-1,n_2-1)$. 检验问题的拒绝域为

$$\frac{s_1^2}{s_2^2}\leqslant F_{1-\alpha/2}(n_1-1,n_2-1)\ \text{或}\frac{s_1^2}{s_2^2}\geqslant F_{\alpha/2}(n_1-1,n_2-1).\tag{13-23}$$

上述检验法称为 F 检验法，见表 13-6.

表 13-6　两个正态总体方差的假设检验

H_0	H_1	显著性水平 α 下的拒绝域
$\sigma_1^2\leqslant\sigma_2^2$	$\sigma_1^2>\sigma_2^2$	$F=\dfrac{s_1^2}{s_2^2}>F_\alpha(n_1-1,n_2-1)$
$\sigma_1^2\geqslant\sigma_2^2$	$\sigma_1^2<\sigma_2^2$	$F=\dfrac{s_1^2}{s_2^2}<F_{1-\alpha}(n_1-1,n_2-1)$
$\sigma_1^2\neq\sigma_2^2$	$\sigma_1^2\neq\sigma_2^2$	$F=\dfrac{s_1^2}{s_2^2}>F_{\frac{\alpha}{2}}(n_1-1,n_2-1)$或 $F=\dfrac{s_1^2}{s_2^2}<F_{1-\frac{\alpha}{2}}(n_1-1,n_2-1)$

【例题 13-16】　已知甲、乙两车间生产同一种螺栓，每个甲车间螺栓的直径 X cm 服

从正态分布 $N(\mu_1,\sigma_1^2)$,每个乙车间螺栓的直径 Y cm 服从正态分布 $N(\mu_2,\sigma_2^2)$,从一批甲车间螺栓中随机抽取 8 个,测量其直径分别为

14.4, 15.5, 14.8, 15.0, 15.2, 15.1, 14.8, 15.2

从一批乙车间螺栓中随机抽取 10 个,测量其直径分别为

15.0, 14.8, 14.8, 14.6, 14.8, 14.6, 14.9, 14.6, 14.7, 15.2

试在检验水平 $\alpha=0.10$ 下,检验甲、乙两车间所生产的这两批螺栓直径方差 σ_1^2 与 σ_2^2 无显著差异是否成立.

解:这是检验两个正态总体方差 σ_1^2 与 σ_2^2 是否相等,其零假设 H_0 与备择假设 H_1 分别记作:

$$H_0:\sigma_1^2=\sigma_2^2,\quad H_1:\sigma_1^2\neq\sigma_2^2.$$

所给正态总体 X 的样本容量 $n_1=8$,正态总体 Y 的样本容量 $n_2=10$,当零假设 H_0 成立时,构造变量:

$$F=\frac{S_1^2}{S_2^2}\sim F(7,9).$$

查表得

$$F_{0.95}(7,9)=0.27,F_{0.05}(7,9)=3.29.$$

计算正态总体 X 的样本均值

$$\bar{x}=\frac{1}{8}\times(14.4+15.5+14.8+15.0+15.2+15.1+14.8+15.2)=15,$$

样本方差

$$s_1^2=\frac{1}{8-1}\times[(14.4-15)^2+(15.5-15)^2+(14.8-15)^2+(15.0-15)^2+(15.1-15)^2+(14.8-15)^2+(15.2-15)^2]=0.11.$$

再计算正态总体 Y 的样本均值

$$\bar{y}=\frac{1}{10}\times(15.0+14.8+14.8+14.6+14.8+14.6+14.9+14.6+14.7+15.2)=14.8.$$

样本方差

$$s_1^2=\frac{1}{10-1}\times[(15.0-14.8)^2+(14.8-14.8)^2+(14.8-14.8)^2+(14.6-14.8)^2+(14.8-14.8)^2+(14.6-14.8)^2+(14.9-14.8)^2+(14.6-14.8)^2+(14.7-14.8)^2+(15.2-14.8)^2]=0.04.$$

得到 F 变量的观测值

$$\frac{s_1^2}{s_2^2}=\frac{0.11}{0.04}=2.75.$$

它没有落入拒绝域,于是不能拒绝零假设 H_0,即认为 $\sigma_1^2=\sigma_2^2$.

所以可以认为,甲、乙两车间所生产的这两批螺栓直径方差 σ_1^2 与 σ_2^2 无显著差异.

习题 13.8

1. 在平炉上进行一项试验以确定改变操作方法的建议是否会增加钢的得率，试验是在同一只平炉上进行的.每炼一炉钢时除操作方法外，其他条件都尽可能做到相同.先采用标准方法炼一炉，然后用建议的新方法炼一炉，以后交替进行，各炼10炉，其得率分别为:(1)标准方法:78.1，72.4，76.2，74.3，77.4，78.4，76.0，75.5，76.7，77.3；(2)新方法:79.1，81.0，77.3，79.1，80.0，78.1，79.1，77.3，80.2，82.1.设这两个样本相互独立，且分别来自正态总体,问建议的新操作方法能否提高得率?(取 $\alpha=0.05$)

2. 已知甲校学生的体重 X kg 服从正态分布 $N(\mu_1,\sigma_1^2)$,乙校学生的体重 Y kg 服从正态分布 $N(\mu_2,\sigma_2^2)$,从甲、乙两校学生中各随机抽取16名,测算其体重标准差分别为10 kg与19 kg,试在检验水平 $\alpha=0.05$ 下,检验甲、乙两校学生体重方差 σ_1^2 与 σ_2^2 无显著差异是否成立.

3. 根据以往资料分析,某种电子元件的使用寿命服从正态分布,$\sigma^2=11.25^2$.现从一批电子元件中随机地抽取9只,测得其使用寿命为(单位:h):

2 315,2 360,2340,2325,2 350,2 320,2 335,2 335,2 325

问这批电子元件的平均使用寿命可否认为是2 350 h?($\alpha=0.05$)

4. 已知某厂排放工业废水中某有害物质的含量 X‰服从正态分布 $N(\mu,\sigma^2)$,环境保护条例规定排放工业废水中该有害物质的含量不得超过0.50‰,从该厂所排放的工业废水中随机抽取5份水样,测量该有害物质的含量分别为

0.53,0.54,0.51,0.49,0.53

试在检验水平 $\alpha=0.05$ 下,检验该厂排放工业废水中该有害物质的平均含量 μ 显著超过规定标准是否成立,要求给出零假设 H_0 与备择假设 H_1.

5. 已知某自动车床加工零件的长度偏差 X mm 服从正态分布 $N(\mu,3^2)$,从某日加工的一批零件中随机抽取10件,测量其长度偏差分别为

2,1,-2,3,2,4,-2,5,3,4

试在检验水平 $\alpha=0.10$ 下,检验这批零件长度偏差的方差 σ^2 显著改变是否成立.

6. 已知某种型号柴油发动机燃烧1 L柴油的运转时间 X min 服从正态分布 $N(\mu,\sigma^2)$,从一批这种型号柴油发动机中随机抽取7台,测量其燃烧1 L柴油的运转时间分别为

28, 27, 31, 29, 30, 27, 31

试在检验水平 $\alpha=0.05$ 下,检验:

(1)这批柴油发动机燃烧1 L柴油的平均运转时间 μ 是否为30.

(2)这批柴油发动机燃烧1 L柴油的运转时间方差 σ^2 是否为4.

7. 已知一片 A 种安眠药使得患者延长睡眠时间 X h 服从正态分布 $N(\mu_1,\sigma_1^2)$,1片 B 种安眠药使得患者延长睡眠时间 Y h 服从正态分布 $N(\mu_2,\sigma_1^2)$,且它们使得患者延长睡眠时间的方差相等,即 $\sigma_1^2=\sigma_1^2$.从服用1片 A 种安眠药的患者中随机抽取10名,调查得到其平均延长睡眠时间为2.3 h,延长睡眠时间标准差为0.9 h;从服用1片 B 种安眠药的患

者中随机抽取 12 名,调查得到其平均延长睡眠时间为 3.6 h,延长睡眠时间标准差为 1.4 h. 试在检验水平 $\alpha=0.01$ 下,检验 1 片 A,B 两种安眠药使患者平均延长睡眠时间有显著差异是否成立.

8. 已知第一商店 1 d 销售额 X 万元服从正态分布 $N(\mu_1,\sigma_1^2)$,第二商店 1 d 销售额 Y 万元服从正态分布 $N(\mu_2,\sigma_1^2)$,从 11 月份随机抽取 7 d,调查得到其平均 1 d 销售额分别为 5.4 万元与 7.2 万元,1 d 售额方差分别为 1.4 万元^2 与 2.9 万元^2,试在检验水平 $\alpha=0.05$ 下,检验:

(1) 两个商店在 11 月份的 1 d 销售额方差 σ_1^2 与 ${\sigma_2}^2$ 无显著差异是否成立.

(2) 两个商店在 11 月份的平均 1 d 销售额 μ_1 与 μ_2 无显著差异是否成立.

9. 某种轴料的椭圆度服从正态分布. 现从一批该种轴料中抽取 15 件测量其椭圆度,计算得到样本标准差 $s=0.035$. 试问这批轴料椭圆度的总体方差与规定方差 $\sigma_0^2=0.000\,4$ 有无显著差异.

13.9　单因素方差分析

13.9.1　方差分析的基本思想

方差分析(Analysis of Variance,简称 ANOVA)又称"变异数分析"或"F 检验",是 R. A. Fister 发明的,用于 2 个及以上样本均值差别的显著性检验.

由于各种因素的影响,研究所得的数据呈现波动状. 造成波动的原因可分成两类:一类是不可控的随机因素,另一类是研究中施加的对结果形成影响的可控因素.

一个复杂的事物,其中往往有许多因素互相制约又互相依存. 方差分析的目的是通过数据分析找出对该事物有显著影响的因素,各因素之间的交互作用,以及显著影响因素的最佳水平等. 方差分析是在可比较的数组中,把数据间的总的离差按各指定的方差来源进行分解的一种技术,即从总离差分解出可追溯到指定来源的部分离差和,这是一个很重要的思想.

在方差分析中,所要考察的指标称为试验指标,影响试验指标的条件称为因素,因素所处的状态称为该因素的水平. 如果在一项试验中仅有一个因素在变化,这种试验称为单因素试验;如果一项试验中有多个因素在变化,这种试验称为多因素试验.

单因素试验的方差分析称为单因素方差分析.

13.9.2　单因素方差分析

设在每个水平 $A_j,1\leqslant j\leqslant s$ 下,总体服从 $X_j\sim N(\mu_j,\sigma^2)\,(j=1,\cdots,s)$,其中 μ_j,σ^2 均未知,$X_{1j},X_{2j},\cdots,X_{rj}\,(i=1,\cdots,s)$ 为 s 组样本相互独立的样本.

方差分析的任务是对 s 个正态总体 $N(\mu_1,\sigma^2),N(\mu_2,\sigma^2),\cdots,N(\mu_s,\sigma^2)$,去检验假设

$$\begin{cases}H_0:\mu_1=\mu_2=\cdots=\mu_s=\mu,\\H_1:\mu_1,\mu_2,\cdots,\mu_s\text{ 不全相等.}\end{cases}\tag{13-24}$$

记 $\overline{X}_{.j}=\frac{1}{r}\sum_{i=1}^{r}X_{ij}(j=1,2,\cdots,s)$ 为第j个总体的样本均值,$S_{.j}^2=\frac{1}{r}\sum_{i=1}^{r}(X_{ij}-\overline{X}_{.j})^2$ 为第 j 个总体的样本方差,$\overline{X}=\frac{1}{n}\sum_{j=1}^{s}\sum_{i=1}^{r}X_{ij}$ 为样本总平均,其中 $n=sr$.

设 $S_T=\sum_{j=1}^{s}\sum_{i=1}^{r}(X_{ij}-\overline{X})^2$ 为样本总离差平方和或总变差. 下面将它按随机误差和因素的影响分为两部分.

因为
$$\begin{aligned}(X_{ij}-\overline{X})^2&=[(X_{ij}-\overline{X}_{.j})+(\overline{X}_{.j}-\overline{X})]^2\\&=(X_{ij}-\overline{X}_{.j})^2+2(X_{ij}-\overline{X}_{.j})(\overline{X}_{.j}-\overline{X})+(\overline{X}_{.j}-\overline{X})^2,\end{aligned}$$

所以
$$S_T=\sum_{j=1}^{s}\sum_{i=1}^{r}(X_{ij}-\overline{X}_{.j})^2+2\sum_{j=1}^{s}\sum_{i=1}^{r}(X_{ij}-\overline{X}_{.j})(\overline{X}_{.j}-\overline{X})+\sum_{j=1}^{s}\sum_{i=1}^{r}(\overline{X}_{.j}-\overline{X})^2.\tag{13-25}$$

但是
$$\begin{aligned}&\sum_{j=1}^{s}\sum_{i=1}^{r}(X_{ij}-\overline{X}_{.j})(\overline{X}_{.j}-\overline{X})\\&=\sum_{j=1}^{s}(\overline{X}_{.j}-\overline{X})\sum_{i=1}^{r}(X_{ij}-\overline{X}_{.j})\\&=\sum_{j=1}^{s}(\overline{X}_{.j}-\overline{X})(\sum_{i=1}^{r}X_{ij}-r\overline{X}_{.j})=0.\end{aligned}\tag{13-26}$$

若令
$$S_E=\sum_{j=1}^{s}\sum_{i=1}^{r}(X_{ij}-\overline{X}_{.j})^2,S_A=\sum_{j=1}^{s}\sum_{i=1}^{r}(\overline{X}_{.j}-\overline{X})^2,\tag{13-27}$$

则 $S_T=S_E+S_A$,其中 S_E 反映了样本内部随机误差,称样本组内平方和或误差平方和.

S_A 反映样本之间差异,称样本组间平方和或因素 A 的效应平方和.

若记
$$Q=\frac{1}{r}\sum_{j=1}^{s}\sum_{i=1}^{r}(X_{ij})^2,P=\frac{1}{n}(\sum_{j=1}^{s}\sum_{i=1}^{r}X_{ij})^2,R=\sum_{j=1}^{s}\sum_{i=1}^{r}X_{ij}^2,$$

则
$$\begin{aligned}S_E&=\sum_{j=1}^{s}\sum_{i=1}^{r}(X_{ij}-\overline{X}_{.j})^2=\sum_{j=1}^{s}\sum_{i=1}^{r}X_{ij}^2-2\sum_{j=1}^{s}\sum_{i=1}^{r}X_{ij}\overline{X}_{.j}+r\overline{X}_{.j}^2\\&=\sum_{j=1}^{s}\sum_{i=1}^{r}X_{ij}^2-r\overline{X}_{.j}^2=\sum_{j=1}^{s}\sum_{i=1}^{r}X_{ij}^2-\frac{1}{r}\sum_{j=1}^{s}(\sum_{i=1}^{r}X_{ij})^2=R-Q,\\S_A&=\sum_{j=1}^{s}\sum_{i=1}^{r}(\overline{X}_{.j}-\overline{X})^2=\sum_{j=1}^{s}\sum_{i=1}^{r}\overline{X}_{.j}^2-2\sum_{j=1}^{s}\sum_{i=1}^{r}\overline{X}_{.j}\overline{X}+n\overline{X}^2\\&=\sum_{j=1}^{s}\sum_{i=1}^{r}\overline{X}_{.j}^2-n\overline{X}^2=\frac{1}{r}\sum_{j=1}^{s}(\sum_{i=1}^{r}X_{ij})^2-\frac{1}{n}(\sum_{j=1}^{s}\sum_{i=1}^{r}X_{ij})^2=Q-P,\\S_T&=S_E+S_A=R-P.\end{aligned}$$

可以证明,当 H_0 为真时,$F=\frac{(n-s)S_A}{(s-1)S_E}\sim F(s-1,n-s)$. 所以,检验问题(13-25)的拒绝域为

$$\frac{(n-s)S_A}{(s-1)S_E}\geqslant F_\alpha(s-1,n-s).\tag{13-28}$$

式(13-28)中 S_E 反映了重复试验中误差的总大小,而 S_A 反映了各总体样本平均之间

差异程度,故 S_A 在一定程度上反映了假设 H_0 是否成立,如 $S_A \gg S_E$,说明 H_0 可能不成立,故称这种比较方差大小来断定 H_0 是否成立的方法为方差分析法. 为了应用方便,可将方差分析的结果制成如表 13-7 所示的方差分析表.

表 13-7　单因素方差分析表

方差来源	平方和	自由度	均方	F 比
组间(因素)	S_A	$s-1$	$\overline{S}_A = \dfrac{S_A}{s-1}$	$F = \dfrac{\overline{S}_A}{\overline{S}_E}$
组内(误差)	S_E	$n-s$	$\overline{S}_E = S_E/(n-s)$	
总和	S_T	$n-1$		

计算 S_T, S_A, S_E 时,可以列成表 13-8.

表 13-8　不同水平下 S_T, S_A, S_E 的计算

试验序号	A_1	A_2	…	A_s	
1	x_{11}	x_{12}	…	x_{1s}	
2	x_{21}	x_{22}	…	x_{2s}	
⋮	⋮	⋮	⋮	⋮	
r	x_{r1}	x_{r2}	…	x_{rs}	$\sum_{j=1}^{s}$
$\sum_{i=1}^{r}$	$\sum_{i=1}^{r} x_{i1}$	$\sum_{i=1}^{r} x_{i2}$	…	$\sum_{i=1}^{r} x_{is}$	$\sum_{j=1}^{s}\sum_{i=1}^{r} x_{is}$
$(\sum_{i=1}^{r})^2$	$(\sum_{i=1}^{r} x_{i1})^2$	$(\sum_{i=1}^{r} x_{i2})^2$	…	$(\sum_{i=1}^{r} x_{is})^2$	$\sum_{j=1}^{s}(\sum_{i=1}^{r} x_{is})^2$
$\sum_{i=1}^{r}{}^2$	$\sum_{i=1}^{r} x_{i1}^2$	$\sum_{i=1}^{r} x_{i2}^2$	…	$\sum_{i=1}^{r} x_{is}^2$	$\sum_{j=1}^{s}\sum_{i=1}^{r} x_{is}^2$

在计算中,有时可以通过线性变换 $x_i = \dfrac{y_i - a}{b}$ 简化数据,而结果不变.

【例题 13-17】　某钢厂为了检验产品质量,一个月内对 5 个车间钢锭的质量进行了 4 次检查,其测得的质量如表 13-9 所示.

表 13-9　5 个车间 4 次检查测得的质量

检查次数	车间				
	1	2	3	4	5
1	5 500	5 440	5 400	5 640	5 610
2	5 800	5 680	5 410	5 700	5 700
3	5 740	5 400	5 430	5 660	5 610
4	5 710	5 600	5 480	5 700	5 500

问不同车间生产的钢锭质量有无显著差别.

解:将每一个样本值减去 5 600,计算得表 13-10.

表 13-10　某钢厂不同水平下 S_A,S_E 的计算

试验序号	A_1	A_2	A_3	A_4		
1	-100	-160	-200	40	10	
2	200	80	-190	100	100	
3	140	-200	-170	60	10	
4	110	0	-120	100		
$\sum_{i=1}^{4}$	350	-280	-680	300	20	-290
$(\sum_{i=1}^{4})^2$	12 250	78 400	462 400	9 000	400	753 700
$\sum_{i=1}^{4}{}^2$	81 700	72 000	119 400	25 200	20 200	318 500

$$P=\frac{1}{20}\times 290^2=4\ 205;$$

$$P=\frac{1}{4}\times 753\ 700=188\ 425;$$

$$S_A=188\ 425-2\ 405=184\ 220;$$

$$S_E=318\ 500-188\ 425=130\ 075.$$

可列出如表 13-11 方差分析.

表 13-11　某钢厂方差分析表

方差来源	平方和	自由度	均方	F 比
组间	184 220	4	46 055	$F=5.31$
组内	130 075	15	8 671.67	
总和	314 295	19		

$F_{0.01}(4,15)=4.89<5.31$,不同车间生产的钢锭质量差异显著.

在实践中,方差分析可通过 SPSS, SAS 等统计和数学软件来实现,从而避免繁杂的计算.

习题 13.9

1. 填空(单因素方差分析).

表 13-12

方差来源	平方和	自由度	均方	F 比
组间(因素)	39.41	2	$\overline{S}_A=\dfrac{S_A}{s-1}$	$F=\dfrac{\overline{S}_A}{\overline{S}_E}$
组内(误差)	S_E	$n-s$	$\overline{S}_E=S_E/(n-s)$	
总和	62.46	22		

2. 某化工厂在合成反应后,欲知触媒量是否显著影响合成物的产出量,以触媒量三个水平,各重复做 4 次试验,结果如表 13-13 所示.

表 13-13

试验序号	触媒量 A 的水平		
	A_1	A_2	A_3
1	74	79	82
2	69	81	85
3	73	75	80
4	67	78	79

经计算知,每项数据同减 77 后计算得

$$\sum_{j=1}^{3}\left(\sum_{i=1}^{4}x_{ij}\right)^2=974,\ \sum_{j=1}^{3}\sum_{i=1}^{4}x_{ij}=2,\ \sum_{j=1}^{3}\sum_{i=1}^{4}x_{ij}^2=316.$$

问在显著性水平 $\alpha=0.05$ 下,触媒量对合成物产出量有无显著性影响.

13.10 一元线性回归

13.10.1 回归分析的概念

在商品生产和科学试验中,经常用到一些变量,它们相互联系,相互依赖,客观上存在着一定的关系,这种相互关系一般可分为以下两类:

(1)确定性关系.如电路中欧姆定律 $V=IR$,匀加速运动中关系式 $S=v_0t+1/2at^2$,v_0,a 均已知,又如在一定质量的理想气体 V 中,压强 P 与绝对温度 T 之间有关系式 $PV=CT$,C 为常数.

(2)非确定性关系或相关关系.例如人的年龄与血压之间的关系,输出电流与温度之间的关系.一般地,它们是不具有数学公式的表示关系,称这类变量之间的关系为非确定性关系或相关关系.

确定这类变量之间关系的数学方法称回归分析,所谓回归分析,就是在掌握大量观察数据的基础上,利用数理统计方法建立因变量与自变量之间的回归关系函数表达式(称回归方程式). 在回归分析中,当研究的因果关系只涉及因变量和一个自变量时,叫作一元回归分析;当研究的因果关系涉及因变量和两个或两个以上自变量时,叫作多元回归分析. 此外,在回归分析中,又依据描述自变量与因变量之间因果关系的函数表达式是线性的还是非线性的,分为线性回归分析和非线性回归分析. 通常,线性回归分析法是最基本的分析方法,遇到非线性回归问题可以借助数学手段化为线性回归问题处理.

13.10.2 一元线性回归

13.10.2.1 一元线性回归方程

一元线性回归实际上就是生产(或工程,或科研)中常遇到的配直线的问题.

设变量 x,Y 存在一定的相关关系,希望通过观察(或测量)数据去找出两者之间的经验公式. 一般总假定 Y 是一随机变量.

若已知变量 x,Y 有 n 对观察(测量)值,(x_i,y_i),$1\leqslant i\leqslant n$,我们用一线性函数 $a+bx$ 作为 Y 的估计值,并且对 x 的每一个值,假定 $Y\sim N(a+bx,\sigma^2)$,故可设数学模型为

$$\begin{cases} Y = a + bx + \varepsilon, \\ \varepsilon \sim N(0,\sigma^2). \end{cases} \tag{13-29}$$

这里 a,b,σ^2 均不依赖 x,又称 b 为回归系数,ε 为不可控制的随机误差. 式(13-29)称为一元线性回归模型.

利用给定的数据(x_i,y_i),$1\leqslant i\leqslant n$,可给出 a, b 的估计值 $\hat{a}$,$\hat{b}$,称

$$\hat{y} = \hat{a} + \hat{b}x \tag{13-30}$$

为 Y 关于 x 的(一元)回归方程或回归直线.

13.10.2.2 a,b 的估计

我们自然希望估计值与真实值越接近越好,估计的均方误差为

$$Q(a,b) = \sum_{i=1}^{n} (y_i - a - bx_i)^2.$$

令其取极小值,必要条件为

$$\begin{cases} \dfrac{\partial Q}{\partial a} = -2\sum\limits_{i=1}^{n} (y_i - a - bx_i) = 0, \\ \dfrac{\partial Q}{\partial b} = -2\sum\limits_{i=1}^{n} (y_i - a - bx_i)x_i = 0, \end{cases} \tag{13-31}$$

或写为

$$\begin{cases} na + (\sum\limits_{i=1}^{n} x_i)b = \sum\limits_{i=1}^{n} y_i, \\ (\sum\limits_{i=1}^{n} x_i)a + (\sum\limits_{i=1}^{n} x_i^2)b = \sum\limits_{i=1}^{n} x_i y_i. \end{cases} \tag{13-32}$$

记 $\bar{x} = \dfrac{1}{n}\sum\limits_{i=1}^{n} x_i$,$\bar{y} = \dfrac{1}{n}\sum\limits_{i=1}^{n} y_i$, 则有

$$\begin{cases}\hat{a}=\bar{y}-\hat{b}\bar{x},\\ \hat{b}=\dfrac{n\sum\limits_{i=1}^{n}x_iy_i-(\sum\limits_{i=1}^{n}x_i)(\sum\limits_{i=1}^{n}y_i)}{n\sum\limits_{i=1}^{n}x_i^2-(\sum\limits_{i=1}^{n}x_i)^2}=\dfrac{\sum\limits_{i=1}^{n}x_iy_i-n\overline{xy}}{\sum\limits_{i=1}^{n}x_i^2-n\bar{x}^2}=\dfrac{\sum\limits_{i=1}^{n}(x_i-\bar{x})(y_i-\bar{y})}{\sum\limits_{i=1}^{n}(x_i-\bar{x})^2}.\end{cases}\tag{13-33}$$

将 $\hat{a},\hat{b}$ 代入式(13-31)就是可求的回归直线方程

$$\hat{y}=\hat{a}+\hat{b}x=\bar{y}-\hat{b}\bar{x}+\hat{b}x=\bar{y}-\hat{b}(\bar{x}-x).\tag{13-34}$$

由于点$(\bar{x},\bar{y})$必在回归直线上,故从力学观点$(\bar{x},\bar{y})$就是 n 个散(布)点(x_i,y_i)的重心位置,即知回归直线必经过散点的重心.

在计算 $\hat{a},\hat{b}$ 时,为了方便,常令

$$\begin{cases}S_{xx}=\sum\limits_{i=1}^{n}(x_i-\bar{x})^2=\sum\limits_{i=1}^{n}x_i^2-\dfrac{1}{n}(\sum\limits_{i=1}^{n}x_i)^2=\sum\limits_{i=1}^{n}x_i^2-n\bar{x}^2,\\ S_{xy}=\sum\limits_{i=1}^{n}(x_i-\bar{x})(y_i-\bar{y})=\sum\limits_{i=1}^{n}x_iy_i-\dfrac{1}{n}(\sum\limits_{i=1}^{n}x_i)(\sum\limits_{i=1}^{n}y_i),\\ S_{yy}=\sum\limits_{i=1}^{n}(y_i-\bar{y})^2=\sum\limits_{i=1}^{n}y_i^2-\dfrac{1}{n}(\sum\limits_{i=1}^{n}y^i)^2=\sum\limits_{i=1}^{n}y_i^2-n\bar{y}^2,\end{cases}\tag{13-35}$$

则

$$\begin{cases}\hat{b}=\dfrac{S_{xy}}{S_{xx}},\\ \hat{a}=\bar{y}-\hat{b}\bar{x}.\end{cases}\tag{13-36}$$

在得到 a, b 的估计值 $\hat{a},\hat{b}$ 后,对于给定的 x,我们就取 $\hat{\mu}(x)=\hat{a}+\hat{b}x$ 作为回归函数 $\mu(x)=a+bx$ 的估计.

此外,还可以证明$\hat{\sigma}^2=\dfrac{S_{yy}-\hat{b}S_{xy}}{n-2}$是 σ^2 的无偏估计.

13.10.2.3　线性假设的显著性检验

无论 x 与 Y 之间是否有线性关系,只要给出一组样本观察值(x_i,y_i),$1\leqslant i\leqslant n$,都可以建立一元线性回归方程,但是若 x 与 Y 之间不存在线性关系,回归方程显然是不合理的.所以,有必要先判断 x 与 Y 之间是否有线性关系,即进行线性假设的显著性检验.

令

$$R=\frac{S_{xy}}{\sqrt{S_{xx}S_{yy}}},\tag{13-37}$$

$|R|\leqslant 1$,称为样本相关系数. R 越接近 1,x 与 Y 之间的线性关系越显著. 可通过相关系数检验表得到 R 的临界值.

13.10.2.4　预测与控制

设变量 x 与 Y 之间的线性关系显著,即可用 $\hat{y}=\hat{a}+\hat{b}x$ 来估计变量 Y 的真值,我们自然希望得到 Y 的一个置信区间,这就是所谓的预测问题.

可以证明,当 n 充分大时,有

$$Z = \frac{Y - \hat{y}}{\hat{\sigma}} \sim N(0,1), \tag{13-38}$$

因此,Y 的置信度为 $1-\alpha$ 的置信区间为

$$(\hat{y} - \hat{\sigma} z_{\frac{\alpha}{2}}, \hat{y} + \hat{\sigma} z_{\frac{\alpha}{2}}). \tag{13-39}$$

反过来,有时需要使 Y 落在一个(y_1, y_2)内, 求应控制在何范围,这就是所谓的控制问题.

由区间式(13-39)可知(x, Y)的所有点以置信度 $1-\alpha$ 落在两条直线

$$L_1: Y = \hat{a} + \hat{b}x - \hat{\sigma} z_{\frac{\alpha}{2}}, \tag{13-40}$$

$$L_2: Y = \hat{a} + \hat{b}x + \hat{\sigma} z_{\frac{\alpha}{2}} \tag{13-41}$$

之间.

解方程组:

$$\begin{cases} y_1 = \hat{a} + \hat{b}x - \hat{\sigma} z_{\frac{\alpha}{2}} \\ y_2 = \hat{a} + \hat{b}x + \hat{\sigma} z_{\frac{\alpha}{2}} \end{cases} \tag{13-42}$$

即可得到区间(x_1, x_2).

【例题 13-18】 已知某炼钢车间每年的利润 Y 万元与废品率 $x\%$ 一组统计资料如表 13-14 所示.

表 13-14

废品率 x	1.3	1.5	1.6	1.7	1.9
利润 Y	150	120	110	100	70

求:(1)在检验水平 $\alpha = 0.05$ 下,该炼钢车间每年的利润 Y 万元与废品率 $x\%$ 是否具有显著线性相关关系.

(2)在它们具有显著线性相关关系情况下,该炼钢车间每年的利润 Y 万元对废品率 $x\%$ 回归直线方程.

解:(1)所给样本容量 $n=5$,自由度 $m=n-2=5-2=3$,当零假设 H_0 成立时,构造样本相关系数统计量:

$$R = \frac{S_{XY}}{\sqrt{S_{XX}S_{YY}}} \sim R(3),$$

查表得临界值为 0.878 3.

假设成立,得拒绝域 $|r| \geqslant 0.878\ 3$.

计算 $\sum_{i=1}^{5} x_i, \sum_{i=1}^{5} y_i, \sum_{i=1}^{5} x_i^2, \sum_{i=1}^{5} y_i^2, \sum_{i=1}^{5} x_i y_i$,如表 13-15 所示.

表 13-15

I	x_i	x_i^2	y_i	y_i^2	x_iy_i
1	1.3	1.69	150	22 500	195
2	1.5	2.25	120	14 400	180
3	1.6	2.56	110	12 100	176
4	1.7	2.89	100	10 000	170
5	1.9	3.61	70	4 900	133
$\sum$	8	13	550	63 900	854

再计算：$s_{xx} = \sum_{i=1}^{5} x_i^2 - \frac{1}{5}(\sum_{i=1}^{5} x_i)^2 = 13 - \frac{1}{5} \times 8 \times 8 = 0.2$,

$$s_{yy} = \sum_{i=1}^{5} y_i^2 - \frac{1}{5}(\sum_{i=1}^{5} y_i)^2 = 63\,900 - \frac{1}{5} \times 550 \times 550 = 3\,400,$$

$$s_{xy} = \sum_{i=1}^{5} x_iy_i - \frac{1}{5}(\sum_{i=1}^{5} x_i)(\sum_{i=1}^{5} y_i) = 854 - \frac{1}{5} \times 8 \times 550 = -26,$$

得到样本相关系数统计量 R 的观测值：

$$r = \frac{s_{xy}}{\sqrt{s_{xx}s_{yy}}} = \frac{-26}{\sqrt{0.2 \times 3\,400}} = -0.997.$$

它落入拒绝域，于是拒绝零假设 H_0，接受备择假设 H_1，即可认为 $\rho \neq 0$.

所以，可以认为该炼钢车间每年的利润 Y 万元与废品率 $x\%$ 具有显著线性相关关系.

(2)所求回归直线方程为

$$\hat{y} = \hat{a} + \hat{b}x.$$

已经求得 $s_{xy} = -26, s_{xx} = 0.2$，再计算变量 x, y 的平均值：

$$\bar{x} = \frac{1}{5}\sum_{i=1}^{5} x_i = 1.6, \bar{y} = \frac{1}{5}\sum_{i=1}^{5} y_i = 110,$$

所以

$$\hat{a} = \bar{y} - \bar{x}\frac{s_{xy}}{s_{xx}} = 110 - 1.6 \times \frac{-26}{0.2} = 318,$$

$$\hat{b} = \frac{s_{xy}}{s_{xx}} = \frac{-26}{0.2} = -130.$$

所以，该炼钢车间每年的利润 Y 万元对废品率 $x\%$ 的回归直线方程为

$$\hat{y} = 318 - 130x.$$

13.10.3 可线性化的一元线性回归

前面讨论了一元线性回归问题，在实际应用中常会碰到非线性回归问题，在一些情况下，可以通过适当的变换，将其化为一元线性回归来处理. 下面介绍一些常见的可化为一元线性回归的模型.

13.10.3.1 $Y = \alpha e^{\beta x}\varepsilon, \ln\varepsilon \sim N(0, \sigma^2)$

其中 α, β, σ^2 是与 x 无关的未知参数，两边取对数有

$$\ln Y = \ln\alpha + \beta x + \ln\varepsilon. \qquad (13\text{-}43)$$

再令

$$Y' = \ln Y, a = \ln\alpha, b = \beta, \varepsilon' = \ln\varepsilon,$$

原模型即转换为线性回归模型：

$$Y' = a + bx + \varepsilon', (\varepsilon' \sim N(0,\sigma^2)). \qquad (13\text{-}44)$$

13.10.3.2　$Y = \alpha x^{\beta}\varepsilon, \ln\varepsilon \sim N(0,\sigma^2)$

其中 α,β,σ^2 是与 x 无关的未知参数,两边取对数有

$$\ln Y = \ln\alpha + \beta\ln x + \ln\varepsilon.$$

再令

$$Y' = \ln Y, a = \ln\alpha, b = \beta, x' = \ln x, \varepsilon' = \ln\varepsilon,$$

原模型即转换为线性回归模型：

$$Y' = a + bx + \varepsilon', (\varepsilon' \sim N(0,\sigma^2)). \qquad (13\text{-}45)$$

13.10.3.3　$Y = \alpha + \beta h(x) + \varepsilon, \ln\varepsilon \sim N(0,\sigma^2)$

其中 α,β,σ^2 是与 x 无关的未知参数,$h(x)$ 是 x 的已知函数,令 $a = \alpha, b = \beta, x' = h(x)$,原模型即转换为线性回归模型：

$$Y' = a + bx + \varepsilon', (\varepsilon' \sim N(0,\sigma^2)). \qquad (13\text{-}46)$$

在得到 Y' 关于 x' 的一元回归模型后再将 x 与 Y 代回,即得到 Y 关于 x 的回归方程,其图形是一条曲线,因此也称为曲线回归方程.

与方差分析一样,回归分析也可通过相关软件来实现.

习题 13.10

1. 已知某县婴儿的身高 Y cm 与年龄 x 岁的一组调查数据如表 13-16 所示.

表 13-16

年龄 x	0.3	1.2	1.7	1.9	2.2	2.6	3.1	3.2	3.8	4.0
身高 Y	63	71	76	79	83	87	91	93	97	100

求：

(1) 在检验水平 $\alpha = 0.10$ 下,该县婴幼儿的身高 Y cm 与年龄 x 岁是否具有显著线性相关关系.

(2) 在它们具有显著线性相关关系情况下,该县婴幼儿的身高 Y cm 对年龄 x 岁的回归直线方程.

2. 某参证站(水文站甲)有年降水量资料共 64 年. 邻近的设计站(水文站乙)流域气候地理条件相似,其雨量站观测的同步年降水量资料仅有 13 年(1970 ~ 1982 年),列于表 13-17 中. 试用相关计算法求设计站年降水量 y 对参证站年降水量 x 的回归方程式.

表 13-17

年份	参证站 x(mm)	设计站 y(mm)
1970	633	728
1971	556	596
1972	526	599
1973	548	610
1974	627	773
1975	672	847
1976	514	496
1977	346	412
1978	530	652
1979	491	560
1980	512	535
1981	726	717
1982	545	560

3. 某水利建筑施工工地建材实验室在作混凝土强度试验中,考查 1 m^3 混凝土的水泥用量 x 对混凝土抗压强度 y 的影响,经过 28 d 后,测得数据如表 3-18 所示.

表 3-18

水泥用量 x (kg)	150	160	170	180	190	200	210	220	230	240	250	260
抗压强度 y(MPa)	56.9	58.3	61.6	64.6	68.1	71.3	74.1	77.4	80.2	82.6	86.4	89.7

(1)求 y 对 x 的线性回归方程:$y=a+bx$;

(2)求相关系数 r,并检验其线性相关的显著性($\alpha=0.05$);

(3)当 $x_0=225$ kg 时,求 y 的 95% 的预测区间.

13.11　Matlab 在数理统计中的应用

13.11.1　直方图与经验分布函数图的绘制

命令格式 1:hist(A,n)

功能:对矩阵 A 按列作统计频数直方图,n 为条形图的条数.

命令格式 2:ni = hist(A,n)

功能:对矩阵 A 按列得各划分区间内的统计频数.

注意：当 A 为向量时，上述所有命令直接作用在向量上，而不是列优先.

命令格式 3：[Fn,x0] = ecdf(x)

功能：得到样本 x 的经验分布函数值 F_n，当 x 中有 m 个不同的数（记为向量 x_0）时，则 F_n 的个数为 $m+1$ 个.

命令格式 4：ecdfhist(Fn,x0, m)

功能：绘制数据 x 的频率（密度）直方图，其中 F_n 与 x_0 是由 ecdf 函数得到的样本 x 的经验分布函数值 F_n 与分段点 x_0，m 为条形的个数，其默认值为 10.

命令格式 5：cdfplot(x)

功能：绘制样本 x 的经验分布函数图.

例如：

```
>> x = [6  4  5  3  6  8  6  7  3  4];
>> [Fn,x0] = ecdf(x)
Fn =
          0
     0.2000
     0.4000
     0.5000
     0.8000
     0.9000
     1.0000
x0 =
     3
     3
     4
     5
     6
     7
     8
>> cdfplot(x)
```

其结果如图 13-8 所示.

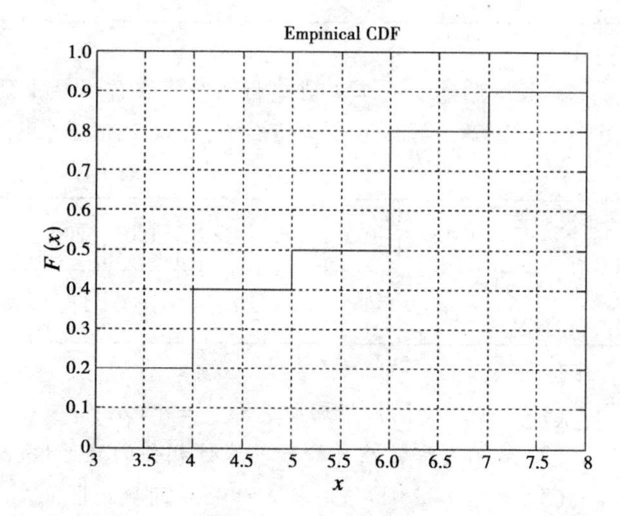

图 13-8　经验分布函数

【例题 13-19】　在齿轮加工中，齿轮的径向综合误差 $\Delta F_i''$ 是个随机变量，今对 200 件同样的齿轮进行测量，测得 $\Delta F_i''$ 的数值（mm）如下，求作 $\Delta F_i''$ 的频率密度直方图，并作出 $\Delta F_i''$ 的经验分布函数图形.

16 25 19 20 25 33 24 23 20 24 25 17 15 21 22 26 15 23 22 24
20 14 16 11 14 28 18 13 27 31 25 24 16 19 23 26 17 14 30 21
18 16 18 19 20 22 19 22 18 26 26 13 21 13 11 19 23 18 24 28
13 11 25 15 17 18 22 16 13 12 13 11 09 15 18 21 15 12 17 13
14 12 16 10 08 23 18 11 16 28 13 21 22 12 08 15 21 18 16 16

19 28 19 12 14 19 28 28 28 13 21 28 19 11 15 18 24 18 16 28
19 15 13 22 14 16 24 20 28 18 18 28 14 13 28 29 24 28 14 18
18 18 08 21 16 24 32 16 28 19 15 18 18 10 12 16 26 18 19 33
08 11 18 27 23 11 22 22 13 28 14 22 18 26 18 16 32 27 25 24
17 17 28 33 16 20 28 32 19 23 18 28 15 24 28 29 16 17 19 18

解:编写命令文件 L13_19. m:

```
F = [16 25 19 20 25 33 24 23 20 24 25 17 15 21 22 26 15 23 22 24....
20 14 16 11 14 28 18 13 27 31 25 24 16 19 23 26 17 14 30 21....
18 16 18 19 20 22 19 22 18 26 26 13 21 13 11 19 23 18 24 28....
13 11 25 15 17 18 22 16 13 12 13 11 09 15 18 21 15 12 17 13....
14 12 16 10 08 23 18 11 16 28 13 21 22 12 08 15 21 18 16 16....
19 28 19 12 14 19 28 28 28 13 21 28 19 11 15 18 24 18 16 28....
19 15 13 22 14 16 24 20 28 18 18 28 14 13 28 29 24 28 14 18....
18 18 08 21 16 24 32 16 28 19 15 18 18 10 12 16 26 18 19 33....
08 11 18 27 23 11 22 22 13 28 14 22 18 26 18 16 32 27 25 24....
17 17 28 33 16 20 28 32 19 23 18 28 15 24 28 29 16 17 19 18];
%(1)下面作频数直方图
figure(1)
hist(F,8)
title('频数直方图');
xlabel('齿轮的径向综合误差(mm)');
%(2)下面作频率(密度)直方图
[Fn,x0] = ecdf(F);
figure(2)
ecdfhist(Fn,x0,8);
title('频率(密度)直方图');
xlabel('齿轮的径向综合误差(mm)');
%(3)下面作经验分布函数图
figure(3)
cdfplot(F)
title('经验分布函数图');
xlabel('齿轮的径向综合误差(mm)');
```

运行命令文件 L13_19. m:

```
>> L13_19
```

其结果如图 13-9 所示.

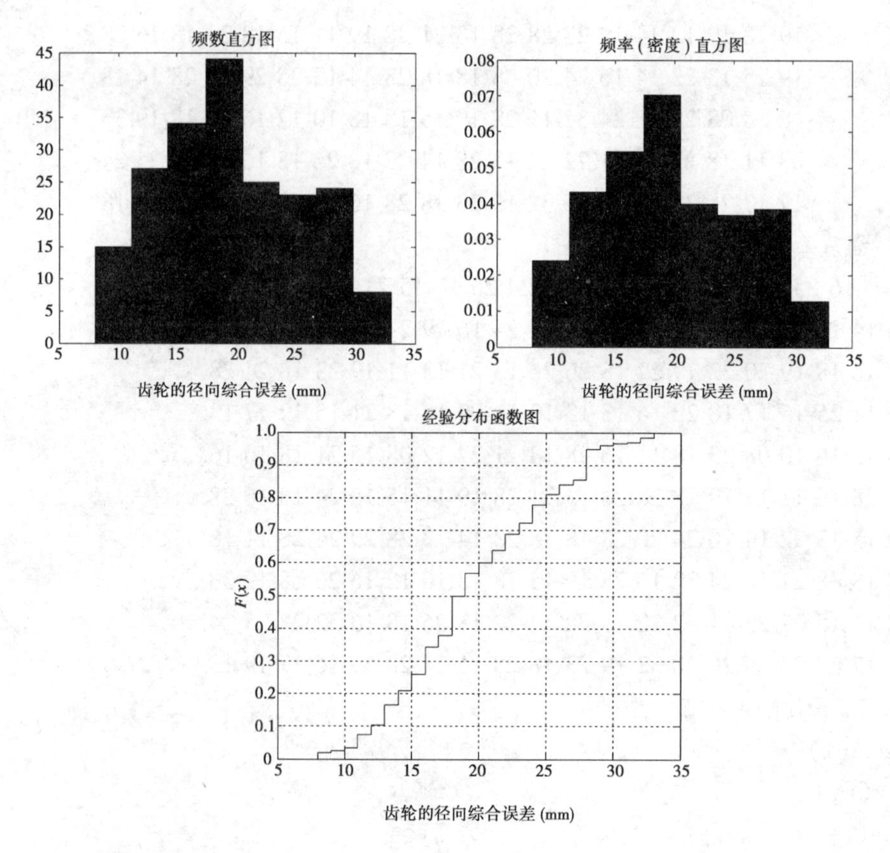

图 13-9

13.11.2 常用概率分布

常用概率分布及代码如表 13-19 所示.

表 13-19 常用概率分布及代码

连续型分布				离散型分布	
分布名称	代码	分布名称	代码	分布名称	代码
连续均匀分布	unif	χ^2 分布	chi2	二项分布	bino
指数分布	exp	非中心 χ^2 分布	ncx2	离散均匀分布	unid
正态分布	norm	F 分布	f	几何分布	geo
多维正态分布	mvn	非中心 F 分布	ncf	超几何分布	hyge
对数正态分布	logn	t 分布	t	负二项分布	nbin
β 分布	beta	非中心 t 分布	nct	泊松分布	poiss
γ(Gamma)分布	gam	多维 t 分布	mvt		
Rayleigh 分布	rayl	I 型极值分布	ev		
Weibull 分布	wbl	广义极值分布	gev		

13.11.3　Matlab 为常见分布提供的五类函数

Matlab 为常见分布提供的五类函数如下：

(1) 概率密度函数(分布名 + pdf).

(2) (累积)分布函数(分布名 + cdf).

(3) 逆(累积)分布函数(分布名 + inv).

(4) 随机数发生器(分布名 + rnd).

(5) 均值和方差(分布名 + stat).

13.11.3.1　概率密度函数

概率密度函数如表 13-20 所示.

表 13-20　概率密度函数(pdf)

函数名称	函数说明	调用格式
normpdf	正态分布	Y = normpdf (X, mu, sigma)
chi2pdf	χ^2 分布	Y = chi2pdf (X, N)
tpdf	t 分布	Y = tpdf (X, N)
fpdf	F 分布	Y = fpdf (X, N1, N2)

注意：Y = normpdf (X, mu, sigma) 的 sigma 是指标准差 σ，而非 σ^2.

【例题 13-20】　绘制标准正态分布 $N(0,1)$ 的概率密度图.

解：Matlab 命令如下：

```
>> x = -4:0.1:4;
>> y = normpdf(x,0,1);
>> plot(x,y)
>> title('N(0,1)的概率密度曲线图')
```

其结果如图 13-10 所示.

13.11.3.2　累积分布函数

累积分布函数如表 13-21 所示.

表 13-21　累积分布函数(cdf)

函数名称	函数说明	调用格式
normcdf	正态分布	P = normcdf (X, mu, sigma)
chi2cdf	χ^2 分布	P = chi2cdf (X, N)
tcdf	t 分布	P = tcdf (X, N)
fcdf	F 分布	P = fcdf (X, N1, N2)

【例题 13-21】　求服从标准正态分布的随机变量落在区间[-2, 2]上的概率.

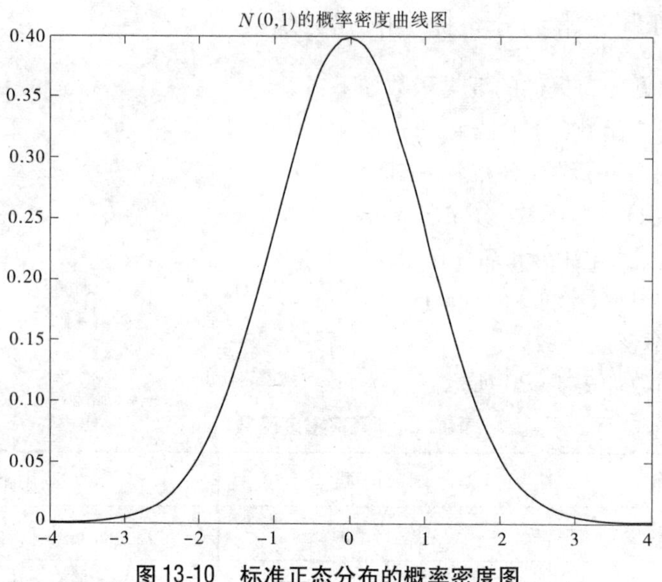

图 13-10　标准正态分布的概率密度图

解:Matlab 命令为:

```
>> P = normcdf (2,0,1) - normcdf( -2,0,1)

P  =
    0.9545
```

13.11.3.3　逆累积分布函数(用于求分位点)

逆累积分布函数如表 13-22 所示.

表 13-22　逆累积分布函数(inv)

函数名称	函数说明	调用格式
norminv	正态分布	X = norminv (P, mu, sigma)
chi2inv	χ^2 分布	X = chi2inv (P, N)
tinv	t 分布	X = tinv (P, N)
finv	F 分布	X = finv (P, N1, N2)

【例题 13-22】　求下列分位数:

(1) $u_{0.9}$.　(2) $t_{0.25}(4)$.　(3) $F_{0.1}(14,10)$.　(4) $\chi^2_{0.025}(50)$.

解:Matlab 命令如下:

```
>> u_alpha = norminv(0.9,0,1)
u_alpha  =
   1.2816
>> t_alpha = tinv(0.25,4)
t_alpha  =
```

```
   -0.7407
>> F_alpha = finv(0.1,14,10)
F_alpha =
   0.4772
>> X2_alpha = chi2inv(0.025,50)
X2_alpha =
   32.3574
```

13.11.3.4　随机数发生函数

随机数发生函数如表 13-23 所示.

表 13-23　随机数发生函数(rnd)

函数名称	函数说明	调用格式
normrnd	正态分布	R = normrnd(mu, sigma, m, n)
chi2rnd	χ^2 分布	R = chi2rnd(N, m, n)
trnd	t 分布	R = trnd(N, m, n)
frnd	F 分布	R = frnd(N1, N2, m, n)

13.11.3.5　均值和方差

常见分布的均值和方差函数如表 13-24 所示.

表 13-24　常见分布的均值和方差函数(stat)

函数名称	函数说明	调用格式
unifstat	连续均匀分布: $\mu=\frac{a+b}{2}$, $\sigma^2=\frac{(b-a)^2}{12}$	[M,V] = unifstat (A, B)
expstat	指数分布: $\mu=\mu$, $\sigma^2=\mu^2$	[M,V] = expstat (MU)
normstat	正态分布: $\mu=\mu$, $\sigma^2=\sigma^2$	[M,V] = normstat (mu, sigma)
chi2stat	χ^2 分布: $\mu=n$, $\sigma^2=2n$	[M,V] = chi2stat (N)
tstat	t 分布: $\mu=0(n\geqslant 2)$, $\sigma^2=\frac{n}{n-2}(n\geqslant 3)$	[M,V] = tstat (N)
fstat	F 分布: $\mu=\frac{n_2}{n_2-2}(n_2\geqslant 3)$ $\sigma^2=\frac{2n_2^2(n_1+n_2-2)}{n_1(n_2-2)^2(n_2-4)}(n_2\geqslant 5)$	[M,V] = fstat (N1, N2)
binostat	二项分布: $\mu=np$, $\sigma^2=npq$	[M,V] = binostat (N, p)
poisstat	泊松分布: $\mu=\lambda$, $\sigma^2=\lambda$	[M,V] = poisstat (LAMBDA)

注意:(1)Matlab 中的指数分布的概率密度函数是 $f(x)=\begin{cases}\frac{1}{u}e^{-\frac{x}{u}}, & x>0,\\ 0, & x\leqslant 0.\end{cases}$

(2) 如果省略调用格式左边的[M, V], 则只计算出均值.

13.11.4 常用的统计量

常用统计量如表 13-25 所示.

表 13-25 常用统计量

函数名称	函数说明	调用格式
mean	样本均值	m = mean(X)
range	样本极差	y = range(X)
std	样本标准差	y = std(X)
var	样本方差	y = var(X), y = var(X, 1)
corrcoef	相关系数	R = corrcoef (X)
cov	协方差矩阵	C = cov(X), C = cov(X, Y)
moment	任意阶中心矩	m = moment(X, order)

说明:

(1) y = var(X) :计算 X 中数据的方差,其中 $\mathrm{var}(X)=\frac{1}{n-1}\sum_{i=1}^{n}(x_i-\bar{x})^2$.

y = var(X, 1) : $\mathrm{var}(X,1)=\frac{1}{n}\sum_{i=1}^{n}(x_i-\bar{x})^2$,得到样本的二阶中心矩 (转动惯量).

(2) C = cov(X) :返回一个协方差矩阵,其中输入矩阵 X 的每列元素代表着一个随机变量的观测值. 如果 X 为 $n\times m$ 的矩阵, 则 C 为 $m\times m$ 的矩阵.

(3) var(X) = diag(cov(X)), std(X) = sqrt(diag(cov(X))).

习题 13.11

1. 某人向空中抛硬币 100 次,落下为正面的概率为 0.5. 这 100 次中正面向上的次数记为 X:

(1) 试计算 $X=45$ 的概率和 $X\leqslant 45$ 的概率.

(2) 绘制分布函数图像和分布列图像.

2. 设 $X\sim N(2,0.25)$.

(1) 求概率 $P\{1<X<2.5\}$.

(2) 绘制分布函数图像和分布密度图像.

(3) 画出区间[1.5,1.9]上的分布密度曲线下方区域.

3. 某面粉厂的包装车间包装面粉，每袋面粉的质量服从正态分布，机器正常运转时每袋面粉质量的均值为 50 kg，标准差为 1. 某日随机地抽取了 9 袋，质量(kg)分别为：49. 7，50. 6，51. 8，52. 4，49. 8，51. 1，52，51. 5，51. 2，问机器运转是否正常？

4. 某灯泡厂在采用一项新工艺前后，分别抽取了 10 只进行寿命试验，寿命(h)分别为：

旧灯泡：2 461，2 404，2 407，2 439，2 394，2 401，2 543，2 463，2 392，2 458

新灯泡：2 496，2 485，2 538，2 596，2 556，2 582，2 494，2 528，2 537，2 492

假设灯泡的寿命服从正态分布，能否认为采用新工艺后，灯泡的寿命提高了？($\alpha = 0.01$).

5. 从一批零件中随机抽取一组样品，表 13-26 是零件样品直径的统计表. 在显著水平 $\alpha = 0.05$ 下能否认为这批零件的直径服从正态分布？绘出统计数据的直方图.

表 13-26 零件样品直径统计

直径	2.55	2.65	2.75	2.85	2.95	3.05	3.15	3.25	3.35
频数	11	12	17	19	26	24	22	19	13

未来应用

工程水文统计

工程水文统计问题主要出现在水利工程、水务管理、水利水电工程管理、城市水利、给水排水工程技术等专业中，具体到课程如“工程水文学”“水资源管理”等. 水利水电工程中涉及的水文统计内容主要有以下几个方面：

(1) 水文变量的概率分布，包括随机事件、随机变量、概率、频率曲线、概率密度函数、重现期、统计参数等内容.

(2) 水文频率计算的方法——适线法，包括经验频率计算、运用皮尔逊Ⅲ型曲线进行适线等内容.

(3) 相关分析，包括回归分析、相关系数及相关检验等内容.

这些水文统计内容运用到大量的概率论和数理统计知识. 以相关(回归)分析为例，在工程水文学里，两种水文变量(如降水量和径流量、水位和流量、上游流量和下游流量等)，往往存在着一定的联系. 如果变量间存在着直线相关关系，且经过分析建立了回归方程，则在水文分析计算中，可以利用回归方程由一种水文变量推求另一种水文变量.

【实例】 某河流甲、乙两水文站的年径流量在成因上有联系，且有 15 年同期观测资料，如表 13-27 所示，甲站的径流观测资料长于乙站. 试作相关分析，以判断由甲站资料借助相关关系延长乙站资料的可行性.

表 13-27　某河流甲、乙两水文站年平均径流量相关表　　（单位：m^3/s）

年份	X_i（甲）	Y_i（乙）
1937	1 590	1 770
1938	1 170	1 290
1939	1 500	1 670
1954	1 230	1 350
1955	1 010	1 140
1956	1 290	1 410
1957	959	1 060
1958	996	1 100
1959	1 380	1 530
1960	1 080	1 100
1961	1 110	1 250
1962	1 090	1 250
1963	640	668
1964	1 090	1 130
1965	1 130	1 230
合计	17 265	18 948

分析：因拟由甲站资料对乙站资料进行延长，故将甲站年径流量视为自变量 X，将乙站年径流量视为因变量 Y. 首先，点绘年径流量相关点据图，并进一步进行直线相关分析.

其次，计算均值 $\overline{X},\overline{Y}$；均方差 $\sigma_x=\sqrt{\dfrac{\sum\limits_{i=1}^{n}(x_i-\bar{x})^2}{n-1}}$，$\sigma_y=\sqrt{\dfrac{\sum\limits_{i=1}^{n}(y_i-\bar{y})^2}{n-1}}$；相关系数 r；最后，建立回归方程.

解：（计算过程略）

$Y=1.15x-61$，可借助此回归方程式，由甲站年径流量资料展延乙站资料.

课外阅读

数理统计学发展简史

1　数理统计学的萌芽时期

20 世纪以前是数理统计学的萌芽时期. 在这漫长的时期里，描述性统计占据主导地位. 描述性统计就是收集大量的数据,并进行一些简单的运算(如求和、求平均值、求百分比等)或用图表把它们表示出来,中国古代就有钱粮户的统计,西方国家也多次进行过人口统计,早期这些统计工作都与国家实施统治有关,统计学的英文 statistics 源于拉丁文,是由 status(状态、国家)和 statista(政治家)衍化而来的. 这时期也出现了一些现在仍很常用的统计方法,如直方图法. 在统计思想上的重大进展是:数据是来自服从一定概率分布的总体,而统计学就是用数据去推断这个分布的未知方面,这个观点强调了推断的地位,使统计学摆脱了单纯描述的性质. 由于高斯等在误差方面的研究工作,正态分布(又叫高斯分布)的性质和重要性受到广泛重视. 19 世纪末,皮尔逊(K. Pearson,1857—1936)引进了一个以他的名字命名的分布族,它包含了正态分布及现在书籍的一些重要的非正态分布,扩大了人们的眼界,皮尔逊还提出了一个估计方法——矩估计法,用来估计他所引进的分布族中的参数.

2　数理统计学的发展时期

20 世纪初到第二次世界大战结束,是数理统计学的发展达到成熟的时期,许多重要的基本观点和方法,以及数理统计学的主要分支学科,都是在这个时期建立和发展起来的. 在其发展中,以费希尔(R. A. Fisher)为代表的英国学派起了主导的作用. 在数理统计学的另一个主要分支——假设检验的发展中,费希尔也起过重要作用,但假设检验理论的系统化和深入研究,则应归于奈曼(J. Neyman)和小皮尔逊(E. S. Pearson),他们在 1928 ~ 1938 年期间发表了一系列文章,建立了假设检验的严格数学理论. 奈曼对数理统计做出的另一项很重要的贡献,是在 1934 ~ 1937 年间建立了置信区间的数学理论. 它基于概率的频率解释,并与奈曼 - 皮尔逊的假设检验理论有密切关系.

多元统计分析是数理统计学中有重要应用价值的分支之一. 1928 年以前,费希尔在多元正态总体的统计分析中做过基础性的工作. 1928 年,维希特(U. W. Wishart)导出了著名的“维希特分布”. 此后,这门领域以及线性模型的统计推断理论,做出了奠基性的工作. 时间序列分析是数理统计学中有重要应用价值的又一分支. 尤尔(G. U. Yule)在 1925 ~ 1930 年间引进了自回归和序列相关等重要概念,奠定了这个分支现代发展的基础. 维纳(N. Wiener)在第二次世界大战期间为研究大炮射击问题而提出的时间序列分析方法,不但对炮兵而且对整个工程界都有重要意义. 瓦尔德(A. Wale)在第二次世界大战期间提出了序贯概率比检验法,不仅在实用上有重要意义(例如贵重产品的抽样检查与验收),也为战后序贯分析的发展奠定了基础.

如上所述,在这不到半个世纪的时期里,数理统计学得到了丰富的、多方面的发展,确立了这门学科在人类发展史上的地位.

3　数理统计学的广泛应用

第二次世界大战后时期:在这一时期中,数理统计学在应用和理论两方面继续获得很大发展,在应用上,经济和军事技术的快速发展以及电子计算机的出现,使数理统计学的应用达到了前所未有的规模,有些需要大量计算的统计方法,在第二次世界大战前限于条件而无法使用,这个障碍于第二次世界大战后不复存在. 统计方法已渗透进各种专门的学科领域,形成了许多边缘学科,如统计质量管理、生物统计、气象统计、地质统计、计量经济学、医学统计等.

第二次世界大战后数理统计发展中的又一显著特点是电子计算机的广泛使用,这不仅使得过去难以计算的问题能够解决,而且促使能有效地利用现代计算机强大计算能力的统计学新理论问世. 自助法(bootstrap)和投影寻踪法(projection pursuit)就是统计学工作者颇感兴趣的两种方法. 1980 年以来,对自助法和投影寻踪法的应用范围和理论基础,统计学家做了许多研究工作.

附录 标准正态分布函数表

附表 标准正态分布函数表

$$\Phi(x) = \int_{-\text{¥}}^{x} \frac{1}{\sqrt{2\pi}} e^{-\frac{x^2}{2}} dx$$

x	0	0.01	0.02	0.03	0.04	0.05	0.06	0.07	0.08	0.09
0	0.5000	0.5040	0.5080	0.5120	0.5160	0.5199	0.5239	0.5279	0.5319	0.5359
0.1	0.5398	0.5438	0.5478	0.5517	0.5557	0.5596	0.5636	0.5675	0.5714	0.5753
0.2	0.5793	0.5832	0.5871	0.5910	0.5948	0.5987	0.6026	0.6064	0.6103	0.6141
0.3	0.6179	0.6217	0.6255	0.6293	0.6331	0.6368	0.6406	0.6443	0.6480	0.6517
0.4	0.6554	0.6591	0.6628	0.6664	0.6700	0.6736	0.6772	0.6808	0.6844	0.6879
0.5	0.6915	0.6950	0.6985	0.7019	0.7054	0.7088	0.7123	0.7157	0.7190	0.7224
0.6	0.7257	0.7291	0.7324	0.7357	0.7389	0.7422	0.7454	0.7486	0.7517	0.7549
0.7	0.7580	0.7611	0.7642	0.7673	0.7703	0.7734	0.7764	0.7794	0.7823	0.7852
0.8	0.7881	0.7910	0.7939	0.7967	0.7995	0.8023	0.8051	0.8078	0.8106	0.8133
0.9	0.8159	0.8186	0.8212	0.8238	0.8264	0.8289	0.8315	0.8340	0.8365	0.8389
1.0	0.8413	0.8438	0.8461	0.8485	0.8508	0.8531	0.8554	0.8577	0.8599	0.8621
1.1	0.8643	0.8665	0.8686	0.8708	0.8729	0.8749	0.8770	0.8790	0.8810	0.8830
1.2	0.8849	0.8869	0.8888	0.8907	0.8925	0.8944	0.8962	0.8980	0.8997	0.9015
1.3	0.9032	0.9049	0.9066	0.9082	0.9099	0.9115	0.9131	0.9147	0.9162	0.9177
1.4	0.9192	0.9207	0.9222	0.9236	0.9251	0.9265	0.9278	0.9292	0.9306	0.9319
1.5	0.9332	0.9345	0.9357	0.9370	0.9382	0.9394	0.9406	0.9418	0.9430	0.9441
1.6	0.9452	0.9463	0.9474	0.9484	0.9495	0.9505	0.9515	0.9525	0.9535	0.9545
1.7	0.9554	0.9564	0.9573	0.9582	0.9591	0.9599	0.9608	0.9616	0.9625	0.9633
1.8	0.9641	0.9648	0.9656	0.9664	0.9671	0.9678	0.9686	0.9693	0.9700	0.9706
1.9	0.9713	0.9719	0.9726	0.9732	0.9738	0.9744	0.9750	0.9756	0.9762	0.9767
2.0	0.9772	0.9778	0.9783	0.9788	0.9793	0.9798	0.9803	0.9808	0.9812	0.9817
2.1	0.9821	0.9826	0.9830	0.9834	0.9838	0.9842	0.9846	0.9850	0.9854	0.9857
2.2	0.9861	0.9864	0.9868	0.9871	0.9874	0.9878	0.9881	0.9884	0.9887	0.9890
2.3	0.9893	0.9896	0.9898	0.9901	0.9904	0.9906	0.9909	0.9911	0.9913	0.9916
2.4	0.9918	0.9920	0.9922	0.9925	0.9927	0.9929	0.9931	0.9932	0.9934	0.9936
2.5	0.9938	0.9940	0.9941	0.9943	0.9945	0.9946	0.9948	0.9949	0.9951	0.9952
2.6	0.9953	0.9955	0.9956	0.9957	0.9959	0.9960	0.9961	0.9962	0.9963	0.9964

续附表

x	0	0. 01	0. 02	0. 03	0. 04	0. 05	0. 06	0. 07	0. 08	0. 09
2. 7	0. 9965	0. 9966	0. 9967	0. 9968	0. 9969	0. 9970	0. 9971	0. 9972	0. 9973	0. 9974
2. 8	0. 9974	0. 9975	0. 9976	0. 9977	0. 9977	0. 9978	0. 9979	0. 9979	0. 9980	0. 9981
2. 9	0. 9981	0. 9982	0. 9982	0. 9983	0. 9984	0. 9984	0. 9985	0. 9985	0. 9986	0. 9986
3. 0	0. 9987	0. 9987	0. 9987	0. 9988	0. 9988	0. 9989	0. 9989	0. 9989	0. 9990	0. 9990
3. 1	0. 9990	0. 9991	0. 9991	0. 9991	0. 9992	0. 9992	0. 9992	0. 9992	0. 9993	0. 9993
3. 2	0. 9993	0. 9993	0. 9994	0. 9994	0. 9994	0. 9994	0. 9994	0. 9995	0. 9995	0. 9995
3. 3	0. 9995	0. 9995	0. 9995	0. 9996	0. 9996	0. 9996	0. 9996	0. 9996	0. 9996	0. 9997
3. 4	0. 9997	0. 9997	0. 9997	0. 9997	0. 9997	0. 9997	0. 9997	0. 9997	0. 9997	0. 9998

x	1. 282	1. 645	1. 960	2. 326	2. 576	3. 090	3. 291	3. 891	4. 417
$\Phi(x)$	0. 9	0. 95	0. 975	0. 99	0. 995	0. 999	0. 9995	0. 99995	0. 999995

参考文献

[1] 王为洪. 高职应用数学[M]. 沈阳 :东北大学出版社,2016.
[2] 赵红革. 高等数学学习指导(修订本)[M]. 北京 :北京交通大学出版社,2010.
[3] 赵红革. 经济数学[M]. 沈阳 :东北大学出版社,2011.
[4] 侯风波. 高等数学[M]. 北京 :高等教育出版社,2000.
[5] 顾静相. 经济数学基础[M]. 北京 :高等教育出版社,2004.
[6] 毛京中. 高等数学学习指导[M]. 北京 :北京理工大学出版社,2001.
[7] 同济大学. 高等数学[M]. 北京 :高等教育出版社,2001.
[8] 赵红革. 高等数学[M]. 北京 :北京交通大学出版社,2006.
[9] 李铮,周放. 高等数学[M]. 北京 :科学出版社,2001.
[10] 盛祥耀. 高等数学[M]. 北京:高等教育出版社. 2002.
[11] 方明亮,郭正光. 高等数学[M]. 广州:广东科技出版社. 2008.
[12] 徐建豪,刘克宁. 经济应用数学[M]. 北京 :高等教育出版社,2003.
[13] 周建莹,李正元. 高等解题指南[M]. 北京 :北京大学出版社,2002.
[14] 上海财经大学应用数学系. 高等数学[M]. 上海:上海财经大学出版社,2003.
[15] 同济大学应用数学系. 微积分[M]. 北京 :高等教育出版社,2003.
[16] 潘福臣,李庆娟,李琳,等. 概率论与数理统计[M]. 长春:吉林大学出版社,2015.
[17] 颜文勇. 数学建模[M]. 北京:高等教育出版社,2011.
[18] 沈继红. 数学建模习题[M]. 哈尔滨:哈尔滨工程大学出版社,2002.
[19] 何春江. 高等数学[M]. 北京:中国水利水电出版社,2004.
[20] 王江荣,刘建清. 数学建模与数学实验[M]. 北京:高等教育出版社,2011.
[21] 王仲英. 电类高等数学[M]. 北京:高等教育出版社,2006.